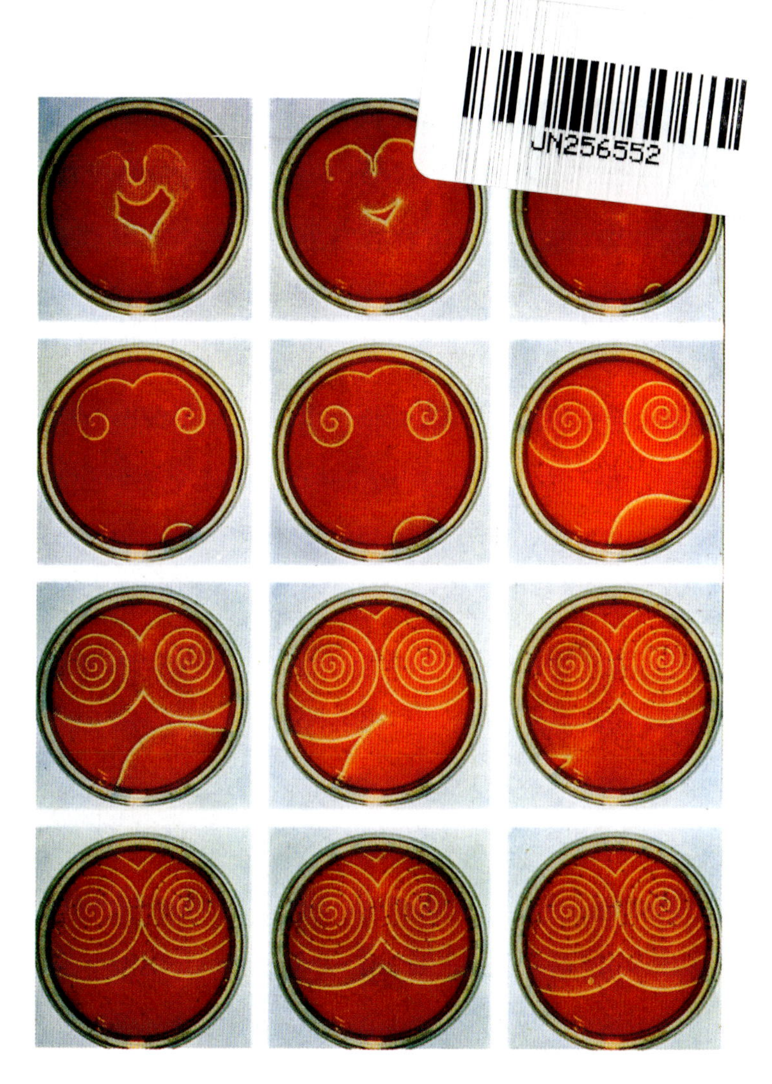

口絵 1　浅いシャーレ中のベロウソフ–ジャボチンスキー (Belousov–Zhabotinsky) 溶液の示す化学反応のスパイラル波 (8.3 節)．時間発展のスナップショットを，左から右，上から下の順に示す．左上の複雑な形状の初期条件は，熱した針金を溶液に触れさせて同心円状に拡大する酸化反応の波を誘導し，その後，シャーレをゆるやかに揺らしてこの波を壊すことによってつくられた．時間が経つにつれて，青い波が拡散によって赤みがかったオレンジ色の静止した溶液中に伝播してゆく．2 つの波が衝突すると，野焼きの炎が正面衝突するときのように，対消滅する．Winfree (1974) より転載した．写真は Fritz Goro による．

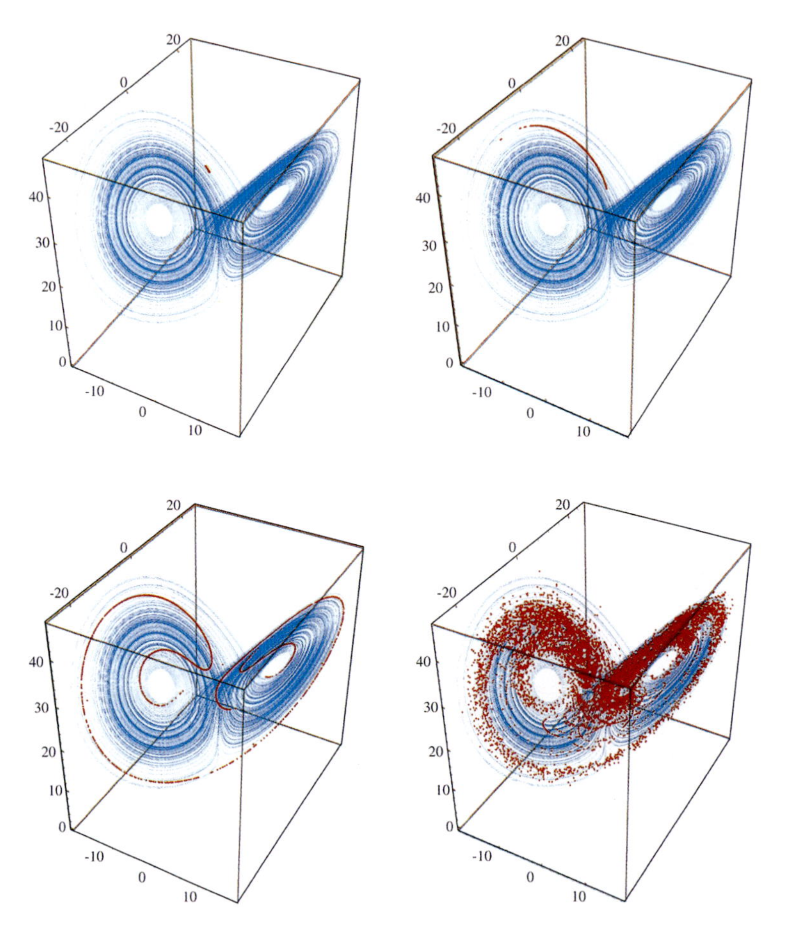

口絵 2　ローレンツ・アトラクター上の近接する軌道群の分離 (9.3 節). ローレンツ・アトラクターは青色で示されている. 赤い点は, 近傍にある 10,000 個の初期条件の小さな塊を時間発展させたものを, 時刻 $t = 3, 6, 9$, および 15 において示したものである. 各点がローレンツ方程式に従って発展すると, 初期条件の塊は細長いフィラメント状に引き延ばされ, アトラクター上に折り畳まれる. 最終的には, 点はアトラクター上のほとんどの部分に広がり, 初期条件がほぼ同一であるにもかかわらず, 最終的な状態はあまねく存在することになる. この初期条件への鋭敏な依存性は, カオス的な系の特徴である.

この口絵は Crutchfield ら (1986) による同様の図を参考にしたものである. Thanos Siapas により, 方程式 (9.2.1) をパラメーター $\sigma = 10$, $b = 8/3$, $r = 28$ で数値積分することによって, コンピューターグラフィックスが作成された.

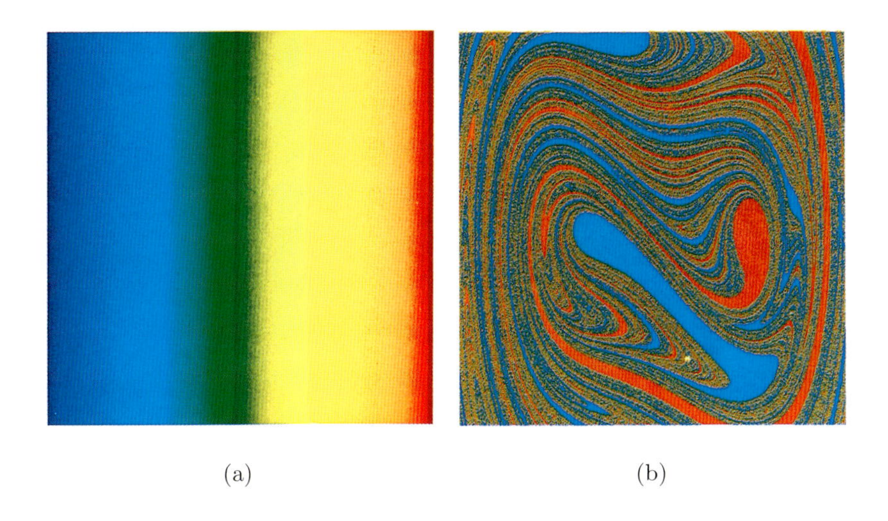

(a)　　　　　　　　　　(b)

口絵 3　周期外力に駆動される 2 重井戸振動子

$$x' = y, \qquad y' = x - x^3 - \delta y + F\cos\omega t$$

のフラクタルな吸引領域の境界 (12.5 節). パラメーターは $\delta = 0.25$, $F = 0.25$, $\omega = 1$. このパラメーターでは，系は左と右にあるそれぞれの井戸に閉じ込められた強制振動に対応する 2 つの周期アトラクターをもつ.

(a) カラーマップ. $-2.5 \le x, y \le 2.5$ の正方形領域を 900×900 個のセルに分割し，おのおののセルをその中心点の x 座標に応じて色付けする.

(b) 吸引領域. おのおののセルは，多数回の駆動サイクルを経た後の運命にもとづいて色付けしてある. 大雑把には，軌道が最終的に右側の井戸の中の振動に落ち着くならばセルは赤く色付けされており，左側の井戸の中の振動に落ち着くならば青く色付けされている. より正確には，セルの中心にある初期点 (x_0, y_0) から軌道を出発させて，時刻 $t = 73 \times 2\pi/\omega$(すなわち 73 回の駆動サイクルを経た後) における状態 $(x(t), y(t))$ を計算し，$x(t)$ の値に応じてセルに色を付ける. それぞれの吸引領域は複雑な形状をしており，それらの境界はフラクタルとなっている (Moon & Li 1985). 境界付近では初期条件のわずかな違いがまったく異なる結果を導く.

この口絵は並列コンピューター Thinking Machines CM-5 で 5 次のルンゲ–クッタ–フェールベルク (Runge–Kutta–Fehlberg) 法を用いて Thanos Siapas により計算された.

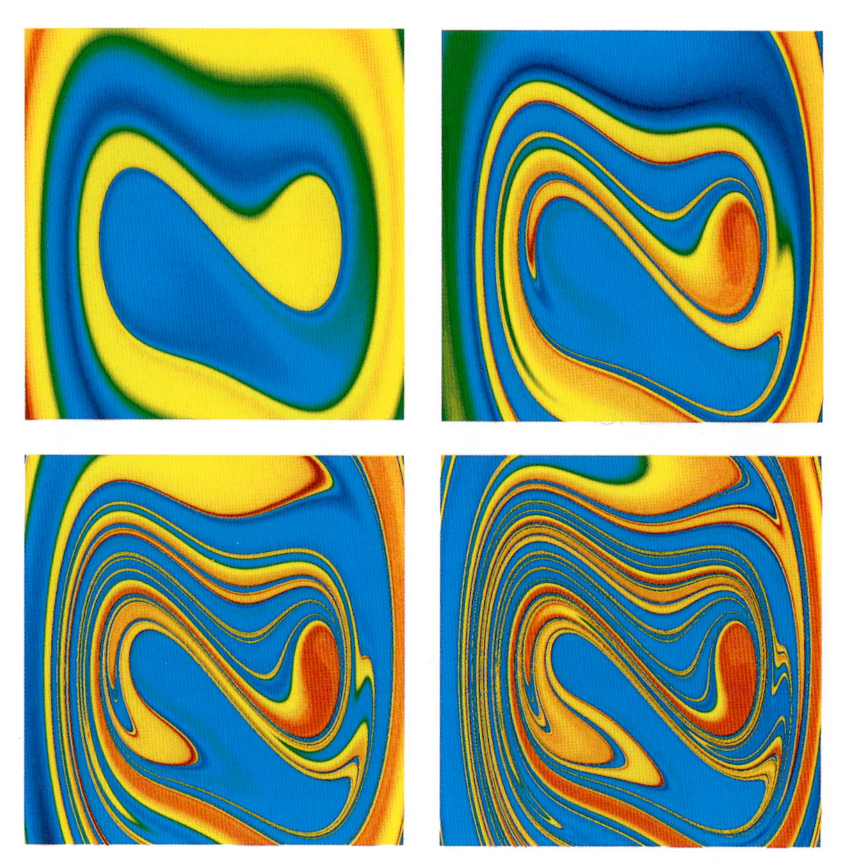

口絵 4　周期外力に駆動される 2 重井戸振動子の短時間挙動．方程式，パラメーター，カラーマップは口絵 3 と同じだが，この口絵では，長時間後における系の漸近的な挙動ではなく，周期外力の 1, 2, 3 および 4 サイクル後の $x(t)$ の値を色付けして示している．赤と青の領域は，2 つのアトラクターのいずれかに速やかに収束する初期条件に対応する．一方，吸引領域の境界の近傍にある初期条件から出発した軌道は，示された時間内ではどちらのアトラクターからも離れた場所を彷徨したままなので，境界付近は虹色となっている．

ストロガッツ 非線形ダイナミクスとカオス

数学的基礎から物理・生物・化学・工学への応用まで

NONLINEAR DYNAMICS AND CHAOS
With Applications to Physics, Biology, Chemistry, and Engineering

Steven H. Strogatz

田中久陽　中尾裕也　千葉逸人
訳

丸善出版

NONLINEAR DYNAMICS AND CHAOS

by

Steven H. Strogatz

日本語版によせて

私はこの『非線形ダイナミクスとカオス』の日本語版が出版されることを光栄に思っている．日本の科学者達は，当初から非線形ダイナミクスの分野をリードしてきており，林 千博先生による非線形振動に関する基礎研究は，彼の学生であった上田睆亮先生による外力に駆動されるダフィン方程式におけるカオスとストレンジアトラクターの発見につながった．その素晴らしい伝統は，同期現象，パターン形成，時空カオスに関する著名な研究を行った蔵本由紀先生のような先駆者によって，過去数十年に渡って引き継がれてきている．

実際，私は自分自身をさまざまな側面において蔵本先生の学生だと感じている．私が蔵本先生にお会いできた事は一度しかないが，彼の洞察は，私が大学院生であったときから過去30年間にわたる私のキャリアの形成に重大な影響を与えてきた．私は謹んでこの本を蔵本先生に捧げたいと思う．

最後に，高貴な伝統を受け継いだ，非線形ダイナミクスとカオスに興味をもつ学生達とその先生達を，この分野に暖かく歓迎したい．この本を楽しんで欲しいと思う．

2014年12月ニューヨーク州イサカにて
スティーヴン・ストロガッツ

推薦のことば

「優れた教科書とはこうあるべきだ」のお手本を示してくれるのが本書である．分岐現象，非線形振動現象，カオス現象などのいわゆる動的非線形現象は，近年自然科学の諸分野で急速に重要性が高まっているが，これに関する初学者のための教科書として，本書は決定版ないし定番として今後も末永く読み継がれるに違いない．非線形動力学理論の一流の研究者であると同時に優れた教育者としても名高いストロガッツ氏ならではの名著である．初学者に何ら抵抗を感じさせない導入部から始まって，豊富な演習問題を通じて相当高いレベルまでスムースに導いていくストロガッツ氏の手腕には感嘆する．

本書が扱う対象は，非線形常微分方程式系やその離散時間版としての非線形写像である．生命系非生命系を問わず，自然現象や社会現象をマクロないしセミマクロなレベルで考察しようとする場合，これらの数学モデルは最も一般的な記述の枠組みを与える．したがって，その取扱い方に習熟することで，物理学や化学はもちろんのこと，生物学，医学，工学から経済学，社会学にまで及ぶ広大な学問分野の研究者は強力な武器を手にすることになる．加えて，本書で詳述されているタイプの非線形現象は，上記のいずれの分野でも遭遇しうる普遍的な現象であるから，これらに慣れ親しむことで複雑な現象世界を横断的に俯瞰する視座を獲得できる．したがって，本書には現象を扱うための理論的方法だけでなく一つの「文化」が提示されているとさえいえるのである．

ストロガッツ氏は，筆者にとって過去数十年来の学問上の知己である．特に，集団同期現象をはじめとする振動子大集団のダイナミクスに関して，同氏は筆者の最大の理解者であり，また筆者が同氏から受けた啓発も数知れない．長年同じ研究分野を渉猟してきた同志の手になる本書が，今回の翻訳を通じて次世代を担う多くの研究者の研究意欲を大いに高め，彼らの視野を格段に広げることに資するなら，筆者にとっても幸いこの上ない．

2014 年 12 月

公益財団法人国際高等研究所副所長
京都大学名誉教授
蔵本由紀

原　著　序　文

この教科書は，非線形ダイナミクスとカオスの分野への入門者，特に，この分野についての最初のコースをとっている学生達に照準を合わせていて，私がMITとコーネル大学で，これまで何年間かにわたって教えてきた1セメスターのコースにもとづいている．私の目標は，数学をできるだけ平明に説明することと，非線形な世界の驚きのいくつかを理解するために数学をどう使えるのかを示すことである．

この本の数学的な取扱いは，親しみやすく形式ばらないスタイルではあるが，慎重に書いてあり，特に，解析的な方法，具体例，および幾何学的な直観を強調してある．理論は系統的に展開してゆく．まず，1次元(1階)の微分方程式とその分岐から始めて，相空間の解析，リミットサイクルやその分岐に続き，ローレンツ方程式，カオス，反復写像，周期倍分岐，くりこみ，フラクタル，ストレンジアトラクターの話にまで至る．

この本独自の特長は，各種の応用に重点を置いているところである．たとえば，機械振動，レーザー，生物のリズム，超伝導回路，昆虫の大発生，化学振動子，遺伝制御系，カオス的な水車，さらには秘匿メッセージ通信のためにカオスを利用する技術などを扱う．それぞれの場合について，科学的な背景を初等的なレベルで説明し，数学的な理論としっかり統合してある．

必 要 な 知 識

この本を理解する上で欠かせないのは，曲線の概形のスケッチ，テイラー展開，変数分離可能な微分方程式系などに関する1変数の微積分の知識である．いくつかの箇所では，多変数の微積分(偏微分，ヤコビ行列，発散定理)と，線形代数(固有値と固有ベクトル)が使われる．フーリエ解析は前提とせず，必要なところで説明する．初等的な物理学の知識も全般的に使われる．他に必要な学術的知識は，考察する応用例によるが，いずれの場合も，入門レベルの知識があれば十分な準備となるはずである．

この本は，いくつかの異なるタイプの講義のコースに使えるだろう：

- 非線形ダイナミクスに接したことのない学生達への広範なイントロダクション(私の教えてきたコースはこのタイプだった)．この場合，この本全部をそのまま読み進み，それぞれの章の最初にある核となる内容をカバーし，詳しく議論する応用例をいくつか選んで説明し，より進んだ理論的なトピックについては，軽く扱うか，あるいはまったくスキップするかである．ほどよいスケジュールは，1–8 章に 7 週間，9–12 章に 5，6 週間であろう．セメスター内にカオス，写像，フラクタルに行き着ける十分な時間を残すようにすること．
- 非線形常微分方程式についての伝統的なコース．ただし，通常より応用に重点を置き，摂動論には重点を置かないようなもの．そのようなコースは 1–8 章に焦点を当てるといいだろう．
- 相平面の解析をすでに知っている学生向けの，分岐，カオス，フラクタル，およびそれらの応用についてのモダンなコース．主に 3，4 章と 8–12 章からトピックを選ぶとよいだろう．

以上のいずれのコースの場合でも，学生達にはそれぞれの章の最後にある演習問題を宿題として与えるべきである．学生達はまた，コンピューターを使った課題や，カオスを示す電気回路や機械システムの作成，最新の研究を味わってみるための文献の探索などを行うこともできるだろう．これは，教える側にも教えられる側にもとても刺激的なコースになりうる．楽しんでいただきたいと思う．

式番号などについてのとりきめ

式の番号は節ごとに振られている．たとえば，5.4 節の 3 番目の方程式は，(5.4.3) と表す．図，例，および演習問題は，演習問題 1.2.3 のように表す．例と証明は ■ という記号で終わりを示す．

謝　　辞

国立科学財団 (National Science Foundation) からの資金援助に感謝する．この本に援助してくれた方々として，Diana Dabby，Partha Saha，渡邊辰矢 (学生)，Jihad Touma, Rodney Worthing (ティーチングアシスタント)，Andy Christian, Jim Crutchfield, Kevin Cuomo, Frank DeSimone, Roger Eckhardt, Dana Hobson, Thanos Siapas(図版提供)，Bob Devaney, Irv Epstein, Danny Kaplan, Willem Malkus, Charlie Marcus, Paul Matthews, Arthur Mattuck, Rennie Mirollo, Peter

Renz, Dan Rockmore, Gil Strang, Howard Stone, John Tyson, Kurt Wiesenfeld, Art Winfree, Mary Lou Zeeman(助言をくれた友人や同僚)，担当編集者の Jack Repcheck, Addison-Wesley の出版責任者 Lynne Reed, および協力してくれた他のすべての人達に感謝する．最後に，私を思い励ましてくれた家族と Elisabeth にも感謝したい．

マサチューセッツ州ケンブリッジにて
スティーヴン・ストロガッツ

訳　者　序　文

カオス，フラクタル，そして複雑ネットワークをはじめとするさまざまなパラダイムを生み出してきた非線形ダイナミクスは，今やひとつの分野・体系として成熟し，社会に貢献し，またインパクトを与えていることに疑いはない．しかし，非線形ダイナミクスを本格的に学習することは，初学者，特に数学を専門としない方々においては，これまで相当敷居が高かったのではなかろうか．この分野の良書は多数存在するものの，これまでの書籍は，一定の数学的スキルとセンスを前提とし，数学的には厳密ではあるものの，世の中のどのような問題にどのように役立つかという観点を欠くものや，応用を主体に書かれ，面白い反面，肝心の数学については体系的に扱われていないものが多数であったのではないだろうか．しかし，この状況は，本書の登場によって過去のものとなったといえるだろう．

本書はスティーヴン・ストロガッツ氏の著書 *Nonlinear Dynamics and Chaos* の邦訳である．著者のストロガッツ氏(コーネル大学数学科教授)は，応用数学，特に非線形ダイナミクスの分野をリードしてきた有名な研究者であり，近年の複雑ネットワークブームの発端となったスモールワールドネットワークの Watts–Strogatz モデルの提案によっても世界的にその名を知られている．本書でも扱われているように，ストロガッツ氏は相互作用する非線形振動子系に強い関心をもっており，理工学や生命科学における同期現象の数学的な解析に力を注いで多くの顕著な業績をあげてきている．また，同氏は，数学の研究をわかりやすく世の中に伝えることにも強い意欲をもっており，振動子の同期現象の科学の歴史をまとめた *Sync: The Emerging Science of Spontaneous Order* (Hyperion, 2004)[蔵本由紀 監修，長尾 力 訳，SYNC—なぜ自然はシンクロしたがるのか (早川書房，2005)] や，好奇心をそそられるさまざまな初等数学の問題に関するエッセイ *The Calculus of Friendship* (Princeton University Press, 2011)[南條郁子 訳，ふたりの微積分 (岩波書店，2012)]，*The Joy of x* (Houghton Mifflin Harcourt Publishing Company, 2012)[冨永 星 訳，x はたの (も) しい (早川書房，2014)] などの一般書を執筆しているほか，アメリカの新聞に数学に関するコラムなども掲載している．この本においても，専門的な内容をわかりやすく伝える同氏の能力は遺憾なく発揮されている．

原著の初版はすでに1994年にアメリカで出版されており，なぜ今さらそんなにも昔の本の和訳を出版する必要があるのかと思われる読者もいらっしゃるかもしれない*．しかし，むしろこれほどの良書がこれまで翻訳されていなかったことの方が不思議なくらいだと訳者達は考えている．現時点で和書として入手可能な非線形ダイナミクスあるいは力学系理論の教科書を見渡すと，実際は意外なほど選択肢は少ない．最初に述べた通り，高度に数学的な立場から書かれた力学系の専門書は多数出版されているが，初学者や，数学そのものは目的とはせず，多様な問題に非線形ダイナミクスの理論を応用したいと考えている読者には，敷居が高い．本書はまさにそのギャップを埋めるものであり，具体例に根ざした初等的な事項から出発して，非線形ダイナミクスの本質である相空間におけるダイナミクスとその分岐について，テクニカルになり過ぎることも厳密性を欠き過ぎることもなく，一貫して平易かつ体系的に説明されている．本書の趣旨が非線形ダイナミクスの基礎を明確に説明することであるため，その内容は時間が経っても古びることはなく，むしろ，より高度な非線形ダイナミクスの知識が当然のように要求される現在，出版時よりもさらに価値を増しているとさえ考えられる．この本を読んだ読者は，その知識をもとに，非線形ダイナミクスの観点から現実の問題に取り組むことも，より高度な力学系の数学に進むこともできるだろう．

本書の訳者の田中，中尾，千葉は，それぞれ，電子工学，物理学，数学を専門としており，力学系理論やその応用に興味をもっている．また，いずれの訳者もストロガッツ氏の専門としている結合振動子系に関連する研究経験がある．翻訳に当たっては，奇数章を田中，偶数章を中尾，数学全般に関する確認を千葉が担当し，その内容を相互にチェックした．原文にはユーモアのある表現が多かったが，それをこなれた日本語に訳しきれていないのは残念である．本書を訳す過程において，訳者らはストロガッツ氏が非常に注意深く内容を取捨選択し，説明の順序とレベルをコントロールして，非線形ダイナミクスの理論のエッセンスができるだけ多くの読者に伝わるように多大な努力をしていることを強く感じた．おそらく語りたいことは多数あったのだろうが，同氏は本文をできるかぎり平易な内容となるように強く抑制して書いている．逆に，多数用意されている章末問題の中には，非常に高度なものも含まれており，同氏自身の興味の一部が垣間見られて興味深い．

この場を借りて，訳者の一人 (田中) から見たストロガッツ氏の人となりについて少し述べたいと思う．同氏との出会いは約 20 年前，当時の彼の所属であったマサチューセッツ工科大学に彼の学生であった渡邊辰矢氏を訪ねた際であった．キャンパスの本屋に本書が山積みになっていて，それを持参してストロガッツ氏から "To my new friend, Tanaka-san" というサインをもらったことを記憶している．彼との最初のやりとりは,「田中君，何か趣味はあるの? 何かあったとき，趣味は心の支えになるよ」というものであり，とてもオープンで気さくな人だった．彼が本書の執筆に没頭した動機やその頃の様子については，前掲 *The Calculus of Friendship* からうかがい知ることができる．

訳者としては，読者にストロガッツ氏の本書への思い入れが伝わり，同氏自身の「日本語版によせて」にもあるように，本書を楽しみ，次世代の研究につなげていただければ，望外の喜びである．

最後に，本書の編集をしていただいた丸善出版の渡邊康治氏，ならびに高安秀樹氏 (ソニーコンピュータサイエンス研究所)，渡邊辰矢氏 (茨城大学) に感謝したい．

2014 年 12 月

田 中 久 陽
中 尾 裕 也
千 葉 逸 人

＊ (訳注) その後，原書は第 2 版が出版され練習問題が追加されているが，それ以外には本質的な変更はなく，各章の構成や文面はほぼ第 1 版のままである．

目　次

1 本書のあらまし

1.0 カオス，フラクタル，ダイナミクス

カオス (chaos) とフラクタル (fractal) の人気は今や圧倒的である．James Gleick の *Chaos* (Gleick 1987)*1は数学や科学の書籍としては異例の数ヶ月にわたるベストセラーとなり，Peitgen と Richter (1986) による *The Beauty of Fractals**1は，居間のテーブルの上に置かれていることも珍しくなく，フラクタルの無限のパターンは数学者以外の人達までも惹きつけているようだ (図 1.0.1)．とりわけ大

図 **1.0.1**

*1 邦訳を巻末の文献に併記した．

事なことは，カオスとフラクタルが実体験可能な数学の代表例であり，しかもそれが生き生きと成長していく途上にあることだろう．読者は家のパソコンで，これまで誰も見たことのない目のくらむような数学的図形を生み出すことができるのだ．

カオスとフラクタルがこれほどまでに多くの人々の関心を引いてきた理由は，その美しさにあるといえるだろう．しかし，もう少しこれを掘り下げて，カオスやフラクタルの図形の背後にある数学を学び，これらの概念が科学や工学の諸問題にどのように適用できるかを知りたい熱心な人もいるだろう．もしあなたがそのような読者ならば，本書はまさにうってつけである．

見ての通り本書のスタイルは，形式張らず，証明や抽象的な議論よりはむしろ具体例や幾何学的な考え方に重きを置くものである．また，かなり「応用」志向の本でもある．つまり，およそどの項目についても，科学や工学への何らかの応用例を用いて説明をしている．多くの場合，それらの応用例は最近の研究に関する文献から引用している．もちろん，このような応用重視の進め方には１つ問題がある．すべての読者が物理学や生物学，あるいは流体力学の専門家ではないことである．そのため，数学的なことについてだけでなく，各種の科学分野についても，ゼロからの説明が必要になる．しかし，これはむしろ楽しいはずであり，異なる分野間の関係を知るという勉強にもなる．

本論に入る前に１つ確認しておきたい．それは，カオスとフラクタルは，**非線形ダイナミクス** (nonlinear dynamics)(あるいは非線形動力学，力学系理論ともよばれる．以下，単にダイナミクスと表記する) という，より広範な分野の一部であることだ．これは変化を扱う分野，つまり時間とともに発展する系を扱う分野である．考えている系が静止した固定点となるのか，サイクルを繰り返すのか，あるいは何らかの複雑な挙動を示すのかということに関心があるとき，そのふるまいの解析に用いられるのがダイナミクスという枠組みである．おそらく読者は，すでに多くの場面で，このダイナミクスの考え方にふれてきていることだろう．たとえば，微分方程式や古典力学，化学反応速度論，集団生物学などにおいてである．これらのすべての項目は，ダイナミクスという観点から見れば，１つの共通の枠組みに収まる．これについては，この章の最後に述べる．

２章から本格的にダイナミクスを取り扱うが，そこでの各論に入る前に，この分野を２つの観点から概観してみよう．その１つは歴史に関するものであり，もう１つは論理に関するものである．以下での取扱いは直観的なものであり，ていねいな定義は後に与えることにする．そして，この章の最後に「ダイナミクスの観点からの世界の見方，あるいは動力学的世界観」を述べて締めくくるが，これは本書の 2 章以降の内容の道案内になるだろう．

1.1 ダイナミクスの研究小史

現在の非線形ダイナミクスは学際的な分野となっているが，当初は物理学の一分野であった．これは 1600 年代中頃に始まり，Newton による微分方程式の発明，運動の法則と万有引力の発見，さらにこれらを用いた Kepler の天体運動の法則の説明が契機となっている．特に注目すべきは，このとき Newton は 2 体問題 (太陽のまわりの地球の運動を，両者の間の引力に逆 2 乗則が成り立つとして計算により求める問題) の解を与えたことである．その後の世代の数学者や物理学者は，この Newton の解析的な方法を (たとえば，太陽，地球に加え，月からなる) 3 体問題へ拡張しようと試みたが，不思議なことに，これは 2 体問題に比べてはるかに解くのが難しい問題であることが判明した．その後の長年の努力の末，結局のところ，3 体問題に対して，3 体の運動を何らかの数式によって明示するやり方で解を与えるのは本質的に**不可能**であることも明らかになった．そして，その時点では状況は絶望的に見えた．

しかし，1800 年代後半の Poincaré の研究により，この状況が突破された．Poincaré により，定量的ではなく，むしろ定性的な問題に重きをおく新しい観点が導入されたのだ．たとえば彼は，すべての時間にわたる天体の正確な位置を求めようとするかわりに，「太陽系は永久に安定か? あるいはいずれかの惑星が最終的には無限の彼方へ飛び去ってゆくのか? 」という問題を考えた．そして，Poincaré はこの問に答える強力な**幾何学的**方法を構築した．そしてこの方法から，天体力学をはるかに越えた諸々の応用をもつ近代のダイナミクスの分野が開花することになった．また，**カオス**の存在を初めて垣間見たのも Poincaré である．カオスとは決定論的な系の示す初期条件に鋭敏に依存する非周期的な挙動であり，それゆえ，系の長期予測を不可能とするものである．

しかし，カオスは 20 世紀前半においては裏方であり続けた．むしろダイナミクスの主題は非線形振動子とその物理や工学への応用であった．非線形振動子は，たとえば，ラジオ，レーダー，位相同期回路，さらにはレーザーといったテクノロジーの発展において重要な役を務めてきたのである．非線形振動子は理論的な方面でも新しい数学的技法の発明をうながしてきた．たとえば，この分野のパイオニアとして van der Pol, Andronov, Littlewood, Cartwright, Levinson，そして Smale があげられるだろう．一方，別の方面への発展として，Birkhoff やその後の Kolmogorov, Arnol'd，そして Moser により，Poincaré の幾何学的方法が拡張され，古典力学のより深い理解が得られた．

さらに，1950 年代の高速コンピューターの登場は，ダイナミクス研究の歴史における 1 つの転機となった．これにより，コンピューターを用いて方程式に関する数値実験を行い，対象となる非線形システムについての洞察を得ることが初めて可能となった．そして，このような数値実験により，1963 年の Lorenz によるストレンジアトラクター上のカオス的運動の発見がなされた．彼が研究したのは大気の対流ロールを単純化したモデルであるが，その目的は，悪名高い天気の予測困難性についての洞察を得るためであった．その結果として，Lorenz は彼の導いた方程式の解に，いつまでも固定点や周期振動状態へ到らず，不規則に非周期的な振動を続けるものがあることを見いだした．さらに彼は，2 つのわずかに異なる初期条件から数値シミュレーションを行い，それらの行方がすぐに大きく異なるものになるという結果も得た．これらの結果の意味することは，この系は**本質的に**予測が困難であることであり，大気の (あるいは他の任意のカオス系の) 現在の状態を計測する際に生じた誤差が時間とともに急速に拡大し，結果として予測が外れるということである．その一方で，Lorenz は，このカオス系において秩序が存在することも示している．つまり，彼の方程式の解を 3 次元空間にプロットすると，チョウのような形状の点の集まりとなったのである (図 1.1.1)．彼はこの集合が「無限に入り組んだ曲面の複合体」(infinite complex of surfaces) でなくてはならないと論じているが，これは現在ではフラクタル集合の一例と考えられている．

この Lorenz の仕事は，1970 年代のカオスブームの到来までは，ほとんど世の中にインパクトを与えなかったが，カオスブームの輝かしい 10 年間には，重要な発展が続いた．そのいくつかを挙げると，まず 1971 年に Ruelle と Takens は流体における乱流の発生に関する新しい理論を提示したが，これはストレンジアトラクターの抽象的な考察により得られたものである．その数年後，May は集団生物学に現れる反復写像においてカオスが生じる例を発見し，その後大きな影響を与えるレビュー記事をネイチャー誌上に発表した．それは，従来の教育システムによって教えられる，しばしば誤解を招くおそれのある線形な物の見方に対して，対極的な例を考えることによってバランスをとり，シンプルな非線形系を学ぶことが教育上重要であると強調するものであった．この発見に続き，物理学者の

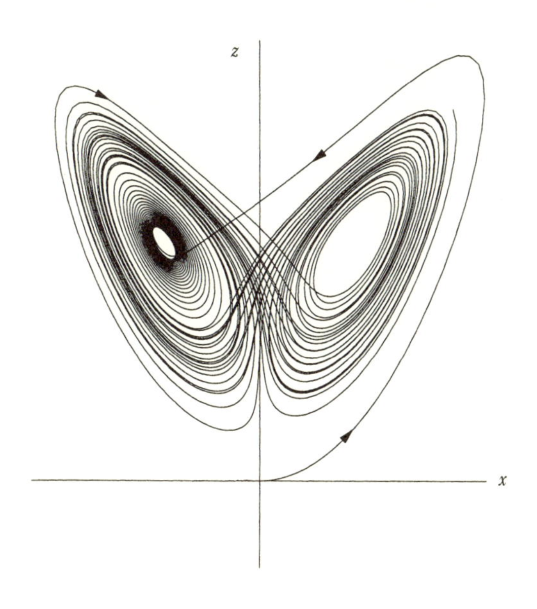

図 **1.1.1**

Feigenbaumにより，最も驚くべき結果が得られた．彼の発見は，規則的な挙動からカオス的な挙動への遷移を支配する，ある種の普遍則が存在するというものであった．大雑把にいえば，完全に異なる系が同一の道を経てカオスに到る可能性があるということだ．彼の仕事によってカオスと相転移のつながりが示され，物理学者たちをダイナミクスの研究へ誘うこととなった．さらに，実験家のGollub, Libchaber, Swinney, Linsay, Moon, Westerveltは，それぞれ流体，化学反応，電子回路，機械振動子，および半導体の実験系において，カオスに関連する新しい考えを検証したのであった．

カオスが脚光を浴びていた一方で，1970年代にはダイナミクスの分野で他にも2つの大きな進展があった．まず，Mandelbrotはフラクタルを体系化して世に広めた．彼はフラクタルのすばらしいコンピューターグラフィックスを生み出し，さまざまな分野におけるフラクタルの応用可能性を示している．また，新たに発展しつつあった数理生物学の分野では，Winfreeがダイナミクスの幾何学的方法を生物振動の問題，特に(約24時間サイクルの)概日リズムや心拍のリズムの問題へ適用している．

1980年代には，さらに多くの人々がダイナミクスの問題に取り組むようになり，

表 **1.1.1** ダイナミクスの小史

1666 年	Newton	微積分法の発明，天体運動の解明
1700 年代		微積分法と古典力学の開花
1800 年代		天体運動の解析的な研究
1890 年代	Poincaré	幾何学的方法，カオスの予見
1920–1950 年		物理や工学における非線形振動，ラジオ，レーダー，レーザーの発明
1920–1960 年	Birkhoff Kolmogorov Arnol'd Moser	ハミルトン力学における複雑な挙動
1963 年	Lorenz	対流の簡単なモデルにおけるストレンジアトラクター
1970 年代	Ruelle と Takens	乱流とカオス
	May	ロジスティック写像のカオス
	Feigenbaum	普遍性とくりこみ，カオスと相転移の関係 実験系におけるカオスの研究
	Winfree	生物の非線形振動
	Mandelbrot	フラクタル
1980 年代		カオス，フラクタル，非線形振動子とその応用への多くの人々からの関心

その貢献はリストにすることが困難なほど膨大となった．このダイナミクスの歴史を要約したものが表 1.1.1 である．

1.2 非線形であることの重要性

さて，歴史の次にダイナミクスの論理構造に注目しよう．まず用語をいくつか導入して，それらの違いを明確にする必要がある．

ダイナミカルシステム (力学系) には 2 つのタイプがある．つまり，**微分方程式** (differential equation) と**反復写像** (iterated map)(これは差分方程式ともよばれている) である．微分方程式は連続時間における系の発展を記述するものであり，これに対して反復写像は離散的な時間における問題に現れるものである．微分方程式は理工学一般において (反復写像に比べて) ずっと幅広く用いられるものであり，それゆえ本書では主にこちらを取り扱う．また，本書の後半では反復写像もたいへん有用であることが示される．たとえば反復写像はカオスを示すシンプルな例を与え，また微分方程式の周期解やカオス解を解析するためのツールとなる．

微分方程式に話を限定すれば，これが常微分方程式であるか，あるいは偏微分方程式であるかが大きな違いとなる．たとえば減衰する調和振動子の方程式

$$m\frac{\mathrm{d}^2x}{\mathrm{d}t^2}+b\frac{\mathrm{d}x}{\mathrm{d}t}+kx=0 \tag{1.2.1}$$

は，$\mathrm{d}x/\mathrm{d}t$ と $\mathrm{d}^2x/\mathrm{d}t^2$ の常微分のみを含むために常微分方程式となる．つまり独立変数が時間 t のみだということである．

これに対して熱方程式

$$\frac{\partial u}{\partial t}=\frac{\partial^2 u}{\partial x^2}$$

は偏微分方程式となる．これは時間 t と空間 x の両者を独立変数とするためである．本書で興味の対象となるのは時間のみに依存する (空間に依存しない) 系のふるまいであり，ほとんど常微分方程式を取り扱うことになる．

常微分方程式は，きわめて一般的には次式で与えられる．

$$\begin{aligned}\dot{x}_1&=f_1(x_1,\ \cdots,x_n)\\&\vdots\\\dot{x}_n&=f_n(x_1,\ \cdots,x_n)\end{aligned} \tag{1.2.2}$$

ただし，上付の点 ($\dot{}$) は t についての微分を示している．つまり $\dot{x}_i\equiv\mathrm{d}x_i/\mathrm{d}t$ である．変数 x_1，$\cdots$，x_n は，化学反応系における化学物質の濃度，生態系における種ごとの個体数，あるいは太陽系の惑星の位置と速度を表すかもしれない．また，関数 $f_1,\cdots,f_n$ は取り扱う問題により決まる．

たとえば式 (1.2.1) の減衰振動子を，次のちょっとした工夫により，式 (1.2.2) の形に書き換えることが可能である．新しい変数 x_1,x_2 を $x_1=x$，$x_2=\dot{x}$ により定義する．この定義より $\dot{x}_1=x_2$ であり，またこの定義と支配方程式 (1.2.1) より

$$\begin{aligned}\dot{x}_2=\ddot{x}&=-\frac{b}{m}\dot{x}-\frac{k}{m}x\\&=-\frac{b}{m}x_2-\frac{k}{m}x_1\end{aligned}$$

となる．したがって式 (1.2.1) に等価な式 (1.2.2) の形の系は次の通りである．

$$\begin{aligned}\dot{x}_1&=x_2\\\dot{x}_2&=-\frac{b}{m}x_2-\frac{k}{m}x_1\end{aligned}$$

これらの式の右辺に現れるすべての x_i は，その 1 次のべき (線形項) のみであるため，この系を**線形系**とよぶ．一方，もし右辺が線形項のみでなければ，これを**非線形系**とよぶ．よくある非線形項としては，x_1x_2，$(x_1)^3$，あるいは $\cos x_2$ のような，x_i の積やべき乗，さらに x_i の関数がある．

たとえば振り子の振動は，x を振り子の鉛直方向からの振れ角，g を重力加速度，そして L を振り子の長さとして

$$\ddot{x} + \frac{g}{L}\sin x = 0$$

という形の方程式により支配される．これと等価な系は次の非線形系となる．

$$\dot{x}_1 = x_2$$
$$\dot{x}_2 = -\frac{g}{L}\sin x_1$$

非線形性のために，この振り子の方程式を解析的に解くことはかなり困難となる．この困難を避ける常套手段は，$x \ll 1$ において $\sin \approx x$ の微小角近似を用いてごまかすことである．これによって問題は線形となるため，容易に解くことができる．しかしながら，微小な x に制限することで，本来の物理現象の一部を切り捨ててしまっている．たとえば振り子が頂点を越えて回転するような運動である．このような思い切った近似が本当に必要であろうか?

実は楕円関数を用いれば振り子の方程式を解くことは**可能**である．しかし，もっと簡単な方法があるはずである．なんといっても振り子の運動は単純であり，低いエネルギーでは往復振動を行い，高いエネルギーでは頂点を越えて回転するだけだからである．このような情報を (方程式の解から得るのではなく) 系から直接的に得る何らかの方法があるはずである．実はこれが，今後幾何学的な解法を学んでいこうとしている類の問題である．

そのおおよそのアイデアは次の通りである．ある特定の初期条件に対する振り子の方程式の解が，たまたま得られていたとする．この解は，それぞれが振り子の位置と速度を表す 1 組の関数 $x_1(t)$ と $x_2(t)$ により与えられるだろう．ここで (x_1, x_2) の座標をもつ抽象的な空間を想定すると，解 $(x_1(t), x_2(t))$ は空間内の 1 本の曲線に沿って動く点に対応する (図 1.2.1)．この曲線は解の**軌道** (trajectory) とよばれ，この空間は系の**相空間** (phase space) とよばれるものである．そして，この相空間内のどの点も系の初期条件となりうるので，相空間は解の軌道によって完全に埋めつくされる．

本書で目標とするのは，この議論を**逆に行う**ことである．すなわち，与えられた系に対してその軌道を描き，そこから解に関する情報を引き出すことである．多くの場合，幾何学的な論法により，**実際に系の方程式を解かずとも**，相空間の軌道を描くことが可能になることがわかるであろう！

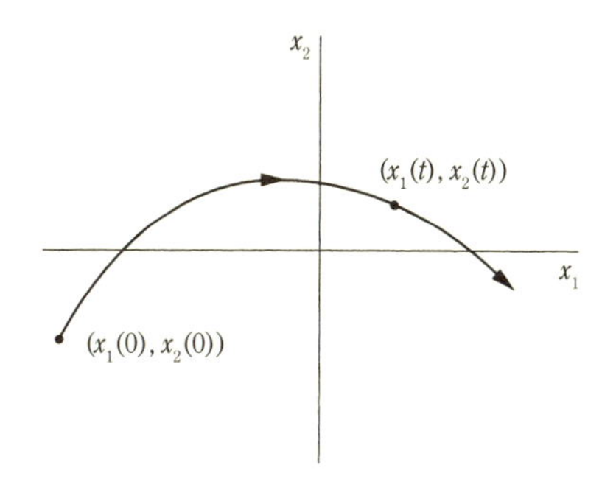

図 **1.2.1**

ここで用語をいくつか導入しよう．まず，式 (1.2.2) で与えられる一般的な系に対して，その相空間は座標 $x_1, \cdots, x_n$ をもつ空間となる．この空間は n 次元であるので，式 (1.2.2) の系を n **次元系** (n-dimensional system) もしくは n **次の系** (n-th order system) とよぶことにする．つまり n は相空間の次元を示す．

非 自 律 系

式 (1.2.2) は**時間依存性**を陽に含んでおらず，十分に一般的とはいえないのではないかという疑問をもつ人もいるかもしれない．たとえば強制外力を受ける調和振動子 $m\ddot{x} + b\dot{x} + kx = F\cos t$ のような時間依存の方程式，すなわち**非自律的** (nonautonomous) な方程式をどのように取り扱えばよいだろうか? この場合にも簡単な工夫により，系を式 (1.2.2) の形式で書くことが可能である．まず $x_1 = x$, $x_2 = \dot{x}$ とおくことは先ほどと同様だが，ここで新たに $x_3 = t$ を導入する．その結果，$\dot{x}_3 = 1$ となり，この方程式に等価な系として

$$
\begin{aligned}
\dot{x}_1 &= x_2 \\
\dot{x}_2 &= \frac{1}{m}(-kx_1 - bx_2 + F\cos x_3) \\
\dot{x}_3 &= 1
\end{aligned}
\tag{1.2.3}
$$

が得られる．これは **3 次元**系の一例を与えている．同様にして，時間依存性をもつ n 次元の系は，$(n+1)$ 次元の自律系の特別な場合となる．この工夫により，系に新たな 1 次元を追加することで，時間依存性を常に取り除くことができる．

この変数の追加の利点は，解の軌道が時間に依存せず**凍結**したように見える相空間を与えることが可能となることである．もし，時間依存性があらわなままな

らば，相空間のベクトル場や解の軌道は時間に依存し，常に揺れ動くことになる．その結果，われわれが築こうとしている幾何学的考察法が台無しになってしまう．また，この工夫のもう少し物理的な動機として，強制外力のある調和振動子の**状態**は実際に3次元であるということがある．つまり，現在の状態を与えられたとして未来の状態を予測するには，$x, \dot{x}$ と t の3つが必要となるのである．それゆえ3次元の相空間はむしろ自然である．

しかし，この方法の代価は，いくつかの用語の使われ方が従来の慣例と異なってしまうことである．たとえば強制外力を受ける調和振動子の場合，これは慣例として2次元の線形方程式とみなされているが，われわれの立場では，式(1.2.3)が余弦関数の項を含むため，3次元の非線形系とみなされることになる．後で説明するように，強制外力を受ける調和振動子は非線形系に付随する多くの性質をもつので，3次元の非線形系というこの記述法には，本質的な概念的利点がある．

非線形な問題はなぜ取扱いが難しいのか?

先に述べた通り，ほとんどの非線形系は解析的に解くことが不可能である．非線形系は線形系に比べて，なぜそれほど解析が困難なのだろうか? その本質的な違いは，**線形系はその部分系へ分解できる**ということにある．したがって各部分系を個別に解くことができ，最終的にはこれらを再び組み合わせれば，問題の解答が得られることになる．この考え方は複雑な問題を劇的に単純化することを可能とし，ノーマルモード(基準振動)，ラプラス変換，解の重ね合せの方法，さらにフーリエ解析といった方法の基礎となっている．この意味で，線形系では全体がまさにその部分の和になっているといえる．

しかしながら，自然界の多くの事物ではこうはいかない．系の各部分の間に干渉，協調，あるいは競合があるときは，常に非線形な相互作用が生じている．また，日常的に見られるほとんどの事柄は非線形であり，重ね合せの原理は見事なまでに破れている．たとえば，読者が好きな曲を同時に2つ聴いたとしても，その楽しさが2倍となることはありえないだろう! また，物理学の範囲内でも，たとえばレーザーの動作，流体における乱流の発生，さらにジョセフソン接合素子の超伝導状態といった現象において，非線形性はきわめて重要なものである．

1.3　動力学的世界観

非線形性と相空間という概念を確立したので，いよいよダイナミクスという分野の枠組みと応用例を示すことができる．この分野全体の論理構造を示すことが，ここでの目標である．図 1.3.1 に示すこの分野の構成図が本書を通じて議論の道案内となる．

この構成図は 2 本の軸をもっている．軸の 1 本は系の状態を特徴づけるのに必要な変数の個数を示している．この変数の個数は，**相空間の次元**にほかならない．もう 1 本の軸は，系が線形か，あるいは**非線形**かを示している．

例として生物の個体数の指数関数的な増加について考えよう．この系は 1 次元の微分方程式

$$\dot{x} = rx$$

により記述されるが，この x は時刻 t における個体数を示し，r は増加率を与える．この系は構成図で「$n = 1$」とラベルの付いた縦の列内に位置することになる．その理由は，**ただ 1 つ**の情報 (すなわち現在の個体数 x の値) が，その後の任意の時刻の個体数を予言するに足るからである．また，この系は線形系と分類されるが，それは微分方程式 $\dot{x} = rx$ が x について線形であることによる．

2 つ目の例として，方程式

$$\ddot{x} + \frac{g}{L}\sin x = 0$$

に支配される振り子の振動について考えよう．上の例とは異なり，この系の状態は現在の振れ角 x と角速度 $\dot{x}$ の **2 個の**変数により与えられる．(つまり，系の方程式の解を一意に決定するために，x と $\dot{x}$ の両方の初期条件が必要になるということである．たとえば x のみが与えられたとすると，振り子はどちらの方向へ振れているのかわからないことになる.) このように，状態を指定するために 2 個の変数が必要となるので，振り子は図 1.3.1 の $n = 2$ の縦の列に属することになる．さらに 1.2 節で述べたように，この系は非線形である．したがって振り子は図 1.3.1 内の $n = 2$ の縦の列の下半分の非線形部分に収まる．

このように系の分類を続けていけば，誰がおこなってもその結果はここに示した構成図のようなものになるのではないだろうか．しかし正直なところ，この図にはいくつかの点で議論の余地がある．たとえば，ある項目を追加したり，別の

変数の数 →

	$n = 1$	$n = 2$	$n \geq 3$	$n \gg 1$	連続体
線形	**増加，減衰，釣り合い**	**振動**		**集団現象**	**波動とパターン**
	指数関数的増加 RC 回路 放射性崩壊	線形振動子 質点とばねの系 RLC 回路 2 体問題 (Kepler, Newton)	土木工学，構造計算 電子工学	連成 (結合) 調和振動子 固体物理 分子動力学 平衡統計力学	弾性体 波動方程式 電磁気学 (Maxwell) 量子力学 (Schrödinger, Heisenberg, Dirac) 熱と拡散 音響学 粘性流体
				現在のフロンティア	
			カオス		**時空間複雑性**
↓ 非線形性	固定点	振り子	ストレンジアトラクター (Lorenz)	結合非線形振動子	非線形波動 (衝撃波，ソリトン)
	分岐 過減衰系，弛緩ダイナミクス	非調和振動子 リミットサイクル	3 体問題 (Poincaré)	レーザー，非線形光学 非平衡統計力学	プラズマ 地震
		生物振動子 (神経細胞，心筋細胞)	化学反応速度論		一般相対性理論 (Einstein)
	単一種のロジスティック方程式		反復写像 (Feigenbaum)	非線形固体物理 (半導体)	量子場の理論
		補食者–被食者 (食う–食われる) のサイクル 非線形発振回路 (van der Pol, Josephson)	フラクタル (Mandelbrot)	ジョセフソン接合素子列	反応拡散系，生物系や化学系の波動
				心筋細胞の同期	心室細動
			強制外力を受けた非線形振動子 (Levinson, Smale)	ニューラルネットワーク	てんかん
			カオスの実用化 量子カオス?	免疫系 生態系	乱流 (Navier–Stokes)
					生命
非線形				経済学	

図 1.3.1

場所に置いたり，さらには座標軸をいくつか追加する必要があると思う読者もいるかもしれない．いずれにしても大事な点は，系をそのダイナミクスにしたがって分類するという発想である．

図 1.3.1 には際立ったパターンが存在する．まず，最も簡単な系は図の左上の角の部分に現れる．これらは規模の小さな線形系であり，大学の 2, 3 年までに学ぶ．大雑把にいえば，これらの線形系は $n = 1$ ならば増加，減少，もしくは釣り合いの状態を示し，$n = 2$ になるとこれに振動状態が加わる．図 1.3.1 内の太字で表示されている用語は，その用語の示す広いクラスの現象が図中のその場所ではじめて現れることを意味している．たとえば RC 回路は $n = 1$ であり，振動はありえない．一方で RLC 回路は $n = 2$ であり，ここではじめて振動が可能となる．

これらに次いでなじみがあるのは，図の右上の角部分であろう．これは古典的な応用数学や数理物理学の領域であり，ここには線形な偏微分方程式が生息している．たとえば電気と磁気に関するマクスウェル方程式，熱方程式，量子力学におけるシュレーディンガーの波動方程式などである．これらの偏微分方程式は「連続」無限個の変数を内蔵しているといえるだろう．というのも，空間の各点が系の運動の自由度に寄与しているからである．これらの系は，確かに規模こそ大きいが，フーリエ解析やフーリエ変換の手法のような線形系の技法を用いることができ，取扱いが容易である．

これに対し，図 1.3.1 の下半分，つまり非線形ダイナミクスの占める世界は，しばしば無視されたり，線形系の科目の後へまわされている．しかし，本書では違う！ 本書では図の左下の角から議論を始め，系統的に右へと向かう．相空間の次元が $n = 1$ から $n = 3$ へと増加していくにつれ，その各段階で新しい現象が現れることになる．たとえば，$n = 1$ で固定点と分岐が現れ，$n = 2$ では非線形振動，そして $n = 3$ でカオスとフラクタルがいよいよ出現するという具合である．いずれの場合にも幾何学的なアプローチは非常に強力であり，たいていの方程式は，解を式で与えるという従来の意味では解くことができないにもかかわらず，幾何学的方法により必要なほとんどの情報が得られる．また，本書での議論によって，数理生物学や凝縮系物理学のように現代科学のとりわけ刺激的な部分に踏みこむことにもなる．

図 1.3.1 には，見ての通り「現在のフロンティア (辺境の地)」と書かれ，他と区別された近寄りがたい領域が含まれている．これは大昔の世界地図に地図職人が地球上の未踏の地を「此処に竜が棲む」と記したものに相当する．ここに含まれる項目は，もちろんまったく手がついていないというわけではないが，このあ

たりが現在の非線形ダイナミクス研究の理解の限界といえよう．この領域の問題はきわめて困難である．それは系の規模が大きく，かつ非線形であることによる．それらの系の示す挙動は，乱流の運動や心室細動している心臓に生じる電気的活動のパターンのように，たいていは**空間と時間の両面**において複雑なものとなる．本書の終わりの方でこれらの問題のいくつかにふれるが，それらは今後何年にもわたってわれわれが取り組むべき課題を提起している．

第Ⅰ編

1次元の流れ

2 直線上の流れ

2.0 はじめに

1章で，一般の系

$$\dot{x}_1 = f_1(x_1, \cdots, x_n)$$
$$\vdots$$
$$\dot{x}_n = f_n(x_1, \cdots, x_n)$$

を導入し，その解は座標 $(x_1, \cdots, x_n)$ をもつ n 次元の相空間中を流れる軌道として可視化できることを述べた．このアイデアに対して，読者は今のところ，難解で抽象的であるという懸念を強くいだくかもしれない．そこで，とても簡単な $n = 1$ の場合から始め，ゆっくりと議論を進めよう．まず，

$$\dot{x} = f(x)$$

という形の方程式が得られる．ここで，$x(t)$ は時刻 t の実数値の関数で，$f(x)$ は x の滑らかな実数値の関数である．このような方程式を**1次元**，あるいは**1階の系**とよぶことにする．

混乱しないうちに，専門用語についてのややこしい点を2つ払拭しておこう．

(1) ここでは**系** (system) という言葉は力学系での意味において使われており，2つ以上の方程式の集まりという古典的な意味においてではない．よって，1つの方程式だけでも「系」でありうる．

(2) f が陽に時間に依存することは許されない．時間依存する，あるいは「非自律的」な $\dot{x} = f(x, t)$ という形の方程式は，系の未来の状態を予想するために x と

t という **2 つの情報**が必要なので，より複雑である．したがって，$\dot{x} = f(x, t)$ は実際には **2 次元**，あるいは，**2 階の系**と見なされる．これは本書の後の方で議論する．

2.1　幾何学的な考察法

非線形系を解析する際には，公式よりも図の方が役立つことが多い．このことを簡単な例で確認してみよう．その過程で，**微分方程式系をベクトル場として解釈する**というダイナミクスにおける最も基本的なテクニックの 1 つを導入することになる．

以下の非線形微分方程式を考えよう．

$$\dot{x} = \sin x \tag{2.1.1}$$

ここで，図と公式の比較という論点を強調するために，閉じた形で解ける数少ない非線形方程式の 1 つを選んだ．変数を分離してから積分すると

$$\mathrm{d}t = \frac{\mathrm{d}x}{\sin x}$$

より

$$\begin{aligned} t &= \int \csc x \, \mathrm{d}x \\ &= -\ln|\csc x + \cot x| + C \end{aligned}$$

が得られる[*1]．定数 C を評価するために，$t = 0$ で $x = x_0$ だとしよう．すると $C = \ln|\csc x_0 + \cot x_0|$ となる．したがって，解は

$$t = \ln\left|\frac{\csc x_0 + \cot x_0}{\csc x + \cot x}\right| \tag{2.1.2}$$

となる．

この結果は厳密だが，その解釈には悩まされる．たとえば，以下の質問に答えることができるだろうか?

(1) $x_0 = \pi/4$ としよう．すべての $t > 0$ における解 $x(t)$ の定性的な特徴を述べよ．特に，$t \to \infty$ とすると何が起こるか?

*1 (訳注) ここで，$\csc x = 1/\sin x$, $\cot x = 1/\tan x$ である．

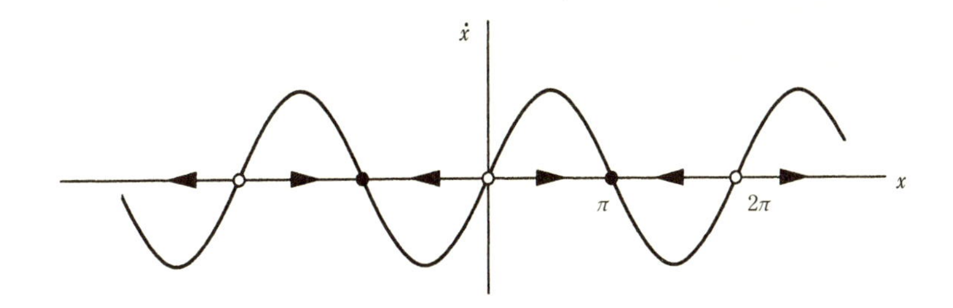

図 **2.1.1**

(2) **任意の**初期条件 x_0 に対して，$t \to \infty$ での $x(t)$ の挙動はどのようなものか?

公式 (2.1.2) がわかりやすくはないことを理解するために，これらの質問についてしばらく考えてみよ．

これに対して，図を用いた式 (2.1.1) の解析は，図 2.1.1 に示すように，明快で簡単である．t を時刻，x を実直線に沿って動く仮想的な粒子の位置，$\dot{x}$ をこの粒子の速度とする．すると，微分方程式 $\dot{x} = \sin x$ はこの直線上の**ベクトル場**(vector field) を表し，各点 x における速度ベクトル $\dot{x}$ を規定する．このベクトル場を描くには，$\dot{x}$ を x に対してプロットし，それから x 軸上に対応する大きさの矢印を描くことによって，各点 x での速度ベクトルを示すと便利である．矢印は，$\dot{x} > 0$ なら右向き，$\dot{x} < 0$ なら左向きである．

ベクトル場についてのより物理的な考え方は，以下のようなものである．x 軸に沿い，$\dot{x} = \sin x$ というルールに従って，場所ごとに変わる速度で定常に流れている流体を想像しよう．図 2.1.1 に示すように，**流れ**(flow) は $\dot{x} > 0$ なら右向きで，$\dot{x} < 0$ なら左向きである．$\dot{x} = 0$ となる点では流れはない．ゆえに，そのような点は**固定点 (不動点)** (fixed point) とよばれる．図 2.1.1 には 2 種類の固定点があることがわかるだろう．黒丸は**安定**(stable) な固定点を表し [流れがそれらの点に向かうので，しばしば**アトラクター** (attractor) または**シンク** (sink)(沈点) とよばれる]，白丸は**不安定**(unstable) な固定点を表す [**リペラー** (repeller) または**ソース** (source)(湧点) とよばれる]．

この図を武器として，今や簡単に微分方程式 $\dot{x} = \sin x$ の解を理解することができる．仮想的な粒子を x_0 から出発させ，流れに沿ってどのように運ばれるかを観察しさえすればよい．

このアプローチにより，上記の質問に対して以下のように答えることができる．

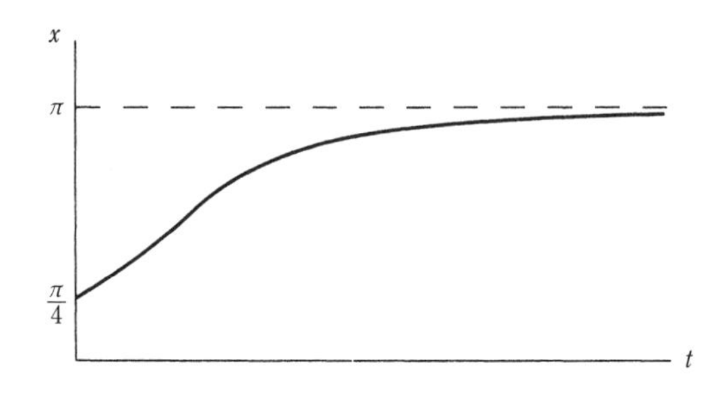

図 **2.1.2**

(1) 図 2.1.1 は，$x_0 = \pi/4$ を出発した粒子が，$x = \pi/2$ ($\sin x$ が最大に達するところ) まで，どんどん速度を増しながら，右向きに動くことを示す．その後，粒子は遅くなり始め，やがて安定な固定点 $x = \pi$ に左から近づく．よって，解の定性的な形状は図 2.1.2 に示すようなものになる．解の曲線は，最初は下に凸で，その後は上に凸となることに気をつけよう．これは，$x < \pi/2$ における初期加速と，それに続く $x = \pi$ に向けての減速に対応する．

(2) 同じ推論が任意の初期条件 x_0 に対して適用できる．図 2.1.1 は，もし初期に

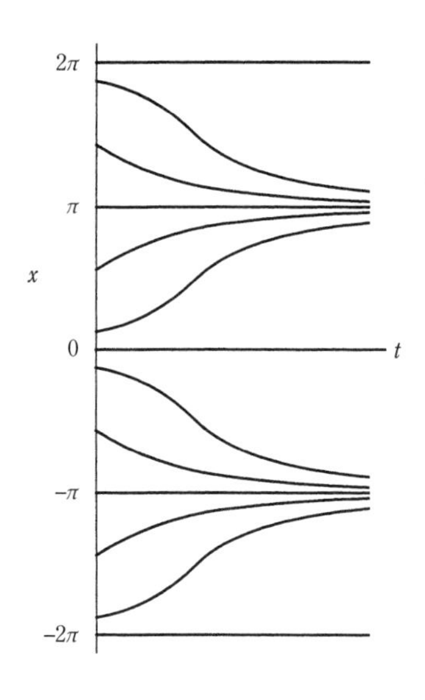

図 **2.1.3**

$\dot{x} > 0$ なら，粒子は右向きに進み，最も近くの安定固定点に漸近することを示す．同様に，もし初期に $\dot{x} < 0$ なら，粒子は左側にある最も近い安定固定点に近づく．もし $\dot{x} = 0$ なら x は一定に留まる．いくつかの初期条件に対する解の定性的な形状を図 2.1.3 に描いた．

しかし，正直なところ，図だけではある種の**定量的**な事柄が説明できないことを認めなくてはならない．たとえば，粒子の速さ $|\dot{x}|$ が最大となる時刻はわからない．しかし，多くの場合，**定性的**な情報こそがわれわれの関心事であり，それならば図による解析は申し分ないものである．

2.2 固定点とその安定性

前節で展開したアイデアは，任意の 1 次元系 $\dot{x} = f(x)$ に拡張できる．$f(x)$ のグラフを描き，それを用いて実直線 (図 2.2.1 の x 軸) 上のベクトル場を描きさえすればよい．前と同様に，局所的な速度 $f(x)$ で粒子が実直線に沿って流れていると想像する．この仮想的な流体は相流体 (phase fluid) とよばれ，実直線が相空間である．流れは $f(x) > 0$ なら右向きで，$f(x) < 0$ なら左向きである．任意の初期条件 x_0 から出発したときの $\dot{x} = f(x)$ の解を求めるには，仮想的な粒子 [**点** (phase point)] を x_0 に置き，それが流れによってどのように運ばれるかを観察すればよい．時間が経つにつれて，この点は x 軸に沿って何らかの関数 $x(t)$ に従って動いてゆく．この関数は，x_0 を基点とする解の**軌道** (trajectory) とよばれ，初期条件 x_0 から出発した微分方程式の解を表す．図 2.2.1 のような図は，系の定性的に異なるすべての軌道を示すもので，**相図** (phase portrait) とよばれる．

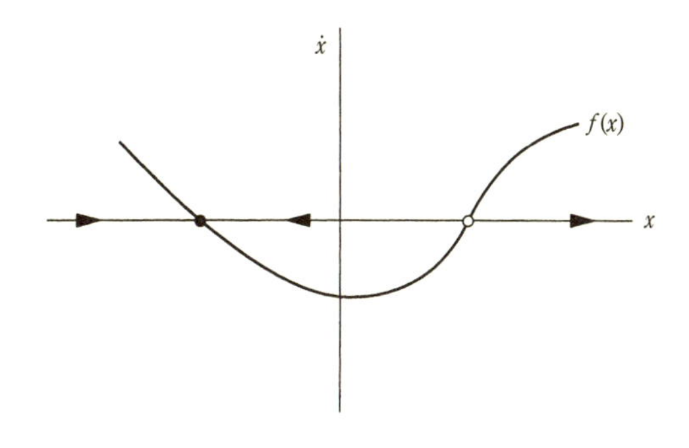

図 **2.2.1**

相図の様子は $f(x^*)=0$ で定義される固定点 x^* によって支配される．これらの固定点は，流れが沈滞する点に対応する．図 2.2.1 では，黒丸が安定な固定点であり (局所的な流れがそちらに向かう)，白丸が不安定な固定点である (流れがそこから離れてゆく)．

もとの微分方程式の言葉でいうと，固定点は**平衡解** (equilibrium solution) を表す (もし初期に $x=x^*$ であれば，ずっと $x(t)=x^*$ なので，定常解，定数解，または静止解ともよばれることがある)．平衡解は，もしそこから離れる方向へのすべての十分に小さな摂動が時間とともに減衰するならば，安定だと定義される．よって，安定な平衡解は，幾何学的には安定な固定点として表される．逆に，与えられた摂動が時間とともに成長する不安定な平衡解は，不安定な固定点によって表される．

例題 2.2.1 $\dot{x}=x^2-1$ のすべての固定点を求め，それらの安定性を分類せよ．

(解) この場合 $f(x)=x^2-1$ である．固定点を求めるために，$f(x^*)=0$ として x^* について解く．したがって $x^*=\pm 1$ である．安定性を決めるには，x^2-1 のグラフをプロットしてベクトル場を描けばよい (図 2.2.2)．流れは $x^2-1>0$ なら右向きで，$x^2-1<0$ なら左向きである．よって，$x^*=-1$ は安定で，$x^*=1$ は不安定である．■

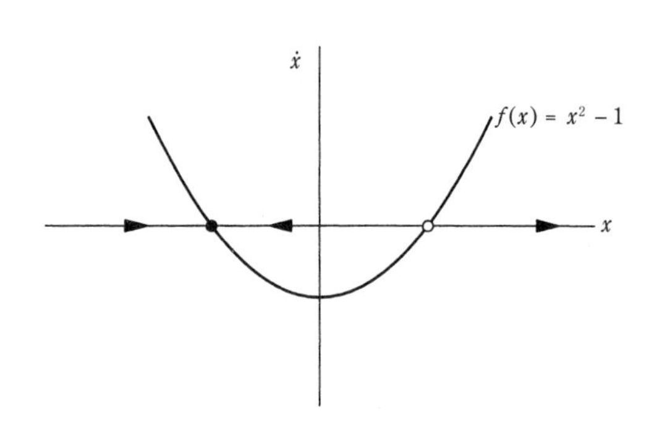

図 2.2.2

この安定固定点の定義は小さな摂動にもとづくものであることに注意しよう．ある程度大きな摂動は，減衰し損ねることがある．例題 2.2.1 の場合，$x^*=-1$ に与えた小さな摂動はすべて減衰するが，$x=1$ の右側に x を飛ばすような大きな摂動は減衰しない．実際，点は $+\infty$ にまではじき飛ばされてしまうだろう．安定

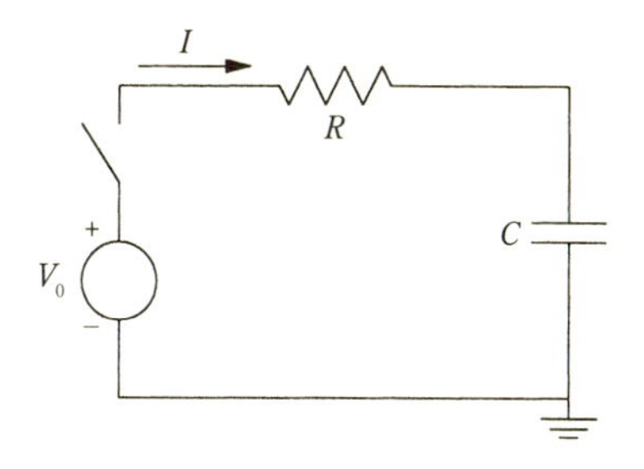

図 2.2.3

性に関するこの側面を強調するために，$x^* = -1$ は**局所的に安定**だが大域的には安定ではない，ということがある．

例題 2.2.2 図 2.2.3 に示す電気回路を考えよう．抵抗 R とコンデンサー C が一定の直流電圧 V_0 の電池に直列につながれている．最初コンデンサーに電荷はたまっておらず，$t = 0$ でスイッチが閉じられるとする．時刻 $t \geq 0$ でのコンデンサーの電荷を $Q(t)$ で表す．$Q(t)$ のグラフを描け．

(解) おそらく読者にはこのタイプの回路の問題はおなじみだろう．これは線形の方程式に従い，解析的に解くことができるが，ここでは幾何学的なアプローチを例示したい．

まず，回路の方程式を書く．回路に沿って 1 周すると，その間の電圧降下の総和はゼロに等しくなくてはならない．よって，抵抗を流れる電流を I として，$-V_0+RI+Q/C = 0$ である．この電流により，コンデンサーに電荷が単位時間あたり $\dot{Q} = I$ の割合で蓄積される．したがって，

$$-V_0 + R\dot{Q} + Q/C = 0 \quad \text{または} \quad \dot{Q} = f(Q) = \frac{V_0}{R} - \frac{Q}{RC}$$

となる．

$f(Q)$ のグラフは負の傾きをもつ直線である (図 2.2.4)．対応するベクトル場は $f(Q) = 0$ となる固定点をもち，これは $Q^* = CV_0$ に生じる．流れは $f(Q) > 0$ なら右向きで，$f(Q) < 0$ なら左向きである．よって，流れはいつも Q^* に向かう．これが**安定な**固定点である．この点は，実際のところ，すべての初期条件から出発した軌道がそこに近づくという意味において，**大域的に安定**である．

$Q(t)$ を描くために，相空間の点を図 2.2.4 の原点から出発させて，どのように動くかを想像しよう．流れは点を単調に Q^* に向かって運ぶ．そのスピード $\dot{Q}$ は，固定点に近づくにつれて線形に減少する．よって $Q(t)$ は，図 2.2.5 に示すように，上に凸な増加関数である． ■

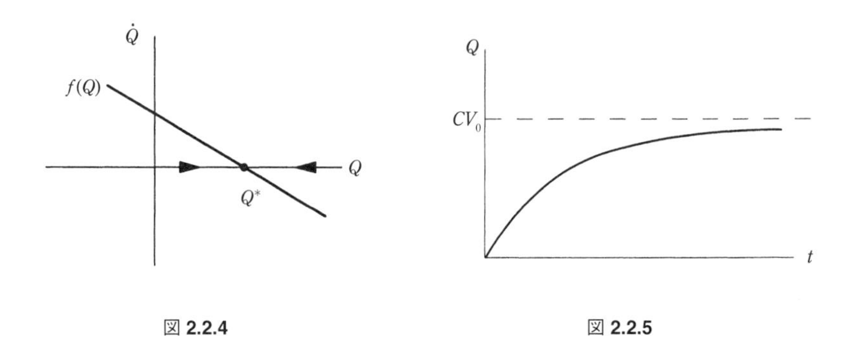

図 **2.2.4**　　図 **2.2.5**

例題 2.2.3 $\dot{x} = x - \cos x$ に対応する相図を描いて，すべての固定点の安定性を決定せよ．

(解) 1つのアプローチは，関数 $f(x) = x - \cos x$ をプロットして，付随するベクトル場を描くことだろう．この方法は有効だが，$x - \cos x$ のグラフがどのような形となるかを推測する必要がある．

もっと簡単な解法がある．$y = x$ と $y = \cos x$ のグラフを**別々に**描く方法はわかっていることを利用しよう．両者のグラフを同じ座標軸上に描き，それらがちょうど1点のみで交差することに注意する (図 2.2.6).

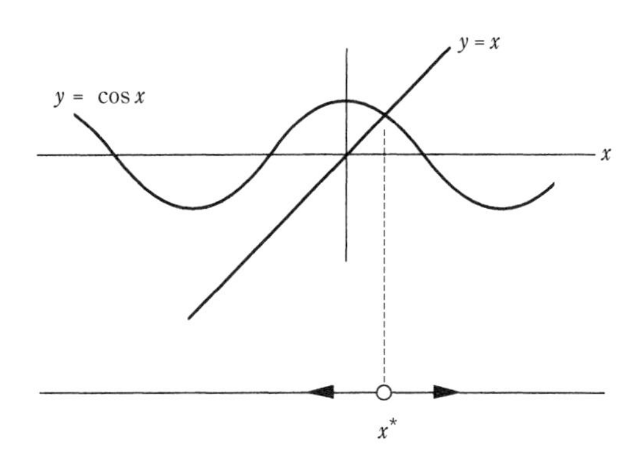

図 **2.2.6**

この交点は $x^* = \cos x^*$ を満たし，よって $f(x^*) = 0$ となるので，固定点に対応する．さらに，もし直線が余弦曲線の上にあれば $x > \cos x$ で，したがって $\dot{x} > 0$ であり，流れは右向きである．同様に，もし直線が余弦曲線の下にあれば，流れは左向きである．したがって，x^* は唯一の固定点で，不安定である．x^* そのものを与える公式がないにもかかわらず，x^* の安定性を分類できることに注意しよう！ ■

2.3 個体数の増加

生物の個体数増加の最も簡単なモデルは $\dot{N} = rN$ で与えられる．ここで $N(t)$ は時刻 t での個体数で，$r > 0$ は増加率である．このモデルは指数関数的な増加 $N(t) = N_0 e^{rt}$ を予言する．ここで N_0 は時刻 $t = 0$ での個体数である．

もちろん，そのような指数関数的な増加が永久に続くことはありえない．集団生物学者や人口統計学者達は，個体群の過密さや限りある資源の影響をモデル化するために，図 2.3.1 に示すように，N が十分に大きくなると 1 個体あたりの増加率 $\dot{N}/N$ が減少することをしばしば仮定する．N が小さいときには増加率は前と同様に r である．しかしながら，ある**環境収容力** (carrying capacity) K よりも大きな個体数に対しては，増加率は実際には負となる．つまり，死亡率が出生率より高くなる．

これらのアイデアを取り込む数学的に簡便な方法は，1 個体あたりの増加率 $\dot{N}/N$ が N とともに**線形**に減少すると仮定することである (図 2.3.2)．これにより，人口増加を記述するために 1838 年に Verhulst によって最初に提案された**ロジスティック方程式** (logistic equation)

$$\dot{N} = rN\left(1 - \frac{N}{K}\right)$$

が導かれる．この方程式は解析的にも解けるが (演習問題 2.3.1)，再度，図を用いる方法を選ぼう．$\dot{N}$ を N に対してプロットし，ベクトル場がどのようなものかをしらべる．ここで，負の個体数を考えても無意味なので，$N \geq 0$ のみをプロットしていることに注意せよ (図 2.3.3)．$\dot{N} = 0$ として N について解けばわかるように，固定点は $N^* = 0$ と $N^* = K$ に生じる．図 2.3.3 の流れを見れば，$N^* = 0$

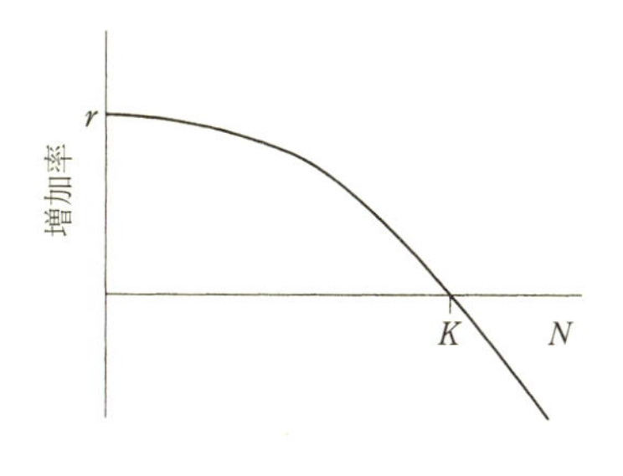

図 2.3.1

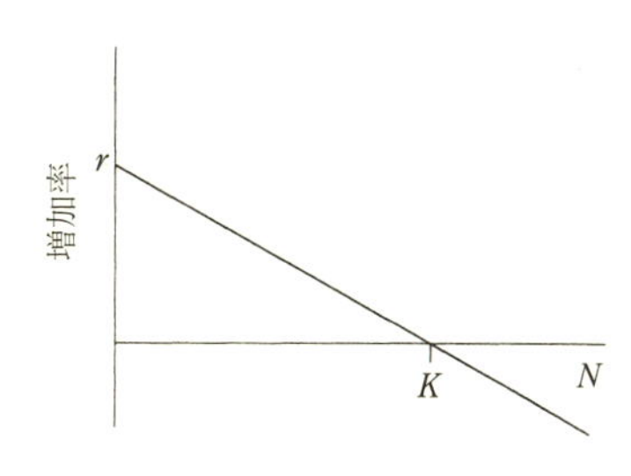

図 2.3.2

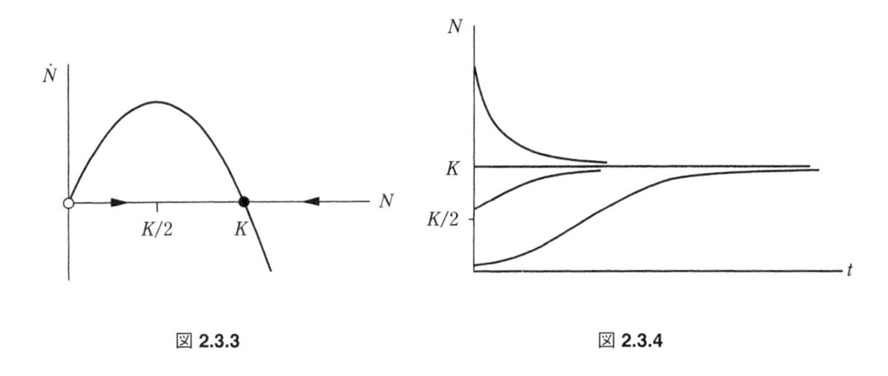

図 **2.3.3**　　図 **2.3.4**

は不安定固定点で，$N^* = K$ は安定固定点であることがわかる．生物学的にいえば，$N = 0$ は不安定な平衡状態である．つまり，小さな個体群は指数関数的に増加して $N = 0$ から離れてゆく．一方，もし N が K から少しだけ離れるような擾乱を受けたとしても，擾乱は単調に減衰し，$t \to \infty$ で $N(t) \to K$ となる．

実際，図 2.3.3 は相空間の点がどの $N_0 > 0$ から出発しても常に $N = K$ に向かって流されることを示す．それゆえ，**個体数は常に環境収容力に近づく**．唯一の例外は $N_0 = 0$ である．その場合，まわりに誰も繁殖を始める者がいないので，ずっと $N = 0$ である (このモデルでは自然発生は許されない!)．

図 2.3.3 により，解の定性的な形を推定することもできる．たとえば，もし $N_0 < K/2$ なら，相空間の点は，図 2.3.3 の放物線が極大に達する $N = K/2$ を過ぎるまで，どんどん速度を増しながら動く．その後，点の動きは遅くなり，やがて $N = K$ に向かってゆっくりと這うように進むようになる．生物学的にいうと，これは個体数が初期には加速度的に増加し，$N(t)$ のグラフが下に凸となることを意味する．しかし，$N = K/2$ を過ぎてからは微分 $\dot{N}$ が減少し始め，$N(t)$ は上に凸となって水平線 $N = K$ に漸近する (図 2.3.4)．したがって，$N_0 < K/2$ であれば，$N(t)$ のグラフは S 字的，あるいは**シグモイド** (sigmoid) である．

もし初期条件 N_0 が $K/2$ と K の間にあれば，定性的にやや異なることが起こる．今度は解は最初から減速する．ゆえに，解はすべての t に対して上に凸である．もし個体数が最初から環境収容力を超えていたら ($N_0 > K$)，$N(t)$ は $N = K$ に向かって減少し，下に凸である．最後に，もし $N_0 = 0$ または $N_0 = K$ ならば，個体数は一定に留まる．

ロジスティックモデルの批評

この話題を離れる前に，ロジスティック方程式の生物学的な妥当性について少しコメントしなくてはならない．この方程式の形そのものは，文字通りに受け取るべきではない．実際のところ，このモデルは個体数がゼロからある環境収容力 K まで増加する傾向をもつ個体群のメタファーだと見なされるべきである．

当初はずっと厳格な解釈が提案されており，このモデルは増加の普遍則であると主張されていた (Pearl 1927)．ロジスティック方程式の妥当性は，一定の気候と食物の供給があり，捕食者がいない状況で，バクテリア，酵母，または他の単純な生物のコロニーを成長させる実験によって検証されている．これに関する文献の良いレビューとしては，Krebs (1972, pp. 190–200) を参照せよ．これらの実験は，多くの場合シグモイド的な増加曲線を示し，いくつかの場合にはロジスティック方程式の予言とみごとに一致した．

一方，ミバエ (実蠅)，コクヌストモドキ (flour beetle)[*2]，およびその他の卵，幼虫，さなぎ，成虫からなる複雑なライフサイクルをもつ生物については，あまり一致しなかった．これらの生物では，予言されたような環境収容力への漸近は決して観察されなかった．そのかわりに，個体数は初期のロジスティック増加の後，持続する大きなゆらぎを示した．年齢構成や，個体群の過密さの影響の時間遅れなど，そのようなゆらぎを引き起こす可能性のある原因についての議論は，Krebs (1972) を参照せよ．

集団生物学に関するさらに進んだ読本としては，Pielou (1969), May (1981) を参照せよ．Edelstein-Keshet (1988) および Murray (1989) は，数理生物学一般に関する優れた教科書である．

2.4 線形安定性解析

固定点の安定性を決定するために，ここまでは図を用いた方法に頼ってきた．しかし，安定性のもっと定量的な尺度，たとえば安定な固定点への減衰率などが欲しいこともしばしばある．これから説明するように，この種の情報は固定点のまわりでの**線形化** (linearization) によって得ることができる．

x^* を固定点として，$\eta(t) = x(t) - x^*$ を x^* からの小さな摂動としよう．摂動

*2 (訳注) 甲虫目ゴミムシダマシ科に属する小麦など穀粉類につく害虫．

が成長するか減衰するかを知るために，η の従う微分方程式を導出する．x^* は定数なので，微分すると，

$$\dot{\eta} = \frac{\mathrm{d}}{\mathrm{d}t}(x - x^*) = \dot{x}$$

となる．したがって，$\dot{\eta} = \dot{x} = f(x) = f(x^* + \eta)$ である．ここでテイラー展開を用いると，

$$f(x^* + \eta) = f(x^*) + \eta f'(x^*) + O(\eta^2)$$

が得られる．ここで，$O(\eta^2)$ は η の 2 次の微小項を表す．最後に，x^* が固定点なので $f(x^*) = 0$ であることに注意する．ゆえに，

$$\dot{\eta} = \eta f'(x^*) + O(\eta^2)$$

となる．さて，もし $f'(x^*) \neq 0$ ならば $O(\eta^2)$ の項は無視できて，近似的に

$$\dot{\eta} \approx \eta f'(x^*)$$

と書ける．これは η についての線形方程式で，x^* **のまわりの線形化**とよばれる．この方程式は，**摂動** $\eta(t)$ **が** $f'(x^*) > 0$ **なら指数関数的に成長し，**$f'(x^*) < 0$ **なら減衰すること**を示す．もし $f'(x^*) = 0$ なら $O(\eta^2)$ の項は無視できず，以下の例題 2.4.3 で議論されるように，安定性を決めるには非線形解析が必要となる．

要するに，固定点での傾き $f'(x^*)$ がその安定性を決める．これまでの例を顧みれば，安定な固定点では傾きが常に負であったことがわかるだろう．$f'(x^*)$ の**符号**の重要さは，図を用いた方法からも明らかであった．ここで新しいのは，**どのくらい**固定点が安定なのかの尺度を得たことである．これは $f'(x^*)$ の**大きさ**で決まる．この大きさが，指数関数的な成長率あるいは減衰率の役割を果たす．その逆数 $1/|f'(x^*)|$ は**特徴的な時間スケール**である．この値は，$x(t)$ が x^* の近傍で有意に変動するために必要な時間を決める．

例題 2.4.1 線形安定性解析を用いて $\dot{x} = \sin x$ の固定点の安定性を決定せよ．

(解) 固定点は $f(x) = \sin x = 0$ となるところに生じる．よって，k を整数として $x^* = k\pi$ である．したがって，

$$f'(x^*) = \cos k\pi = \begin{cases} 1 & (k \text{ が偶数}) \\ -1 & (k \text{ が奇数}) \end{cases}$$

となる．ゆえに，もし k が偶数なら x^* は不安定で，k が奇数なら安定である．これは図 2.1.1 に示した結果と一致する．■

例題 2.4.2 ロジスティック方程式の固定点を線形安定性解析を用いて分類し，それぞれの場合について特徴的な時間スケールを求めよ．

(解) この場合，$f(N) = rN(1 - N/K)$ で，固定点は $N^* = 0$ および $N^* = K$ である．すると $f'(N) = r - 2rN/K$ なので $f'(0) = r$ および $f'(K) = -r$ である．ゆえに，以前の図を用いた解析でわかっていた通り，$N^* = 0$ は不安定で，$N^* = K$ は安定である．いずれの場合も特徴的な時間スケールは $1/|f'(N^*)| = 1/r$ である．■

例題 2.4.3 $f'(x^*) = 0$ であるときには固定点の安定性について何がいえるのか?

(解) 一般には何もいえない．安定性は図を用いた方法によって個別に決めるのが最善である．以下の例を考えよう．

(a) $\dot{x} = -x^3$
(b) $\dot{x} = x^3$
(c) $\dot{x} = x^2$
(d) $\dot{x} = 0$

どの系も $f'(x^*) = 0$ となる固定点 $x^* = 0$ をもつ．しかし安定性はそれぞれの場合で異なる．図 2.4.1 は (a) が安定で (b) が不安定であることを示す．(c) は両者の混ざった場合で，固定点は左側には吸引的で右側には反発的なので，**半安定** (half-stable) と

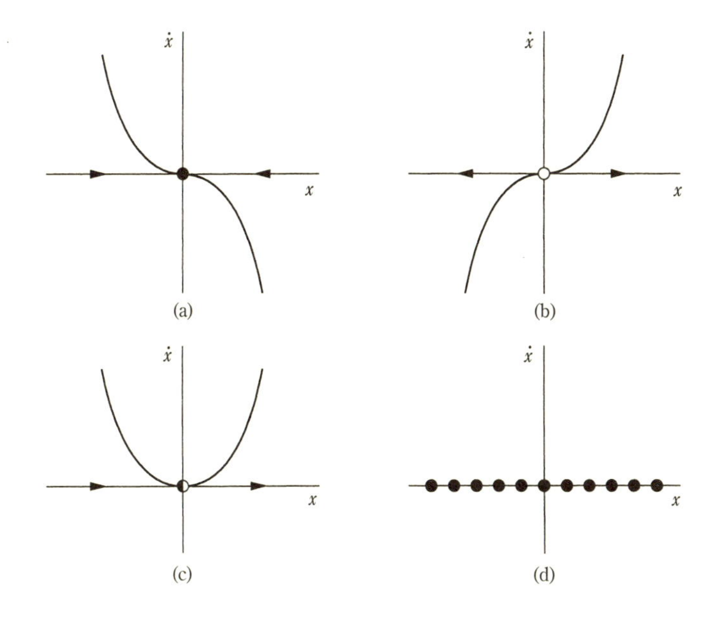

図 **2.4.1**

よぶことにしよう．よって，このタイプの固定点を半分だけ塗った円で示す．(d) は直線全体が固定点となる場合である．摂動は成長も減衰もしない．これらの例題は人工的に見えるかもしれないが，**分岐**の文脈において自然に現れることがいずれわかるだろう．詳しくは後で述べる．■

2.5 解の存在と一意性

これまでのところベクトル場を形式張らずに取り扱ってきた．特に，系 $\dot{x}=f(x)$ の解の存在と一意性に関する問題に対して無頓着な態度をとってきた．これは，この本の「応用」精神に沿うものである．しかしながら，いくつかの病的な場合にどういう間違いが起こりうるのかは，承知しておかなくてはならない．

例題 2.5.1 $\dot{x}=x^{1/3}$ の $x_0=0$ から出発する解は一意的ではないことを示せ．

(解) 点 $x=0$ は固定点なので，1 つの自明な解は，すべての t に対して $x(t)=0$ となるものである．驚くべきことに**もう 1 つ別の**解がある．これを求めるために変数を分離して積分する．

$$\int x^{-1/3}\mathrm{d}x=\int \mathrm{d}t$$

よって $\frac{3}{2}x^{2/3}=t+C$ である．初期条件 $x(0)=0$ を課すと $C=0$ となる．ゆえに，$x(t)=\left(\frac{2}{3}t\right)^{3/2}$ も解である！■

一意性が成り立たないときには幾何学的な方法も挫折する．相空間の点が，どのように動けばよいのかわからなくなるためである．もしこの点が原点から出発したのだとすると，点はそこに留まるのだろうか，それとも $x(t)=\left(\frac{2}{3}t\right)^{3/2}$ に従っ

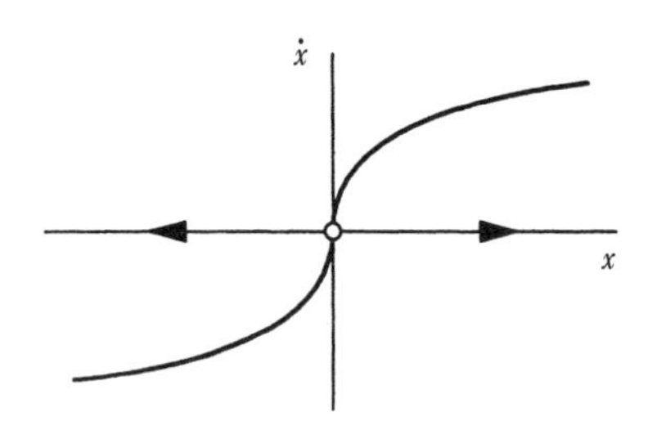

図 2.5.1

て動くのだろうか? (あるいは，私の小学校時代の友達が，抵抗できないほど強い力と絶対に動かせない物体の問題を議論するときによくいっていたように，点はひょっとすると破裂するかもしれない!)

実際のところ，例題 2.5.1 はいま見たよりもさらに悪い状況にある．同じ初期条件から出発する**無限**に多くの解が存在するのだ (演習問題 2.5.4).

この非一意性の原因は何なのだろうか? ベクトル場を見ればヒントが得られる (図 2.5.1). 固定点 $x^* = 0$ は**とても**不安定であることがわかる．つまり，傾き $f'(0)$ は無限大である．

この例題に教訓を得て，$\dot{x} = f(x)$ の解の存在と一意性の十分条件を与える定理を述べることにする．

解の存在と一意性定理 初期値問題

$$\dot{x} = f(x), \qquad x(0) = x_0$$

を考える．$f(x)$ と $f'(x)$ が x 軸の開区間 R 上で連続だと仮定し，x_0 は R 内の点だと仮定しよう．すると，この初期値問題は $t = 0$ のまわりのある区間 $(-\tau, \tau)$ で解 $x(t)$ をもち，この解は一意的である．

存在と一意性定理の証明については，Borrelli と Coleman (1987), Lin と Segel (1988) を参照せよ．あるいは常微分方程式に関するものであればどんな教科書でもよい．

この定理は，**もし** $f(x)$ **が十分に滑らか**ならば，解が存在して一意的であることを述べている．それでも，次の例で示すように，解がすべての t に対して存在する保証はない．

例題 2.5.2 初期値問題 $\dot{x} = 1 + x^2$, $x(0) = x_0$ の解の存在と一意性を議論せよ．解はすべての時間にわたって存在するか?

(解) ここでは $f(x) = 1 + x^2$ である．この関数はすべての x について連続で，導関数も連続である．ゆえに，上の定理は任意の初期条件 x_0 に対して解が存在して一意的であることを述べる．しかし，**この定理は解がすべての時間にわたって存在するとは述べていない**．解は $t = 0$ のまわりの (非常に短いかもしれない) 区間において存在することを保証されているだけである．

たとえば $x(0) = 0$ の場合を考えよう．すると，この問題は変数分離により解析的に解ける．つまり，

$$\int \frac{\mathrm{d}x}{1 + x^2} = \int \mathrm{d}t$$

より

$$\tan^{-1} x = t + C$$

が得られる．初期条件 $x(0) = 0$ は $C = 0$ を意味する．ゆえに $x(t) = \tan t$ は解である．しかし，この解は，$t \to \pm\pi/2$ で $x(t) \to \pm\infty$ となるため，$-\pi/2 < t < \pi/2$ の間だけでしか存在しないことに注意せよ．この区間の外部では，$x_0 = 0$ に対する初期値問題の解は存在しない．■

例題 2.5.2 で驚くのは，系が**有限時間**で無限大に達する解をもつことである．この現象は**爆発** (blow-up) とよばれる．この現象は，その名が示すように，燃焼などの急激に進行する過程のモデルにおいて物理的な意義をもつ．

存在と一意性定理にはさまざまな拡張の方法がある．f が時刻 t やいくつかの変数 $x_1, \cdots, x_n$ に依存することも許される．最も役に立つ拡張の 1 つについては，後ほど 6.2 節で議論されるだろう．

今後，存在と一意性に関する問題は気にしないことにする．われわれの扱うベクトル場は概してトラブルが生じない程度に十分に滑らかである．たまたまもっと危険な例に出会ったときには，そのときに対処しよう．

2.6 振動できないこと

固定点は 1 次元系のダイナミクスを支配する．これまでのどの例でも，軌道はすべて固定点に接近するか $\pm\infty$ に発散するかのどちらかだった．実際，実線上のベクトル場で起こりうるのは，それらのダイナミクス**のみ**である．その理由は，軌道が単調に増加または減少すること，あるいは一定に留まることを強制されて

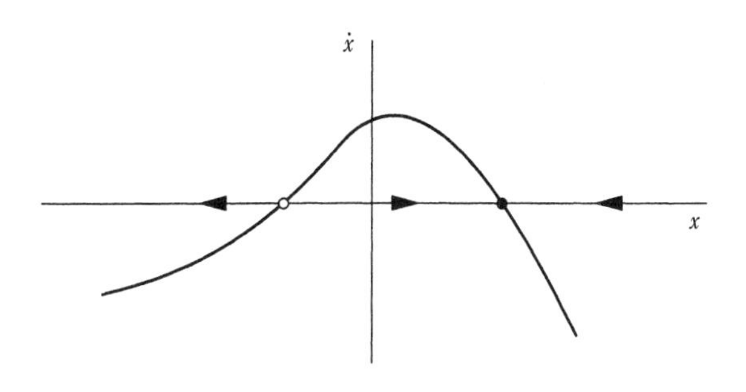

図 **2.6.1**

いるからである (図 2.6.1). より幾何学的にいうと，点は決して動く向きを変えることはないのである.

したがって，もし固定点が平衡解だと見なされるなら，平衡解への接近は常に**単調**である．行き過ぎや減衰振動は 1 次元系では決して起こらない．同じ理由により，減衰しない振動も不可能である．ゆえに，$\dot{x} = f(x)$ **に周期解は存在しない**.

これらの一般的な結果は，根本的に位相幾何学的な起源のものであり，$\dot{x} = f(x)$ が**直線**上の流れに対応することの反映である．もし読者が直線の上を単調に流されて行くとすると，決して出発点には戻って来ることはないだろう．これが周期解が不可能な理由である. (当然だが，もし直線ではなく**円周**を扱っているのなら，いずれ出発点に戻ることができるだろう．したがって，4 章で議論するように，円周上のベクトル場は周期解を示しうる.)

力学的アナロジー：過減衰系

$\dot{x} = f(x)$ の解が振動できないことに驚くかもしれないが，この事実は力学的なアナロジーにもとづいて考えれば明白となる．$\dot{x} = f(x)$ をニュートンの法則の極限的な場合だとみなそう.「慣性項」$m\ddot{x}$ が無視できるような極限である.

たとえば，質量 m の物体が復元力 $F(x)$ の非線形ばねにつながれているとする．ここで，x は原点からの変位である．さらに，この物体は蜂蜜やエンジンオイルのようなとても粘性の高い流体のタンクに浸されており (図 2.6.2)，減衰力 $b\dot{x}$ を受けているとしよう．すると，ニュートンの法則は $m\ddot{x} + b\dot{x} = F(x)$ となる.

もし粘性による減衰項が慣性項に比べて強ければ ($b\dot{x} \gg m\ddot{x}$)，系は $b\dot{x} = F(x)$，あるいは，$f(x) = b^{-1}F(x)$ として，$\dot{x} = f(x)$ のようにふるまうはずである．この**過減衰**(overdamped) 極限では，この力学的な系の挙動ははっきりしている．物体は $f(x) = 0$ で $f'(x) < 0$ となる安定な固定点に留まろうとする．もし少しずら

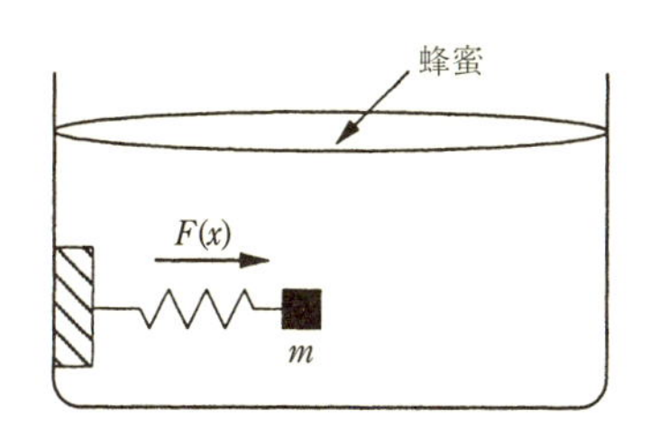

図 **2.6.2**

されたとしても，物体は復元力によって固定点にゆっくり引きずり戻される．減衰が非常に大きいので，行き過ぎは起こりえない．ましてや減衰しない振動など問題外である！これらの結論は，先ほど幾何学的な論法によって得たものに一致する．

実際のところ，この論法は少々いんちきであることを白状しなくてはならない．慣性項 $m\ddot{x}$ を無視することは，慣性項と減衰項が同程度の大きさとなる急速な初期緩和過程の後においてのみ妥当である．この点に関してまっとうに議論するには，現時点で利用できるものよりも多くの手法を必要とする．3.5 節でこの問題に戻る．

2.7　ポテンシャル

1 次元の系 $\dot{x} = f(x)$ のダイナミクスを可視化するもう 1 つの方法がある．それはポテンシャルエネルギーという物理的な考えにもとづくものである．ポテンシャルの井戸の壁を滑り降りる粒子を想像しよう．ここで，**ポテンシャル** (potential) $V(x)$ は

$$f(x) = -\frac{\mathrm{d}V}{\mathrm{d}x}$$

により定義される．前と同じく，粒子は強く減衰を受けていると考える必要がある．つまり，慣性力は減衰力とポテンシャルによる力に比べて完全に無視できるとする．たとえば，粒子がポテンシャルの壁を覆う厚くて粘性の高い層の中を苦労して進まなくてはならない状況を考えよ (図 2.7.1)．

V の定義の中にある負の符号は，物理学における標準的な慣例に従っている．

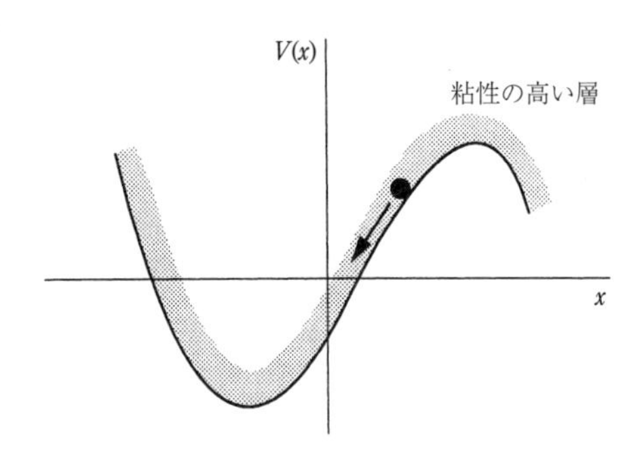

図 **2.7.1**

これは運動が進む際に粒子が常に「坂を下って」動くことを意味する．これを確かめるために，x を t の関数だと考えて，$V(x(t))$ の時間微分を計算しよう．微分の連鎖律を使うと，

$$\frac{\mathrm{d}V}{\mathrm{d}t} = \frac{\mathrm{d}V}{\mathrm{d}x}\frac{\mathrm{d}x}{\mathrm{d}t}$$

が得られる．1 次元の系ではポテンシャルの定義より $\dot{x} = f(x) = -\mathrm{d}V/\mathrm{d}x$ なので，

$$\frac{\mathrm{d}x}{\mathrm{d}t} = -\frac{\mathrm{d}V}{\mathrm{d}x}$$

である．ゆえに，

$$\frac{\mathrm{d}V}{\mathrm{d}t} = -\left(\frac{\mathrm{d}V}{\mathrm{d}x}\right)^2 \le 0$$

である．このように，$V(t)$ は**軌道に沿って減少する**ので，粒子はいつもポテンシャルの低い方へ向かって動く．もちろん，もし粒子がたまたま $\mathrm{d}V/\mathrm{d}x = 0$ となる**平衡点**(釣り合いの位置) にいた場合は，V は一定のままである．$\mathrm{d}V/\mathrm{d}x = 0$ は $\dot{x} = 0$ を意味するので，これは当然である．平衡点はベクトル場の固定点に生じる．直観的に予想できるように，$V(x)$ の極小点は**安定**な固定点に対応し，極大点は不安定な固定点に対応することに注意しておこう．

例題 2.7.1 系 $\dot{x} = -x$ のポテンシャルをグラフに描き，すべての平衡点を求めよ．

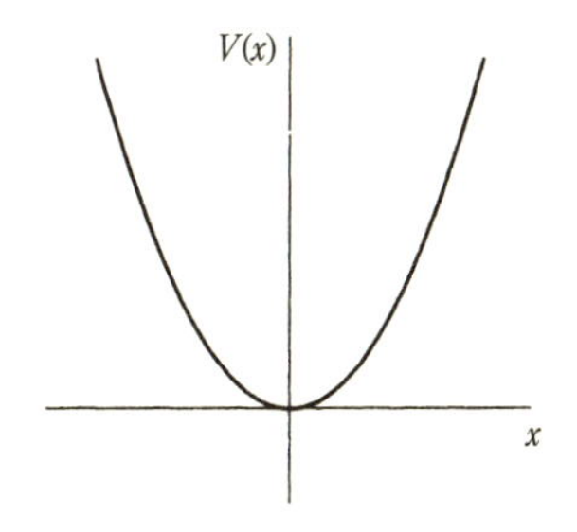

図 **2.7.2**

(解) $-\mathrm{d}V/\mathrm{d}x = -x$ となるような $V(x)$ を求める必要がある．その一般解は $V(x) = \frac{1}{2}x^2 + C$ であり，C は任意の定数である．(ポテンシャルが任意定数を 1 つ残す形でしか定義されないのはいつも通りである．通常は便利の良いように $C = 0$ を選ぶ.) $V(x)$ のグラフを図 2.7.2 に示す．唯一の平衡点は $x = 0$ で生じ，安定である．■

例題 2.7.2 系 $\dot{x} = x - x^3$ のポテンシャルをグラフに描き，すべての平衡点を求めよ．

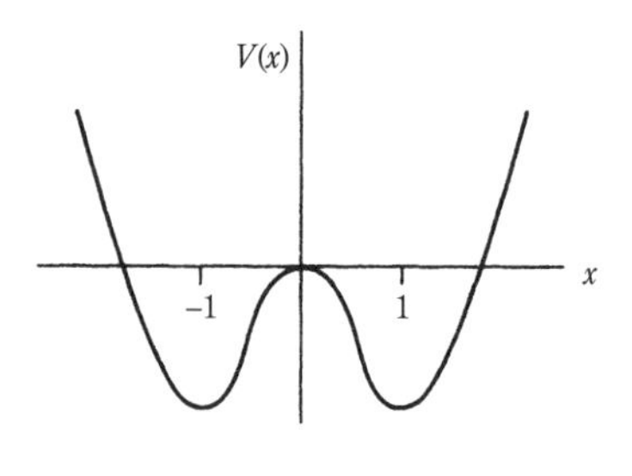

図 **2.7.3**

(解) $-\mathrm{d}V/\mathrm{d}x = x - x^3$ を解くと

$$V = -\frac{1}{2}x^2 + \frac{1}{4}x^4 + C$$

が得られる．ここで再び $C = 0$ とおく．図 2.7.3 に V のグラフを示す．$x = \pm 1$ にある極小点は安定な平衡点に対応し，$x = 0$ にある極大点は不安定な平衡点に対応する．図 2.7.3 に示したポテンシャルはしばしば **2 重井戸ポテンシャル** (double-well potential) とよばれ，系は 2 つの安定な平衡点をもつので**双安定** (bistable) といわれる．■

2.8 コンピューターによる方程式の解法

この章を通じて，図を用いた方法と解析的な方法により 1 次元の系を解析してきた．新進の力学系研究者なら誰であれ，第 3 の道具である数値的な方法もマスターしておかなくてはならない．昔は数値的な方法は莫大な量の退屈な手計算を必要としたため使い物にならなかった．しかしコンピューターのおかげで状況は大きく変わった．コンピューターにより，解析的には手に負えない問題の解を近似して可視化することが可能となった．この節で，$\dot{x} = f(x)$ の**数値積分**に関連して，コンピューターによるダイナミクスの研究に初対面する．

数値積分は広大な研究テーマである．ここではその上面をわずかに引っ掻くだけである．Press ら (1986) の 15 章にある素晴らしい取扱いを参照せよ．

オイラー法

ここでの問題は以下のように述べることができる．時刻 $t = t_0$ において初期条件 $x = x_0$ を課された微分方程式 $\dot{x} = f(x)$ を与えられたとき，その解 $x(t)$ を近似する系統的な方法を探せ．

$\dot{x}=f(x)$ のベクトル場による解釈を用いよう．つまり，位置 x で速度 $f(x)$ をもつような，x 軸上を定常に流れる流体を考える．この流体によって下流に運ばれる相空間の点と並走している状況を想像しよう．最初，私たちは x_0 におり，そこでの局所的な速度は $f(x_0)$ である．短い時間 Δt だけ流されると，距離 = 速度 × 時間なので，$f(x_0)\Delta t$ だけ動かされるだろう．もちろん，速度はこのステップの間にも少し変化するので，これは完全には正しくない．しかし，十分に小さなステップの間なら，速度はほとんど一定で，この近似は適度に良いはずである．ゆえに，新しい位置 $x(t_0+\Delta t)$ は近似的に $x_0+f(x_0)\Delta t$ となる．この近似値を x_1 とすると，

$$x(t_0+\Delta t)\approx x_1=x_0+f(x_0)\Delta t$$

である．

さて，これを繰り返そう．上述の近似によって私たちは新しい位置 x_1 に連れて行かれた．その位置での新たな速度は $f(x_1)$ であるので，もう一歩 $x_2=x_1+f(x_1)\Delta t$ に前進する．以下同様である．更新ルールは一般に

$$x_{n+1}=x_n+f(x_n)\Delta t$$

となる．これが考えうる限り最も単純な積分方法である．これは**オイラー法** (Euler's method) として知られている．

オイラー法は，x を t に対してプロットすることによって可視化できる (図 2.8.1)．図中の曲線は厳密解 $x(t)$ を示し，白丸は離散時刻 $t_n=t_0+n\Delta t$ での値 $x(t_n)$ を示す．黒丸はオイラー法により与えられる近似値を示す．すぐにわかるように，Δt

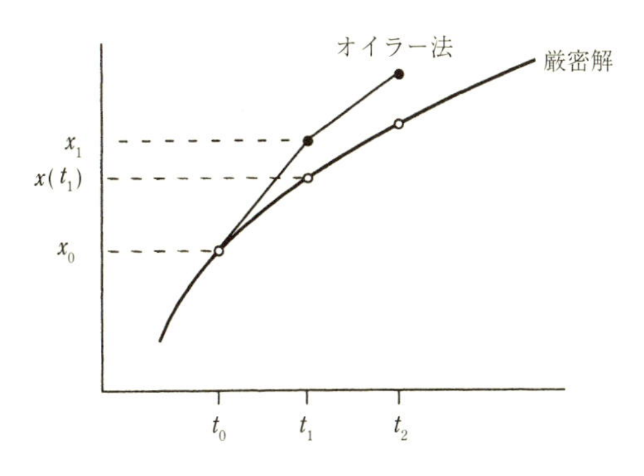

図 2.8.1

が極度に小さくない限り，近似は急に悪くなる．ゆえに，オイラー法は実用上は推奨できないが，次に議論するもっと正確な方法についての概念的なエッセンスを含んでいる．

精度の改善

オイラー法の問題の 1 つは，t_n と t_{n+1} の間の区間の左端だけで微分を見積もっていることである．より賢明な方法は，この区間にわたる微分の**平均**を使うことだろう．これが**修正オイラー法** (improved Euler's method) の背後にあるアイデアである．まずオイラー法によりこの区間にわたる試行ステップを行う．これにより，試行値 $\tilde{x}_{n+1} = x_n + f(x_n)\Delta t$ が得られる．x の上のチルダ記号 ($\tilde{}$) は，これが調査のためだけに使われる試験的なステップであることを意味する．これによって区間の両端での微分の値を推定できたので，$f(x_n)$ と $f(\tilde{x}_{n+1})$ を平均して，この区間にわたる**実際の**ステップを進めるために用いる．よって，修正オイラー法は

$$\tilde{x}_{n+1} = x_n + f(x_n)\Delta t \qquad \text{(試行ステップ)}$$
$$x_{n+1} = x_n + \frac{1}{2}\left[f(x_n) + f(\tilde{x}_{n+1})\right]\Delta t \qquad \text{(実際のステップ)}$$

となる．

この方法は，**ステップ幅** Δt が与えられたときに，より小さな**誤差** $E = |x(t_n) - x_n|$ しか生じない傾向があるという意味において，オイラー法より正確である．いずれの場合にも $\Delta t \to 0$ で誤差は $E \to 0$ となるが，修正オイラー法では誤差が**より速く**減少する．つまり，オイラー法では $E \propto \Delta t$ だが，修正オイラー法では $E \propto (\Delta t)^2$ となることを示すことができる (演習問題 2.8.7 と 2.8.8)．数値解析の専門用語でいうと，オイラー法は 1 次で，修正オイラー法は 2 次である．

3 次，4 次，さらに高次の方法も考え出されてきているが，高次の方法が必ずしも優れているわけではないことは認識しておかなくてはならない．高次の方法はより多くの計算と関数の評価を必要とするので，それらに関する計算コストがかかるからである．実用上は，**4 次のルンゲ–クッタ法** (fourth-order Runge–Kutta method) によってちょうどよいバランスが達成される．この方法では，x_n を用いて x_{n+1} を求めるために，以下の 4 つの数の計算が必要となる (演習問題 2.8.9 でわかるように，これらは巧妙に選ばれている)．

$$k_1 = f(x_n)\Delta t$$

$$k_2 = f\left(x_n + \frac{1}{2}k_1\right)\Delta t$$
$$k_3 = f\left(x_n + \frac{1}{2}k_2\right)\Delta t$$
$$k_4 = f(x_n + k_3)\Delta t$$

すると，x_{n+1} は

$$x_{n+1} = x_n + \frac{1}{6}(k_1 + 2k_2 + 2k_3 + k_4)$$

で与えられる．この方法は，極端に小さな Δt を必要とすることなく，一般に正確な結果を与える．もちろん，だいたいにおいて大きな時間ステップが許されるのに，ある区間では小さな時間ステップが必要となるような厄介な問題もある．その場合，ステップの幅を自動制御するルンゲ–クッタ・ルーチンを使いたくなるかもしれない．その詳細については，Press ら (1986) を参照せよ．

今やコンピューターがとても高速なのだから，なぜいさぎよく微小な Δt を採用しないのか不思議に思うかもしれない．その難しさは，極端に多くの数の演算が発生し，それぞれが**丸め誤差**の形でペナルティを伴うことにある．コンピューターは無限の精度はもっておらず，ある小さな量 δ の差しかない 2 つの数は区別できない．典型的に，オーダー 1 の数に対して，単精度では $\delta \approx 10^{-7}$ で，倍精度では $\delta \approx 10^{-16}$ である．丸め誤差はすべての計算において生じ，もし Δt が小さ過ぎる場合，その蓄積は深刻なものとなる．Hubbard と West (1991) に良い議論がある．

実際上の問題

読者がコンピューターで微分方程式を解きたい場合，いくつかの選択肢がある．もし読者自身でやりたければ，自分自身の数値積分ルーチンを書き，利用可能な任意のグラフィックス機能を用いてその結果をプロットすればよい．出発点としては上で与えた情報で十分だろう．さらなる手引きとしては Press ら (1986) を参考にせよ．Fortran, C, Pascal で書かれたサンプルルーチンが提供されている．

2 つ目の選択肢は，既存の数値的手法のパッケージを用いることである．IMSL と NAG によるソフトウェアライブラリは，さまざまな種類の最新の数値積分ルーチンを含んでいる．これらのライブラリは，しっかりとした文書で裏付けられており，信頼性があり，融通が効き，ほとんどの大学の計算機センターやネットワークに備え付けられている．*MATLAB*, *Mathematica*, *Maple* は，より対話的なソフトウェアで，やはり常微分方程式を解くためのプログラムを備えている．

最後の選択肢は，数値解析ではなくダイナミクスを探求したい人達へのものである．近年，力学系のソフトウェアがパソコンでも使えるようになった．読者は方程式とパラメーターを打ち込むだけでよい．プログラムが方程式を数値的に解いて結果をプロットする．推奨できるプログラムは，IBM PC 用の *Phaser* (Kocak 1989) や，Macintosh 用の *MacMath* (Hubbard と West 1992) などである．この本の図の多くは *MacMath* を使って生成した．

これらのプログラムは簡単に使うことができて，力学系に関する直観を養う手助けをしてくれるだろう[*3]．

例題 2.8.1 *MacMath*[*4]を使って数値的に系 $\dot{x} = x(1-x)$ を解け．

(解) これはパラメーターが $r = 1$, $K = 1$ のロジスティック方程式 (2.3 節) である．以前，幾何学的な議論にもとづいて，解の大まかな図を与えた．今度はより定量的な図を描くことができる．

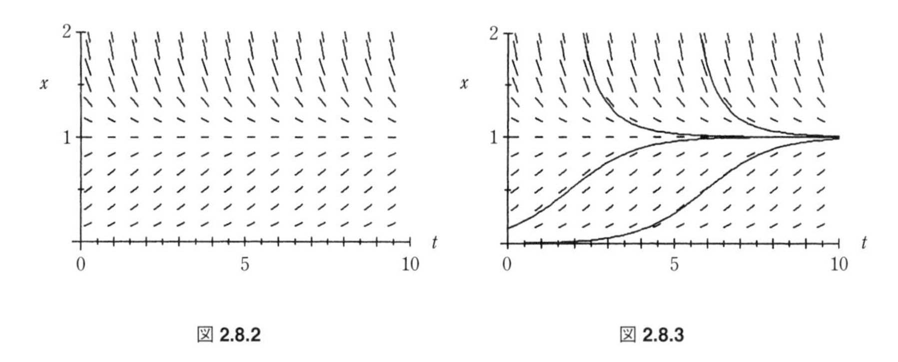

図 2.8.2　　図 2.8.3

最初のステップとして，系の**傾き場**を (t, x) 平面にプロットする (図 2.8.2)．ここで，方程式 $\dot{x} = x(1-x)$ を，以下の新たな方法で解釈する．まず，各点 (t, x) に対して，方程式はその点を通る解の傾き $\mathrm{d}x/\mathrm{d}t$ を与える．これらの傾きを小さな線分によって示したものが図 2.8.2 である．これにより，解を求めるのは局所的な傾きに常に接する曲線を描く問題となった．図 2.8.3 に (t, x) 平面のさまざまな点から出発した 4 つの解を示す．これらの数値解はステップ幅 $\Delta t = 0.1$ のルンゲ–クッタ法で計算されたものであり，確かに 2.3 節で予想されたような形状をもっている．■

*3 (訳注) この本の原著が出版されたのは 1994 年なので，今となっては利用が困難なソフトウェアもある．

*4 (訳注) あるいは *Mathematica* など，他の任意のソフトウェア．

力学系の研究にコンピューターは欠くことができない．この本を通じてコンピューターを自由に使うので，読者にもそのようにしていただきたい．

演 習 問 題

2.1 幾何学的な考察法

以下の 3 つの演習問題では $\dot{x} = \sin x$ を直線上の流れとみなすこと．

2.1.1 流れのすべての固定点を求めよ．

2.1.2 流れは x のどの点において右向きに最大の速度をとるか?

2.1.3

(a) 流れの加速度 $\ddot{x}$ を x の関数として求めよ．

(b) 流れが最大の正の加速度をもつ点を求めよ．

2.1.4 (**$\dot{x} = \sin x$ の厳密解**) 本文で示したように，$\dot{x} = \sin x$ は解 $t = \ln|(\csc x_0 + \cot x_0)/(\csc x + \cot x)|$ をもつ．ここで，$x_0 = x(0)$ は x の初期値である．

(a) ある特定の初期条件 $x_0 = \pi/4$ を与えられたとき，上の解の逆関数を求めることができて，

$$x(t) = 2\tan^{-1}\left(\frac{\mathrm{e}^t}{1+\sqrt{2}}\right)$$

が得られることを示せ．2.1 節で議論されたように，$t \to \infty$ で $x(t) \to \pi$ となることを結論づけよ．(この問題を解くためには，三角関数の公式が得意でなくてはならない.)

(b) 任意の初期条件 x_0 に対する $x(t)$ の解析解を求めてみよ．

2.1.5 (力学的なアナロジー)

(a) 近似的に $\dot{x} = \sin x$ に従う力学的な系を探してみよ．

(b) 物理的な直観を用いて，なぜ今や $x^* = 0$ が不安定固定点であり，$x^* = \pi$ は安定固定点であることが明らかとなったのかを説明せよ．

2.2 固定点と安定性

以下の方程式を図を用いて解析せよ．それぞれの場合について，実直線上のベクトル場を描き，すべての固定点を求め，それらの安定性を分類し，いくつかの異なる初期条件に対して $x(t)$ のグラフを描け．それから，2, 3 分の間，$x(t)$ の解析解を得る努力をしてみよ．解を閉じた形で求めることが不可能な場合もあるので，もし行き詰ってもあまり長くは考え続けないこと！

2.2.1 $\dot{x} = 4x^2 - 16$

2.2.2 $\dot{x} = 1 - x^{14}$

2.2.3 $\dot{x} = x - x^3$

2.2.4 $\dot{x} = \mathrm{e}^{-x}\sin x$

2.2.5 $\dot{x} = 1 + \frac{1}{2}\cos x$

2.2.6 $\dot{x} = 1 - 2\cos x$

2.2.7 $\dot{x} = \mathrm{e}^x - \cos x$ (ヒント：同じ座標軸上に e^x と $\cos x$ のグラフを描いて交点を探せ．固定点を明示的に求めることはできないが，定性的な挙動を知ることはできる.)

2.2.8 **(流れから方程式への逆向きの課題)** 方程式 $\dot{x} = f(x)$ を与えられたときに，実直線上の対応する流れを描く方法はわかっている．ここで，逆の問題を解いてみよ．図 1 に示された相図に対して，これと矛盾しないような方程式を求めよ. (正しい答も誤った答も無限にある.)

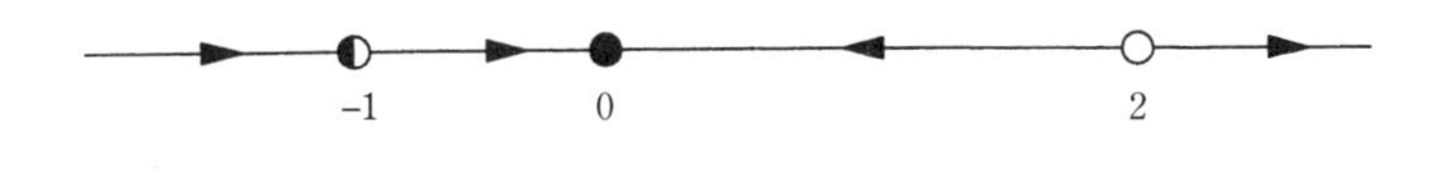

図 1

2.2.9 **(解から方程式へのさらに逆向きの課題)** 図 2 と矛盾しないような解 $x(t)$ をもつ方程式 $\dot{x} = f(x)$ を求めよ．

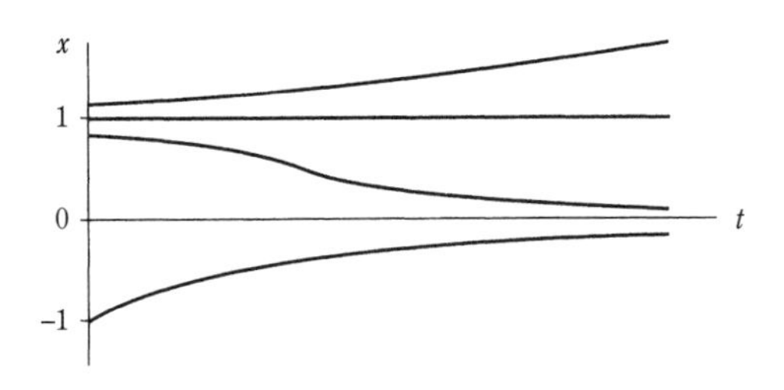

図 2

2.2.10 **(固定点)** (a)–(e) のそれぞれについて，以下に述べる性質をもつ方程式 $\dot{x} = f(x)$ を求めよ．もしそのような例が存在しないならば，その理由を説明せよ. (いずれの場合も $f(x)$ は滑らかな関数であると仮定せよ.)

(a) どの実数も固定点である．

(b) どの整数も固定点であり，それ以外に固定点はない．

(c) ちょうど 3 つの固定点があり，そのすべてが安定である．

(d) 固定点が存在しない．

(e) ちょうど 100 個の固定点がある．

2.2.11 **(コンデンサーの充電の解析解)** 例題 2.2.2 に現れた初期値問題

$$\dot{Q} = \frac{V_0}{R} - \frac{Q}{RC}, \qquad Q(0) = 0$$

の解析解を求めよ．

2.2.12 (非線形抵抗) 例題 2.2.2 の抵抗が非線形なものに取り替えられたとしよう．つまり，この抵抗は電圧と電流の線形な関係をもたない．そのような非線形性は，ある種の半導体デバイスで生じる．$I_R = V/R$ のかわりに，$I_R = g(V)$ だとしよう．ここで $g(V)$ は図 3 に示した形状をもつ．

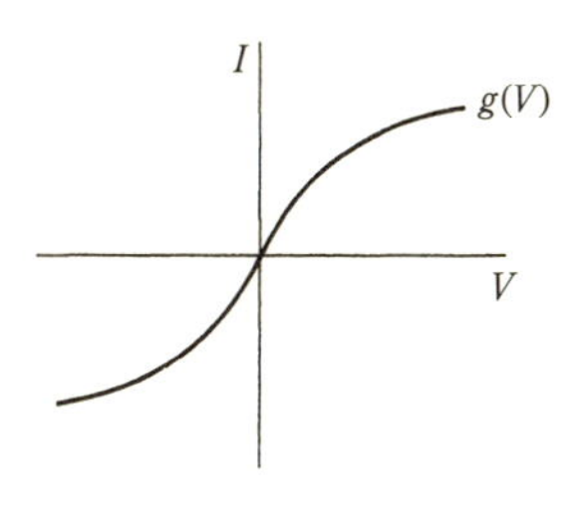

図 3

例題 2.2.2 をこの場合について再度解け．回路の方程式を導出し，すべての固定点を探し，それらの安定性を解析せよ．非線形性によりどのような定性的な効果が (もしあるとしたら) もたらされるか?

2.2.13 (終端速度) 地面に向かって降下するスカイダイバーの速度 $v(t)$ は，$m\dot{v} = mg - kv^2$ に従う．ここで，m はスカイダイバーの質量，g は重力による加速度，$k > 0$ は空気抵抗の大きさに関する定数である．

(a) $v(0) = 0$ として $v(t)$ の解析解を求めよ．

(b) $t \to \infty$ での $v(t)$ の極限値を求めよ．この極限速度は**終端速度** (terminal velocity) とよばれる．[**終端**という言葉は終末という意味にもなる．これは開き損ねたパラシュートについてのたちの悪い冗談である.]

(c) この問題を図を用いて解析し，それにより終端速度の公式を再導出せよ．

(d) 実験的研究 (Carlson ら 1942) によって，方程式 $m\dot{v} = mg - kv^2$ は人間のスカイダイバーのデータを定量的によくフィットすることが確かめられている．6 名の被験者が，10,600 フィートから 31,400 フィートの間のさまざまな高度から終端高度 2,100 フィートまで落下し，そこでパラシュートを開いた．31,400 フィートから 2,100 フィートまでの長い落下には 116 秒かかった．被験者とその装備をあわせた重さの平均は 261.2 ポンドだった．この単位系では $g = 32.2$ フィート/秒^2 である．平均速度 V_{avg} を求めよ．

(e) このデータを使って終端速度と空気抵抗の定数 k を見積もれ．(ヒント：まず落ちた距離 $s(t)$ に対する正確な公式が必要である．ここで $s(0) = 0$，$\dot{s} = v$ であり，$v(t)$ は問題 (a) で求めている．V を終端速度として，

$$s(t) = \frac{V^2}{g} \ln\left(\cosh\frac{gt}{V}\right)$$

が得られるはずである．次に，$s = 29,300$, $t = 116$, $g = 32.2$ を用いて，図を用いるか，あるいは数値的に，V について解け.)

V を見積もる 1 つのずるい方法は，最初の大雑把な近似として，$V \approx V_{\mathrm{avg}}$ と仮定することである．そうすると $gt/V \approx 15$ となることを示せ．$gt/V \gg 1$ なので，$x \gg 1$ に対する $\ln(\cosh x) \approx x - \ln 2$ という近似を使ってよい．この近似を導出し，V の解析的な見積もりを求めよ．すると問題 (b) から k がわかる．この解析は Davis (1962) による．

2.3 個体数増加

2.3.1 (**ロジスティック方程式の厳密解**) ロジスティック方程式 $\dot{N} = rN(1 - N/K)$ は 2 つの方法で任意の初期条件 N_0 について解析的に解くことができる．

(a) 部分分数を用い，変数分離して積分せよ．

(b) 変数変換 $x = 1/N$ を行い，その結果得られる x についての微分方程式を導いて，これを解け．

2.3.2 (**自己触媒反応**) X の 1 分子が A の 1 分子と反応して X の 2 分子をつくり出す化学反応モデル

$$A + X \underset{k_{-1}}{\overset{k_1}{\rightleftharpoons}} 2X$$

を考えよう．これは化学物質 X が自分自身の生成を促進させることを意味しており，**自己触媒反応** (autocatalysis) とよばれる過程である．この正のフィードバック過程は連鎖反応を引き起こし，やがて $2X$ が $A + X$ に戻る「逆反応」によって抑制されるようになる．

質量作用の法則 (law of mass action) に従うと，素反応のレートはそれぞれの反応物質の濃度の積に比例する．濃度を小文字で $x = [X]$, $a = [A]$ と表すことにする．化学物質 A には莫大な余剰量があり，その濃度 a は定数と考えてよいと仮定しよう．すると x の反応速度は，

$$\dot{x} = k_1 a x - k_{-1} x^2$$

に従う．ここで k_1 と k_{-1} は**速度定数** (rate constant) とよばれる正のパラメーターである．

(a) この方程式のすべての固定点を探し，それらの安定性を分類せよ．

(b) さまざまな初期値 x_0 に対して $x(t)$ のグラフを描け．

2.3.3 (**腫瘍の成長**) がんの腫瘍の成長はゴンペルツ (Gompertz) 則 $\dot{N} = -aN\ln(bN)$ によってモデル化できる．ここで $N(t)$ は腫瘍中の細胞数に比例し，$a, b > 0$ はパラメーターである．

(a) a と b を生物学的に解釈せよ．

(b) ベクトル場を描き，さまざまな初期値に対する $N(t)$ のグラフを描け．この簡単なモデルの予言は，N が小さ過ぎない限り，腫瘍の成長のデータに驚くほどよく一致する．たとえば Aroesty ら (1973) と Newton (1980) を参照せよ．

2.3.4 (アリー効果) ある種の生物では，実効的な増加率 $\dot{N}/N$ は中程度の N において最大となる．これはアリー (Allee) 効果とよばれる (Edelstein-Keshet 1988)．たとえば，N が非常に小さいときには配偶者を探すのが難しすぎ，N が大きいときには食物や他の資源に対する競争が激し過ぎるような状況を想像せよ．

(a) パラメーター r, a, b がいくつかの拘束条件 (それらも求めよ) を満たせば，$\dot{N}/N = r - a(N-b)^2$ がアリー効果の例を与えることを示せ．

(b) 系のすべての固定点を探して安定性を分類せよ．

(c) いくつかの異なる初期条件に対して解 $N(t)$ を描け．

(d) 解 $N(t)$ をロジスティック方程式のものと比較せよ．もしあるとすれば，定性的な違いは何か?

2.4 線形安定性解析

線形安定性解析を用いて以下の系の固定点を分類せよ．もし $f'(x^*) = 0$ となって線形安定性解析が失敗する場合には，図を用いた議論により安定性を決定せよ．

2.4.1 $\dot{x} = x(1-x)$

2.4.2 $\dot{x} = x(1-x)(2-x)$

2.4.3 $\dot{x} = \tan x$

2.4.4 $\dot{x} = x^2(6-x)$

2.4.5 $\dot{x} = 1 - \mathrm{e}^{-x^2}$

2.4.6 $\dot{x} = \ln x$

2.4.7 $\dot{x} = ax - x^3$． ここで a は正でも負でも 0 でもよい．3 つの場合をすべて議論せよ．

2.4.8 線形安定性解析により，腫瘍成長のゴンペルツ・モデル $\dot{N} = -aN\ln(bN)$ の固定点を分類せよ．(演習問題 2.3.3 と同様に，$N(t)$ は腫瘍中の細胞数に比例し，$a, b > 0$ はパラメーターである.)

2.4.9 (臨界減速) 統計力学において「臨界減速」(critical slowing down) 現象は 2 次相転移の兆候である．転移点においては，系は通常に比べて非常にゆっくりと固定点に緩和する．この問題は，この効果の数学版である．

(a) 任意の初期条件に対して $\dot{x} = -x^3$ の解析解を求めよ．$t \to \infty$ で $x(t) \to 0$ だが，この減衰は指数関数的ではないことを示せ．(減衰はもっとずっと遅く，t の代数的な関数であることがわかるはずである.)

(b) 減衰の遅さを直観的に理解するため，初期条件 $x_0 = 10$ について，$0 \leq t \leq 10$ の範囲の解を数値的に正確にプロットせよ．そして，同じグラフ上に同じ初期条件からの $\dot{x} = -x$ の解をプロットせよ．

2.5 存在と一意性

2.5.1 (有限時間での固定点への到達) 粒子が半直線 $x \geq 0$ 上を $\dot{x} = -x^c$ で与えられる速度で移動する．ここで c は定数である．

(a) 原点 $x=0$ が安定な固定点となるような c の値をすべて求めよ．
(b) $x=0$ が安定であるように c が選ばれたとしよう．粒子は原点に**有限**時間内に到達できるだろうか? 特に，粒子が $x=1$ から $x=0$ まで移動する間に，c の関数として，どれだけの時間がかかるか?

2.5.2 (**爆発**：有限時間で無限大に達すること) $\dot{x}=1+x^{10}$ の解は，どの初期条件から出発しても，有限時間で $+\infty$ に逃走してしまうことを示せ．(ヒント：厳密解を求めようとはせず，かわりに解を $\dot{x}=1+x^2$ のものと比較せよ．)

2.5.3 方程式 $\dot{x}=rx+x^3$ を考えよう．ここで $r>0$ は固定する．$x_0 \neq 0$ であるどんな初期条件から出発しても，有限時間で $x(t) \to \pm\infty$ となることを示せ．

2.5.4 (**同一の初期条件に対する無限にたくさんの解**) 初期値問題 $\dot{x}=x^{1/3}$，$x(0)=0$ は無限個の解をもつことを示せ．(ヒント：ある任意の時刻 t_0 まで $x=0$ に留まり，その後，離陸するような解を構成せよ．)

2.5.5 (**非一意性の一般的な例**) 初期値問題 $\dot{x}=|x|^{p/q}$, $x(0)=0$ を考えよう．ここで，p と q は共通の約数をもたない正の整数である．
(a) もし $p<q$ なら無限個の解があることを示せ．
(b) もし $p>q$ なら一意的な解があることを示せ．

2.5.6 (**水の漏れるバケツ**) この例 (Hubbard と West 1991, p. 159) は，ある物理的な状況においては，非一意性が自然で自明であり，病的ではないことを示す．

底に孔の開いた水バケツを考えよう．空のバケツとその真下の水たまりを見たときに，いつバケツが一杯だったのかわかるだろうか? もちろんわからない！1 分前に空になったのかもしれないし，10 分前なのかもしれず，どんな可能性もありうる．対応する微分方程式は，時間の逆方向に積分されたとき，非一意的でなくてはならない．

この状況の大雑把なモデルは以下ようなものである．$h(t)=$ 時刻 t にバケツに残っている水の高さ，$a=$ 孔の面積，$A=$ バケツの断面積 (一定とする)，$v(t)=$ 孔を通り過ぎる水の速度，としよう．
(a) $av(t)=A\dot{h}(t)$ であることを示せ．どんな物理法則を使っているか?
(b) もう 1 つの方程式を導くために，エネルギー保存則を使う．まず，バケツの中の水の高さが Δh だけ減り，水の密度は ρ だったと仮定して，系のポテンシャルエネルギーの変化を求めよ．次に，流れ出す水によってバケツの外に運び出される運動エネルギーを求めよ．最後に，すべてのポテンシャルエネルギーが運動エネルギーに変換されるとして，方程式 $v^2=2gh$ を導出せよ．
(c) (a) と (b) を組み合わせて，$\dot{h}=-C\sqrt{h}$ を求めよ．ここで $C=\sqrt{2g}(a/A)$ である．
(d) $h(0)=0$ であったとして ($t=0$ でバケツは空)，**時間の逆方向に**，すなわち $t<0$ に対して，$h(t)$ の解は一意的ではないことを示せ．

2.6 振動できないこと

2.6.1 以下のパラドックスを説明せよ．単純な調和振動子 $m\ddot{x}=-kx$ は 1 次元の x 軸に沿って振動する系である．しかし本文では 1 次元の系は振動し得ないと述べている．

2.6.2 ($\dot{\boldsymbol{x}} = \boldsymbol{f}(\boldsymbol{x})$ **が周期解をもたないこと**) 直線上のベクトル場においては周期解が不可能であることの解析的な証明は以下のようなものである．背理法で示すために，$x(t)$ が非自明な周期解，すなわち，ある $T > 0$ に対して $x(t) = x(t+T)$ で，すべての $0 < s < T$ に対して $x(t) \neq x(t+s)$ だと仮定する．$\int_t^{t+T} f(x)(\mathrm{d}x/\mathrm{d}t)\,\mathrm{d}t$ を考えることにより，矛盾を導け．

2.7 ポテンシャル

以下のそれぞれのベクトル場に対してポテンシャル関数 $V(x)$ をプロットし，すべての平衡点とそれらの安定性を同定せよ．

2.7.1 $\dot{x} = x(1-x)$

2.7.2 $\dot{x} = 3$

2.7.3 $\dot{x} = \sin x$

2.7.4 $\dot{x} = 2 + \sin x$

2.7.5 $\dot{x} = -\sinh x$

2.7.6 $\dot{x} = r + x - x^3$ (さまざまな r の値について)

2.7.7 ($\dot{\boldsymbol{x}} = \boldsymbol{f}(\boldsymbol{x})$ **の解が振動しないことの別の証明**) $\dot{x} = f(x)$ を直線上のベクトル場とせよ．ポテンシャル関数 $V(x)$ が存在することを用いて，解 $x(t)$ が振動しないことを示せ．

2.8 コンピューターによる方程式の解法

2.8.1 (**傾き場**) 図 2.8.2 において傾きは水平線に沿って一定である．これは予期されるべきことだが，なぜか．

2.8.2 以下の微分方程式の傾き場を描け．そして，各点でその傾きに局所的に平行な軌道を手で描くことにより，方程式を「積分」せよ．

(a) $\dot{x} = x$

(b) $\dot{x} = 1 - x^2$

(c) $\dot{x} = 1 - 4x(1-x)$

(d) $\dot{x} = \sin x$

2.8.3 (**オイラー法の検証**) この問題のゴールは，初期値問題 $\dot{x} = -x$, $x(0) = 1$ に対してオイラー法を検証することである．

(a) 問題を解析的に解け．$x(1)$ の厳密な値は何か?

(b) ステップ幅 $\Delta t = 1$ のオイラー法を用いて $x(1)$ を数値的に見積もれ．この結果を $\hat{x}(1)$ とよぶ．次に，$\Delta t = 10^{-n}$, $n = 1, 2, 3, 4$ を用いて，これを繰り返せ．

(c) 誤差 $E = |\hat{x}(1) - x(1)|$ を Δt の関数としてプロットせよ．次に，$\ln E$ を $\ln t$ に対してプロットせよ．そして，その結果を説明せよ．

2.8.4 演習問題 2.8.3 を，修正オイラー法を用いて再度行え．

2.8.5 演習問題 2.8.3 を，ルンゲ–クッタ法を用いて再度行え．

2.8.6 (**解析的には扱えない問題**) 初期値問題 $\dot{x} = x + \mathrm{e}^{-x}$, $x(0) = 0$ を考えよう．演習問題 2.8.3 とは対照的に，この問題を解析的に解くことはできない．

(a) $t \geq 0$ に対して解 $x(t)$ をスケッチせよ．

(b) 何らかの解析的な議論を用いて，$t = 1$ での x の値に対する厳密な上限と下限を求めよ．つまり，$a < x(1) < b$ であることを証明し，a と b も決定せよ．a と b をできる限り近づけてみよ．(ヒント：与えられたベクトル場を解析的に積分できる近似的なベクトル場で上下から抑えよ．)

(c) さて，数値的な部分についてである．オイラー法を使って，$t = 1$ での $x(1)$ を小数点以下 3 桁まで正しく計算せよ．欲しい精度を得るためには，ステップ幅はどの程度小さくないといけないか? (厳密な数ではなく，大きさのオーダーを答えよ．)

(d) ルンゲ–クッタ法を用いて (c) を再び扱え．ステップ幅が $\Delta t = 1$, $\Delta t = 0.1$, $\Delta t = 0.01$ のときの結果を比較せよ．

2.8.7 (**オイラー法の誤差評価**) この問題では，オイラー法で 1 ステップ進む際の誤差を評価するために，テイラー展開を使う．厳密解もオイラー近似も $t = t_0$ のとき $x = x_0$ から出発する．厳密な値 $x(t_1) \equiv x(t_0 + \Delta t)$ をオイラー近似 $x_1 = x_0 + f(x_0)\Delta t$ と比べたい．

(a) $x(t_1) \equiv x(t_0 + \Delta t)$ を Δt について $O(\Delta t^2)$ の項までテイラー展開せよ．答を x_0, Δt, f と f の x_0 における微分のみを用いて表せ．

(b) 局所的な誤差が $|x(t_1) - x_1| \sim C(\Delta t)^2$ であることを示し，定数 C の明示的な表式を与えよ．[一般には，一定の長さ $T = n\Delta t$ の時間区間について積分する間に生じる大域的な誤差の方に，より興味がもたれる．各ステップでは $O(\Delta t^2)$ の誤差が生じ，ステップ数は $n = T/\Delta t = O(\Delta t^{-1})$ なので，本文で主張したように，大域的な誤差 $|x(t_n) - x_n|$ は $O(\Delta t)$ である．]

2.8.8 (**修正したオイラー法の誤差評価**) 演習問題 2.8.7 のテイラー級数による議論を用いて，修正したオイラー法の局所誤差は $O(\Delta t^3)$ であることを示せ．

2.8.9 (**ルンゲ–クッタ法の誤差評価**) ルンゲ–クッタ法は $O(\Delta t^5)$ の局所誤差を生じることを示せ．

(注意：これは莫大な量の代数計算を伴うが，適切に行えば，驚くほど多数の項が打ち消されて，報われるだろう．*Mathematica*, *Maple*，あるいは何か他の数式処理言語を学び，コンピューターで問題を解いてみよ．)

3 分　　岐

3.0 はじめに

2章で見たように，直線上のベクトル場の定めるダイナミクスの種類は非常に限られている．つまり，すべての解は固定点に漸近するか，もしくは正または負の無限大へ向かって行くかのいずれかである．このようにダイナミクス自体が自明であるとすると，1次元系の何が面白いのだろうか？ その答はダイナミクスの**パラメーター依存性**である．ベクトル場の定める流れの定性的な構造はパラメーターの値に応じて変化するからである．特に固定点は，パラメーターの値に依存して生成消滅し，その安定性も変化する．これらのダイナミクスの定性的変化は**分岐**(bifurcation) とよばれ，この分岐が生じるパラメーター値は**分岐点**(bifurcation point) とよばれている．

分岐は学術的に重要なものである．つまり，分岐は何らかの**制御パラメーター**(co-

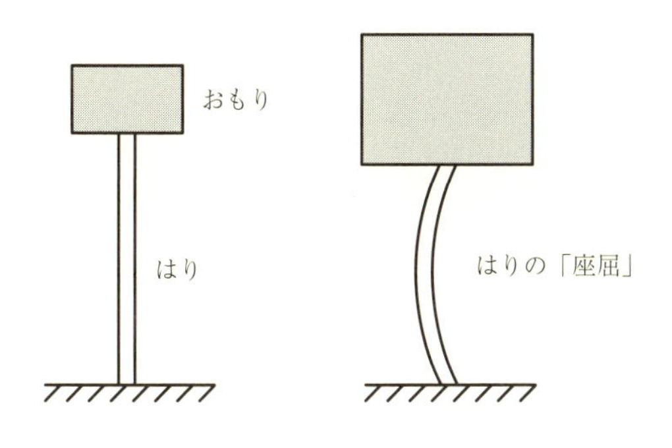

図 **3.0.1**

ntrol parameter) の変化によって生じる転移や不安定化についてのモデルを与えている．例として，はりの座屈を考えてみよう．図 3.0.1 のように，軽いおもりをはりのてっぺんに載せた場合，はりは，この負荷に耐えて直立した状態を保持するだろう．しかし負荷が大き過ぎれば，この直立した状態は不安定化し，はりは屈曲するだろう．ここで負荷は分岐の制御パラメーターとしての役割を果たし，またはりの直立した状態からの屈曲の度合いはダイナミカルな変数 x としての役割を果たしている．

本書の主な目標の 1 つは，分岐について実際に役立つようなしっかりとした理解を得ることである．本章ではその最も簡単な例として，直線上の流れにおける固定点の分岐を導入する．そしてこれらの分岐を用いて，レーザーのコヒーレント放射の生成や，昆虫集団の大発生のように劇的な現象のモデル化を行う．(後の章では，2 次元および 3 次元の相空間にまで進み，そこでさらに追加される分岐のタイプと，その科学一般における応用について詳しくしらべる．) 以下では，まずすべての分岐の中で最も基本的な分岐から始めよう．

3.1　サドルノード分岐

サドルノード分岐 (saddle-node bifurcation) は，固定点が生成し，消滅する基本的なメカニズムである．つまり，2 つの固定点がパラメーターの変化によって互いに接近，衝突し，さらには対消滅する．サドルノード分岐の標準的な例は，次の 1 次元系により与えられる．

$$\dot{x} = r + x^2 \tag{3.1.1}$$

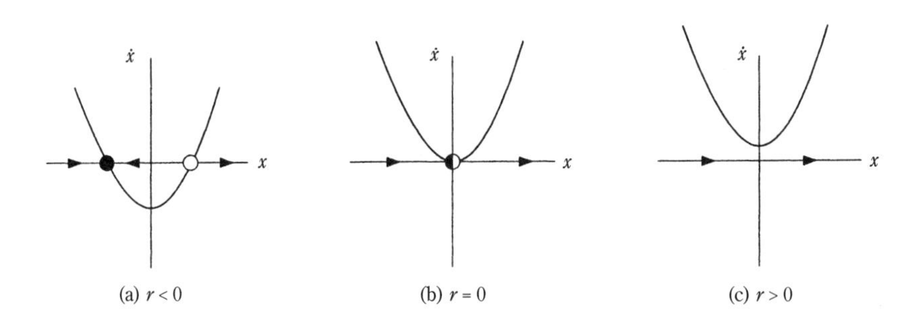

図 **3.1.1**

ここで r はパラメーターであり，正，負，もしくは 0 の値をとる．r が負のとき，2 つの固定点があり，その 1 つは安定，もう 1 つは不安定である (図 3.1.1a).

r が負から 0 へ近づくにつれて図 3.1.1 の放物線は上へと移動し，2 つの固定点は互いに近づく．$r = 0$ のとき，これらの固定点は 1 つに合体し，$x^* = 0$ で「半安定」な固定点となる (図 3.1.1b)．この種の固定点はきわめて壊れやすく，$r > 0$ となった途端に消滅し，そこで固定点はまったく存在しなくなる (図 3.1.1c).

この例では $r = 0$ で**分岐**が生じたという．それは，$r < 0$ でのベクトル場と $r > 0$ でのベクトル場が定性的に異なっていることによる．

分岐図についてのとりきめ

サドルノード分岐を図示するためには，いくつか方法がある．たとえば，r の離散的な値ごとに，これに対応するベクトル場を並べて表示してもよい (図 3.1.2)．この表示方法では固定点の r への依存性が強調される．さらに，連続な r の値に対応するベクトル場を**連続**に並べた極限では，図 3.1.3 の分岐図が得られる．そこに示されている曲線は，$r = -x^2$，すなわち式 (3.1.1) において $\dot{x} = 0$ としたものであり，異なる r の値ごとに対応する固定点を与える．安定固定点と不安定固定点を区別するために，安定固定点には実線を，不安定固定点には破線を用いている．

とはいえ，分岐の図示に最も広く用いられるのは，図 3.1.3 の両軸を入れ換えたものである．その根拠は，r が独立な変数の役割を担っているため，これが横軸に表示されるべきだからである (図 3.1.4)．しかし，この場合は x 軸を縦方向に表示しなくてはならず，はじめはしっくりこないのが難点である．

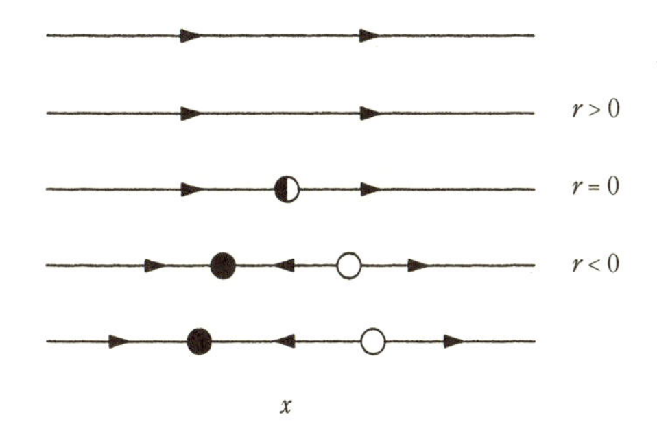

図 3.1.2

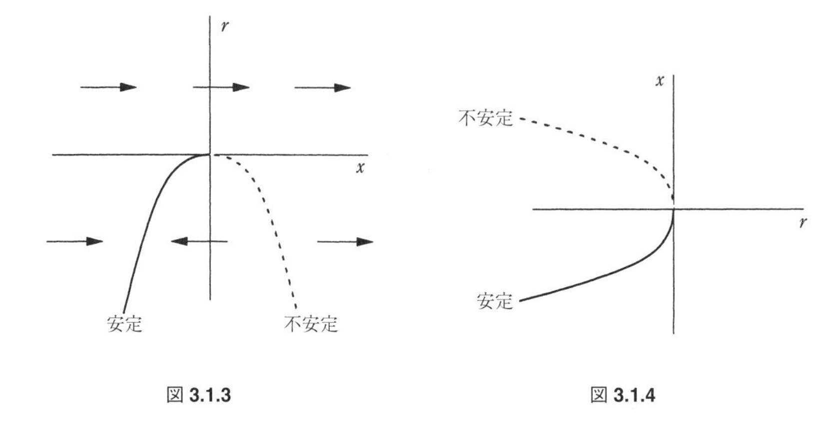

図 3.1.3　　　　図 3.1.4

必ずではないが，図にはしばしば「矢印」を含めることがある．このようにして得られた図を，サドルノード分岐の**分岐図** (bifurcation diagram) とよぶ．

専　門　用　語

分岐理論には互いに矛盾した用語が多くある．この問題はいまだに決着がついておらず，同じ事柄に対して人によって異なる用語が用いられている．たとえばサドルノード分岐は，時には**フォールド (折り曲げ) 分岐** (fold bifurcation)(図 3.1.4 の曲線は折れ曲がっているため)，あるいは**ターニングポイント分岐** (turning-point bifurcation)[点 $(x, r) = (0, 0)$ は「転換点」(turning point) であるため] ともよばれている．確かに，**サドルノード**という用語の意味は，直線上のベクトル場の場合，少々ピンとこない．というのは，本来，この名称は平面上のベクトル場のように，より次元の高い状況での同種の分岐に由来するものだからだ．そして，このときサドル (鞍点) とノード (結節点) とよばれる異なる 2 つの固定点が合体し，対消滅をするからである (8.1 節参照)．

最高創意賞ともいうべき用語は，Abraham と Shaw (1988) によるものだろう．彼らは，そこで**ブルースカイ (青空) 分岐** (blue sky bifurcation) という用語を用いている．これは，サドルノード分岐をこれまでと逆の方向から見ることによる．つまり，1 対の固定点がパラメーターの変化に伴って「青天の霹靂（へきれき）」のように突然現れるということである．たとえば，ベクトル場

$$\dot{x} = r - x^2 \tag{3.1.2}$$

は，$r < 0$ で 1 つも固定点をもたないが，$r = 0$ で固定点が 1 つ生じ，さらに $r > 0$

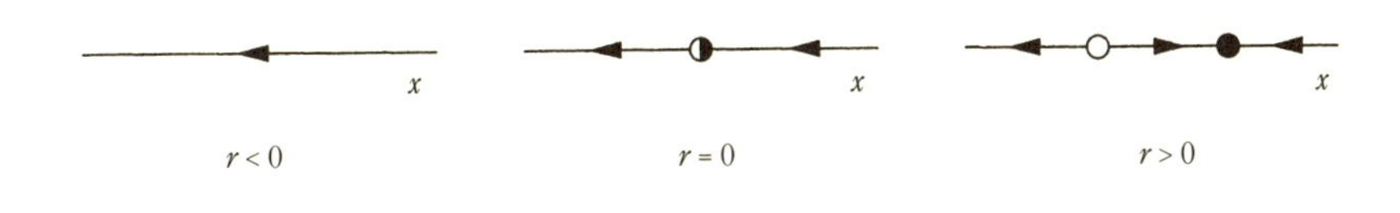

図 3.1.5

で 2 つの固定点に分かれる (図 3.1.5). 同時に, この例は「分岐」という用語が用いられている理由を説明している. つまり,「分岐とは 2 つの枝 (岐) へ分かれること」を意味している.

例題 3.1.1 図 3.1.5 の固定点の線形安定性解析を行え.

(解) $\dot{x} = f(x) = r - x^2$ の固定点は $x^* = \pm\sqrt{r}$ により与えられる. $r > 0$ においては 2 つの固定点が存在し, $r < 0$ では 1 つも存在しない. 線形安定性を判定するために $f'(x^*) = -2x^*$ を計算する. その結果, $f'(x^*) < 0$ となるので固定点 $x^* = +\sqrt{r}$ は安定である. また同様に $x^* = -\sqrt{r}$ は不安定である. 分岐点 $r = 0$ では $f'(x^*) = 0$ であり, 2 つの固定点が合体するときには, 線形化部分は消滅することがわかる. ■

例題 3.1.2 1 次元系 $\dot{x} = r - x - \mathrm{e}^{-x}$ は, r の値の変化に伴いサドルノード分岐を生じることを示し, その分岐点の r の値を求めよ.

(解) 固定点の座標 x は $f(x) = r - x - \mathrm{e}^{-x} = 0$ を満たす. しかし, ここで困難が生じる. 例題 3.1.1 と異なり, 固定点の座標を r の関数として陽に求めることができないためである. そこで, 図を用いたアプローチをしてみよう. 異なる値の r に対して関数 $f(x) = r - x - \mathrm{e}^{-x}$ のグラフを表示し, その根 x^* を見いだし, x 軸上のベクトル場を描くのが 1 つの手である. このやり方は申し分ないが, より簡単な方法がある. その要点は, $r - x$ と e^{-x} の 2 つの関数は, それらの差である $r - x - \mathrm{e}^{-x}$ よりもずっと簡単なグラフになる, ということである. そこで $r - x$ と e^{-x} を一緒に表示する (図 3.1.6a). 直線 $r - x$ が曲線 e^{-x} と交わる点で, $r - x = \mathrm{e}^{-x}$ つまり $f(x) = 0$ が成立する. このように, 直線と曲線の交わる点は系の固定点に対応している. また, この図から x 軸上の流れの方向を読み取ることができる. つまり, この直線 $r - x$ が曲線 e^{-x} より上にあれば, 流れは右向きである. なぜならば $r - x > \mathrm{e}^{-x}$ であり, $\dot{x} > 0$ となるからである. したがって右側の固定点は安定であり, 左側の固定点は不安定である.

さて, パラメーター r の値を減少させてみよう. すると, 直線 $r - x$ は下へスライドし, 2 つの固定点は互いに接近する. ある臨界値 $r = r_{\mathrm{c}}$ で, この直線は曲線に接するようになり, サドルノード分岐により 2 つの固定点が 1 つになる (図 3.1.6b). この臨界値より小さい r では, 直線は曲線の下にあり, 固定点は存在しない (図 3.1.6c).

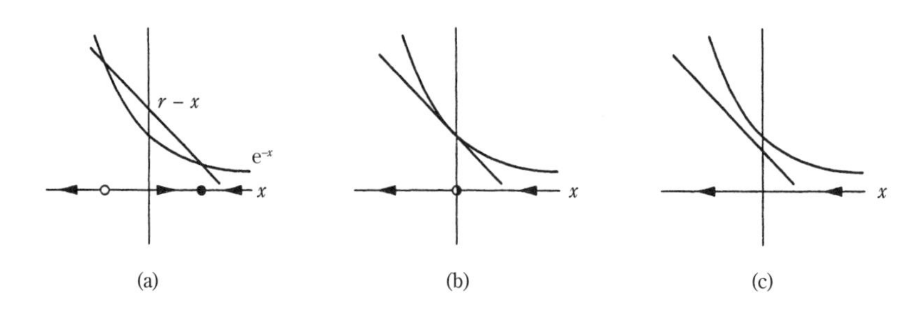

図 **3.1.6**

この分岐点 r_c を見いだすために，$r-x$ と e^{-x} の両グラフが**接点**をもつという条件を課そう．したがって，関数の等式

$$\mathrm{e}^{-x} = r - x$$

と，その導関数の等式

$$\frac{\mathrm{d}}{\mathrm{d}x}\mathrm{e}^{-x} = \frac{\mathrm{d}}{\mathrm{d}x}(r-x)$$

が必要となる．2 番目の等式は $-\mathrm{e}^{-x} = -1$ となり，したがって $x=0$ が得られる．そのため 1 番目の等式から $r=1$ となる．ゆえに分岐点は $r_c = 1$ であり，分岐は $x=0$ で生じることがわかる．■

標　準　形

ある意味で，$\dot{x} = r - x^2$ や $\dot{x} = r + x^2$ の例は，**すべての**サドルノード分岐の代表例となっている．先にこれらを「標準的」とよんだのはそのためである．これは，サドルノード分岐点の近くで，一般的にダイナミクスは $\dot{x} = r - x^2$ や $\dot{x} = r + x^2$ のようにふるまうということである．

たとえば例題 3.1.2 を $x=0$ かつ $r=1$ の分岐点近傍で考えてみよう．e^{-x} の $x=0$ のまわりでのテイラー展開を用いると，x の最低次の項までで

$$\begin{aligned}
\dot{x} &= r - x - \mathrm{e}^{-x} \\
&= r - x - \left(1 - x + \frac{x^2}{2!} + \cdots\right) \\
&= (r-1) - \frac{x^2}{2} + \cdots
\end{aligned}$$

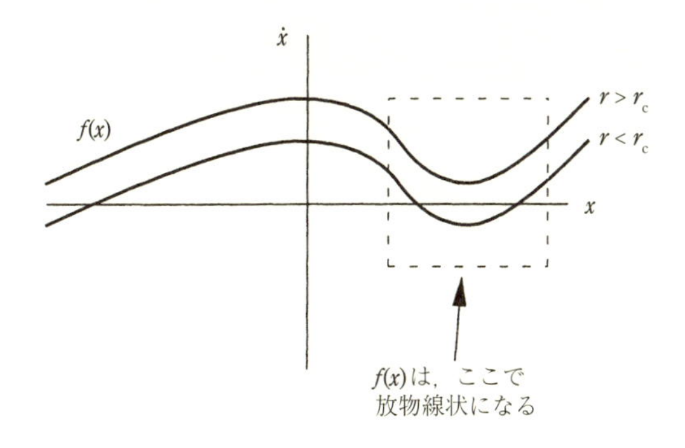

図 3.1.7

が得られる．この結果は $\dot{x} = r - x^2$ と代数的に同じ形となり，さらに x と r の適当なリスケーリング (スケール変換) により，これと完全に一致させることができる．

サドルノード分岐がなぜ一般にこのような代数的な形となるのかは，次のように自問してみれば容易に理解できる．$\dot{x} = f(x)$ の 2 つの固定点は，パラメーター r の変化により，どのように合体して消滅するだろうか? グラフ上で固定点は $f(x)$ のグラフが x 軸と交わるところに現れる．サドルノード分岐が生じうるためには，$f(x)$ の 2 つの根が互いに近寄ることが必要となる．したがって，$f(x)$ は局所的に「お椀状に」，つまり放物線状にならねばならない (図 3.1.7).

さて，ここで「顕微鏡」を使って分岐点の近くの挙動を拡大してみよう．この放物線は，r が変化するにつれて，x 軸と交わっていたものが，x 軸に接するようになり，さらには交わらなくなることがわかる．これはまさに図 3.1.1 の標準的な例と同じである．

ここで以上の考え方をより代数的に説明してみよう．f を x と r の 2 変数関数として，$\dot{x} = f(x, r)$ の挙動を分岐点 $r = r_c$ と $x = x^*$ の近くでしらべてみる．テイラー展開から次の式が得られる．

$$
\begin{aligned}
\dot{x} &= f(x, r) \\
&= f(x^*, r_c) + (x - x^*) \left.\frac{\partial f}{\partial x}\right|_{(x^*, r_c)} + (r - r_c) \left.\frac{\partial f}{\partial r}\right|_{(x^*, r_c)} \\
&\quad + \frac{1}{2}(x - x^*)^2 \left.\frac{\partial^2 f}{\partial x^2}\right|_{(x^*, r_c)} + \cdots
\end{aligned}
$$

ただし，$(r-r_\mathrm{c})$ の 2 次の項や $(x-x^*)$ の 3 次の項は無視している．また，上の式中の 2 つの項は消える．つまり，x^* は固定点なので $f(x^*,r_\mathrm{c})=0$ であり，サドルノード分岐の (分岐点でグラフが接するという) 接線条件により $\partial f/\partial x|_{(x^*,r_\mathrm{c})}=0$ となる．したがって

$$\dot{x}=a(r-r_\mathrm{c})+b(x-x^*)^2+\cdots \tag{3.1.3}$$

となる．ただし，$a=\partial f/\partial r|_{(x^*,r_\mathrm{c})}$ であり，$b=\frac{1}{2}\partial^2 f/\partial x^2|_{(x^*,r_\mathrm{c})}$ である．式 (3.1.3) は，上記の標準的な例の表式と一致している．(ここで a, $b\neq 0$ と仮定しているが，これが一般の場合である．逆に，たとえばこの 2 階微分 $\partial^2 f/\partial x^2$ が固定点 $x=x^*$ で 0 となるのは，非常に特殊な状況のみである．)

ここまで標準的な例とよんできたものは，サドルノード分岐の**標準形** (normal form) と通常よばれている[*1]．標準形については，ここで簡単に述べたもの以上にはるかに多くの語るべき事柄がある．本書を通して標準形の重要性を見ていくことになる．標準形についてのより詳しく正確な議論は，Guckenheimer と Holmes (1983) または Wiggins (1990) を参照せよ．

3.2 トランスクリティカル分岐

ある種の学術的な問題には，パラメーターのとりうるすべての値に対して固定点が存在し，これが決してなくならない例もある．たとえば，ロジスティック方程式やその他の単一種の増加を表す簡単なモデル方程式においては，種の個体数の増加率にかかわらず，個体数ゼロの状態は固定点である．ところが，この固定点はパラメーターの値に応じて**安定性を変える**かもしれない．トランスクリティカル分岐は，このような安定性の変化を示す標準的なメカニズムになっている．

トランスクリティカル分岐 (transcritical bifurcation) の標準形は，

$$\dot{x}=rx-x^2 \tag{3.2.1}$$

である．この式は 2.3 節のロジスティック方程式のように見えるが，ここでは x と r は正負いずれの値もとる．

図 3.2.1 は r の変化に応じたベクトル場を示している．注意すべきは，r の**すべての値に対して** $x^*=0$ に固定点があることである．$r<0$ では $x^*=r$ に不安定

*1 (訳注) 実際，上記の条件 $a,b\neq 0$ のもと，ある時間 t と空間 x の座標変換が存在して，式 $\dot{x}=f(x,r)$ を式 (3.1.1) の形に変換できることが知られている．そこで式 (3.1.1) をサドルノード分岐の標準形とよぶ．演習問題 3.2.6, 3.2.7 およびそこでの脚注も参照のこと．

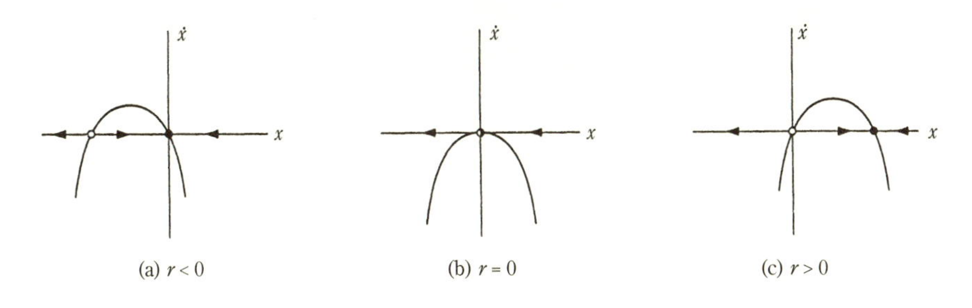

図 **3.2.1**

固定点，$x^* = 0$ に安定固定点がある．r が増加するにつれて，この不安定固定点は原点に近づき，$r = 0$ でこれらは一致する．さらに $r > 0$ では原点が不安定固定点となり，$x^* = r$ の固定点が安定となる．このことを，2 つの固定点の間で**安定性の交換**が生じたということもできる．

サドルノード分岐とトランスクリティカル分岐の間には重要な違いがあることに注意して欲しい．つまり，トランスクリティカル分岐の場合，2 つの固定点は分岐後も消滅はしないものの，お互いの安定性が入れ替わる，ということである．

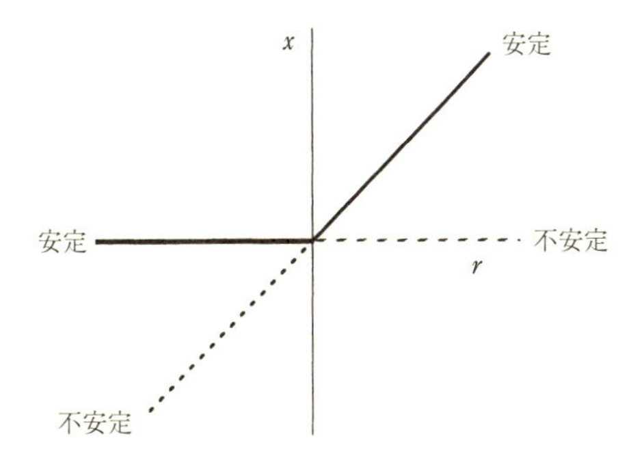

図 **3.2.2**

図 3.2.2 はトランスクリティカル分岐の分岐図を示している．図 3.1.4 と同じくパラメーター r は独立変数と見なされ，固定点 $x^* = 0$ と $x^* = r$ は r に対する従属変数として表示されている．

例題 3.2.1 1 次元系 $\dot{x} = x(1 - x^2) - a(1 - \mathrm{e}^{-bx})$ は $x = 0$ でトランスクリティカル分岐を生じることを示せ．ただし，パラメーター a，b は以下で求める条件式を満たすものとする．[この条件式は (a, b) パラメーター空間における**分岐曲線** (bifurcation curve) を定義する.] さらに，パラメーター a, b がこの分岐曲線の近くにあると仮定して，$x=0$ から分岐する固定点の近似式を求めよ.

(解) まず $x=0$ は任意の (a,b) の値に対して固定点であることを注意せよ．このことは，何らかの分岐をしているとすれば，その分岐がトランスクリティカル分岐である可能性が高いことを示す．微小な x に対し，

$$
\begin{aligned}
1-\mathrm{e}^{-bx} &= 1-\left[1-bx+\frac{1}{2}b^2x^2+O(x^3)\right] \\
&= bx-\frac{1}{2}b^2x^2+O(x^3)
\end{aligned}
$$

であり，

$$
\begin{aligned}
\dot{x} &= x-a\left(bx-\frac{1}{2}b^2x^2\right)+O(x^3) \\
&= (1-ab)x+\left(\frac{1}{2}ab^2\right)x^2+O(x^3)
\end{aligned}
$$

となる．したがって，トランスクリティカル分岐は $ab=1$ が成り立つときに生じる*2．つまり，これが分岐曲線を定義する式である．また，0 ではない固定点は，$1-ab+(\frac{1}{2}ab^2)x\approx 0$ の解，すなわち

$$
x^*\approx\frac{2(ab-1)}{ab^2}
$$

により与えられる．この式は x^* が微小であるときにのみ近似的に成立する．上記の級数展開は微小な x を前提としているからである．したがって，この式は，ab が 1 に近いとき，つまりパラメーターが分岐曲線の近くにあるときにのみ成立する．■

例題 3.2.2 $x=1$ の近くで $\dot{x}=r\ln x+x-1$ のダイナミクスを解析し，この系が r のある値でトランスクリティカル分岐を起こすことを示せ．さらに系が分岐点の近傍で近似的に標準形 $\dot{X}\approx RX-X^2$ へ簡約化されるような新しい X と R を見いだせ.

(解) まず $x=1$ はすべての r の値に対して固定点であることに注意せよ．この固定点の近くのダイナミクスに関心があるので，u を微小であるとして $u=x-1$ という新しい変数を導入しよう．そうすると，

$$
\begin{aligned}
\dot{u} &= \dot{x} \\
&= r\ln(1+u)+u \\
&= r\left[u-\frac{1}{2}u^2+O(u^3)\right]+u \\
&\approx (r+1)u-\frac{1}{2}ru^2+O(u^3)
\end{aligned}
$$

*2 (訳注) 正確には，(a,b) がパラメーター空間において曲線 $ab=1$ を横断的にまたぐときにトランスクリティカル分岐が生じる，というべきである．横断性の条件が必要であることを確認せよ.

が成り立つ．したがって，トランスクリティカル分岐が $r_c = -1$ で生じる．

この式を標準形に帰着するために，まず u^2 の項の係数を取り除く必要がある．そこで $u = av$ として a を後に決めることにする．すると v の方程式は

$$\dot{v} = (r+1)v - \left(\frac{1}{2}ra\right)v^2 + O(v^3)$$

となる．したがって，$a = 2/r$ とすることで，方程式は次の通りとなる．

$$\dot{v} = (r+1)v - v^2 + O(v^3)$$

ここで，$R = r+1$，$X = v$ とおき，$O(X^3)$ の 3 次の項は無視すると，近似的に標準形 $\dot{X} \approx RX - X^2$ が得られる．X をもとの変数で表示すると，$X = v = u/a = \frac{1}{2}r(x-1)$ となる． ■

より正確にいうと，標準形の理論は，系が近似的にではなく**厳密に** $\dot{X} = RX - X^2$ という形の方程式に変換されるような変数変換の存在を保証する．上記の解は，この厳密な変数変換の 1 つの近似になっている．もしよりよい近似が必要ならば，級数展開の 3 次の項を残せばよい (さらに英雄的な気分を味わいたければ，より高次の項も)．その際には，これらの高次の項を消去するために，より面倒な計算をしなくてはならない．そのような計算を少し体験してみたければ，演習問題 3.2.6 や 3.2.7，もしくは Guckenheimer と Holmes (1983)，Wiggins (1990)，および Manneville (1990) の本を参照されたい．

3.3 レーザーのしきい値

ここで，以上で得られた数学の結果を科学の問題に適用してみよう．以下では，きわめて単純化されたレーザーのモデルを Haken (1983) のやり方にならって解析する．

物理的背景

ここでは固体レーザーとして知られる特定のレーザーを対象とする．この固体レーザーは，ある固体媒体に埋め込まれた特殊な「レーザー活性のある」原子の集団からなっており，両端で部分反射鏡により挟まれている．外部のエネルギー源は，原子を基底状態から励起させる，つまり「ポンプ」するのに用いられる (図 3.3.1)．各原子は周囲にエネルギーを放射する小さなアンテナと見なされよう．ポンプが

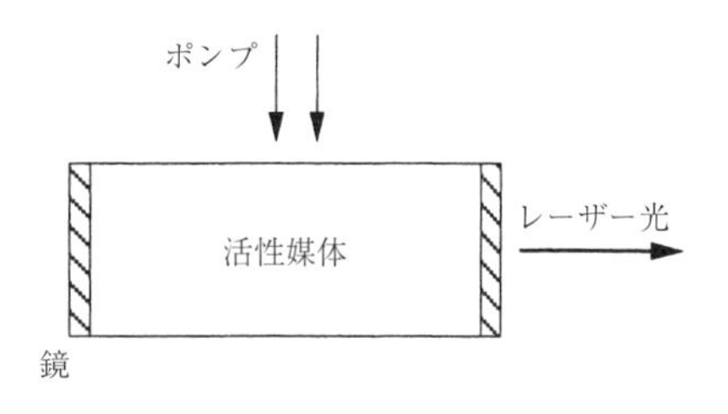

図 **3.3.1**

比較的弱ければ，レーザーは通常の**灯火**のような状態となる．すなわち，励起された原子は互いに独立に振動し，ランダムな位相の光波を放出する．

さて，ここでポンプの強度を増加していくとしよう．はじめは何ら変化はないが，ポンプの強度があるしきい値を越えると，突然に原子(の集団)は位相をそろえた振動を開始する．つまり灯火は**レーザー**に変身するのである．このとき，無数の小さなアンテナは1つの巨大なアンテナとしてふるまい，上記のレーザーのしきい値以下のときに比べて，はるかにコヒーレント[*3]で強力な放射ビームを生成する．

この突然現れる位相のコヒーレンスは，原子がポンプによって完全にランダムに励起されていることを考えれば，驚くべきことである！ つまり，このプロセスは**自己組織的**なのである．コヒーレンスは原子どうしの協調的な相互作用自体によって生成されている．

モ　デ　ル

レーザー現象をきちんと説明しようとすれば，量子力学にまで掘り下げる必要がある．その直観的な議論は Milonni と Eberly (1988) を参照して欲しい．ここではレーザー現象の本質的な物理の簡略化されたモデルを考えよう (Haken 1983, p. 127)．ダイナミカルな変数はレーザー場の光子数 $n(t)$ である．その変化率は次のように与えられる．

$$\begin{aligned}\dot{n} &= \text{利得 (gain)} - \text{損失 (loss)} \\ &= GnN - kn\end{aligned}$$

この利得の項は**誘導放出**のプロセスに由来するものであり，その際，光子は励起状態の原子を誘導してさらに光子を放出させる．このプロセスは光子と励起した

*3 (訳注) 秩序だったという意味．

原子がランダムに出会って生じるので，これは光子数 n に比例した率で生じ，さらに励起した原子の数 [これを $N(t)$ とする] にも比例した率で生じる．パラメーター $G>0$ は利得係数として知られている．また，損失の項はレーザーの両端からの光子の損失を表している．パラメーター $k>0$ は損失レートを表す定数で，その逆数 $\tau=1/k$ はレーザー中の光子の典型的な寿命を表している．

さて，ここからが鍵となる物理的考察である．励起した原子は光子を放出した後，低いエネルギー準位へ移り，励起状態ではなくなる．したがって N の値は光子の放出に伴い減少する．この効果を取り込むために，N を n に関係づける式を書く必要が生じる．レーザーとして動作していないときには，ポンプは励起した原子の数を N_0 に保つとする．しかし，**実際の**励起した原子の数は，レーザーとしての動作のプロセスによって減少するだろう．具体的には，$\alpha>0$ を原子が基底状態へ戻る率として，

$$N(t)=N_0-\alpha n$$

と仮定しよう．そうすると，次式を得る．

$$\begin{aligned}\dot{n}&=Gn(N_0-\alpha n)-kn\\&=(GN_0-k)n-(\alpha G)n^2\end{aligned}$$

ようやくなじみのある所に戻ってきた．この方程式は $n(t)$ の1次元系となっている．図3.3.2は，異なるポンプの強度 N_0 の値に対して，それぞれのベクトル場を表示している．ここでは正の値の n のみが物理的に意味をもつことに注意しよう．

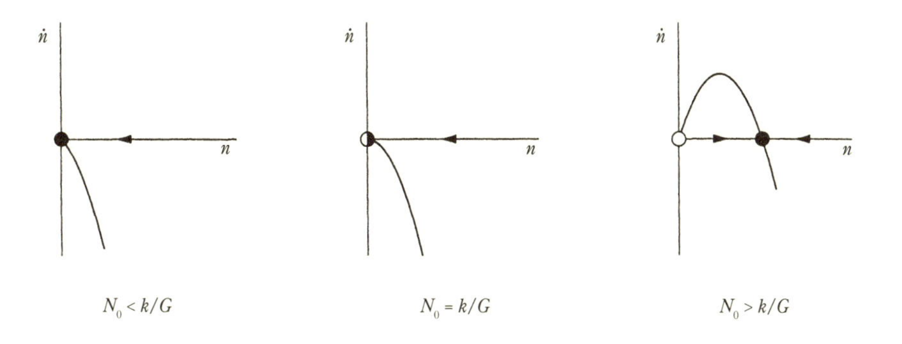

図 3.3.2

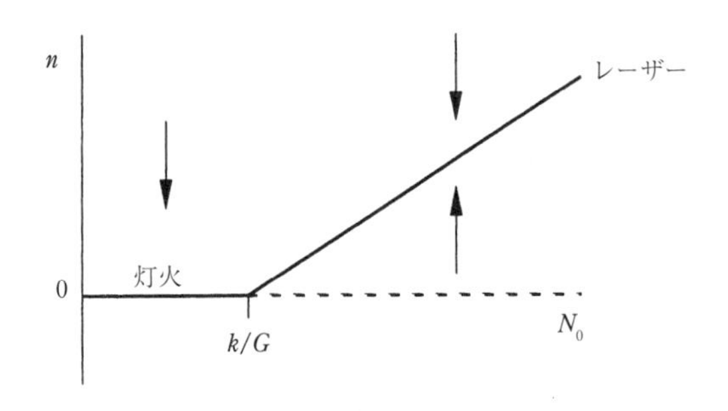

図 **3.3.3**

$N_0 < k/G$ のとき，$n^* = 0$ の固定点は安定である．このことは，誘導放出は起こらず，レーザーは灯火のような状態になっていることを意味している．ポンプの強度 N_0 が増加すると，系は $N_0 = k/G$ でトランスクリティカル分岐を生じる．$N_0 > k/G$ で原点は安定性を失い，安定な固定点が $n^* = (GN_0 - k)/\alpha G > 0$ に現れる．そしてこれが自発的なレーザーの動作に対応している．したがって $N_0 = k/G$ がこのモデルでの**レーザーしきい値**になるものと解釈できる．図 3.3.3 は以上の結果を要約したものである．

このモデルは，しきい値が存在することを正しく予想しているが，励起した原子自体のダイナミクスや，自然放出の存在，その他いくつかの複雑な点を無視している．より改善したモデルについては演習問題 3.3.1 と 3.3.2 を参照されたい．

3.4 ピッチフォーク分岐

ここでは第3の種類の分岐，いわゆるピッチフォーク分岐 (pitchfork bifurcation) を扱おう．この分岐は**対称性**のある物理の問題によく見られるものである．たとえば，多くの問題には左と右についての空間対称性がある．そのような場合，固定点は対称なペアとなって生成消滅する傾向がある．図 3.0.1 の座屈の例では，おもりが小さいとき，はりは直立した状態が安定であった．この場合，ゆがみのない直立した状態に対応する安定な固定点が存在している．しかし，おもりが座屈のしきい値を越えると，はりは左または右の**いずれ**へも座屈しうる．もとの直立した状態は不安定となり，左または右への座屈に対応する 2 つの新しい対称な固定点が生じる．

ピッチフォーク分岐には，2 つのたいへん異なったタイプがある．簡単な方のタイプは**超臨界** (supercritical) 分岐とよばれている．まずはこれについて議論しよう．

超臨界ピッチフォーク分岐

超臨界ピッチフォーク分岐 (supercritical pitchfork bifurcation) の標準形は

$$\dot{x} = rx - x^3 \tag{3.4.1}$$

で表される．この方程式は変数変換 $x \to -x$ のもとで**不変**であることに注意しよう．つまり x を $-x$ に置き換え，方程式の両辺に出てくる負符号を消去すれば，式 (3.4.1) が再び得られる．この不変性は上で述べた左と右の対称性の数学的表現である．(より専門的にはベクトル場が**同値**であるともいえるが，もう少し親しみやすい言葉を用いることにしよう.)

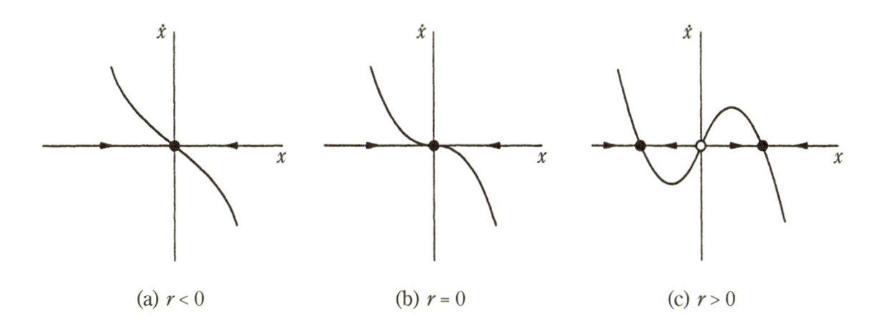

図 **3.4.1**

図 3.4.1 は異なる r の値におけるベクトル場を示している．$r < 0$ の場合，原点が唯一の固定点であり安定である．$r = 0$ の場合，原点はまだ安定であるが，線形化した部分が消えるため，その安定性はずっと弱いものとなる．このとき，解は指数関数的な速さでは減衰せず，時間に関して代数関数的な，ずっと遅い減衰をする (演習問題 2.4.9 を思い出すこと)．このゆっくりとした減衰は，物理の文献では**臨界減速** (critical slowing down) とよばれている．最後に $r > 0$ の場合，原点は不安定になる．2 つの新しい安定固定点が原点の両側に現われ，$x^* = \pm\sqrt{r}$ に対称的に位置する．

「ピッチフォーク」(熊手あるいは三叉) という用語の由来は，分岐図 (図 3.4.2) を描いてみると明らかになる．実際にはピッチフォーク 3 分岐 (trifurcation) とした方が 2 分岐 (bifurcation) よりもふさわしいかもしれない！

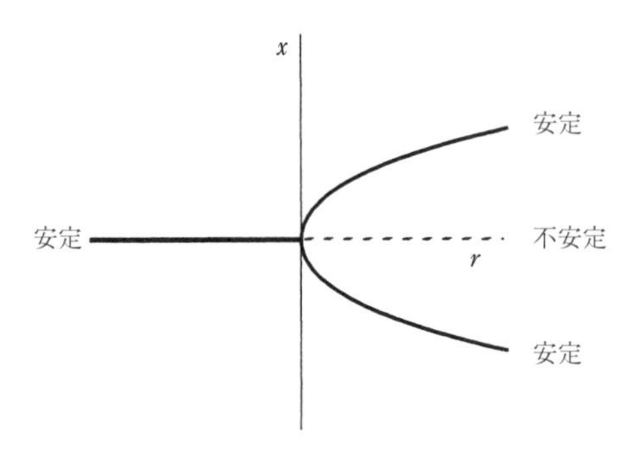

図 **3.4.2**

例題 3.4.1 $\dot{x} = -x + \beta \tanh x$ のような方程式が，磁性体やニューラルネットワークの統計力学モデルに現れる [演習問題 3.6.7 や Palmer (1989) を参照]．この方程式は β が変化すると超臨界ピッチフォーク分岐を生じることを示せ．さらに，それぞれの β に対して固定点を**数値的に正確**にプロットせよ．

(解) 固定点を求める例題 3.1.2 の方法を用いよう．$y = x$ と $y = \beta \tanh x$ のグラフは図 3.4.3 に示す通りである．両者の交わる点が固定点に対応している．β が増加するにつれて，tanh の曲線は原点でより急な傾きをもつ (原点での傾きは β である) ようになることに気をつけよう．したがって $\beta < 1$ では原点が唯一の固定点となる．ピッチフォーク分岐は $\beta = 1$ で $x^* = 0$ において生じ，このとき tanh の曲線は原点で傾きが 1 となる．最後に $\beta > 1$ では 2 つの新しい安定固定点が生じ，原点は不安定となる．

さて，β の値ごとに固定点 x^* の値を求めたい．もちろん固定点の 1 つは常に $x^* = 0$ にあるので，ほかの自明でない固定点を求めればよい．1 つの方法はニュートン–ラフソン法や他の解を探索する手法を用い，方程式 $x^* = \beta \tanh x^*$ を数値的に解くことで

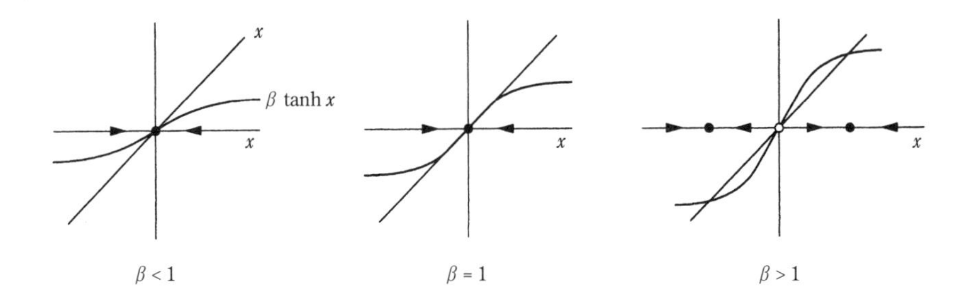

図 **3.4.3**

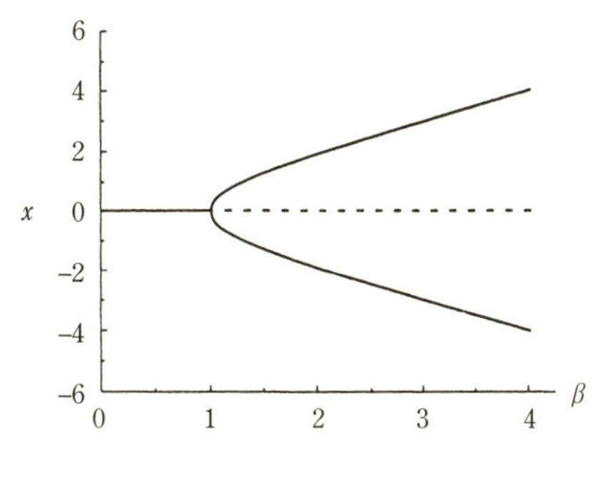

図 3.4.4

ある [数値的手法に関しては，使いやすく有用な文献として Press ら (1986) を参照].

しかし，視点を変えることで，もっと簡単な方法が得られる．それは，x^* の β への依存性を考えるかわりに，x^* を**独立変数**と見なして $\beta = x^* / \tanh x^*$ を計算することだ．この方法によって (x^*, β) のペアの表が得られる．それぞれのペアに対して，β を横軸に，x^* を縦軸にプロットするとしよう．こうすることで分岐図 (図 3.4.4) が得られる．

ここで用いた抜け道は，$f(x, \beta) = -x + \beta \tanh x$ が，x よりも β について，より簡単な関数になっているということである．これは分岐の問題にはよくあることである．つまり，方程式の制御パラメーターへの依存性は，たいていの場合，変数 x への依存性よりも簡単となっている． ■

例題 3.4.2 系 $\dot{x} = rx - x^3$ のポテンシャル関数 $V(x)$ を $r < 0$, $r = 0$, $r > 0$ の場合に図示せよ．

(解) 2.7 節において，$\dot{x} = f(x)$ のポテンシャル関数は $f(x) = -\mathrm{d}V/\mathrm{d}x$ で与えられていることを思い出そう．したがって $-\mathrm{d}V/\mathrm{d}x = rx - x^3$ を解く必要がある．これ

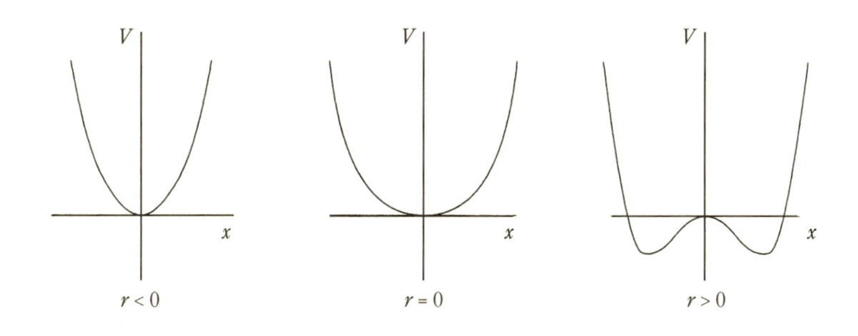

図 3.4.5

を積分すると

$$V(x) = -\frac{1}{2}rx^2 + \frac{1}{4}x^4$$

が得られる．ここでは任意の積分定数を省略している．そのグラフは図 3.4.5 の通りである．$r < 0$ では原点に 2 次関数的な極小点がある．$r = 0$ の分岐点では極小点は 2 次関数よりもずっと平坦に近い 4 次関数的なものになる．$r > 0$ では原点に局所的な**極大点**が現れ，極小点の対称なペアが原点の両側に生じる．■

亜臨界ピッチフォーク分岐

上で扱った超臨界の場合の $\dot{x} = rx - x^3$ では，3 次の項が原点の固定点を**安定化**している．これは $x(t)$ を $x = 0$ へ引き戻す復元力として働いている．逆に，もし

$$\dot{x} = rx + x^3 \tag{3.4.2}$$

のように 3 次の項が**不安定化**させる働きをしたとすると，これは**亜臨界**なピッチフォーク分岐 (subcritical pitchfork bifurcation) となる．図 3.4.6 はその分岐図を示している．

図 3.4.2 に比べると，このピッチフォーク分岐は安定性や向きが反転している．0 ではない固定点 $x^* = \pm\sqrt{-r}$ は**不安定**であり，分岐点**より左側** $(r < 0)$ でのみ存在する．このことが「亜臨界」という名称のゆえんである．そしてより重要なことは，原点は超臨界の場合と同じく $r < 0$ で安定，$r > 0$ で不安定だが，今や $r > 0$ での不安定性は 3 次の項により妨げられていないということだ．事実，この 3 次の項は，むしろ解の軌道を無限大へ向わせる手助けをしている！この働き

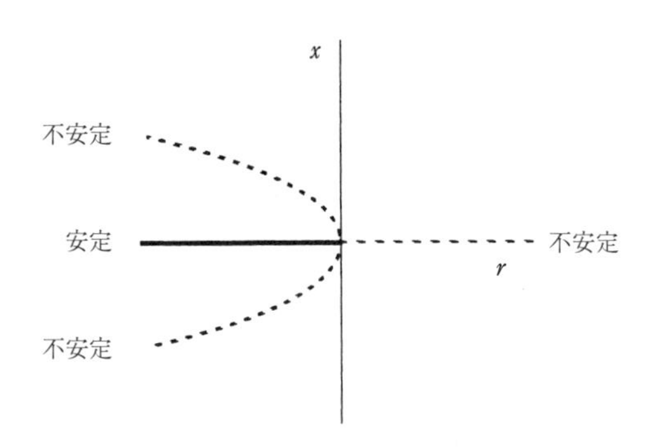

図 **3.4.6**

により**解の爆発**が生じる．つまり，任意の初期条件 $x_0 \neq 0$ から出発して，有限時間で $x(t) \to \pm\infty$ となることを示すことが可能である (演習問題 2.5.3).

たいていの場合，現実の物理系では，このような爆発的な不安定性は，より高次の項の安定化しようとする働きにより妨げられている．再び系が $x \to -x$ のもとで対称であると仮定すると，最初に現れる安定化項は x^5 になるはずである．したがって，亜臨界ピッチフォーク分岐を示す系の標準的な例は次のようになる．

$$\dot{x} = rx + x^3 - x^5 \tag{3.4.3}$$

ここで，x^3 と x^5 の係数を 1 と仮定しても一般性は失われない (演習問題 3.5.8).

式 (3.4.3) のより詳細な解析は読者に任せることにして (演習問題 3.4.14 と演習問題 3.4.15)，ここでは主な結果を要約しておこう．図 3.4.7 は式 (3.4.3) の分岐図を示している．微小な x においては，その分岐は図 3.4.6 と同様である．つまり，$r < 0$ で原点は局所的に安定であり，$r = 0$ で 2 本の後方へ曲がった不安定固定点の枝が原点から分岐している．上記の x^5 の項により生じる新たな事象は，この不安定固定点の枝が $r = r_s$ で折れ曲がり，安定な枝となることである．ここで $r_s < 0$ である．この 2 本の安定な**大振幅の枝**[*4]は，$r > r_s$ を満たすすべての r について存在している．

図 3.4.7 に関して，いくつかの注意すべき点を以下に挙げる．

(1) r が $r_s < r < 0$ の範囲にあるとき，2 つの定性的に異なる安定状態が共存する．つまり原点と大振幅の固定点が共存している．初期条件 x_0 が，$t \to \infty$ でいずれの固定点にたどり着くかを決める．そのため，原点は小さな摂動に

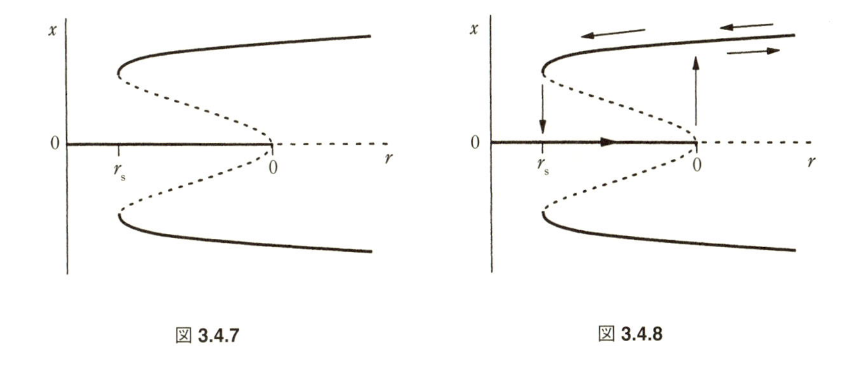

図 3.4.7　　図 3.4.8

*4 (訳注) 原点から遠く離れたところにある 1 対の枝．

対しては安定だが，大きな摂動に対してはそうではない．この意味で，原点は**局所的に**安定だが，**大域的には**安定でないことがわかる．

(2) 複数の異なる安定状態が存在することにより，r の変化に伴う**ジャンプ**や**ヒステリシス** (hysteresis) が生じる可能性がある．系を $x^* = 0$ から出発させて，パラメーター r の値を徐々に増加させてみよう．(図 3.4.8 の r 軸に沿う矢印で示されている通りである.) 系の状態は原点が安定性を失う $r = 0$ までは原点に留まっていることがわかる．この $r = 0$ を越えた後に，系にごくわずかな摂動を与えると，これは系の状態を原点から 2 つの大振幅の枝のうち 1 つに**ジャンプ**させることになる．その後，さらに r の値を増加させると，系の状態は大振幅の枝に沿って変化してゆく．さて，ここで r の値を減少させてゆくことにしよう．すると，r が 0 を過ぎたところでも，なお系の状態はこの大振幅の枝の上に留まっている！ 系の状態を再び原点へジャンプさせて戻すためには，r をさらに減少させて r_{s} より小さくしなくてはならない．このように，パラメーターの変動に伴う系の状態変化が可逆ではなくなることを**ヒステリシス** (履歴現象) とよぶ．

(3) r_{s} での分岐はサドルノード分岐であり，r の増加とともに安定固定点と不安定固定点が「青天の霹靂」のように現れる (3.1 節参照).

専 門 用 語

分岐理論にはよくあることだが，ここで議論された分岐には他のよび方がいくつかある．超臨界ピッチフォーク分岐は，時には前方 (フォワード) 分岐とよばれ，これは統計力学の連続転移，つまり 2 次相転移と密接な関係がある．亜臨界分岐は，反転分岐あるいは後方 (バックワード) 分岐とよばれ，不連続転移もしくは 1 次相転移と関係がある．また，工学系の文献では，超臨界ピッチフォーク分岐は，しばしばソフト，あるいは安全とされる．なぜならば原点とは異なる固定点が小さな振幅から生じるためである．これに対して，亜臨界ピッチフォーク分岐はハード，あるいは危険とされている．原点とは異なる固定点が突然大きな振幅で生じるためである．

3.5 回転する輪の上の過減衰ビーズ

この節では，学部1年の物理の古典的な問題である回転する輪の上のビーズについて解析しよう．この問題は力学的な系における分岐の例を与えている．また，2階の微分方程式で記述されるニュートンの運動の法則を，より簡単な1階の微分方程式に置き換える際の微妙な問題も示している．系は図3.5.1に示す通りである．質量mのビーズが半径rの針金の輪に沿ってスライドするものとする．また，輪は垂直軸のまわりを一定角速度ωで回り続けるとする．問題は，重力と遠心力の両者のもとで，このビーズの運動を解析することである．これはよくある設定だが，ここではもうひとひねりを加える．つまり，ビーズに運動を妨げる摩擦力が働いているとしよう．たとえば，この系全体を糖蜜のような非常に粘りのある液体の入った大きな桶に入れたとして，摩擦力が粘性抵抗により生じるとする．

ϕをビーズと鉛直下方のなす角としよう．約束事として，輪の上の各点に対して角度が1つに定まるように，ϕを$-\pi < \phi \leq \pi$の範囲としておこう．また，$\rho = r\sin\phi$をビーズの鉛直軸からの距離とする．したがって，座標系は図3.5.2に示すようになる．

ここで，ビーズに対するニュートンの運動方程式を書こう．下向きに重力mg，横向きに遠心力$m\rho\omega^2$，輪の接線方向に減衰力$b\dot{\phi}$が働く．(定数gとbは正とする．負の符号は必要に応じて後で追加する.) 輪は変形しないと仮定しているので，図3.5.3のように，これらの力を接線方向に分解すればよいことがわかる．$\rho = r\sin\phi$を遠心力の項に代入し，接線方向の加速度は$r\ddot{\phi}$であることを思い出

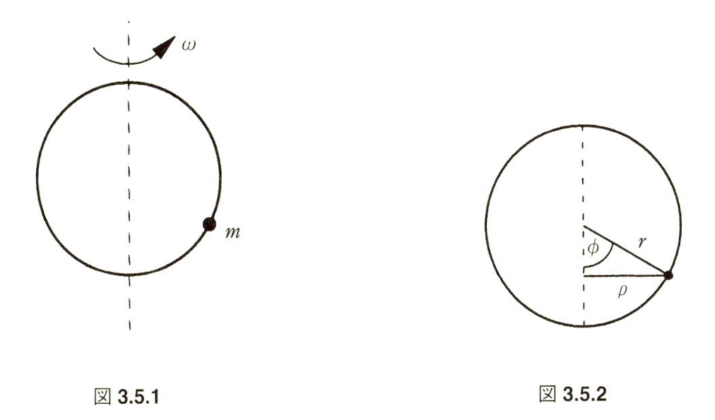

図 3.5.1　　図 3.5.2

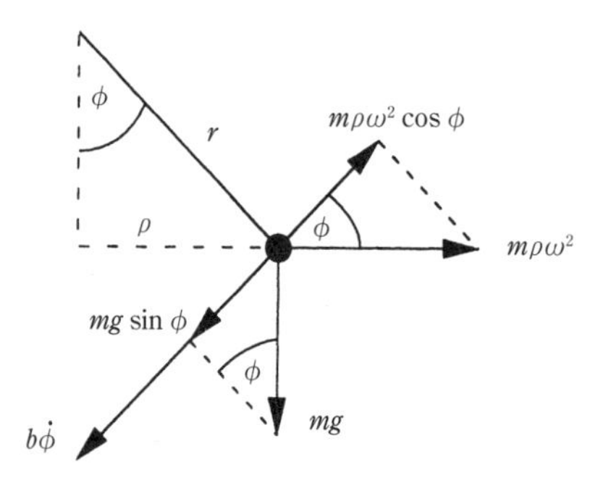

図 **3.5.3**

せば，次の方程式が得られる．

$$mr\ddot{\phi} = -b\dot{\phi} - mg\sin\phi + mr\omega^2 \sin\phi\cos\phi \tag{3.5.1}$$

この方程式は，2 階微分 $\ddot{\phi}$ が式に現れる最高次の微分なので，**2 階の**微分方程式である．本章ではまだ 2 階の微分方程式を解析する準備をしていないので，上の $mr\ddot{\phi}$ の項を問題なく無視できるような条件をまず求めることにしよう．そうすれば，式 (3.5.1) は 1 階の方程式となり，すでに準備済みの手法を適用できる．

もちろん，これはあまりあてにできないやり方である．無視したいからといって，方程式のある項を勝手に無視することはできない！ しかし，ここではまずこれをやってみて，この節の最後でその近似が妥当である状況を求めることにしよう．

1 階の方程式の解析

ここで関心があるのは次の 1 次元系である．

$$\begin{aligned} b\dot{\phi} &= -mg\sin\phi + mr\omega^2 \sin\phi\cos\phi \\ &= mg\sin\phi\left(\frac{r\omega^2}{g}\cos\phi - 1\right) \end{aligned} \tag{3.5.2}$$

式 (3.5.2) の固定点はビーズの釣り合いの位置に対応する．この固定点がどこに生じるか直観的にわかるだろうか？ もしビーズが輪の一番上か，あるいは一番下にあったとすると，ビーズはそこに居続けると予想できる．他の固定点は生じるだろうか？ その安定性はどうか？ 輪の一番下は常に安定だろうか？

式 (3.5.2) は $\sin\phi = 0$ を満たす固定点，つまり $\phi^* = 0$ (輪の一番下) と $\phi^* = \pi$ (一番上) が常に存在することを示している．もっと面白いのは

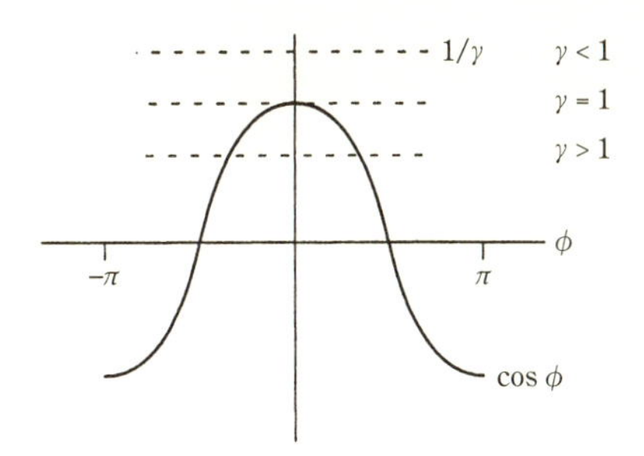

図 **3.5.4**

$$\frac{r\omega^2}{g} > 1$$

が成り立つとき，すなわち輪が十分速く回転していれば，さらに 2 つの固定点が追加されるということだ．この固定点は $\phi^* = \pm\cos^{-1}\left(g/r\omega^2\right)$ を満足する．これを図示するために，パラメーター

$$\gamma = \frac{r\omega^2}{g}$$

を導入して $\cos\phi^* = 1/\gamma$ を図を用いて解くことにする．ϕ に対して $\cos\phi$ を表示し，これと図 3.5.4 に横線 (破線) で表示された一定値の関数 $1/\gamma$ の交わる点を求めよう．$\gamma < 1$ では交点はなく，一方 $\gamma > 1$ では $\phi^* = 0$ の両側に対称な 1 対の交点が生じる．$\gamma \to \infty$ の極限では，これらの交点はそれぞれ $\pm\pi/2$ に収束する．図 3.5.5 は $\gamma < 1$ と $\gamma > 1$ の場合について輪の上の固定点の位置を示している．

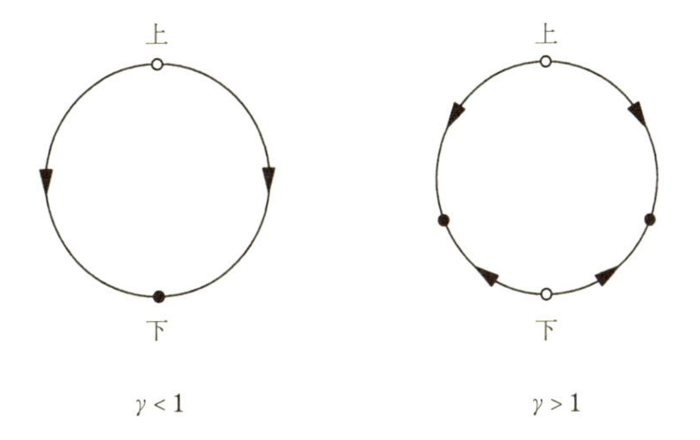

図 **3.5.5**

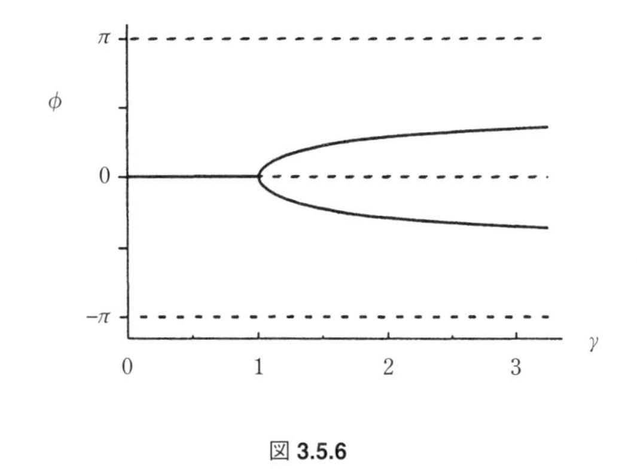

図 **3.5.6**

ここまでの結果をまとめるために，パラメーター γ の関数として**すべて**の固定点を図示しよう (図 3.5.6)．これまでと同じく実線は安定固定点を示し，破線は不安定固定点を示している．

ここで $\gamma = 1$ において**超臨界ピッチフォーク分岐**が生じていることがわかる．これらの固定点の安定性を，線形安定性解析もしくは図を用いた方法により確認することは，読者に任せよう (演習問題 3.5.2)．

以上の結果の物理的な解釈は次の通りである．$\gamma < 1$ の場合，輪はゆっくり回っていて，遠心力は重力と釣り合うには弱過ぎる．したがってビーズは下まで滑り落ち，そこに留まる．一方 $\gamma > 1$ の場合，輪は十分速く回転していて一番下の位置は不安定になる．ビーズが一番下の位置から離れるにつれて遠心力はいっそう**強くなる**ので，ビーズがわずかに上へ移動すると，遠心力の効果によりこれが**増幅**される．そのため，ビーズは重力が遠心力と釣り合うところまで輪に沿って押し上げられる．そして，この釣り合いは $\phi^* = \pm\cos^{-1}(g/rw^2)$ において生じる．これらの 2 つの固定点のいずれが選ばれるかは，最初どちらへ摂動されたかによって決まる．2 つの固定点は完全に対称であるが，初期条件の非対称性により，いずれかの固定点が選ばれるのである．物理学者はしばしばこれらの解を**対称性の破れた**解とよぶ．言い換えれば，支配方程式がもつ対称性と比べて，解はより低い対称性しかもたない，ということだ．

この支配方程式の対称性とは，この場合何に相当するのだろうか? 明らかに，輪の左半分と右半分は物理的に同等ということにである．これは変数変換 $\phi \to -\phi$ のもとで式 (3.5.1) と式 (3.5.2) が不変であることに反映されている．3.4 節で述べたように，このような対称性があるときにピッチフォーク分岐が生じることが期待される．

次元解析とスケーリング

ここで，問題を明確にしておく必要がある．式 (3.5.1) の慣性項 $mr\ddot{\phi}$ はどのようなときに無視してよいのか，ということだ．ぱっと見た感じでは $m \to 0$ の極限がよさそうだが，もしそうすると角を矯(た)めて牛を殺すようなことになるのに気づくだろう．つまり，この極限では遠心力と重力の項も一緒に消えてしまうのだ！そのため慎重に進めなくてはならない．

このような問題では，方程式を**無次元の**形で表示することが役に立つ [いま，式 (3.5.1) のすべての項は力の次元をもっている]．無次元形の定式化の利点は，係数などの**微小さ**をはっきり定義できることにある．すなわち，微小であることは，「1 よりはるかに小さい」ということである．さらに，方程式を無次元化することにより，複数のパラメーターをいくつかの**無次元のパラメーターの組**にまとめ，パラメーターの数を減らすことになる．この簡約化をすることで解析が常に簡単となる．次元解析のすぐれた入門書として Lin と Segel (1988) を参照されたい．

方程式を無次元化する方法は何通りか存在することがあり，はじめはどの選択肢が最良なのか明らかでないかもしれない．そこで，ここでは柔軟に進めてみよう．まず，次のように無次元化した時間 τ を定義しよう．

$$\tau = \frac{t}{T}$$

ここで T は後で決定される**特徴的な時間スケール**を示す．この T を適切に定めれば，$\mathrm{d}\phi/\mathrm{d}\tau$ と $\mathrm{d}^2\phi/\mathrm{d}\tau^2$ の新しい導関数は $O(1)$，つまり 1 のオーダーになるはずだ．これらの新しい導関数をもとの導関数によって表示するために，次の連鎖律を用いる．

$$\dot{\phi} \equiv \frac{\mathrm{d}\phi}{\mathrm{d}t} = \frac{\mathrm{d}\phi}{\mathrm{d}\tau}\frac{\mathrm{d}\tau}{\mathrm{d}t} = \frac{1}{T}\frac{\mathrm{d}\phi}{\mathrm{d}\tau}$$

同様に，

$$\ddot{\phi} = \frac{1}{T^2}\frac{\mathrm{d}^2\phi}{\mathrm{d}\tau^2}$$

も得られる．[これらの等式を覚える簡単な方法は，t を形式的に $T\tau$ で置き換えることだ.] したがって，式 (3.5.1) は次のようになる．

$$\frac{mr}{T^2}\frac{\mathrm{d}^2\phi}{\mathrm{d}\tau^2} = -\frac{b}{T}\frac{\mathrm{d}\phi}{\mathrm{d}\tau} - mg\sin\phi + mr\omega^2\sin\phi\cos\phi$$

この方程式は力の釣り合いを表しているので，mg という力で割ることにより，これを無次元化しよう．

$$\left(\frac{r}{gT^2}\right)\frac{\mathrm{d}^2\phi}{\mathrm{d}\tau^2} = -\left(\frac{b}{mgT}\right)\frac{\mathrm{d}\phi}{\mathrm{d}\tau} - \sin\phi + \left(\frac{r\omega^2}{g}\right)\sin\phi\cos\phi \tag{3.5.3}$$

括弧で囲まれた項はいずれも無次元のパラメーターの組[*5]である．最後の項の $r\omega^2/g$ の一組には見覚えがあることに気づく．すなわち，この節のはじめからおなじみの γ である．

ここで関心があるのは，式 (3.5.3) の左辺が他のすべての項に比べて無視できて，右辺のすべての項が同程度の大きさとなるパラメーター領域である．導関数は上記の仮定から $O(1)$ であり，また $\sin\phi \approx O(1)$ なので，次の条件が必要となる．

$$\frac{b}{mgT} \approx O(1), \quad \text{かつ} \quad \frac{r}{gT^2} \ll 1$$

この 1 つ目の条件は，上記の特徴的な時間スケール T を決めている．自然な選び方は次の通りである．

$$T = \frac{b}{mg}$$

さらに，$r/gT^2 \ll 1$ の条件より，

$$\frac{r}{g}\left(\frac{mg}{b}\right)^2 \ll 1 \tag{3.5.4}$$

すなわち，次式を得る．

$$b^2 \gg m^2 gr$$

この条件により，**減衰が非常に強い**，あるいは質量がきわめて小さい，ということの正確な意味が解釈できるようになった．

また，式 (3.5.4) の条件から次の無次元パラメーターが導入されよう．

$$\varepsilon = \frac{m^2 gr}{b^2} \tag{3.5.5}$$

したがって，式 (3.5.3) は次のようになる．

$$\varepsilon\frac{\mathrm{d}^2\phi}{\mathrm{d}\tau^2} = -\frac{\mathrm{d}\phi}{\mathrm{d}\tau} - \sin\phi + \gamma\sin\phi\cos\phi \tag{3.5.6}$$

先に述べた通り，無次元化方程式 (3.5.6) は式 (3.5.1) より簡潔である．つまり m, g, r, ω および b の 5 つのパラメーターは，2 つの無次元パラメーター γ と ε に置き換えられている．

---

*5 (訳注) 以下，この「組」を略す．

まとめると，以上の次元解析は，**過減衰**の極限 $\varepsilon \to 0$ で式 (3.5.6) が 1 階の方程式

$$\frac{\mathrm{d}\phi}{\mathrm{d}\tau} = f(\phi) \tag{3.5.7}$$

によってよく近似されることを示している．ここで

$$\begin{aligned} f(\phi) &= -\sin\phi + \gamma\sin\phi\cos\phi \\ &= \sin\phi(\gamma\cos\phi - 1) \end{aligned}$$

である．

パラドックス

残念ながら，**以上の 2 階の微分方程式を 1 階の微分方程式に置き換える考え方には，どこかに本質的な誤りがある**．問題となるのは，2 階の方程式は **2** つの初期条件を必要とするが，1 階の方程式には **1** つだけあればよい，ということだ．この例では，ビーズの運動は初期の位置と速度によって決められる．これら 2 つの量は互いに完全に独立に決めてよい．しかし，このことは 1 階の微分方程式では正しくない．というのは，初期位置が与えられたとすると，初期速度は $\mathrm{d}\phi/\mathrm{d}\tau = f(\phi)$ の方程式により決められてしまうからである．したがって，一般に 1 次元系の解は**両方**の初期条件を満たすことができない．

これはパラドックスに陥っているようである．式 (3.5.7) の近似は過減衰の極限で妥当なのだろうか，あるいはそうではないのだろうか？ もし妥当であるとすると，式 (3.5.6) で必要な 2 つの任意の初期条件をどのように満足させればよいのか？

このパラドックスを解決するには，式 (3.5.6) で表される 2 次元系の解析が必要になるが，2 次元系はまだ扱っていない．それは 5 章で扱う内容である．しかし，この問題が気になる読者はこのまま読み続けて欲しい．ある簡単な発想だけで問題に決着がつくからだ．

相平面解析

2 章と 3 章を通して，1 次元系 $\dot{x} = f(x)$ は直線上のベクトル場と見なしてよいという考えを用いてきた．同様に，式 (3.5.6) の 2 階の微分方程式 (2 次元系) は**相平面**とよばれる**平面**上のベクトル場と見なすことができる．

この平面は 2 本の座標軸，つまり角度 ϕ と角速度 $\mathrm{d}\phi/\mathrm{d}\tau$ により張られる．表記を簡潔にするために，

$$\Omega = \phi' \equiv \mathrm{d}\phi/\mathrm{d}\tau$$

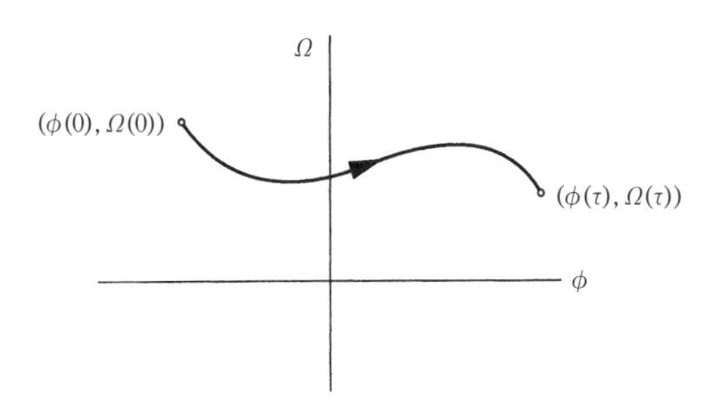

図 **3.5.7**

とする．ここで，プライム ($'$) 記号は τ に関する微分を示している．すると，式 (3.5.6) の 1 つの初期条件は相平面上の 1 点 $(\phi(0), \Omega(0))$ に対応する (図 3.5.7)．時間が進むにつれて，点 $(\phi(t), \Omega(t))$ は式 (3.5.6) の解により与えられる**軌道** (trajectory) に沿って相平面内を動き回る．

ここでの目標は，この解の軌道が実際にどのようになっているかを知ることである．先に述べたように，鍵となるのは**微分方程式は相平面上のベクトル場と解釈できる**という考え方である．式 (3.5.6) をベクトル場に変換するために，まずこれを次のように書き直そう．

$$\varepsilon\Omega' = f(\phi) - \Omega$$

先ほどの定義 $\phi' = \Omega$ とともに，この式は次の**ベクトル場**を定める．

$$\phi' = \Omega \tag{3.5.8a}$$

$$\Omega' = \frac{1}{\varepsilon}(f(\phi) - \Omega) \tag{3.5.8b}$$

つまり，点 (ϕ, Ω) でのベクトル (ϕ', Ω') を，相平面上の点の定常的な流れの局所的な速度とみなすのである．注意すべきことは，ここでの速度ベクトルが 2 成分，つまり ϕ 方向と Ω 方向の成分からなることだ．この解の軌道を可視化するには，相平面の流れに運ばれる点がどのように動くかを考えればよい．

この軌道の様子を図示するのは一般には困難だが，今の場合は $\varepsilon \to 0$ の極限のみに興味があるので簡単である．すなわち，この極限では**すべての軌道は** $f(\phi) = \Omega$ **で与えられる曲線** C **にぶつかるまで一気に飛び上がるか，もしくは飛び降りるかのいずれかであり，その後ゆっくりと固定点へ至るまでじわじわと進む** (図 3.5.8)．

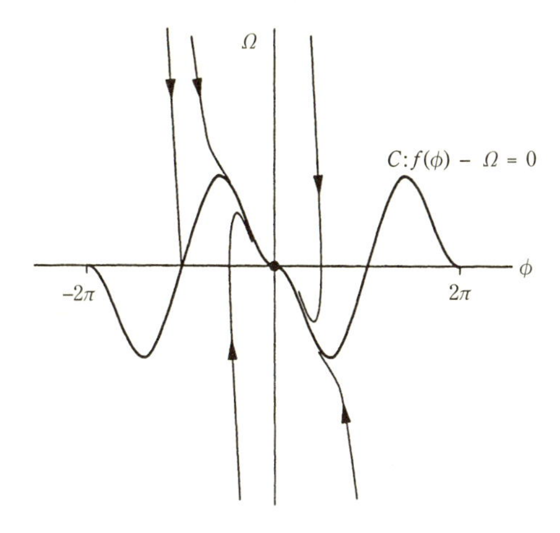

図 **3.5.8**

この驚くべき結論を得るために，諸量のオーダーを計算しよう．相平面の点がこの曲線 C から離れているとする．たとえば $(\phi,\ \Omega)$ の点が曲線 C よりも $O(1)$ の距離だけ下にあるとしよう．すなわち $\Omega < f(\phi)$ かつ $f(\phi) - \Omega \approx O(1)$ である．このとき式 (3.5.8b) は Ω' が極端に大きな正の値，$\Omega' \approx O(1/\varepsilon) \gg 1$ であることを示している．したがって，相平面の点は $f(\phi) - \Omega \approx O(\varepsilon)$ となる領域へと稲妻のように素早く飛び上がる．$\varepsilon \to 0$ の極限で，この領域は曲線 C と見分けがつかなくなる．ひとたび相平面の点が C 上へ来ると，これは $\Omega \approx f(\phi)$ に従って移動する．このとき，1 階の微分方程式 $\phi' = f(\phi)$ が近似的に満たされている．

以上の結論は，典型的な解の軌道は 2 つのパーツ，すなわち相平面の点が $\phi' = f(\phi)$ となる曲線へ飛び移る間の素早い初期の**過渡過程**と，それに続くこの曲線上のはるかにゆっくりとしたドリフトからなるということである．

これでパラドックスがどのように解消されるかがわかった．2 次元系 (3.5.6) は**確かに** 1 次元系 (3.5.7) のようにふるまうのである．しかし，これは初期の素早い過渡過程の後のことである．この過渡過程の間は $\varepsilon \mathrm{d}^2\phi/\mathrm{d}\tau^2$ の項を無視することは**正しくない**．われわれの先の近似的なアプローチの問題点は，1 つの時間スケール $T = b/mg$ のみを用いていたということである．つまり，この時間スケールは曲線上の遅いドリフトの過程に特徴的なもので，素早い過渡過程のものではないのだ (演習問題 3.5.5)．

特　異　極　限

ここで遭遇した困難は理工学のどこにでも生じるものだ．何らかの興味のある極限 (ここでは強い減衰の極限) において，最も高次の微分を含む項が支配方程式から抜け落ちる．そのため，初期条件もしくは境界条件が満たされなくなる．このような極限はしばしば**特異** (singular) とよばれている．たとえば流体力学では，高レイノルズ数の極限は特異極限である．これが飛行機の翼に沿う気流にきわめて薄い「境界層」が現れることに関係する．先ほどの問題では，素早い過渡過程が境界層に該当している．$t=0$ の境界の近くの**時間**の薄い層がこれに相当する．

特異極限を扱う数学の一分野は**特異摂動論** (singular perturbation theory) とよばれている[*6]．その入門書としては Jordan と Smith (1987) や Lin と Segel (1988) を参照されたい．特異極限を含むもう 1 つの問題を 7.5 節で簡単に扱う．

3.6　不完全分岐とカタストロフィー

すでに述べたように，ピッチフォーク分岐は対称性のある問題によく見られる．たとえば回転する輪の上のビーズの問題 (3.5 節) では，輪の左と右に関して完全な対称性がある．しかし，多くの現実世界の環境では，対称性は近似的なものに過ぎない．何らかの不完全性により左と右にわずかな差が生じるためである．ここでは，そのような不完全性が存在するときに何が起きるかを見てみたい．

たとえば次の系を考えよう．

$$\dot{x} = h + rx - x^3 \tag{3.6.1}$$

もし $h=0$ ならば，これは超臨界ピッチフォーク分岐の標準形となり，x と $-x$ に関して完全な対称性がある．しかし，この対称性は $h \neq 0$ ならば破れる．そのため，h を**不完全性パラメーター** (imperfection parameter) とよぶ．

式 (3.6.1) は，ここまで考えてきた他の分岐の問題よりも少し解析が難しくなる．**2** つの独立したパラメーター h と r を考えなければならないからである．状況を整理するために，r を固定して，h を変化させることによって生じる効果をしらべよう．最初のステップは式 (3.6.1) の固定点をしらべることである．これは陽に求められるのだが，そのためには 3 次方程式の面倒な解の公式を用いなければ

*6 (訳注) 特異摂動問題にもさまざまなタイプの問題がある．ここで扱う問題は数学分野では幾何学的特異摂動とよばれる．

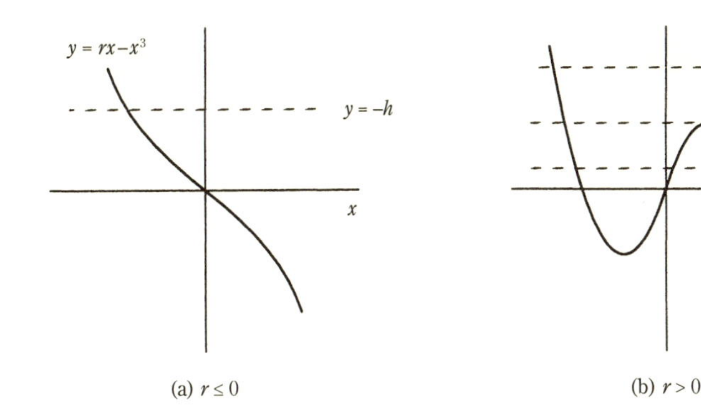

図 3.6.1

ならない．例題 3.1.2 のような図を用いる方法の方が簡単である．$y = rx - x^3$ と $y = -h$ のグラフを同一の座標軸上に表示し，それらの交点を求めよう (図 3.6.1). これらの交点が式 (3.6.1) の固定点に対応している．$r \leq 0$ の場合，3 次関数は単調に減少し，$y = -h$ の水平線とちょうど 1 点だけで交わる (図 3.6.1a). 面白いのは $r > 0$ の場合である．このとき，h の値によって 1 点，2 点，さらに 3 点での交差がありうる (図 3.6.1b).

$y = -h$ の水平線が 3 次関数の極小点か極大点のいずれかにちょうど**接している**とき，臨界的な場合が生じる．すなわち，**サドルノード分岐**が生じる．この分岐が生じる h の値を求めるために，3 次関数が $(\mathrm{d}/\mathrm{d}x)(rx - x^3) = r - 3x^2 = 0$ で極大点をもつことに注意しよう．したがって，

$$x_{\max} = \sqrt{\frac{r}{3}}$$

であり，この極大点で 3 次関数のとる値は，

$$rx_{\max} - (x_{\max})^3 = \frac{2r}{3}\sqrt{\frac{r}{3}}$$

である．同様に，極小点で 3 次関数のとる値は，この値に負の符号がついたものになる．したがって，サドルノード分岐は $h = \pm h_{\mathrm{c}}(r)$ で生じ，h_{c} は次式で与えられる．

$$h_{\mathrm{c}}(r) = \frac{2r}{3}\sqrt{\frac{r}{3}}$$

式 (3.6.1) は，$|h| < h_{\mathrm{c}}(r)$ で 3 つの固定点をもち，$|h| > h_{\mathrm{c}}(r)$ で 1 つの固定点をもつ．

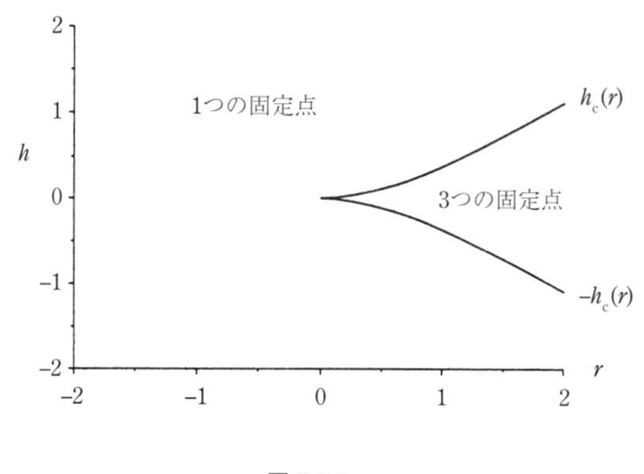

図 **3.6.2**

これらの結果をまとめて，(r, h) 平面に**分岐曲線** $h = \pm h_c(r)$ を図示する (図 3.6.2)．この 2 つの分岐曲線は $(r, h) = (0, 0)$ で互いに接していることに注意しよう．この点は**カスプ点** (cusp point)(尖点) とよばれている．また，図中の固定点の数が異なる領域ごとにラベルを付けよう．サドルノード分岐はこれらの領域の境界上の任意の点において生じる．ただし，**余次元 2 の分岐**(codimension-2 bifurcation) を生じる上記のカスプ点は除外される．(余次元 2 という奇抜な用語は，このタイプの分岐を生じさせるために h と r の **2 つの**パラメーターを動かさねばならない，という意味である．これまでに出てきたすべての分岐は，1 つのパラメーターを動かすことで生じるものであり，そのため**余次元 1** の分岐であった.)

図 3.6.2 のような図は，この先たいへん役立つものである．このような図を**安定性ダイアグラム** (stability diagram) とよぶことにしよう．この安定性ダイアグラムは，**パラメーター空間** (ここでは (r, h) 平面) 内を移動していくと，それに応じて異なるタイプのふるまいが生じることを示している．

ここで，h を固定して x^* の r に対する分岐図を示すことにより，以上の結果をおなじみの方法で表示しよう (図 3.6.3)．まず $h = 0$ の場合，通常のピッチフォーク分岐の分岐図 (図 3.6.3a) が得られるが，$h \neq 0$ の場合，この「ピッチフォーク」は 2 つのピースに分解してしまう (図 3.6.3b)．上側のピースはすべてが安定な固定点からなるが，下側のピースは安定固定点と不安定固定点の枝からなっている．r の値を負から増しても，$h = 0$ のときに見られた $r = 0$ でのシャープな変化はもはや見られない．固定点の位置は上側の枝に沿って滑らかに移動するだけである．さらに，下側の安定固定点の枝へは相当大きな摂動を与えない限り到達できなくなっている．

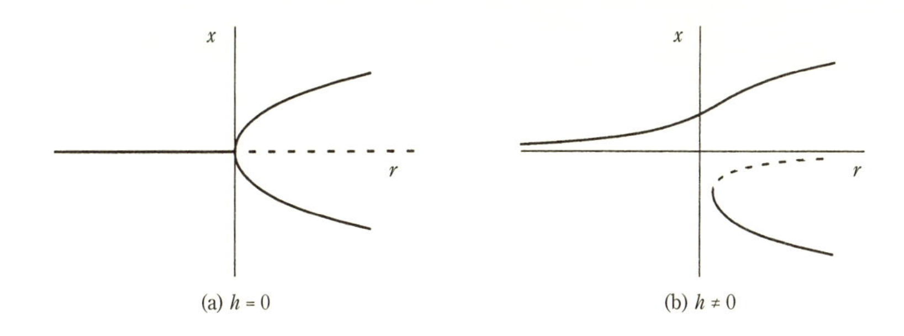

図 **3.6.3**

また，r を固定して h に対する x^* の位置を図示することもできる (図 3.6.4)．$r \leq 0$ の場合，h の値ごとに安定固定点が 1 つ存在する (図 3.6.4a)．しかし $r > 0$ の場合，$|h| < h_c(r)$ ならば 3 つの固定点が存在し，そうでなければ 1 つしか存在しない (図 3.6.4b)．この 3 つの固定点が存在する領域では，真ん中の枝は不安定で，上側と下側の枝は安定である．これらのグラフは図 3.6.1 を 90° 回転したものと同様であることに注意しよう．

最後に，これらの結果を図示する方法がもう 1 つある．この方法は 3 次元表示が好きな人の興味をそそるかもしれない．この表示方法は，これまでのすべての 2 次元の表示方法を，その断面，あるいは投影図として含む．(r, h) 平面に対して固定点 x^* を図示してゆくと，図 3.6.5 のような**カスプカタストロフィー面** (cusp catastrophe surface) が得られる．この曲面は，ある箇所ではそれ自体に重なるよ

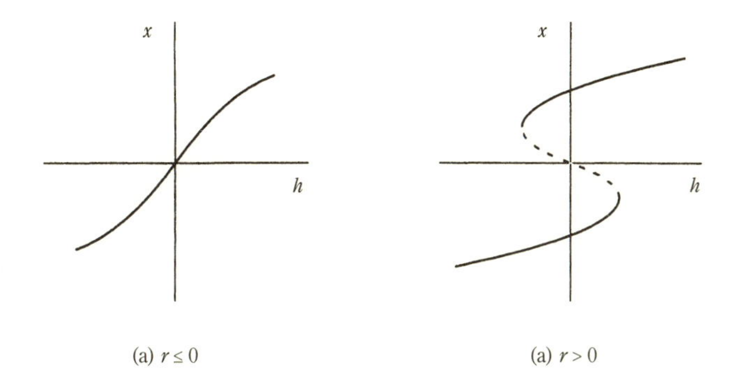

図 **3.6.4**

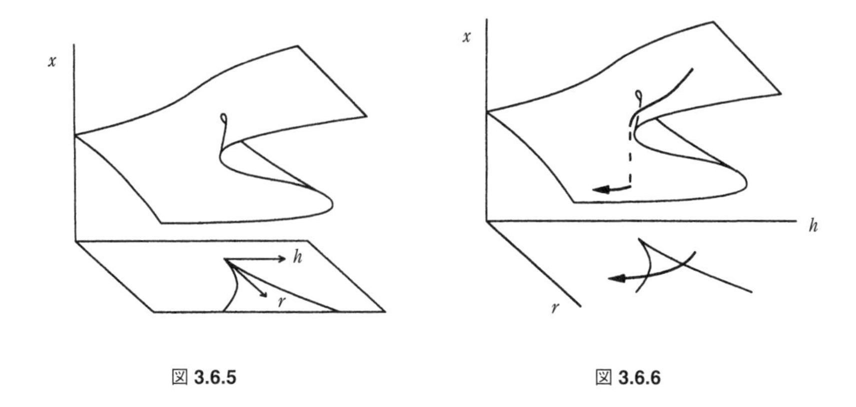

図 **3.6.5**　　図 **3.6.6**

うに折り畳まれている．この折り畳みを $(r,\ h)$ 平面へ投影すると，図 3.6.2 の分岐曲線が得られる．また h を固定したところでの横断面は図 3.6.3 となり，r を固定したところでの横断面は図 3.6.4 となる．

このカタストロフィーという用語は，パラメーターの変化によっては系の状態が上側の曲面の端へ追いやられ，さらにこれが下側の曲面へ不連続に転落するという事実によるものである (図 3.6.6)．もし，橋や建物においてこの転落のようなジャンプが生じれば，正にカタストロフィー (破局) となりうる．このカタストロフィーの科学の問題における実例を，昆虫の大発生 (3.7 節) や次に示す力学的な例で見てみよう．

カタストロフィー理論に関してもっと知りたい方は Zeeman (1977) や Poston と Stewart (1978) を参照されたい．ついでながら，この問題に関しては 70 年代の終りに激しい論争があった．その応酬を観戦してみたければ，Zahler と Sussman (1977) や Kolata (1977) を参照するとよい．

傾いた針金上のビーズ

不完全分岐やカタストロフィーの簡単な例として，次の力学的な系を考えてみよう (図 3.6.7)．質量 m のビーズが，水平方向に対して角度 θ 傾いたまっすぐな針金に拘束されて，滑らかに動く状況を考える．このビーズに弾性定数 k，自然長 L_0 のばねが取り付けられ，また重力も作用しているとする．ここで針金に沿った座標系を導入し，ばねの長さが最小となる点を $x=0$ とする．そして，このばねを固定している点と針金の距離を a としよう．

演習問題 3.5.4 および 3.6.5 ではこのビーズの固定点を解析するように求められ

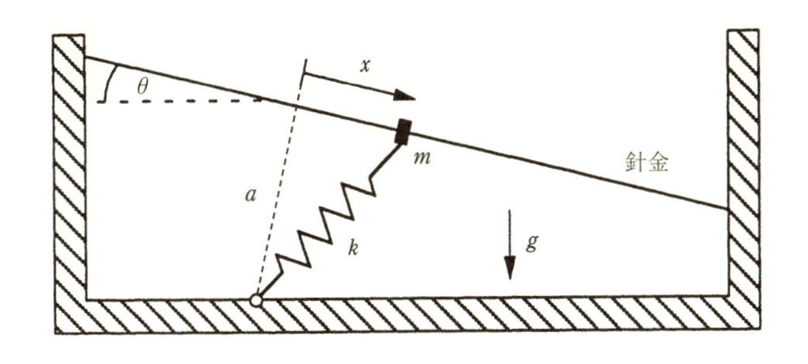

図 3.6.7

るが，ここではまず物理的直観を得てみよう．針金が水平 ($\theta = 0$) である場合，針金の左側と右側には完全な対称性があり，$x = 0$ は常に平衡な位置である．この固定点の安定性は L_0 と a の相対的な大きさに依存する．つまり，$L_0 < a$ ならば，ばねは伸びた状態であり，固定点は安定となるはずだ．一方，$L_0 > a$ ならば，ばねは縮んだ状態であり，$x = 0$ の固定点は**不安定**で，かつその両側に 1 対の安定な固定点が存在すると予想される．演習問題 3.5.4 ではこの単純な $\theta = 0$ の場合を取り扱う．

この問題は，針金を傾けると ($\theta \neq 0$)，より面白いものになる．少しだけ傾けた場合，$L_0 > a$ ならば，まだ 3 つの固定点が存在すると予想される．しかし，この傾きが急になり過ぎると，上の方にある固定点は突然消失し，ビーズは下の方の固定点へカタストロフィックにジャンプすることが，おそらく直観的にわかるだろう．さらに，この力学的な系を実際につくり，これらを試してみたいと思う読者もおられるかもしれない．演習問題 3.6.5 ではその数学的な詳細に取り組む．

3.7 昆虫の大発生

生物学における分岐とカタストロフィーの例として，ハマキガ (spruce budworm)[*7]の突発的大発生のモデルを取り扱おう．このハマキガはカナダ東部では深刻な害虫であり，バルサム[*8]の採れるバルサムモミの木の葉を駄目にする．この大発生が起きると，ハマキガは約 4 年でほとんどの森のモミの木を落葉させ，枯死させる．

---

*7 (訳注) ハマキガ科トウヒノシントメハマキのガの幼虫．以下，ハマキガと記載する．
*8 (訳注) 樹木が分泌する芳香性の樹脂．

Ludwig ら (1978) の論文は，ハマキガとモミの森の相互作用を記述するエレガントなモデルを提案して解析している．彼らは時間スケールの分離を利用して問題を単純化している．すなわち，ハマキガの個体数は速い時間スケールで変化し (ハマキガの個体群密度は 1 年で 5 倍にも増加し，その特徴的な時間スケールは月単位である)，一方，モミは遅い時間スケールで成長して死を迎える (約 7–10 年かけてすべての葉を新旧交代し，ハマキガがいなければ 100–150 年の寿命である)．したがって，ハマキガの個体数のダイナミクスに関しては，森にかかわる変数を定数として扱ってよいだろう．その上で，解析の終盤では，森にかかわる変数がきわめてゆっくり変動することを許容しよう．結局のところ，このゆっくりとした変化が大発生の引金となるのである．

モ　デ　ル

提案されたハマキガの個体数のダイナミクスに関するモデル方程式は次の通りである．

$$\dot{N} = RN\left(1 - \frac{N}{K}\right) - p(N)$$

捕食者がいなければ，ハマキガの個体数 $N(t)$ は増加率 R と環境収容力 K のもとでロジスティック的に[*9]増加すると仮定される．環境収容力は木にどれだけの葉が残っているかによって決まり，ゆっくりと変化するパラメーターである．そこで，今の段階ではこれを定数としよう．$p(N)$ の項は，主として鳥に捕食されることによる死亡率を表し，図 3.7.1 に示す形状をもつと仮定する．ハマキガが少ない場合，ほとんど捕食されることはない．このとき鳥はほかのところでエサを探している．しかし，ひとたびハマキガの個体数がある臨界的なレベル $N = A$ を

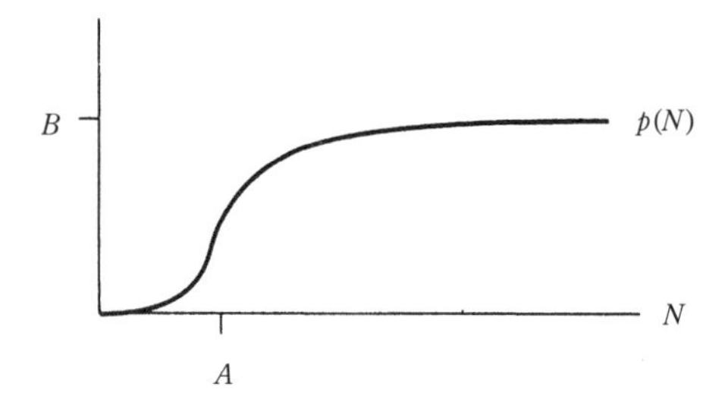

図 3.7.1

*9 (訳注) 2.3 節を参照のこと．

越えると，捕食率は鋭く増加し，そして飽和する (つまり，鳥は最大限の速さで食べ続けている)．Ludwig ら (1978) は具体的には次の形を仮定している．

$$p(N) = \frac{BN^2}{A^2 + N^2}$$

ただし，$A, B > 0$ である．したがって，完全なモデル方程式は，

$$\dot{N} = RN\left(1 - \frac{N}{K}\right) - \frac{BN^2}{A^2 + N^2} \tag{3.7.1}$$

となる．

ここでいくつかの疑問点を明確にしておきたい．このモデル方程式の枠内で，「大発生」とは何を表すのだろうか? それは，パラメーターの値の変化により，ハマキガの個体数が低いレベルから高いレベルへ突然飛び上がることであるはずだ．しかし，この「低い」,「高い」とはどのような意味であり，またそのような性質をもつ解は存在するのだろうか? これらの疑問に答えるためには，3.5 節のようにモデル方程式を無次元の形に変換しておくと都合がよい．

無次元形による定式化

モデル方程式 (3.7.1) は 4 つのパラメーター R，K，A，および B を含んでいる．いつものことだが，この系を無次元化するには多くの方法がある．たとえば，A と K の両者は N と同じ次元をもつので，N/A と N/K のいずれも無次元化した個体数となりうる．ベストな無次元化の方法を見いだすには，しばしば試行錯誤が必要となる．この例では，発見法的にすべての無次元化パラメーターを方程式の右辺の**ロジスティック**項に押し込み，**捕食**項には 1 つも残らないように方程式をスケーリングする．これにより，固定点の図を用いた方法による解析が容易になることが明らかになる．

まず，捕食項からパラメーターを取り除くために，式 (3.7.1) を B で割り，

$$x = N/A$$

としよう．これにより，

$$\frac{A}{B}\frac{\mathrm{d}x}{\mathrm{d}t} = \frac{R}{B}Ax\left(1 - \frac{Ax}{K}\right) - \frac{x^2}{1 + x^2} \tag{3.7.2}$$

となる．この方程式 (3.7.2) は，次のように無次元化した時間 τ と無次元化したパラメーターの組 r と k を導入するべきであることを示している．

$$\tau = \frac{Bt}{A}, \quad r = \frac{RA}{B}, \quad k = \frac{K}{A}$$

すると，式 (3.7.2) は

$$\frac{\mathrm{d}x}{\mathrm{d}\tau} = rx\left(1 - \frac{x}{k}\right) - \frac{x^2}{1 + x^2} \tag{3.7.3}$$

となり，これが最終的な無次元化方程式となる．ここで r と k はそれぞれ無次元化された増加率と環境収容力である．

固定点の解析

式 (3.7.3) の系は $x^* = 0$ に固定点をもち，これは**常に不安定**である (演習問題 3.7.1)．その直観的な説明は，x が小さい場合には捕食の効果はきわめて小さく，そのためハマキガの個体数 x は 0 の近くでは指数関数的に増加する，というものだ．

式 (3.7.3) の他の固定点は，次の方程式の解により与えられる．

$$r\left(1 - \frac{x}{k}\right) = \frac{x}{1 + x^2} \tag{3.7.4}$$

この方程式はグラフを用いて容易に解析できる．つまり，式 (3.7.4) の右辺と左辺のグラフを図示して，それらの交わる点を見いだせばよい (図 3.7.2)．式 (3.7.4) の左辺は x 切片が k で y 切片が r となる直線を表し，右辺は**パラメーターに依存しない曲線を示す**！したがって，パラメーター r と k を動かすと，直線は動くが曲線は動かない．この好都合な性質が上記の無次元化の方法を選択した理由になっている．

図 3.7.2 は，k が十分小さい場合，任意の $r > 0$ に対して，交点は 1 点のみであることを示している．しかし k が大きい場合，r の値に依存して 1 つ，2 つ，さらには 3 つの交点が生じうる (図 3.7.3)．a, b, そして c の 3 つの交点がある場合を考えよう．k を固定して r の値を減らしていくと，直線は $x = k$ にある点のま

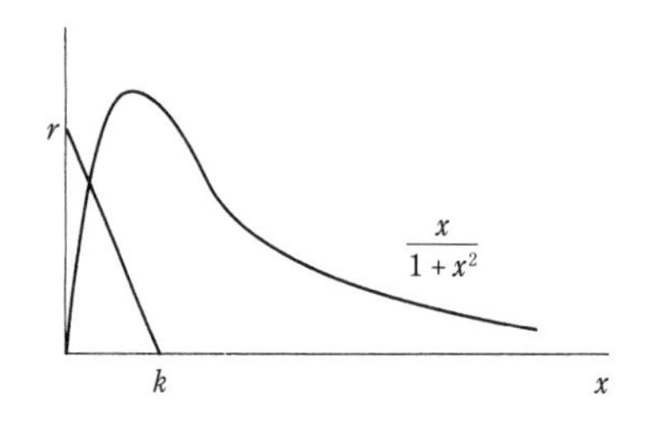

図 **3.7.2**

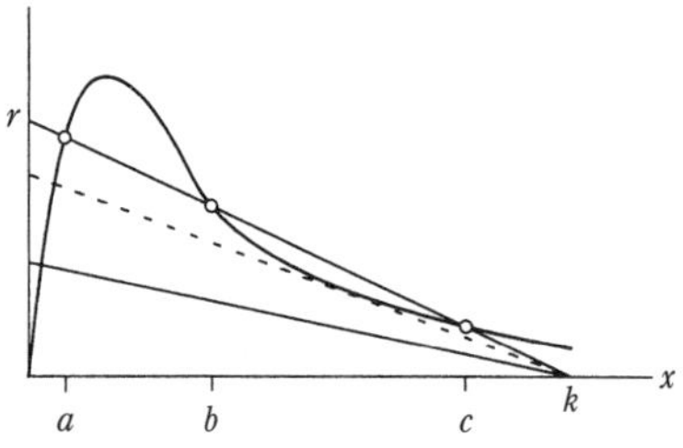

図 **3.7.3**

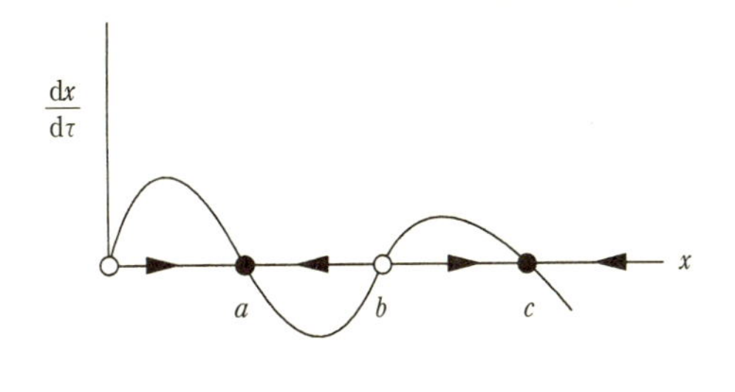

図 3.7.4

わりを反時計回りに回転する．このとき，固定点 b と c は互いに接近し，最終的に直線が曲線に**接するときにサドルノード**分岐により 1 つとなる (図 3.7.3 の破線を参照)．この分岐の後，残る固定点は a のみとなる (もちろん $x^* = 0$ も残っている)．同様に，r が**増す**と a と b はぶつかって消滅する．

これらの固定点の安定性を判定するために，$x^* = 0$ は不安定であり，また x 軸に沿って見ていくと安定と不安定を交互に繰り返すことに注意しよう．したがって，a は安定，b は不安定，そして c は安定となる．このように，r と k が 3 つの正の固定点が存在するパラメーター領域にある場合，そのベクトル場は定性的には図 3.7.4 に示すようになる．小さい方の安定固定点 a はハマキガの個体の**潜伏**の固定点とよばれ，一方，大きな方の安定固定点 c は**大発生**の固定点とよばれる．虫害抑止の観点からすると，個体数を c から遠ざけて a に維持しておきたい．この系の行く末は初期条件 x_0 により決まる．大発生は $x_0 > b$ の場合にのみ生じる．この意味で不安定固定点 b は**しきい値**の働きをしている．

大発生はサドルノード分岐によっても引き起こされうる．パラメーター r と k がゆっくり動いて固定点 a が消滅するとしよう．そうすると個体数は突発的大発生の固定点 c へ跳ね上がることになる．この状況はヒステリシス効果によっていっそう深刻となる．なぜならば，たとえパラメーター r と k が大発生前の値に戻ったとしても，個体数は潜伏状態の固定点にまで戻ることはないからである．

分岐曲線の計算

さて，(k, r) 平面上において系がサドルノード分岐を生じる分岐曲線を求めよう．その計算は 3.6 節でのものよりいくぶん難しくなる．たとえば r を k の関数として陽に表示できなくなる．そのかわり，この分岐曲線はすべての正の値をとる媒介変数 (パラメーター) x により**媒介変数 (パラメトリック) 表示** $(k(x), r(x))$

で与えられる.(この慣用的な用語に混乱しないで欲しい．r と k 自体もパラメーターだが，媒介変数表示の式では x を「パラメーター」とよぶ.)

先に見た通り，サドルノード分岐の条件は直線 $r(1-x/k)$ が曲線 $x/(1+x^2)$ と接するということである．したがって

$$r\left(1-\frac{x}{k}\right)=\frac{x}{1+x^2} \tag{3.7.5}$$

および

$$\frac{\mathrm{d}}{\mathrm{d}x}\left[r\left(1-\frac{x}{k}\right)\right]=\frac{\mathrm{d}}{\mathrm{d}x}\left(\frac{x}{1+x^2}\right) \tag{3.7.6}$$

の**両方の条件**が必要である．微分すると式 (3.7.6) は次のようになる．

$$-\frac{r}{k}=\frac{1-x^2}{(1+x^2)^2} \tag{3.7.7}$$

この r/k の表式を式 (3.7.5) へ代入し，r を x だけで表示することができる．その結果は

$$r=\frac{2x^3}{(1+x^2)^2} \tag{3.7.8}$$

である．さらに，式 (3.7.8) を式 (3.7.7) へ代入し，次式を得る．

$$k=\frac{2x^3}{x^2-1} \tag{3.7.9}$$

$k>0$ という条件から x は $x>1$ の範囲に制限されることがわかる．

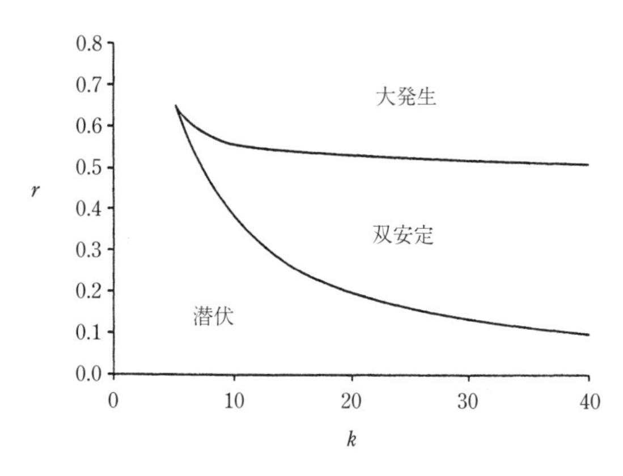

図 3.7.5

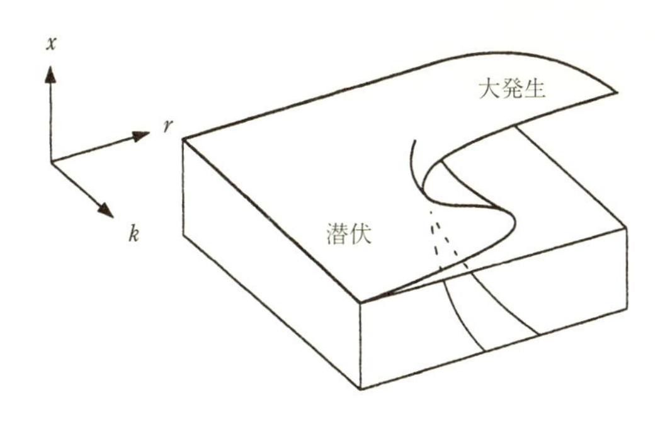

図 **3.7.6**

式 (3.7.8) と式 (3.7.9) が分岐曲線を定めている．$x > 1$ に対して (k, r) 平面上に対応する点 $(k(x), r(x))$ を表示しよう．得られる曲線は図 3.7.5 に示す通りである．(演習問題 3.7.2 ではこれらの曲線の解析的な性質を少し扱う.) 図 3.7.5 の異なる領域は，そこでの安定固定点の性質に従ってラベル付けされている．潜伏の固定点 a は r が小さい値の場合の唯一の安定状態であり，大発生の固定点 c は r が大きい場合の唯一の安定状態である．**双安定**領域ではいずれの安定状態も存在する．

この安定性ダイアグラムは図 3.6.2 にたいへんよく似ている．また，これは図 3.7.6 で模式的に描かれているカスプカタストロフィー曲面の投影図と解釈もできる．この曲面をより正確に表示することは読者に任せよう！

観測事実との比較

ここで無次元パラメーター $r = RA/B$ と $k = K/A$ に対して，生物学的に妥当と思われる値を決めておく必要がある．状況を複雑にしているのは，森の状態が変化するにつれて，これらのパラメーターがゆっくりと値を変えることである．Ludwig ら (1978) によると，r は森の成長に従って増加し，一方 k はそのままの値となるという．

その理由は次のように説明されている．まず S を木の平均サイズとしよう．これは 1 本の木のもつ葉の総表面積と解釈できる．したがって環境収容力 K は，利用できる葉の量に比例するため，$K = K'S$ となる．同様に捕食項の半飽和パラメーター[*10] A も S に比例する．小鳥のような捕食者は，エサを森の面積ではな

*10 (訳注) 図 3.7.1 を参照.

く葉の面積を単位として探すためである．したがって，これを表す適切な A' という量は，葉の単位面積あたりのハマキガの数という次元をもたなくてはならない．よって $A = A'S$ となり，次式が得られる．

$$r = \frac{RA'}{B}S, \qquad k = \frac{K'}{A'} \tag{3.7.10}$$

実験による観測事実から，若い森ではたいてい $k \simeq 300$ 程度，$r < 1/2$ となり，これは双安定領域にあることが示唆される．このとき小鳥によってハマキガの個体数は少ないままに維持されている．小鳥にとっては森の 1 エーカーあたりの葉が少ない方がエサを楽に探せるのである．しかし，森が成長するにつれて S の値は増加し，点 (k, r) はパラメーター空間内を図 3.7.5 の大発生領域へゆっくりと上昇していく．Ludwig ら (1978) は十分成熟した森では $r \approx 1$ と推定しているが，これは確かに危険なまでに大発生領域にある．大発生が起きた後，モミの木は死滅し，森はバーチ (樺) の木にとって代わられる．しかしバーチの木はモミほどには養分の利用効率がよくなく，結局のところまたモミが回復してくる．そしてこの回復には約 50–100 年を必要とする (Murray 1989)．

このモデルで用いられているいくつかの単純化について述べて締めくくりとしよう．まず木の成長のダイナミクスは無視されている．このより長期間にわたる挙動に関する議論については Ludwig ら (1978) を参照されたい．また，ハマキガの空間分布や，それらの移動分散の効果は無視されている．これらの点の取扱いについては，Ludwig ら (1979) や Murray (1989) を参照するとよい．

演　習　問　題

3.1 サドルノード分岐

次の各方程式について，r の値の変化に応じて生じるすべての定性的に異なるベクトル場を描き，r のある臨界的な値でサドルノード分岐が生じることを示し，またその値を求めよ．最後に r に対する固定点 x^* の分岐図を描け．

3.1.1 $\dot{x} = 1 + rx + x^2$

3.1.2 $\dot{x} = r - \cosh x$

3.1.3 $\dot{x} = r + x - \ln(1 + x)$

3.1.4 $\dot{x} = r + \frac{1}{2}x - x/(1 + x)$

3.1.5 **(普通ではない分岐)** サドルノード分岐の標準形を議論する際に，

$$a = \partial f/\partial r|_{(x^*, r_c)} \neq 0$$

という仮定をおいた．もし $\partial f/\partial r|_{(x^*, r_c)} = 0$ ならば何が起きるかを見るために，次の例のベクトル場を描き，r の関数として固定点を図示せよ．

(a) $\dot{x} = r^2 - x^2$

(b) $\dot{x} = r^2 + x^2$

3.2 トランスクリティカル分岐

次の各方程式について，r の値の変化に応じて生じるすべての定性的に異なるベクトル場を描け．r のある臨界的な値でトランスクリティカル分岐が生じることを示し，その値を求めよ．最後に r に対する固定点 x^* の分岐図を描け．

3.2.1 $\dot{x} = rx + x^2$

3.2.2 $\dot{x} = rx - \ln(1 + x)$

3.2.3 $\dot{x} = x - rx(1 - x)$

3.2.4 $\dot{x} = x(r - \mathrm{e}^x)$

3.2.5 **(反応速度論)** 次の化学反応系を考えよう．

$$A + X \underset{k_{-1}}{\overset{k_1}{\rightleftharpoons}} 2X, \qquad X + B \xrightarrow{k_2} C$$

これは演習問題 2.3.2 の一般化であり，X が C の生成に用いられていることが新しい点である．

(a) A と B はいずれも一定濃度 a と b にそれぞれ維持されていると仮定し，質量作用の法則から，$\dot{x} = c_1 x - c_2 x^2$ という形の方程式が導かれることを示せ．ただし，x は X の濃度，c_1 と c_2 はしかるべき定数である．

(b) $k_2 b > k_1 a$ の場合，$x^* = 0$ は安定であることを示し，このことが化学的に筋の通るものであることを説明せよ．

次の 2 つの演習問題はトランスクリティカル分岐の標準形に関するものである．例題 3.2.2 でトランスクリティカル分岐の近傍のダイナミクスを

$$\dot{X} = RX - X^2 + O(X^3)$$

という近似式にどのように簡約化するかを示した．ここでの目標は，この $O(X^3)$ の項が適当な変数の非線形変換により常に消去できることを示すことである．言い換えれば，この標準形への帰着は単なる近似ではなく，**厳密**に行うことができるということである[*11]．

---

*11 (訳注) より正確には次のことが知られている．方程式 $\dot{X} = RX - X^2 + g(X)$ について，$g(X) \sim O(X^3)$ かつ g は C^∞ 級とする．このとき，x についてのある C^∞ 級座標変換が存在して，方程式を $\dot{x} = Rx - x^2$ に変換できる．以下の問題 3.2.6, 3.2.7 では，高次の項 X^n を消去するために逐次近恒等変換を施していくのであるが，n に関するそのすべての合成は収束するとは限らないことに注意せよ．

3.2.6 (**3 次の項の消去**) 系 $\dot{X} = RX - X^2 + aX^3 + O(X^4)$ を考えよう．ただし $R \neq 0$ である．この系が $\dot{x} = Rx - x^2 + O(x^4)$ に変換されるような新しい変数 x を求めたい．3 次の項が消去されると誤差の項は 4 次のオーダーに跳ね上がるので，これができるなら大きな改善になるだろう．

$x = X + bX^3 + O(X^4)$ として，b を x に関する微分方程式の 3 次の項が消えるように後で決めるとする．これは**近恒等変換** (near-identity transformation) とよばれている．なぜならば x と X が実際のところほぼ等しく，両者には小さな 3 次以上の項の差があるだけだからである．(2 次の項 X^2 は不必要なので含まれていない．このことは後に確認すべきである.) ここで系を x について書き直す必要がある．その計算にはいくつかのステップが必要となる．

(a) 近恒等変換は逆変換によって $X = x + cx^3 + O(x^4)$ という形にできることを示し，この c を求めよ．

(b) $\dot{x} = \dot{X} + 3bX^2\dot{X} + O(X^4)$ とおいて，右辺の X と $\dot{X}$ の項を置き換え，すべての項が x のみに依存するようにせよ．$\dot{x} = Rx - x^2 + kx^3 + O(x^4)$ の形となるように，級数展開の積を計算して項ごとに整理せよ．ただし，k は a, b, および R に依存する．

(c) 勝利の時が来た．$k = 0$ となるように b を選べ．

(d) $R \neq 0$ という仮定は本当に必要か? このことを説明せよ．

3.2.7 (**任意の高次項の消去**) ここでは前の演習問題の方法を一般化する．多くの高次の項が消去できて，系が式 $\dot{X} = RX - X^2 + a_nX^n + O(X^{n+1})$ に変換されたと仮定する．ただし，$n \geq 3$ である．近恒等変換 $x = X + b_nX^n + O(X^{n+1})$ と，前の演習問題のやり方を用いて，適切に b_n を選択すれば，系を $\dot{x} = Rx - x^2 + O(x^{n+1})$ と書き直すことができることを示せ．このように，必要なだけ多くの高次の項を消去することができる．

3.3 レーザーしきい値

3.3.1 (**レーザーの改良モデル**) 3.3 節で扱ったレーザーの簡単なモデルにおいて，励起した原子数 N をレーザーの光子数 n に結びつける**代数**方程式を与えた．より現実的なモデルにおいては，この代数方程式は**微分**方程式で置き換えられる．たとえば Milonni と Eberly (1988) では，ある妥当な近似により量子力学から次の系が導かれることが示されている．

$$\dot{n} = GnN - kn$$
$$\dot{N} = -GnN - fN + p$$

ここで G は誘導放出の利得係数，k は鏡による透過や散乱などによって生じる光子の損失を表す減衰率である．また f は自然放出による励起された原子の減衰率，p はポンプ強度である．p が正負いずれの値もとることを除き，すべてのパラメーターは正の値のみをとる．

この 2 次元系は演習問題 8.1.13 で解析される．ここでは，この系を次のように 1 次元系に変換しよう．

(a) N は n に比べ，はるかに速く緩和するとしよう．このとき，準静的近似 $\dot{N} \approx 0$ を用いることができるだろう．この近似により $N(t)$ を $n(t)$ を用いて表示し，n についての 1 次元の系を導出せよ．(このやり方はしばしば**断熱消去**(adiabatic elimination) とよばれ，$N(t)$ の時間発展は $n(t)$ の時間発展に**隷属する**，とよばれる．Haken (1983) を参照されたい[*12].)

(b) $n^* = 0$ が $p > p_c$ で不安定となることを示し，この p_c を求めよ．

(c) レーザーしきい値 p_c でどのようなタイプの分岐が生じるか?

(d) (難問) (a) で用いた近似はどのようなパラメーター領域で有効であるか?

3.3.2 (マクスウェル–ブロッホ方程式) マクスウェル–ブロッホ方程式は，さらに洗練されたレーザーのモデルを与える．この方程式は電場 E，原子の平均分極 P，および反転分布 D のダイナミクスを記述する．

$$
\begin{aligned}
\dot{E} &= \kappa(P - E) \\
\dot{P} &= \gamma_1(ED - P) \\
\dot{D} &= \gamma_2(\lambda + 1 - D - \lambda EP)
\end{aligned}
$$

ただし，κ はレーザーキャビティ中のビーム透過における電場の減衰率，γ_1 と γ_2 はそれぞれ原子の分極と反転分布の減衰率，λ はポンプするエネルギーのパラメーターである．パラメーター λ は正，負，ゼロのいずれの値にもなるが，他のすべてのパラメーターは正である．

この方程式はローレンツ方程式と似ており，カオス的挙動を示しうる (Haken 1983, Weiss と Vilaseca 1991)．しかし，多くの実用的なレーザーは，このカオス領域では動作していない．最も簡単な $\gamma_1, \gamma_2 \gg \kappa$ の場合，P と D は急速に固定点に緩和し，そのため次のように断熱消去が可能になる．

(a) $\dot{P} \approx 0$, $\dot{D} \approx 0$ と仮定することにより P と D を E を用いて表し，それにより E の 1 階の微分方程式を導け．

(b) E の方程式のすべての固定点を求めよ．

(c) λ に対する E^* の分岐図を描け (安定な枝と不安定な枝を区別するよう注意すること)．

3.4 ピッチフォーク分岐

次の各方程式について，r の値の変化に応じて生じるすべての定性的に異なるベクトル場を描け．ある r の臨界的な値でピッチフォーク分岐が生じることを示し (その値も求めよ)，その分岐が超臨界か亜臨界かを分類せよ．最後に，r に対する固定点 x^* の分岐図を描け．

---

*12 (訳注) ここでいう断熱消去とは，本質的には幾何学的特異摂動法とみなされる (78 ページの訳注を参照)．断熱消去という名前は，数学的な構造が明らかになるまでの時代の名残りである．

3.4.1 $\dot{x} = rx + 4x^3$

3.4.2 $\dot{x} = rx - \sinh x$

3.4.3 $\dot{x} = rx - 4x^3$

3.4.4 $\dot{x} = x + \dfrac{rx}{1+x^2}$

次の演習問題は，さまざまなタイプの分岐を見分ける能力を試すためのものである．事実，これらは混同しやすい！それぞれの系について分岐の生じる r の値を求め，それらの分枝をサドルノード分岐，トランスクリティカル分岐，超臨界ピッチフォーク分岐，もしくは亜臨界ピッチフォーク分岐に分類せよ．最後に r に対する固定点 x^* の分岐図を描け．

3.4.5 $\dot{x} = r - 3x^2$

3.4.6 $\dot{x} = rx - \dfrac{x}{1+x}$

3.4.7 $\dot{x} = 5 - r\mathrm{e}^{-x^2}$

3.4.8 $\dot{x} = rx - \dfrac{x}{1+x^2}$

3.4.9 $\dot{x} = x + \tanh(rx)$

3.4.10 $\dot{x} = rx + \dfrac{x^3}{1+x^2}$

3.4.11 **(面白い分岐図)** 系 $\dot{x} = rx - \sin x$ を考えよう．

(a) $r = 0$ の場合についてすべての固定点を求めて分類し，さらにベクトル場を描け．

(b) $r > 1$ の場合，固定点は唯一存在することを示せ．これはどのような種類の固定点か?

(c) r が ∞ から 0 へ減少していく際に生じる**すべての**分岐を分類せよ．

(d) $0 < r \ll 1$ において分岐が生じる r の値の近似式を求めよ．

(e) r が 0 から $-\infty$ へ減少していく際に生じるすべての分岐を分類せよ．

(f) $-\infty < r < \infty$ での分岐図を示し，固定点のさまざまな枝の安定性を示せ．

3.4.12 **「4 分岐」**(quadfurcation) ピッチフォーク分岐は $r > 0$ で固定点の枝が 3 本現れるため，半分冗談に「3 分岐」(trifurcation) とよべることを述べた．$\dot{x} = f(x, r)$ が $r < 0$ で固定点をもたず，$r > 0$ で 4 本の固定点の枝をもつような「4 分岐」の例をつくることができるだろうか? 可能ならば，その結果を任意の数の枝の場合に拡張せよ．

3.4.13 **(分岐図のコンピューター計算)** 以下のベクトル場に対して，コンピューターを用いて r に対する x^* の数値的に正確な値を求めよ．ただし，$0 \le r \le 3$ とする．いずれの例でも，簡単な方法と，ニュートン–ラフソン法を用いる手間のかかる方法がある．

(a) $\dot{x} = r - x - \mathrm{e}^{-x}$

(b) $\dot{x} = 1 - x - \mathrm{e}^{-rx}$

3.4.14 (**亜臨界ピッチフォーク**) 亜臨界ピッチフォーク分岐を示す系 $\dot{x} = rx + x^3 - x^5$ を考えよう．

(a) r の値が変化する際に生じるすべての固定点の代数式を求めよ．

(b) r の値が変化する際のベクトル場を描け．すべての固定点とそれらの安定性をきちんと示すこと．

(c) サドルノード分岐によって 0 ではない固定点が生じるパラメーター値 r_{s} を計算せよ．

3.4.15 (**1 次相転移**) 系 $\dot{x} = rx + x^3 - x^5$ のポテンシャル $V(x)$ を考えよう．V が 3 つの同じ深さの井戸をもつ，すなわち 3 つの極小点での V の値が等しくなるという条件により定まる r_{c} を求めよ．

(注記：平衡統計力学では $r = r_{\mathrm{c}}$ で **1 次相転移**が生じるという．この r の値では，どの 3 つの極小値に対応する状態も等しい確率で見いだされることになる．水が凍って氷となることは最もよく知られた 1 次相転移の例である．)

3.4.16 (**ポテンシャル**) 次の (a)–(c) の場合に，$\dot{x} = -\mathrm{d}V/\mathrm{d}x$ を満たすという意味で $V(x)$ をポテンシャル関数とする．このポテンシャル関数を r の関数として描け．r が分岐値である場合も含め，すべての定性的に異なる場合をきちんと示すこと．

(a) (**サドルノード**) $\dot{x} = r - x^2$

(b) (**トランスクリティカル**) $\dot{x} = rx - x^2$

(c) (**亜臨界ピッチフォーク**) $\dot{x} = rx + x^3 - x^5$

3.5 回転する輪の上の過減衰ビーズ

3.5.1 3.5 節で扱った回転する輪の上のビーズについて考えよう．ビーズが $\phi > \pi/2$ で固定点をもちえないことを物理の言葉で説明せよ．

3.5.2 式 (3.5.7) のすべての固定点について線形安定性解析を行い，図 3.5.6 が正しいことを確かめよ．

3.5.3 式 (3.5.7) は $\phi = 0$ の近くで $\mathrm{d}\phi/\mathrm{d}\tau = A\phi - B\phi^3 + O(\phi^5)$ に帰着されることを示せ．また，A と B を求めよ．

3.5.4 (**水平な針金上のビーズ**) 質量 m のビーズが，まっすぐで水平な針金上をスライドするとしよう．自然長 L_0 でばね定数 k のばねの一端にビーズが取り付けられ，ばねのもう一端は針金から距離 h のところにある支持点につながっているとする (図 1)．そしてビーズの運動は摩擦による減衰力 $b\dot{x}$ により抵抗を受けるとしよう．

(a) ビーズに関するニュートンの運動方程式を書け．

(b) ありうるすべての釣り合いの位置，すなわち固定点を k, h, m, b, および L_0 の関数として求めよ．

(c) $m = 0$ とせよ．このときすべての固定点の安定性を分類し，分岐図を描け．

(d) $m \neq 0$ とすると，この m が無視できるためにはどの程度小さくなければならないか? どのような意味でこれが無視可能になるのか?

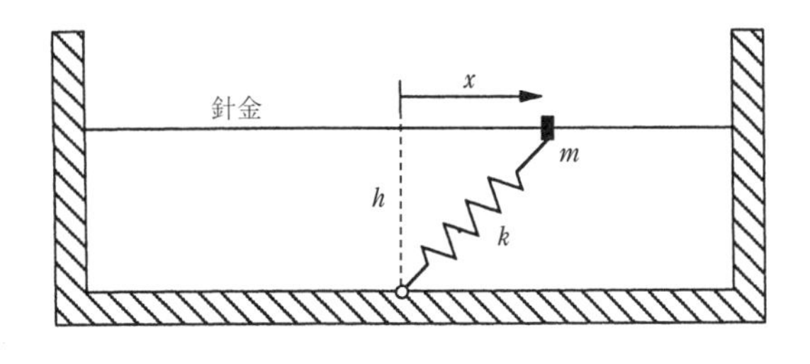

図 1

3.5.5 (素早い過渡過程の時間スケール) 回転する輪の上のビーズを扱う際，相平面解析を用いて，方程式

$$\varepsilon \frac{\mathrm{d}^2\phi}{\mathrm{d}\tau^2} + \frac{\mathrm{d}\phi}{\mathrm{d}\tau} = f(\phi)$$

が曲線 $\mathrm{d}\phi/\mathrm{d}\tau = f(\phi)$ に素早く緩和する解をもつことを示した．

(a) この素早い過渡状態の時間スケール T_{fast} を ε によって表し，さらにこの T_{fast} をもとの次元をもつ量 m, g, r, ω, および b によって表示せよ．

(b) $T_{\mathrm{slow}} = b/mg$ のかわりに，特徴的な時間スケールとして T_{fast} を用いて，もとの微分方程式をスケールし直せ．この時間スケールでは方程式のどの項が無視可能となるか?

(c) $\varepsilon \ll 1$ ならば $T_{\mathrm{fast}} \ll T_{\mathrm{slow}}$ であることを示せ．(この意味で T_{fast} と T_{slow} の時間スケールは大きく分離している．)

3.5.6 (特異極限に関するモデル問題) 線形微分方程式

$$\varepsilon \ddot{x} + \dot{x} + x = 0$$

を考えよう．その初期条件は $x(0) = 1$, $\dot{x}(0) = 0$ とする．

(a) すべての $\varepsilon > 0$ に対して，解析的に解を求めよ．

(b) ここで $\varepsilon \ll 1$ とする．この問題には大きく分離した 2 つの時間スケールがあることを示し，これらを ε により表せ．

(c) $\varepsilon \ll 1$ での解 $x(t)$ をグラフに描き，グラフ上にその 2 つの時間スケールを示せ．

(d) これにより，$\varepsilon \ddot{x} + \dot{x} + x = 0$ をその特異極限 $\dot{x} + x = 0$ で置き換えることの妥当性について，何がいえるか?

(e) この問題の物理的類似物を 2 つ与えよ．1 つは力学的な系に関連し，もう 1 つは電気回路系に関連するものとせよ．それぞれの場合に ε に対応する無次元化したパラメーターの組合せを求め，$\varepsilon \ll 1$ の極限での物理的な意味を述べよ．

3.5.7 (ロジスティック方程式の無次元化) ロジスティック方程式 $\dot{N} = rN(1 - N/K)$ を考えよう．ただし，初期条件を $N(0) = N_0$ とする．

(a) この系は次元をもつ 3 つのパラメーター r, k, N_0 を含む．これらのパラメーターそれぞれに対して，その次元を述べよ．

(b) 無次元化変数 x, x_0, τ を適切に選ぶことにより，この系は次の無次元化された形に書き直せることを示せ．

$$\frac{\mathrm{d}x}{\mathrm{d}\tau} = x(1-x), \qquad x(0) = x_0$$

(c) 別の無次元化変数 u と τ を選ぶことにより，もう 1 つ別の無次元化の方法を見いだせ．ただし，u は初期条件が常に $u_0 = 1$ を満たすように選ばれるものとする．

(d) 一方の無次元化の方法が，他方の無次元化の方法に比べて利点をもっているといえるだろうか?

3.5.8 (**亜臨界ピッチフォーク分岐の無次元化**) 1 次元系 $\dot{u} = au + bu^3 - cu^5$ は $a = 0$ で亜臨界ピッチフォーク分岐を生じる．ここで $b,\ c > 0$ である．この方程式は，$x = u/U$，$\tau = t/T$ により

$$\frac{\mathrm{d}x}{\mathrm{d}\tau} = rx + x^3 - x^5$$

と書き直せることを示せ．ただし，U, T, および r は a, b, および c を用いて適切に表すこと．

3.6 不完全分岐とカタストロフィー

3.6.1 (**不完全分岐のウォーミングアップ問題**) 図 3.6.3b は $h > 0$ に対応しているか，あるいは $h < 0$ か?

3.6.2 (**不完全トランスクリティカル分岐**) 系 $\dot{x} = h + rx - x^2$ を考えよう．$h = 0$ の場合，この系は $r = 0$ でトランスクリティカル分岐を示す．ここでのゴールは，r に対する x^* の分岐図が，不完全性パラメーター h によりどのように影響されるかを知ることである．

(a) $h < 0, h = 0$, および $h > 0$ での $\dot{x} = h + rx - x^2$ の分岐図を示せ．

(b) $(r,\ h)$ 平面に定性的に異なるベクトル場に対応する領域を描き，それらの領域の境界上で生じる分岐が何であるか明らかせよ．

(c) $(r,\ h)$ 平面のすべての異なる領域に対応するポテンシャル関数 $V(x)$ を図示せよ．

3.6.3 (**超臨界ピッチフォーク分岐に対する摂動**) 系 $\dot{x} = rx + ax^2 - x^3$ を考えよう．ただし，$-\infty < a < \infty$ とする．$a = 0$ の場合，超臨界ピッチフォーク分岐の標準形を得る．この演習問題のゴールは，新しいパラメーター a の効果をしらべることである．

(a) a の値ごとに r に対する x^* の分岐図が得られるが，a の値の変化に応じ，この分岐図は定性的な変化を示す．a の値を変化することにより得られるすべての定性的に異なる分岐図を描け．

(b) 定性的に異なるクラスのベクトル場に対応する $(r,\ a)$ 平面上の領域を図示して，以上の結果をまとめよ．分岐はこれらの領域の境界上で生じるが，それらの分岐のタイプが何であるか明らかにせよ．

3.6.4 (**不完全サドルノード分岐**) サドルノード分岐を示す系に小さな不完全性を加えると何が生じるか?

3.6.5 (**不完全分岐とカタストロフィーの力学的な例**) 3.6 節の最後で扱った傾いた針金上のビーズを考えよう.

(a) ビーズの釣り合いの位置 x は次式を満たすことを示せ.

$$mg\sin\theta = kx\left(1 - \frac{L_0}{\sqrt{x^2 + a^2}}\right)$$

(b) この釣り合いの方程式は，適当な R, h, および u の選択により，次の無次元形で表示されることを示せ.

$$1 - \frac{h}{u} = \frac{R}{\sqrt{1 + u^2}}$$

(c) $R < 1$ と $R > 1$ の場合に，この無次元化方程式の図を用いた解析を行え．それぞれの場合に，いくつの固定点が存在するか?

(d) $r = R - 1$ とする．この固定点の方程式が，r, h, および u の微小な値に対して，$h + ru - \frac{1}{2}u^3 \approx 0$ に帰着することを示せ.

(e) r, h, および u の微小な極限でサドルノード分岐の近似式を求めよ.

(f) 分岐曲線を与える**厳密**な方程式は，パラメーター表示

$$h(u) = -u^3, \qquad R(u) = (1 + u^2)^{3/2}$$

によって与えられることを示せ (ヒント：3.7 節を参照)．ただし，$-\infty < u < \infty$ である．この結果は (d) の近似的な結果に帰着することを確認せよ.

(g) (r,h) 平面に数値的に正確な分岐曲線のプロットを与えよ.

(h) もとの次元をもつ変数により，以上の結果を物理的に解釈せよ.

3.6.6 (**流体におけるパターン**) Ahlers (1989) は，流体系の 1 次元パターンの実験に関する魅力的なレビューを与えている．多くの場合，パターンは空間的に一様な状態から，まず超臨界あるいは亜臨界ピッチフォーク分岐を経て生じる．分岐点の近傍でのパターンの振幅のダイナミクスは，超臨界の場合，$\tau\dot{A} = \varepsilon A - gA^3$，また亜臨界の場合，$\tau\dot{A} = \varepsilon A - gA^3 - kA^5$ によって近似的に与えられる．ただし，$A(t)$ は振幅，τ は典型的な時間スケール，および ε は分岐点からのへだたりを測る小さな無次元パラメーターを示している．パラメーターが $g > 0$ の場合は超臨界分岐に，一方，$g < 0$ かつ $k > 0$ の場合は亜臨界分岐に対応する. (この文脈では，$\tau\dot{A} = \varepsilon A - gA^3$ という形の方程式は，しばしば**ランダウ方程式**とよばれている.)

(a) Dubois と Bergé (1978) はレイリー–ベナール対流に生じる超臨界分岐を研究しているが，定常状態の振幅は，$A^* \propto \varepsilon^\beta$ のべき則に従って ε に依存することが，実験的に示されている．ここで $\beta = 0.50 \pm 0.01$ である．この結果に対し，上記のランダウ方程式は何を予言しているか?

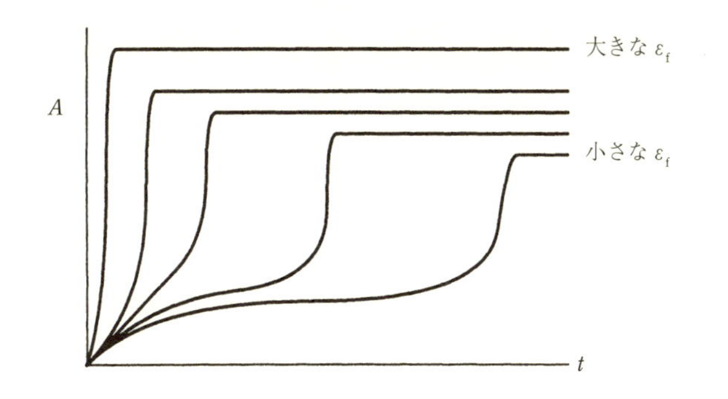

図 2

(b) 方程式 $\tau\dot{A} = \varepsilon A - gA^3 - kA^5$ は $g = 0$ において **3 重臨界分岐**を示すといわれている．つまり，この場合は超臨界分岐と亜臨界分岐のボーダーラインとなっている．この $g = 0$ の場合の A^* と ε の間の関係を求めよ．

(c) テイラー–クエット渦流の実験において，実験系のアスペクト比を変えることにより，パラメーター g を正から負へ連続的に変化させることに成功している．$h > 0$ が小さな不完全性を表すとして，上記の方程式が $\tau\dot{A} = h + \varepsilon A - gA^3 - kA^5$ へ修正されるとする．$g > 0, g = 0,$ および $g < 0$ の 3 つの場合に対して，ε に対する A^* の分岐図を描け．その上で Aitta ら (1985, Fig.2)，Ahlers (1989, Fig.15) の実際のデータをしらべてみよ．

(d) 上記 (c) の実験で，振幅 $A(t)$ は図 2 [Ahlers (1989) の Fig.18 を描き直したもの] に示すように定常状態へ発展していくことが判明している．この結果は $g < 0,$ $h \neq 0$ での不完全な亜臨界の場合に対応する．この実験でパラメーター ε は $t = 0$ で負の値から正の値 ε_f へスイッチされている．図 2 のグラフで ε_f の値は下から上の順に大きくなっている．

振幅 A の曲線がこのように変わった形となる理由を直観的に説明せよ．大きな値の ε_f で曲線は定常状態へ向けてほとんどまっすぐに上がっているのはなぜか? 一方，小さな値の ε_f では最終的に定常状態に向って増加する前に平坦部を経ているのはなぜか? (ヒント：ε_f の異なる値に対して，それぞれ $\dot{A}$ の A に対するグラフを描いてみよ.)

3.6.7 (**磁石の簡単なモデル**) 磁石は膨大な数の電子スピンの集団としてモデル化される．**イジング・モデル**として知られている最も簡単なモデルでは，スピンは上か下のどちらかのみを向き，これに $i = 1, \cdots, N \gg 1$ として，$S_i = \pm 1$ の値が対応している．量子力学的な理由により，スピンは近いものどうし，同一方向を向こうとする．一方，温度による乱雑化の効果が，その同一方向への並びを崩そうとする．

磁石の重要な巨視的性質は次の平均スピン，つまり**磁化**である．

$$m = \left| \frac{1}{N} \sum_{i=1}^{N} S_i \right|$$

高温ではスピンはランダムな方向を向いていて，そのため $m \approx 0$ となる．この状態の物質を**常磁性状態**にあるという．温度を下げていくと，ある臨界的な温度 T_c に至るまでは m の値は 0 の近くのままである．そして T_c で**相転移**が生じ，物質は自発的に磁化する．このとき $m > 0$ となり，**強磁性体**になったという．

しかし，上向きと下向きのスピンの対称性から，**2** つの強磁性状態がありうる．この対称性は，上向きもしくは下向きのどちらかを利する外部磁場 h により破られる．そして，m の固定点での値を決める方程式は，**平均場理論**とよばれる近似により

$$h = T \tanh^{-1} m - Jnm$$

となる．ただし，J と n は定数であり，$J > 0$ は強磁性結合強度，n は各スピンに隣接するスピンの数である (Ma 1985, p. 459).

(a) 図を用いた方法により $h = T \tanh^{-1} m - Jnm$ の解 m^* を解析せよ．

(b) $h = 0$ の特別な場合に，相転移の生じる臨界温度 T_c を求めよ．

3.7 昆虫の大発生

3.7.1 (昆虫の大発生モデルについてのウォーミングアップ問題) 式 (3.7.3) において固定点 $x^* = 0$ は常に不安定であることを示せ．

3.7.2 (昆虫の大発生モデルの分岐曲線)

(a) 式 (3.7.8) と式 (3.7.9) を用い，x に対して $r(x)$ および $k(x)$ を描け．$x \to 1$ および $x \to \infty$ としたときの $r(x)$ と $k(x)$ の極限的なふるまいを明らかにせよ．

(b) 図 3.7.5 のカスプ点での r，k，および x の正確な値を求めよ．

3.7.3 (漁業のモデル) 方程式 $\dot{N} = rN\,(1 - N/K) - H$ は漁業のきわめて簡素なモデルを与えている．漁が行われないとき，魚の個体数はロジスティック的に増加するものと仮定される．漁の影響は $-H$ の項によりモデル化されている．これは，魚がその個体数 N とは独立に一定の数 $H > 0$ だけつかまること，すなわち「漁獲される」ことを意味している．(これは，漁師が漁による魚の枯渇を配慮しないと仮定している．つまり，漁師は単に毎日同じ数の魚を捕ると仮定する．)

(a) この系は適切に決められた x，τ，および h の無次元量により，次の無次元の形式に書き直されることを示せ．

$$\frac{\mathrm{d}x}{\mathrm{d}\tau} = x(1 - x) - h$$

(b) h の異なる値に対して，それぞれベクトル場をプロットせよ．

(c) ある値 h_c で分岐が生じることを示し，この分岐がどのクラスに属するか明らかにせよ．

(d) $h < h_c$ と $h > h_c$ の場合について，魚の個体数の長時間のふるまいを述べ，それぞれの場合の生物学的な解釈を与えよ．

このモデルには少々間の抜けたところがある．つまり個体数が負となることがある！よりよいモデルなら，H のすべての値に対して個体数 0 のところに固定点をもつだろう．このような修正については次の演習問題を参照のこと．

3.7.4 (漁業の修正モデル) 1 つ前の演習問題の修正版モデルは

$$\dot{N} = rN\left(1 - \frac{N}{K}\right) - H\frac{N}{A+N}$$

である．ただし，$H > 0$, $A > 0$ である．このモデルは 2 つの意味でより現実的になっている．つまり，すべてのパラメーター値に対して $N = 0$ に固定点をもち，魚の捕まる率は N とともに減少する．これは筋が通っている．すなわち，魚が少なければ魚を見つけることは困難となり，1 日の水揚げは減るのだ．

(a) パラメーター A の生物学的解釈を与えよ．これは何を計測しているのか?

(b) この系は適切に決められた x，τ，a，および h の無次元量により，次の無次元の形式に書き直されることを示せ．

$$\frac{\mathrm{d}x}{\mathrm{d}\tau} = x(1-x) - h\frac{x}{a+x}$$

(c) この系は，a および h の値に依存して，1 つ，2 つ，もしくは 3 つの固定点をもつことを示せ．それぞれの場合について固定点の安定性を分類せよ．

(d) $x = 0$ の近くのダイナミクスを解析し，$h = a$ で分岐が生じることを示せ．これはどのようなタイプの分岐か?

(e) $a < a_c$ の場合，$h = \frac{1}{4}(a+1)^2$ でもう 1 つ別の分岐が生じることを示し，この a_c を求めよ．また，この分岐を分類せよ．

(f) $(a,\ h)$ パラメーター空間にこの系の安定性ダイアグラムをプロットせよ．いずれかの安定性領域にヒステリシスが生じうるか?

3.7.5 (生化学的スイッチ) シマウマの縞やチョウの羽根の模様は生物のパターン形成の最も華やかな例である．これらのパターンを説明することは生物学の重要問題の 1 つである．これに関する現在の知見についての優れたレビューとして，Murray (1989) を参照されたい．

パターン形成のモデルの 1 つの要素として，Lewis ら (1977) は，遺伝子 G が生化学的シグナル物質 S により活性化される，生化学的スイッチの簡単な一例を扱っている．たとえば，この遺伝子は普段は不活性であるけれど，S の濃度があるしきい値を超えると「オン状態」(活性化状態) となり，パターン形成に使われる色素や他の遺伝子生成物質を生成する．$g(t)$ によって遺伝子生成物の濃度を表し，S の濃度は s_0 に固定されていると仮定しよう．そのモデル方程式は

$$\dot{g} = k_1 s_0 - k_2 g + \frac{k_3 g^2}{{k_4}^2 + g^2}$$

であり，$k_1, \cdots, k_4$ は正の定数である．g の生成は s_0 により一定の率 k_1 で引き起こされ，また**自己触媒的**プロセス，つまり正のフィードバックプロセス (方程式の非線形項) によっても引き起こされる．さらに g は一定の率 k_2 で分解する．

(a) この系は次の無次元の形に書き換えられることを示せ．ただし，$r > 0$ と $s \geq 0$ は無次元のパラメーターの組である．

$$\frac{\mathrm{d}x}{\mathrm{d}\tau} = s - rx + \frac{x^2}{1 + x^2}$$

(b) $s = 0$ の場合，$r < r_\mathrm{c}$ ならば 2 つの正の値の固定点 x^* が存在することを示し，この r_c を求めよ．

(c) 最初は遺伝子生成物がない，すなわち $g(0) = 0$ として，さらに s がゆっくりと 0 から増加していく (活性化シグナルがオン状態となる) としよう．このとき $g(t)$ に何が生じるか? さらに，その後 s が 0 へ戻るとすると g はどうなるか? 遺伝子は再びオフ状態に戻るか?

(d) (r, s) 空間における分岐曲線のパラメトリックな方程式を求め，生じる分岐を分類せよ．

(e) コンピューターを用いて (r, s) 空間の安定性ダイアグラムを定量的に正確にプロットせよ．

このモデルのより詳しい議論については，Lewis ら (1977), Edelstein-Keshet (1988) の 7.5 節，あるいは Murray (1989) の 15 章を参照されたい．

3.7.6 (**疫病のモデル**) 疫学の先駆的研究として，Kermack と McKendrick (1927) では，以下のような疫病の伝染の簡潔なモデルが提案されている．まず人口は次の 3 つのクラス，すなわち健常な人の数 $x(t)$，罹病した人の数 $y(t)$，(疫病により) 死亡した人の数 $z(t)$ に分けられるとしよう．さらに，この疫病による死亡者数を除いて総人口数は一定と仮定する．(つまり疫病は急速に伝染するので，出生，移動，あるいは他の原因の死亡によるゆっくりとした人口の変化は無視できるとする.)

モデルの方程式は，

$$\dot{x} = -kxy, \qquad \dot{y} = kxy - ly, \qquad \dot{z} = ly$$

となる．ただし，k および l は正の定数である．この方程式は次の 2 つの仮定にもとづく．

(1) 健常な人は x と y の積に比例した率で感染する．この仮定は次のことが成り立つならば妥当だろう．つまり，健常な人と罹病している人は，それぞれの数に比例した率で出会い，さらにこの出会いによってある一定の確率で疫病が伝染する．

(2) 罹病した人は一定の率 l で死亡する．

この演習問題の目標は，この **3 次元系**のモデル方程式をこれまでに学んだ手法により解析可能な 1 次元系に帰着することである．(6 章でより簡単な解析法を見ることになる.)

(a) $x+y+z=N$ であることを示せ．ただし，N は定数である．
(b) $\dot{x}$ および $\dot{z}$ の方程式を用い，$x(t)=x_0\exp(-kz(t)/l)$ となることを示せ．ただし，$x_0=x(0)$ である．
(c) z は 1 次元の方程式 $\dot{z}=l\,[N-z-x_0\exp(-kz/l)]$ を満たすことを示せ．
(d) この方程式は適切なリスケーリングにより無次元化が可能であり，

$$\frac{\mathrm{d}u}{\mathrm{d}\tau}=a-bu-\mathrm{e}^{-u}$$

となることを示せ．
(e) $a\geq 1$，$b>0$ であることを示せ．
(f) 固定点 u^* の個数を明らかにし，その安定性を分類せよ．
(g) $\dot{u}(t)$ が最大となるとき，これと同時に $\dot{z}(t)$ と $y(t)$ も最大となることを示せ．(この時点を疫病の**ピーク**とよび，t_{peak} と書くことにする．このピークにおいて，他のどの時点よりも罹病者数が多く，1 日あたりの死亡率が高くなっている．)
(h) $b<1$ の場合，$t=0$ で $\dot{u}(t)$ は増加しており，ある時点 $t_{\mathrm{peak}}>0$ で最大となることを示せ．この場合，状態はよい方向へ向かう前にまず悪い方向へ向かう．(つまり**疫病**の流行という言葉はこの場合に当てはまる.) 最終的に $\dot{u}(t)$ は減少し，0 へ向かうことを示せ．
(i) 一方，$b>1$ の場合，$t_{\mathrm{peak}}=0$ となることを示せ．(つまり $b>1$ の場合，疫病の流行は生じない.)
(j) $b=1$ の条件は疫病発生の**しきい値**条件となる．この条件の生物学的解釈を与えることは可能か?
(k) Kermack と McKendrick (1927) では，彼らのモデルが 1906 年のボンベイでのペストのデータによく一致することを示している．このモデルをエイズの伝染について適用可能とするためには，どのような改善を行えばよいか? どの仮定が修正を必要としているか?

疫病モデルへの入門としては Murray (1989) の 19 章，もしくは Edelstein-Keshet (1988) を参照されたい．エイズのモデリングは，Murray (1989) や May と Anderson (1987) に議論されている．Kermack と McKendrick の論文に関し，優れたレビューとコメントが Anderson (1991) により与えられている．

4 円周上の流れ

4.0 はじめに

これまでのところ，方程式 $\dot{x} = f(x)$ に注目して，これを直線上のベクトル場として視覚化してきた．この章では，新たなタイプの微分方程式と，対応する相空間について考えてゆこう．方程式

$$\dot{\theta} = f(\theta)$$

は，**円周上のベクトル場**に対応する．ここで θ は円周上の点であり，$\dot{\theta}$ はこの点における速度ベクトルで，$\dot{\theta} = f(\theta)$ というルールによって定められる．円周は直線と同様に 1 次元だが，重要な新しい性質が 1 つある．すなわち，円周上の粒子は，一方向に流れてゆくことによって，やがてその出発点に戻ってこられるということである (図 4.0.1)．よって，本書においてはじめて周期解が可能となるのだ！ 別の言い方をすると，**円周上のベクトル場は，振動することができる系の最も基本的なモデルを与える．**

しかし，それ以外のすべての面において，円周上の流れは直線上の流れによく似ているので，本章は短いものになるだろう．いくつかの簡単な振動子のダイナ

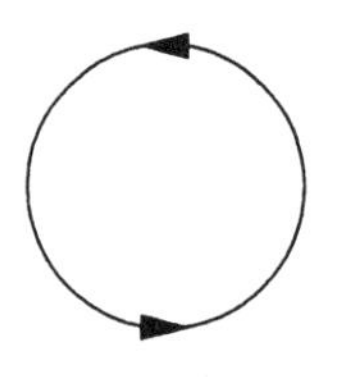

図 **4.0.1**

ミクスを議論し，それから，幅広い種類の応用問題においてそのような方程式が現れることを示そう．たとえば，ホタルの周期的な発光と超伝導ジョセフソン接合素子の電圧の振動は，その振動数が約 10 桁も違うのに，同じ方程式によってモデル化されるのだ！

4.1 例題と定義

いくつかの簡単な例題から始めて，その後，円周上のベクトル場のより注意深い定義を与えよう．

例題 4.1.1 $\dot{\theta} = \sin\theta$ に対応する円周上のベクトル場を描け．

（解） 円周上にいつも通りの方法で座標を与えよう．「東」の方向に $\theta = 0$ をとり，θ は反時計回りに増加するものとする．

ベクトル場を描くために，まず $\dot{\theta} = 0$ で定義される固定点を探す．固定点は $\theta^* = 0$ と $\theta^* = \pi$ に生じる．これらの固定点の安定性を決めるために，上側の半円上では $\sin\theta > 0$ であることに注意しよう．よって $\dot{\theta} > 0$ となり，流れは反時計回りとなる．同様に，下側の半円上では $\dot{\theta} < 0$ であり，流れは時計回りである．ゆえに，図 4.1.1 に示すように，$\theta^* = \pi$ は安定で，$\theta^* = 0$ は不安定である．

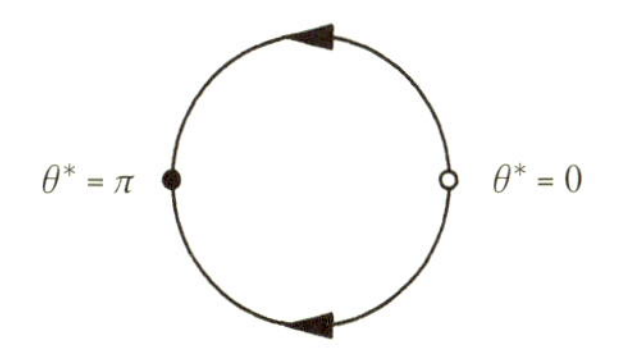

図 4.1.1

実はこの例題は 2.1 節ですでに見たものである．そこでは $\dot{x} = \sin x$ を**直線**上のベクトル場と見なした．図 2.1.1 を図 4.1.1 と比較して，系を円周上のベクトル場だと考えると，いかにわかりやすくなるかに注意しよう． ■

例題 4.1.2 なぜ $\dot{\theta} = \theta$ を $-\infty < \theta < \infty$ の範囲で円周上のベクトル場と見なすことができないのかを説明せよ．

（解） 速度が一意的に定義されないからである．たとえば，$\theta = 0$ と $\theta = 2\pi$ は円周上の同一の点を表す 2 つのラベルだが，最初のラベルはこの点で速度が 0 となることを意味し，2 つ目のラベルは速度が 2π であることを意味する． ■

θ を $-\pi < \theta \leq \pi$ に制限することによってこの非一意性を避けようとしても，速度ベクトルは $\theta = \pi$ に対応する点において不連続にジャンプしてしまう．どんなに頑張っても，円周全体の上で $\dot{\theta} = \theta$ を滑らかなベクトル場として考える方法はない．

もちろん $\dot{\theta} = \theta$ を**直線**上のベクトル場と見なすことには何の問題もない．なぜなら，$\theta = 0$ と $\theta = 2\pi$ は異なる点となり，それぞれの場所における速度をどのように定義しても何の矛盾も起きないからである．

例題 4.1.2 は円周上にベクトル場をどう定義すべきかを示している．幾何学的な定義は次の通りである．つまり，**円周上のベクトル場**とは，円周上の各点に一意的に速度ベクトルを割り当てるルールのことである．

実際上，このようなベクトル場は，1 次元の系 $\dot{\theta} = f(\theta)$ を考える際に現れる．ここで $f(\theta)$ は 2π 周期的な実関数で，すべての実数 θ に対して $f(\theta + 2\pi) = f(\theta)$ である．さらに，$f(\theta)$ は解の存在と一意性を満たすのに十分なだけ滑らかであることを (いつものように) 仮定する．この系を直線上のベクトル場の特別な場合だと見なすこともできるが，通常はこれを (例題 4.1.1 のように) 円周上のベクトル場だと考える方がわかりやすい．このことは，2π の整数倍だけ異なる θ を区別しないことを意味する．ここが $f(\theta)$ の周期性が重要になるところである．この周期性により，$\dot{\theta}$ が円周上の各点 θ で一意的に定義されることが保証される．この点を θ と名づけても，$\theta + 2\pi$，または，任意の整数 k に対して $\theta + 2\pi k$ と名づけても，$\dot{\theta}$ は同じなのである．

4.2　一様な振動子

円周上の点の位置は，しばしば**角度** (angle) あるいは**位相** (phase) とよばれる．すると，最も簡単な振動子は位相 θ が一様に変化するものである．

$$\dot{\theta} = \omega$$

ここで ω は定数である．その解は

$$\theta(t) = \omega t + \theta_0$$

となり，円周上の角振動数 ω での一様な運動に対応する．この解は，時間 $T = 2\pi/\omega$ 経つと $\theta(t)$ が 2π だけ増え，もとの点に戻るという意味で，**周期的**である．T を振動の**周期** (period) とよぶ．

これまでのところ，振動の**振幅**については何も述べていないことに気をつけよう．確かにこの系には振幅変数がない．もし位相変数に加えて振幅変数があるならば，2 次元の相空間を考えることになるが，その状況はもっとややこしく，後の章で議論される．(あるいは，もしお望みなら，円形の相空間の半径に対応する**一定の**振幅で振動が生じていると想像してもよい．いずれにせよ，振幅はダイナミクスにおいて何の役割ももたない.)

例題 4.2.1 駿足君と鈍足君の 2 人が円形のトラックを一定のペースでジョギングしているとする．駿足君がトラックを 1 周するのに T_1 秒かかり，鈍足君が 1 周するには T_2 $(> T_1)$ 秒かかる．もちろん，駿足君は周期的に鈍足君を追い越す．2 人が一緒にスタートしたとして，駿足君がトラックを 1 周余計に回って鈍足君に追いつくにはどれくらいかかるか?

(解) トラック上の駿足君の位置を $\theta_1(t)$ とする．すると $\omega_1 = 2\pi/T_1$ として $\dot{\theta}_1 = \omega_1$ である．同様に，鈍足君についても $\dot{\theta}_2 = \omega_2 = 2\pi/T_2$ だと考える．

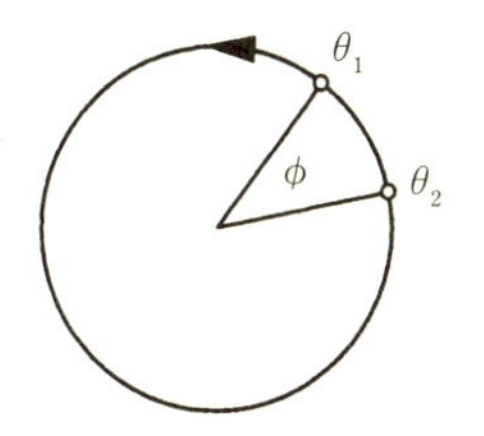

図 4.2.1

駿足君が 1 周余計に回って鈍足君に追いつくための条件は，2 人の間の角度が 2π だけ増えることである．よって，**位相差** $\phi = \theta_1 - \theta_2$ を定義したとすると，ϕ が 2π だけ増えるのにどれくらいかかるのかを知りたいのである (図 4.2.1)．引き算により，$\dot{\phi} = \dot{\theta}_1 - \dot{\theta}_2 = \omega_1 - \omega_2$ となることがわかる．よって，ϕ は

$$T_{\text{lap}} = \frac{2\pi}{\omega_1 - \omega_2} = \left(\frac{1}{T_1} - \frac{1}{T_2}\right)^{-1}$$

の時間が経てば，2π 増加する． ■

例題 4.2.1 は**うなり** (beat) とよばれる現象を例示している．相互作用がなく振動数の異なる 2 つの振動子は，互いの位相が近づいたり離れたりすることを周期的に繰り返す．読者は，日曜日の朝にこの現象を聞いたことがあるかもしれない．つまり，2 つの異なる教会の鐘が同時に鳴り始め，やがてゆっくりずれてゆき，いずれまた同時に鳴るようになる現象のことである．もし振動子が**相互作用**するならば (たとえば，ジョギングしている 2 人が一緒に走ろうとしたり，鐘を鳴らす人達がお互いの音を聞くことができるときには)，もっと面白い現象が生じるだろう．4.5 節でホタルの発光のリズムについてこのことをしらべる．

4.3 非一様な振動子

方程式

$$\dot{\theta} = \omega - a \sin \theta \tag{4.3.1}$$

は科学や工学のさまざまな分野で現れる．そのリストの一部は以下のようなものである．

エレクトロニクス [位相同期回路 (phase-locked loop)]

生物学 (振動するニューロン，ホタルの発光のリズム，人間の睡眠–覚醒サイクル)

凝縮系物理学 [ジョセフソン接合素子，電荷密度波 (charge-density wave)]

力学 (一定のトルクで駆動される過減衰振り子)

これらの応用のいくつかについては，この章の後の方と演習問題で議論する．

式 (4.3.1) を解析するにあたり，簡単のため $\omega > 0$ および $a \geq 0$ であると仮定する．負の ω と a についても結果は同様である．$f(\theta) = \omega - a \sin \theta$ の典型的なグラフを図 4.3.1 に示す．ω が平均で a が振幅であることに注意せよ．

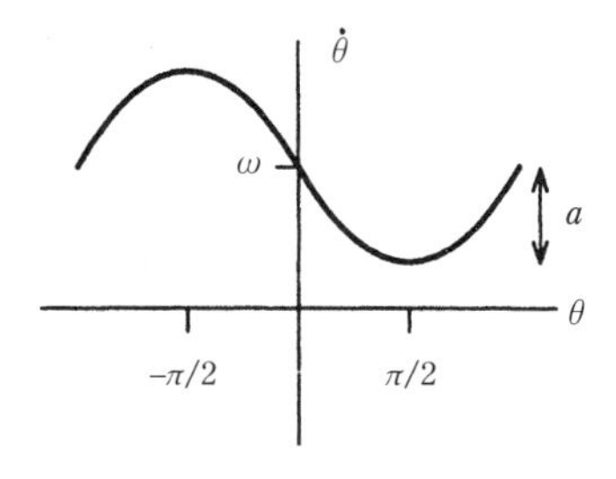

図 4.3.1

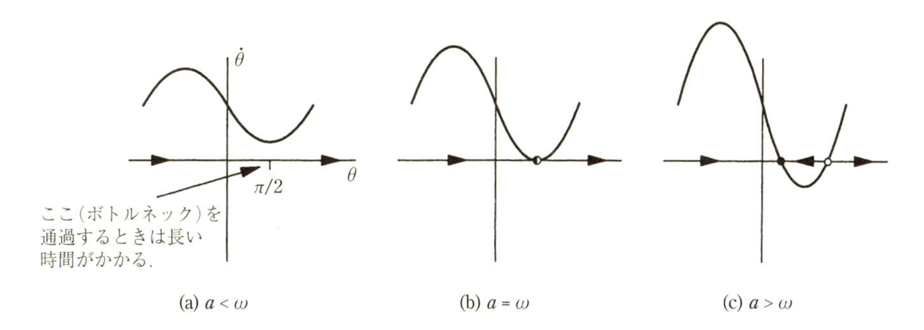

図 **4.3.2**

ベクトル場

もし $a = 0$ なら式 (4.3.1) は一様な振動子に戻る．つまり，このパラメーター a は円周上の流れに**非一様性**を導入する．流れは $\theta = -\pi/2$ で最も速く，$\theta = \pi/2$ で最も遅い (図 4.3.2a)．この非一様性は，a が増加するほど顕著になる．a が ω より少しだけ小さいときには，振動は非常にぎくしゃくしたものとなる．相空間の点 $\theta(t)$ は，$\theta = \pi/2$ の近くの**ボトルネック**を通過するのに長い時間を要し，その後は，円周の残りの部分をずっと短い時間で勢いよく回る．$a = \omega$ になると系は完全に振動を止め，サドルノード分岐により半安定な固定点が $\theta = \pi/2$ に生じる (図 4.3.2b)．最後に，$a > \omega$ のときには，半安定な固定点が，安定固定点と不安定固定点に分離する (図 4.3.2c)．すべての軌道は $t \to \infty$ で安定な固定点に引きつけられる． これと同じ情報は，円周上にベクトル場をプロットすることによっ

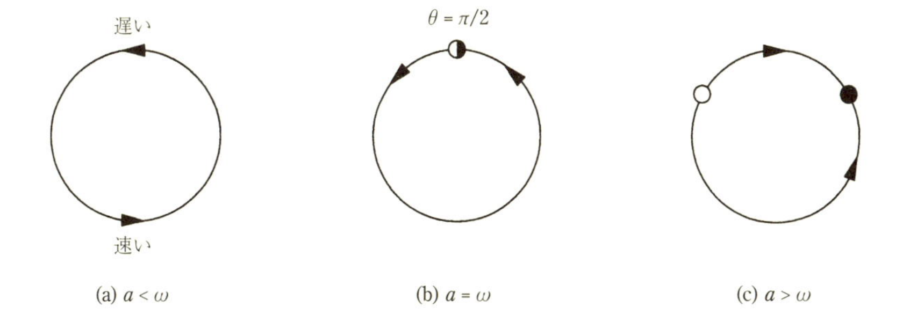

図 **4.3.3**

ても示すことができる (図 4.3.3).

例題 4.3.1 $a > \omega$ の場合について，式 (4.3.1) の固定点を線形安定性解析を用いて分類せよ．

(解) 固定点 θ^* は

$$\sin\theta^* = \omega/a, \qquad \cos\theta^* = \pm\sqrt{1-(\omega/a)^2}$$

を満たす．これらの固定点の線形安定性は

$$f'(\theta^*) = -a\cos\theta^* = \mp a\sqrt{1-(\omega/a)^2}$$

によって決定される．よって，$\cos\theta^* > 0$ となる方の固定点 θ^* が，$f'(\theta^*) < 0$ を満たすため，安定である．これは図 4.3.2c と一致する． ■

振動の周期

$a < \omega$ のときには，振動の周期を以下のように解析的に求められる．θ が 2π だけ変化するのに必要な時間は

$$\begin{aligned} T &= \int \mathrm{d}t = \int_0^{2\pi} \frac{\mathrm{d}t}{\mathrm{d}\theta}\mathrm{d}\theta \\ &= \int_0^{2\pi} \frac{\mathrm{d}\theta}{\omega - a\sin\theta} \end{aligned}$$

で与えられる．ここで $\mathrm{d}t/\mathrm{d}\theta$ を置き換えるために式 (4.3.1) を使った．この積分は，複素積分[*1]あるいは $u = \tan(\theta/2)$ という置き換えによって計算できる．(詳しくは演習問題 4.3.2 を参照せよ.) その結果は

$$T = \frac{2\pi}{\sqrt{\omega^2 - a^2}} \tag{4.3.2}$$

である．図 4.3.4 に T のグラフを a の関数として示す．

---

*1 (訳注) $Z = \mathrm{e}^{\mathrm{i}\theta}$ とおくと $\mathrm{d}Z = \mathrm{i}Z\mathrm{d}\theta$, $\sin\theta = (Z - Z^{-1})/2\mathrm{i}$ であるから，

$$T = \int_C \frac{1}{\omega - a\dfrac{Z - Z^{-1}}{2\mathrm{i}}}\frac{\mathrm{d}Z}{\mathrm{i}Z} = \int_C \frac{-2}{aZ^2 - 2\mathrm{i}\omega Z - a}\,\mathrm{d}Z$$

と変形できる．ここで C は単位円上を反時計回りに進む積分路である．この積分に対して留数定理を用いることで T を計算できる．留数定理については適当な複素関数論の教科書を参照されたい．

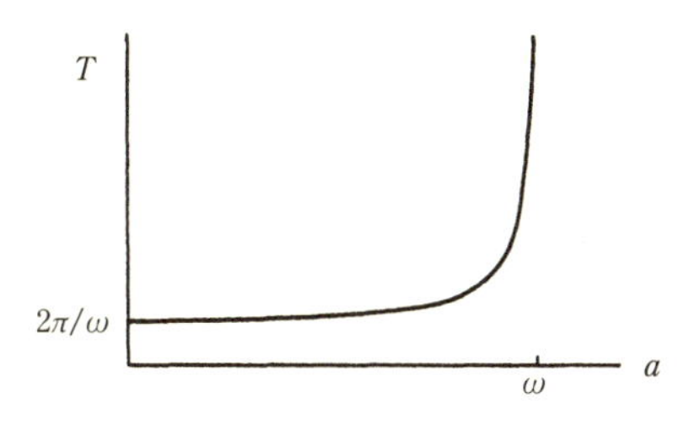

図 **4.3.4**

$a=0$ のときには式 (4.3.2) は $T=2\pi/\omega$ に戻る．これは一様な振動子に対するおなじみの結果である．周期は a とともに増加し，a が ω に下から近づくと (この極限を $a \to \omega^-$ と書く) 発散する．

発散のオーダーは，$a \to \omega^-$ で

$$\begin{aligned}\sqrt{\omega^2-a^2} &= \sqrt{\omega+a}\sqrt{\omega-a} \\ &\approx \sqrt{2\omega}\sqrt{\omega-a}\end{aligned}$$

となることに注意すれば

$$T \approx \left(\frac{\pi\sqrt{2}}{\sqrt{\omega}}\right)\frac{1}{\sqrt{\omega-a}} \tag{4.3.3}$$

と見積もることができる．つまり，$a_\mathrm{c}=\omega$ として，T は $(a_\mathrm{c}-a)^{-1/2}$ のように発散する．さて，この**平方根スケーリング則**の起源を説明しよう．

ゴーストとボトルネック

上で発見した平方根スケーリング則は，**サドルノード分岐に近い系におけるとても一般的な性質**である．2 つの固定点が衝突した直後，そこにはサドルノードの名残り，すなわち**ゴースト**が存在し，そのためにボトルネックをゆっくり通過するのだ．

たとえば，$\dot{\theta}=\omega-a\sin\theta$ を考えて，$a>\omega$ から a を減少させるとしよう．a が減少するにつれて，2 つの固定点は互いに近づき，衝突し，消滅する．(この過程は前に図 4.3.3 に示したが，今度は右から左へと見なくてはならない.) ω より少し小さな a においては，$\pi/2$ の近くの固定点はもはや存在しないが，その気配は，サドルノード分岐のゴーストを通じてまだ感じられている (図 4.3.5).

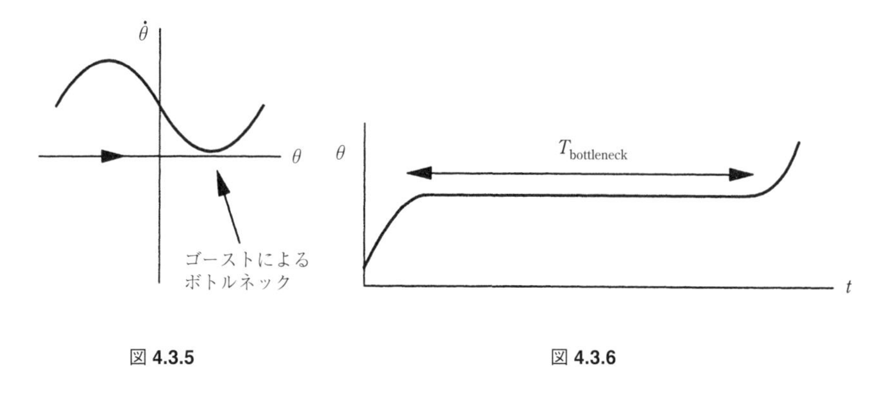

図 **4.3.5**　　図 **4.3.6**

$\theta(t)$ のグラフは図 4.3.6 に示すような形状となるだろう．軌道がボトルネックを通り抜けるためにほとんどすべての時間を費やすことに注意しよう．

さて，ボトルネックを通り抜けるために必要な時間に関する一般的なスケーリング則を導出したい．これに関係するのは，最小値のすぐ近くでの $\dot{\theta}$ の挙動だけである．なぜなら，そこで費やされる時間が，この問題における他のすべての時間スケールに比べて支配的だからである．一般に，$\dot{\theta}$ はその最小値の近くで**放物的**となる．すると，問題はものすごく簡単になる．つまり，そのダイナミクスを，サドルノード分岐の標準形に縮約できるのである！空間座標を局所的にリスケールすることにより，ベクトル場は

$$\dot{x} = r + x^2$$

と近似できる．ここで r は分岐点からの距離に比例し，$0 < r \ll 1$ である．$\dot{x}$ のグラフを図 4.3.7 に示す．

ボトルネックの中で費やされる時間を見積もるために，x が $-\infty$ (ボトルネックの片側での全行程) から $+\infty$ (その反対側での全行程) まで到達するのにかかる

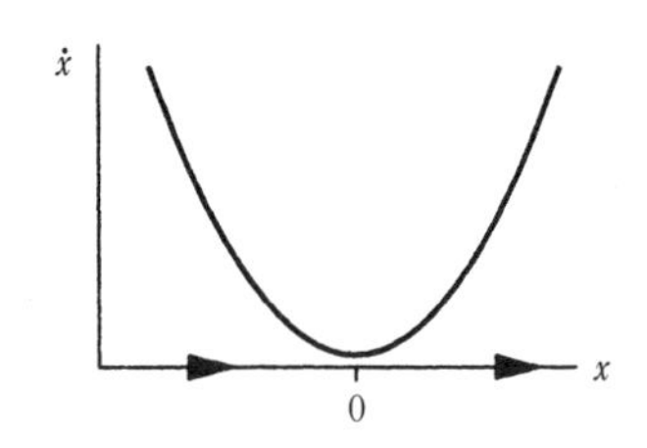

図 **4.3.7**

時間を計算する．その結果は

$$T_{\text{bottleneck}} \approx \int_{-\infty}^{\infty} \frac{\mathrm{d}x}{r + x^2} = \frac{\pi}{\sqrt{r}} \tag{4.3.4}$$

となり，平方根スケーリング則の一般性を示している．[式 (4.3.4) の積分をどう計算するかを思い出すには，演習問題 4.3.1 を参照せよ.]

例題 4.3.2 厳密な結果ではなく，標準形の方法を用いて，$\dot{\theta} = \omega - a\sin\theta$ の周期を $a \to \omega^-$ の極限で見積もれ．

(解) 周期はほぼボトルネックを通り抜けるのに必要な時間となるだろう．この時間を見積もるために，ボトルネックが生じる $\theta = \pi/2$ のまわりでテイラー展開する．$\phi = \theta - \pi/2$ として，ϕ は小さいとすると

$$\begin{aligned}\dot{\phi} &= \omega - a\sin\left(\phi + \frac{\pi}{2}\right)\\ &= \omega - a\cos\phi\\ &= \omega - a + \frac{1}{2}a\phi^2 + \cdots\end{aligned}$$

となり，望ましい標準形に近い．もしここで

$$x = (a/2)^{1/2}\phi, \qquad r = \omega - a$$

とすれば，x の主要なオーダーまでの式は $(2/a)^{1/2}\dot{x} \approx r + x^2$ となる．変数を分離すれば

$$T \approx (2/a)^{1/2} \int_{-\infty}^{\infty} \frac{\mathrm{d}x}{r + x^2} = (2/a)^{1/2} \frac{\pi}{\sqrt{r}}$$

が得られる．ここで $r = \omega - a$ と置き換えよう．さらに，$a \to \omega^-$ なので，$2/a$ を $2/\omega$ で置き換えてよいだろう．したがって，

$$T \approx \left(\frac{\pi\sqrt{2}}{\sqrt{\omega}}\right) \frac{1}{\sqrt{\omega - a}}$$

となり，式 (4.3.3) と一致する． ■

4.4 過減衰振り子

さて，非一様な振動子の簡単な力学的な例として，一定のトルクで駆動される過減衰振り子を考えよう．θ を振り子と下向きの鉛直線のなす角度として，θ は反時計回りに増加するとしよう (図 4.4.1)．すると，ニュートンの法則より

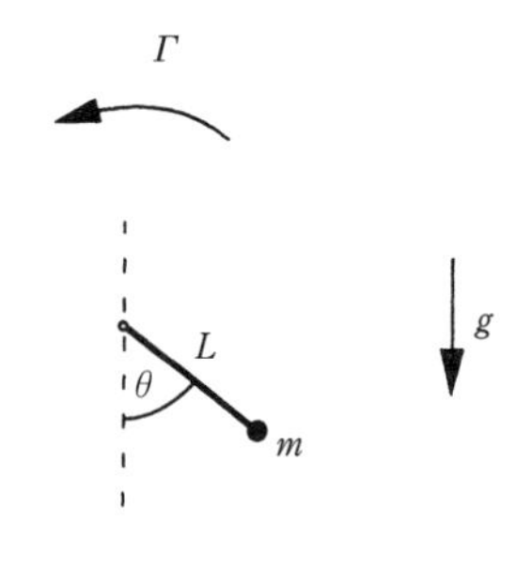

図 **4.4.1**

$$mL^2\ddot{\theta} + b\dot{\theta} + mgL\sin\theta = \Gamma \tag{4.4.1}$$

が得られる．ここで，m は質量，L は振り子の長さ，b は粘性減衰係数，g は重力加速度，Γ は与えられる一定のトルクを表す．これらのパラメーターはすべて正である．特に $\Gamma > 0$ は，図 4.4.1 に示すように，振り子が与えられたトルクによって反時計回りに駆動されることを表す．

式 (4.4.1) は 2 階の微分方程式系だが，b が極端に大きい**過減衰極限**では，1 階の微分方程式の系で近似してよい (3.5 節と演習問題 4.4.1 を参照せよ)．この極限では慣性項 $mL^2\ddot{\theta}$ は無視できて，式 (4.4.1) は

$$b\dot{\theta} + mgL\sin\theta = \Gamma \tag{4.4.2}$$

となる．この問題を物理的に考察するためには，振り子が糖蜜に浸されている状況を想像する必要がある．トルク Γ によって振り子は粘性の高い周囲の流体を押し分けて進む．この状況が，摩擦がなくエネルギーが保存されて振り子が永久に前後に揺れ続けるおなじみの極限とは**逆の**極限であることを実感して欲しい．つまり，エネルギーは減衰によって失われ，与えられたトルクによって送り込まれている．

式 (4.4.2) を解析するために，まずこれを無次元化する．mgL で割ることにより，

$$\frac{b}{mgL}\dot{\theta} = \frac{\Gamma}{mgL} - \sin\theta$$

が得られる．ゆえに，

$$\tau = \frac{mgL}{b}t, \qquad \gamma = \frac{\Gamma}{mgL} \tag{4.4.3}$$

とすれば，

$$\theta' = \gamma - \sin\theta \tag{4.4.4}$$

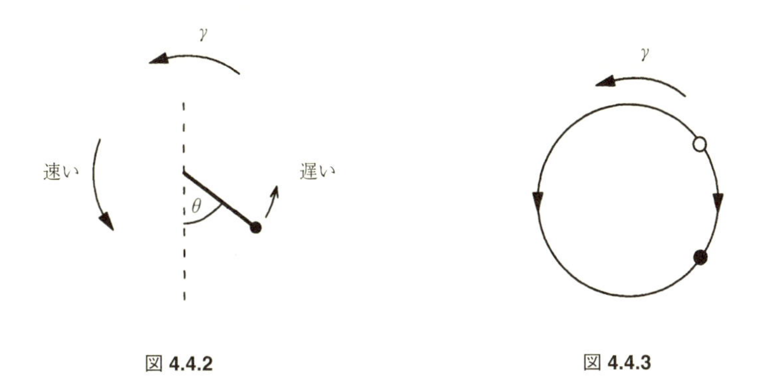

図 4.4.2　　図 4.4.3

となる．ここで $\theta' = \mathrm{d}\theta/\mathrm{d}\tau$ である．

無次元量 γ は，最大の重力トルクに対する与えられたトルクの比である．もし $\gamma > 1$ ならば，与えられたトルクが重力トルクによってバランスされることは決して起こらず，振り子は**回転し続ける**．重力は，一方の側では与えられたトルクを助ける向きに働き，反対側ではこれを妨げる向きに働くため，回転の速さは一様ではない (図 4.4.2).

$\gamma \to 1^+$ とするに従って，振り子は動きの遅い側をよじ登って $\theta = \pi/2$ を通過するまでに，ますます長い時間を必要とするようになる．$\gamma = 1$ で $\theta^* = \pi/2$ に固定点が出現し，$\gamma < 1$ では 2 つに分離する (図 4.4.3)．物理的な観点から，2 つの平衡位置のうち下側にある方が安定なのは明らかである．

γ が減少するにつれて，2 つの固定点はさらに離れてゆく．最終的に $\gamma = 0$ で与えられたトルクは消失して，不安定な固定点が最上部に (倒立した振り子)，安定な固定点が最下部にある状況となる．

4.5 ホ　タ　ル

ホタルは自然界における同期現象の最もスペクタクルな例の 1 つである．東南アジアのいくつかの地域では，夜になると木に何千匹ものオスのホタルが集まって一斉に明滅する．一方，メスのホタルはその頭上を飛び回り，美しい光を出すオスを探す．

この驚くべきホタルの誇示行動を本当に味わうためには，ぜひ映画かビデオを見るべきである．たとえば，David Attenborough (1992) のテレビ番組シリーズ「生命の挑戦」(The Trials of Life) のエピソード「見知らぬ相手と話す」(Talking to

Strangers) によい例が示されている．同期して発光するホタルについて美しく書かれた入門としては Buck と Buck (1976) を，より最近のレビューとしては Buck (1988) を参照せよ．同期するホタルの数学モデルについては Mirollo と Strogatz (1990) および Ermentrout (1991) を参照せよ．

同期はどのように生じるのだろうか? ホタル達が同期した状態から出発するわけではないことは確かである．ホタル達は夕暮れになると木に飛来し，同期は夜が深まるにつれて徐々に強まる．その鍵となるのは，**ホタルが互いに影響を与えあう**ことだ．ホタルは他のホタルの発光を見ると，次の発光サイクルではより近い位相となるように，スピードをコントロールする．

Hanson (1978) は，周期的に点滅させたライトをホタルに当て，ホタルが同期しようとする様子を観察することにより，この効果を実験的にしらべた．ライトによる刺激の点滅周期がホタルの自然周期 (約 0.9 秒) に近いとき，ホタルは振動数を刺激周期に一致させることができた．この場合，ホタルは刺激に**引き込まれた**(entrained) という．だが，刺激の点滅が速すぎたり遅すぎたりしたときには，ホタルはついて行けずに引き込みは失われた．そして，うなりのような現象が生じた．しかし，4.2 節で述べた単純なうなり現象とは対照的に，刺激とホタルの位相差は一様には増加しなかった．位相差は,「うなりのサイクル」のうち，ホタルが同期しようと無駄な努力をしている間はゆっくり増え，その後速やかに増加して 2π を通り過ぎる．そして，次のうなりのサイクルでホタルは再び同期しようとする．この過程は「位相のウォークスルー」，あるいは**位相ドリフト** (phase drift) とよばれる．

モ　デ　ル

Ermentrout と Rinzel (1984) は，ホタルの発光リズムと，そのリズムの刺激に対する応答の簡単なモデルを提案した．$\theta(t)$ をホタルの発光リズムの位相だとしよう．$\theta = 0$ は光が発せられた瞬間に対応する．刺激がないときには，ホタルは振動数 ω で $\dot{\theta} = \omega$ に従ってサイクルを繰り返す．

さて，周期刺激があり，その位相 Θ が

$$\dot{\Theta} = \Omega \tag{4.5.1}$$

に従うとしよう．ここで $\Theta = 0$ は刺激の瞬間を表すとする．この刺激へのホタルの応答を，以下のようにモデル化する．もし刺激が発光サイクルに先行していれば，ホタルは同期しようとしてスピードを上げる．逆に，もし発光が刺激に先行

し過ぎていたら，ホタルは減速する．これらの仮定を取り入れた簡単なモデルは

$$\dot{\theta} = \omega + A\sin(\Theta - \theta) \tag{4.5.2}$$

となる．ここで $A > 0$ である．たとえば，Θ が θ に先行していれば (すなわち $0 < \Theta - \theta < \pi$)，ホタルはスピードを上げる ($\dot{\theta} > \omega$)．この A を**リセット強度**とよび，ホタルが瞬間的な振動数を調節する能力の度合いを示す．

解　　析

引き込みが起こるかどうかを知るために，位相差 $\phi = \Theta - \theta$ のダイナミクスをしらべてみよう．式 (4.5.2) を式 (4.5.1) から引くと，

$$\dot{\phi} = \dot{\Theta} - \dot{\theta} = \Omega - \omega - A\sin\phi \tag{4.5.3}$$

が得られる．これは $\phi(t)$ についての**非一様な振動子**の方程式である．式 (4.5.3) は

$$\tau = At, \qquad \mu = \frac{\Omega - \omega}{A} \tag{4.5.4}$$

を導入すれば無次元化できて

$$\phi' = \mu - \sin\phi \tag{4.5.5}$$

となる．ここで $\phi' = \mathrm{d}\phi/\mathrm{d}\tau$ である．無次元量 μ は，振動数の差のリセット強度に対する比を表す．μ が小さければホタルと刺激の振動数は相対的に近く，引き込みが可能であることが期待される．このことは，いくつかの異なる $\mu \geq 0$ の値について式 (4.5.5) のベクトル場をプロットした図 4.5.1 から確かめられる．($\mu < 0$ の場合も同様である．)

$\mu = 0$ ならば，すべての軌道は $\phi^* = 0$ にある安定な固定点に向かって流れてゆく (図 4.5.1a)．よって $\Omega = \omega$ のときは，ホタルはいずれ**位相差ゼロ**で刺激に引き

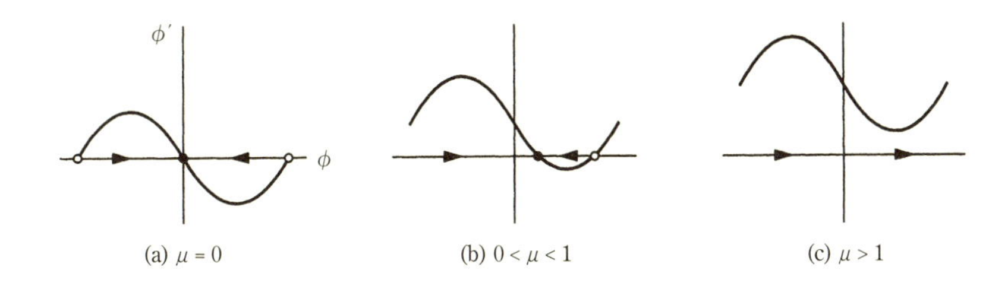

図 **4.5.1**

込まれる．言い換えると，ホタルがその自然振動数で駆動されるならば，ホタルと刺激は**同時に**発光するようになる．

図 4.5.1b に示すように，$0 < \mu < 1$ のときには図 4.5.1a の曲線が持ち上がり，安定固定点と不安定固定点が互いに近づく．やはりすべての軌道は安定固定点に引きつけられるが，今度は $\phi^* > 0$ となる．位相差がある定数に近づくため，このことをホタルのリズムが刺激に**位相ロック**(phase-lock) されたという．

位相ロックとは，もはやホタルと刺激が同時に光るわけではないが，一致した瞬間振動数で進み続けることを意味する．$\phi^* > 0$ という結果は，各サイクルで刺激がホタルに先行して光ることを示す．$\mu > 0$ という仮定は $\Omega > \omega$ を意味するので，これは道理にかなっている．つまり，刺激はもともとホタルより速いので，ホタル自身が進みたい速さよりも速くホタルを駆動する．よってホタルは遅れをとる．しかし，ホタルは決して周回遅れにはならない．遅れはいつも一定量 ϕ^* である．

μ をさらに増加させると，やがて $\mu = 1$ で安定固定点と不安定固定点がサドルノード分岐により合体する．$\mu > 1$ ではどちらの固定点も消失して位相ロックは失われる．つまり，位相差 ϕ は際限なく増加し，**位相ドリフト**するようになる (図 4.5.1c). (もちろん，ϕ が 2π に到達すれば，2 つの振動子は再び同相状態となる.) 位相が一定の割合で離れていくわけではないことに注意しよう．これは Hanson (1978) の実験と定性的に一致する．ϕ は図 4.5.1c の正弦波の最小点の下をくぐるときに最もゆっくりと増加し，$\phi = -\pi/2$ の最大点の下をくぐるときに最も速く増加する．

このモデルから，具体的で検証可能ないくつもの予言が得られる．まず，引き込みは，駆動する振動数の対称な区間，すなわち $\omega - A \le \Omega \le \omega + A$ においてのみ可能なことが予言される．この区間は**引き込みレンジ** (図 4.5.2) とよばれる．

実験的に引き込みレンジを測定することで，パラメーター A の値を正確に得ることができる．すると，モデルから引き込みが起きたときの位相差，すなわち

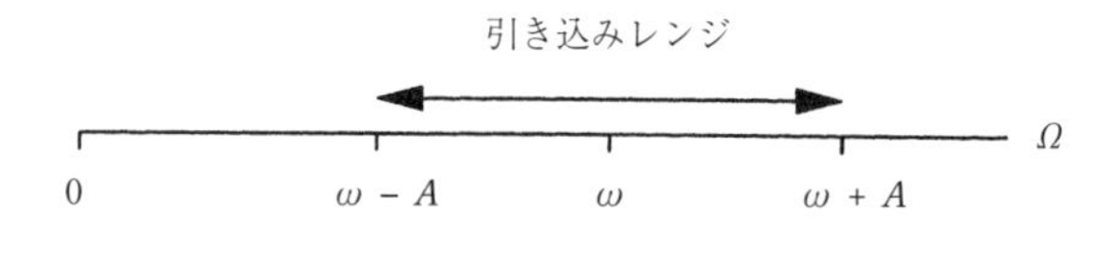

図 4.5.2

$$\sin\phi^* = \frac{\Omega - \omega}{A} \tag{4.5.6}$$

が予言される．ここで，$-\pi/2 \le \phi^* \le \pi/2$ が式 (4.5.3) の**安定**な固定点に対応する．

さらに，$\mu > 1$ では位相ドリフトの周期が以下のように予言できる．ϕ が 2π だけ変化するために必要な時間は

$$\begin{aligned} T_{\text{drift}} &= \int \mathrm{d}t = \int_0^{2\pi} \frac{\mathrm{d}t}{\mathrm{d}\phi}\mathrm{d}\phi \\ &= \int_0^{2\pi} \frac{\mathrm{d}\phi}{\Omega - \omega - A\sin\phi} \end{aligned}$$

で与えられる．この積分を計算するために 4.3 節の式 (4.3.2) を使うと，

$$T_{\text{drift}} = \frac{2\pi}{\sqrt{(\Omega - \omega)^2 - A^2}} \tag{4.5.7}$$

となる．A と ω はおそらくホタルのもつ一定の性質なので，式 (4.5.6) と式 (4.5.7) の予言は，単に駆動する振動数 Ω を変化させることによって検証できるかもしれない．そのような実験はまだこれからである．

実際のところ，同期するホタルに関する生物学的事実はもっと複雑である．ここで提示されたモデルは，たとえば *Pteroptyx cribellata* のような，A と ω が固定されているかのようにふるまういくつかの種に対しては妥当である．しかし，最もよく同期する種である *Pteroptyx malaccae* は，実はその振動数 ω を駆動する振動数 Ω に近づくようにシフトすることができる (Hanson 1978)．これにより，この種のホタルは，自然振動数とは ±15% も異なる周期で駆動されても，ほぼ位相差ゼロの同期を達成できるのだ！ この驚くべき効果に関するモデルが Ermentrout (1991) により提案されている．

4.6 超伝導ジョセフソン接合素子

ジョセフソン接合素子は，途方もなく高い振動数，典型的には 1 秒あたり 10^{10}–10^{11} サイクルの電圧の振動を生成することができる超伝導デバイスであり，増幅器，電圧標準器，検出器，ミキサー素子，デジタル回路の高速スイッチング素子などとして，工業的にとても有望である．ジョセフソン接合素子は 1 ボルトの 10^{15} 分の 1 程度の小さな電位ポテンシャルを検出でき，遠く離れた銀河からの遠赤外

放射を検出するために使われてきた．ジョセフソン接合素子と，より一般に超伝導現象への入門としては，Van Duzer と Turner (1981) を参照せよ．

ジョセフソン効果の**起源**を説明するには量子力学が必要だが，ジョセフソン接合素子の**ダイナミクス**は古典的に記述できる．ジョセフソン接合素子は，非線形ダイナミクスの実験的研究にとりわけ有用である．なぜなら，1つの接合素子の支配方程式が振り子の方程式と同じだからである！この章では，過減衰極限での単一の接合素子のダイナミクスをしらべる．後の章で，減衰の弱い接合素子と，相互に結合した巨大な数の接合素子の配列について議論する．

物 理 的 背 景

ジョセフソン接合素子は，弱い結合部に隔てられた2つの隣接する超伝導体からなる (図 4.6.1)．この結合は，絶縁体，常伝導金属，半導体，弱い超伝導体，あるいは2つの超伝導体を弱く結合する他の何らかの物質で与えられる．2つの超伝導領域は，それぞれ量子力学的な波動関数 $\psi_1 \mathrm{e}^{\mathrm{i}\phi_1}$ と $\psi_2 \mathrm{e}^{\mathrm{i}\phi_2}$ で特徴づけられる．通常ならば，10^{23} 個程度の電子を取り扱うために，ずっと複雑な記述が必要となるだろうが，超伝導の基底状態においては，これらの電子が**単一の**マクロな波動関数で記述できる「クーパー対」(Cooper pair) を形成する．クーパー対は同期したホタルの縮小版のようにふるまう．つまり，それらはすべて同一の位相を取る．なぜなら，そのときに超伝導体のエネルギーが最小化されるからである．

当時22歳の大学院生だった Brian Josephson (1962) は，2つの超伝導体の間に電位差がなくても，それらの間に電流が流れうることを示した．このような挙動は古典力学的には不可能であろうが，量子力学的にはクーパー対が接合部を**トンネル**することによって生じる可能性がある．この「ジョセフソン効果」は，Anderson と Rowell (1963) によって実験的に観察された．

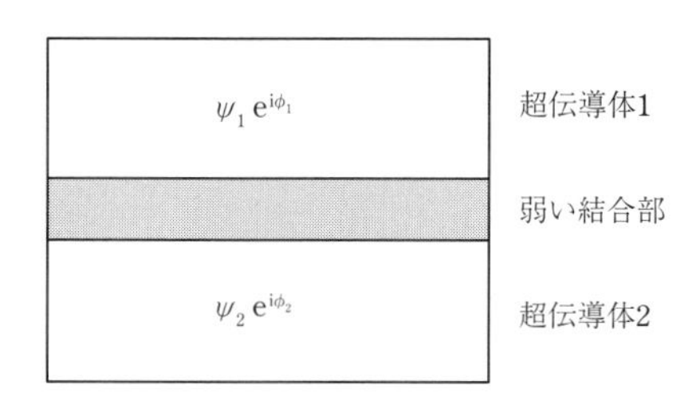

図 **4.6.1**

ちなみに，Josephson は 1973 年にノーベル賞をとったが，その後，彼は物理学の本流への興味を失い，ほとんど消息を聞かれなくなった．Josephson がやめてしまった初期の仕事や，より最近の彼の興味である超越瞑想，意識，言語，さらには超能力によるスプーン曲げや超常現象に関してのインタビューは，Josephson (1982) を参照せよ．

ジョセフソンの関係式

さて，より定量的にジョセフソン効果を議論しよう．ジョセフソン接合素子が直流電源につながれており，接合素子を通して一定の電流 $I > 0$ が流れているとする (図 4.6.2)．量子力学により，もしこの電流がある**臨界電流** I_{c} より小さければ，接合素子を横切る電圧は生じないことを示せる．つまり，接合素子は抵抗がゼロであるかのようにふるまうのだ！しかしながら，2 つの超伝導体の位相は，一定の位相差 $\phi = \phi_1 - \phi_2$ だけ離れるように駆動される．ここで，ϕ は**ジョセフソンの電流–位相関係**

$$I = I_{\mathrm{c}} \sin \phi \tag{4.6.1}$$

を満たす．式 (4.6.1) は，**バイアス電流** I が増加すると位相差も増加することを示す．

I が I_{c} を超えると，一定の位相差はもはや維持できず，接合素子を横切る電圧が発生する．接合素子の両側の位相は互いにスリップを始め，スリップの起きる頻度は**ジョセフソンの電圧–位相関係式**

$$V = \frac{\hbar}{2e} \dot{\phi} \tag{4.6.2}$$

に従う．ここで $V(t)$ は接合素子を横切る瞬時電圧で，$\hbar$ はプランク定数を 2π で割ったもの，e は電子の電荷である．ジョセフソン関係式 (4.6.1), (4.6.2) の初等的な導出については，Feynman の議論を参照せよ (Feynman ら 1965, Vol. III)．Van

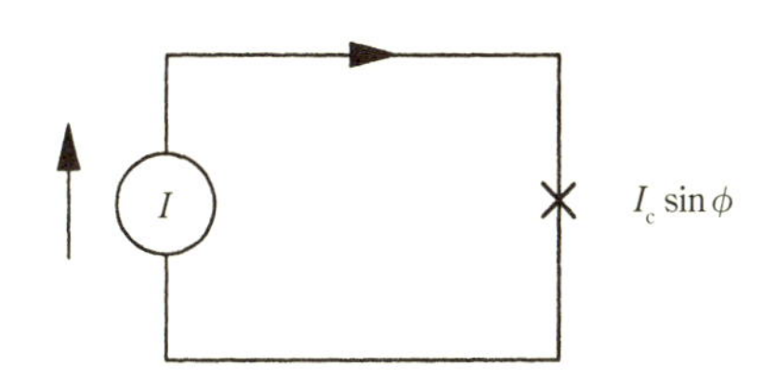

図 **4.6.2**

Duzer と Turner (1981) にも再録されている．

等価回路と振り子のアナロジー

関係式 (4.6.1) は，電子対によって運ばれる**超伝導電流** (supercurrent) についてのみ適用できる．一般には，接合素子を通過する全電流は，**変位電流** (displacement current) および**通常の電流**からの寄与を含む．変位電流をコンデンサーで，通常電流を抵抗で表すことにより，図 4.6.3 に示す等価回路が得られる．これは，Stewart (1968) と McCumber (1968) においてはじめて解析された．

さて，キルヒホッフの電圧則と電流則を適用しよう．この並列回路においては，それぞれの支線における電圧降下が等しくなくてはならないため，それらの電圧はすべて接合素子を横切る電圧 V に等しい．よって，コンデンサーを流れる電流は $C\dot{V}$ に等しく，抵抗を流れる電流は V/R に等しい．これらの電流と超伝導電流 $I_{\mathrm{c}} \sin\phi$ の和は，バイアス電流 I に等しくなくてはならない．ゆえに，

$$C\dot{V} + \frac{V}{R} + I_{\mathrm{c}} \sin\phi = I \tag{4.6.3}$$

となる．式 (4.6.3) は，式 (4.6.2) により，位相差 ϕ だけを使って書き直すことができる．その結果は

$$\frac{\hbar C}{2e}\ddot{\phi} + \frac{\hbar}{2eR}\dot{\phi} + I_{\mathrm{c}} \sin\phi = I \tag{4.6.4}$$

となり，まさしく一定のトルクで駆動される減衰振り子の従う方程式と同じ形をしている！ 4.4 節の記法では，振り子の方程式は

$$mL^2\ddot{\theta} + b\dot{\theta} + mgL\sin\theta = \Gamma$$

であった．よって，両者のアナロジーは以下の通りである．

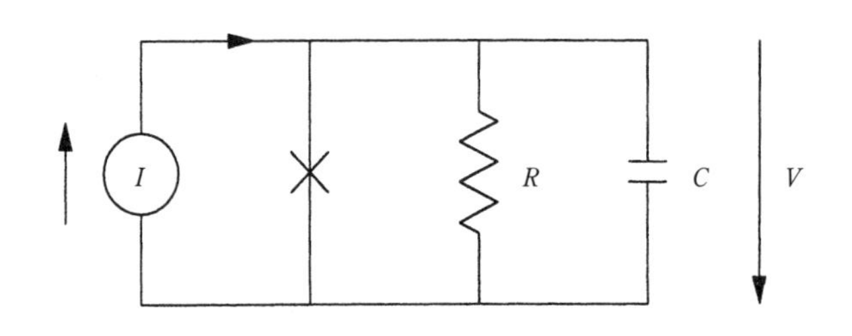

図 **4.6.3**

振　り　子	ジョセフソン接合素子
角度 θ	位相差 ϕ
角速度 $\dot{\theta}$	電圧 $\frac{\hbar}{2e}\dot{\phi}$
質量 m	容量 C
与えられたトルク Γ	バイアス電流 I
減衰定数 b	伝導率 $1/R$
最大重力トルク mgL	臨界電流 I_c

この古典力学的なアナロジーは，ジョセフソン接合素子のダイナミクスを視覚化する上で役立つことがたびたび示されてきている．Sullivan と Zimmerman (1971) は，実際にそのような類似物をつくり，与えられたトルクの関数として振り子の平均回転速度を測定した．これは，物理的に重要なジョセフソン接合素子の I–V 曲線 (電流–電圧曲線) に対応する．

典型的なパラメーターの値

式 (4.6.4) を解析する前に，ジョセフソン接合素子のいくつかの典型的なパラメーターの値について述べておこう．臨界電流は典型的に $I_c \approx 1\mu\mathrm{A} - 1\mathrm{mA}$ の範囲にあり，典型的な電圧は $I_c R \approx 1\mathrm{mV}$ である．$2e/\hbar \approx 4.83 \times 10^{14}\mathrm{Hz/V}$ なので，典型的な振動数は $10^{11}\mathrm{Hz}$ である．最後に，ジョセフソン接合素子の典型的な長さスケールは $1\,\mu\mathrm{m}$ だが，これは使われる結合の構造とタイプに依存する．

無次元形での定式化

式 (4.6.4) を I_c で割り，無次元の時間

$$\tau = \frac{2eI_c R}{\hbar} t \tag{4.6.5}$$

を定義すると，無次元の方程式

$$\beta\phi'' + \phi' + \sin\phi = \frac{I}{I_c} \tag{4.6.6}$$

が得られる．ここで $\phi' = d\phi/d\tau$ である．無次元量 β は

$$\beta = \frac{2eI_c R^2 C}{\hbar}$$

で定義され，**マッカンバー・パラメーター** (McCumber parameter) とよばれる．これは無次元化された容量のようなものだと考えてよい．ジョセフソン接合素子

のサイズ，構造，使われる結合のタイプに依存して，β は $\beta \approx 10^{-6}$ からずっと大きな値 ($\beta \approx 10^{6}$) まで変動する．

まだ式 (4.6.6) を一般的に解析する準備はできていないので，今のところ，**過減衰の極限** $\beta \ll 1$ に制限して考えよう．すると，3.5 節で議論したように，$\beta\phi''$ は初期の速い過渡過程の後は無視できて，式 (4.6.6) は非一様な振動子

$$\phi' = \frac{I}{I_{\mathrm{c}}} - \sin\phi \tag{4.6.7}$$

に簡略化される．4.3 節で知ったように，式 (4.6.7) の解は $I < I_{\mathrm{c}}$ なら安定固定点に向かい，$I > I_{\mathrm{c}}$ なら周期的に変動する．

例題 4.6.1 過減衰の極限で**電流–電圧曲線**を解析的に求めよ．言い換えると，電圧の平均値 $\langle V\rangle$ を，すべての過渡過程が減衰し，系が定常状態に達しているとして，与えられた一定電流 I の関数として求めよ．また，$\langle V\rangle$ を I に対してプロットせよ．

(解) 電圧–位相関係 (4.6.2) より $\langle V\rangle = (\hbar/2e)\langle\dot\phi\rangle$ であり，式 (4.6.5) の τ の定義より

$$\langle\dot\phi\rangle = \left\langle\frac{\mathrm{d}\phi}{\mathrm{d}t}\right\rangle = \left\langle\frac{\mathrm{d}\tau}{\mathrm{d}t}\frac{\mathrm{d}\phi}{\mathrm{d}\tau}\right\rangle = \frac{2eI_{\mathrm{c}}R}{\hbar}\langle\phi'\rangle$$

つまり

$$\langle V\rangle = I_{\mathrm{c}}R\langle\phi'\rangle \tag{4.6.8}$$

なので，$\langle\phi'\rangle$ を求めれば十分である．2 つの場合を考える必要がある．$I \le I_{\mathrm{c}}$ なら，式 (4.6.7) のすべての解は固定点 $\phi^* = \sin^{-1}(I/I_{\mathrm{c}})$ に近づく．ここで，$-\pi/2 \le \phi^* \le \pi/2$ である．よって，固定点では $\phi' = 0$ となり，$I \le I_{\mathrm{c}}$ で $\langle V\rangle = 0$ となる．

$I > I_{\mathrm{c}}$ の場合は，式 (4.6.7) の解はすべて周期的で，その周期は

$$T = \frac{2\pi}{\sqrt{(I/I_{\mathrm{c}})^2 - 1}} \tag{4.6.9}$$

である．ここで周期は 4.3 節の式 (4.3.2) より得られ，時間は τ の単位で測られている．1 サイクルについて平均して $\langle\phi'\rangle$ を計算すると，

$$\langle\phi'\rangle = \frac{1}{T}\int_0^T \frac{\mathrm{d}\phi}{\mathrm{d}\tau}\mathrm{d}\tau = \frac{1}{T}\int_0^{2\pi}\mathrm{d}\phi = \frac{2\pi}{T} \tag{4.6.10}$$

である．式 (4.6.8)–(4.6.10) を組み合わせると，

$$\langle V\rangle = I_{\mathrm{c}}R\sqrt{(I/I_{\mathrm{c}})^2 - 1} \qquad (I > I_{\mathrm{c}})$$

となる．まとめると，

$$\langle V\rangle = \begin{cases} 0 & (I \le I_{\mathrm{c}} \text{ のとき}) \\ I_{\mathrm{c}}R\sqrt{(I/I_{\mathrm{c}})^2 - 1} & (I > I_{\mathrm{c}} \text{ のとき}) \end{cases} \tag{4.6.11}$$

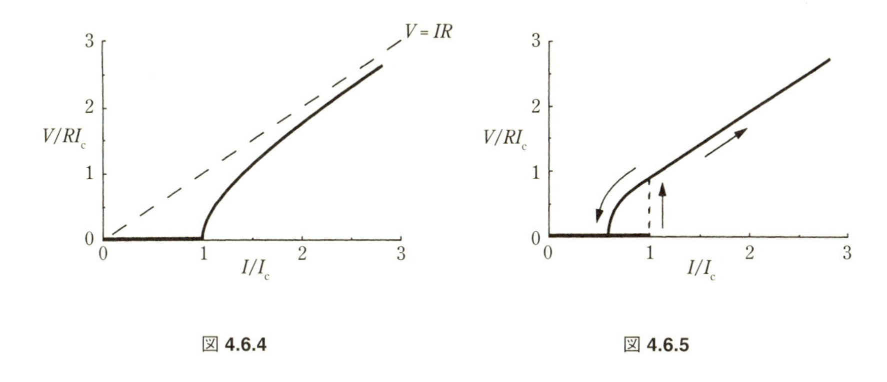

図 **4.6.4** 図 **4.6.5**

となる．式 (4.6.11) の I–V 曲線を図 4.6.4 に示す．I を増加させると，$I > I_c$ となるまでは電圧は 0 に留まるが，その後 $\langle V \rangle$ は鋭く上昇し，いずれは $I \gg I_c$ でオームの法則 $\langle V \rangle \approx IR$ に漸近する． ■

例題 4.6.1 で与えた解析は，過減衰の極限 $\beta \ll 1$ でしか適用できない．β が無視できない場合には，系の挙動はずっと興味深いものとなる．特に，図 4.6.5 に示すように，I–V 曲線は**ヒステリシス** を示しうる．バイアス電流を $I = 0$ からゆっくり増加させると，電圧は I が I_c を超えない間は $V = 0$ に留まり，そして図 4.6.5 の上向きの矢印で示されるように，$I > I_c$ となると 0 ではない値にジャンプする．I を増加すると電圧はさらに増加する．しかし，その後 I をゆっくり減少させても，電圧が I_c で 0 に落ちることはない．電圧を 0 に戻すには，I_c よりも下まで I を減少させなくてはならない．

このヒステリシスは，$\beta \neq 0$ のときには系が**慣性**をもつために生じる．これは振り子のアナロジーで理解できる．臨界電流 I_c は，振り子を 1 回転させるのに必要な臨界トルク Γ_c に類似している．振り子がぐるぐると回転を始めると，たとえトルクを Γ_c より小さくしても，振り子の慣性により，この運動は保持される．振り子が頂上を超えないようにするためには，トルクをさらに下げなくてはならない．

8.5 節で，より数学的な言葉を用いて，このヒステリシスは**安定固定点と安定周期解が共存する**ために生じることを示す．そのような状況は，これまでは決してありえなかった！ 直線上のベクトル場においては，固定点のみが存在しうる．円周上のベクトル場については，固定点と周期解が存在しうるが，**同時にではない**．これは，2 次元の系で生じうる新しい現象の一例に過ぎない．今や，2 次元系にとりかかるべきときが来た．

演習問題

4.1 例題と定義

4.1.1 方程式 $\dot{\theta} = \sin(a\theta)$ は，a がどのような実数値のときに，円周上に矛盾なく定義されたベクトル場を与えるか?

以下のそれぞれのベクトル場について，固定点を求めて分類し，円周上に相図を描け.

4.1.2 $\dot{\theta} = 1 + 2\cos\theta$

4.1.3 $\dot{\theta} = \sin 2\theta$

4.1.4 $\dot{\theta} = \sin^3\theta$

4.1.5 $\dot{\theta} = \sin\theta + \cos\theta$

4.1.6 $\dot{\theta} = 3 + \cos 2\theta$

4.1.7 $\dot{\theta} = \sin k\theta$ (k は正の整数)

4.1.8 (円周上のベクトル場のポテンシャル)

(a) $\dot{\theta} = \cos\theta$ で与えられる円周上のベクトル場を考えよう．この系が 1 価のポテンシャル $V(\theta)$ をもつこと，つまり，円周上の各点において $\dot{\theta} = -\mathrm{d}V/\mathrm{d}\theta$ となるような，矛盾なく定義された V の値が存在することを示せ.(いつものように，各整数 k について，θ と $\theta + 2\pi k$ は円周上の同じ点だと見なす.)

(b) 今度は $\dot{\theta} = 1$ を考えよう．この円周上のベクトル場には 1 価のポテンシャル $V(\theta)$ が存在しないことを示せ.

(c) 一般的なルールはどのようなものか?　いつ $\dot{\theta} = f(\theta)$ は 1 価のポテンシャルをもつのか?

4.1.9 演習問題 2.6.2 と 2.7.7 では，直線上のベクトル場においては周期解が不可能であることを 2 通りの方法で証明するように要求された．そこでの議論を再考して，なぜそれらを円周上のベクトル場には**適用できない**のかを説明せよ．具体的に，議論のどの部分がうまくいかないのか?

4.2 一様な振動子

4.2.1 (**教会の鐘**) 2 つの異なる教会の鐘が鳴っている．1 つの鐘は 3 秒ごとに鳴り，もう 1 つの鐘は 4 秒ごとに鳴る．ちょうど 2 つの鐘が同時に鳴ったとしよう．次に 2 つの鐘が同時に鳴るまでにどのくらいかかるか?　直観にもとづく議論と，例題 4.2.1 の手法の，2 通りの方法で問に答えよ.

4.2.2 (**線形の重ね合せによって生じるうなり**) $x(t) = \sin 8t + \sin 9t$ のグラフを $-20 < t < 20$ の範囲で描け．$x(t)$ の振動の振幅が**変調される**ことがわかるはずである．つまり，振幅が周期的に増減する.

(a) 振幅の変調の周期はいくらか?

(b) sin と cos の和を sin と cos の積に変換する三角関数の公式を使って，この問題を解析的に解け．

[このうなり現象は，昔は楽器の調律 (チューニング) に使われた．音叉を叩くと同時に，楽器で望む音階を出す．それらの合成音 $A_1 \sin \omega_1 t + A_2 \sin \omega_2 t$ は，2 つの振動が同相になったり逆相になったりするとともに，強くなったり弱くなったりする．うなりの間隔が十分に長ければ，楽器はほぼ調律されている．]

4.2.3 (**時計の問題**) 高校の代数でおなじみの問題である．12 時には時計の長針と短針が完全にそろっている．次にこれらの針がそろうのはいつか? (この節での手法と，読者が適当に選んだ何か別のアプローチで問題を解け.)

4.3 非一様な振動子

4.3.1 本文で示したように，サドルノード分岐の近くでボトルネックを通過するのに必要な時間はだいたい

$$T_{\text{bottleneck}} = \int_{-\infty}^{\infty} \frac{\mathrm{d}x}{r + x^2}$$

である．この積分を，$x = \sqrt{r} \tan \theta$ とおき，恒等式 $1 + \tan^2 \theta = \sec^2 \theta$ を使い，積分の範囲を適当に変換することによって評価せよ．これにより，$T_{\text{bottleneck}} = \pi / \sqrt{r}$ であることを示せ．

4.3.2 非一様な振動子の振動周期は，積分

$$T = \int_{-\pi}^{\pi} \frac{\mathrm{d}\theta}{\omega - a \sin \theta}, \qquad \text{ただし} \qquad \omega > a > 0$$

で与えられる．この積分を以下のように評価せよ．

(a) $u = \tan(\theta/2)$ とする．これを θ について解き，$\mathrm{d}\theta$ を u と $\mathrm{d}u$ で表せ．

(b) $\sin \theta = 2u/(1+u^2)$ であることを示せ．(ヒント：底辺 1，高さ u の直角三角形を描け．すると $\theta/2$ は長さ u の辺の反対側にある頂点の角度である．なぜなら，定義より $u = \tan(\theta/2)$ だから．最後に半角公式 $\sin \theta = 2 \sin(\theta/2) \cos(\theta/2)$ を使え.)

(c) $\theta \to \pm\pi$ で $u \to \pm\infty$ となることを示し，これを用いて積分の範囲を書き換えよ．

(d) T を u についての積分で表せ．

(e) 最後に (d) の被積分関数の分母を平方完成し，適切に選んだ x と r について，この積分を演習問題 4.3.1 でしらべた積分に帰着させよ．

以下のそれぞれの問について，制御パラメーター μ の関数として，相図を描け．μ が変化する際に起きる分岐を分類し，μ の分岐値をすべて求めよ．

4.3.3 $\dot{\theta} = \mu \sin \theta - \sin 2\theta$

4.3.4 $\dot{\theta} = \dfrac{\sin \theta}{\mu + \cos \theta}$

4.3.5 $\dot{\theta} = \mu + \cos \theta + \cos 2\theta$

4.3.6 $\dot{\theta} = \mu + \sin\theta + \cos 2\theta$

4.3.7 $\dot{\theta} = \dfrac{\sin\theta}{\mu + \sin\theta}$

4.3.8 $\dot{\theta} = \dfrac{\sin 2\theta}{1 + \mu\sin\theta}$

4.3.9 (**スケーリング則の別の導出法**) サドルノード分岐近傍の系に対して，スケーリング則 $T_{\mathrm{bottleneck}} \sim O(r^{-1/2})$ は以下のように導出することもできる．

(a) x が特徴的なスケール $O(r^a)$ をもつとせよ．ここで，a は今のところ未知である．すると，$u \sim O(1)$ として，$x = r^a u$ である．同様に，$\tau \sim O(1)$ として，$t = r^b\tau$ とする．これにより，$\dot{x} = r + x^2$ が

$$r^{a-b}\frac{\mathrm{d}u}{\mathrm{d}\tau} = r + r^{2a}u^2$$

と変換されることを示せ．

(b) 方程式のすべての項が r について同じオーダーだとして，$a = \frac{1}{2}$，$b = -\frac{1}{2}$ を導出せよ．

4.3.10 (**一般的ではないスケーリング則**) ボトルネックを通り抜けるのに費やす時間の平方根スケーリング則を導く際に，$\dot{x}$ が 2 次関数的な極小点をもつことを仮定した．これは一般的な状況に対応する仮定だったが，もし極小点がより高次のものである場合はどうなるのだろうか? ボトルネックが $\dot{x} = r + x^{2n}$ に従うとしよう．ここで $n > 1$ は整数である．演習問題 4.3.9 の方法で，$T_{\mathrm{bottleneck}} \approx cr^b$ となることを示し，b と c を決めよ．

(c は定積分の形のままでよい．もし複素数と留数の理論を知っていれば，スライスしたパイの境界 $\{z = r\mathrm{e}^{\mathrm{i}\theta} : 0 \le \theta \le \pi/n, 0 \le r \le R\}$ に沿って積分して $R \to \infty$ とすることにより，c の値を正確に求められるはずである．

4.4 過減衰振り子

4.4.1 (**過減衰極限の妥当性**) 方程式 $mL^2\ddot{\theta} + b\dot{\theta} + mgL\sin\theta = \Gamma$ を過減衰極限における式 $b\dot{\theta} + mgL\sin\theta = \Gamma$ で近似することが妥当となるための条件を求めよ．

4.4.2 [$\sin\theta(t)$ **の理解**] 過減衰振り子の回転運動を想像することにより，$\theta' = \gamma - \sin\theta$ の典型的な解について，$\theta(t)$ を t に対して描け．波の形状は γ にどのように依存するか? いくつかの異なる γ に対して，極限的な $\gamma \approx 1$ と $\gamma \gg 1$ の場合を含めて，一連のグラフを作成せよ．振り子のどういう物理量が $\sin\theta(t)$ に比例するか?

4.4.3 [$\dot{\theta}(t)$ **の理解**] 演習問題 4.4.2 を，$\sin\theta(t)$ ではなく $\dot{\theta}$ について再度解け．

4.4.4 (**ねじりばね**) 過減衰振り子がねじりばねにつながっているとしよう．振り子が回転するにつれてばねは巻き上げられ，反対向きのトルク $-k\theta$ をつくる．すると運動方程式は $b\dot{\theta} + mgL\sin\theta = \Gamma - k\theta$ となる．

(a) この方程式は，円周上に矛盾なく定義されるベクトル場を与えるか?

(b) 方程式を無次元化せよ．

(c) 長時間経つと振り子はどうなるか?

(d) k が 0 から ∞ まで変化するにつれて，たくさんの分岐が起きることを示せ．それらはどのような種類の分岐か?

4.5 ホ　タ　ル

4.5.1 (**三角波**) ホタルのモデルでは，やや恣意的にホタルの応答を正弦波的な形のものとした．それにかわるモデルとして，$\dot{\Theta} = \Omega$, $\dot{\theta} = \omega + Af(\Theta - \theta)$ を考えよう．ここで f は正弦波ではなく三角波である．具体的には，区間 $-\pi/2 \le \phi \le 3\pi/2$ で，

$$f(\phi) = \begin{cases} \phi & \left(-\dfrac{\pi}{2} \le \phi \le \dfrac{\pi}{2}\right) \\ \pi - \phi & \left(\dfrac{\pi}{2} \le \phi \le \dfrac{3\pi}{2}\right) \end{cases}$$

として，この区間の外にも f を周期的に延長する．

(a) $f(\phi)$ のグラフを描け．

(b) 引き込み領域を求めよ．

(c) ホタルが刺激に位相ロックされているとして，位相差 ϕ^* を与える式を求めよ．

(d) T_{drift} を与える式を求めよ．

4.5.2 (**一般の応答関数**) さらに，$f(\phi)$ が滑らかな 2π 周期関数で，区間 $-\pi \le \phi \le \pi$ に最大と最小をそれぞれ 1 つだけもつとして，前問をできる限り解いてみよ．

4.5.3 (**興奮系**) ニューロンに電流パルスを注入して刺激するとしよう．もし刺激が小さければ，何もドラマティックなことは起こらない．ニューロンは膜電位を少しだけ増加させ，再び静止膜電位に緩和する．しかし，刺激があるしきい値を超えると，ニューロンは「発火」して，静止状態に戻る前に大きな電圧スパイクを生成する．意外なことに，スパイクの大きさは刺激の大きさにはあまり依存しない．しきい値を超えさえすれば，本質的に同じ応答が誘起される．

同様の現象は，他の細胞やいくつかの化学反応においても発見されている (Winfree 1980, Rinzel と Ermentrout 1989, Murray 1989)．これらの系は**興奮性** (excitable) であるといわれる．この言葉を正確に定義するのは難しいが，大雑把にいうと，興奮系は 2 つの性質によって特徴づけられる．(1) 大域的に吸引するような唯一の静止状態をもつ．(2) 十分に大きな刺激を与えると，系は静止状態に戻る前に，相空間の中の長い周遊運動を行う．

この演習問題は，興奮系の最も単純な模倣物を扱う．$\dot{\theta} = \mu + \sin\theta$ として，μ は 1 より少し小さいとしよう．

(a) 系が上で述べた 2 つの性質を満たすことを示せ．何が「静止状態」の役目を果たすか? また,「しきい値」は?

(b) $V(t) = \cos\theta(t)$ として，$V(t)$ をさまざまな初期条件について描け．(ここで V はニューロンの膜電位のアナロジーであり，初期条件は静止状態にさまざまな摂動を与えたものに対応する.)

4.6 超伝導ジョセフソン接合素子

4.6.1 (**電流と電圧の振動**) 過減衰極限 $\beta = 0$ でのジョセフソン接合素子を考えよう.

(a) 超伝導電流 $I_c \sin\phi(t)$ を t の関数として描け．まず，I/I_c が 1 より少しだけ大きいとして描き，次に，$I/I_c \gg 1$ として描け. [ヒント：それぞれの場合について，式 (4.6.7) で与えられる円周上の流れを可視化せよ.]

(b) (a) で考えた 2 つの場合について，瞬間電圧 $V(t)$ を描け.

4.6.2 (**コンピューターによる課題**) 演習問題 4.6.1 の定性的な解を，式 (4.6.7) を数値積分して $I_c \sin\phi(t)$ と $V(t)$ のグラフを描くことにより，チェックせよ.

4.6.3 (**洗濯板ポテンシャル**) 過減衰ジョセフソン接合素子のダイナミクスを視覚化する別の方法がある．2.7 節のように，適当なポテンシャルを滑り降りる粒子を想像しよう.

(a) 式 (4.6.7) に対応するポテンシャル関数を求めよ．これが円周上の 1 価の関数ではないことを示せ.

(b) ポテンシャルのグラフをさまざまな I/I_c の値に対して ϕ の関数として描け．ここで ϕ は角度ではなく実数だと見なす.

(c) I を増加させるとどのような効果があるか?

(b) のポテンシャルはしばしば「洗濯板ポテンシャル」(Van Duzer と Turner 1981, p. 179) とよばれる．なぜなら，その形がうねのある傾いた洗濯板を思い出させるからである.

4.6.4 (**抵抗負荷のある素子列**) 結合されたジョセフソン接合素子列は，多くの魅惑的な問題を提起する*2．そのダイナミクスはまだ詳しくはわかっていない．これらの問題は，素子列の方が単一の接合素子よりもずっと大きな出力を生み出せることと，(いまだに不可思議な) 高温超伝導体の妥当なモデルを提供してくれることから，技術的に重要である．現在興味をもたれているジョゼフソン接合素子列のダイナミクスの問題への入門としては，Tsang ら (1991) と，Strogatz と Mirollo (1993) を参照せよ.

図 1 は 2 つの同一の性質をもつ過減衰ジョセフソン接合素子からなる配列を示している．接合素子は互いに直列で,「抵抗負荷」R に並列である.

この演習問題の目的は，この回路の支配方程式を導出することである．特に，ϕ_1 と ϕ_2 の従う微分方程式を求めたい.

(a) 直流バイアス電流 I_b を，素子列を流れる電流 I_a と抵抗負荷を流れる電流 I_R に関係づける式を書け.

(b) V_1 と V_2 を，それぞれ 1 つ目と 2 つ目のジョセフソン接合素子における電圧降下だとする．$I_a = I_c \sin\phi_1 + V_1/r$ および $I_a = I_c \sin\phi_2 + V_2/r$ であることを示せ.

(c) $k = 1, 2$ とする．V_k を $\dot{\phi}_k$ によって表せ.

---

*2 (訳注) その後，このダイナミクスについて理解が進んでいる．たとえば K. Wiesenfeld, P. Colet, and S. H. Strogatz, Synchronization transitions in a disordered Josephson series array, *Phys. Rev. Lett.* **76** (1996), 404–407 を参照.

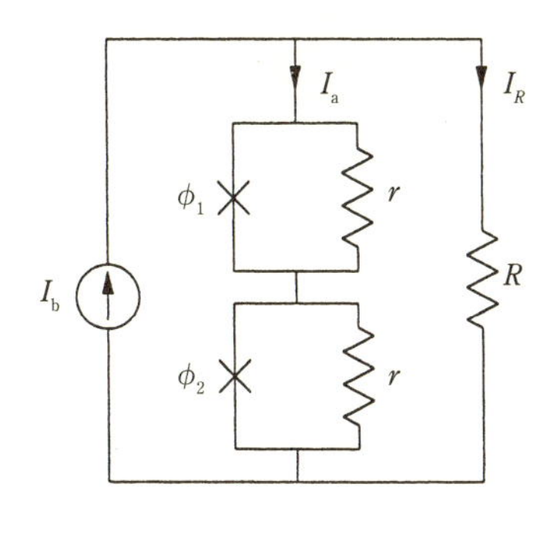

図 1

(d) 上の結果とキルヒホッフの電圧則を用いて，$k=1,2$ について

$$I_{\mathrm{b}} = I_{\mathrm{c}} \sin\phi_k + \frac{\hbar}{2er}\dot{\phi}_k + \frac{\hbar}{2eR}(\dot{\phi}_1 + \dot{\phi}_2)$$

であることを示せ．

(e) (d) の方程式は，以下のように $\dot{\phi}_k$ に対する方程式としてより標準的な形で書ける．$k=1,2$ の式を足して，その結果を用いて $(\dot{\phi}_1 + \dot{\phi}_2)$ を消去せよ．得られる式が，

$$\dot{\phi}_k = \Omega + a\sin\phi_k + K\sum_{j=1}^{2}\sin\phi_j$$

という形になることを示し，パラメーター Ω, a, K の明示的な形を書き下せ．

4.6.5 (**N 個の接合素子列，抵抗負荷**) 演習問題 4.6.4 を以下のように一般化せよ．図 1 の 2 個のジョセフソン接合素子のかわりに，直列につないだ N 個のジョセフソン接合素子の直列素子列を考えよう．前と同様に，配列は抵抗負荷 R に並列であり，各接合素子は同一で過減衰状態にあり，一定のバイアス電流 I_{b} に駆動されているとする．支配方程式が無次元の形で

$$\frac{\mathrm{d}\phi_k}{\mathrm{d}t} = \Omega + a\sin\phi_k + \frac{1}{N}\sum_{j=1}^{N}\sin\phi_j \qquad (k=1,\cdots,N)$$

と書けることを示し，無次元量 Ω, a, 無次元の時間 τ の表式を明示的に書き下せ．[さらなる議論については，例題 8.7.4 と Tsang ら (1991) を参照せよ.]

4.6.6 (**N 個の接合素子，RLC 負荷**) 演習問題 4.6.4 を，N 個の直列な接合素子が，直列につながれた抵抗 R，コンデンサー C，コイル L からなる負荷と並列につながれている場合に一般化せよ．Q をコンデンサーの電荷だとして，ϕ_k と Q に対する微分方程式を書け (Strogatz と Mirollo 1993).

第II編

2 次 元 の 流 れ

5 線　形　系

5.0 は じ め に

ここまでに学んだ通り，1 次元の相空間でのベクトル場の流れはきわめて限定されている．つまり，すべての解の軌道は，単調に動くか，もしくは一定値に留まることを強いられている．より高次元の相空間では，解の軌道の動き回る余地がはるかに大きく，より広いクラスのダイナミクスが可能となる．その複雑な状況に一気に挑むよりも，最も簡単な高次元の系，つまり **2 次元の線形系**から始めよう．この系はそれ自体面白く，さらに後でわかるように**非線形系**の固定点の分類において重要な役目を果たす．まずいくつかの定義と例題から始めよう．

5.1 定 義 と 例 題

2 次元の線形系とは次の形の系のことである．

$$\dot{x} = ax + by$$

$$\dot{y} = cx + dy$$

ただし，a, b, c, d はパラメーターである．ベクトルを太字で表示すれば，この系はより簡潔に次の行列の形式で表示できる．

$$\dot{\boldsymbol{x}} = A\boldsymbol{x}$$

ただし

$$A = \begin{pmatrix} a & b \\ c & d \end{pmatrix} \qquad \text{および} \qquad \boldsymbol{x} = \begin{pmatrix} x \\ y \end{pmatrix}$$

このような系は，$\boldsymbol{x}_1$ と $\boldsymbol{x}_2$ が解であれば，任意の線形結合 $c_1\boldsymbol{x}_1 + c_2\boldsymbol{x}_2$ も解であるという意味で，**線形** (linear) である．$\boldsymbol{x} = \mathbf{0}$ ならば $\dot{\boldsymbol{x}} = \mathbf{0}$ なので，どのような A に対しても $\boldsymbol{x}^* = \mathbf{0}$ は常に固定点であることに注意せよ．

$\dot{\boldsymbol{x}} = A\boldsymbol{x}$ の解は，(x, y) 平面上を動く軌道として可視化でき，この意味においてこの平面を**相平面** (phase plane) とよぶ．以下の最初の例題は，おなじみの系の相平面解析を与えている．

例題 5.1.1 初等物理の科目で扱われるように，線形ばねにつるされた質点の振動は次の線形微分方程式により記述される．

$$m\ddot{x} + kx = 0 \tag{5.1.1}$$

ただし，m は質点の質量，k はばね定数，および x は質点の釣り合いの位置からの変位とする (図 5.1.1)．この**単純な調和振動子**に対して相平面解析を行え．

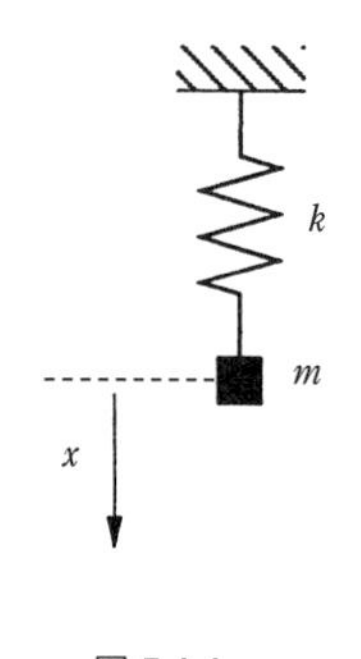

図 **5.1.1**

(解) たぶん覚えている読者も多いだろうが，正弦 (sin) および余弦 (cos) 関数により式 (5.1.1) を解析的に解くことは容易である．しかしながら，このことが線形方程式を非常に特別なものとしているのだ！というのも，読者にとって一番興味のある**非線形**方程式に関しては，解析解を得ることがたいてい不可能だからだ．そのため，式 (5.1.1) のような方程式の挙動を，**実際に解くことなく**推し量る方法を整備することが必要になる．

相平面内の解の挙動は，微分方程式 (5.1.1) に対応するベクトル場によって定まる．このベクトル場を求める際，系の**状態**は現在の位置 x と速度 v により規定されることに注目しよう．つまり，もし x と v の**両方**の値が与えられれば，式 (5.1.1) は系の未来の状態を一意に決めるということだ．これを踏まえ，式 (5.1.1) を x および v により次のように書き直そう．

$$\dot{x} = v \tag{5.1.2a}$$

$$\dot{v} = -\frac{k}{m}x \tag{5.1.2b}$$

式 (5.1.2a) は単に速度の定義であり，式 (5.1.2b) は微分方程式 (5.1.1) を v により書き直したものである．表記を簡単にするために，$\omega^2 = k/m$ としよう．そうすると，式 (5.1.2) は

$$\dot{x} = v \tag{5.1.3a}$$

$$\dot{v} = -\omega^2 x \tag{5.1.3b}$$

となる．この式 (5.1.3) の系は，(x, v) の各点にベクトル $(\dot{x}, \dot{v}) = (v, -\omega^2 x)$ を割り当てており，したがって相平面上の**ベクトル場** (vector field) を与えている．

例として，x 軸上でベクトル場がどのようになっているかを見てみよう．このとき $v = 0$ であり，したがって $(\dot{x}, \dot{v}) = (0, -\omega^2 x)$ である．よって，正の x に対してはベクトルは垂直下向き，負の x に対しては垂直上向きとなる (図 5.1.2)．x の値が大きくなるに従い，ベクトル $(0, -\omega^2 x)$ は長くなる．同様に，v 軸上ではベクトル場は $(\dot{x}, \dot{v}) = (v, 0)$ であり，これは $v > 0$ の場合右向き，$v < 0$ の場合左向きとなる．

2 章と同じく，仮想的な流体の動きによってベクトル場を可視化することは役に立つ．この場合は，相平面上を $(\dot{x}, \dot{v}) = (v, -\omega^2 x)$ で与えられる局所速度で定常的に流れ続ける流体を想像しよう．すると，(x_0, v_0) から出発する解の軌道を求めるには，仮想的な粒子，すなわち**相空間の点**を (x_0, v_0) に置き，これが流れによってどのように運ばれていくかを見ればよい．

図 5.1.2 の流れは原点のまわりを旋回している．原点はハリケーンの目のように特別な点である．つまり，$(x, v) = (0, 0)$ ならば $(\dot{x}, \dot{v}) = (0, 0)$ なので，ここに相空間の点を置いたとしても，いつまでも静止したままである．したがって原点は**固定点**である．それ以外のすべてのところから出発した相空間の点は，原点のまわりを 1 周し

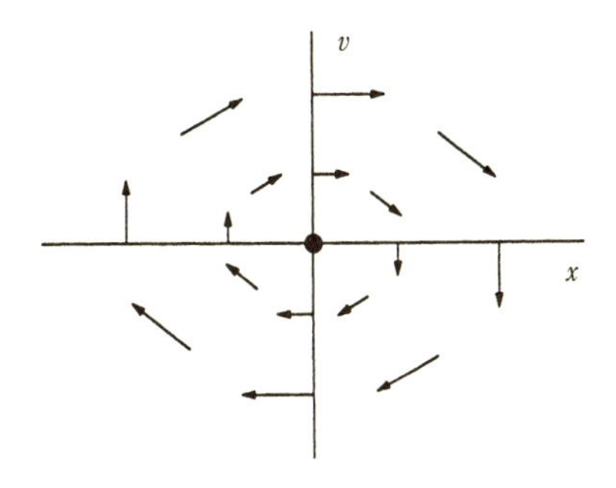

図 **5.1.2**

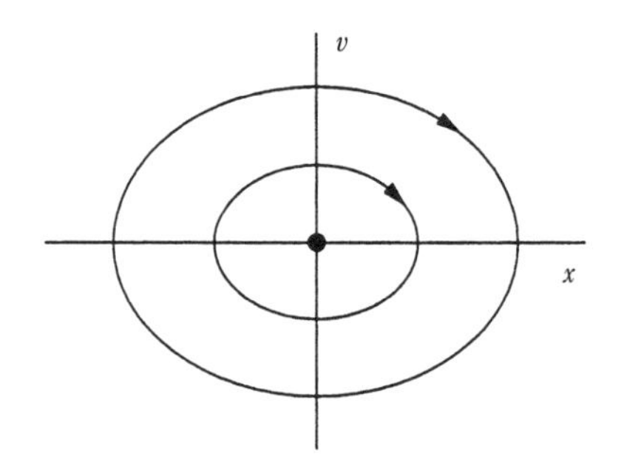

図 **5.1.3**

て結局もとの出発地点に戻ってくる．このような軌道は，図 5.1.3 に示す通り**閉軌道** (closed orbit) となる．図 5.1.3 は系の**相図** (phase portrait) とよばれる．つまり，これは相空間上の軌道の全体像を示しているのである．

これらの固定点ならびに閉軌道は，もとのばねにつるされた質点の問題とどのような関係にあるのだろうか? その答はとても簡単である．固定点 $(x, v) = (0, 0)$ は系の静止した釣り合いの位置に対応する．つまり，ばねに伸び縮みがないため，質点は釣

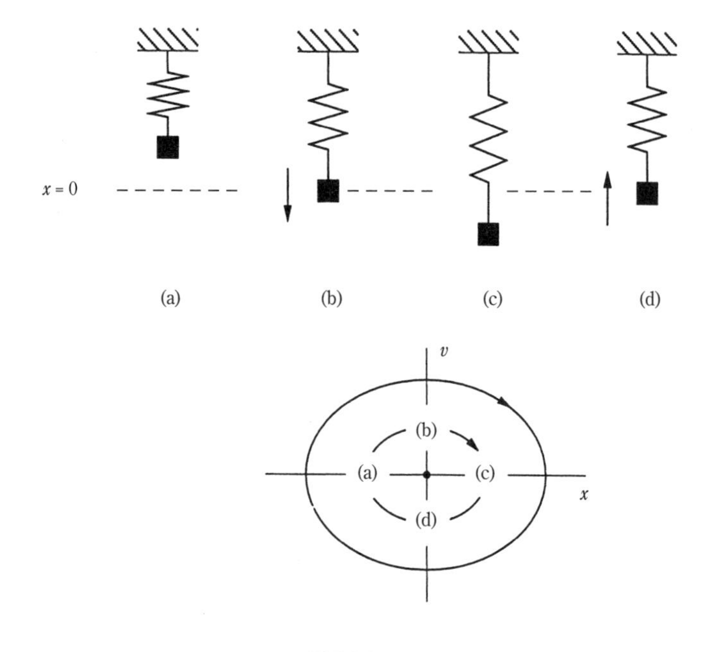

図 **5.1.4**

り合いの位置に留まっていて，そこにいつまでも居続けるのだ．閉軌道にはもう少し面白い解釈が可能である．これには質点の周期運動，すなわち振動が対応する．このことを納得するために，閉軌道上のいくつかの点に注目してみよう (図 5.1.4)．変位 x が最も負の値になるとき，速度 v はゼロとなっている．この状態は，そこでばねが最も縮むような，振動の 1 つの端点に対応するのだ (図 5.1.4)．

その一瞬後，相空間の点は軌道に沿って流れ，x が増加し，v が正の向きとなる位置へ移動する．つまり質点は，その釣り合いの位置へと押し戻されていくのだ．しかし，質点が $x = 0$ へ到達したときには，質点は大きな正の向きの速度をもっており (図 5.1.4b)，そのため $x = 0$ を通り越してしまう．質点は最終的にその振動のもう 1 つの端で静止して，そこで x は正の最大値，v は再び 0 となる (図 5.1.4c)．さらに質点は再び引っ張り上げられ，最終的に振動の 1 サイクルが完結する (図 5.1.4d)．

閉軌道の形状にも面白い物理的解釈が可能である．図 5.1.3 および図 5.1.4 の軌道は，実際のところ方程式 $\omega^2 x^2 + v^2 = C$ で与えられる**楕円**であり，$C \geq 0$ は定数である．演習問題 5.1.1 では，この幾何学的な結果を導出し，これがエネルギー保存則と等価であることを示すように求められる．■

例題 5.1.2 線形系 $\dot{\boldsymbol{x}} = A\boldsymbol{x}$ を解け．ただし，

$$A = \begin{pmatrix} a & 0 \\ 0 & -1 \end{pmatrix}$$

である．$-\infty$ から $+\infty$ まで a の値が変化するときの相図を描き，定性的に異なる場合を示せ．

(解) 系の方程式は

$$\begin{pmatrix} \dot{x} \\ \dot{y} \end{pmatrix} = \begin{pmatrix} a & 0 \\ 0 & -1 \end{pmatrix} \begin{pmatrix} x \\ y \end{pmatrix}$$

である．行列の積から

$$\dot{x} = ax$$

$$\dot{y} = -y$$

が得られるが，これは 2 つの方程式が**分離**していることを示している．つまり y の方程式に x は含まれず，逆に x の方程式に y は含まれない．この簡単な場合には，それぞれの方程式は別々に解いてよい．その解は次の通りである．

$$x(t) = x_0 \mathrm{e}^{at} \tag{5.1.4a}$$

$$y(t) = y_0 \mathrm{e}^{-t} \tag{5.1.4b}$$

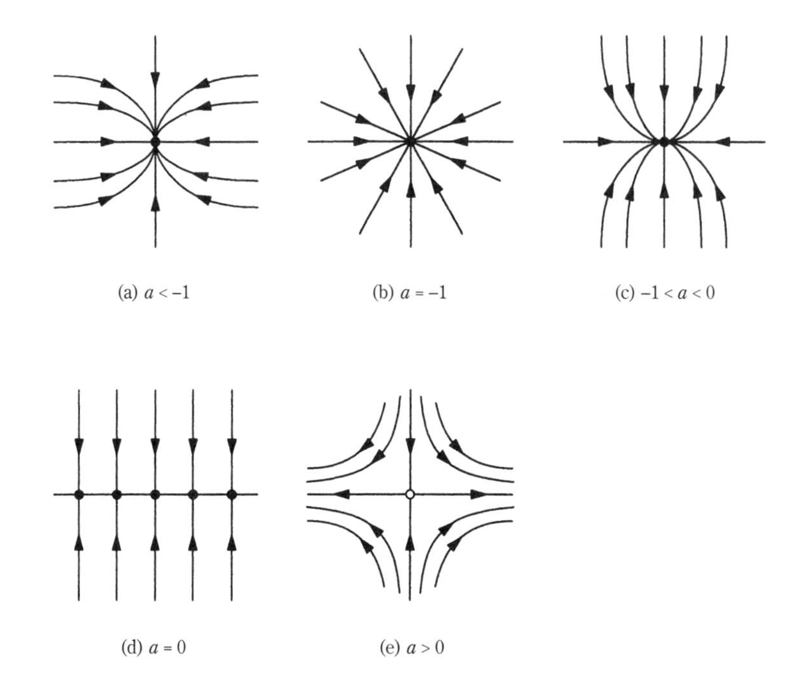

図 5.1.5

異なる a の値に対する相図は図 5.1.5 に示す通りである．いずれの場合も $y(t)$ は指数関数的に減衰している．$a<0$ の場合，$x(t)$ もまた指数関数的に減衰し，すべての軌道は $t\to\infty$ で原点に近づいていく．しかし，その接近の方向は a が -1 より大きいか小さいかに依存する．

図 5.1.5a は $a<-1$ の場合であるが，これは $x(t)$ が $y(t)$ より急速に減衰することを示している．軌道は**より遅い**方向 (つまり，y 軸方向) に接して原点に近づく．その直観的説明は次の通りである．a が非常に大きい負の値をもつとすると，$x(t)$ はほとんど瞬間的に減衰するため，軌道は y 軸へ水平にたたきつけられる．さらに軌道は原点へ向けて y 軸に沿ってのろのろと進むので，y 軸に接して原点に近づく．

一方，軌道に沿って (時間を $t\to-\infty$ まで) **逆向き**にたどる場合，すべての軌道はより速く減衰する方向 (ここでは，x 軸方向) に平行になっていく．これらの結論は，軌道に沿った傾き $\mathrm{d}y/\mathrm{d}x=\dot{y}/\dot{x}$ に注目することで容易に証明される．演習問題 5.1.2 を参照せよ．また，図 5.1.5a の固定点 $x^*=0$ は**安定ノード** (stable node)(安定結節点) とよばれる．

図 5.1.5b は $a=-1$ の場合を示している．方程式 (5.1.4) は $y(t)/x(t)=y_0/x_0=$ 一定値となることを示し，すべての軌道は原点を通る直線となっている．これは非常

に特別な場合である．つまり，これは 2 つの方向の減衰率が正確に等しいために生じる．この場合の $\boldsymbol{x}^*$ は対称ノード (symmetrical node)，あるいは**スターノード** (star node)(星状結節点) とよばれる．

$-1 < a < 0$ の場合，同じくノードが存在するが，この場合軌道は x 方向に沿って $\boldsymbol{x}^*$ に近づいていく．この a の値の範囲では，x 方向がより減衰の遅い方向となっているためである (図 5.1.5c)．

$a = 0$ のときには，何か劇的なことが生じている (図 5.1.5d)．ここで (5.1.4a) は $x(t) \equiv x_0$ となり，x 軸に沿う**直線全体が固定点**となる．すべての軌道は x 軸に垂直な直線に沿ってこれらの固定点へ近づいていく．

最後に $a > 0$ の場合 (図 5.1.5e) であるが，x 軸方向の指数関数的な成長のために，$\boldsymbol{x}^*$ は不安定となっている．ほとんどの軌道は $\boldsymbol{x}^*$ から遠ざかる方向へと向きを変えて，無限の彼方へと向かっていく．その例外は，軌道が y 軸上の点から出発する場合に生じる．このとき軌道は原点に向けて綱渡りのロープを歩んでいく．時間の順方向に見ると，軌道は x 軸に漸近する．一方，時間の逆方向に見ると，軌道は y 軸に漸近する．この場合の $\boldsymbol{x}^* = \mathbf{0}$ は**サドル点** (saddle point) とよばれている．y 軸はサドル点 $\boldsymbol{x}^*$ の**安定多様体** (stable manifold) とよばれ，これは $t \to \infty$ で $\boldsymbol{x}(t) \to \boldsymbol{x}^*$ となる初期条件 $\boldsymbol{x}_0$ の集合として定義されるものである．同様に，$\boldsymbol{x}^*$ の**不安定多様体** (unstable manifold) は，$t \to -\infty$ で $\boldsymbol{x}(t) \to \boldsymbol{x}^*$ となる初期条件 $\boldsymbol{x}_0$ の集合のことである．この例題では，不安定多様体は x 軸である．典型的な軌道は $t \to \infty$ で不安定多様体へ漸近し，$t \to -\infty$ で安定多様体に近づいていくことに注意しよう．これは逆のことを言っているように聞こえるかもしれないが，これで正しいのである！ ■

安定性を表す用語

異なるタイプの固定点の安定性を議論できるように，ある種の用語を導入すると便利である．この用語は**非線形系**の固定点を解析する際に特に役立つ．さまざまなタイプの安定性の正確な定義は演習問題 5.1.10 で述べるが，ここでは形式張らずにいこう．

図 5.1.5a–c において，$\boldsymbol{x}^* = \mathbf{0}$ は**吸引的** (attracting) な固定点とよばれている．つまり，$\boldsymbol{x}^*$ の近くから出発するすべての軌道は $t \to \infty$ で $\boldsymbol{x}^*$ に近づくのである．すなわち，$t \to \infty$ で $\boldsymbol{x}(t) \to \boldsymbol{x}^*$ となる．事実，$\boldsymbol{x}^*$ は相平面上の**すべての**軌道を吸引しており，そのためこれを**大域吸引的**(globally attracting) とよぶ．

また，$t \to \infty$ の極限だけでなく，**すべての**時刻での軌道のふるまいについての，まったく異なる安定性の概念もある．$\boldsymbol{x}^*$ の十分近くから出発したすべての軌道が，すべての時刻において $\boldsymbol{x}^*$ の近くに留まっている場合，その固定点 $\boldsymbol{x}^*$ は**リアプノフ安定** (Liapunov stable) であるという．図 5.1.5a–d で，原点はリアプノフ

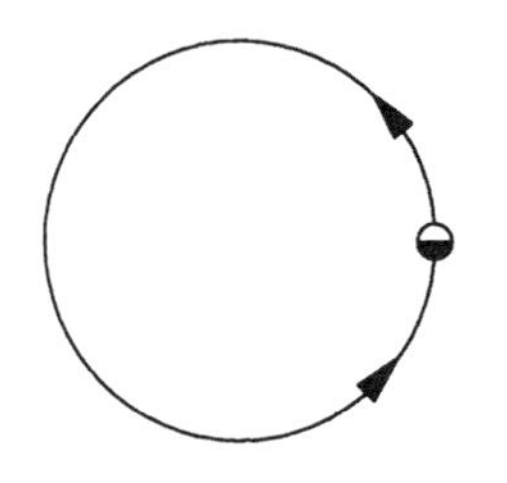

図 5.1.6

安定である．

図 5.1.5d は，固定点がリアプノフ安定であるが吸引的ではない状況を示している．このような状況はしばしば生じるので，そのために特別な名称が存在する．固定点がリアプノフ安定であるが吸引的ではない場合，これは**中立安定** (neutrally stable) とよばれる．中立安定な固定点では，その近傍の軌道はこれに吸引もされず，跳ね返されもしない．2 つ目の例は，単純な調和振動子の平衡点 (図 5.1.3) であるが，これも中立安定である．中立安定性は摩擦のない力学的な系でよく生じる．逆に，固定点が吸引的であるがリアプノフ安定ではないこともある．このように以上のいずれの安定性の概念も，もう一方の概念を包含してはいない．その一例として，円周上のベクトル場 $\dot{\theta} = 1 - \cos\theta$ (図 5.1.6) がある．この場合，$\theta^* = 0$ は $t \to \infty$ ですべての軌道を吸引するが，これはリアプノフ安定ではない．$\theta^* = 0$ に任意に近い点から出発しても，θ^* に戻る前にとても大きな運動をする軌道が存在する．

しかし実際には，以上の 2 つの種類の安定性はしばしば同時に成立する．固定点がリアプノフ安定であり**かつ**吸引的である場合，これを**安定** (stable) もしくは**漸近安定** (asymptotically stable) とよぶ．

最後に，図 5.1.5e の $\boldsymbol{x}^*$ は**不安定** (unstable) である．これは吸引的でもリアプノフ安定でもないためである．

ここで，軌道を図示する際の慣例について一言述べておく．不安定固定点を表示する際は白丸を用い，リアプノフ安定な固定点を表示する際は黒丸を用いる．これまでの章でもすでにこの慣例に従っている．

5.2 線形系の分類

前節の例題は，行列 A の成分のうち 2 つが 0 となる特別な性質をもっていた．ここでは，生じうるすべての相図を分類するために，一般の 2×2 行列の場合を考えたい．

例題 5.1.2 は，これからどのように進むべきかの手掛かりを与えてくれる．x 軸と y 軸が重要な幾何学的役割を担っていたことを思い出そう．つまり，これらは $t \to \pm\infty$ での軌道の行方を決めている．また，これらは特殊な**直線軌道**を含んでいる．ここで直線軌道とは，x 軸か y 軸のいずれかの上から出発し，その座標軸上にいつまでも留まり，単純な指数関数的成長，もしくは減衰を示すものである．

一般の場合においても，そのような直線軌道に類似したものを求めたい．つまり，次の形で与えられる軌道を探すのである．

$$\boldsymbol{x}(t) = \mathrm{e}^{\lambda t}\boldsymbol{v} \tag{5.2.1}$$

ただし，$\boldsymbol{v} \neq \boldsymbol{0}$ は以下で求める一定のベクトルであり，λ も以下で求める成長率である．もし上式を満たすような解があれば，それらはベクトル $\boldsymbol{v}$ が定める直線上の指数関数的な運動に相当している．

$\boldsymbol{v}$ および λ を定める条件を得るために，$\boldsymbol{x}(t) = \mathrm{e}^{\lambda t}\boldsymbol{v}$ を $\dot{\boldsymbol{x}} = A\boldsymbol{x}$ に代入し，$\lambda\mathrm{e}^{\lambda t}\boldsymbol{v} = \mathrm{e}^{\lambda t}A\boldsymbol{v}$ を得る．非ゼロのスカラー因子 $\mathrm{e}^{\lambda t}$ を両辺より消去すると，

$$A\boldsymbol{v} = \lambda\boldsymbol{v} \tag{5.2.2}$$

が得られるが，このことは，求める直線解が存在するのは，$\boldsymbol{v}$ が**固有値** λ に対応する行列 A の**固有ベクトル**となる場合であることを示している．このとき，解 (5.2.1) を**固有解**とよぶ．

ここで固有値と固有ベクトルの求め方を思い出そう．(記憶がはっきりしなければ，線形代数の教科書を参照せよ.) 一般に行列 A の固有値は**特性方程式** $\det(A - \lambda I) = 0$ により与えられる．ただし，I は恒等 (単位) 行列である．2×2 行列

$$A = \begin{pmatrix} a & b \\ c & d \end{pmatrix}$$

に対し，特性方程式は

$$\det(A - \lambda I) = \det\begin{pmatrix} a - \lambda & b \\ c & d - \lambda \end{pmatrix} = 0 \tag{5.2.3}$$

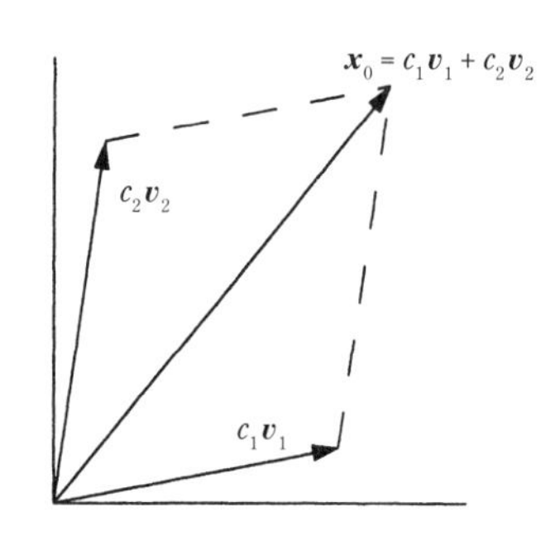

図 **5.2.1**

となる．行列式を求めると

$$\lambda^2 - \tau\lambda + \varDelta = 0 \tag{5.2.4}$$

が得られるが，ここで

$$\tau = \mathrm{tr}(A) = a + d, \qquad \varDelta = \det(A) = ad - bc$$

である．したがって，

$$\lambda_1 = \frac{\tau + \sqrt{\tau^2 - 4\varDelta}}{2}, \qquad \lambda_2 = \frac{\tau - \sqrt{\tau^2 - 4\varDelta}}{2} \tag{5.2.5}$$

が 2 次方程式 (5.2.4) の解となる．つまり，固有値は行列 A のトレースおよび行列式のみに依存する．

2 つの固有値が異なっている，すなわち $\lambda_1 \neq \lambda_2$ となるのが典型的な場合である．この場合，線形代数の定理により，固有値 λ_1, λ_2 に対応する固有ベクトル $\boldsymbol{v}_1$ および $\boldsymbol{v}_2$ は線形独立であり，したがって $\boldsymbol{v}_1$ および $\boldsymbol{v}_2$ は平面全体を張る (図 5.2.1)．特に，任意の初期条件 $\boldsymbol{x}_0$ は，固有ベクトルの線形結合，すなわち $\boldsymbol{x}_0 = c_1\boldsymbol{v}_1 + c_2\boldsymbol{v}_2$ という形で表示できる．以上の観察から，$\boldsymbol{x}(t)$ の一般解を書き下すことができる．それは次のように簡単なものになる．

$$\boldsymbol{x}(t) = c_1 \mathrm{e}^{\lambda_1 t}\boldsymbol{v}_1 + c_2 \mathrm{e}^{\lambda_2 t}\boldsymbol{v}_2 \tag{5.2.6}$$

なぜこれが一般解なのだろうか? まず第 1 に，これは $\dot{\boldsymbol{x}} = A\boldsymbol{x}$ の解の線形結合となっていて，よってそれ自身もまた解となるからである．第 2 に，これは初期条件 $\boldsymbol{x}(0) = \boldsymbol{x}_0$ を満たし，したがって微分方程式の解に関する存在と一意性定理により，唯一の解となっているからである (存在と一意性定理についての一般的な結果については 6.2 節を参照)．

例題 5.2.1 初期値問題 $\dot{x} = x + y$, $\dot{y} = 4x - 2y$ を初期条件 $(x_0, y_0) = (2, -3)$ のもとで解け．

(解) 対応する行列方程式は

$$\begin{pmatrix} \dot{x} \\ \dot{y} \end{pmatrix} = \begin{pmatrix} 1 & 1 \\ 4 & -2 \end{pmatrix} \begin{pmatrix} x \\ y \end{pmatrix}$$

である．まず行列 A の固有値を求めよう．この行列に対しては $\tau = -1$ および $\Delta = -6$ となり，特性方程式は $\lambda^2 + \lambda - 6 = 0$ である．したがって

$$\lambda_1 = 2, \qquad \lambda_2 = -3$$

と求まる．

次に固有ベクトルを求めよう．固有値 λ が与えられたとして，これに対応する固有ベクトル $\boldsymbol{v} = (v_1, v_2)$ は

$$\begin{pmatrix} 1-\lambda & 1 \\ 4 & -2-\lambda \end{pmatrix} \begin{pmatrix} v_1 \\ v_2 \end{pmatrix} = \begin{pmatrix} 0 \\ 0 \end{pmatrix}$$

を満たす．$\lambda_1 = 2$ に対し，これは

$$\begin{pmatrix} -1 & 1 \\ 4 & -4 \end{pmatrix} \begin{pmatrix} v_1 \\ v_2 \end{pmatrix} = \begin{pmatrix} 0 \\ 0 \end{pmatrix}$$

となり，その非自明な解として，$(v_1, v_2) = (1, 1)$ もしくはそのスカラー倍したものが存在する．(もちろん固有ベクトルを何倍しても，それは常に固有ベクトルとなる．したがって最も簡単なものを選ぶようにするのだが，実際はどれを選んでも問題はない.) 同じく，$\lambda_2 = -3$ に対しては，固有ベクトルの満たす方程式は

$$\begin{pmatrix} 4 & 1 \\ 4 & 1 \end{pmatrix} \begin{pmatrix} v_1 \\ v_2 \end{pmatrix} = \begin{pmatrix} 0 \\ 0 \end{pmatrix}$$

となり，非自明な解 $(v_1, v_2) = (1, -4)$ をもつ．以上の結果より，固有ベクトルを次のようにとることができる．

$$\boldsymbol{v}_1 = \begin{pmatrix} 1 \\ 1 \end{pmatrix}, \qquad \boldsymbol{v}_2 = \begin{pmatrix} 1 \\ -4 \end{pmatrix}$$

次に，固有解の線形結合として一般解を与えよう．式 (5.2.5) より，一般解は

$$\boldsymbol{x}(t) = c_1 \begin{pmatrix} 1 \\ 1 \end{pmatrix} \mathrm{e}^{2t} + c_2 \begin{pmatrix} 1 \\ -4 \end{pmatrix} \mathrm{e}^{-3t} \tag{5.2.7}$$

となる．最後に，初期条件 $(x_0, y_0) = (2, -3)$ を満たす c_1 と c_2 を計算しよう．時刻 $t = 0$ で，式 (5.2.7) は

$$\begin{pmatrix} 2 \\ -3 \end{pmatrix} = c_1 \begin{pmatrix} 1 \\ 1 \end{pmatrix} + c_2 \begin{pmatrix} 1 \\ -4 \end{pmatrix}$$

となり，これは次の連立 1 次方程式と等価である．

$$2 = c_1 + c_2, \qquad -3 = c_1 - 4c_2$$

その解は $c_1 = 1, c_2 = 1$ である．これを式 (5.2.7) に再び代入すると，初期値問題の解として

$$x(t) = \mathrm{e}^{2t} + \mathrm{e}^{-3t}, \qquad y(t) = \mathrm{e}^{2t} - 4\mathrm{e}^{-3t}$$

が得られる．■

やれやれ，面倒だった！幸いなことに，線形系の相図を示すには，以上のすべてを行う必要はない．そのために知る必要があるのは，固有ベクトルと固有値だけなのだ．

例題 5.2.2 例題 5.2.1 の系に対し，その相図を示せ．

(解) この系の固有値は $\lambda_1 = 2, \lambda_2 = -3$ である．したがって 1 つ目の固有解は指数関数的に成長し，2 つ目の固有解は指数関数的に減衰する．これは原点が**サドル点**であることを示している．その安定多様体は固有ベクトル $\boldsymbol{v}_2 = (1, -4)$ が与える直線となり，減衰する方の固有解に対応している．同様に，不安定多様体は $\boldsymbol{v}_1 = (1, 1)$ が与える直線である．すべてのサドル点がそうであるように，典型的な軌道は $t \to \infty$ で不安定多様体に近づき，$t \to -\infty$ で安定多様体に近づいている．図 5.2.2 はこの相図を示している．■

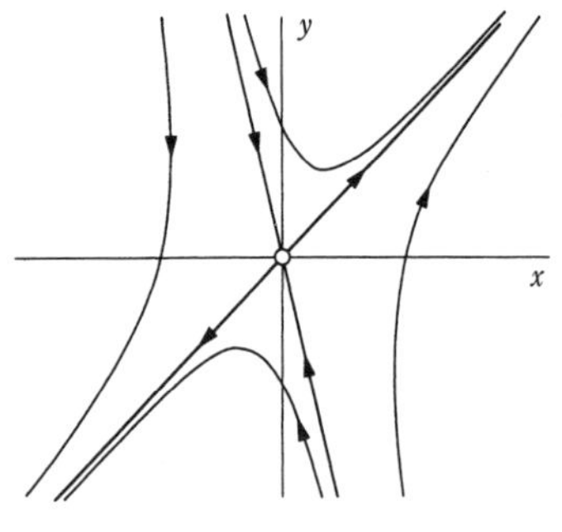

図 5.2.2

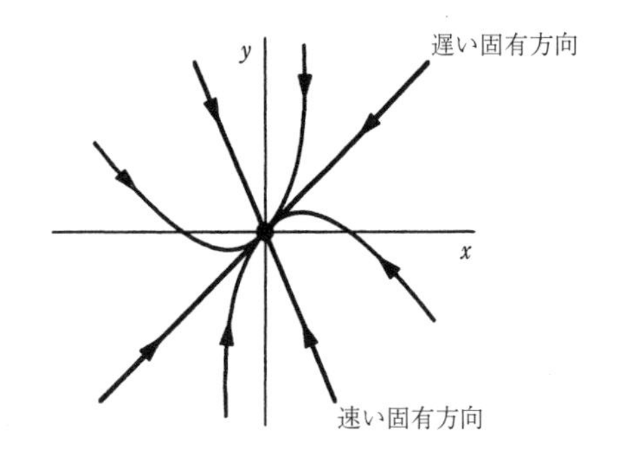

図 5.2.3

例題 5.2.3 $\lambda_2 < \lambda_1 < 0$ の場合について，典型的な相図を描け．

(解) このとき，いずれの固有解も指数関数的に減衰する．その固定点は，固有ベクトルが一般には互いに直交していないことを除けば，図 5.1.5a および図 5.1.5c と同じく安定ノードとなっている．通常，軌道は絶対値 $|\lambda|$ が小さい方の固有値に対応する固有ベクトルの定める方向，つまり**遅い固有方向**に接するように原点に近づく．時間を逆方向に見ると ($t \to -\infty$)，軌道は速い固有方向に平行となる．図 5.2.3 がその相図を示している．(図 5.2.3 のすべての矢印の向きを反転したとすると，**不安定ノード**の典型的な相図が得られる．) ■

例題 5.2.4 固有値が**複素数**ならば何が生じるだろうか?

(解) 固有値が複素数ならば，固有値は**センター** (center)(図 5.2.4a) か**スパイラル** (spiral)(図 5.2.4b) のいずれかになる．すでに 5.1 節の単純な調和振動子のところでセンターの例を見ている．つまり，原点は閉軌道の族に取り囲まれている．センターは**中立安定**であることに注意しよう．固定点近傍の軌道は固定点から吸引されることもはじき返されることもないためである．調和振動子が少しでも減衰されると，軌道はきちんと閉じなくなり，スパイラルが生じる．これは，振動子が 1 回転するごとに，わずかながらエネルギーを失うためである．

以上に述べたことを確かめるため，まず固有値は

$$\lambda_{1,2} = \frac{1}{2}\left(\tau \pm \sqrt{\tau^2 - 4\varDelta}\right)$$

となることを思い出そう．したがって複素固有値は

$$\tau^2 - 4\varDelta < 0$$

の場合に生じることがわかる．表記を簡潔にするために，固有値を

$$\lambda_{1,2} = \alpha \pm \mathrm{i}\omega$$

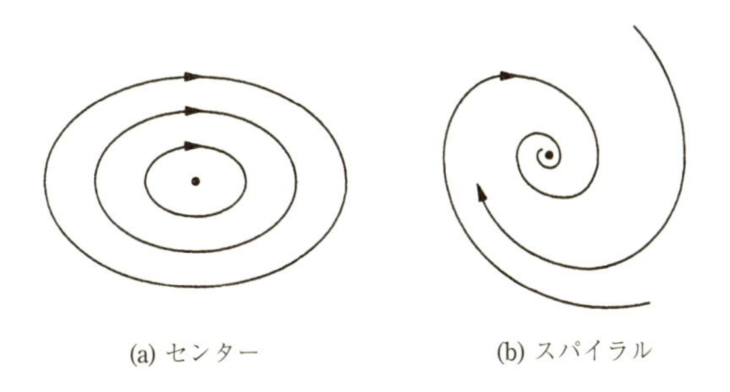

(a) センター　(b) スパイラル

図 5.2.4

のように書くことにしよう．ただし，

$$\alpha = \tau/2, \qquad \omega = \frac{1}{2}\sqrt{4\Delta - \tau^2}$$

である．仮定より $\omega \neq 0$ である．したがって 2 つの固有値は異なる値をもち，それゆえ一般解は，やはり

$$\boldsymbol{x}(t) = c_1 \mathrm{e}^{\lambda_1 t}\boldsymbol{v_1} + c_2 \mathrm{e}^{\lambda_2 t}\boldsymbol{v_2}$$

という形で与えられることになる．しかしこの場合，λ が複素数なので c および $\boldsymbol{v}$ も**複素数**となる．これは $\boldsymbol{x}(t)$ が $\mathrm{e}^{(\alpha \pm \mathrm{i}\omega)t}$ の線形結合であることを示している．オイラーの公式により $\mathrm{e}^{\mathrm{i}\omega t} = \cos\omega t + \mathrm{i}\sin\omega t$ が成り立つが，それゆえ $\boldsymbol{x}(t)$ は $\mathrm{e}^{\alpha t}\cos\omega t$ および $\mathrm{e}^{\alpha t}\sin\omega t$ という項の線形結合となるのだ．このような項は，$\alpha = \mathrm{Re}(\lambda) < 0$ であれば指数関数的に**減衰する振動**を表し，$\alpha > 0$ ならば指数関数的に**成長する振動**を表している．これらに対応する固定点は，それぞれ**安定なスパイラル**および**不安定なスパイラル**となる．図 5.2.4b は安定な場合を示している．

固有値が純虚数 $(\alpha = 0)$ である場合，すべての解は周期的であり，周期 $T = 2\pi/\omega$ をもつ．その振動は一定の振幅をもち，固定点はセンターとなる．

センターおよびスパイラルのいずれにおいても，その回転が時計回りかあるいは反時計回りかをはっきりさせるのは簡単である．ベクトル場中の 2, 3 箇所でベクトルを計算してみさえすれば，回転の方向は明らかになる．■

例題 5.2.5 一般の場合を解析するにあたり，これまで 2 つの固有値は異なる値をもつと仮定してきた．もし固有値が**等しい**場合，何が生じるだろうか?

(解) $\lambda_1 = \lambda_2 = \lambda$ としよう．可能性は 2 つある．λ に対応する 2 つの独立した固有ベクトルがあるか，あるいは 1 つしかないかである．

2 つの独立した固有ベクトルがある場合には，これらは平面を張るので，**どんなベクトルも同一の固有値 $\boldsymbol{\lambda}$ をもつ固有ベクトルとなる**．これを確認するために，任意のベクトル $\boldsymbol{x}_0$ を 2 つの固有ベクトルの線形結合の形に書こう．すなわち $\boldsymbol{x}_0 = c_1\boldsymbol{v}_1 + c_2\boldsymbol{v}_2$ とする．そうすると

$$A\boldsymbol{x}_0 = A(c_1\boldsymbol{v}_1 + c_2\boldsymbol{v}_2) = c_1\lambda\boldsymbol{v}_1 + c_2\lambda\boldsymbol{v}_2 = \lambda\boldsymbol{x}_0$$

であり，$\boldsymbol{x}_0$ も固有値 λ をもつ固有ベクトルとなる．この場合，ベクトルに行列 A を掛けると，どのベクトルも単に λ 倍に伸びるだけなので，この行列は恒等行列 I の定数倍

$$A = \begin{pmatrix} \lambda & 0 \\ 0 & \lambda \end{pmatrix}$$

でなくてはならない．したがって，$\lambda \neq 0$ の場合，すべての軌道は原点を通る直線であり $(\boldsymbol{x}(t) = \mathrm{e}^{\lambda t}\boldsymbol{x}_0)$，固定点は**スターノード** (図 5.2.5) となる．一方，$\lambda = 0$ の場

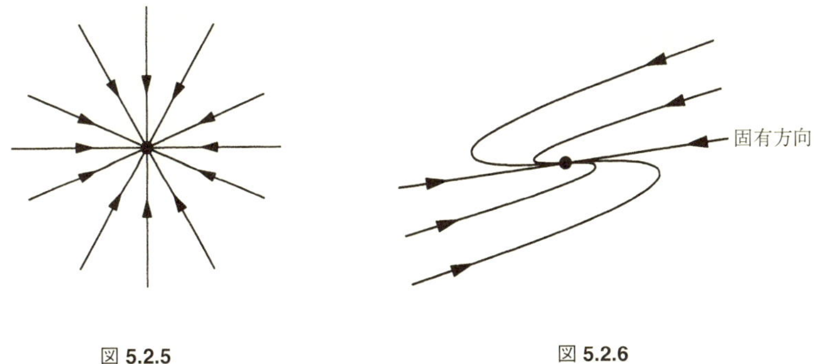

図 5.2.5　　図 5.2.6

合，全平面は固定点で満たされている！(別に驚くことはない—系の方程式は $\dot{\boldsymbol{x}} = \boldsymbol{0}$ となるので.)

もう 1 つの可能性は，固有ベクトルが 1 つしか存在しない場合である (正確には，λ に対する固有空間が 1 次元ということ)．たとえば，次の形の任意の行列

$$A = \begin{pmatrix} \lambda & b \\ 0 & \lambda \end{pmatrix}, \quad ただし \quad b \neq 0$$

は 1 次元の固有空間しかもたない (演習問題 5.2.11).

固有方向を 1 つしかもたない場合，固定点は**縮退したノード** (degenerate node) となる．その典型的な相図を図 5.2.6 に示す．この場合，$t \to +\infty$ および $t \to -\infty$ の極限で，すべての軌道は 1 つしかない固有方向に平行となる．

縮退したノードを理解する 1 つのよい方法は，これが縮退していない普通のノードが変形された結果生じると解釈することだ．普通のノードには 2 つの独立した固有方向がある．したがって，すべての軌道は $t \to \infty$ で遅い固有方向に平行となり，$t \to -\infty$ で速い固有方向に平行となる (図 5.2.7a)．ここで，2 つの固有方向が 1 つにそろっていくように系のパラメーターを変化させるとする．このとき，2 つの固有方向の間の

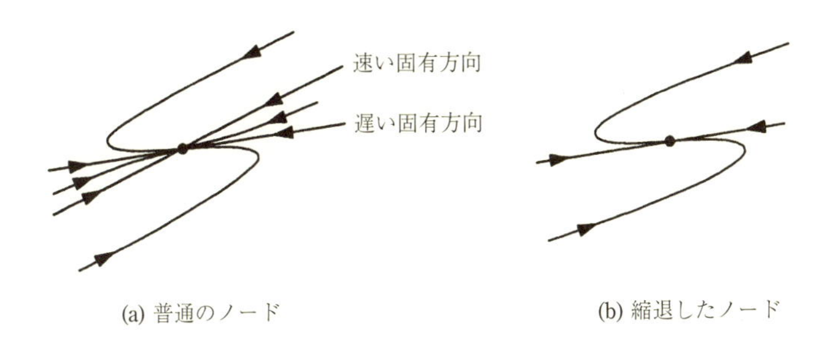

(a) 普通のノード　　(b) 縮退したノード

図 5.2.7

狭まっていく領域にある軌道は押し潰され，それ以外の軌道は引き延ばされて，縮退したノードが形成される (図 5.2.7b).

この縮退したノードについての直観を得るもう1つの方法は，これが**スパイラルとノードの境界**であることに注目することだろう．軌道はスパイラルのように回転しようとするのだが，十分には回転できなくなっているのだ． ■

固定点の分類

おそらく読者はたくさんの例題にもう飽きており，簡潔な分類方式が欲しいと望んでいることだろう．幸いなことに，そのような分類方式が1つある．これにより，すべての異なる固定点のタイプと安定性を，1つの図に示すことが可能である (図 5.2.8). 図の両軸は行列 A のトレース τ および行列式 Δ である．図上のすべての情報は次の式に含まれている．

$$\lambda_{1,2} = \frac{1}{2}\left(\tau \pm \sqrt{\tau^2 - 4\Delta}\right), \qquad \Delta = \lambda_1\lambda_2, \qquad \tau = \lambda_1 + \lambda_2$$

最初の等式は式 (5.2.5) そのものである．2番目と3番目の等式は，特性方程式を $(\lambda - \lambda_1)(\lambda - \lambda_2) = \lambda^2 - \tau\lambda + \Delta = 0$ という形に書くことで得られる．

図 5.2.8 を得るには，以下の観察が必要になる．

まず $\Delta < 0$ の場合，2つの固有値は実数で，異なる符号をもつ．したがって固定点は**サドル点**である．

次に $\Delta > 0$ の場合，2つの固有値は実数で，同じ符号をもつ (**ノード**) か，もしくは複素共役 (**スパイラル**および**センター**) となる．ノードの場合は $\tau^2 - 4\Delta > 0$

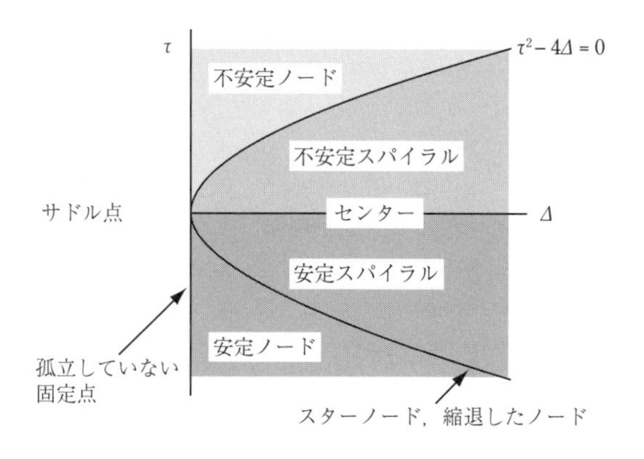

図 **5.2.8**

を満たし，スパイラルの場合は $\tau^2 - 4\Delta < 0$ となる．放物線 $\tau^2 - 4\Delta = 0$ がノードとスパイラルの間のボーダーラインである．この放物線上にスターノードと縮退したノードが生息しているのだ．ノードおよびスパイラルの安定性は，τ の値により決められる．$\tau < 0$ の場合，いずれの固有値も負の実部をもち，固定点は安定である．不安定なスパイラルおよびノードでは $\tau > 0$ となる．中立安定なセンターは $\tau = 0$ のボーダーライン上に生息し，そこでの固有値は純虚数となっている．

最後に $\Delta = 0$ の場合，少なくとも固有値の 1 つは 0 である．したがって原点は孤立した固定点ではない．このとき，図 5.1.5d のように 1 つの直線がすべて固定点になるか，あるいは全平面がすべて固定点になるか ($A = 0$ のとき) のいずれかである．

図 5.2.8 は，サドル点，ノード，およびスパイラルが固定点の主要なタイプであることを示している．すなわち，これらが (Δ, τ) 平面上のほとんどの領域を占めているのだ．一方，センター，スターノード，縮退ノード，および孤立していない固定点は**ボーダーライン的存在**であり，(Δ, τ) 平面内の曲線上にのみ生じるものである．これらのボーダーライン的存在のうち，センターは最も重要である．これはエネルギーが保存される摩擦のない力学的な系できわめて頻繁に生じるためである．

例題 5.2.6 系

$$\dot{\boldsymbol{x}} = A\boldsymbol{x}, \quad \text{ただし} \quad A = \begin{pmatrix} 1 & 2 \\ 3 & 4 \end{pmatrix}$$

に対し，固定点 $x^* = 0$ のタイプを分類せよ．

(解) この行列では $\Delta = -2$ となる．したがって固定点はサドル点である． ■

例題 5.2.7 $A = \begin{pmatrix} 2 & 1 \\ 3 & 4 \end{pmatrix}$ として，例題 5.2.6 を繰り返してみよ．

(解) この場合 $\Delta = 5$ および $\tau = 6$ となる．$\Delta > 0$ かつ $\tau^2 - 4\Delta = 16 > 0$ なので，固定点はノードである．また $\tau > 0$ なので，この固定点は不安定である． ■

5.3 恋　愛　問　題

線形系の分類について読者の関心を呼び起こすために，ここで恋愛問題のダイナミクスについての簡単なモデル (Strogatz 1988) を考えてみよう．次のストーリーがこの問題の要点を説明してくれるだろう．

本来はロミオとジュリエットは恋に落ちるのであるが，しかし本書ではジュリエットは移り気なタイプとしよう．ロミオがジュリエットを好きになるほど，ジュリエットはロミオから離れ，隠れようとする．しかし，ロミオが気勢をそがれて引き下がると，ジュリエットはなぜか彼を魅力的に感じ始める．一方，ロミオは彼女の出方にそのまま従う．つまり，ロミオはジュリエットが彼を好きになれば気勢が上がり，ジュリエットが彼を嫌いになれば気勢を下げるのだ．

ここで，

$$R(t) = \text{時刻 } t \text{ でロミオがジュリエットを好きな/嫌いな度合い}$$
$$J(t) = \text{時刻 } t \text{ でジュリエットがロミオを好きな/嫌いな度合い}$$

としよう．R, J の正の値は好き，負の値は嫌いを意味するとしよう．そうすると 2 人の不運なロマンスのモデルは

$$\dot{R} = aJ$$
$$\dot{J} = -bR$$

となる．ただしパラメーター a および b は正の値となり，これは上記のストーリーを反映している．

彼らの残念な恋愛事情のなりゆきは，当然のことながら，果てしない好きと嫌いの繰り返しのサイクルとなる．というのも，このモデル方程式は $(R, J) = (0, 0)$ にセンターをもつためである．2 人はこのサイクルの 1/4 の期間においてのみ，かろうじて互いに愛し合えている (図 5.3.1)．

それでは，次のより一般の線形系に従う恋人たちの恋愛について考えよう．

$$\dot{R} = aR + bJ$$
$$\dot{J} = cR + dJ$$

ただし，パラメーター a, b, c, d は正負いずれの値もとりうる．その正負の選択は恋愛のスタイルを決定する．$a > 0, b > 0$ という選択の場合，私の学生の 1 人が

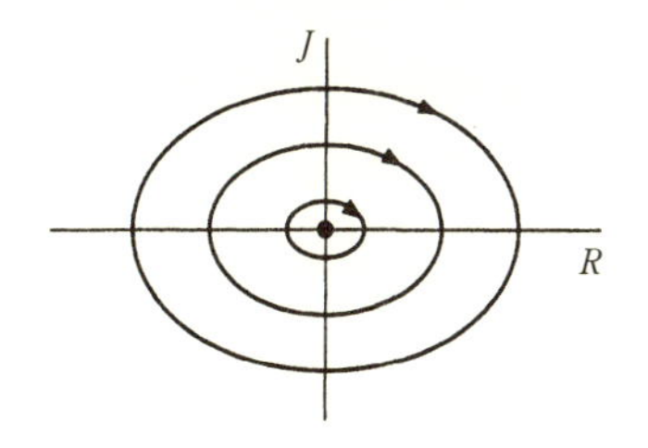

図 5.3.1

名づけたように，ロミオは「はりきり屋」であるといえる．すなわちジュリエットが彼を好きであれば気勢が上がり，さらにジュリエットに対して抱く感情に彼は自ら拍車をかけるのである．これ以外の 3 タイプの恋愛の傾向にそれぞれ名前をつけて，それらの多様なカップルに対してその恋愛の行方を予想するのは面白いだろう．たとえば,「慎重派」($a < 0$, $b > 0$) は，はりきり屋 ($c > 0$, $d > 0$) とハッピーエンドを迎えるだろうか? これら諸々の切実な疑問については，章末の演習問題で考えよう．

例題 5.3.1 2 人の瓜二つの「慎重派」の恋の行方はどうなるだろうか?

(解) この系は

$$\dot{R} = aR + bJ$$
$$\dot{J} = bR + aJ$$

のように記述できるだろう．ただし，$a < 0$，$b > 0$ である．ここで a は慎重さの度合いを表し (2 人はいずれも相手方の感情にそのまま身を委ねることを避けたがる)，b はノリの良さの度合いを表す (2 人は相手方の好意に対し，互いに気勢を上げる)．恋の行方は a と b の相対的な大きさに依存するように思われる．その結果を見てみよう．

対応する行列は

$$A = \begin{pmatrix} a & b \\ b & a \end{pmatrix}$$

となるが，これより

$$\tau = 2a < 0, \qquad \Delta = a^2 - b^2, \qquad \tau^2 - 4\Delta = 4b^2 > 0$$

を得る．したがって $(R, J) = (0, 0)$ の固定点は，$a^2 < b^2$ の場合，サドル点であり，$a^2 > b^2$ の場合，安定なノードとなる．固有値と対応する固有ベクトルは

$$\lambda_1 = a + b, \qquad \boldsymbol{v}_1 = (1, 1), \qquad \lambda_2 = a - b, \qquad \boldsymbol{v}_2 = (1, -1)$$

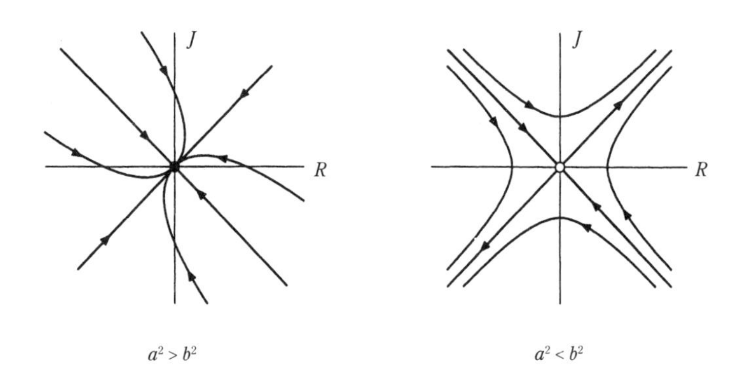

図 **5.3.2**

により与えられる．ここで $a+b > a-b$ であるので，原点がサドル点である場合，固有ベクトル $(1,1)$ は不安定多様体を与え，原点が安定ノードである場合，この固有ベクトルは遅い固有方向に対応している．図 5.3.2 は以上の 2 つの場合の相図を示している．

$a^2 > b^2$ の場合，2 人の関係は常にお互いに無関心な状態に向けて解消していく．ここから得られる教訓として，度を越した慎重さはお互いへの無関心に至らせるといえるようだ．

$a^2 < b^2$ の場合，2 人はかなり大胆，あるいはおそらく相手に対してかなり敏感なようである．この場合，その関係は激しいものとなる．つまり，それぞれの初期感情により，その関係の行方は恋の嵐にもなれば戦争にもなる．いずれにしても，すべての軌道は直線 $R = J$ に接近していくため，最終的に 2 人の感情は (良きにせよ悪しきにせよ) 1 つにはなる． ■

演　習　問　題

5.1 定 義 と 例 題

5.1.1 (楕円と調和振動子のエネルギー保存) 調和振動子 $\dot{x} = v, \dot{v} = -\omega^2 x$ を考えよう．

(a) 軌道は楕円 $\omega^2 x^2 + v^2 = C$ で与えられることを示せ．ただし C は非負定数である．(ヒント：$\dot{x}$ の方程式を $\dot{v}$ の方程式で割り，変数 x と v を分離し，その変数分離した方程式を積分せよ.)

(b) 上記の楕円の表式がエネルギー保存則と等価であることを示せ．

5.1.2 系 $\dot{x} = ax$, $\dot{y} = -y$ を考えよう．ただし，$a < -1$ とする．すべての軌道は $t \to \infty$ で y 方向に平行となり，$t \to -\infty$ では x 方向に平行となることを示せ．(ヒン

ト：傾き $\mathrm{d}y/\mathrm{d}x = \dot{y}/\dot{x}$ をしらべよ.)

次の各系を行列形式で表示せよ.

5.1.3 $\dot{x} = -y,\ \dot{y} = -x$

5.1.4 $\dot{x} = 3x - 2y,\ \dot{y} = 2y - x$

5.1.5 $\dot{x} = 0,\ \dot{y} = x + y$

5.1.6 $\dot{x} = x,\ \dot{y} = 5x + y$

次の各系のベクトル場を描け. ベクトルの長さと向きは適度な正確さで表示せよ. また, 典型的な軌道もいくつか表示せよ.

5.1.7 $\dot{x} = x,\ \dot{y} = x + y$

5.1.8 $\dot{x} = -2y,\ \dot{y} = x$

5.1.9 系 $\dot{x} = -y,\ \dot{y} = -x$ を考えよう.

(a) ベクトル場を描け.

(b) 系の軌道は $x^2 - y^2 = C$ という形の双曲線となることを示せ. (ヒント：系の方程式から $x\dot{x} - y\dot{y} = 0$ が成り立つことを示し, その両辺を積分せよ.)

(c) 原点はサドル点である. その安定多様体および不安定多様体を与える方程式を求めよ.

(d) この系の方程式は次のように変数分離して解ける. まず新しい変数 u および v を導入しよう. ただし, $u = x + y,\ v = x - y$ とする. その上で系を u および v の変数により書き直そう. 任意の初期条件 (u_0, v_0) から出発した解 $u(t)$ および $v(t)$ を求めよ.

(e) 安定多様体および不安定多様体を与える方程式は, 変数 u および v を用いて表すとどうなるか?

(f) 最後に, (d) の解答を用いて, 任意の初期条件 (x_0, y_0) から出発する $x(t)$ および $y(t)$ の一般解を表示せよ.

5.1.10 (**吸引的安定およびリアプノフ安定**) 以下に与えるものが各種の安定性の正式な定義である. まず, 系 $\dot{\boldsymbol{x}} = \boldsymbol{f}(\boldsymbol{x})$ の固定点を $\boldsymbol{x}^*$ としよう.

このとき, ある $\delta > 0$ が存在して $\|\boldsymbol{x}(0) - \boldsymbol{x}^*\| < \delta$ となる任意の $\boldsymbol{x}(0)$ に対して $\lim_{t\to\infty} \boldsymbol{x}(t) = \boldsymbol{x}^*$ となるならば, この $\boldsymbol{x}^*$ は**吸引的**であるという. 言い換えると, $\boldsymbol{x}^*$ から距離 δ 未満のところから出発する任意の軌道が必ず**最終的には** $\boldsymbol{x}^*$ に収束するということである. 図 1 に模式的に示したように, $\boldsymbol{x}^*$ の近くから出発した軌道は, はじめの短期間は $\boldsymbol{x}^*$ から離れてさまよっていてもよいが, 長時間経過後には $\boldsymbol{x}^*$ に近づいていかなくてはならないのである.

これに対し, リアプノフ安定の場合, $\boldsymbol{x}^*$ の近くの軌道は**常に** $\boldsymbol{x}^*$ の近くに留まっていなくてはならない. つまり, 任意の $\varepsilon > 0$ に対してある $\delta > 0$ が存在して, $t \geq 0$ かつ $\|\boldsymbol{x}(0) - \boldsymbol{x}^*\| < \delta$ ならば常に $\|\boldsymbol{x}(t) - \boldsymbol{x}^*\| < \varepsilon$ が満たされる場合, $\boldsymbol{x}^*$ は**リアプノフ安定**であるという. したがって, $\boldsymbol{x}^*$ から距離 δ 未満の点から出発した軌道は, その後も常に $\boldsymbol{x}^*$ から距離 ε 未満に留まるということである (図 1).

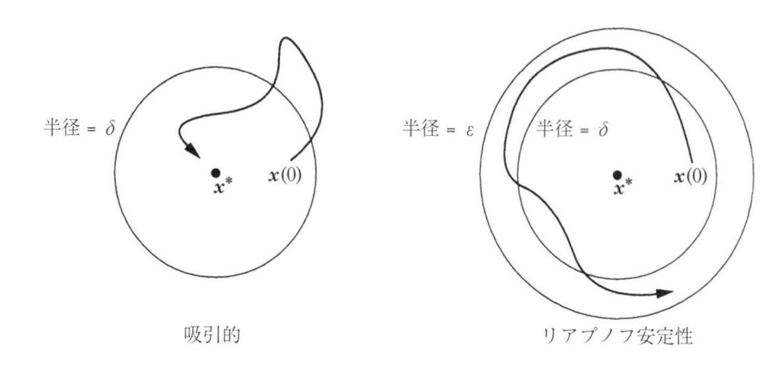

図 1

最後に，$\boldsymbol{x}^*$ が吸引的安定であり，かつリアプノフ安定でもある場合，**漸近安定**であるという．

次の各系に対して，それぞれ原点が吸引的か，リアプノフ安定か，漸近安定か，あるいはいずれでもないかの区別を与えよ．

(a) $\dot{x} = y,\ \dot{y} = -4x$

(b) $\dot{x} = 2y,\ \dot{y} = x$

(c) $\dot{x} = 0,\ \dot{y} = x$

(d) $\dot{x} = 0,\ \dot{y} = -y$

(e) $\dot{x} = -x,\ \dot{y} = -5y$

(f) $\dot{x} = x,\ \dot{y} = y$

5.1.11 (**安定性の証明**) さまざまな安定性のタイプの定義を踏まえて，演習問題 5.1.10 で行った判別が正しいことを証明せよ．(原点が吸引的であることを示すには適切な δ を設定し，またリアプノフ安定であることを示すには適切な $\delta(\varepsilon)$ を設定せねばならない.)

5.1.12 (**対称性を用いて閉軌道の存在を示す**) ベクトル場が対称であるという性質のみを用いて，単純な調和振動子 $\dot{x} = v,\ \dot{v} = -x$ の軌道が閉じることの簡潔な証明を与えよ．(ヒント：v 軸上の $(0, -v_0)$ から出発する軌道を考え，これが $(x, 0)$ で x 軸に交差するとしよう．そこでベクトル場の対称性を用い，この軌道がその後 v 軸および x 軸と交差する点を求めよ.)

5.1.13 「サドル点」がサドル (鞍) とよばれているのはなぜか? 馬に用いられる本物の鞍との関係は?

5.2 線形系の分類

5.2.1 系 $\dot{x} = 4x - y,\ \dot{y} = 2x + y$ を考えよう．

(a) 系を $\dot{\boldsymbol{x}} = A\boldsymbol{x}$ の形に書け．特性多項式は $\lambda^2 - 5\lambda + 6$ であることを示し，A の固有値と固有ベクトルを求めよ．

(b) 系の一般解を求めよ．

(c) 原点にある固定点の安定性を分類せよ．

(d) 初期条件 $(x_0, y_0) = (3, 4)$ のもとで系の解を求めよ．

5.2.2 (**複素固有値**) この演習問題では固有値が複素数となる線形系の解を体験しよう．その系は $\dot{x} = x - y$，$\dot{y} = x + y$ である．

(a) 行列 A を求め，これが固有値 $\lambda_1 = 1 + \mathrm{i}$，$\lambda_2 = 1 - \mathrm{i}$，および固有ベクトル $\boldsymbol{v}_1 = (\mathrm{i}, 1)$，$\boldsymbol{v}_2 = (-\mathrm{i}, 1)$ をもつことを示せ．(固有値は互いに複素共役であり，固有ベクトルもそうであることに注意．このことは複素固有値をもつ実行列 A について常に成り立つ．)

(b) 一般解は $\boldsymbol{x}(t) = c_1 \mathrm{e}^{\lambda_1 t} \boldsymbol{v}_1 + c_2 \mathrm{e}^{\lambda_2 t} \boldsymbol{v}_2$ となる．よって，ある意味では仕事は終わった！しかし，このように $\boldsymbol{x}(t)$ を表示すると，係数に複素数を含むため少々しっくり来ない．$\boldsymbol{x}(t)$ を複素数を含まない実数値の関数のみで表示せよ．(ヒント：$\mathrm{e}^{\mathrm{i}\omega t} = \cos \omega t + \mathrm{i} \sin \omega t$ を用いて $\boldsymbol{x}(t)$ を sin と cos の項に書き直し，さらにそれらの項を，i を含むものとそうでないものに分離せよ．)

以下のそれぞれの線形系の相図を示して固定点を分類せよ．固有ベクトルが実数値ならば，これを図に示すこと．

5.2.3 $\dot{x} = y$，$\dot{y} = -2x - 3y$

5.2.4 $\dot{x} = 5x + 10y$，$\dot{y} = -x - y$

5.2.5 $\dot{x} = 3x - 4y$，$\dot{y} = x - y$

5.2.6 $\dot{x} = -3x + 2y$，$\dot{y} = x - 2y$

5.2.7 $\dot{x} = 5x + 2y$，$\dot{y} = -17x - 5y$

5.2.8 $\dot{x} = -3x + 4y$，$\dot{y} = -2x + 3y$

5.2.9 $\dot{x} = 4x - 3y$，$\dot{y} = 8x - 6y$

5.2.10 $\dot{x} = y$，$\dot{y} = -x - 2y$

5.2.11 次の形の任意の行列

$$A = \begin{pmatrix} \lambda & b \\ 0 & \lambda \end{pmatrix}, \quad \text{ただし} \quad b \neq 0$$

は，固有値 λ に対応する 1 次元の固有空間しかもたないことを示せ．さらに系の方程式 $\dot{\boldsymbol{x}} = A\boldsymbol{x}$ を解き，相図を描け．

5.2.12 (*LRC* **回路**) 回路方程式 $L\ddot{I} + R\dot{I} + I/C = 0$ を考えよう，ただし $L, C > 0$ および $R \geq 0$ である．

(a) 方程式を 2 次元の線形系の形に書き直せ．

(b) $R > 0$ の場合，原点は漸近安定であり，$R = 0$ の場合は中立安定であることを示せ．

(c) $R^2C - 4L$ が正，負，もしくは 0 の場合に，それぞれ原点にある固定点の安定性を分類し，これらの 3 つの場合に対してその相図を描け．

5.2.13 (**減衰調和振動子**) 減衰する調和振動子の運動は $m\ddot{x} + b\dot{x} + kx = 0$ により記述される．ただし，$b > 0$ は減衰定数である．

(a) 方程式を 2 次元の線形系の形に書き直せ．

(b) 原点にある固定点を分類し，相図を描け．2 つのパラメーターの相対的な大きさに応じて生じるすべての異なる場合を示すよう注意せよ．

(c) 以上の結果は，過減衰，臨界減衰，および不足減衰振動というよく用いられる名称とどのように関係するか?

5.2.14 (**ランダムな系に関するプロジェクト**) ランダムに線形系を選び出したとしよう．このとき原点が，たとえば，不安定なスパイラルとなっている確率はいくらか? もう少し具体的には，系

$$\dot{\boldsymbol{x}} = A\boldsymbol{x}, \quad \text{ただし} \quad A = \begin{pmatrix} a & b \\ c & d \end{pmatrix}$$

を考える．そこで，a, b, c, d を区間 $[-1, 1]$ 上の一様分布から独立かつランダムに選ぶとする．すべての異なるタイプの固定点についてその確率を求めよ．

以上の問題の解答をチェックするために (あるいは解析的に答を求めるのに行き詰まった場合)，**モンテカルロ法**を用いてみよ．コンピューター上で何百万ものランダム行列を生成し，自動的にサドルや不安定スパイラルなどの相対的出現頻度をカウントすればよい．

この結果は一様分布のかわりに正規分布を用いたとしても同様であろうか?

5.3 恋　愛　問　題

5.3.1 (**名前付け**) $\dot{R} = aR + bJ$ の a，b の符号で決まる 4 タイプの恋愛のスタイルそれぞれに名前を付けよ．

5.3.2 $\dot{R} = J$，$\dot{J} = -R + J$ により記述される恋愛事情を考えよう．

(a) このロミオとジュリエットのそれぞれの恋愛指向性の特徴を述べよ．

(b) 原点にある固定点の安定性を分類せよ．この安定性は恋愛事情に関して何を意味するか?

(c) $R(0) = 1$，$J(0) = 0$ として，$R(t)$ および $J(t)$ を t の関数として描け．

次のそれぞれの問題において，a と b の符号および相対的な大きさに応じた，恋愛事情のなりゆきを予想せよ．

5.3.3 (**自分の感情には影響されない場合**) このロミオとジュリエットはお互いの感情には反応するが，自分の感情には無反応だとしよう．つまり $\dot{R} = aJ$，$\dot{J} = bR$．このとき何が生じるか?

5.3.4 (**火と水のロミオとジュリエット**) 正反対の 2 人は引きつけ合うだろうか? $\dot{R} = aR + bJ$，$\dot{J} = -bR - aJ$ をしらべてみよ．

5.3.5 (瓜 2 つのロミオとジュリエット) ロミオとジュリエットが恋愛指向的に瓜 2 つである場合 ($\dot{R} = aR + bJ$, $\dot{J} = bR + aJ$)，2 人は退屈な状態あるいは至福の状態のどちらに至るだろうか?

5.3.6 (ロボットのロミオ) ロミオのジュリエットへの感情は微動だにしない．つまり $\dot{R} = 0$，$\dot{J} = aR + bJ$ としよう．このとき，ジュリエットは結局彼を好きになるか，あるいは嫌いになるか?

6 相　平　面

6.0 はじめに

この章では 2 次元の**非線形系**の考察を始める．まず，一般的な性質のいくつかを考察し，次に線形系 (5 章) の知識を基礎として，生じうる固定点のタイプを分類する．さらに，生物学 (2 つの種間の競合) と物理学 (保存系，可逆系，および振り子) からの一連の例題を通じて理論を発展させる．最後に相図に関する大域的な情報を与える位相幾何学的な手法である指数理論について議論して，この章を結ぶ．

この章では主に固定点を扱い，続く 2 つの章では閉軌道と 2 次元系での分岐について議論する．

6.1 相　図

相平面におけるベクトル場の一般的な形は

$$\dot{x}_1 = f_1(x_1, x_2)$$
$$\dot{x}_2 = f_2(x_1, x_2)$$

で与えられる．ここで f_1 と f_2 は与えられた関数である．この系は，ベクトルを用いて表示すると，よりコンパクトに

$$\dot{\boldsymbol{x}} = \boldsymbol{f}(\boldsymbol{x})$$

と表せる．ここで $\boldsymbol{x} = (x_1, x_2)$ および $\boldsymbol{f}(\boldsymbol{x}) = (f_1(\boldsymbol{x}), f_2(\boldsymbol{x}))$ である．$\boldsymbol{x}$ は相平面内の点を表し，$\dot{\boldsymbol{x}}$ はその点における速度ベクトルを表す．この点をベクトル場

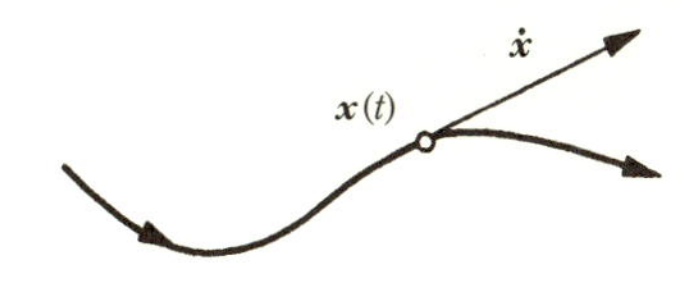

図 **6.1.1**

に沿って流すと，相平面の中を曲がりくねって進む軌道に対応する解 $\boldsymbol{x}(t)$ が描き出される (図 6.1.1)．さらに，相平面の各点が初期条件の役割を果たしうるため，相平面全体がそのような軌道によって埋め尽くされる．

通常，非線形系においては，解析的に解を得られる見込みはほとんどない．たとえ明示的な公式が得られても，たいていは複雑すぎて十分な洞察を与えない．そこで，解の**定性的な**挙動を明らかにしてみよう．目標は，$\boldsymbol{f}(\boldsymbol{x})$ の性質から系の相図を直接求めることである．膨大な種類の相図がありうるが，その一例を図 6.1.2 に示す．

どのような相図においても，最も顕著な特徴は以下のようなものである．

(1) 図 6.1.2 の A, B, C のような**固定点**．固定点は $\boldsymbol{f}(\boldsymbol{x}^*) = \boldsymbol{0}$ を満たし，系の定常状態あるいは釣り合い状態に対応する．
(2) 図 6.1.2 の D のような**閉軌道**．これは周期解，つまり，ある $T > 0$ に対して，$\boldsymbol{x}(t+T) = \boldsymbol{x}(t)$ をすべての t において満たす解に対応する．
(3) 固定点と閉軌道の近くでの軌道の配置．たとえば，A と C の近傍の流れのパターンは似ており，B の近傍のものとは異なる．

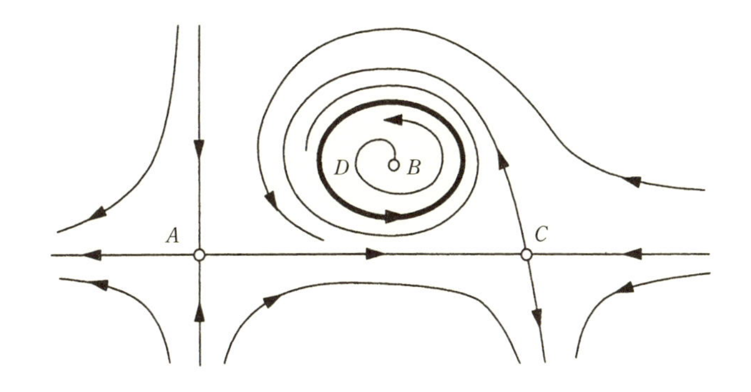

図 **6.1.2**

(4) 固定点と閉軌道の安定性や不安定性．この相図では固定点 A, B, C は不安定である．なぜならば，近傍の軌道がそれらの点から遠ざかろうとするからである．一方，閉軌道 D は安定である．

相図の数値計算

ときには相図の**定量的な**側面に興味があることもある．幸い，$\dot{\boldsymbol{x}} = \boldsymbol{f}(\boldsymbol{x})$ の数値積分は，$\dot{x} = f(x)$ の数値積分とそれほど難しさは違わない．2.8 節の数値的手法は，数 $x, f(x)$ をベクトル $\boldsymbol{x}, \boldsymbol{f}(\boldsymbol{x})$ で置き換えれば，そのまま有効に働く．ここではルンゲ–クッタ法を使うことにしよう．ベクトルを用いて表示すると，

$$\boldsymbol{x}_{n+1} = \boldsymbol{x}_n + \frac{1}{6}(\boldsymbol{k}_1 + 2\boldsymbol{k}_2 + 2\boldsymbol{k}_3 + \boldsymbol{k}_4)$$

であり，ここで，

$$\begin{aligned}
\boldsymbol{k}_1 &= \boldsymbol{f}(\boldsymbol{x}_n)\,\Delta t \\
\boldsymbol{k}_2 &= \boldsymbol{f}\left(\boldsymbol{x}_n + \frac{1}{2}\boldsymbol{k}_1\right)\Delta t \\
\boldsymbol{k}_3 &= \boldsymbol{f}\left(\boldsymbol{x}_n + \frac{1}{2}\boldsymbol{k}_2\right)\Delta t \\
\boldsymbol{k}_4 &= \boldsymbol{f}(\boldsymbol{x}_n + \boldsymbol{k}_3)\,\Delta t
\end{aligned}$$

である．ステップ幅を $\Delta t = 0.1$ とすれば，通常の目的には十分な精度を与える．

相図をプロットする際に，ベクトル場中の格子点における代表的なベクトルを知っておくと役立つことが多い．ベクトルの矢尻や長さの違いは，残念ながら図を乱雑にしてしまいがちである．むしろ，短い線分を使って流れの局所的な方向を示す**方向場** (direction field) のプロットの方がわかりやすい．

例題 6.1.1 系 $\dot{x} = x + \mathrm{e}^{-y}$, $\dot{y} = -y$ を考えよう．まず定性的な議論によって相図に関する情報を得よ．次にコンピューターを使って方向場をプロットせよ．最後にルンゲ–クッタ法を使っていくつかの軌道を計算し，相平面上にプロットせよ．

(解) まず $\dot{x} = 0$ と $\dot{y} = 0$ を連立して解いて固定点を求める．唯一の解は $(x^*, y^*) = (-1, 0)$ である．その安定性を決定するために，$\dot{y} = -y$ の解が $y(t) = y_0\,\mathrm{e}^{-t}$ なので，$t \to \infty$ で $y(t) \to 0$ であることに注意しよう．よって，$\mathrm{e}^{-y} \to 1$ なので，長時間経つと x の方程式は $\dot{x} \approx x + 1$ となる．これは指数関数的に成長する解をもち，固定点が不安定であることを示す．実際，x 軸上にある初期条件のみに着目すると，$y_0 = 0$ なのでずっと $y(t) = 0$ である．ゆえに，x 軸上の流れは $\dot{x} = x + 1$ に**正確**に従う．よって，固定点は不安定である．

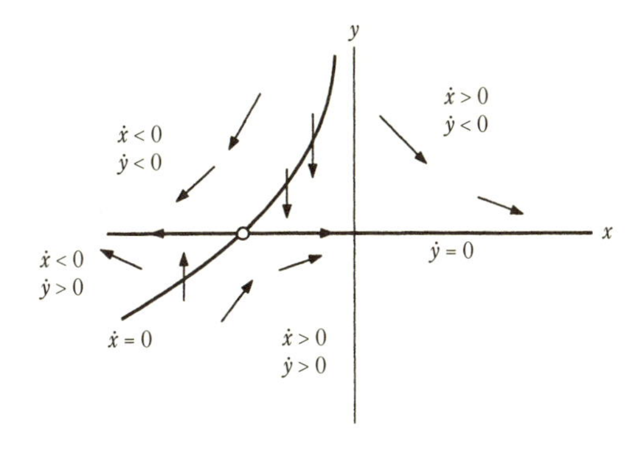

図 **6.1.3**

相図を描くには，**ヌルクライン** (nullcline) をプロットすると助けになる．ヌルクラインは，$\dot{x} = 0$ または $\dot{y} = 0$ となる曲線として定義される．ヌルクラインは，どこで流れが完全に水平か，あるいは垂直であるかを示す (図 6.1.3)．たとえば，$\dot{y} = 0$ となるところで流れは完全に水平で，また，$\dot{y} = -y$ なので，ヌルクラインは $y = 0$ の直線上に生じる．この直線に沿って，$\dot{x} = x + 1 > 0$，つまり，$x > -1$ となるところで，流れは右向きである．

同様に，流れは $\dot{x} = x + \mathrm{e}^{-y} = 0$ となるところで垂直であり，これは図 6.1.3 に示す曲線上で生じる．曲線上の $y > 0$ となる部分では，$\dot{y} < 0$ なので流れは下向きである．

ヌルクラインは，$\dot{x}$ と $\dot{y}$ がそれぞれ異なる符号をもつ領域に平面を分割する．いくつかの典型的なベクトルを上の図 6.1.3 に描いた．ここまでに得た限られた情報だけ

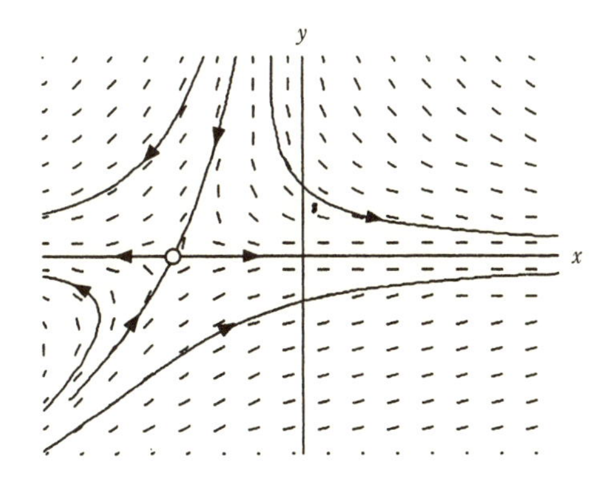

図 **6.1.4**

でも，図 6.1.3 から全体的な流れのパターンがよくわかる．

さて，解答を完了するためにコンピューターを使おう．方向場は図 6.1.4 に線分で表されており，いくつかの軌道が示されている．軌道が局所的な傾きを追従している様子に注目せよ．固定点は今やサドル点の非線形版のように見ることができる．■

6.2 解の存在，一意性，および位相幾何学的な帰結

これまでのところ，われわれは少々楽天的であった．しかしながら，現段階では，一般の非線形系 $\dot{\boldsymbol{x}} = \boldsymbol{f}(\boldsymbol{x})$ が解をもつことの保証さえないのだ！ 幸い，2.5 節で与えた存在と一意性の定理は，2 次元系に一般化できる．さほど手間はかからないので，この結果を n 次元の系に対して述べておこう．

存在と一意性定理　初期値問題 $\dot{\boldsymbol{x}} = \boldsymbol{f}(\boldsymbol{x}), \boldsymbol{x}(0) = \boldsymbol{x}_0$ を考える．$\boldsymbol{f}$ が連続で，そのすべての偏微分 $\partial f_i/\partial x_j,\ i, j = 1, \cdots, n$ が，ある連結開集合 $D \subset \boldsymbol{R}^n$ において連続だと仮定しよう．このとき，$\boldsymbol{x}_0 \in D$ に対して，この初期値問題は $t = 0$ のまわりのある開区間 $(-\tau, \tau)$ で解 $\boldsymbol{x}(t)$ をもち，この解は一意的である．

言い換えると，解の存在と一意性は，$\boldsymbol{f}$ が連続微分可能なら保証される．この定理の証明は $n = 1$ の場合と同様であり，ほとんどの微分方程式の教科書にのっている．より強力なバージョンも得られるが，これでほとんどの応用には十分である．

今後扱うすべてのベクトル場は，相空間の任意の点から出発した解について，存在と一意性を保証するのに十分なだけ滑らかであることを仮定する．

存在と一意性定理は，重要な帰結をもつ．すなわち，**異なる軌道は決して交わらない**．もし 2 つの軌道が交わったら，同じ点 (交点) から出発する 2 つの解が存在することになり，定理の一意性の部分を破る．より直観的にいうと，1 つの軌道は 2 つの方向に同時に動くことはできない．

異なる軌道は交わらないので，相図は常にきれいな形をしている．さもなければ，相図は交差した曲線がもつれあったもの (図 6.2.1) になるかもしれない．存在と一意性定理はそのようなことが生じるのを防いでいる．

2 次元の相空間においては (より高次元の相空間とは対照的に)，これらの結果がとりわけ強い位相幾何学的な帰結をもつ．たとえば，相平面に閉軌道 C があるとしよう．すると，C の内側から出発するどの軌道も，C の中に永久に閉じ込められる (図 6.2.2)．

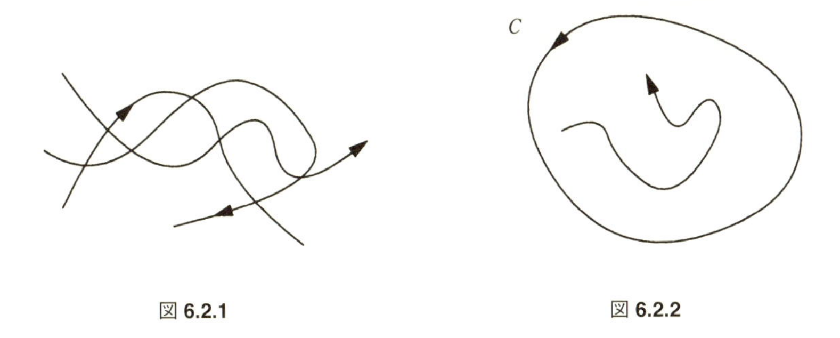

図 **6.2.1**　　図 **6.2.2**

そのような有界な軌道の運命はどうなるのだろうか？ もちろん，C の内部に固定点があれば，軌道はやがていずれかの固定点に接近するかもしれない．しかし，まったく固定点がなければどうなるだろうか？ 読者は，軌道が永久に曲がりくねり続けることはできない，と直観的に思うかもしれない．それは正しい．平面上のベクトル場において，**ポアンカレ–ベンディクソンの定理** (Poincaré–Bendixson theorem) は，もしある軌道が有界閉領域に閉じ込められており，その領域内に固定点がなければ，この軌道がやがて閉軌道に接近することを述べている．この重要な定理については後の 7.3 節で議論する．

しかし，まずは固定点についてもっと知らなくてはならない．

6.3　固定点と線形化

この節では，以前 2.4 節で 1 次元系について発展させた**線形化**のテクニックを拡張する．ここでの目的は，固定点の近くの相図を，対応する線形系の相図によって近似することである．

線形化された系

系

$$\dot{x} = f(x, y)$$
$$\dot{y} = g(x, y)$$

を考え，(x^*, y^*) が固定点だとしよう．すなわち，

$$f(x^*, y^*) = 0, \qquad g(x^*, y^*) = 0$$

である．

$$u = x - x^*, \qquad v = y - y^*$$

により，固定点からの小さな擾乱の成分を表そう．この擾乱が成長するか減衰するかを知るためには，u と v の微分方程式を導く必要がある．まず u の方程式を求めよう．

$$\begin{aligned}
\dot{u} &= \dot{x} && (x^* \text{ は定数なので}) \\
&= f(x^* + u, y^* + v) && (\text{代入により}) \\
&= f(x^*, y^*) + u\frac{\partial f}{\partial x} + v\frac{\partial f}{\partial y} + O(u^2, v^2, uv) && (\text{テイラー級数展開}) \\
&= u\frac{\partial f}{\partial x} + v\frac{\partial f}{\partial y} + O(u^2, v^2, uv) && [f(x^*, y^*) = 0 \text{ なので}]
\end{aligned}$$

表記を簡単にするために $\partial f/\partial x$ と $\partial f/\partial y$ と書いたが，これらの偏微分は**固定点** (x^*, y^*) **において**評価されることを覚えておいて欲しい．よってこれらは**数**であり，関数ではない．また，略記法 $O(u^2, v^2, uv)$ は，u と v の **2 次以上の項**を表す．u と v は小さいので，これらの 2 次以上の項は**非常に**小さい．

同様に，

$$\dot{v} = u\frac{\partial g}{\partial x} + v\frac{\partial g}{\partial y} + O(u^2, v^2, uv)$$

が求まる．よって，擾乱 (u, v) は

$$\begin{pmatrix} \dot{u} \\ \dot{v} \end{pmatrix} = \begin{pmatrix} \dfrac{\partial f}{\partial x} & \dfrac{\partial f}{\partial y} \\ \dfrac{\partial g}{\partial x} & \dfrac{\partial g}{\partial y} \end{pmatrix} \begin{pmatrix} u \\ v \end{pmatrix} + (2\text{ 次以上の項}) \tag{6.3.1}$$

に従って発展する．行列

$$A = \begin{pmatrix} \dfrac{\partial f}{\partial x} & \dfrac{\partial f}{\partial y} \\ \dfrac{\partial g}{\partial x} & \dfrac{\partial g}{\partial y} \end{pmatrix}_{(x^*, y^*)}$$

は点 (x^*, y^*) での**ヤコビ行列** (Jacobian matrix) とよばれる．これは 2.4 節で見た微分 $f'(x^*)$ の多変数における類似物である．

さて，式 (6.3.1) の 2 次以上の項は小さいので，それらを完全に無視してしまいたくなる．もしこれを実行すると，**線形系**

$$\begin{pmatrix} \dot{u} \\ \dot{v} \end{pmatrix} = \begin{pmatrix} \dfrac{\partial f}{\partial x} & \dfrac{\partial f}{\partial y} \\ \dfrac{\partial g}{\partial x} & \dfrac{\partial g}{\partial y} \end{pmatrix} \begin{pmatrix} u \\ v \end{pmatrix} \tag{6.3.2}$$

が得られ，そのダイナミクスは5.2節の手法で解析できる．

小さな非線形項の効果

さて，本当に式(6.3.1)の2次以上の項を無視しても大丈夫なのだろうか? 言い換えると，線形化された系は，(x^*, y^*) の近くの相図の定性的に正しい描像を与えるのだろうか? その答はイエスだ．ただし，**線形化された系の固定点が5.2節で議論された境界的な場合ではない限り**，である．つまり，もし線形化された系からサドルやノードやスパイラルが予測されると，その固定点は**本当に**サドルやノードやスパイラルである．この結果の証明についてはAndronovら(1973)を，具体的な例は例題6.3.1を参照せよ．

境界的な場合(センター，縮退ノード，スターノード，または孤立していない固定点)は，もっとずっとデリケートである．例題6.3.2と例題6.3.11で見るように，それらは小さな非線形項によって変化する可能性がある．

例題 6.3.1 系 $\dot{x} = -x + x^3$, $\dot{y} = -2y$ の固定点をすべて求め，線形化を用いてそれらを分類せよ．次に，その結論を，もとの非線形系の相図を求めることによってチェックせよ．

(解) 固定点は $\dot{x} = 0$ および $\dot{y} = 0$ が同時に成り立つところに生じる．よって，$x = 0$ または $x = \pm 1$，および $y = 0$ が必要であり，$(0,0)$, $(1,0)$, および $(-1,0)$ の3つの固定点がある．一般の点 (x, y) におけるヤコビ行列は

$$A = \begin{pmatrix} \dfrac{\partial \dot{x}}{\partial x} & \dfrac{\partial \dot{x}}{\partial y} \\ \dfrac{\partial \dot{y}}{\partial x} & \dfrac{\partial \dot{y}}{\partial y} \end{pmatrix} = \begin{pmatrix} -1 + 3x^2 & 0 \\ 0 & -2 \end{pmatrix}$$

である．次に A を固定点で評価する．$(0,0)$ では

$$A = \begin{pmatrix} -1 & 0 \\ 0 & -2 \end{pmatrix}$$

となるので，$(0,0)$ は安定ノードである．$(\pm 1, 0)$ では

$$A = \begin{pmatrix} 2 & 0 \\ 0 & -2 \end{pmatrix}$$

なので，$(1,0)$ と $(-1,0)$ の両者ともサドル点である．

さて，安定ノードとサドル点は境界的な場合ではないので，もとの非線形項込みの系の固定点が正しく予測されていることを確信できる．

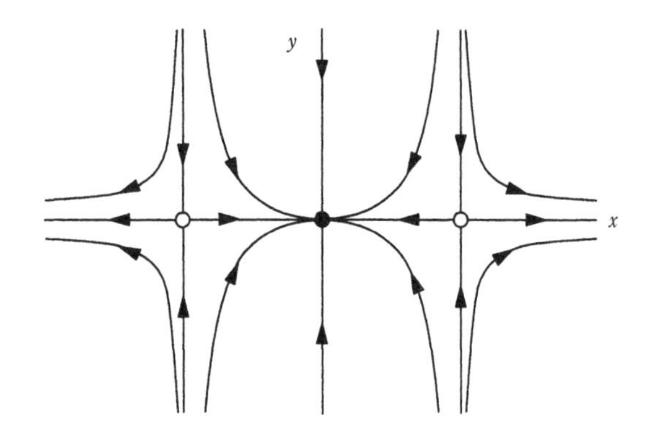

図 **6.3.1**

この系では x と y の方程式が結合していないので，この結論は非線形系においても明示的にチェックできる．系は本質的には互いに直角な 2 つの独立な 1 次元の系である．y 方向については，すべての軌道は指数関数的に $y = 0$ に減衰する．x 方向については，軌道は $x = 0$ に引きつけられ，$x = \pm 1$ から反発される．垂直線 $x = 0$ と $x = \pm 1$ はそれらの上で $\dot{x} = 0$ なので不変である．ゆえに，これらの線上から出発した任意の軌道は，永久にその上に留まる．同様に，$y = 0$ は不変な水平線である．最後に，方程式が変換 $x \to -x$，および $y \to -y$ に対して不変なので，相図は x 軸と y 軸に対して対称でなくてはならないことに気をつけよう．これらの情報を総合すると，図 6.3.1 に示した相図に至る．

この図は，線形化によって予想されたように，$(0,0)$ が安定ノードで，$(\pm 1, 0)$ がサドル点であることを確認するものである．■

次の例題は，小さな非線形項がセンターをスパイラルに変化させうることを示す．

例題 6.3.2 系

$$\dot{x} = -y + ax(x^2 + y^2)$$
$$\dot{y} = x + ay(x^2 + y^2)$$

を考えよう．ここで a はパラメーターである．実際には，原点は $a < 0$ なら安定スパイラルで，$a > 0$ なら不安定スパイラルなのだが，これに反して，線形化された系は原点がすべての a の値についてセンターであると誤って予言してしまうことを示せ．

(解) $(x^*, y^*) = (0, 0)$ のまわりの線形化方程式を得るために，定義から直接ヤコビ行列を計算してもよいし，以下の近道をしてもよい．原点に固定点のある任意の系に

おいて $u = x - x^* = x$ および $v = y - y^* = y$ なので，x と y は固定点からのずれを与える．ゆえに，単に x と y の非線形項を省略するだけで線形化できる．よって，線形化された系は $\dot{x} = -y, \dot{y} = x$ である．ヤコビ行列は

$$A = \begin{pmatrix} 0 & -1 \\ 1 & 0 \end{pmatrix}$$

であり，$\tau = 0, \Delta = 1 > 0$ なので，線形化によると原点はいつもセンターである．

この非線形系を解析するために変数を**極座標**に変換する．$x = r\cos\theta, y = r\sin\theta$ としよう．r の微分方程式を導くために，$x^2 + y^2 = r^2$ なので $x\dot{x} + y\dot{y} = r\dot{r}$ であることに注意する．$\dot{x}$ と $\dot{y}$ を代入すると，

$$\begin{aligned} r\dot{r} &= x[-y + ax(x^2 + y^2)] + y[x + ay(x^2 + y^2)] \\ &= a(x^2 + y^2)^2 \\ &= ar^4 \end{aligned}$$

が得られる．ゆえに，$\dot{r} = ar^3$ である．演習問題 6.3.12 で，θ に関する微分方程式が

$$\dot{\theta} = \frac{x\dot{y} - y\dot{x}}{r^2}$$

となることを示すように求められる．これに $\dot{x}$ と $\dot{y}$ を代入すると $\dot{\theta} = 1$ であることがわかる．よって，もとの系は極座標では

$$\begin{aligned} \dot{r} &= ar^3 \\ \dot{\theta} &= 1 \end{aligned}$$

となる．

この形であれば，動径方向と角度方向の動きが独立なので，系は簡単に解析できる．すべての軌道は一定の角速度 $\dot{\theta} = 1$ で原点のまわりを回転する．また，動径方向の運動は，図 6.3.2 に示されているように，a に依存する．

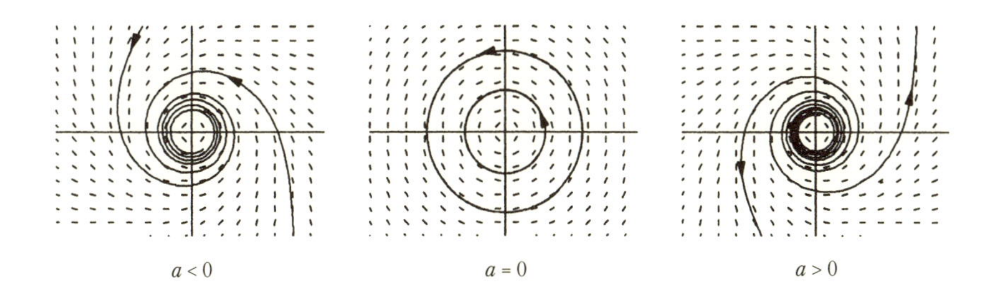

図 **6.3.2**

もし $a<0$ なら，$t\to\infty$ で単調に $r(t)\to 0$ である．この場合，原点は安定スパイラルである．(しかしながら，図 6.3.2 のコンピューターで生成した軌道が示すように，減衰は非常に遅いことに注意せよ.) もし $a=0$ なら，すべての t に対して $r(t)=r_0$ であり，原点はセンターである．最後に，もし $a>0$ なら，単調に $r(t)\to\infty$ であり，原点は不安定なスパイラルである．

今や，なぜセンターがとてもデリケートなのかがわかる．すべての軌道は 1 サイクル後に**完璧**に閉じることを要求される．ほんのちょっとでもずれてしまうと，センターはスパイラルに変化する． ■

同様に，スターノードと縮退ノードも小さな非線形性によって変化する可能性があるが，センターとは違い，**それらの安定性は変化しない**．たとえば，安定なスターノードは安定スパイラルに変わるかもしれないが (演習問題 6.3.11)，不安定スパイラルにはならない．これは，図 5.2.8 の線形系の分類からしても，もっともなことである．つまり，スターノードと縮退ノードは広々とした安定領域または不安定領域に存在するが，センターは安定領域と不安定領域の間のカミソリの刃の上のようなごく狭いところに存在する．

もし**安定性**のみに興味があり，軌道の詳細な幾何学的な様子に興味がないのなら，以下のように固定点をもっとあらっぽく分類できる．

ロバスト (頑健) な場合：
リペラー [ソース (湧点) ともよばれる]：どちらの固有値も正の実部をもつ．
アトラクター [シンク (沈点) ともよばれる]：どちらの固有値も負の実部をもつ．
サドル：固有値の 1 つが正で 1 つが負．
境界的な場合：
センター：どちらの固有値も純虚数．
縮退した固定点：少なくとも 1 つの固有値がゼロ．

このように，安定性の観点からは，少なくとも 1 つの固有値が $\mathrm{Re}(\lambda)=0$ を満たす場合が境界的である．

双曲型固定点，位相共役性，および構造安定性

もしどちらの固有値も $\mathrm{Re}(\lambda)\neq 0$ なら，固定点はしばしば**双曲型** (hyperbolic) とよばれる．(これは残念な名称である．これは「サドル点」を意味すべき言葉に

聞こえる．だが，これが標準となってしまっている.) 双曲型固定点はロバストである．その安定性のタイプは小さな非線形項によっては影響されない．これに対し, 非双曲型固定点は壊れやすい．

直線上のベクトル場の文脈では，すでに双曲性の簡単な例を見てきている．2.4 節で，$f'(x^*) \neq 0$ **である限り**，固定点の安定性が線形化によって正しく予測されることを知った．この条件はまさに $\mathrm{Re}(\lambda) \neq 0$ と対応するものである．

これらのアイデアも，きちんと高次元の系に一般化される．n 次元系の固定点は，もし線形化方程式のすべての固有値が虚軸上にないなら，すなわち，$i = 1, \cdots, n$ に対して $\mathrm{Re}(\lambda_i) \neq 0$ なら，**双曲型**である．重要な**ハートマン–グロブマンの定理** (Hartman–Grobman theorem) は，双曲型固定点の近くの局所的な相図が，線形化方程式の相図と「位相共役である」ことを述べる[*1]．特に，固定点の安定性のタイプは，線形化によって忠実に捉えられる．ここで，**位相共役** (topologically conjugate) とは，軌道が軌道に移り，時間の意味 (時間の矢の方向) が保存されるように，1 つの局所的な相図を他の相図に移す**位相同型写像** (homeomorphism) (連続な逆をもつ連続写像) が存在することである．

直観的には，2 つの相図は，一方がもう一方のひずんだバージョンであれば，位相共役である．曲げたりそらしたりすることは許されるが，引き裂くことは許されない．よって，たとえば閉軌道は閉じたままでなくてはならず，2 つのサドル点を結ぶ軌道は壊れてはならない．

双曲型固定点は，構造安定性という重要な一般概念の例も与えてくれる．相図は，もしその位相幾何学的な様子がベクトル場の任意の小さな摂動によって変わらなければ，**構造安定** (structurally stable) である．たとえば，サドルの相図は構造安定だが，センターはそうではない．つまり，任意に小さな減衰により，センターはスパイラルに変化する．

6.4　ウサギ対ヒツジ

以下のいくつかの節では相平面解析の簡単な例題を考える．まず 2 つの生物種間の古典的な**ロトカ–ヴォルテラの競争モデル** (Lotka–Volterra model of competition) から始める．ここではウサギとヒツジを想像する．両種が同一の食料供給 (草) をめぐって争っており，得られる草の量は限られていると仮定しよう．さらに，捕食

*1 (訳注) ハートマン–グロブマンの定理の正確な主張と証明については，C. ロビンソン (國府寛司，柴山健伸，岡 宏枝 訳), 力学系 上 (シュプリンガー・フェアラーク東京，2001) を参照せよ．

者や季節的な効果，別の食料源などの複雑さはすべて無視する．そのうえで，以下に述べる2つの主たる効果を考えよう．

(1) それぞれの種は，もう一方の種がいないときには，環境収容力いっぱいまで増加する．これは，それぞれの種にロジスティック増加を仮定することでモデル化できる(2.3節を思い出せ)．ウサギは伝説的に高い繁殖能力を誇るため，より高い内的増加率を割り当てなくてはならないだろう．
(2) ウサギとヒツジが互いに遭遇すると，トラブルが始まる．時にはウサギが食べ物にありつくが，通常はヒツジがウサギを小突いて脇にどかせ，草を食べ始める．そのような衝突は，それぞれの集団のサイズに比例した割合で生じると仮定しよう．[もしヒツジが2倍の数いたら，ウサギがヒツジに遭遇する可能性は2倍ほど高いだろう.] さらに，衝突によって，それぞれの種の増加率は下がるが，その影響はウサギにとってより厳しく働くものと仮定する．

これらの仮定を取り入れた具体的なモデルは，

$$\dot{x} = x(3 - x - 2y)$$
$$\dot{y} = y(2 - x - y)$$

であり，ここで

$$x(t) = (\text{ウサギの数})$$
$$y(t) = (\text{ヒツジの数})$$

で，$x, y \geq 0$ である．係数は上のシナリオを反映するように選ばれているが，それ以外の点では任意である．演習問題で，読者は係数を変えると何が起きるかをしらべるように求められるだろう．

系の固定点を探すため，$\dot{x} = 0$ と $\dot{y} = 0$ を連立させて解く．$(0,0)$, $(0,2)$, $(3,0)$, および $(1,1)$ の4つの固定点が得られる．これらを分類するため，ヤコビ行列を計算する．

$$A = \begin{pmatrix} \dfrac{\partial \dot{x}}{\partial x} & \dfrac{\partial \dot{x}}{\partial y} \\ \dfrac{\partial \dot{y}}{\partial x} & \dfrac{\partial \dot{y}}{\partial y} \end{pmatrix} = \begin{pmatrix} 3 - 2x - 2y & -2x \\ -y & 2 - x - 2y \end{pmatrix}$$

さて，4つの固定点を順に考えよう．

$$(0,0) \ : \quad A = \begin{pmatrix} 3 & 0 \\ 0 & 2 \end{pmatrix}$$

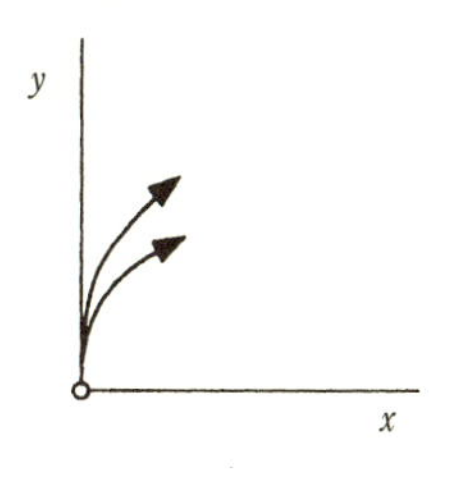

図 **6.4.1**

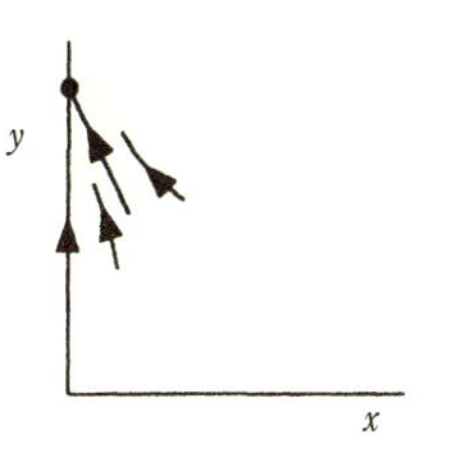

図 **6.4.2**

固有値は $\lambda = 3, 2$ なので，$(0, 0)$ は**不安定ノード**である．軌道は原点を $\lambda = 2$ の固有ベクトルに平行に，すなわち，y 軸を張る $\boldsymbol{v} = (0, 1)$ に接しつつ，原点から離れる．(一般ルールを思い出すこと．ノードにおいては，軌道は遅い固有方向，つまり，$|\lambda|$ の最も小さな固有方向に接する.）よって，$(0, 0)$ 近傍の相図は図 6.4.1 のようになる．

$$(0,2)\ :\quad A = \begin{pmatrix} -1 & 0 \\ -2 & -2 \end{pmatrix}$$

これは三角行列なので，しらべればわかるように，固有値 $\lambda = -1, -2$ をもつ．ゆえに，固定点は**安定ノード**である．軌道は $\lambda = -1$ に対応する固有方向に沿って接近する．この方向が $\boldsymbol{v} = (1, -2)$ により張られることをチェックできるはずだ．図 6.4.2 は固定点 $(0, 2)$ の近くの相図を示す．

$$(3,0)\ :\quad A = \begin{pmatrix} -3 & -6 \\ 0 & -1 \end{pmatrix} \quad および \quad \lambda = -3, -1$$

これも**安定ノード**である．図 6.4.3 に示すように，軌道は $\boldsymbol{v} = (3, -1)$ で張られる遅い固有方向に沿って接近する．

$$(1,1)\ :\quad A = \begin{pmatrix} -1 & -2 \\ -1 & -1 \end{pmatrix}$$

これは $\tau = -2$, $\Delta = -1$, $\lambda = -1 \pm \sqrt{2}$ をもつ．ゆえに，**サドル点**である．$(1, 1)$ 近傍の相図は図 6.4.4 に示すようなものであることをチェックできるだろう．

図 6.4.1–6.4.4 を組み合わせると，図 6.4.5 が得られる．これはすでに相図全体の様子をよく表している．さらに，$x = 0$ なら $\dot{x} = 0$ で，$y = 0$ なら $\dot{y} = 0$ なので，x 軸と y 軸が直線状の軌道を含むことに注意しよう．

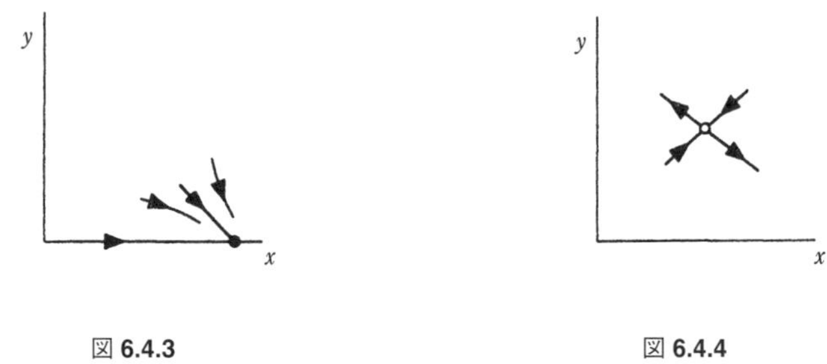

図 **6.4.3** 図 **6.4.4**

さて，相図の残りの部分を埋めよう (図 6.4.6)．たとえば，原点付近から出発する軌道のいくつかは x 軸上の安定ノードに行かねばならず，他のいくつかは y 軸上の安定ノードに行かなくてはならない．その間には，どちらに曲がればよいか決められずにサドルに向かうような，特別な軌道があるはずである．この軌道はサドルの**安定多様体**の一部であり，図 6.4.6 に太線で描かれている．安定多様体のもう一方の枝は,「無限遠からやってくる」軌道からなる．このようにして得た図は，コンピューターで作成した相図 (図 6.4.7) により確かめることができる．

この相図は面白い生物学的解釈をもつ．つまり，この相図は一般に，一方の種が他方の種を絶滅に追いやることを示している．安定多様体の下側から出発した軌道は最終的にヒツジの絶滅を導き，上側から出発した軌道は最終的にウサギを絶滅に導く．この相反する結末は他の競争モデルにおいても生じ，生物学者を**競争的排除の原理** (principle of competitive exclusion) の定式化に導いた．これは，同一の限られた資源を求めて競争する 2 つの種が，たいていの場合は共存できないことを述べるものである．その生物学的な議論については Pianka (1981) を，さらなる文献や解析については Pielou (1969), Edelstein-Keshet (1988)，または Murray (1989) を参照せよ．

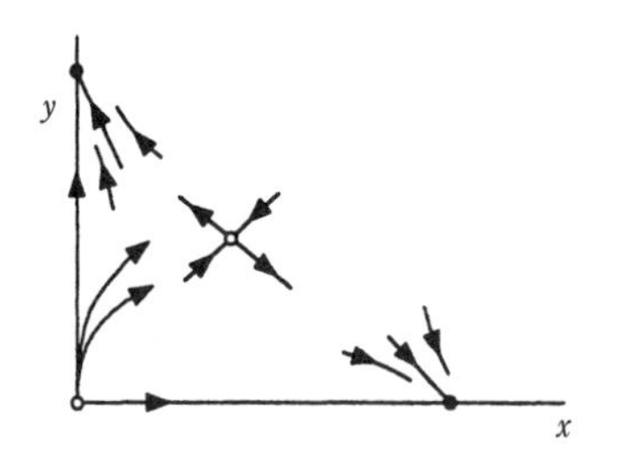

図 **6.4.5**

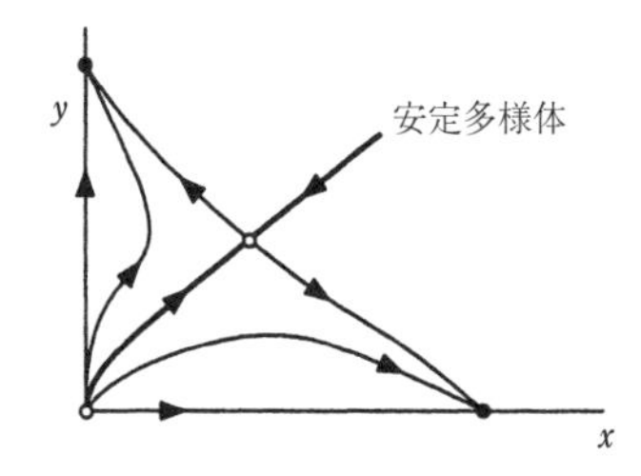

図 **6.4.6**

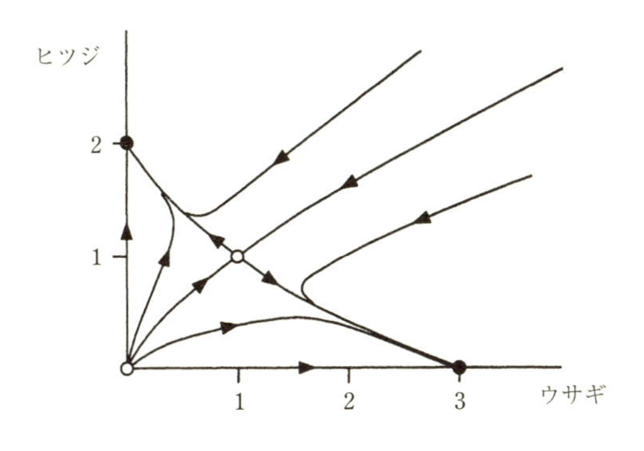

図 **6.4.7**

この例は，一般的な数学的概念の説明にもなっている．まず，吸引的な固定点 $\boldsymbol{x}^*$ が与えられたとき，その**吸引領域（ベイスン）**(basin of attraction) を，$t \to \infty$ で $\boldsymbol{x}(t) \to \boldsymbol{x}^*$ となるような初期条件 $\boldsymbol{x}_0$ の集合と定義する．たとえば，$(3,0)$ のノードの吸引領域は，サドルの安定多様体の下側にあるすべての点からなる．図 6.4.8 の影をつけた領域が，この吸引領域である．

また，安定多様体は，2 つのノードの吸引領域を分割するので，**吸引領域の境界** (basin boundary) とよばれる．同じ理由で，安定多様体を構成する 2 つの軌道は，伝統的に**セパラトリクス** (separatrix) とよばれる．なぜなら，それらによって相空間が異なる長時間挙動をもつ領域に分けられるからである．

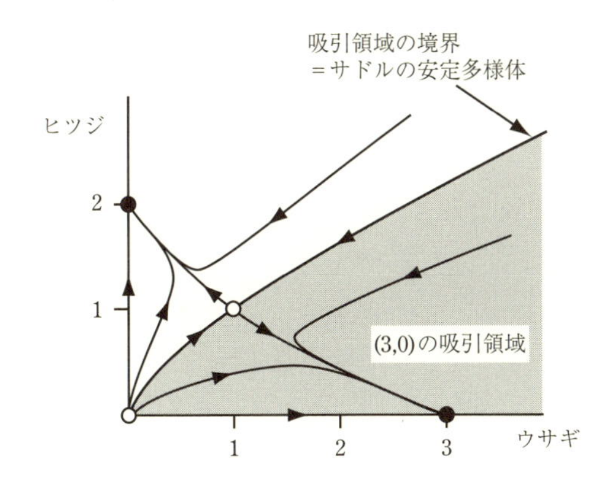

図 **6.4.8**

6.5 保　存　系

ニュートンの法則 $F = ma$ は，多くの重要な 2 次元系の源である．たとえば，非線形な力 $F(x)$ を受けて x 軸に沿って動く質量 m の粒子を考えよう．すると，運動方程式は

$$m\ddot{x} = F(x)$$

となる．F が $\dot{x}$ と t の両者から独立だと仮定していることに注意せよ．ゆえに，いかなる種類の減衰や摩擦もなく，時間依存する駆動力もない．

これらの仮定のもとで**エネルギーが保存される**ことを，以下のように示すことができる．$F(x) = -\mathrm{d}V/\mathrm{d}x$ により定義される**ポテンシャルエネルギー**を $V(x)$ で表そう．すると，

$$m\ddot{x} + \frac{\mathrm{d}V}{\mathrm{d}x} = 0 \tag{6.5.1}$$

である．ここで，覚えておくに値するトリックを使おう．つまり，両辺に $\dot{x}$ を掛けて，左辺がちょうど時間微分となることに注目しよう!

$$m\dot{x}\ddot{x} + \frac{\mathrm{d}V}{\mathrm{d}x}\dot{x} = 0 \Rightarrow \frac{\mathrm{d}}{\mathrm{d}t}\left[\frac{1}{2}m\dot{x}^2 + V(x)\right] = 0$$

ここで，微分の連鎖律

$$\frac{\mathrm{d}}{\mathrm{d}t}V(x(t)) = \frac{\mathrm{d}V}{\mathrm{d}x}\frac{\mathrm{d}x}{\mathrm{d}t}$$

を逆向きに使った．ゆえに，与えられた解 $x(t)$ に対して，**全エネルギー**

$$E = \frac{1}{2}m\dot{x}^2 + V(x)$$

は，時間の関数として一定である．しばしばエネルギーは，保存量，運動の定数，または第一積分などとよばれる．保存量が存在する系は，**保存系** (conservative system) とよばれる．

もう少し一般的かつ正確にしてみよう．系 $\dot{\boldsymbol{x}} = \boldsymbol{f}(\boldsymbol{x})$ が与えられたとき，**保存量** (conserved quantity) は，実連続関数 $E(\boldsymbol{x})$ で，軌道の上で定数，つまり，$\mathrm{d}E/\mathrm{d}t = 0$ となるものである．自明な例を避けるため，$E(\boldsymbol{x})$ がどのような開集合上においても一定ではないことを要請する．さもなければ，$E(\boldsymbol{x}) \equiv 0$ のような定数関数がどのような系においても保存量の資格をもつので，**すべての系が保存系となってしまうだろう!** このただし書きは，そのような馬鹿げた場合を排除するためのものである．

最初の例題は，保存系についての基本的な事実を指摘するものである．

例題 6.5.1 保存系はいかなる吸引的な固定点ももたないことを示せ．

(解) $\boldsymbol{x}^*$ が吸引的な固定点だったと仮定しよう．すると，その吸引領域にあるすべての点は，同じエネルギー $E(\boldsymbol{x}^*)$ をもたなくてはならない．(なぜならエネルギーは軌道上で一定であり，吸引領域内のすべての軌道は $\boldsymbol{x}^*$ に流れてゆくからだ.) ゆえに，$E(\boldsymbol{x})$ は吸引領域内で $\boldsymbol{x}$ の**定数関数**でなくてはならない．しかしこれは，$E(\boldsymbol{x})$ がすべての開集合上で一定ではないことを要求する保存系の定義と矛盾する． ■

もし吸引的な固定点が生じないのなら，どういう種類の固定点なら**生じうる**のだろうか? 次の例のように，一般にはサドルとセンターが生じる．

例題 6.5.2 2 重井戸ポテンシャル $V(x) = -\frac{1}{2}x^2 + \frac{1}{4}x^4$ の中を動く質量 $m = 1$ の粒子を考えよう．系のすべての固定点を求めて分類せよ．次に，相図をプロットして結果を物理的に解釈せよ．

(解) 力は $-\mathrm{d}V/\mathrm{d}x = x - x^3$ なので，運動方程式は

$$\ddot{x} = x - x^3$$

である．これはベクトル場として

$$\dot{x} = y$$
$$\dot{y} = x - x^3$$

と書ける．ここで y は粒子の速度を表す．固定点は $(\dot{x}, \dot{y}) = (0, 0)$ となる場所に生じる．ゆえに，$(x^*, y^*) = (0, 0)$ および $(\pm 1, 0)$ が固定点である．これらの固定点を分類するために，ヤコビ行列を計算する．

$$A = \begin{pmatrix} 0 & 1 \\ 1 - 3x^2 & 0 \end{pmatrix}$$

$(0, 0)$ では $\Delta = -1$ なので，原点はサドル点である．しかし，$(x^*, y^*) = (\pm 1, 0)$ のときには $\tau = 0$, $\Delta = 2$ である．ゆえに，これらの固定点はセンターだと予測される．

この時点で読者には警報音が聞こえているに違いない．6.3 節で知ったように，小さな非線形項は線形近似で予測されたセンターを簡単に破壊する可能性がある．しかし，ここではエネルギー保存のためこれは当てはまらない．軌道は一定のエネルギーの**等高線**，すなわち，

$$E = \frac{1}{2}y^2 - \frac{1}{2}x^2 + \frac{1}{4}x^4 = (\text{定数})$$

によって定義される閉曲線である．

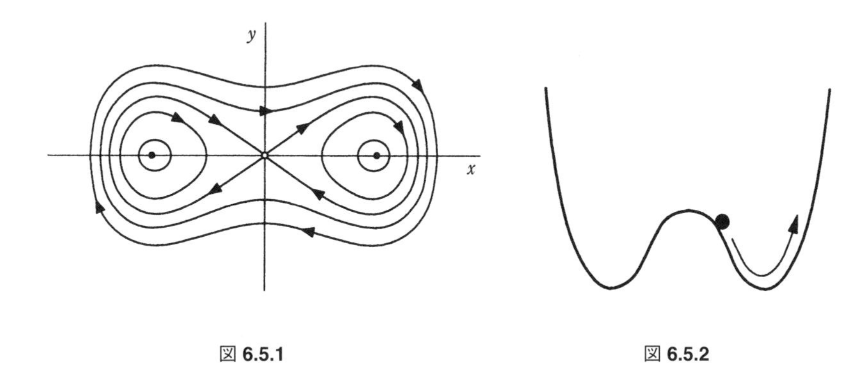

図 6.5.1　　　　図 6.5.2

図 6.5.1 はいくつかの異なる E の値に対応する軌道を示している．矢印が軌道に沿ってどちらの方向を指すかを決めるために，ベクトル $(\dot{x}, \dot{y})$ をいくつかの便利な場所で計算しよう．たとえば，y 軸上の正の部分では，$\dot{x} > 0$ および $\dot{y} = 0$ なので，運動は右向きである．連続性により，近傍の軌道の方向もこれに従う．

予想されたように，系は $(0, 0)$ にサドルを，$(1, 0)$ と $(-1, 0)$ にセンターをもつ．それぞれの中立安定なセンターは，小さな閉軌道の族に囲まれている．3 つのすべての固定点を取り囲む大きな閉軌道もある．

このように，系の解は典型的には**周期的**である．ただし，平衡解と，非常に特殊な 2 つの軌道は例外である．これらは原点から出発して原点で終わるような軌道である．より正確にいうと，これらの軌道は $t \to \pm\infty$ で原点に近づく．同一の固定点から出発し，そこで終わる軌道は，**ホモクリニック軌道** (homoclinic orbit) とよばれる．そのような軌道は保存系ではよく見つかるが，それ以外の系ではまれである．ホモクリニック軌道は周期解には対応し**ない**ことに注意せよ．なぜなら，軌道は永遠に固定点に到達することはないからである．

最後に，相図を 2 重井戸ポテンシャル中の減衰しない粒子の運動に関係づけよう (図 6.5.2)．中立安定な固定点は井戸の一方の底で止まっている粒子に対応し，小さな閉軌道はそれらの固定点のまわりの小さな振動を表す．大きな軌道は，中央のこぶを越えて行ったり来たりを繰り返すような，より活動的な振動を表す．読者には，サドル点とホモクリニック軌道が物理的に何を意味するのかわかるだろうか? ■

例題 6.5.3 例題 6.5.2 のエネルギー関数 $E(x, y)$ のグラフを描け．

(解)　$E(x, y)$ のグラフを図 6.5.3 に示す．エネルギー E は相図の各点 (x, y) の上方にプロットされている．このようにして得られる面は，しばしば系の**エネルギー面** (energy surface) とよばれる．

図 6.5.3 は，E の極小点が相図のセンターに投影されていることを示す．少し高いエネルギーの等高線は，センターを囲む小さな軌道に対応する．サドル点とそのホモ

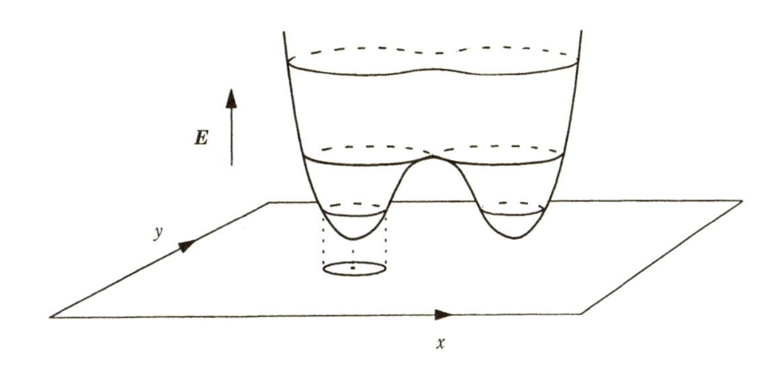

図 6.5.3

クリニック軌道はより高いエネルギーにあり，3 つのすべての固定点を囲む大きな軌道が最もエネルギーが高い．

このように，流れが相平面内よりもむしろエネルギー面そのものの上で生じていると考えると，役に立つことがある．しかしながら，軌道は一定の高さ E を維持しなくてはならないので，エネルギー面を走り回りはするが，下降することはないことに注意せよ．■

非線形なセンター

センターは通常とてもデリケートだが，上の例題が示唆するように，系が保存的な場合には，もっとずっとロバストである．ここで，2 次元の保存系における非線形なセンターに関する定理を示そう．

この定理は，エネルギー関数が極小となるところにセンターが生じることを述べるものである．これは物理的にもっともらしい．つまり，どんなポテンシャルでも，その形によらず，井戸の底には中立安定な固定点があり，そのまわりで微小振動が生じることが期待される．

定理 6.5.1 (保存系における非線形なセンター) 系 $\dot{\boldsymbol{x}} = \boldsymbol{f}(\boldsymbol{x})$ を考えよう．ここで $\boldsymbol{x} = (x, y) \in \boldsymbol{R}^2$ で，$\boldsymbol{f}$ は連続微分可能である．保存量 $E(\boldsymbol{x})$ が存在し，$\boldsymbol{x}^*$ が孤立した固定点だとしよう (すなわち，$\boldsymbol{x}^*$ を囲む小さな近傍に他の固定点は存在しない)．もし $\boldsymbol{x}^*$ が E の極小点なら，十分に $\boldsymbol{x}^*$ に近いすべての軌道は閉じている．

(証明のアイデア) E は軌道上で一定なので，それぞれの軌道は関数 E のある等高線に含まれる．極小点または極大点の近くでは，等高線は**閉じている**．(これを証明はしないが，図 6.5.3 から自明だと思えるだろう.）残る唯一の問題は，軌道が実際に等高線を 1 周するのか，あるいは等高線上の固定点に止まるのかである．しかし，$\boldsymbol{x}^*$ は**孤立した**固定点だと仮定しているので，$\boldsymbol{x}^*$ の十分に近くには固定点はありえない．ゆえに，$\boldsymbol{x}^*$ の十分小さい近傍にあるすべての軌道は閉軌道であり，よって $\boldsymbol{x}^*$ はセンターである． ■

この結果について 2 つ注意がある．

(1) この定理は E の**極大点**についても正しい．単に E を $-E$ に置き換えれば，最大は最小に変換される．そうすれば定理 6.5.1 が適用される．

(2) $\boldsymbol{x}^*$ は孤立していると仮定する必要がある．そうでなければ，エネルギー等高線上の固定点によって生じる反例が存在する．演習問題 6.5.12 を参照せよ．

次の節で，非線形なセンターに関するもう 1 つの定理を与える．

6.6 可　逆　な　系

多くの力学的な系は**時間反転対称性**をもっている．これは，時間が前に進んでも後ろに進んでもダイナミクスが同じに見えることを意味する．たとえば，減衰のない振り子が前後に振れている映像を見ていたとすると，もしその映像が後ろ向きに再生されていたとしても，何の物理的非合理性も認識しないだろう．

実際，$m\ddot{x} = F(x)$ という形の任意の力学的な系は，時間反転に対して対称である．つまり，変数を $t \to -t$ と変化させたとしても，2 回微分 $\ddot{x}$ はそのままなので，方程式は変わらない．もちろん速度 $\dot{x}$ は反転するだろう．このことが相平面で何を意味するかをしらべてみよう．$m\ddot{x} = F(x)$ に等価な系は

$$
\begin{aligned}
\dot{x} &= y \\
\dot{y} &= \frac{1}{m}F(x)
\end{aligned}
$$

である．ここで y は速度である．仮に $t \to -t, y \to -y$ という変数変換をしたとしても，どちらの方程式もそのままである．ゆえに，もし $(x(t), y(t))$ が解なら，$(x(-t), -y(-t))$ も解である．よって，どの軌道も双子の軌道をもつ．それらの 2 つの軌道の違いは，時間反転と x 軸に対する鏡映だけである (図 6.6.1)．矢印が反転したことを除けば，x 軸の上側にある軌道は，x 軸の下側の軌道とまったく同様に見える．

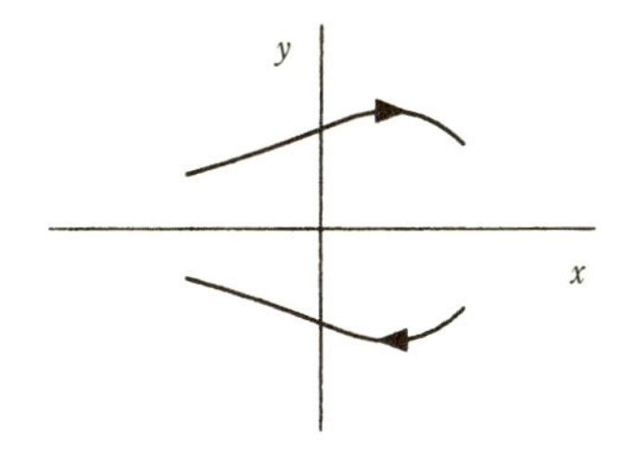

図 6.6.1

より一般に，**可逆な系** (reversible system) を，$t \to -t$ および $y \to -y$ という変換について不変な任意の 2 次元の系と定義しよう．たとえば，

$$\dot{x} = f(x, y)$$
$$\dot{y} = g(x, y)$$

という形の任意の系は，f が y について**奇関数**で，g が y について**偶関数**なら [すなわち $f(x, -y) = -f(x, y)$ かつ $g(x, -y) = g(x, y)$ なら]，可逆である．

可逆な系は保存系とは異なるものだが，多くの性質を共有する．たとえば，次の定理は可逆な系においてもセンターがロバストであることを示す．

定理 6.6.1 (可逆な系の非線形なセンター) 原点 $\boldsymbol{x}^* = 0$ が連続微分可能な系

$$\dot{x} = f(x, y)$$
$$\dot{y} = g(x, y)$$

の線形なセンターで，系が可逆だとする．すると，原点の十分近くで，すべての軌道は閉曲線である．

(証明のアイデア) 原点の近くの正の x 軸上から出発する軌道を考えよう (図 6.6.2)．原点の十分近くでは，流れはセンターに支配的な影響を受けて原点の周囲を回るので，やがて**負の** x 軸と交差する．(ここがわれわれの証明が厳密さを欠くところだが，妥当な主張に見えるはずだ[*2].)

*2 (訳注) 原点の十分近くでは非線形項は十分小さいとしてよい．そこで微分方程式の解のパラメーターに関する連続性定理を用いると，非線形項込みの方程式の解軌道は，線形化方程式の解軌道の十分近くを通ることが示せる．したがって，線形化方程式の解軌道がやがて負の x 軸と交わるならば，同じ初期点をもつ非線形方程式の解軌道もそうである．

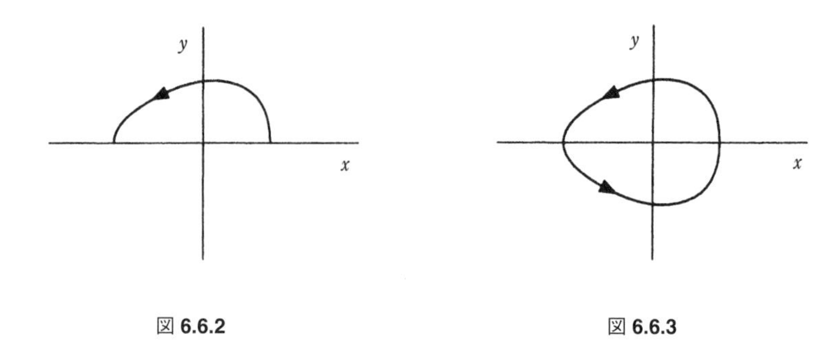

図 **6.6.2**　　　図 **6.6.3**

ここで可逆性を使う．軌道を x 軸に対して鏡映させて t の符号を変えることにより，同じ端点をもつが矢印が逆向きの双子の軌道が得られる (図 6.6.3)．望み通り，2 つの軌道は全体として 1 つの閉軌道を形成する．ゆえに，原点に十分に近いすべての軌道は閉じる．■

例題 6.6.1 系

$$\dot{x} = y - y^3$$
$$\dot{y} = -x - y^2$$

は原点に非線形なセンターをもつことを示し，相図をプロットせよ．

(解) 上記の定理の仮定が満たされることを示す．原点のヤコビ行列は，

$$A = \begin{pmatrix} 0 & 1 \\ -1 & 0 \end{pmatrix}$$

で，これは $\tau = 0$, $\Delta > 0$ をもつので，原点は線形なセンターである．さらに，方程式が変換 $t \to -t$, $y \to -y$ のもとで不変なので，系は可逆である．定理 6.6.1 により，原点は**非線形な**センターである．

系の他の固定点は $(-1, 1)$ と $(-1, -1)$ である．線形化方程式を計算すればすぐにわかるように，これらはサドルである．図 6.6.4 にコンピューターで作成した相図を示す．この相図は，マンタ・レイ (オニイトマキエイ) のような，エキゾチックな海の生き物のように見える．x 軸の上側にある軌道は，x 軸の下側に矢印が反転した双子の軌道をもつ．

双子のサドル点が軌道のペアで結ばれていることに注意しよう．これらは**ヘテロクリニック軌道** (heteroclinic trajectory) または**サドルコネクション** (saddle connection) とよばれる．ヘテロクリニック軌道は保存系や可逆系でよく見つかるが，それ以外のタイプの系では珍しい．これはホモクリニック軌道の場合と同様である．■

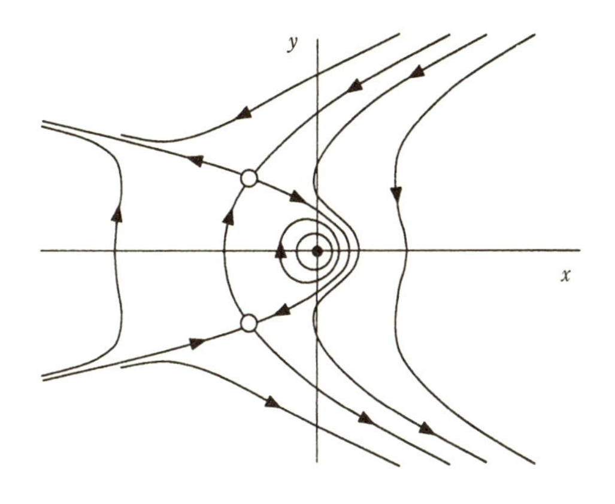

図 6.6.4

図 6.6.4 はコンピューターを使ってプロットしたが，定性的な推論のみにもとづいて描くこともできる．たとえば，ヘテロクリニック軌道の存在は，可逆性の論法を用いて厳密に帰結できる (演習問題 6.6.6)．次の例題は，そのような論法の精神を示す例である．

例題 6.6.2 可逆性の論法のみを使って，系

$$\dot{x} = y$$
$$\dot{y} = x - x^2$$

が半平面 $x \geq 0$ にホモクリニック軌道をもつことを示せ．

(解) 原点にあるサドルの不安定多様体を考えよ．この多様体は，線形化によって得られる不安定な固有方向のベクトルが $(1,1)$ だから，これに沿って原点から去る．ゆえに，不安定多様体の一部は，原点の近くでは第 1 象限 $x, y > 0$ にある．さて，小さな正の x, y から出発した不安定多様体に沿って動く座標 $(x(t), y(t))$ をもつ点を想像しよう．まず，$\dot{x} = y > 0$ なので，$x(t)$ は増加しなくてはならない．また，x が小さいときには $\dot{y} = x - x^2 > 0$ なので，$y(t)$ も最初は増加する．よって，点は右上の方向に動く．水平方向の速度は連続的に増加するので，いずれ点は $x = 1$ の垂直線をまたぐはずである．すると $\dot{y} < 0$ となって $y(t)$ は減少し，やがて $y = 0$ に達する．図 6.6.5 にこの状況を示す．

さて，**可逆性**により，同じ端点を持ち矢印が反転した双子の軌道が存在するはずである (図 6.6.6)．望み通り，2 つの軌道は全体として 1 つのホモクリニック軌道を形成する．■

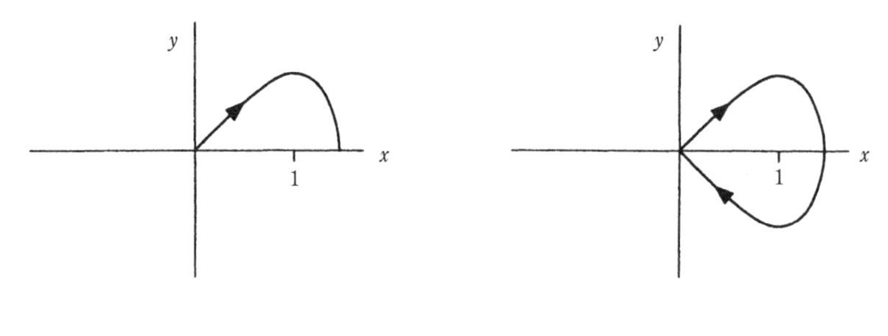

図 **6.6.5** 図 **6.6.6**

高次元の系にもうまく発展させられるような，もっと一般的な可逆性の定義がある．任意の相空間からそれ自身への写像 $R(\boldsymbol{x})$ で，$R^2(\boldsymbol{x}) = \boldsymbol{x}$ となるようなものを考えよう．つまり，もしこの写像を 2 回適用すると，すべての点はその出発点に戻る．2 次元の例をあげると，x 軸に対する (あるいは原点を通る任意の軸に対する) 鏡映が，この性質をもつ．このとき，変数変換 $t \to -t$, $\boldsymbol{x} \to R(\boldsymbol{x})$ のもとで系が不変であれば，系 $\dot{\boldsymbol{x}} = \boldsymbol{f}(\boldsymbol{x})$ は**可逆**である．

次の例題は，このより一般的な可逆性の概念を例示し，可逆系と保存系の主たる違いを強調するものである．

例題 6.6.3 系

$$\dot{x} = -2\cos x - \cos y$$
$$\dot{y} = -2\cos y - \cos x$$

は，可逆であるが，保存的ではないことを示せ．そして相図をプロットせよ．

(解) 系は変数変換 $t \to -t$, $x \to -x$, および $y \to -y$ のもとで不変である．ゆえに系は可逆で，上の記法では $R(x,y) = (-x,-y)$ となる．

保存的でないことを示すためには，系が吸引的な固定点をもつことを示せば十分である．(保存系は吸引的な固定点を決してもたないことを思い出そう．例題 6.5.1 を参照せよ.)

固定点は $2\cos x = -\cos y$ および $2\cos y = -\cos x$ を満たす．これらを連立させて解くと $\cos x^* = \cos y^* = 0$ が得られる．ゆえに $(x^*, y^*) = (\pm\frac{\pi}{2}, \pm\frac{\pi}{2})$ で与えられる 4 つの固定点がある．

$(x^*, y^*) = (-\frac{\pi}{2}, -\frac{\pi}{2})$ が吸引的な固定点であることを示そう．この点でのヤコビ行列は，

$$A = \begin{pmatrix} 2\sin x^* & \sin y^* \\ \sin x^* & 2\sin y^* \end{pmatrix} = \begin{pmatrix} -2 & -1 \\ -1 & -2 \end{pmatrix}$$

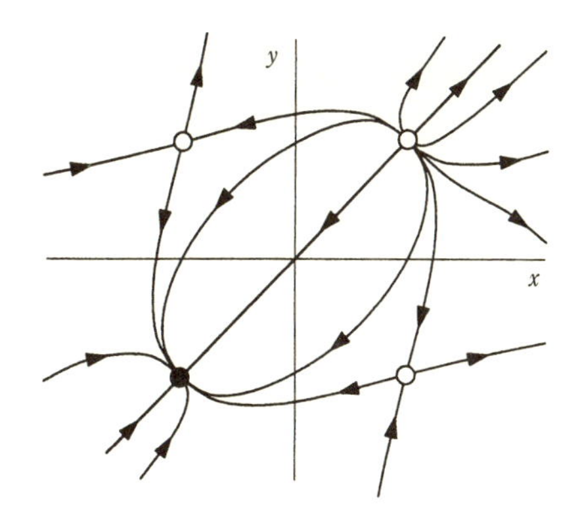

図 6.6.7

で，$\tau=-4$, $\Delta=3$, $\tau^2-4\Delta=4$ となる．ゆえに，この固定点は安定ノードである．これは系が非保存的であることを示す．

他の 3 つの固定点は，不安定なノードと 2 つのサドルであることが示せる．コンピューターで作成した相図を図 6.6.7 に示す．可逆性から生じる対称性をしらべるために，任意の 2 点 (x,y) と $R(x,y)=(-x,-y)$ におけるダイナミクスを比べてみよう．軌道は同一に見えるが，矢印は反転している．特に，安定ノード $(x^*,y^*)=(-\frac{\pi}{2},-\frac{\pi}{2})$ は，$(\frac{\pi}{2},\frac{\pi}{2})$ にある不安定ノードの双子である．■

例題 6.6.3 の系は，抵抗負荷を通じて結合した 2 つの超伝導ジョセフソン接合素子のモデル (Tsang ら 1991) に密接に関係している．さらなる議論は演習問題 6.6.9 と例題 8.7.4 を参照せよ．可逆で非保存的な系はレーザー (Politi ら 1986) や流体の流れ [Stone, Nadim と Strogatz (1991) と演習問題 6.6.8] の文脈でも生じる．

6.7 振　り　子

学校で習った最初の非線形系を覚えているだろうか? それはたぶん振り子であろう．しかし初等的なコースでは，振り子のもつ本質的な非線形性を，小さな角度で成り立つ近似 $\sin\theta\approx\theta$ によって避けていた．しかし，それにはもう飽き飽きしていることだろう！ この節では振り子を相平面の方法を用いて解析しよう．振り子が頂上を超えて 1 回転するような，角度の大きな領域も恐れずに考える．

減衰と外力のない場合には，振り子の運動は

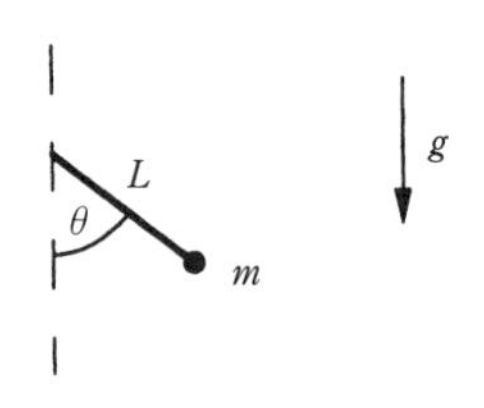

図 **6.7.1**

$$\frac{\mathrm{d}^2\theta}{\mathrm{d}t^2} + \frac{g}{L}\sin\theta = 0 \tag{6.7.1}$$

に従う．ここで，θ は下向きの垂線からの角度で，g は重力加速度，L は振り子の長さである (図 6.7.1).

振動数 $\omega = \sqrt{g/L}$ と無次元時間 $\tau = \omega t$ を導入して式 (6.7.1) を無次元化すると，方程式は

$$\ddot{\theta} + \sin\theta = 0 \tag{6.7.2}$$

となる．ここで，変数の上についたドットは τ による 2 階微分を表す．相平面における対応する系は，

$$\dot{\theta} = v \tag{6.7.3a}$$

$$\dot{v} = -\sin\theta \tag{6.7.3b}$$

となり，v は (無次元の) 角速度である．

固定点は k を任意の整数として $(\theta^*, v^*) = (k\pi, 0)$ である．2π だけ異なる 2 つの角度に物理的な違いはないので，固定点 $(0,0)$ と $(\pi,0)$ だけに注目する．$(0,0)$ でのヤコビ行列は

$$A = \begin{pmatrix} 0 & 1 \\ -1 & 0 \end{pmatrix}$$

なので，原点は線形のセンターである．

実際のところ，2 つの理由により原点は**非線形な**センターである．まず，系 (6.7.3) は**可逆**であり，方程式は変換 $\tau \to -\tau, v \to -v$ のもとで不変である．よって定理 6.6.1 により原点が非線形なセンターであることが示される．

次に，系は**保存的**でもある．式 (6.7.2) に $\dot{\theta}$ を掛けて積分すると，

$$\dot{\theta}(\ddot{\theta} + \sin\theta) = 0 \;\Rightarrow\; \frac{1}{2}\dot{\theta}^2 - \cos\theta = (\text{定数})$$

が得られる．エネルギー関数

$$E(\theta, v) = \frac{1}{2}v^2 - \cos\theta$$

は，小さな (θ, v) について $E \approx \frac{1}{2}(v^2 + \theta^2) - 1$ なので，$(0,0)$ に極小をもつ．ゆえに，定理 6.5.1 により原点が非線形なセンターであることの 2 つ目の証明が与えられる．(この論法は，$\theta^2 + v^2 = 2(E+1)$ より，閉軌道が近似的に円形であることも示している．)

さて，原点を片付けたので，$(\pi, 0)$ にある固定点を考えよう．ヤコビ行列は

$$A = \begin{pmatrix} 0 & 1 \\ 1 & 0 \end{pmatrix}$$

で，特性方程式は $\lambda^2 - 1 = 0$ である．よって，$\lambda_1 = -1$, $\lambda_2 = 1$ であり，この固定点はサドルである．対応する固有ベクトルは $\boldsymbol{v}_1 = (1, -1)$ と $\boldsymbol{v}_2 = (1, 1)$ である．

固定点の近くの相図は，ここまでに得られた情報を使って描くことができる (図 6.7.2)．図の空白を埋めるために，エネルギー等高線 $E = \frac{1}{2}v^2 - \cos\theta$ を，いくつかの異なる E の値について図に加える．得られた相図を図 6.7.3 に示す．予想していたように，図は θ 方向に周期的である．

さて，物理的解釈である．センターは中立安定な固定点に対応し，そこで振り子はまっすぐにぶら下がって静止している．これが可能な限りもっとも低いエネルギー状態である ($E = -1$)．センターのまわりの小さな軌道は固定点のまわりの小さな振動を表している [秤動 (libration) ともよばれる]．E が増加すると軌道は大きくなる．$E = 1$ が臨界的な場合で，図 6.7.3 の 2 つのサドルを結ぶヘテロクリニック軌道に対応する．サドルは倒立して静止している振り子を表す．したがってヘテロクリニック軌道は，振り子が倒立した状態に近づくにつれて減速し，

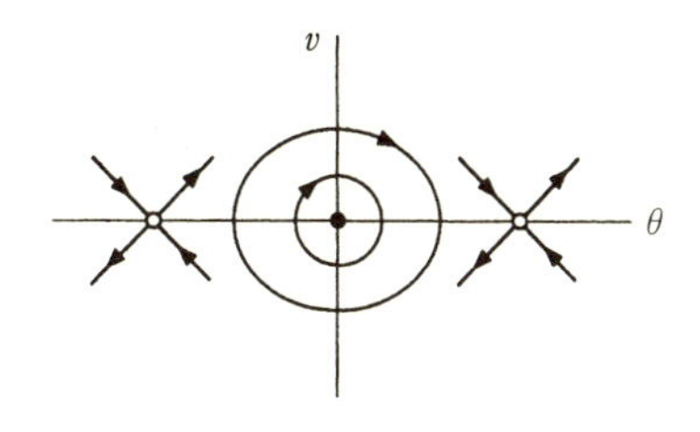

図 **6.7.2**

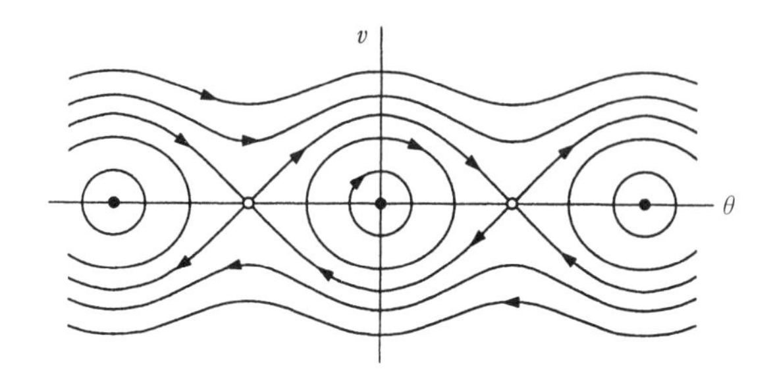

図 **6.7.3**

やがてそこで正確に静止するような，デリケートな運動を表す．$E > 1$ では振り子は頂点を超えて繰り返し回転する．この**回転**は，$\theta = -\pi$ と $\theta = +\pi$ が物理的に同じ位置を表すので，やはり周期解と見なされるべきである．

円柱状の相空間

振り子の相図は，円柱の表面に巻き付けるとより明確となる (図 6.7.4)．実際，円柱は振り子にとって**自然な**相空間である．なぜなら，角速度 v は単に実数だが，θ は**角度**であるという，v と θ の本質的な幾何学的な違いが取り入れられているからである．

円柱表示にはいくつかの利点がある．まず，周期的な回転運動が，きちんと周

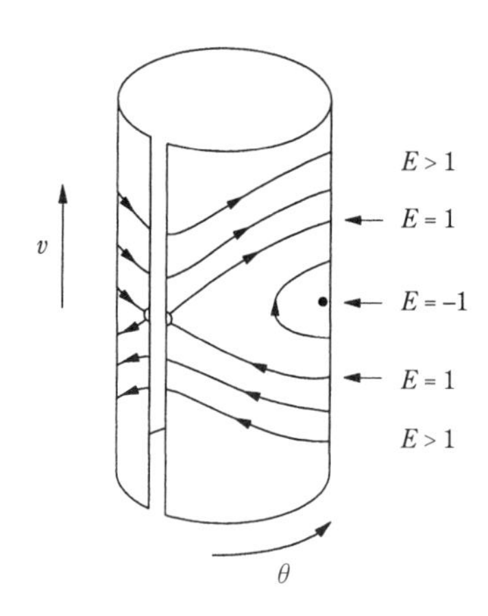

図 **6.7.4**

期的に**見える**．すなわち $E > 1$ の場合の軌道は円柱を取り囲む閉軌道になる．また，図 6.7.3 のサドル点が，すべて同じ物理状態 (倒立して静止した振り子) に対応することが，明白になる．図 6.7.3 のヘテロクリニック軌道は，円柱上ではホモクリニック軌道となる．

図 6.7.4 の上半分と下半分には明白な対称性がある．たとえば，どちらのホモクリニック軌道も，同じエネルギーと形状をもつ．この対称性を強調するためには，(最初は多少びっくりするかもしれないが) 角速度 v のかわりに**エネルギー**を縦方向にプロットすると面白い (図 6.7.5)．すると，円柱上の軌道は一定の高さをとるようになり，円柱は曲げられて **U 字チューブ**となる．チューブの 2 つの腕は，振り子の回転の方向，つまり時計回りか反時計回りかで区別される．低いエネルギーではこの区別は存在せず，振り子は左右に振動する．ホモクリニック軌道は，$E = 1$ にある回転と振動の境界線上にある．

読者は最初，U 字チューブの腕の片側で軌道が誤って描かれていると考えるかもしれない．つまり，時計回りの運動の矢印と反時計回りの運動の矢印は，**反対の方向**に進むべきように思えるかもしれない．しかし，図 6.7.6 に示した座標系について考えてみれば，図が正しいことがわかるだろう．ポイントは，円柱の下部が曲げられて U 字チューブになったときに，θ の増加する方向が逆転したことである．(図 6.7.6 は，実際の軌道ではなく座標系を示していることを理解いただきたい．軌道は図 6.7.5 に示されている．)

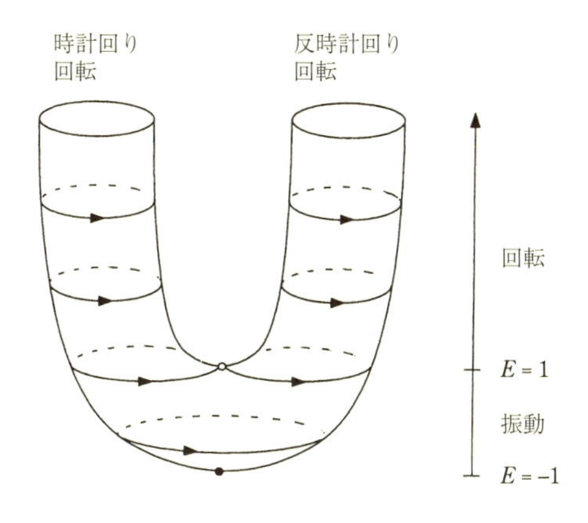

図 **6.7.5**

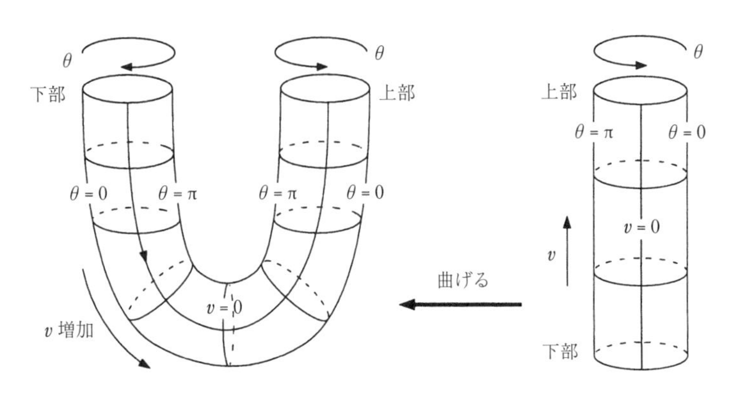

図 **6.7.6**

減　　衰

さて，相平面に戻り，振り子に小さな線形の減衰を加えることを考えよう．支配方程式は

$$\ddot{\theta} + b\dot{\theta} + \sin\theta = 0$$

となり，$b > 0$ は減衰の強さである．すると，センターは安定スパイラルとなるが，サドルはサドルのままである．コンピューターで描いた相図を図 6.7.7 に示す．

U 字チューブ上の図の方がよりはっきりする．つまり，固定点を除く**すべての軌道は途切れることなく高さを失ってゆく** (図 6.7.8)．軌道に沿ったエネルギーの

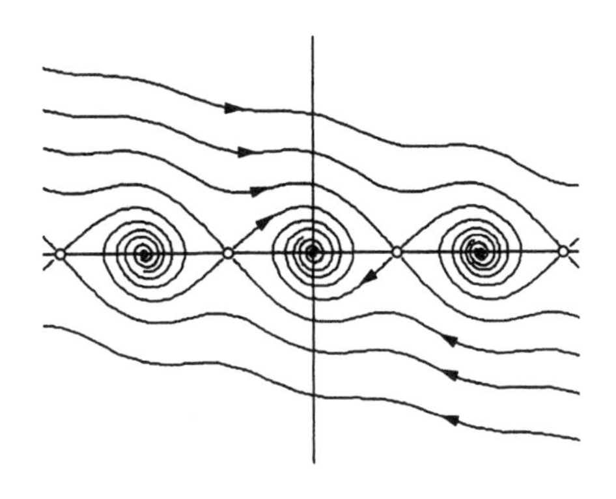

図 **6.7.7**

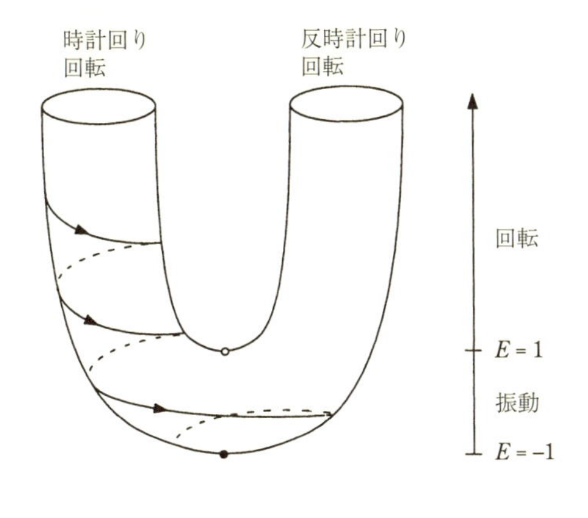

図 **6.7.8**

変化を計算すれば，このことがはっきりわかる．

$$\frac{\mathrm{d}E}{\mathrm{d}\tau} = \frac{\mathrm{d}}{\mathrm{d}\tau}\left(\frac{1}{2}\dot{\theta}^2 - \cos\theta\right) = \dot{\theta}\left(\ddot{\theta} + \sin\theta\right) = -b\dot{\theta}^2 \leq 0$$

ゆえに，$\dot{\theta} \equiv 0$ となる固定点を除き，E は軌道に沿って単調に減少する．

図 6.7.8 に示した軌道は，以下のような物理的解釈をもつ．振り子は最初は時計回りに回転している．エネルギーを失うにつれて，振り子が頂点を越えて回転するのは徐々に難しくなってゆく．対応する軌道は，$E < 1$ となるまで U 字の腕をらせん状に降下する．その後，振り子は回転するために必要なエネルギーをもたなくなり，底のまわりの小さな振動に落ち着く．最終的には運動は減衰し，振り子は安定な固定点で静止状態に到達する．

この例は，図だけを用いてどこまでダイナミクスを深く理解できるのかを示している．つまり，難しい数式を何も使わずに，振り子のダイナミクスの重要な特徴をすべて引き出すことができたのだ．これらの結果を解析的に得ることは，たとえ可能であったとしてもずっと難しく，数式の解釈もずっと面倒になるだろう．

6.8 指 数 理 論

6.3 節では系を固定点のまわりで線形化する方法を学んだ．線形化は局所的な手法の典型例である．つまり，線形化は固定点の近くのミクロな様子を詳細に与えるが，軌道がそのごく小さな近傍を去った後，何が起こるのかを語ることはできない．さらに，もしベクトル場が 2 次あるいは高次の項から始まっていると，線形化は何も語らない．

この節では指数理論 (index theory) を論じる．これは相図についての**大域的な**情報を与える方法である．これにより，以下のような問に答えることが可能となる．たとえば，閉軌道はいつも固定点を囲むのだろうか? もしそうなら，どのタイプの固定点が許されるのか? 分岐の際に合体しうる固定点はどのようなタイプのものか? この方法は，高次の縮退した固定点の近くの軌道に関する情報も与える．さらに，指数を用いた論法により，相平面の特定の場所において閉軌道が存在する可能性を排除できることもある．

閉曲線の指数

閉曲線 C の指数は，ベクトル場の C への巻き付き具合を測った整数である．以下でわかるように，指数は曲線の内側に存在するかもしれない固定点に関する情報も与える．

この考えは，電磁気学の概念を思い起こさせるかもしれない．電磁気学では，電荷の配置を検出するために，仮想的な閉じた曲面 (ガウス曲面) を導入する．曲面上での電場のふるまいをしらべることによって，曲面の**内側**の電荷の総量を決定できる．驚くべきことに，**曲面上**でのふるまいが，曲面のはるかに**内側**で何が生じているかを教えてくれるのだ! ここでの文脈では，電場はベクトル場に，ガウス曲面は曲線 C に，そして電荷の総量は指数に類似している．

さて，これらの考え方を明確にしよう．$\dot{\boldsymbol{x}} = \boldsymbol{f}(\boldsymbol{x})$ を相平面上の滑らかなベクトル場だとしよう．閉曲線 C を考える (図 6.8.1)．この曲線は軌道である必要は**ない**．ベクトル場の挙動を探るために相平面に入れた単なるループである．また，C が「単純閉曲線」(すなわち，それ自身と交差しない) であり，系のいかなる固定点も

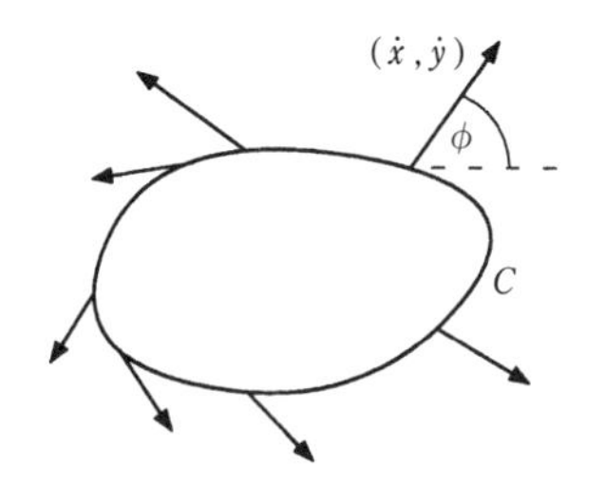

図 6.8.1

通らないと仮定しよう．すると，C 上の各点 $\boldsymbol{x}$ において，ベクトル場 $\dot{\boldsymbol{x}} = (\dot{x}, \dot{y})$ と x 軸は，矛盾なく定義された角度

$$\phi = \tan^{-1}(\dot{y}/\dot{x})$$

をなす (図 6.8.1)．

ベクトル場は滑らかなので，$\boldsymbol{x}$ が C のまわりを反時計回りに動くと，角度 ϕ は**連続的に**変化する．また，$\boldsymbol{x}$ が出発点に戻ってくると，ϕ は最初の向きに戻る．したがって，1 周する間に ϕ は 2π の**整数倍**だけ変化する．$[\phi]_C$ を 1 周する間の ϕ の総変化量だとしよう．すると，ベクトル場 $\boldsymbol{f}$ に関する**閉曲線** C **の指数** (index) は，

$$I_C = \frac{1}{2\pi}[\phi]_C$$

と定義される．このように，I_C は $\boldsymbol{x}$ が C のまわりを 1 周する間にベクトル場が示す反時計回りの回転の総数である．

指数を計算するためには，すべての点でのベクトル場を知っている必要はない．C に沿ったベクトル場を知っていさえすればよい．最初の 2 つの例題はこの点を例示するものである．

例題 6.8.1 ベクトル場が C に沿って図 6.8.2 に示すように変化するとき，I_C を求めよ．

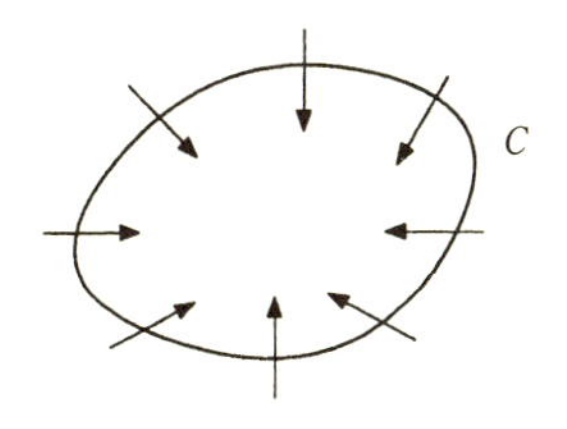

図 6.8.2

(解) C を反時計回りに 1 周回ると，ベクトルはそれと同方向にちょうど 1 周回転する．ゆえに $I_C = +1$ である．

もしこの状況を思い浮かべるのが難しかったら，誰にでもできる確実な方法がある．C 上の任意の場所から出発して，反時計回りの順番でベクトルに番号を振ろう (図 6.8.3a)．次に，ベクトルの尻尾が共通の原点に来るように (**回転させることなく！**) それらのベクトルを平行移動させよう (図 6.8.3b)．指数は番号をつけたベクトルの反時計回りの総回転数に等しいことがわかる．図 6.8.3b が示すように，ベクトル 1 か

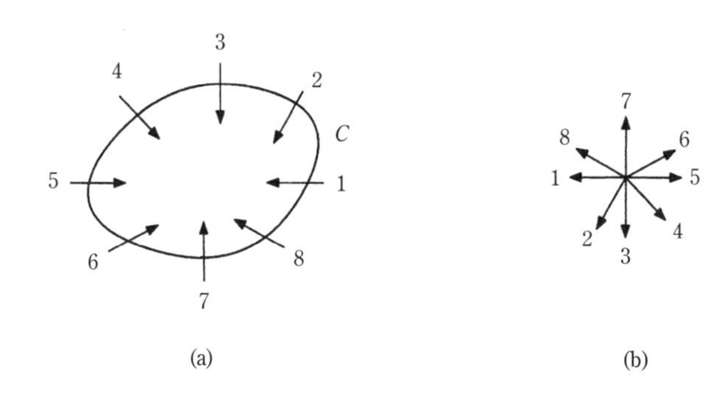

図 **6.8.3**

らベクトル 8 まで番号が増加する順に進むと，ベクトルは反時計回りに 1 回転する．ゆえに $I_C = +1$ である．■

例題 6.8.2 図 6.8.4a に示した閉曲線上のベクトル場に対する I_C を求めよ．

(解) 例題 6.8.1 と同じ作図法を使おう．C を 1 周するとベクトルはちょうど 1 回転する．しかし，今度は向きが**反対**となる．つまり，C のまわりを反時計回りに回ると，C 上のベクトルは**時計回り**に回転する．これは図 6.8.4b から明らかである．ベクトル 1 (以下，#1 のように略記する) から#8 まで順に進むと，ベクトルは時計回りに 1 回転する．ゆえに，$I_C = -1$ である．■

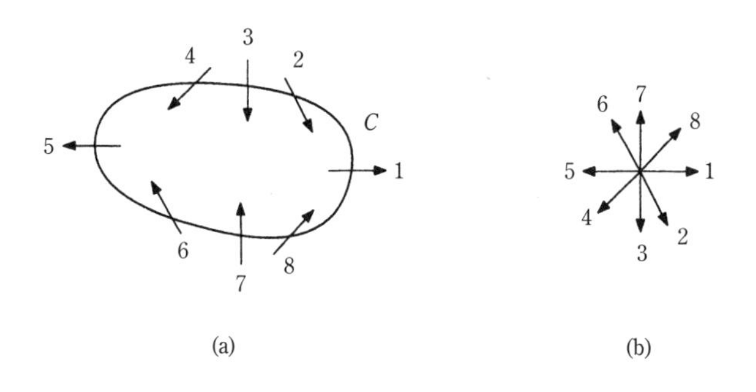

図 **6.8.4**

多くの場合，ベクトル場の図ではなく，方程式が与えられる．その場合には，自分で図を描いて，上の手順を踏まなくてはならない．次の例題のように，これはときどき面倒なこともある．

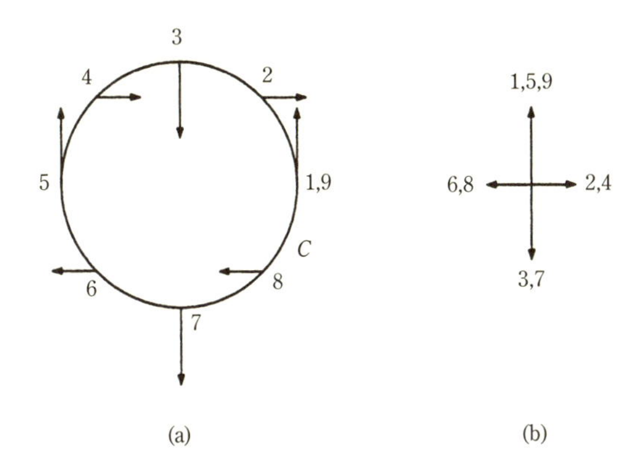

図 **6.8.5**

例題 6.8.3 ベクトル場 $\dot{x} = x^2 y$, $\dot{y} = x^2 - y^2$ に対する I_C を求めよ．ここで C は単位円 $x^2 + y^2 = 1$ である．

(解) わかりやすいベクトル場の図を得るには，C 上に都合のよいように選んだいくつかの点を考えれば十分である．たとえば，$(x, y) = (1, 0)$ で，ベクトルは $(\dot{x}, \dot{y}) = (x^2 y, x^2 - y^2) = (0, 1)$ である．このベクトルは図 6.8.5a において#1 とラベルをつけられている．さて，C のまわりを反時計回りに動きつつ，ベクトルを計算してゆこう．$(x, y) = \frac{1}{\sqrt{2}}(1, 1)$ では $(\dot{x}, \dot{y}) = \frac{1}{2\sqrt{2}}(1, 0)$ で，このベクトルに#2 とラベルをつける．残りのベクトルも同様に求められる．円周上の異なる点が同じベクトルに関連づけられる場合があることに注意せよ．たとえば，ベクトル#3 とベクトル#7 はどちらも $(0, -1)$ である．

さて，ベクトルを図 6.8.5b に平行移動しよう．#1 から#9 に順番に進むにつれて，ベクトルは#1 から#3 の間に時計回りに 180 度回転し，次に#3 から#7 の間に反時計回りに 360 度逆回転し，最後に#7 から#9 の間にまた 180 度時計回りに回って C のまわりの 1 周を完了する．よって，$[\phi]_C = -\pi + 2\pi - \pi = 0$ であり，ゆえに，$I_C = 0$ である．■

この例題では 9 つのベクトルをプロットしたが，ベクトルの変化をより詳細に見るためには，さらに多くのベクトルをプロットしたくなることだろう．

指 数 の 性 質

指数の最も重要な性質のいくつかをあげよう．

(1) C が固定点を通ることなく C' に連続的に変形できるとしよう．すると $I_C =$

図 **6.8.6**　　図 **6.8.7**

$I_{C'}$ である．

この性質にはエレガントな証明がある．仮定より，C から C' に変形すると，I_C は**連続的**に変化する．だが，I_C は整数である．よってジャンプすることなく変わることはできない！(よりきちんというと，もし整数値をとる関数が連続だったら，それは**一定**でなくてはならない.)

この論法について考える際には，変形中の曲線がいかなる固定点も通らないという仮定をどこで用いているかに気をつけよ．

(2) もし C がいかなる固定点も囲まないのなら，$I_C = 0$ である．

[証明] (1) の性質により，指数を変えずに C を小さな円に変形できる．しかし，ϕ はそのような円上では本質的に一定である．なぜなら，ベクトル場の滑らかさの仮定により，すべてのベクトルはほぼ同じ方向に向くからである (図 6.8.6)．ゆえに $[\phi]_C = 0$ で，よって $I_C = 0$ である．

(3) $t \to -t$ と変換してベクトル場の矢印をすべて反転させても，指数は変わらない．

[証明] すべての角度は ϕ から $\phi + \pi$ に変わる．よって，$[\phi]_C$ は同じ値に留まる．

(4) 閉曲線 C が実際に系の**軌道**である，すなわち，C が閉軌道だとしよう．すると，$I_C = +1$ である．

このことは証明しないが，幾何学的な直観から明らかなはずだ (図 6.8.7)．C は軌道なので，ベクトル場はどこでも曲線 C に接していることに注意しよう．したがって，$\boldsymbol{x}$ が C のまわりを 1 周すると，接ベクトルも同じ向きに 1 回転する．

固定点の指数

上記の性質は，幾通りかの意味において有用となる．たぶん最も重要なのは，以下のように，固定点の指数の定義が可能となることである．

$\boldsymbol{x}^*$ を孤立した固定点だと仮定しよう．すると，$\boldsymbol{x}^*$ を囲み，他の固定点は囲まない任意の閉曲線を C として，$\boldsymbol{x}^*$ **の指数** I は I_C と定義される．上の性質 (1) により，I_C は C の取り方には依存せず，よって $\boldsymbol{x}^*$ だけで決まる性質である．したがって，下付き文字 C を落として，I という記号を点の指数として使う．

例題 6.8.4 安定ノード，不安定ノード，およびサドルの指数を求めよ．

(解) 安定ノードの近くのベクトル場は，例題 6.8.1 のベクトル場に似ている．よって $I = +1$ である．不安定ノードの指数もやはり $+1$ である．なぜなら，矢印がすべて反転されたことだけが唯一の違いだからである．性質 (3) により，これは指数を変えない! (この観察は，**指数そのものは安定性には関係しないこと**を示す.) 最後に，サドルは $I = -1$ である．なぜなら，ベクトル場が例題 6.8.2 で議論したものと似ているからである． ■

演習問題 6.8.1 で，スパイラル，センター，縮退ノード，およびスターノードが，すべて $I = +1$ をもつことを示すように求められる．これにより，サドルは他のおなじみの孤立した固定点とは真に異なるタイプであることがわかる．

曲線の指数は，その内部にある固定点の指数と簡単で美しい関係をもつ．これが以下の定理の内容である．

定理 6.8.1 もし閉曲線 C が n 個の孤立した固定点 $\boldsymbol{x}_1^*, \cdots, \boldsymbol{x}_n^*$ を囲むなら，

$$I_C = I_1 + I_2 + \cdots + I_n$$

である．ここで I_k は $\boldsymbol{x}_k^*$ $(k = 1, \cdots, n)$ の指数である．

(証明のアイデア) この論法は，多変数解析，複素解析，電磁気学，および他のさまざまな問題で登場するおなじみのものである．C を風船だと思い，どの固定点にも当たらないように，その空気のほとんどを吸い出す．この変形により，n 個の固定点のまわりの小さな円 $\gamma_1, \cdots, \gamma_n$ からなり，相互に通行にできる橋によってそれらの円を結んだような，新しい閉曲線 Γ が得られる (図 6.8.8)．変形の間，どの固定点とも交差しなかったので，指数の性質 (1) より $I_\Gamma = I_C$ であることに

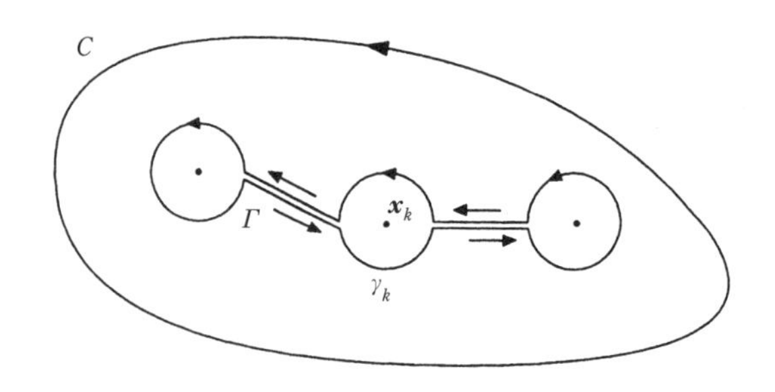

図 **6.8.8**

注意しよう．さて，$[\phi]_\Gamma$ を考えることにより I_Γ を計算しよう．$[\phi]_\Gamma$ には，小さな円からの寄与と，相互に通行できる橋からの寄与がある．ここでのキーポイントは，**橋からの寄与は打ち消し合う**ことである．つまり，Γ を 1 周すると，それぞれの橋を，一度はある方向に横断し，後ほどそれとは逆の方向にもう一度横断する．よって，小さな円からの寄与を考えるだけでよい．I_k の定義により，γ_k の上で角度 ϕ は $[\phi]_{\gamma_k} = 2\pi I_k$ だけ変化する．ゆえに，

$$I_\Gamma = \frac{1}{2\pi}[\phi]_\Gamma = \frac{1}{2\pi}\sum_{k=1}^{n}[\phi]_{\gamma_k} = \sum_{k=1}^{n} I_k$$

であり，$I_\Gamma = I_C$ なので，証明は完了である．■

この定理は，電磁気学におけるガウスの法則，すなわち，曲面を通る電束は曲面に囲まれる全電荷に比例することを思い起こさせる．指数と電荷の類似性のさらなる探求については，演習問題 6.8.12 を参照せよ．

定理 6.8.2 相平面における任意の閉軌道は，固定点をそれらの指数の総和が+1 となるように囲まなくてはならない[*3]．

---

*3 (訳注) おのおのの固定点の指数は局所的情報であり，閉軌道内部の指数の総和は大域的な情報である．このように，局所的情報と大域的情報を結びつける定理は総称して指数定理とよばれる．さまざまなバージョンの指数定理が知られているが，歴史上最も最初に発見されたのは次のオイラーの多面体公式だろう．

オイラーの多面体公式: 任意の多面体 (n 面体，n 角柱など) に対し，

$$(\text{点の数}) - (\text{辺の数}) + (\text{面の数}) = 2$$

が成り立つ．

ここではおのおのの点や辺が局所的な情報であり,「2」がすべての多面体に共通な大域的情報である．実は，このオイラーの多面体公式と定理 6.8.2 は，同じ数学の定理の異なる表現に過ぎない．定理 6.8.2 をより精密化すれば，高次元の領域内部における周期軌道やヘテロクリニック

(証明) 閉軌道を C で表そう．上記の性質 (4) より $I_C = +1$ である．したがって，定理 6.8.1 により，$\sum_{k=1}^{n} I_k = +1$ であることが示される．■

定理 6.8.2 は多くの実際的な帰結をもつ．たとえば，相平面の任意の閉軌道の内側には，(読者も気づいていたかもしれないが) 少なくとも 1 つ固定点がある．もし内側に **1 つだけ**固定点があるときには，それはサドル点ではありえない．さらに，次の例題で示すように，定理 6.8.2 は閉軌道が生じる可能性を除外するために使える場合もある．

例題 6.8.5 6.4 節でしらべた「ウサギ対ヒツジ」の系

$$\dot{x} = x(3 - x - 2y)$$
$$\dot{y} = y(2 - x - y)$$

において閉軌道は生じえないことを示せ．ここで $x, y \geq 0$ である．

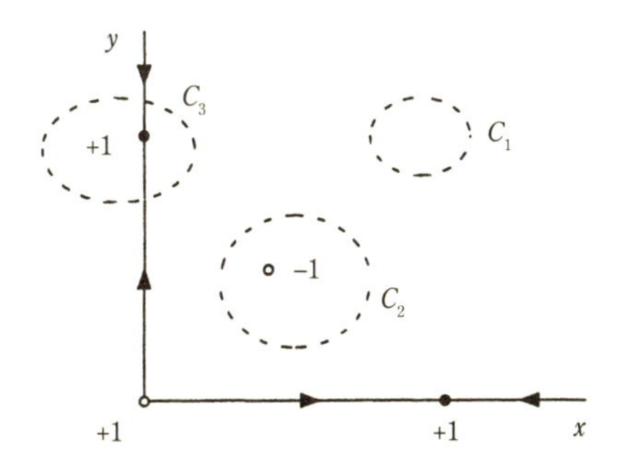

図 **6.8.9**

(解) 前に示したように，この系は 4 つの固定点をもつ．つまり，不安定ノード $(0,0)$，安定ノード $(0,2)$ と $(3,0)$，およびサドル $(1,1)$ である．各固定点における指数を図 6.8.9 に示す．さて，系が閉軌道をもったとしよう．この閉軌道をどこに置くことができるだろうか？ 破線で示した C_1, C_2, C_3 の 3 つの定性的に異なる場所がある．これらの可能性は以下のようにして除外することができる．C_1 のような軌道は固定点を囲まないので不可能であり，C_2 のような軌道は内側の指数の総和が $+1$ でなくてはならないという条件を破る．しかし，指数の条件を満たす C_3 のような軌道は何が

軌道の存在もいえるようになり，コンレーの指数理論として結実している．興味のある読者は次の文献を参照されたい．

C. Conley, *Isolated invariant sets and the Morse index* (American Mathematical Society, 1978).

悪いのだろうか? 問題となるのは，そのような軌道は常に x 軸または y 軸と交差することであり，これらの軸が直線軌道を含むことである．ゆえに，C_3 は軌道が交差しないというルールを破る (6.2 節を思い出せ)． ■

例題 6.8.6 系 $\dot{x} = x\mathrm{e}^{-x}$, $\dot{y} = 1 + x + y^2$ は閉軌道をもたないことを示せ．

(解) この系は固定点をもたない．もし $\dot{x} = 0$ なら $x = 0$ であり，$\dot{y} = 1 + y^2 \neq 0$ である．定理 6.8.2 より閉軌道は存在しない． ■

演 習 問 題

6.1 相　図

以下のそれぞれの系について，固定点を求めよ．そして，ヌルクライン，ベクトル場，および妥当だと思われる相図を描け．

6.1.1 $\dot{x} = x - y, \dot{y} = 1 - \mathrm{e}^x$

6.1.2 $\dot{x} = x - x^3, \dot{y} = -y$

6.1.3 $\dot{x} = x(x - y), \dot{y} = y(2x - y)$

6.1.4 $\dot{x} = y, \dot{y} = x(1 + y) - 1$

6.1.5 $\dot{x} = x(2 - x - y), \dot{y} = x - y$

6.1.6 $\dot{x} = x^2 - y, \dot{y} = x - y$

6.1.7 **(ヌルクラインと安定多様体)** 例題 6.1.1 には紛らわしいところがある．図 6.1.3 のヌルクライン $\dot{x} = 0$ は，図 6.1.4 に示したサドルの安定多様体に似た形状であり，似たような位置にある．しかし，これらは同じ曲線ではない! これら 2 つの曲線の関係を明らかにするため，同じ相図上に両者を描いてみよ．

(コンピューターによる課題) 以下の系の相図をコンピューターによりプロットせよ．いつものように，読者自身でコンピュータープログラムを書いてもよいし，たとえば *MacMath* (Hubbard と West 1992) のような，できあいのソフトウェアを使ってもよい．

6.1.8 **(ファン・デル・ポール振動子)** $\dot{x} = y, \dot{y} = -x + y(1 - x^2)$

6.1.9 **(双極子固定点)** $\dot{x} = 2xy, \dot{y} = y^2 - x^2$

6.1.10 **(2 つ目のモンスター)** $\dot{x} = y + y^2, \dot{y} = -\frac{1}{2}x + \frac{1}{5}y - xy + \frac{6}{5}y^2$ (Borrelli と Coleman 1987, p. 385 より)

6.1.11 **(オウム)** $\dot{x} = y + y^2, \dot{y} = -x + \frac{1}{5}y - xy + \frac{6}{5}y^2$ (Borrelli と Coleman 1987, p. 384 より)

6.1.12 (サドルコネクション) ある系がちょうど 2 つの固定点をもち，いずれもサドルであることがわかっている．この系の相図を次の場合について描け．

(a) サドルを結ぶ 1 本の軌道がある場合

(b) サドルを結ぶ軌道が存在しない場合

6.1.13 ちょうど 3 つの閉軌道と 1 つの固定点をもつ相図を描け．

6.1.14 (サドルの安定多様体の級数近似) 例題 6.1.1 の系 $\dot{x} = x + \mathrm{e}^{-y}, \dot{y} = -y$ を思い出そう．この系は，固定点を 1 つ，つまり，$(-1, 0)$ にサドルをもつことを示した．このサドルの不安定多様体は x 軸だが，安定多様体はより求めにくい曲線である．この演習問題のゴールは，この未知の曲線を近似することである．

(a) (x, y) を安定多様体上の点だとして，(x, y) が $(-1, 0)$ に近いと仮定しよう．新しい変数 $u = x + 1$ を導入し，安定多様体を $y = a_1 u + a_2 u^2 + O(u^3)$ と書こう．この係数を決めるために，dy/du の 2 つの表式を導いて，それらを等しいとおいてみよ[*4]．

(b) 得られた解析的な結果が，図 6.1.4 に示された安定多様体と同じ形の曲線を与えることをチェックせよ．

6.2 存在，一意性，および位相幾何学的な帰結

6.2.1 これまで異なる軌道は決して交差できないと主張してきた．しかし，多くの相図では，異なる軌道が固定点で交差するように見える．このことに矛盾はあるか?

6.2.2 系 $\dot{x} = y, \dot{y} = -x + (1 - x^2 - y^2)y$ を考えよう．

(a) D を開円盤 $x^2 + y^2 < 4$ だとしよう．系が D の全領域で存在と一意性定理の仮定を満たすことを確かめよ．

(b) $x(t) = \sin t, y(t) = \cos t$ が系の厳密解であることを代入により示せ．

(c) さて，初期条件 $x(0) = \frac{1}{2}, y(0) = 0$ から出発する別の解を考えよう．いかなる計算もすることなく，この解が $t < \infty$ でずっと $x(t)^2 + y(t)^2 < 1$ を満たさなければならないことを説明せよ．

6.3 固定点と線形化

以下のそれぞれの系について，固定点を求め，分類し，近傍の軌道を描き，さらに相図の残りの部分を補ってみよ．

6.3.1 $\dot{x} = x - y,\ \dot{y} = x^2 - 4$

6.3.2 $\dot{x} = \sin y,\ \dot{y} = x - x^3$

6.3.3 $\dot{x} = 1 + y - \mathrm{e}^{-x},\ \dot{y} = x^3 - y$

6.3.4 $\dot{x} = y + x - x^3,\ \dot{y} = -y$

6.3.5 $\dot{x} = \sin y,\ \dot{y} = \cos x$

---

*4 (訳注) 一般に，解析関数で定義されるベクトル場の (不) 安定多様体は解析的であることが知られている．すなわち，この問題のように安定多様体を $y = \sum_{n=0}^{\infty} a_n u^n$ とべき級数で構成したとき，係数 a_n は一意に定まり，この無限級数は十分小さい $|u|$ に対して収束する．

6.3.6 $\dot{x} = xy - 1,\ \dot{y} = x - y^3$

6.3.7 上の非線形系のおのおのについて，コンピューターにより相図をプロットし，読者の求めた概略図と比較せよ．

6.3.8 **(重力の釣り合い)** 2 つの静止した質量 m_1 と m_2 の物体を結ぶ直線上を粒子が動く．これらの物体は一定の距離 a 離れている．粒子の m_1 からの距離を x で表そう．

(a) G を重力定数として，$\ddot{x} = \dfrac{Gm_2}{(x-a)^2} - \dfrac{Gm_1}{x^2}$ であることを示せ．

(b) 粒子の釣り合いの位置を求めよ．それは安定か，それとも不安定か?

6.3.9 系 $\dot{x} = y^3 - 4x,\ \dot{y} = y^3 - y - 3x$ を考えよう．

(a) 固定点をすべて求め，分類せよ．

(b) 直線 $x = y$ が不変であること，つまり，その上から出発した任意の軌道はその上に留まることを示せ．

(c) 他のすべての軌道について，$t \to \infty$ で $|x(t) - y(t)| \to 0$ となることを示せ．(ヒント：$x - y$ の微分方程式をつくれ．)

(d) 相図を描け．

(e) コンピューターを利用できるなら，正方領域 $-20 \leq x, y \leq 20$ の上に正確な相図をプロットせよ．(強い 3 次の非線形性による数値的な不安定性を避けるために，たいへん小さな時間ステップを用いる必要があるだろう．) $t \to -\infty$ で軌道がある曲線に近づくように見えることに注目せよ．この挙動を直観的に説明できるか? また，この曲線の近似的な式を求めることができるだろうか?

6.3.10 **(線形化により結論が出ない固定点の扱い)** この演習問題のゴールは，$\dot{x} = xy,\ \dot{y} = x^2 - y$ の相図を描くことである．

(a) 線形化によると原点が孤立していない固定点だと予測されることを示せ．

(b) 原点が実際には孤立した固定点であることを示せ．

(c) 原点は，反発的，吸引的，サドルのいずれだろうか? あるいは他の何かだろうか? 相平面のヌルクラインに沿う点，およびその他の点におけるベクトル場を描け．この情報を用いて相図を描け．

(d) (c) の答をチェックするため，コンピューターで相図をプロットせよ．
(注意：この問題は，Wiggins (1990) および Guckenheimer と Holmes (1983) に説明されているように，**中心多様体理論** (center manifold theory) とよばれる方法でも解くことができる．)

6.3.11 **(非線形項はスターノードをスパイラルに変化させうる)** これは境界的な固定点が非線形項に敏感であることを示すもう 1 つの例である．極座標で $\dot{r} = -r,\ \dot{\theta} = 1/\ln r$ と与えられる系を考えよう．

(a) 初期条件 (r_0, θ_0) が与えられたとして，$r(t)$ と $\theta(t)$ を求めよ．

(b) $t \to \infty$ で $r(t) \to 0$ および $|\theta(t)| \to \infty$ となることを示せ．したがって，原点は非線形系における安定なスパイラルである．

(c) 系を x, y 座標で書け．

(d) 原点のまわりで線形化した系は $\dot{x} = -x$, $\dot{y} = -y$ であることを示せ．よって，原点はこの線形系における安定なスターノードである．

6.3.12 (**極座標**) 恒等式 $\theta = \tan^{-1}(y/x)$ を用いて $\dot{\theta} = (x\dot{y} - y\dot{x})/r^2$ であることを示せ．

6.3.13 (**実際には非線形スパイラルである線形なセンターのもう 1 つの例**) 系 $\dot{x} = -y - x^3$, $\dot{y} = x$ を考えよう．原点が，線形化によってセンターだと予測されるにもかかわらず，実際にはスパイラルであることを示せ．

6.3.14 系 $\dot{x} = -y + ax^3$, $\dot{y} = x + ay^3$ の原点にある固定点を，パラメーター a のすべての実数値について分類せよ．

6.3.15 r, θ が極座標を表すとして，系 $\dot{r} = r(1 - r^2)$, $\dot{\theta} = 1 - \cos\theta$ を考えよう．相図を描くことにより，固定点 $r^* = 1, \theta^* = 0$ が，吸引的ではあるが，リアプノフ安定ではないことを示せ．

6.3.16 (**サドルの切り替えと構造安定性**) a をパラメーターとして，系 $\dot{x} = a + x^2 - xy$, $\dot{y} = y^2 - x^2 - 1$ を考えよう．

(a) $a = 0$ での相図を描け．2 つのサドルを結ぶ軌道が存在することを示せ．(そのような軌道は**サドルコネクション**とよばれる．)

(b) 必要ならコンピューターを使って，$a < 0$ と $a > 0$ での相図をプロットせよ．

$a \neq 0$ では相図の位相幾何学的な性質が異なることに注意せよ．つまり，2 つのサドルはもはや軌道で結ばれてはいない．この演習問題のポイントは，(a) の相図が**構造安定ではない**ことである．なぜなら，その幾何学的な様子が任意の小さな摂動 a で変化しうるからである．

6.3.17 (**扱いにくい固定点**) 系 $\dot{x} = xy - x^2y + y^3$, $\dot{y} = y^2 + x^3 - xy^2$ は，原点に高次の扱いにくい固定点をもつことを示せ．極座標を使うか，その他の何らかの方法を用いて，相図を描け．

6.4 ウサギ対ヒツジ

以下の「ウサギ対ヒツジ」問題を考えよ．ここで $x, y \geq 0$ である．固定点を求め，それらの安定性をしらべ，ヌルクラインを描き，もっともらしい相図を描け．いずれの安定固定点についても，その吸引領域を示せ．

6.4.1 $\dot{x} = x(3 - x - y)$, $\dot{y} = y(2 - x - y)$

6.4.2 $\dot{x} = x(3 - 2x - y)$, $\dot{y} = y(2 - x - y)$

6.4.3 $\dot{x} = x(3 - 2x - 2y)$, $\dot{y} = y(2 - x - y)$

以下の 3 つの演習問題では，徐々に複雑さの増す競争モデルを扱う．すべての場合において $N_1, N_2 \geq 0$ を仮定する．

6.4.4 最も簡単なモデルは $\dot{N}_1 = r_1N_1 - b_1N_1N_2$, $\dot{N}_2 = r_2N_2 - b_2N_1N_2$ である．

(a) 本文 (6.4 節) で考えたものに比べ，このモデルはどのような意味において現実性が低いか?

(b) N_1, N_2, および t の適切なリスケールにより，このモデルは $x' = x(1-y)$, $y' = y(\rho - x)$ に無次元化できることを示せ．無次元量 ρ の表式を求めよ．

(c) (b) の系について，ヌルクラインとベクトル場をプロットせよ．

(d) 相図を描き，生物学的に示唆するところをコメントせよ．

(e) (ほとんど) すべての軌道は $\rho \ln x - x = \ln y - y + C$ という形の曲線であることを示せ．(ヒント：$\mathrm{d}x/\mathrm{d}y$ の微分方程式を導いて変数分離せよ.) ここで述べた形にならないのはどのような軌道か?

6.4.5 種 1 の環境収容力 K_1 が有限だとしよう．すると，

$$\dot{N}_1 = r_1 N_1 (1 - N_1/K_1) - b_1 N_1 N_2$$
$$\dot{N}_2 = r_2 N_2 - b_2 N_1 N_2$$

となる．モデルを無次元化して解析せよ．K_1 の大きさに依存して，2 つの定性的に異なる相図が存在することを示せ．(ヒント：ヌルクラインを描け.) それぞれの場合について，長時間挙動を説明せよ．

6.4.6 最後に，両方の種の収容力が有限だと仮定しよう．

$$\dot{N}_1 = r_1 N_1 (1 - N_1/K_1) - b_1 N_1 N_2$$
$$\dot{N}_2 = r_2 N_2 (1 - N_2/K_2) - b_2 N_1 N_2$$

(a) 系を無次元化せよ．いくつの無次元量が必要となるか?

(b) 長時間挙動に関する限り，定性的に異なる 4 つの相図があることを示せ．

(c) 2 つの種が安定に共存できる条件を求めよ．この条件の生物学的な意味を説明せよ．(ヒント：収容力は**種内**の競争を反映するが，b は**種間**の競争を反映する.)

6.4.7 **(2 モードレーザー)** Haken (1983, p. 129) によると，2 モードのレーザーは，2 つの異なる種類の光子をそれぞれ n_1, n_2 個生成する．3.3 節で議論した簡単なレーザーモデルとのアナロジーにより，レート方程式は

$$\dot{n}_1 = G_1 N n_1 - k_1 n_1$$
$$\dot{n}_2 = G_2 N n_2 - k_2 n_2$$

となる．ここで，$N(t) = N_0 - \alpha_1 n_1 - \alpha_2 n_2$ は励起された原子の個数である．パラメーター $G_1, G_2, k_1, k_2, \alpha_1, \alpha_2, N_0$ はすべて正である．

(a) 固定点 $n_1^* = n_2^* = 0$ の安定性を議論せよ．

(b) 他に存在しうる固定点をすべて求めて分類せよ．

(c) パラメーターの値をさまざまに変えることにより，いくつの定性的に異なる相図が生じうるだろうか? それぞれの場合において，モデルからレーザーの長時間挙動について何が予測されるか?

6.5 保　存　系

6.5.1 系 $\ddot{x} = x^3 - x$ を考えよう．

(a) すべての固定点を求め，分類せよ．

(b) 保存量を求めよ．

(c) 相図を描け．

6.5.2 系 $\ddot{x} = x - x^2$ を考えよう．

(a) 固定点を求め，分類せよ．

(b) 相図を描け．

(c) 閉軌道と閉じていない軌道を分離するホモクリニック軌道の従う式を求めよ．

6.5.3 系 $\ddot{x} = a - \mathrm{e}^x$ の保存量を求め，$a < 0$, $a = 0$, および $a > 0$ について，相図を描け．

6.5.4 系 $\ddot{x} = ax - x^2$ の相図を $a < 0$, $a = 0$, および $a > 0$ について描け．

6.5.5 系 $\ddot{x} = (x-a)(x^2-a)$ の固定点の安定性を実パラメーター a のすべての値についてしらべよ．(ヒント：右辺のグラフを描くと役に立つかもしれない．別の方法としては，適切なポテンシャルエネルギー関数 V について，$\ddot{x} = -V'(x)$ の形に式を書き換えて，ポテンシャル中を運動する粒子に関する直観を用いよ．)

6.5.6 (再び疫病モデルについて) 演習問題 3.7.6 で，疫病の Kermack–McKendrick モデルを，1 次元の系に縮約して解析した．この問題で，相平面を用いればどれほど解析が容易になるかがわかるだろう．前と同様に，$x(t) \geq 0$ を健康な集団のサイズ，$y(t) \geq 0$ を病気の集団のサイズとしよう．すると，モデルは

$$\dot{x} = -kxy, \quad \dot{y} = kxy - ly$$

であり，ここで，$k, l > 0$ である．(死者の数 $z(t)$ の方程式は x, y のダイナミクスに何の役割も果たさないので省略する．)

(a) 固定点を求めて分類せよ．

(b) ヌルクラインとベクトル場を描け．

(c) 系の保存量を求めよ．(ヒント：$\mathrm{d}y/\mathrm{d}x$ の微分方程式をつくれ．変数分離して両辺を積分せよ．)

(d) 相図をプロットせよ．$t \to \infty$ で何が起こるか?

(e) (x_0, y_0) を初期条件としよう．もし初期に $y(t)$ が増加すれば，**疫病**が発生したとみなされる．どのような条件下で疫病が発生するか?

6.5.7 (一般相対論と惑星の軌道) 太陽のまわりの惑星の軌道の相対論的な方程式は

$$\frac{\mathrm{d}^2 u}{\mathrm{d}\theta^2} + u = \alpha + \varepsilon u^2$$

である．ここで $u = 1/r$ で，r, θ は惑星の運動面内の極座標である．パラメーター α は正で，古典的なニュートン力学から具体的に求められる．εu^2 はアインシュタインの補正である．ここでは ε はとても小さな正のパラメーターである．

(a) 方程式を (u, v) 相平面上の系として書き換えよ．ここで $v = \mathrm{d}u/\mathrm{d}\theta$ である．
(b) 系の固定点をすべて求めよ．
(c) 線形化によると，固定点の 1 つは (u, v) 相平面内のセンターとなることを示せ．これは，**非線形な**センターだろうか?
(d) (c) で見つかった固定点が惑星の円形軌道に対応することを示せ．

ハミルトン系は古典力学の基礎である．これはニュートンの運動の法則と等価だが，より幾何学的なバージョンを与える．ハミルトン系は，天体力学やプラズマ物理学においても中心的な役割を果たす．というのも，それらの系においては，しばしば興味のある時間スケールでは散逸が無視できるからである．ハミルトン系の理論は深みがあり美しいが，非線形ダイナミクスの最初のコースには専門的で微妙過ぎるかもしれない．入門には，Arnold (1978)，Lichtenberg と Lieberman (1992)，Tabor (1989)，または Hénon (1983) などを参照せよ[*5]．

ここで最も簡単なハミルトン系の例を挙げよう．$H(p, q)$ を 2 変数の滑らかな実関数としよう．変数 q は「一般化座標」で，p は「共役な運動量」である．(いくつかの物理的な状況では，H は陽に t に依存することもあるが，その可能性は無視する.) すると，

$$\dot{q} = \frac{\partial H}{\partial p}, \quad \dot{p} = -\frac{\partial H}{\partial q}$$

という形の系は，**ハミルトン系** (Hamiltonian system) とよばれ，関数 H は**ハミルトニアン**とよばれる．$\dot{q}$ と $\dot{p}$ の方程式はハミルトン方程式とよばれる．

次の 3 つの演習問題はハミルトン系に関するものである．

6.5.8 (**調和振動子**) 質量 m，ばね定数 k，変位 x，および運動量 p の単純な調和振動子のハミルトニアンは，

$$H = \frac{p^2}{2m} + \frac{kx^2}{2}$$

である．ハミルトン方程式を具体的に書き下せ．一方の方程式は通常の運動量の定義を与え，もう一方の方程式が $F = ma$ に等価であることを示せ．H が全エネルギーであることを確かめよ．

6.5.9 任意のハミルトン系において $H(x, p)$ が保存量であることを示せ．(ヒント：連鎖律とハミルトン方程式を使って $\dot{H} = 0$ を示せ.) したがって，軌道は等高線 $H(x, p) = C$ 上にある．

6.5.10 (**逆 2 乗則**) 平面内の粒子が逆 2 乗力の影響下で動いている．この粒子はハミルトニアン

$$H(p, r) = \frac{p^2}{2} + \frac{h^2}{2r^2} - \frac{k}{r}$$

に従う．ここで $r > 0$ は原点からの距離で，p は動径方向の運動量である．パラメーター h と k はそれぞれ角運動量と力の定数である．

---

*5 (訳注) 日本語の文献として伊藤秀一，常微分方程式と解析力学 (共立出版，1998) をあげておく．

(a) 重力のような引力に対応するように $k > 0$ とせよ．(r, p) 平面に相図を描け．(ヒント:「実効的なポテンシャル」$V(r) = h^2/2r^2 - k/r$ のグラフを描き，高さ E の水平線との交点を探せ．この情報を用いて等高線 $H(p, r) = E$ を E の正と負のさまざまな値についてプロットせよ.)

(b) もし $-k^2/2h^2 < E < 0$ であれば，粒子は力に「捉えられて」いて，軌道が閉じていることを示せ．$E > 0$ だと何が起こるか? $E = 0$ ではどうか?

(c) (電気的反発力のように) $k < 0$ ならば周期軌道が存在しないことを示せ．

6.5.11 (**減衰する 2 重井戸振動子の吸引領域**) 例題 6.5.2 の 2 重井戸振動子に小さな減衰を加えるとしよう．この系は $\dot{x} = y, \dot{y} = -by + x - x^3$ に従い，ここで $0 < b \ll 1$ である．安定固定点 $(x^*, y^*) = (1, 0)$ の吸引領域を描け．吸引領域の大域的な構造がはっきり示されるように，図は十分に大きくせよ．

6.5.12 (**なぜ定理 6.5.1 で "孤立した" 固定点を仮定する必要があるのかについて**) 系 $\dot{x} = xy, \dot{y} = -x^2$ を考えよう．

(a) $E = x^2 + y^2$ が保存されることを示せ．

(b) 原点は固定点だが，孤立した固定点ではないことを示せ．

(c) E が原点で極小値をとるので，原点はセンターでなくてはならないと思ったかもしれない．しかしそれは定理 6.5.1 の誤用である．この定理は，原点が孤立した固定点ではないので，適用されない．実際に原点が閉軌道に囲まれてはいないことを示し，相図を描け．

6.5.13 (**非線形センター**)

(a) ダフィン方程式 (Duffing equation) $\ddot{x} + \dot{x} + \epsilon x^3 = 0$ は，すべての $\epsilon > 0$ に対して，原点に非線形なセンターをもつことを示せ．

(b) $\epsilon < 0$ なら原点の近くのすべての軌道は閉じていることを示せ．原点から遠くの軌道についてはどうか?

6.5.14 (**グライダー**) 速度 v，水平からの角度 θ で飛んでいるグライダーを考えよう．その運動は近似的に，無次元化された方程式

$$\dot{v} = -\sin\theta - Dv^2$$
$$v\dot{\theta} = -\cos\theta + v^2$$

に従う．ここで三角関数の項は重力の影響を表し，v^2 の項は抗力と揚力を表す．

(a) 抗力がないとしよう ($D = 0$)．$v^3 - 3v\cos\theta$ が保存量であることを示せ．この場合の相図を描け．結果を物理的に解釈せよ．グライダーの飛行経路はどのようなものか?

(b) 正の抗力 ($D > 0$) の場合をしらべよ．

以下の 4 つの演習問題では，3.5 節で議論した回転するフープ上のビーズの問題に戻る．ビーズの運動が

$$mr\ddot{\phi} = -b\dot{\phi} - mg\sin\phi + mr\omega^2\sin\phi\cos\phi$$

に従うことを思い出そう．以前は過減衰極限のみを扱うことができた．次の 4 つの演習問題は，そのダイナミクスをより一般的に扱う．

6.5.15 (**摩擦のないビーズ**) 無減衰 $b=0$ の場合を考えよう．

(a) 方程式が $\phi''=\sin\phi\,(\cos\phi-\gamma^{-1})$ と無次元化できることを示せ．ここで，以前と同様に $\gamma=r\omega^2/g$ で，プライム記号 ($'$) は無次元時間 $\tau=\omega t$ についての微分を表す．

(b) γ が変化する際の定性的に異なるすべての相図を描け．

(c) それらの相図はビーズの物理的な運動について何を意味するか?

6.5.16 (**ビーズの小さな振動**) もとの次元のある変数に戻ろう．$b=0$ で ω が十分大きいとき，系は安定な固定点の対称なペアをもつことを示せ．これらの固定点のまわりの小さな振動の振動数を近似的に求めよ．(答を τ についてではなく t について表すように.)

6.5.17 (**ビーズの紛らわしい運動の定数**) $b=0$ のときの保存量を求めよ．それは本質的にビーズの全エネルギーだと思うかもしれない．しかし違うのだ! ビーズの運動エネルギー + ポテンシャルエネルギーは**保存されない**．これは物理的に意味をなすか? 保存量の物理的な解釈を見つけられるか? (ヒント：基準としている座標系と移動する拘束条件のことを考えよ.)

6.5.18 (**一般の場合のビーズ**) 最後に，減衰 b を任意だとしよう．適切な無次元版の b を定義して，b と γ が変化する際の定性的に異なるすべての相図をプロットせよ．

6.5.19 (**ウサギ対キツネ**) モデル $\dot{R}=aR-bRF$, $\dot{F}=-cF+dRF$ は，**ロトカ–ヴォルテラの捕食者–被食者モデル**(Lotka–Volterra predator–prey model) である．ここで $R(t)$ はウサギの数，$F(t)$ はキツネの数で，$a,b,c,d>0$ はパラメーターである．

(a) モデルの各項の生物学的な意味を議論せよ．非現実的な仮定があればコメントせよ．

(b) モデルが無次元形 $x'=x(1-y)$, $y'=\mu y(x-1)$ に書き換えられることを示せ．

(c) 無次元の変数によって保存量を表せ．

(d) このモデルでは，ほとんどすべての初期条件について，両種の個体数が**周期的に変動する**ことを示せ．

このモデルは簡単なので，多くの教科書の著者達に人気だが，一部の教科書は惑わされてこのモデルを真に受け過ぎている．数理生物学者達はロトカ–ヴォルテラ・モデルをあまり信用していない．なぜなら，構造安定ではなく，また，現実の捕食者–被食者サイクルは，特徴的な振幅をもつためである．言い換えると，現実的なモデルは，中立安定な周期軌道の連続な族ではなく，**単一の**，あるいは多くても有限個の閉軌道を予測すべきである．May (1972), Edelstein-Keshet (1988)，または Murray (1989) などの議論を参照せよ．

6.6 可　逆　な　系

以下の各系が可逆であることを示し，相図を描け．

6.6.1 $\dot{x}=y(1-x^2),\dot{y}=1-y^2$

6.6.2 $\dot{x} = y, \dot{y} = x \cos y$

6.6.3 (**壁紙**) 系 $\dot{x} = \sin y$, $\dot{y} = \sin x$ を考えよう.

(a) 系が可逆であることを示せ.

(b) すべての固定点を求めて分類せよ.

(c) 直線 $y = \pm x$ が不変であること (それらの上から出発した任意の軌道がそれらの上に永久に留まること) を示せ.

(d) 相図を描け.

6.6.4 (**コンピューターによる調査**) 以下のおのおのの可逆系について, 相図を手でスケッチしてみよ. それから, コンピューターを使ってスケッチをチェックせよ. もしコンピューターが予期しないパターンを明らかにしたら, それを説明してみよ.

(a) $\ddot{x} + (\dot{x})^2 + x = 3$

(b) $\dot{x} = y - y^3, \dot{y} = x \cos y$

(c) $\dot{x} = \sin y, \dot{y} = y^2 - x$

6.6.5 $\ddot{x} + f(\dot{x}) + g(x) = 0$ という形の方程式を考えよう. ここで f は偶関数で, f と g はどちらも滑らかである.

(a) 方程式が純粋な時間のみの反転 $t \to -t$ のもとで不変であることを示せ.

(b) 固定点は安定なノードやスパイラルにはなりえないことを示せ.

6.6.6 (**マンタ・レイ**) 定性的な議論により, 例題 6.6.1 の「マンタ・レイ」相図を求めよう.

(a) ヌルクライン $\dot{x} = 0$, $\dot{y} = 0$ をプロットせよ.

(b) 平面のいくつか異なる領域における $\dot{x}$, $\dot{y}$ の符号を求めよ.

(c) $(-1, \pm 1)$ にあるサドル点の固有値と固有ベクトルを計算せよ.

(d) $(-1, -1)$ の不安定多様体を考えよう. $\dot{x}, \dot{y}$ の符号についての論法を用いて, この不安定多様体が x 軸の負の部分と交差することを証明せよ. 次に, 可逆性を用いて $(-1, -1)$ と $(-1, 1)$ を結ぶヘテロクリニック軌道の存在を証明せよ.

(e) 同様の論法を用いて, もう 1 つ別のヘテロクリニック軌道が存在することを証明せよ. また, 相図を埋めるため, いくつか他の軌道も描け.

6.6.7 (**正負両方の減衰をもつ振動子**) 系 $\ddot{x} + x\dot{x} + x = 0$ は可逆であることを示し, 相図をプロットせよ.

6.6.8 (**円柱上の可逆系**) 定常なストークス流の中に浸した液滴中のカオス的な流線を研究している際に, Stone ら (1991) は, 系

$$\dot{x} = \frac{\sqrt{2}}{4} x(x-1)\sin\phi, \qquad \dot{\phi} = \frac{1}{2}\left(\beta - \frac{1}{\sqrt{2}}\cos\phi - \frac{1}{8\sqrt{2}} x \cos\phi\right)$$

に遭遇した. ここで $0 \le x \le 1$, $-\pi \le \phi \le \pi$ である.

この系は ϕ について 2π 周期的なので, 円柱上のベクトル場だと見なすことができる. (円柱上の別のベクトル場の例については, 6.7 節を参照せよ.) x 軸は円柱に沿っ

て走り，ϕ 軸は円柱を巻く方向である．この円柱状の相空間は，$x = 0$ と $x = 1$ にある円を両端としてもち，有限であることに注意せよ．

(a) 系が可逆であることを示せ．

(b) $\frac{9}{8\sqrt{2}} > \beta > \frac{1}{\sqrt{2}}$ で系は円柱上に 3 つの固定点をもち，その 1 つがサドルであることを示せ．このサドルは，円柱の腰の部分を回るホモクリニック軌道により，自分自身につながっていることを示せ．可逆性を使って，円 $x = 0$ とホモクリニック軌道の間にサンドイッチされた**閉軌道の束**があることを証明せよ．円柱上の相図をスケッチし，数値積分により結果をチェックせよ．

(c) 上から $\beta \to \frac{1}{\sqrt{2}}$ とするにつれて，サドルが円 $x = 0$ に向かって動き，ホモクリニック軌道は輪縄のようにきつく締まることを示せ．すべての閉軌道が $\beta = \frac{1}{\sqrt{2}}$ で消え去ることを示せ．

(d) $0 < \beta < \frac{1}{\sqrt{2}}$ において，円柱の端 $x = 0$ の上に 2 つのサドルがあることを示せ．円柱上に相図をプロットせよ．

6.6.9 (**ジョセフソン接合素子列**) 演習問題 4.6.4 と 4.6.5 で議論したように，方程式

$$\frac{\mathrm{d}\phi_k}{\mathrm{d}\tau} = \Omega + a\sin\phi_k + \frac{1}{N}\sum_{j=1}^{N}\sin\phi_j \qquad (k = 1, 2)$$

は，抵抗負荷のあるジョセフソン接合素子列の無次元化した回路方程式として現れる．

(a) $\theta_k = \phi_k - \frac{\pi}{2}$ として，θ_k に関して得られた系が可逆であることを示せ．

(b) $|\Omega/(a+1)| < 1$ のときには 4 つの固定点 (mod 2π の意味で) があることと，$|\Omega/(a+1)| > 1$ のときには固定点がないことを示せ．

(c) コンピューターを用いて，$a = 1$ の場合に，Ω が $0 \le \Omega \le 3$ の区間で変わるときに生じるさまざまな相図を調査せよ．

　この系についてより詳しくは Tsang ら (1991) を参照せよ．

6.6.10 系 $\dot{x} = -y - x^2$, $\dot{y} = x$ の原点は非線形なセンターか?

6.6.11 (**球面上の回転ダイナミクスと相図**) 剪断流中の物体の回転ダイナミクスは，

$$\dot{\theta} = \cot\phi\cos\theta, \qquad \dot{\phi} = (\cos^2\phi + A\sin^2\phi)\sin\theta$$

に従う．ここで θ と ϕ は物体の方向を表す球座標である．ここでの流儀では，$-\pi < \theta \le \pi$ が「経度」，すなわち z 軸まわりの角度で，$-\frac{\pi}{2} \le \phi \le \frac{\pi}{2}$ が「緯度」，すなわち赤道から北方へ測定した角度である．パラメーター A は物体の形状に依存する．

(a) この方程式が，$t \to -t, \theta \to -\theta$ と，$t \to -t, \phi \to -\phi$ の 2 通りの意味で可逆であることを示せ．

(b) A が正，ゼロ，負の場合について，相図をしらべよ．相図をメルカトル図法で (θ と ϕ を直交座標と扱って) 描いてよいが，もしできるなら，運動を球の上に可視化する方がよい．

(c) この結果を剪断流中の物体の揺れ動きに関係づけよ．物体の方向は $t \to \infty$ でどうなるか?

6.7 振　り　子

6.7.1 (**減衰振り子**) $\ddot{\theta} + b\dot{\theta} + \sin\theta = 0$ の固定点をすべての $b > 0$ に対して求めて分類し，定性的に異なる場合について相図をプロットせよ．

6.7.2 (**一定のトルクで駆動される振り子**) 方程式 $\ddot{\theta} + \sin\theta = \gamma$ は，一定のトルクで駆動される減衰のない振り子，あるいは，一定のバイアス電流で駆動される減衰のないジョセフソン接合素子を記述する．

(a) γ が変化する際のすべての固定点を求めて分類せよ．

(b) ヌルクラインとベクトル場を描け．

(c) 系は保存的か? もしそうなら保存量を求めよ．系は可逆か?

(d) γ が変化する際の相図を平面上にプロットせよ．

(e) 相図中の任意のセンターのまわりの小さな振動の近似的な振動数を求めよ．

6.7.3 (**非線形減衰**) $\ddot{\theta} + (1 + a\cos\theta)\dot{\theta} + \sin\theta = 0$ をすべての $a \geq 0$ について解析せよ．

6.7.4 (**振り子の周期**) $\ddot{\theta} + \sin\theta = 0$ に従う振り子が振幅 α で振れている状況を考えよう．これから，ある巧妙な操作を使って，振り子の周期 $T(\alpha)$ の公式を導く．

(a) エネルギー保存則を使って $\dot{\theta}^2 = 2(\cos\theta - \cos\alpha)$ を示し，したがって，

$$T = 4\int_0^{\alpha} \frac{\mathrm{d}\theta}{[2(\cos\theta - \cos\alpha)]^{1/2}}$$

であることを示せ．

(b) 半角公式を使って

$$T = 4\int_0^{\alpha} \frac{\mathrm{d}\theta}{\left[4(\sin^2\frac{1}{2}\alpha - \sin^2\frac{1}{2}\theta)\right]^{1/2}}$$

であることを示せ．

(c) (a) と (b) の公式には，α が被積分関数と積分の上限の両方に現れるという欠点がある．積分の範囲から α 依存性を取り除くため，θ が 0 から α まで動くときに 0 から $\pi/2$ まで動くような新しい角度 ϕ を導入する．具体的には，$\left(\sin\frac{1}{2}\alpha\right)\sin\phi = \sin\frac{1}{2}\theta$ とする．この置き換えによって (b) を ϕ に関する積分として書き直せ．それにより，厳密な結果

$$T = 4\int_0^{\pi/2} \frac{\mathrm{d}\phi}{\cos\frac{1}{2}\theta} = 4K\left(\sin^2\frac{1}{2}\alpha\right)$$

を導け．ここで**第 1 種の完全楕円積分**を

$$K(m) = \int_0^{\pi/2} \frac{\mathrm{d}\phi}{(1 - m\sin^2\phi)^{1/2}} \qquad (0 \leq m < 1)$$

と定義した．

(d) 楕円積分を二項級数で展開し，各項ごとに積分することにより，

$$T(\alpha) = 2\pi\left[1 + \frac{1}{16}\alpha^2 + O(\alpha^4)\right] \qquad (\alpha \ll 1)$$

を示せ．大きなスイングには長い時間を必要とすることに注意せよ．

6.7.5 (**周期の数値解**) 演習問題 6.7.4 を，微分方程式の数値積分あるいは楕円積分の数値的な評価により，再度解け．特に，周期 $T(\alpha)$ を計算せよ．ここで，α は 0 度から 180 度まで 10 度ごとに増えるとする．

6.8 指　数　理　論

6.8.1 以下のそれぞれの固定点は $+1$ に等しい指数をもつことを示せ．

(a) 安定スパイラル

(b) 不安定スパイラル

(c) センター

(d) スターノード

(e) 縮退ノード

(普通でない固定点) 以下の各系について，固定点の位置を示して指数を計算せよ.(ヒント：固定点の周囲に小さな閉曲線 C を描き，C 上のベクトル場の変化を吟味せよ.)

6.8.2 $\dot{x} = x^2,\ \dot{y} = y$

6.8.3 $\dot{x} = y - x,\ \dot{y} = x^2$

6.8.4 $\dot{x} = y^3,\ \dot{y} = x$

6.8.5 $\dot{x} = xy,\ \dot{y} = x + y$

6.8.6 相平面の閉曲線が，S 個のサドル，N 個のノード，F 個のスパイラル，および C 個のセンターの，すべての通常タイプの固定点を囲んでいる．$N + F + C = 1 + S$ であることを示せ．

6.8.7 (**閉軌道の除外**) 指数理論を使って系 $\dot{x} = x(4 - y - x^2)$, $\dot{y} = y(x - 1)$ が閉軌道をもたないことを示せ．

6.8.8 相平面上の滑らかなベクトル場がちょうど 3 つの閉軌道をもつことがわかっている．そのうち 2 つのサイクル，たとえば C_1 と C_2 は，3 つ目のサイクル C_3 の内側にある．しかし，C_1 は C_2 の内側にはなく，その逆であることもない．

(a) 3 つのサイクルの配置を描け．

(b) 少なくとも 1 つの固定点が，C_1, C_2, C_3 によって囲まれる領域に存在することを示せ．

6.8.9 相平面上の滑らかなベクトル場がちょうど 2 つの閉軌道をもち，一方が他方の内側にあることがわかっている．内側の周期軌道は時計回りで，外側の周期軌道は反時計回りである．以下の文章は正しいか，それとも誤りか? 2 つのサイクルの間の領域に少なくとも 1 つの固定点がなくてはならない．もし正しいなら証明せよ．もし誤りなら簡単な反例をあげよ．

6.8.10 (**位相幾何学に興味のある人のための自由解答問題**) 定理 6.8.2 は平面以外の面においても成り立つだろうか? その妥当性を，トーラス，円柱，および球面上のさまざまなタイプの閉軌道についてチェックせよ．

6.8.11 (**複素ベクトル場**) $z = x + \mathrm{i}y$ としよう．複素ベクトル場 $\dot{z} = z^k$ および $\dot{z} = (\bar{z})^k$ を調査せよ．ここで $k > 0$ は整数で，$\bar{z} = x - \mathrm{i}y$ は z の複素共役である．

(a) $k = 1, 2, 3$ の場合について，ベクトル場を直交座標と極座標で書け．

(b) 原点が唯一の固定点であることを示し，その指数を計算せよ．

(c) 結果を任意の整数 $k > 0$ に一般化せよ．

6.8.12 (**「物質と反物質」**) 固定点の分岐と，粒子と反粒子の衝突の間には，興味をそそる類似性がある．これを指数理論の文脈で調査しよう．たとえば，サドルノード分岐の 2 次元版は，a をパラメーターとして，$\dot{x} = a + x^2$, $\dot{y} = -y$ で与えられる．

(a) a が $-\infty$ から $+\infty$ まで変化する際のすべての固定点を求めて分類せよ．

(b) a が変化する際にすべての固定点の指数の和が保存されることを示せ．

(c) $\boldsymbol{x} \in \boldsymbol{R}^2$, a をパラメーターとして，$\dot{\boldsymbol{x}} = \boldsymbol{f}(\boldsymbol{x}, a)$ という形の系について，上の結果を一般化して証明せよ．

6.8.13 (**曲線の指数の積分公式**) 滑らかなベクトル場 $\dot{x} = f(x, y)$ および $\dot{y} = g(x, y)$ を考え，C を固定点を通らない単純な閉曲線だとしよう．いつも通り，図 6.8.1 のように，$\phi = \tan^{-1}(\dot{y}/\dot{x})$ とする．

(a) $\mathrm{d}\phi = (f\,\mathrm{d}g - g\,\mathrm{d}f)/(f^2 + g^2)$ であることを示せ．

(b) 積分公式

$$I_C = \frac{1}{2\pi} \oint_C \frac{f\,\mathrm{d}g - g\,\mathrm{d}f}{f^2 + g^2}$$

を導け．

6.8.14 線形系 $\dot{x} = x\cos\alpha - y\sin\alpha$, $\dot{y} = x\sin\alpha + y\cos\alpha$ の族を考えよう．ここで α は $0 \leq \alpha \leq \pi$ の範囲を動くパラメーターである．C を原点を通らない単純閉曲線とする．

(a) 原点にある固定点を α の関数として分類せよ．

(b) 演習問題 6.8.13 で導いた積分を用いて I_C が α に依存しないことを示せ．

(c) C を原点を中心とする円とする．都合のよい α の値を任意に選んで積分を評価することにより，I_C を計算せよ．

7 リミットサイクル

7.0 はじめに

リミットサイクル (limit cycle) は孤立した閉軌道である．**孤立した**とは，この閉軌道の近くの軌道は閉じないことを意味している．つまり，リミットサイクル近傍の軌道は，このリミットサイクルに回転しながら近づいていくか，あるいは離れていくかのいずれかとなる*1．リミットサイクルに近傍のすべての軌道が近づいていく場合，このリミットサイクルは**安定**，もしくは**吸引的**という．もしそうでなければ，リミットサイクルは**不安定**であり，また例外的なケースとして**半安定** (図 7.0.1 参照) にもなりうる．

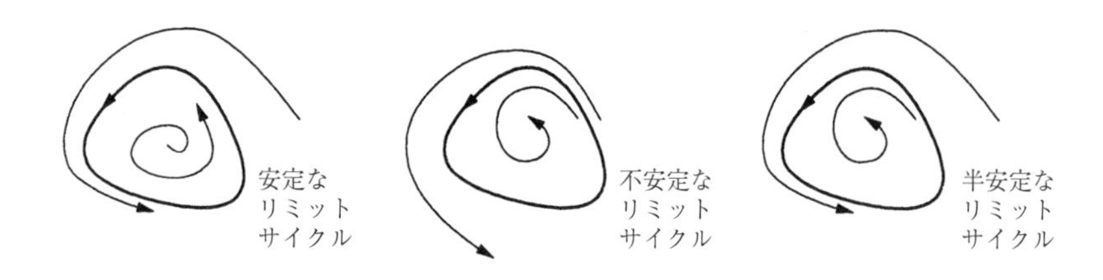

図 7.0.1

*1 (訳注) 一般の n 次元系 $\dot{\boldsymbol{x}} = \boldsymbol{f}(\boldsymbol{x})$ に対して，軌道 γ が次の性質を満たすとき，γ はリミットサイクルであるという．

(1) γ は閉軌道であり，かつ
(2) γ のある近傍 U が存在し，U の任意の点を初期値とする解軌道は $t \to \infty$ か $t \to -\infty$ のいずれかで γ に漸近する．

2 次元の系の場合には，結果的に孤立した閉軌道はリミットサイクルであることが示せるが (読者はこのことを，いろいろ絵を描いて実感して欲しい)，3 次元以上の場合には，孤立しているからリミットサイクルであるとは限らないことに注意せよ．

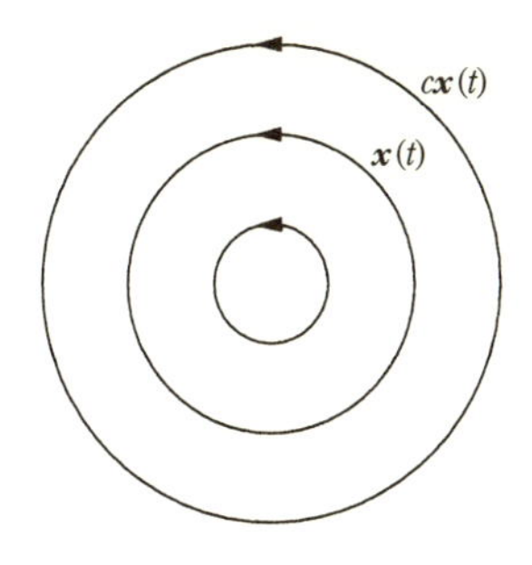

図 **7.0.2**

安定なリミットサイクルは，科学一般においてたいへん重要なものである．それは自励振動状態を示す系のモデルとなるからである．言い換えれば，そのような系は外からの周期的な駆動がなくても振動を続けるということである．その例は枚挙に暇がないが，ここでは次のいくつかを述べるに留めよう．たとえば心臓の拍動，ペースメーカーニューロンの周期的発火，人間の体温およびホルモン分泌の日周リズム，自発的振動を示す化学反応，さらに橋や飛行機の翼の危険な自励振動などだ．以上のいずれの場合にも，ある特定の周期，波形，および振幅をもつ標準的な振動状態が存在する．そして，系が少々の摂動を受けたとしても，常にその標準振動状態へ戻っていく．

リミットサイクルは本質的に非線形現象であり，線形系では生じえない．もちろん，線形系 $\dot{\boldsymbol{x}} = A\boldsymbol{x}$ が閉軌道をもつことはあるが，それは孤立しない．$\boldsymbol{x}(t)$ が周期解であれば，任意の定数 $c \neq 0$ に対し $c\boldsymbol{x}(t)$ も周期解となるからだ．よって，$\boldsymbol{x}(t)$ は閉軌道の 1 パラメーターの族に取り囲まれている (図 7.0.2)．したがって，線形系の振動の振幅は初期条件により完全に決まってしまう．振動の振幅に対する外乱がどれほど小さくとも，その影響は，いつまでも持続する．これに対し，リミットサイクルの振動は系の構造のみで決まる．

次の節では，リミットサイクルをもつ系の例を 2 つ紹介する．1 つ目の例ではリミットサイクルが方程式から直接に見つかるが，通常は与えられた系にリミットサイクルが存在するか，それどころか閉軌道が存在するかということさえ，方程式のみから判定することは困難である．7.2–7.4 節では，リミットサイクルが存在しない，もしくは存在することを示すためのテクニックをいくつか与える．そして，この章の残りの節では，解析的に閉軌道の形状および周期を近似的に得る手法と，閉軌道の安定性をしらべる手法を議論しよう．

7.1　例　　題

極座標を用いれば，リミットサイクルが存在する系を構成することは簡単である．

例題 7.1.1 (**簡単なリミットサイクル**) 次の系を考えよう．

$$\dot{r} = r(1 - r^2), \qquad \dot{\theta} = 1 \tag{7.1.1}$$

ただし，$r \geq 0$ とする．動径方向と角度方向のダイナミクスは分離しているので，それぞれ個別にしらべればよい．動径方向のダイナミクス $\dot{r} = r(1 - r^2)$ を直線上のベクトル場として取り扱うことにより，$r^* = 0$ は不安定固定点であり，$r^* = 1$ は安定固定点であることがわかる (図 7.1.1).

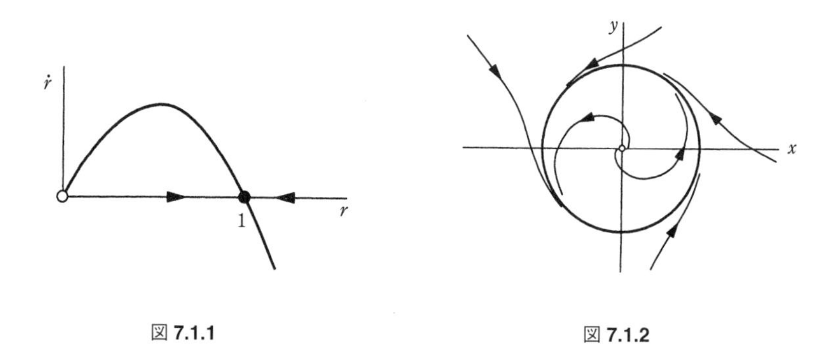

図 7.1.1　　　図 7.1.2

したがって，相平面に戻って考えると，($r^* = 0$ を除く) すべての軌道は $r^* = 1$ の単位円に単調に近づいていくことがわかる．θ 方向の運動は単に一定角速度での回転

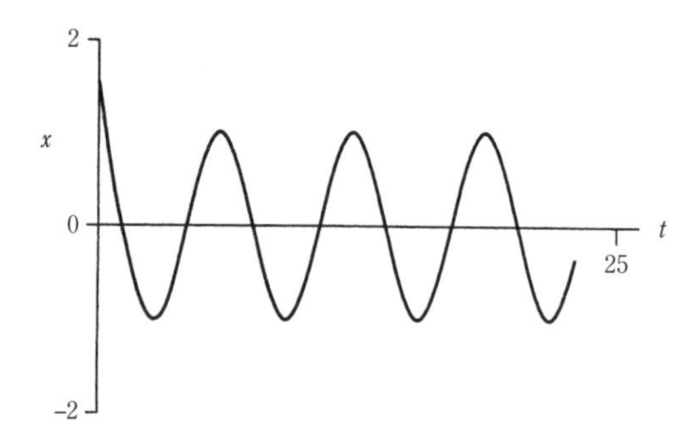

図 7.1.3

なので，すべての軌道は $r=1$ のリミットサイクルへ漸近的に巻きついていくことがわかる (図 7.1.2).

解を時刻 t の関数として図示することもまた勉強になる．たとえば，図 7.1.3 ではリミットサイクルの外側から出発した軌道について $x(t)=r(t)\cos\theta(t)$ を図示している．予想通り，解は一定振幅の正弦波振動に落ち着き，これは確かに式 (7.1.1) のリミットサイクル解 $x(t)=\cos(t+\theta_0)$ に対応している． ■

例題 7.1.2 (**ファン・デル・ポール振動子**) 先の例ほど自明ではないが，非線形ダイナミクスの発展において中心的な役割をはたしてきたものに，次の**ファン・デル・ポール方程式** (van der Pol equation) がある．

$$\ddot{x}+\mu(x^2-1)\dot{x}+x=0 \tag{7.1.2}$$

ただし，$\mu\geq 0$ はパラメーターである．歴史的には，この方程式は初期のラジオに用いられた非線形な電気回路に関連して現れたものである (その回路については演習問題 7.1.6 を参照)．方程式 (7.1.2) は簡単な調和振動子のように見えるが，**非線形な減衰項** $\mu(x^2-1)\dot{x}$ を含んでいる．この項は，$|x|>1$ で通常の正の減衰 (抵抗) として働くが，$|x|<1$ では**負の**減衰となる．つまり，この項は大きな振幅の振動を減衰させるが，振幅が小さくなり過ぎると，これを再び大きくするように働くのである．

予想されるように，最終的にこの系は自励振動状態に落ち着き，その 1 周期にわたって散逸されるエネルギーが注入されるエネルギーにバランスする．これは厳密に示すことができ，かなりの手間が必要となるが，**ファン・デル・ポール方程式には各** $\mu>0$ **に対し唯一の安定なリミットサイクルが存在する**ことが証明できる．この結果は 7.4 節で扱うより一般的な定理から得られる．

リミットサイクルの実際の様子を把握するために，方程式 (7.1.2) を $\mu=1.5$ に対して $t=0$ で $(x,\dot{x})=(0.5,0)$ からスタートして数値積分してみよう．図 7.1.4 は相

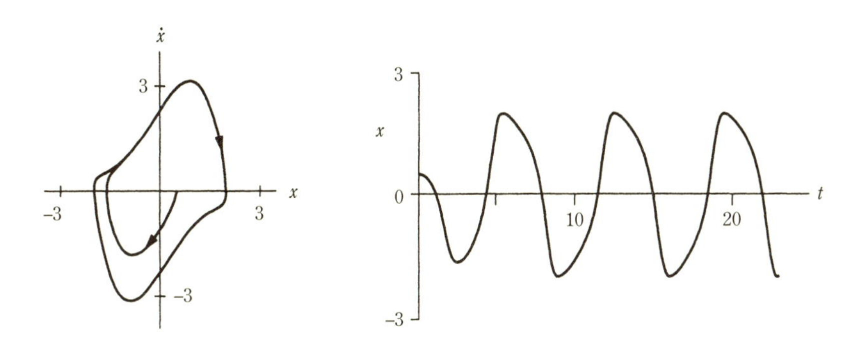

図 **7.1.4**　　図 **7.1.5**

平面上にその解を，図 7.1.5 は $x(t)$ のグラフをそれぞれ示している．この場合，例題 7.1.1 とは対照的に，リミットサイクルは円ではなく，その波形も正弦波ではない．■

7.2　閉軌道が存在しないことを示す方法

ある特定の系で，数値的な証拠などにより，閉軌道が存在しないという強い疑惑があるとしよう．では，このことをどのように立証できるだろうか? これについては前章で指数理論による方法を 1 つ示した (例題 6.8.5 および 6.8.6 を参照)．ここでは閉軌道が存在しないことを証明する方法を，ほかに 3 つ示そう．これらは適用範囲が限られてはいるが，適用できる好運に恵まれることもあるので，知っておいて損はない．

勾　配　系

連続微分可能な 1 価のスカラー関数 $V(\boldsymbol{x})$ が存在して，系が $\dot{\boldsymbol{x}} = -\nabla V$ の形で与えられるとする．このような系を**ポテンシャル関数** V **をもつ勾配系** (gradient system) とよぶ．

定理 7.2.1 勾配系では閉軌道は存在しえない．

(証明) 仮に周期 T の閉軌道 $\boldsymbol{x}(t)$ が存在すると仮定してみよう．すると，この閉軌道上を 1 周して生じる V の値の変化を考えることにより，矛盾が生じる．まず，V は 1 価関数なので，1 周して生じる V の値の変化 $\Delta V = V(\boldsymbol{x}(T)) - V(\boldsymbol{x}(0))$ は 0 でなくてはならない．しかし一方で，

$$
\begin{aligned}
\Delta V &= \int_0^T \frac{\mathrm{d}V}{\mathrm{d}t}\mathrm{d}t \\
&= \int_0^T (\nabla V \cdot \dot{\boldsymbol{x}})\,\mathrm{d}t \\
&= -\int_0^T \|\dot{\boldsymbol{x}}\|^2 \mathrm{d}t \\
&< 0
\end{aligned}
$$

となる．(ただし $\dot{\boldsymbol{x}} \equiv 0$ ではないとする．$\dot{\boldsymbol{x}} \equiv 0$ ならば軌道は固定点であり，はじめから閉軌道ではない．) 以上の矛盾は，閉軌道が勾配系には存在しえないことを示している．■

定理 7.2.1 の問題点は，ほとんどの 2 次元系は勾配系ではないということである．(しかし興味深いことに，**直線上の場合**どのようなベクトル場も勾配系となる．これは 2.6 節および 2.7 節で述べた直線上の流れには振動が存在しないことのもう 1 つの説明を与えている．)

例題 7.2.1 系 $\dot{x} = \sin y$, $\dot{y} = x \cos y$ には閉軌道が存在しないことを示せ．

(解) この系はポテンシャル関数 $V(x, y) = -x \sin y$ をもつ勾配系になっている．事実，$\dot{x} = -\partial V/\partial x$ および $\dot{y} = -\partial V/\partial y$ が成立する．したがって定理 7.2.1 より閉軌道は存在しない． ■

系が勾配系であるかどうかをどうすれば見分けられるだろうか? さらに，勾配系であるとすれば，そのポテンシャル関数 V をどのように見いだせるのだろうか? これらのことに関しては，演習問題 7.2.5 および 7.2.6 を参照せよ．

系が勾配系でないとしても，次の例題のように同様なテクニックが有効であることもある．閉軌道があると仮定して，これを 1 周した後にエネルギーに類した関数の値が変化していることを示し，その矛盾を導けばよい．

例題 7.2.2 非線形減衰項をもつ振動子 $\ddot{x} + (\dot{x})^3 + x = 0$ は周期解をもたないことを示せ．

(解) 仮に周期 T の周期解 $x(t)$ が存在するとしよう．これに対してエネルギー関数

$$E(x, \dot{x}) = \frac{1}{2}(x^2 + \dot{x}^2)$$

を考える．この周期軌道を 1 周した後，x および $\dot{x}$ はもとの値に戻り，それゆえ任意の閉軌道について $E(x, \dot{x})$ の 1 周の間の値の変化 ΔE は 0 となる．

その一方で，

$$\Delta E = \int_0^T \dot{E}\,\mathrm{d}t$$

も成立する．もしこの積分が 0 でないことを示すことができれば，矛盾を導いたことになる．$\dot{E} = \dot{x}(x + \ddot{x}) = \dot{x}(-\dot{x}^3) = -\dot{x}^4 \leq 0$ であることに注意しよう．したがって

$$\Delta E = -\int_0^T (\dot{x})^4 \mathrm{d}t \leq 0$$

が成立し，その等号は $\dot{x} \equiv 0$ のときにのみに成立することがわかる．しかし，この $\dot{x} \equiv 0$ は軌道が固定点そのものであることを意味しており，軌道が閉軌道であるというもとの仮定に矛盾している．よって ΔE は**厳密に**負であり，上記の $\Delta E = 0$ に矛盾する．したがって周期解は存在しない． ■

リアプノフ関数

力学とは何ら関係のない系に対しても，軌道に沿って減少していくエネルギーに類する関数を構成することが可能なことがある．そのような関数をリアプノフ関数 (Liapunov function) とよぶ．もしリアプノフ関数が存在すれば，例題 7.2.2 と同様の理由により，閉軌道は禁じられる．

もう少し正確に議論するために，$\boldsymbol{x}^*$ に固定点をもつ系 $\dot{\boldsymbol{x}} = \boldsymbol{f}(\boldsymbol{x})$ を考えよう．そして**リアプノフ関数**を求めることができたとする．ここで，リアプノフ関数とは，連続微分可能な実数値関数 $V(\boldsymbol{x})$ であり，次の性質を満たすものとする．

(1) すべての $\boldsymbol{x} \neq \boldsymbol{x}^*$ において $V(\boldsymbol{x}) > 0$，かつ $V(\boldsymbol{x}^*) = 0$. (このような V を**正定値**とよぶ.)

(2) すべての $\boldsymbol{x} \neq \boldsymbol{x}^*$ に対して，$\dot{V} < 0$ が成り立つ. (つまり，すべての軌道は $\boldsymbol{x}^*$ へ向けて「坂を下る」流れとなる.)

このとき，$\boldsymbol{x}^*$ は大域的に漸近安定である．つまり，すべての初期条件に対して $t \to \infty$ で $\boldsymbol{x}(t) \to \boldsymbol{x}^*$ となる．特に，この系は閉軌道をもたない [証明は Jordan と Smith (1987) を参照].

直観的にいえば，すべての軌道は $V(\boldsymbol{x})$ のグラフ上を $\boldsymbol{x}^*$ に向けて単調に下っていくということである (図 7.2.1).

解が $\boldsymbol{x}^*$ 以外のどこかで立ち止まるということはありえない．もしそうだとすると，そこで V の値の変化が止まることになるが，上記の仮定から $\boldsymbol{x}^*$ 以外のすべての場所で $\dot{V} < 0$ でなくてはならないからである．

残念ながら，リアプノフ関数を求める系統的な方法は存在しない．たいていはひらめきに頼ることになる．とはいえときどきは，方程式から逆に構成することもできる．次の例題のように，2 乗の和でうまくいくこともある．

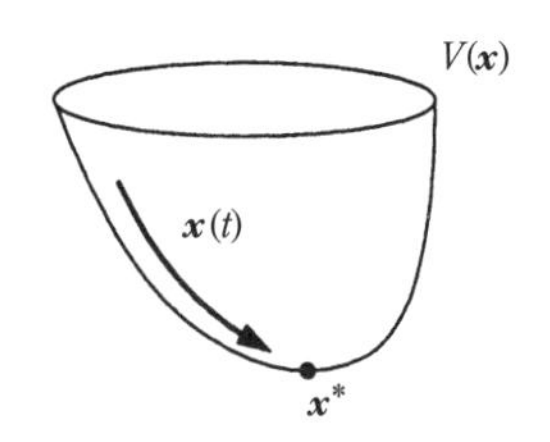

図 **7.2.1**

例題 7.2.3 リアプノフ関数を構成することにより，系 $\dot{x} = -x + 4y$, $\dot{y} = -x - y^3$ は閉軌道をもたないことを示せ．

(解) $V(x,y) = x^2 + ay^2$ としてみよう，ただし a は後で決めるパラメーターとしておく．すると，$\dot{V} = 2x\dot{x} + 2ay\dot{y} = 2x(-x+4y) + 2ay(-x-y^3) = -2x^2 + (8-2a)xy - 2ay^4$ が成り立つ．もし $a = 4$ と選ぶと，xy 項はなくなり $\dot{V} = -2x^2 - 8y^4$ となる．したがって，$V > 0$ かつ $\dot{V} < 0$ がすべての $(x,y) \neq (0,0)$ に対して成り立つ．ゆえに $V = x^2 + 4y^2$ はリアプノフ関数であり，閉軌道は存在しない．実際，すべての軌道は $t \to \infty$ で原点へ収束する． ■

デュラックの判定法

閉軌道の存在しないことを示すための 3 つ目の方法はグリーンの定理によるものであり，デュラックの判定法 (Dulac's criterion) として知られている．

デュラックの判定法： $\dot{\boldsymbol{x}} = \boldsymbol{f}(\boldsymbol{x})$ を平面上の単連結な領域 R 上で定義される連続微分可能なベクトル場であるとしよう．もし連続微分可能な実数値関数 $g(\boldsymbol{x})$ が存在し，$\nabla \cdot (g\dot{\boldsymbol{x}})$ が R 全体にわたり正負いずれかの符号しかもたないならば，領域 R に完全に含まれる閉軌道は存在しない．

(証明) 仮に，領域 R に完全に含まれる閉軌道 C があったとする．A を C の内側の領域としよう (図 7.2.2)．するとグリーンの定理から

$$\iint_A \nabla \cdot (g\dot{\boldsymbol{x}})\, \mathrm{d}A = \oint_C g\dot{\boldsymbol{x}} \cdot \boldsymbol{n}\, \mathrm{d}l$$

が成り立つ．ただし，$\boldsymbol{n}$ は C の外向きの法線ベクトルであり，$\mathrm{d}l$ は C に沿う線要素である．まず左辺の 2 重積分を見てみよう．$\nabla \cdot (g\dot{\boldsymbol{x}})$ は R 内で正負いずれかの符号のみをもつので，この積分は $\mathbf{0}$ にはなりえない．一方，右辺の線積分は $\mathbf{0}$

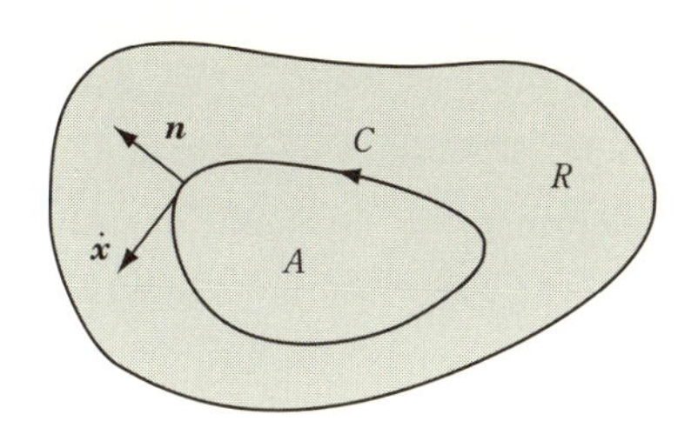

図 7.2.2

となる．これは C が軌道である (つまり，その接ベクトル $\dot{\boldsymbol{x}}$ は $\boldsymbol{n}$ と直交する) ことにより，任意の場所で $\dot{\boldsymbol{x}} \cdot \boldsymbol{n} = 0$ となるためである．この矛盾から，仮定したような閉軌道 C が存在しないことが示される． ■

デュラックの判定法は，上記のリアプノフの方法と同じ欠点をもつ．つまり，$g(\boldsymbol{x})$ を見いだす手続きが存在しないのである．ときどきうまくいく $g(\boldsymbol{x})$ の候補として，$g = 1$，$1/x^a y^b$，e^{ax}，および e^{ay} などがある．

例題 7.2.4 系 $\dot{x} = x(2 - x - y)$, $\dot{y} = y(4x - x^2 - 3)$ は $x, y > 0$ の第 1 象限に閉軌道をもたないことを示せ．

(解) 直観的に $g = 1/xy$ と選んでみる．このとき

$$
\begin{aligned}
\nabla \cdot (g\dot{\boldsymbol{x}}) &= \frac{\partial}{\partial x}(g\dot{x}) + \frac{\partial}{\partial y}(g\dot{y}) \\
&= \frac{\partial}{\partial x}\left(\frac{2 - x - y}{y}\right) + \frac{\partial}{\partial y}\left(\frac{4x - x^2 - 3}{x}\right) \\
&= -1/y \\
&< 0
\end{aligned}
$$

となる．領域 $x, y > 0$ は単連結であり，関数 g および $\boldsymbol{f}$ は滑らかさについての条件を満たしているので，デュラックの判定法により第 1 象限に閉軌道は存在しない． ■

例題 7.2.5 系 $\dot{x} = y$, $\dot{y} = -x - y + x^2 + y^2$ が閉軌道をもたないことを示せ．

(解) $g = \mathrm{e}^{-2x}$ とすると，$\nabla \cdot (g\dot{\boldsymbol{x}}) = -2\mathrm{e}^{-2x}y + \mathrm{e}^{-2x}(-1 + 2y) = -\mathrm{e}^{-2x} < 0$ となるので，デュラックの判定法により閉軌道は存在しない． ■

7.3 ポアンカレ–ベンディクソンの定理

ここまでで閉軌道が存在しないことを示す方法を知ったので，次に逆のことを考えよう．つまり，特定の系に**閉軌道が存在することを示す**ための方法を探そう．次に示す定理は，周期解の存在を示すための数少ない結果の 1 つである．これは非線形ダイナミクスにおいて鍵を握る重要な理論的結果の 1 つでもある．なぜなら，この節の最後に手短かに述べるが，この定理は 2 次元の相平面上ではカオスが生じえないことを示しているからである．

ポアンカレ–ベンディクソンの定理　次の (1)–(4) を仮定する．

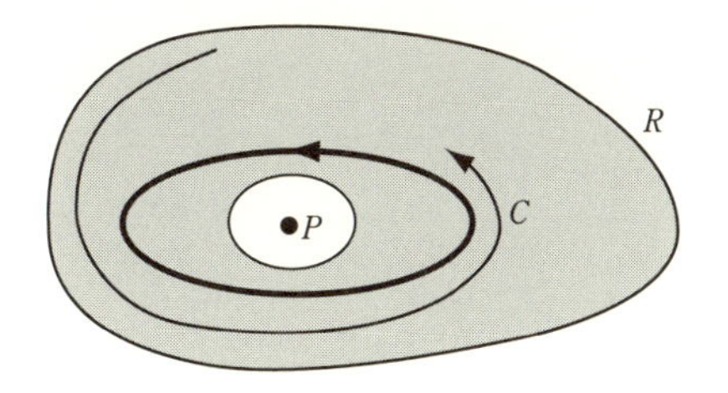

図 **7.3.1**

(1) R は平面上の有界な閉領域である.
(2) $\dot{\boldsymbol{x}} = \boldsymbol{f}(\boldsymbol{x})$ は R を含むある開領域で，連続微分可能なベクトル場を与える.
(3) R は固定点を含まない.
(4) R に「閉じこめられた」軌道 C が存在する．これは，R 内から出発して未来永劫 R に留まる軌道，という意味である (図 7.3.1).

このとき軌道 C は閉軌道であるか，もしくは $t \to \infty$ で閉軌道に巻きついていく軌道であるかのいずれかである．いずれの場合においても (図 7.3.1 に太線で示す通り) R **は閉軌道を含んでいる**.

この定理の証明は難解であり，位相幾何学の進んだ概念が必要となる．その詳細は Perko (1991)，Coddington と Levinson (1955)，Hurewicz (1958) あるいは Cesari (1963) を参照せよ[*2].

図 7.3.1 ではこの R をリング状の領域として示している．そのようにした理由は，どのような閉軌道もその内側に固定点を含む (図 7.3.1 の P) が，この固定点が R に含まれてはならないからである.

ポアンカレ–ベンディクソンの定理を適用する際，先の条件 (1)–(3) が満たされるかどうかは容易にわかる．これに対して条件 (4) は厄介である．どうすれば R に閉じ込められた軌道 C が存在することを保証できるのだろうか? これを示すためによく使われる手段は，**トラッピング領域** (trapping region) R を用意するこ

*2 (訳注) 証明の書かれた日本語の文献として

- C. ロビンソン (國府寛司，柴山健伸，岡 宏枝 訳), 力学系 上 (シュプリンガー・フェアラーク東京，2001)
- K. T. アリグッド, T. D. サウアー, J. A. ヨーク (津田一郎 監訳)，カオス 2 (丸善出版，2012)
- M. W. Hirsch, S. Smale, R. L. Devaney (桐木 紳，三波篤郎，谷川清隆，辻井正人 訳)，力学系入門 (共立出版，2007)

をあげておく.

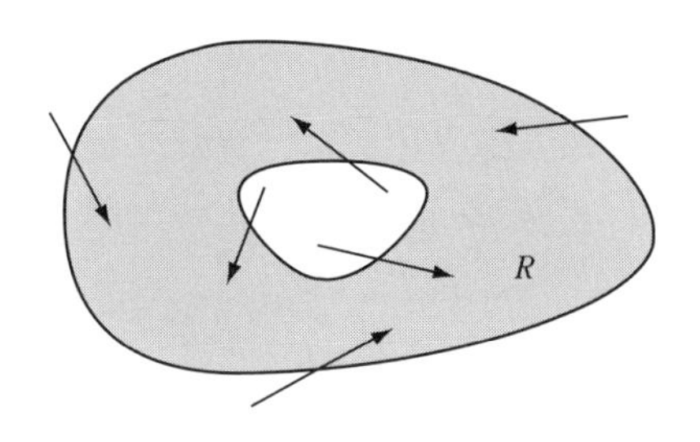

図 **7.3.2**

とである．つまり，R の境界上のどの点においてもベクトル場が「内向き」となるような閉連結領域として R を構成すればよい (図 7.3.2)．そうすれば，R 内のすべての軌道は R 内に閉じ込められる．さらに，内部に固定点が存在しないように R をとることができるならば，ポアンカレ–ベンディクソンの定理により R 内に閉軌道が存在することが保証される．

とはいうものの，実際にポアンカレ–ベンディクソンの定理を適用することは困難なこともある．次の例題のように，系が極座標で簡単な表現をもつときには，定理をうまく適用できることがある．

例題 7.3.1 系

$$\dot{r} = r(1 - r^2) + \mu r \cos\theta, \qquad \dot{\theta} = 1 \tag{7.3.1}$$

を考えよう．$\mu = 0$ の場合，例題 7.1.1 で扱ったように，$r = 1$ に安定なリミットサイクルが存在する．μ が十分に小さい限り，$\mu > 0$ においても閉軌道は存続することを示せ．

(解) 半径 $r_{\min}$ および $r_{\max}$ の 2 つの同心円で，その外側の円上では $\dot{r} < 0$ となり，内側の円上では $\dot{r} > 0$ となるようなものを求めよう．そうすれば，2 つの同心円に挟まれる環状領域 $0 < r_{\min} \le r \le r_{\max}$ は所望のトラッピング領域となるだろう．$\dot{\theta} > 0$ なので，この環状領域には固定点が存在しないことに注意しよう．したがって，$r_{\min}$ および $r_{\max}$ が求まれば，ポアンカレ–ベンディクソンの定理により閉軌道の存在が示される．

$r_{\min}$ を求めるには，$\dot{r} = r(1 - r^2) + \mu r \cos\theta > 0$ がすべての θ に対して成り立つ必要がある．$\cos\theta \ge -1$ であるので，$r_{\min}$ に関する十分条件としては $1 - r^2 - \mu > 0$ であればよい．したがって，平方根 $\sqrt{1-\mu}$ が意味をなす $\mu < 1$ である限り，$r_{\min} < \sqrt{1-\mu}$ を満たす任意の $r_{\min}$ をとればよい．リミットサイクルを 2 つの同心円でできるだけ厳しく閉じ込めたいため，$r_{\min}$ を可能な限り大きく設定しよう．たとえば，$r_{\min} = 0.999\sqrt{1-\mu}$ とすることができる．(実は $r_{\min} = \sqrt{1-\mu}$ としてもよいのだが，より慎重な証明が必要になる.) 同様の議論により，外側の円上のベクトル場の向

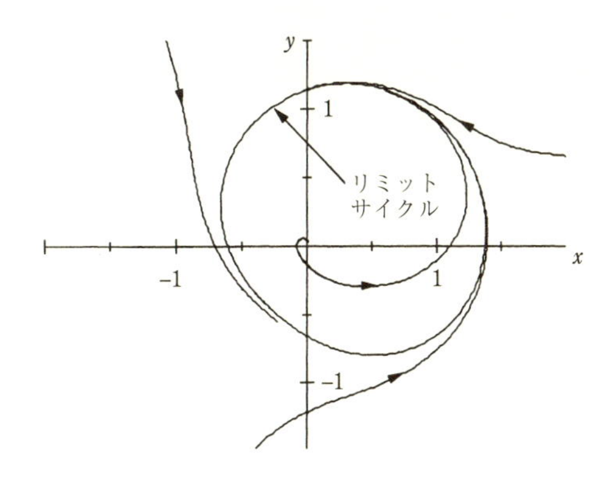

図 **7.3.3**

きは，$r_{\max} = 1.001\sqrt{1+\mu}$ とすれば内向きとなる．

以上のことから，閉軌道はすべての $\mu < 1$ において存在し，

$$0.999\sqrt{1-\mu} < r < 1.001\sqrt{1+\mu}$$

を満たす円環領域のどこかにあることがわかる． ■

例題 7.3.1 の評価は控え目である．実際，閉軌道は $\mu \geq 1$ であっても存在しうる．図 7.3.3 は $\mu = 1$ の場合にコンピューターにより得られた系 (7.3.1) の相図を示している．演習問題 7.3.8 では，より大きな μ においてどうなるか，特に，閉軌道が消滅するような臨界的な μ が存在するかどうかをしらべることになる．また，小さな μ での閉軌道に関する解析的な知見を得ることも可能である (演習問題 7.3.9)．

極座標が不都合な場合であっても，次の例題のように，系のヌルクラインをしらべることによって近似的なトラッピング領域を求められることもある．

例題 7.3.2 解糖反応 (glycolysis) という基本的な生化学プロセスにより，生きている細胞は糖を分解してエネルギーを得る．酵母菌の生きている細胞や，酵母菌や筋肉から取り出した抽出物において，解糖反応は**振動的**に進むことがあり，数分の周期でさまざまな中間物質の濃度が増減する．解糖系についてのレビューは，Chance ら (1973) もしくは Goldbeter (1980) を参照せよ．

この振動の簡潔なモデルが Sel'kov (1968) において提案されている．その方程式は無次元形で次のように与えられる．

$$\dot{x} = -x + ay + x^2 y$$
$$\dot{y} = b - ay - x^2 y$$

ただし x および y は，それぞれ ADP (アデノシン二リン酸) および F6P (フルクトース–6–リン酸) の濃度であり，$a, b > 0$ は反応パラメーターである．この系のトラッピング領域を構成せよ．

(解) まずヌルクラインを求めよう．1 番目の方程式は曲線 $y = x/(a+x^2)$ 上で $\dot{x} = 0$ となることを示し，2 番目の方程式は曲線 $y = b/(a+x^2)$ 上で $\dot{y} = 0$ となることを示している．これらのヌルクラインといくつかの代表的なベクトルを図 7.3.4 にスケッチした．

ここで，ベクトルは以下の要領でスケッチしてある．定義により $\dot{x} = 0$ のヌルクライン上においてベクトルの矢印は垂直方向で，$\dot{y} = 0$ のヌルクライン上では水平方向である．また流れの向きは $\dot{x}$ および $\dot{y}$ の符号によって決まる．たとえば，両方のヌルクラインよりも上側にある領域では，方程式から $\dot{x} > 0$ かつ $\dot{y} < 0$ であることがわかり，そこでの矢印は図 7.3.4 に示すように右下へ向くのである．

ここで図 7.3.5 に示す破線で囲まれた領域を考えよう．**実はこれがトラッピング領域なのである．**このことを検証するためには，境界上のすべてのベクトルが領域の内側を向くことを示さなくてはならない．水平な辺と垂直な辺については問題なしである．内向きであることは図 7.3.4 からわかる．工夫が必要な部分は，点 $(b, b/a)$ とヌルクライン $y = x/(a+x^2)$ を結ぶ，傾き -1 の線分を用いるところである．この線分はどのように得られたのだろうか?

正しい直観を得るために，x がきわめて大きい極限での $\dot{x}$ および $\dot{y}$ の値を考えよう．このとき $\dot{x} \approx x^2 y$ および $\dot{y} \approx -x^2 y$ となり，軌道に沿って $\dot{y}/\dot{x} = \mathrm{d}y/\mathrm{d}x \approx -1$ である．したがって，十分大きな x でのベクトル場は，上記の傾き -1 の線分にほぼ平行となる．このことから，より精密に計算するには，ある十分大きな x に対して，$\dot{x}$ お

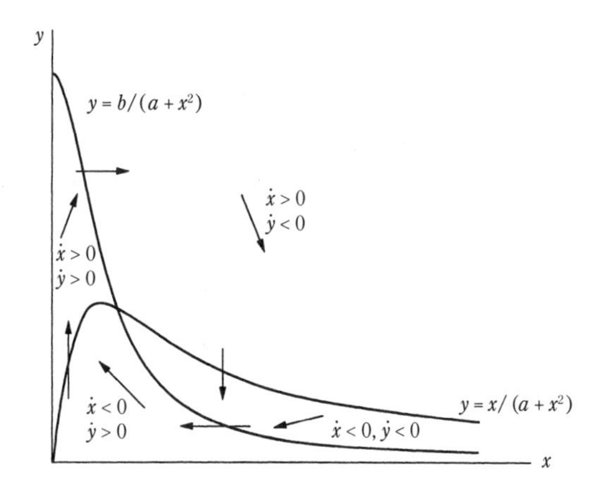

図 **7.3.4**

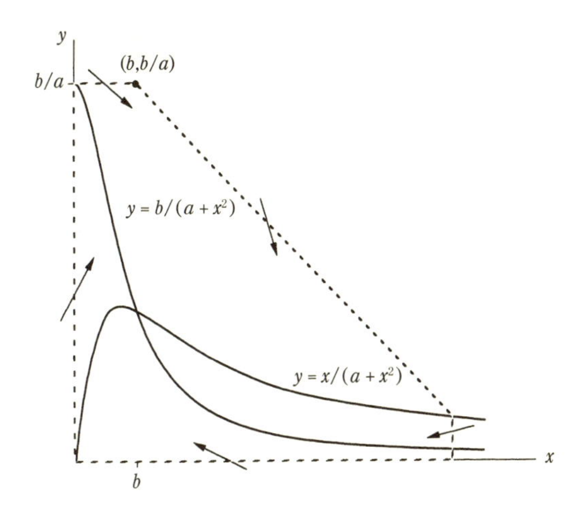

図 **7.3.5**

よび $-\dot{y}$ の値の大きさを比較すればよい.

特に $\dot{x}-(-\dot{y})$ を考える. これに対して次式が得られる.

$$\begin{aligned}\dot{x}-(-\dot{y}) &= -x+ay+x^2y+(b-ay-x^2y)\\ &= b-x\end{aligned}$$

したがって, もし $x>b$ なら $-\dot{y}>\dot{x}$ となる. この不等式は, 図 7.3.5 の傾き -1 の線分上でベクトル場が内向きになっていることを示している. その理由は, $\mathrm{d}y/\mathrm{d}x$ は -1 よりも小さく, この線分上のベクトルは線分よりもさらに傾いているからである. したがって, 上記の領域はトラッピング領域となるのである. ■

このトラッピング領域内に閉軌道が存在すると結論してもよいだろうか? 答はノーである! この領域内には固定点が (2 本のヌルクラインの交点に) 存在し, ポアンカレ–ベンディクソンの定理の条件が満たされないからである. しかしこの固定点がリペラーであれば, 図 7.3.6 に示す修正版の「孔あき」領域を考えることにより, 閉軌道の存在を証明することができる. (この孔は無限に小さいものであるが, ここでは図を見やすくするために大きく描かれている.) つまり, リペラーはその近くのすべての軌道を図の影のつけられた領域へ送り, さらにこの領域には固定点が存在しないので, ポアンカレ–ベンディクソンの定理が適用されるのである.

次にこの固定点がリペラーであるための条件を求めよう.

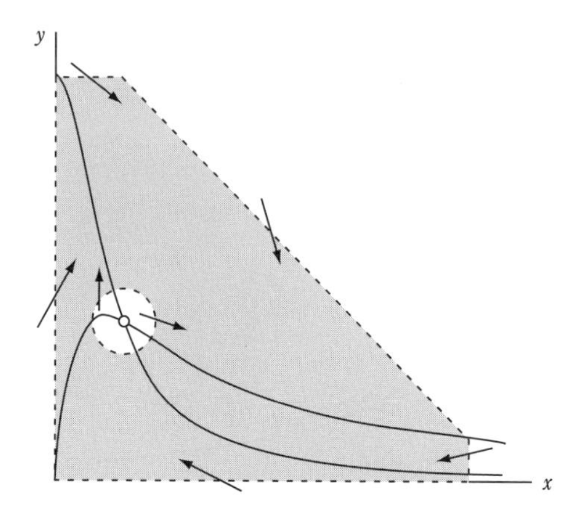

図 7.3.6

例題 7.3.3 再び例題 7.3.2 の解糖系の振動子 $\dot{x} = -x + ay + x^2y$, $\dot{y} = b - ay - x^2y$ を考えよう．a および b がある適当な条件を満たすとき，閉軌道が存在することを証明せよ．またその条件を決めよ．(ただし，先と同様に $a, b > 0$ とする.)

(解) 上記の議論により，固定点がリペラー，すなわち不安定ノードもしくは不安定スパイラルである条件を求めれば十分である．系のヤコビ行列は一般に次式で与えられる．

$$A = \begin{pmatrix} -1 + 2xy & a + x^2 \\ -2xy & -(a + x^2) \end{pmatrix}$$

いくらか計算をすると，固定点は

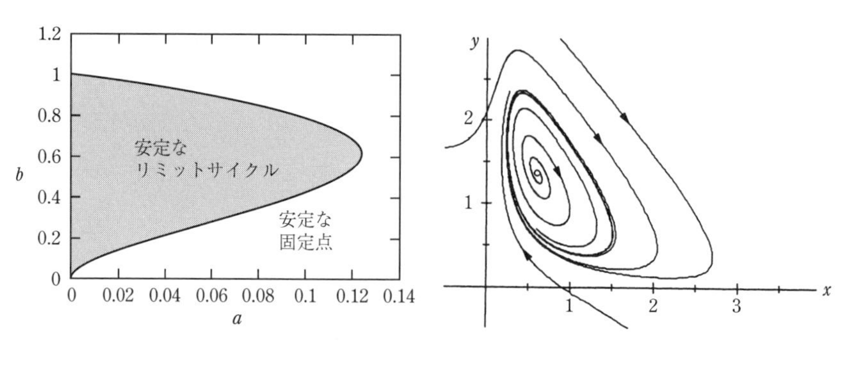

図 7.3.7　　図 7.3.8

$$x^* = b, \qquad y^* = \frac{b}{a+b^2}$$

と求まり，そこでのヤコビ行列の行列式は $\Delta = a + b^2 > 0$，またトレースは

$$\tau = -\frac{b^4 + (2a-1)b^2 + (a+a^2)}{a+b^2}$$

と求まる．したがって固定点は $\tau > 0$ で不安定，$\tau < 0$ で安定となる．この両者を分ける境界となる $\tau = 0$ は，以下の条件を満たす．

$$b^2 = \frac{1}{2}\left(1 - 2a \pm \sqrt{1-8a}\right)$$

この条件は，図 7.3.7 に示す通り，(a,b) 空間に 1 本の曲線を定める．$\tau > 0$ に対応するパラメーター領域では，閉軌道が存在することが保証される．実際，数値積分からこれは安定なリミットサイクルであることがわかる．図 7.3.8 に $a = 0.08$，$b = 0.6$ の典型的なケースに対し，コンピューターにより作成された相図を示す． ■

2 次元相平面にカオスは存在しない

ポアンカレ–ベンディクソンの定理は，非線形ダイナミクスにおける主要な結果の 1 つである．それは，2 次元相平面上において生じうるダイナミクスの種類が，厳しく制限されることを示している．すなわち，軌道が固定点を含まない有界閉領域に閉じ込められている場合，この軌道は最終的に閉軌道に漸近する以外ないのである．つまり，これよりも複雑なダイナミクスは起こりえないということだ．

この結果は，相平面が 2 次元であるということに本質的に依存している．より高次元の系 $(n \geq 3)$ では，ポアンカレ–ベンディクソンの定理はもはや適用されず，根本的に新しい何かが生じる可能性がある．たとえば，軌道は有界な領域内を，固定点や閉軌道に落ち着くことなく，いつまでもさまよい続けるかもしれない．実際，ある場合には，軌道は**ストレンジアトラクター**とよばれる複雑な幾何学的オブジェクトに引き寄せられるが，これはフラクタル集合であり，その上で軌道の運動は非周期的となり，初期条件に鋭敏に依存するのである．この初期値への鋭敏な依存性により，長時間経過後の軌道の運動状態は予測不可能となる．すなわち，**カオス** (chaos) である．この魅惑的な話題はいずれ扱うことになるが，ここでは，ポアンカレ–ベンディクソンの定理が示すように，2 次元相平面上にカオスは存在しないという事実を正しく理解しておこう．

7.4 リエナール系

非線形ダイナミクス研究の初期の頃，つまり 1920 年から 1950 年頃にかけては，非線形振動に関する膨大な数の研究が行われた．当初は無線や真空管の技術の発展が研究の動機となっていたが，その後はそれ自体に数学的な生命を帯びることになった．そして，多くの発振回路は**リエナール方程式** (Liénard's equation) とよばれる 2 階の微分方程式

$$\ddot{x} + f(x)\dot{x} + g(x) = 0 \tag{7.4.1}$$

によりモデル化できることが知られるようになったのである．この方程式は，7.1 節で述べたファン・デル・ポール方程式 $\ddot{x} + \mu(x^2 - 1)\dot{x} + x = 0$ の一般化になっている．またこれは，力学的な系として，非線形減衰力 $-f(x)\dot{x}$ および非線形復元力 $-g(x)$ を受けた単位質量の物体の運動方程式とも解釈できる．

リエナール方程式は次の系と等価である．

$$\begin{aligned}\dot{x} &= y\\ \dot{y} &= -g(x) - f(x)y\end{aligned} \tag{7.4.2}$$

以下に示す定理は，f および g に関する適当な仮定のもとで，この系が唯一の安定なリミットサイクルをもつことを主張している．その証明については，Jordan と Smith (1987)，Grimshaw (1990)，もしくは Perko (1991) を参照せよ[*3]．

リエナールの定理　$f(x)$ および $g(x)$ は次の条件を満たすとしよう．

(1) $f(x)$ および $g(x)$ はすべての x に対して連続微分可能である．
(2) すべての x に対して $g(-x) = -g(x)$ (つまり，$g(x)$ は**奇**関数)．
(3) $x > 0$ に対して $g(x) > 0$．
(4) すべての x に対して $f(-x) = f(x)$ (つまり，$f(x)$ は**偶**関数)．
(5) 奇関数 $F(x) = \int_0^x f(u)\,\mathrm{d}u$ は $x = a$ でのみ 0 となり，$0 < x < a$ では負，$x > a$ では正の値をもつ非減少関数であり，$x \to \infty$ では $F(x) \to \infty$ となる．

このとき式 (7.4.2) の系は相平面の原点を囲む安定なリミットサイクルを唯一もつ．

---

*3 (訳注) 証明の書かれた日本語の文献として C. ロビンソン (國府寛司，柴山健伸，岡 宏枝 訳)，力学系 上 (シュプリンガー・フェアラーク東京，2001) をあげておく．

以上の結果はもっともなものといえるであろう．$g(x)$ についての仮定は，復元力が通常のばねのように働き，固定点からの変位を減らそうとすることを示している．一方，$f(x)$ についての仮定は，$|x|$ が小さい場合は減衰が負であり，$|x|$ が大きい場合は減衰が正であることを示している．したがって，小振幅の振動はより大きな振幅に増幅され，大振幅の振動はより小さな振幅の振動に減衰されるので，系がある中間的な振幅の自励振動状態に落ちつくとしても何ら不思議はないのである．

例題 7.4.1 ファン・デル・ポール方程式は，安定なリミットサイクル解を唯一もつことを示せ．

(解) ファン・デル・ポール方程式 $\ddot{x}+\mu(x^2-1)\dot{x}+x=0$ では $f(x)=\mu(x^2-1)$ かつ $g(x)=x$ であり，リエナールの定理の条件 (1)–(4) は明らかに満たされている．条件 (5) に関しては，

$$F(x)=\mu\left(\frac{1}{3}x^3-x\right)=\frac{1}{3}\mu x\left(x^2-3\right)$$

が成り立つことに注意する．したがって，条件 (5) は $a=\sqrt{3}$ として成立する．以上より，ファン・デル・ポール方程式は唯一の安定なリミットサイクル解をもつ．■

リエナールの方程式とそれに関連した方程式の周期解の存在については，古典的な研究がいくつかある．Stoker (1950), Minorsky (1962), Andronov ら (1973), および Jordan と Smith (1987) を参照せよ．

7.5 弛 緩 振 動

ここでギアチェンジしよう．ここまでのところ，この章では定性的な問題に注目してきた．たとえば，ある特定の 2 次元系に対して周期解が存在するだろうかというような問題である．ここからは，定量的な問題を考えよう．たとえば，閉軌道が存在する場合，その形状や周期について何がいえるかということである．一般に，そのような問題は厳密には解けないが，いずれかのパラメーターが大きいとき，あるいは小さいときには，有用な近似が得られることがある．

まずファン・デル・ポール方程式

$$\ddot{x}+\mu(x^2-1)\dot{x}+x=0$$

から始めよう．ただし $\mu \gg 1$ とする．この**強非線形**極限では，非常にゆっくりとした蓄積部分と，これに続く急速な解放部分，さらにこれに続くゆっくりとした蓄積部分，という繰り返しによってリミットサイクルが成り立つことがわかる．この類の振動は，しばしば**弛緩振動** (relaxation oscillation) とよばれる．その理由は，ゆっくりとした蓄積部分で貯えられた「ストレス」が，急速な解放部分の間に「弛緩 (緩和)」されるからである．弛緩振動は他にも多くの分野で現れ，弓で弾いたバイオリンの弦の示すスティック–スリップ式の振動から，定常電流に駆動される神経細胞の周期的発火までその例が知られている (Edelstein-Keshet 1988, Murray 1989, Rinzel と Ermentrout 1989).

例題 7.5.1 $\mu \gg 1$ の場合にファン・デル・ポール方程式の相平面解析を行え．

(解) 通常の「$\dot{x} = y$，$\dot{y} = \cdots$」の相平面の変数とは異なる別の変数を導入することにより，以下に示すように見通しがよくなる．それらの新しい変数の手掛りとして，

$$\ddot{x} + \mu\dot{x}(x^2 - 1) = \frac{\mathrm{d}}{\mathrm{d}t}\left[\dot{x} + \mu\left(\frac{1}{3}x^3 - x\right)\right]$$

と書けることに注意しよう．そこで，

$$F(x) = \frac{1}{3}x^3 - x, \qquad w = \dot{x} + \mu F(x) \tag{7.5.1}$$

とおくことで，ファン・デル・ポール方程式から次の式が得られる

$$\dot{w} = \ddot{x} + \mu\dot{x}\left(x^2 - 1\right) = -x \tag{7.5.2}$$

したがって，ファン・デル・ポール方程式は式 (7.5.1), (7.5.2) に等価であり，次のように書き換えられる．

$$\begin{aligned}\dot{x} &= w - \mu F(x) \\ \dot{w} &= -x\end{aligned} \tag{7.5.3}$$

さらにもう一度，変数を変換すると便利である．つまり，

$$y = \frac{w}{\mu}$$

とすれば，式 (7.5.3) は

$$\begin{aligned}\dot{x} &= \mu\left[y - F(x)\right] \\ \dot{y} &= -\frac{1}{\mu}x\end{aligned} \tag{7.5.4}$$

となる．

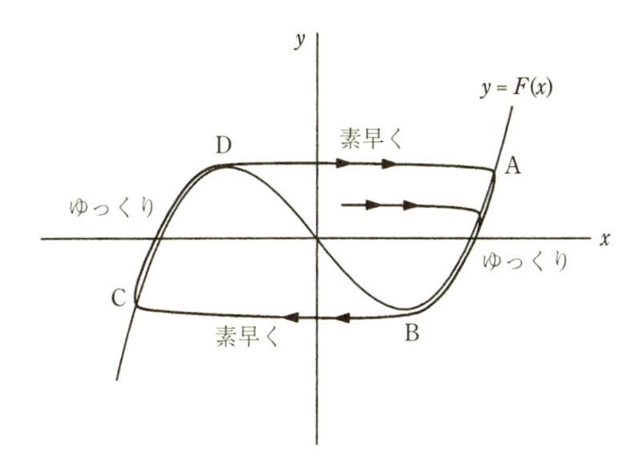

図 7.5.1

ここで (x, y) 相平面上の典型的な軌道を考えてみよう．その運動を理解する鍵となるのはヌルクラインである．ヌルクラインをしらべることにより，すべての軌道は図 7.5.1 に示すようにふるまうことを示そう．すなわち，原点以外の任意の点から出発した軌道は，まず **3 次関数で与えられるヌルクライン** $y = F(x)$ へと一気に水平移動する．その後，軌道はこのヌルクラインをゆっくりと這い降りて屈曲部 (図 7.5.1 の点 B) へ至り，今度はヌルクラインのもう 1 つの枝上の点 C へと一気に飛ぶ．その後，このヌルクラインを這い登って，次の跳躍点 D へ至る．この運動が周期的に繰り返されるのである．

以上の予想の正しさを確かめるために，初期条件がこの 3 次関数のヌルクラインにそれほど近接しておらず，$y - F(x) \sim O(1)$ であるとしてみよう．このとき式 (7.5.4) より $|\dot{x}| \sim O(\mu) \gg 1$ で，一方 $|\dot{y}| \sim O(\mu^{-1}) \ll 1$ である．したがって，ベクトル場の流れの速度は水平方向にきわめて大きく，垂直方向には小さいため，軌道はほとんど水平方向に動くのである．初期条件がヌルクラインより**上側**にある場合，$y - F(x) > 0$ より $\dot{x} > 0$ である．つまり軌道はヌルクラインに**向かって**横向きに (正方向に) 動く．しかし，軌道がヌルクラインにきわめて近接し，$y - F(x) \sim O(\mu^{-2})$ となったとすると，$\dot{x}$ および $\dot{y}$ は同程度の大きさをもつようになり，いずれも $O(\mu^{-1})$ のサイズになる．このとき何が起こるだろうか? 実は軌道は図 7.5.1 に示すように垂直方向にヌルクラインを通り越し，このヌルクラインの枝の裏側に沿ってゆっくりと $O(\mu^{-1})$ 程度の速度で移動して点 B または D の屈曲部に至り，再び横向きにジャンプするのである[*4]. ■

*4 (訳注) このタイプの摂動問題にはすでに 3.5 節で出会っていたことを思い出そう．3.5 節の式 (3.5.8) とこの節の式 (7.5.4) を見比べよ．3.5 節の訳注でも述べたように，ここで用いた議論はしばしば幾何学的摂動法とよばれる．ただし，ここでの議論の正当化，すなわち，実際に図 7.5.1 に描かれたようなリミットサイクルが存在することの証明は非常に難しく，本書のレベルを大きく越える．証明の第 1 段階，点 A から点 B へ向かう“ほぼ”ヌルクラインに沿った軌道が存在することの証明には不変多様体の摂動論が必要であり，証明の第 2 段階，点 B から点 C にジャ

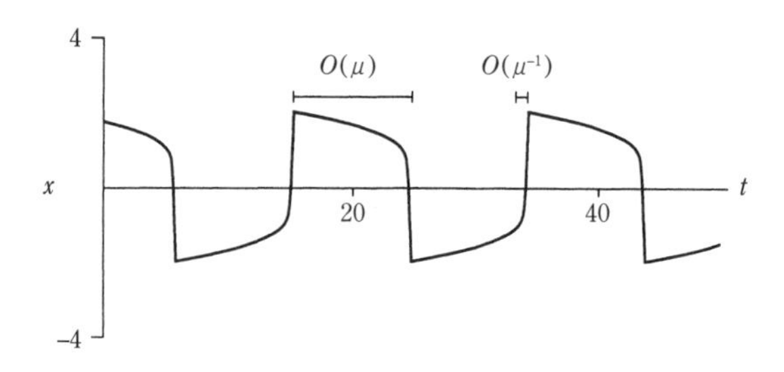

図 **7.5.2**

以上の解析は，このリミットサイクルには 2 つの**大きく分離したタイムスケール**が存在することを示している．つまり，ヌルクラインに沿うゆっくりとした移動は $\Delta t \sim O(\mu)$ の時間を要し，横向きのジャンプには $\Delta t \sim O(\mu^{-1})$ の時間を要する．これらの 2 つのタイムスケールは，図 7.5.2 に示す $x(t)$ の波形からも明らかである．この波形は，ファン・デル・ポール方程式で $\mu = 10$ および初期条件 $(x_0, y_0) = (2, 0)$ として，数値積分により得られたものである．

例題 7.5.2 ファン・デル・ポール方程式で $\mu \gg 1$ の場合にリミットサイクルの周期を見積もれ．

(解) μ が大きい場合，ヌルクライン間のジャンプに要する時間を無視できるため，周期 T はヌルクライン上の 2 つの**遅い枝**に沿って移動するのに要する時間にほぼ相当する．ベクトル場の対称性により，それぞれの枝で要する時間は等しい．したがって $T \approx 2\int_{t_A}^{t_B} \mathrm{d}t$ となる．この $\mathrm{d}t$ を表す式を導出するために，遅い枝上では $y \approx F(x)$ と近似され，

$$\frac{\mathrm{d}y}{\mathrm{d}t} \approx F'(x)\frac{\mathrm{d}x}{\mathrm{d}t} = (x^2 - 1)\frac{\mathrm{d}x}{\mathrm{d}t}$$

が近似的に得られることに注意しよう．一方，式 (7.5.4) より $\mathrm{d}y/\mathrm{d}t = -x/\mu$ なので，

ンプする軌道が存在することの証明には特異点のブローアップとよばれる技法が必要である．これらの理論を駆使して軌道の概形が描ければ，第 3 段階，最後のひと押しとして，ポアンカレ–ベンディクソンの定理を用いてリミットサイクルの存在がいえる．これらの結果の古典的な取扱い (難しい数学は使わないが，その分計算はたいへん) については，

- E. Mischenko, N. Rozov, *Differential Equations with Small Parameters and Relaxation Oscillations* (Plenum Press New York, 1980).

より現代的な取扱い (計算の見通しはよいが，高級な数学が必要) については

- M. Krupa, P. Szmolyan, Extending geometric singular perturbation theory to nonhyperbolic points—fold and canard points in two dimensions, SIAM J. Math. Anal. **33** (2001), no. 2, 286–314.

を参照されたい．

上式より $\mathrm{d}x/\mathrm{d}t = -x/\mu(x^2-1)$ となる．したがって，遅い枝上では次式が近似的に成り立つ．

$$\mathrm{d}t \approx -\frac{\mu(x^2-1)}{x}\mathrm{d}x \tag{7.5.5}$$

さらに，読者自身で確かめられるように (演習問題 7.5.1)，正の方の枝は $x_A = 2$ から始まり $x_B = 1$ で終わる．したがって

$$T \approx 2\int_2^1 \frac{-\mu}{x}(x^2-1)\,\mathrm{d}x = 2\mu\left[\frac{x^2}{2} - \ln x\right]_1^2 = \mu(3-2\ln 2) \tag{7.5.6}$$

となり，予期していた通り $O(\mu)$ となる． ■

式 (7.5.6) の結果をさらに精密化することもできる．より詳しく計算を行うと，$T \approx \mu(3-2\ln 2) + 2\alpha\mu^{-1/3} + \cdots$ となることが示される．ただし $\alpha \approx 2.338$ は $\mathrm{Ai}(-\alpha) = 0$ の最小の根であり，この $\mathrm{Ai}(x)$ はエアリー関数という特殊関数を表す*5．この修正項は，横向きのジャンプと枝に沿う遅い移動の間に，それらの角を曲がるのに要する時間の評価に由来する．Mary Cartwright (1952) によって発見された，この驚くべき結果の導出方法についての読みやすい文献としては，Grimshaw (1990，pp. 161–163) を参照せよ．また，弛緩振動に関してより詳しくは Stoker (1950) を参照せよ．

このように，弛緩振動には**交互**に繰り返す 2 つのタイムスケールの時間発展が存在することを知った．つまり，ゆっくりとした蓄積過程と，それに続く素早い解放の過程である．次の節では，2 つのタイムスケールの時間発展が**同時並行**して起こる問題を取り扱う．その結果，問題は多少ややこしくなる．

7.6 弱非線形振動子

この節では，

$$\ddot{x} + x + \varepsilon h(x, \dot{x}) = 0 \tag{7.6.1}$$

という形の方程式を取り扱う．ただし，$0 \le \varepsilon \ll 1$ で，$h(x, \dot{x})$ は任意の滑らかな関数とする．このような方程式は，線形の調和振動子 $\ddot{x} + x = 0$ を弱く摂動した

*5 (訳注) ここで突然有名な特殊関数が現れるのは唐突に思われるかもしれないが，これは決して偶然ではない．エアリー関数の存在，および $\mu^{-1/3}$ の $-1/3$ という指数は，ヌルクラインの折れ曲がり点 B が内包する幾何学的不変量であり，ファン・デル・ポール方程式に限らず同じタイプの摂動問題には必ず現れる．言い換えれば，$T \approx \mu(3-2\ln 2) + 2\alpha\mu^{-1/3}$ の初項は問題に依存する値であるが，α と $\mu^{-1/3}$ は問題の詳細に依存しない普遍的な量である．その普遍的な量を抽出する操作が前掲のブローアップである．

ものを表しており，そのため**弱非線形振動子**とよばれている．2つの基本的な例は，(非線形性が小さい極限での) ファン・デル・ポール方程式

$$\ddot{x} + x + \varepsilon(x^2 - 1)\dot{x} = 0 \tag{7.6.2}$$

および，**ダフィン方程式** (Duffing equation)

$$\ddot{x} + x + \varepsilon x^3 = 0 \tag{7.6.3}$$

である．

この種の系において生じる現象の例として，コンピューターで求めたファン・デル・ポール方程式の $(x, \dot{x})$ 相平面における解を図 7.6.1 に示す．ここで $\varepsilon = 0.1$ であり，初期条件は原点近くとした．軌道はゆっくり回転するスパイラルとなることがわかる．つまり，振幅がある程度に成長するまでに，軌道は何回も回転する必要がある．最終的に軌道は半径がほぼ2の近似的に円形なリミットサイクルへ漸近する．

このリミットサイクルの形状，周期，および半径を解析的に求めたい．以下の解析では，この振動子がよくわかっている単純な調和振動子に「近い」という事実を利用する．

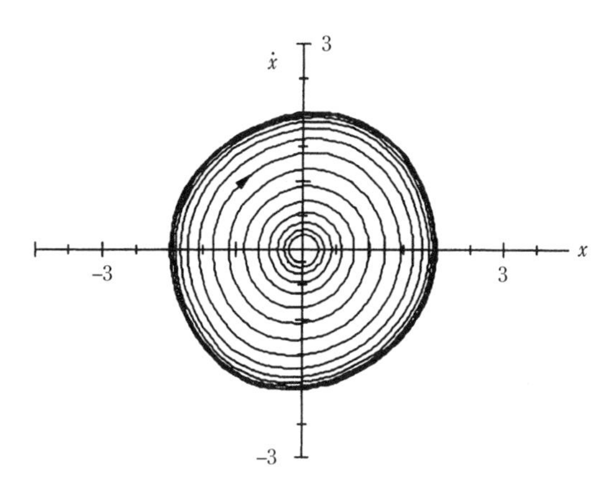

図 **7.6.1**

通常の摂動理論とその破綻

最初の方法として，式 (7.6.1) の解を ε のべき級数の形で求めてみよう．つまり $x(t,\varepsilon)$ を解であるとして，これを ε について展開する．

$$x(t,\varepsilon) = x_0(t) + \varepsilon x_1(t) + \varepsilon^2 x_2(t) + \cdots \tag{7.6.4}$$

ただし，未知関数 $x_k(t)$ はもとの方程式および初期条件から決定されるものである．ここで期待していることは，解のすべての重要な情報が最初の少数個の項により (理想的には，初めの 2 つの項のみで) 捉えられ，他の高次の項はそれを小さく修正するのみである，ということだ．このテクニックは **(通常の) 摂動理論** (regular perturbation theory) とよばれている．この方法は，あるクラスの問題ではうまくいくのだが (たとえば，演習問題 7.3.9)，以下でわかるように，ここでは厄介な問題が生じる．

この難点の原因をはっきりさせるために，厳密に解くことのできる練習問題から始めよう．すなわち，弱い減衰を受ける線形の振動子

$$\ddot{x} + 2\varepsilon\dot{x} + x = 0 \tag{7.6.5}$$

を考えよう．ただし，初期条件は

$$x(0) = 0, \qquad \dot{x}(0) = 1 \tag{7.6.6}$$

である．5 章のテクニックを用い，次の厳密解を求めることができる．

$$x(t,\varepsilon) = \left(1-\varepsilon^2\right)^{-1/2} \mathrm{e}^{-\varepsilon t} \sin\left[\left(1-\varepsilon^2\right)^{1/2} t\right] \tag{7.6.7}$$

さて，ここで同じ問題を摂動理論を用いて解いてみよう．式 (7.6.4) を式 (7.6.5) に代入すると次式が得られる．

$$\frac{\mathrm{d}^2}{\mathrm{d}t^2}\left(x_0 + \varepsilon x_1 + \cdots\right) + 2\varepsilon \frac{\mathrm{d}}{\mathrm{d}t}\left(x_0 + \varepsilon x_1 + \cdots\right) + \left(x_0 + \varepsilon x_1 + \cdots\right) = 0 \tag{7.6.8}$$

これを ε のべき順に整理すると，次式を得る．

$$[\ddot{x}_0 + x_0] + \varepsilon\,[\ddot{x}_1 + 2\dot{x}_0 + x_1] + O(\varepsilon^2) = 0 \tag{7.6.9}$$

式 (7.6.9) はすべての十分小さい ε に対して成立するものであるので，ε のそれぞれのべきの項の係数はいずれも 0 にならなくてはならない．つまり，次式が得ら

れる．

$$O(1): \ddot{x_0} + x_0 = 0 \tag{7.6.10}$$

$$O(\varepsilon): \ddot{x_1} + 2\dot{x_0} + x_1 = 0 \tag{7.6.11}$$

(先に述べた楽観的な考えにより，$O(\varepsilon^2)$ の項，およびより高次の項を無視している.)

これらの方程式に対する適切な初期条件は式(7.6.6) より得られる．つまり，$t = 0$ で，式 (7.6.4) より $0 = x_0(0) + \varepsilon x_1(0) + \cdots$ となる．この関係はすべての ε で成立するものなので，次式が成り立つ．

$$x_0(0) = 0, \qquad x_1(0) = 0 \tag{7.6.12}$$

$\dot{x}_0$ についても同様の理由により，次式が得られる．

$$\dot{x}_0(0) = 1, \qquad \dot{x}_1(0) = 0 \tag{7.6.13}$$

あとは初期値問題を 1 つずつ解いていけばよい．ドミノ倒しのように順番に解いていくのである．初期条件 $x_0(0) = 0$，$\dot{x}_0(0) = 1$ のもとで，式 (7.6.10) の解は

$$x_0(t) = \sin t \tag{7.6.14}$$

となる．この結果を式 (7.6.11) に代入すると次式が得られる．

$$\ddot{x}_1 + x_1 = -2\cos t \tag{7.6.15}$$

ここで困難の最初の兆候が現れている．つまり，式 (7.6.15) の右辺は**共鳴(共振)外力**(resonant forcing) となっている．事実，$x_1(0) = 0$, $\dot{x}_1(0) = 0$ のもとでの式 (7.6.15) の解は

$$x_1(t) = -t\sin t \tag{7.6.16}$$

となり，これは**永年項** (secular term)，つまり $t \to \infty$ で際限なく**増大する**項である．

以上をまとめると，摂動理論による式 (7.6.5), (7.6.6) の解は

$$x(t, \varepsilon) = \sin t - \varepsilon t \sin t + O(\varepsilon^2) \tag{7.6.17}$$

となる．この結果を厳密解 (7.6.7) とどのように比較すべきだろうか? 演習問題 7.6.1 で，読者は 2 つの解の表式が以下に述べる意味で一致していることを示すよ

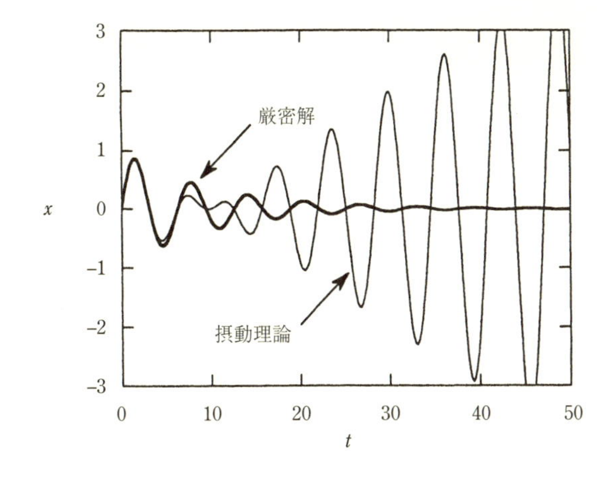

図 7.6.2

う求められる．まず，式 (7.6.7) が ε のべき級数で展開されるなら，確かに最初の 2 つの項は式 (7.6.17) に示す通りである．事実，式 (7.6.17) は真の解 (厳密解) の ε のべきによる**収束する**級数展開のはじめの部分となっている．任意の固定された t に対し，式 (7.6.17) は ε が十分小さい限りよい近似を与えている．具体的には，補正項 [これは実際には $O(\varepsilon^2 t^2)$ のオーダーである] が無視できるように，$\varepsilon t \ll 1$ であることが必要となる．

しかし，通常は t は固定せず **ε を固定**した場合の解のふるまいに興味がある．その場合には，摂動による近似は，$t \ll O(1/\varepsilon)$ を満たす時間においてのみ有効であるとしか期待できない．この限界を例示するために，$\varepsilon = 0.1$ に対して厳密解 (7.6.7) と摂動による近似解 (7.6.17) を図 7.6.2 にプロットした．予想通り，近似解は $t \ll 1/\varepsilon = 10$ においては有効だが，その後は破綻していることがわかる[*6]．

多くの状況では，近似解は真の解の定性的なふるまいを，すべての t に対して，もしくは少なくとも十分大きな t に対して，保持しておいて欲しい．この観点からは，式 (7.6.17) の近似解は図 7.6.2 から明らかなように失敗である．そこでは大きな問題が 2 つ生じている．

*6 (訳注) 方程式 (7.6.1) は ε について解析的であるから，微分方程式の解のパラメーターに関する依存性についての定理 [たとえば伊藤秀一，常微分方程式と解析力学 (共立出版，1998) を参照] より，解も ε について解析関数であることがわかる．したがって級数 (7.6.4) は，t を固定するごとに確かに収束する．ところがその収束が $t \in \boldsymbol{R}$ について一様収束ではないために，級数 (7.6.4) を用いて $t \to \infty$ のふるまいを予測できなくなっている．

(1) 式 (7.6.7) の真の解は **2つのタイムスケール**を含んでいる．つまり，正弦波振動に相当する速いタイムスケール $t \sim O(1)$，およびその振幅が減少していく遅いタイムスケール $t \sim O(1/\varepsilon)$ である．式 (7.6.17) は**遅いタイムスケール**でのふるまいを完全に誤って表示している．とりわけ，式 (7.6.17) は永年項 $t\sin t$ のために解が時間とともに増大するという誤った示唆を与えるが，一方で式 (7.6.7) より振幅 $A = \left(1-\varepsilon^2\right)^{-1/2} \mathrm{e}^{-\varepsilon t}$ は正しくは指数関数的に減衰することがわかる．

以上の不一致は，$\mathrm{e}^{-\varepsilon t} = 1 - \varepsilon t + O(\varepsilon^2 t^2)$ という近似により生じていて，これを ε のオーダーまでで見ると，振幅が t とともに増加するように (誤って) 見えるのである．正しい結果を得ようとすれば，近似解の級数に**無限個の**項を用意する必要が生じる．しかし，それでは意味がない．というのも，われわれが欲しいのは，高々1項あるいは2項で有効となる級数近似だからである．

(2) 式 (7.6.7) の振動の振動数は $\omega = \left(1-\varepsilon^2\right)^{1/2} \approx 1 - \frac{1}{2}\varepsilon^2$ により与えられるが，これは式 (7.6.17) の振動数 $\omega = 1$ からいくぶんずれている．**非常に長い**時間 $t \sim O(1/\varepsilon^2)$ の後に，この振動数の誤差は大きな蓄積効果をもつであろう．これは第3の**非常に遅い**タイムスケールに対応することに注意しよう！

2タイミングの方法

以上の簡単な例題から，より一般的な真理が明らかとなる．それは，弱非線形振動子には (少なくとも) 2つのタイムスケールがありそうだ，ということである．すでにこのことは図 7.6.1 でも見ており，スパイラルの振幅は軌道が1回転する時間に比べて非常にゆっくりと増加している．これを踏まえて，**2タイミング**とよばれる解析的方法には，最初から2つのタイムスケールが存在するという事実が組み込まれており，通常の摂動理論よりもよい近似解を与えるのである[*7]．実際には2つ以上のタイムスケールを用いることも可能であるが，ここでは最も簡単な場合に専念することにしよう．

2タイミングの方法を式 (7.6.1) に適用する際に，$\tau = t$ として，この τ が速く進む $O(1)$ の時間を表すとし，さらに $T = \varepsilon t$ として，この T がゆっくり進む時間を表すとしよう．つまり，これらの2つの時間をあたかも互いに**独立な**変数であるかのように扱うのである．特に，遅い時間 T のみの関数は，速い時間 τ の

*7 (訳注) 2タイミング (two-timing) は，英語では multi-scaling method, 日本語では多重尺度法などともよばれるが，ここでは単に2タイミングの方法と訳した．

スケールでは**定数**と見なされる．この考え方を厳密に正当化することは難しいが，この方法は有効に働く．(1つのたとえ話として，これは，身長が1日のタイムスケールでは一定であるというようなものである．もちろん，特に子供や思春期の中高生の場合，数ヶ月から数年の間に身長が大きく変化することはあるが，1日の間なら，身長は一定であるとするのはよい近似であろう.)

さて，この方法の仕掛けについて考えよう．まず式 (7.6.1) の解を次の級数に展開する．

$$x(t,\varepsilon)=x_0(\tau,T)+\varepsilon x_1(\tau,T)+O(\varepsilon^2) \tag{7.6.18}$$

式 (7.6.1) の時間微分は，連鎖律を用いて次のように変形される．

$$\dot{x}=\frac{\mathrm{d}x}{\mathrm{d}t}=\frac{\partial x}{\partial\tau}+\frac{\partial x}{\partial T}\frac{\partial T}{\partial t}=\frac{\partial x}{\partial\tau}+\varepsilon\frac{\partial x}{\partial T} \tag{7.6.19}$$

これらの微分を ∂_τ や ∂_T のように添字により表示すると簡潔である．そこで式 (7.6.19) を次のように表示する．

$$\dot{x}=\partial_\tau x+\varepsilon\partial_T x \tag{7.6.20}$$

式 (7.6.18) を式 (7.6.20) に代入し，ε のべき順に整理すると，次式を得る．

$$\dot{x}=\partial_\tau x_0+\varepsilon(\partial_T x_0+\partial_\tau x_1)+O(\varepsilon^2) \tag{7.6.21}$$

同様に，

$$\ddot{x}=\partial_{\tau\tau}x_0+\varepsilon(\partial_{\tau\tau}x_1+2\partial_{T\tau}x_0)+O(\varepsilon^2) \tag{7.6.22}$$

この方法を例示するために，先ほどの式 (7.6.5) の練習問題にこれを適用してみよう．

例題 7.6.1 2タイミングの方法を用いて初期条件 $x(0)=0$, $\dot{x}(0)=1$ の減衰線形振動子の解を近似せよ．

(解) まず $\dot{x}$ および $\ddot{x}$ に式 (7.6.21) と式 (7.6.22) をそれぞれ代入し，次式を得る．

$$\partial_{\tau\tau}x_0+\varepsilon(\partial_{\tau\tau}x_1+2\partial_{T\tau}x_0)+2\varepsilon\partial_\tau x_0+x_0+\varepsilon x_1+O(\varepsilon^2)=0 \tag{7.6.23}$$

さらに ε のべき順に整理し，次の1対の微分方程式を得る．

$$O(1):\partial_{\tau\tau}x_0+x_0=0 \tag{7.6.24}$$

$$O(\varepsilon):\partial_{\tau\tau}x_1+2\partial_{T\tau}x_0+2\partial_\tau x_0+x_1=0 \tag{7.6.25}$$

ここで方程式 (7.6.24) は単なる調和振動子である．その一般解は

$$x_0=A\sin\tau+B\cos\tau \tag{7.6.26}$$

であるが，ここで面白い点は，**「定数」A および B が実は遅い時間 T の関数となっている**ことだ．先ほど述べた，τ および T は互いに独立な変数と見なす，という考え方を思い起こそう．つまり，T の関数は速い時間 τ のタイムスケールでは定数のようにふるまうということである．

$A(T)$ および $B(T)$ を求めるためには，ε の次のオーダーまで進む必要がある．そこで式 (7.6.26) を式 (7.6.25) に代入し，次式を得る．

$$\begin{aligned}\partial_{\tau\tau}x_1 + x_1 &= -2(\partial_{T\tau}x_0 + \partial_\tau x_0)\\ &= -2(A' + A)\cos\tau + 2(B' + B)\sin\tau \end{aligned} \tag{7.6.27}$$

ただしプライム ($'$) は T による微分を表している．

式 (7.6.27) は，先ほど式 (7.6.15) 以下で破綻を生じたのと同じ困難に直面している．つまり，式 (7.6.27) の右辺は，x_1 の解に $\tau\sin\tau$ や $\tau\cos\tau$ のような**永年項**を生じる共鳴外力となっている．これらの項により，x の級数解は収束はするが使いものにならなくなってしまう．そのような永年項を生じない近似解を求めたいので，**共鳴項の係数を 0 と設定する**．この操作がすべての 2 タイミングの方法の特徴である．ここでは次式が得られる．

$$A' + A = 0 \tag{7.6.28}$$

$$B' + B = 0 \tag{7.6.29}$$

式 (7.6.28) および式 (7.6.29) の解は次式のようになる．

$$\begin{aligned}A(T) &= A(0)\,\mathrm{e}^{-T}\\ B(T) &= B(0)\,\mathrm{e}^{-T}\end{aligned}$$

最後のステップは，$A(0)$ および $B(0)$ の初期値を求めることである．これらは，式 (7.6.18), (7.6.26) および与えられた初期条件 $x(0) = 0$, $\dot{x}(0) = 1$ から，次のように求められる．方程式 (7.6.18) より $0 = x(0) = x_0(0,0) + \varepsilon x_1(0,0) + O(\varepsilon^2)$ が得られる．この方程式が十分小さい**すべての** ε に対して成立するためには，

$$x_0(0,0) = 0 \tag{7.6.30}$$

および $x_1(0,0) = 0$ が必要である．同じく，

$$1 = \dot{x}(0) = \partial_\tau x_0(0,0) + \varepsilon\left(\partial_T x_0(0,0) + \partial_\tau x_1(0,0)\right) + O(\varepsilon^2)$$

より

$$\partial_\tau x_0(0,0) = 1 \tag{7.6.31}$$

および $\partial_T x_0(0,0) + \partial_\tau x_1(0,0) = 0$ が必要である．式 (7.6.26) と式 (7.6.30) より

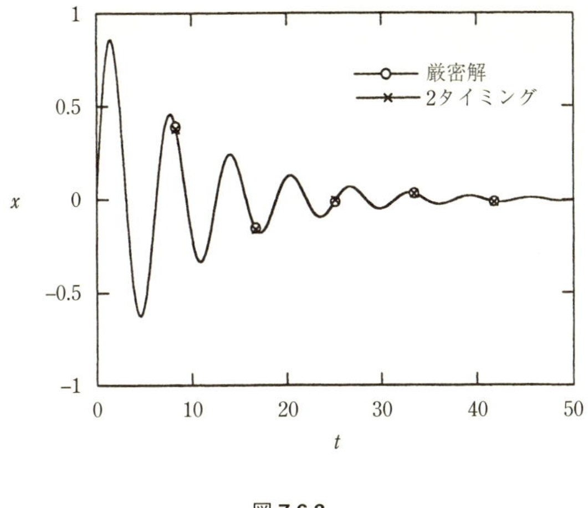

図 **7.6.3**

$B(0)=0$ が得られる．したがって $B(T)\equiv 0$ となる．同様に，式 (7.6.26) と式 (7.6.31) より $A(0)=1$ と求まり，$A(T)=\mathrm{e}^{-T}$ となる．よって式 (7.6.26) は

$$x_0(\tau,T)=\mathrm{e}^{-T}\sin\tau \tag{7.6.32}$$

となり，ゆえに

$$\begin{aligned} x&=\mathrm{e}^{-T}\sin\tau+O(\varepsilon)\\ &=\mathrm{e}^{-\varepsilon t}\sin t+O(\varepsilon) \end{aligned} \tag{7.6.33}$$

が 2 タイミングの方法により得られる近似解である． ■

図 7.6.3 は 2 タイミングの方法による解 (7.6.33) を厳密解 (7.6.7) と $\varepsilon=0.1$ の場合について比較したものである．この ε の値は極端に小さいわけでもないが，2 つの解の曲線はほとんど見分けがつかないほど一致している．このことが 2 タイミングの方法の 1 つの特徴なのである．つまり，しばしば予想以上によい近似が得られるのである．例題 7.6.1 についてもっと追究しようと思うならば，x_1 の方程式を解いて高次の修正項を求めるか，あるいは非常に遅い時間 $\mathfrak{T}=\varepsilon^2 t$ を導入し，振動数の $O(\varepsilon^2)$ の誤差により振動の位相が長時間でシフトする様子をしらべることができるだろう．しかし図 7.6.3 の示すように，すでによい近似は得られているのだ．

さて，練習問題は十分だろう！ この方法の使い方はもう十分にしらべたので，これを本物の非線形問題に適用することにしよう．

例題 7.6.2 2 タイミングの方法を用いて，ファン・デル・ポール振動子 (7.6.2) が，半径 $= 2 + O(\varepsilon)$ で振動数 $\omega = 1 + O(\varepsilon^2)$ の，ほぼ円形の安定なリミットサイクルをもつことを示せ．

(解) 方程式は $\ddot{x} + x + \varepsilon(x^2 - 1)\dot{x} = 0$ である．式 (7.6.21) および式 (7.6.22) を用い，ε のべきごとに整理すると，次の方程式が得られる．

$$O(1) : \partial_{\tau\tau} x_0 + x_0 = 0 \tag{7.6.34}$$

$$O(\varepsilon) : \partial_{\tau\tau} x_1 + x_1 = -2\partial_{\tau T} x_0 - (x_0^2 - 1)\partial_\tau x_0 \tag{7.6.35}$$

これまでと同様，$O(1)$ の方程式は単純な調和振動子である．その一般解は式 (7.6.26)，あるいはその別の表示として

$$x_0 = r(T)\cos(\tau + \phi(T)) \tag{7.6.36}$$

により与えられ，この $r(T)$ および $\phi(T)$ は，それぞれ x_0 の**ゆっくりと変動する振幅**と**位相**を表す．

r および ϕ を定める方程式を求めるために，式 (7.6.36) を式 (7.6.35) に代入しよう．その結果，次式が得られる*8．

$$\begin{aligned}\partial_{\tau\tau} x_1 + x_1 &= -2[r'\sin(\tau + \phi) + r\phi'\cos(\tau + \phi)] \\ &\quad - r\sin(\tau + \phi)\left[r^2\cos^2(\tau + \phi) - 1\right]\end{aligned} \tag{7.6.37}$$

これまでの例と同じく，右辺の共鳴項を回避する必要がある．そのような項は $\cos(\tau+\phi)$ および $\sin(\tau + \phi)$ に比例する項であり，すでに式 (7.6.37) にもいくつか現れている．しかし，ここからが重要なポイントであるが，三角関数の等式

$$\sin(\tau + \phi)\cos^2(\tau + \phi) = \frac{1}{4}\left[\sin(\tau + \phi) + \sin 3(\tau + \phi)\right] \tag{7.6.38}$$

からわかるように，$\sin(\tau + \phi)\cos^2(\tau + \phi)$ の項の中にも共鳴項が潜んでいるのである．(演習問題 7.6.10 はこの等式の導出法を思い出させてくれるのだが，たいていはそのような等式を必要としないだろう．つまり，後で示すように近道があるのだ.) この式 (7.6.38) を式 (7.6.37) に代入すると，次の式が得られる．

$$\begin{aligned}\partial_{\tau\tau} x_1 + x_1 &= \left(-2r' + r - \frac{1}{4}r^3\right)\sin(\tau + \phi) \\ &\quad - 2r\phi'\cos(\tau + \phi) - \frac{1}{4}r^3\sin 3(\tau + \phi)\end{aligned} \tag{7.6.39}$$

---

*8 (訳注) 計算すればわかるように，正しくは式 (7.6.37) と式 (7.6.39) の右辺の符号が逆となるが，ここでは原書に従っている．その後の式や議論には影響しない．

したがって，永年項を回避するためには，次式が必要となる

$$-2r' + r - \frac{1}{4}r^3 = 0 \tag{7.6.40}$$

$$-2r\phi' = 0 \tag{7.6.41}$$

まず式 (7.6.40) を考えよう．この方程式

$$r' = \frac{1}{8}r(4 - r^2) \tag{7.6.42}$$

は，$r \geq 0$ の半直線上のベクトル場に対応すると見なされよう．2 章の方法，もしくは例題 7.1.1 により，$r^* = 0$ は不安定固定点であり，$r^* = 2$ は安定固定点であることがわかる．次に，式 (7.6.41) より $\phi' = 0$ となり，ある定数 ϕ_0 に対し $\phi(T) = \phi_0$ となる．したがって $t \to \infty$ で $x_0(\tau, T) \to 2\cos(\tau + \phi_0)$ であり，それゆえ

$$x(t) \to 2\cos(t + \phi_0) + O(\varepsilon) \tag{7.6.43}$$

となる．このように，$x(t)$ は半径 $2 + O(\varepsilon)$ の安定なリミットサイクルに近づいてゆくことがわかる．

式 (7.6.43) における振動数を得るために，まず式 (7.6.43) の余弦 (cos) 項内の変数を $\theta = t + \phi(T)$ としよう．すると，角振動数 ω は ε の 1 次のオーダーまでで，

$$\omega = \frac{\mathrm{d}\theta}{\mathrm{d}t} = 1 + \frac{\mathrm{d}\phi}{\mathrm{d}T}\frac{\mathrm{d}T}{\mathrm{d}t} = 1 + \varepsilon\phi' = 1 \tag{7.6.44}$$

となる．したがって，$\omega = 1 + O(\varepsilon^2)$ となる．この $O(\varepsilon^2)$ の補正項を具体的に求めたければ，非常に遅い時間 $\mathfrak{T} = \varepsilon^2 t$ を導入する必要がある．あるいは，演習問題で扱うように，ポアンカレ–リンドステット (Poincaré–Lindstedt) の方法を用いる手もある． ■

平均化方程式

弱非線形振動子の問題では，何度も同じ計算のステップが現れる．そのための一般的な公式を導出して，この計算の手間を省こう．

次の一般的な弱非線形振動子の方程式を考えよう．

$$\ddot{x} + x + \varepsilon h(x, \dot{x}) = 0 \tag{7.6.45}$$

ここまでと同じく 2 タイミングの方法から次式を得る．

$$O(1) : \partial_{\tau\tau}x_0 + x_0 = 0 \tag{7.6.46}$$

$$O(\varepsilon) : \partial_{\tau\tau}x_1 + x_1 = -2\partial_{\tau T}x_0 - h \tag{7.6.47}$$

ここで，$h = h(x_0, \partial_\tau x_0)$ である．例題 7.6.2 と同じく，上記の $O(1)$ の方程式の解は次の通りである．

$$x_0 = r(T)\cos(\tau + \phi(T)) \tag{7.6.48}$$

ここでの目標は，式 (7.6.40) と式 (7.6.41) に相当する r' および ϕ' の微分方程式を導くことである．すなわち，これまでと同じく，これらの方程式を式 (7.6.47) の右辺に $\cos(\tau+\phi)$ および $\sin(\tau+\phi)$ に比例する項が現れないという条件から求めるのである．式 (7.6.48) を式 (7.6.47) に代入すると，方程式の右辺が

$$2\left[r'\sin(\tau+\phi) + r\phi'\cos(\tau+\phi)\right] - h \tag{7.6.49}$$

となる．ここで h は $h = h(r\cos(\tau+\phi), -r\sin(\tau+\phi))$ により与えられる．

この h の項から $\cos(\tau+\phi)$ および $\sin(\tau+\phi)$ に比例する項を引き出すために，フーリエ解析の考え方を用いる．(フーリエ解析を知らないとしても，心配しなくてよい．必要なことは演習問題 7.6.12 ですべて導出する.) まず h は $\tau+\phi$ の 2π 周期関数であることに注意しよう．また

$$\theta = \tau + \phi$$

とおこう．フーリエ解析によれば，この $h(\theta)$ は次の**フーリエ級数**で表示できる．

$$h(\theta) = \sum_{k=0}^{\infty} a_k \cos k\theta + \sum_{k=1}^{\infty} b_k \sin k\theta \tag{7.6.50}$$

ここで，その**フーリエ係数**は次の通りである．

$$\begin{aligned} a_0 &= \frac{1}{2\pi}\int_0^{2\pi} h(\theta)\,\mathrm{d}\theta \\ a_k &= \frac{1}{\pi}\int_0^{2\pi} h(\theta)\cos k\theta\,\mathrm{d}\theta \quad (k \geq 1) \\ b_k &= \frac{1}{\pi}\int_0^{2\pi} h(\theta)\sin k\theta\,\mathrm{d}\theta \quad (k \geq 1) \end{aligned} \tag{7.6.51}$$

したがって，式 (7.6.49) は次のように表される．

$$2\left(r'\sin\theta + r\phi'\cos\theta\right) - \sum_{k=0}^{\infty} a_k\cos k\theta - \sum_{k=1}^{\infty} b_k \sin k\theta \tag{7.6.52}$$

式 (7.6.52) の共鳴項は $(2r' - b_1)\sin\theta$ および $(2r\phi' - a_1)\cos\theta$ のみである．つまり，永年項を回避するためには $r' = b_1/2$ および $r\phi' = a_1/2$ が必要である．式

(7.6.51) より，a_1 および b_1 は

$$\begin{aligned} r' &= \frac{1}{2\pi}\int_0^{2\pi} h(\theta)\sin\theta\,\mathrm{d}\theta \equiv \langle h\sin\theta\rangle \\ r\phi' &= \frac{1}{2\pi}\int_0^{2\pi} h(\theta)\cos\theta\,\mathrm{d}\theta \equiv \langle h\cos\theta\rangle \end{aligned} \tag{7.6.53}$$

となる．ただし，山形括弧 $\langle\ \rangle$ は θ についての 1 周期にわたる積分を表している．

式 (7.6.53) は**平均化方程式** (averaged equation)，あるいは**遅いタイムスケールの方程式**(slow-time equation) とよばれる．これを使うためには，まず

$$h = h\left(r\cos(\tau+\phi), -r\sin(\tau+\phi)\right) = h(r\cos\theta, -r\sin\theta)$$

を陽に書き下し，遅い変数 r を定数と見なし，速い変数 θ について式 (7.6.53) の右辺の平均を計算すればよい．以下によく出てくる平均の計算例を示す．

$$\begin{aligned} &\langle\cos\rangle = \langle\sin\rangle = 0, \quad \langle\sin\cos\rangle = 0, \quad \left\langle\cos^3\right\rangle = \left\langle\sin^3\right\rangle = 0, \\ &\left\langle\cos^{2n+1}\right\rangle = \left\langle\sin^{2n+1}\right\rangle = 0, \quad \left\langle\cos^2\right\rangle = \left\langle\sin^2\right\rangle = \frac{1}{2}, \\ &\left\langle\cos^4\right\rangle = \left\langle\sin^4\right\rangle = \frac{3}{8}, \quad \left\langle\cos^2\sin^2\right\rangle = \frac{1}{8}, \\ &\left\langle\cos^{2n}\right\rangle = \left\langle\sin^{2n}\right\rangle = \frac{1\cdot 3\cdot 5\cdots(2n-1)}{2\cdot 4\cdot 6\cdots(2n)} \quad (n \geq 1) \end{aligned} \tag{7.6.54}$$

他の平均は，以上の計算例から導出するか，直接積分を行うことにより求められる．たとえば，

$$\begin{aligned} &\left\langle\cos^2\sin^4\right\rangle = \left\langle(1-\sin^2)\sin^4\right\rangle = \left\langle\sin^4\right\rangle - \left\langle\sin^6\right\rangle = \frac{3}{8} - \frac{15}{48} = \frac{1}{16}, \\ &\left\langle\cos^3\sin\right\rangle = \frac{1}{2\pi}\int_0^{2\pi}\cos^3\theta\sin\theta\,\mathrm{d}\theta = -\frac{1}{2\pi}\left[\cos^4\theta\right]_0^{2\pi} = 0 \end{aligned}$$

例題 7.6.3 初期条件 $x(0)=1$，$\dot{x}(0)=0$ のもとで，ファン・デル・ポール方程式 $\ddot{x}+x+\varepsilon(x^2-1)\dot{x}=0$ を考えよう．平均化方程式を求め，これを解いて $x(t,\varepsilon)$ の近似解を得よ．さらに $\varepsilon=0.1$ の場合に，この結果をもとのファン・デル・ポール方程式の数値解と比較せよ．

(解) ファン・デル・ポール方程式では，$h=(x^2-1)\dot{x}=(r^2\cos^2\theta-1)(-r\sin\theta)$ である．したがって式 (7.6.53) は次のようになる．

$$\begin{aligned} r' &= \langle h\sin\theta\rangle = \left\langle(r^2\cos^2\theta-1)(-r\sin\theta)\sin\theta\right\rangle \\ &= r\langle\sin^2\theta\rangle - r^3\langle\cos^2\theta\sin^2\theta\rangle \\ &= \frac{1}{2}r - \frac{1}{8}r^3 \end{aligned}$$

および

$$\begin{aligned} r\phi' &= \langle h\cos\theta\rangle = \big\langle (r^2\cos^2\theta - 1)(-r\sin\theta)\cos\theta \big\rangle \\ &= r\langle \sin\theta\cos\theta\rangle - r^3\langle \cos^3\theta\sin\theta\rangle \\ &= 0 - 0 = 0 \end{aligned}$$

これらの方程式は，当然のことではあるが，例題 7.6.2 で得られた方程式と一致している．

初期条件 $x(0) = 1$ および $\dot{x}(0) = 0$ より，$r(0) \approx \sqrt{x(0)^2 + \dot{x}(0)^2} = 1$ および $\phi(0) \approx \tan^{-1}(\dot{x}(0)/x(0)) - \tau = 0 - 0 = 0$ が得られる．$\phi' = 0$ であるので，$\phi(T) \equiv 0$ が成り立つ．$r(T)$ を求めるには，$r(0) = 1$ のもとで $r' = \frac{1}{2}r - \frac{1}{8}r^3$ を解けばよい．この微分方程式は変数分離が可能であり，次式が得られる．

$$\int \frac{8\mathrm{d}r}{r(4 - r^2)} = \int \mathrm{d}T$$

これを部分分数にして積分し，$r(0) = 1$ を用いると，

$$r(T) = 2(1 + 3\mathrm{e}^{-T})^{-1/2} \tag{7.6.55}$$

となる．したがって，近似解は

$$\begin{aligned} x(t, \varepsilon) &\approx x_0(\tau, T) + O(\varepsilon) \\ &= \frac{2}{\sqrt{1 + 3\mathrm{e}^{-\varepsilon t}}}\cos t + O(\varepsilon) \end{aligned} \tag{7.6.56}$$

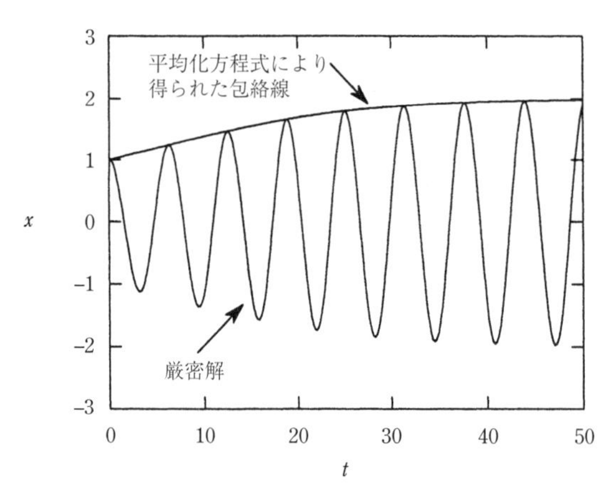

図 **7.6.4**

となる．方程式 (7.6.56) は，振動子がリミットサイクルに内側から漸近してゆく過渡状態を記述している．例題 7.6.2 と同じく，$T \to \infty$ で $r(T) \to 2$ となることに注意しよう．

図 7.6.4 は，$\varepsilon = 0.1$ の場合に初期条件 $x(0) = 1$, $\dot{x}(0) = 0$ に対して数値積分により得られたファン・デル・ポール方程式の「正確な」解をプロットしたものである．比較のために，式 (7.6.55) で得られたゆっくり変動する振幅 $r(T)$ も表示されている．両者は驚くほど一致している．包絡線 $r(T)$ のかわりに，式 (7.6.56) の解全体を表示することも可能である．しかし，図 7.6.3 の場合と同じく，2 つの曲線はほとんど見分けがつかなくなるだろう．■

さて次に，振動子の振動数が振幅に依存する例を考えよう．これはよくある現象であり，本質的に**非線形**である．つまり線形の振動子では起こりえない現象である．

例題 7.6.4 ダフィン振動子 $\ddot{x} + x + \varepsilon x^3 = 0$ の振幅と振動数の間の近似的な関係式を求めよ．ただし，ε は正負いずれの値もとるものとする．得られた結果を物理的に解釈せよ．

(解) この場合 $h = x^3 = r^3 \cos^3 \theta$ である．したがって方程式 (7.6.53) は

$$r' = \langle h \sin \dot{\theta} \rangle = r^3 \langle \cos^3 \theta \sin \theta \rangle = 0$$

および

$$r\phi' = \langle h \cos \theta \rangle = r^3 \langle \cos^4 \theta \rangle = \frac{3}{8} r^3$$

となる．よって a をある定数として $r(T) \equiv a$，また $\phi' = \frac{3}{8} a^2$ と求まる．したがって，例題 7.6.2 と同じく，振動数 ω は次のように求まる．

$$\omega = 1 + \varepsilon \phi' = 1 + \frac{3}{8} \varepsilon a^2 + O(\varepsilon^2) \tag{7.6.57}$$

さて，その物理的解釈は以下の通りである．ダフィン方程式は，復元力 $F(x) = -x - \varepsilon x^3$ をもつ非線形ばねにつながれた単位質量の物体の非減衰振動を記述している．この $F(x)$ を $F(x) = -kx$ と表せば，通常の線形の振動子に対する直観を働かせることができて，ばねの硬さ k が x に依存することになる．つまり

$$k = k(x) = 1 + \varepsilon x^2$$

となる．いま $\varepsilon > 0$ としよう．このとき，ばねは変位 x が増加するにつれ**硬化**する．この場合は**硬性ばね** (hardening spring) とよばれる．物理的に考えれば，これにより振動子の振動数が増大することが予測できる．そして，このことは式 (7.6.57) の結果とつじつまがあっている．一方 $\varepsilon < 0$ の場合，ばねは**軟性ばね** (softening spring) となり，振り子がその例となっている (演習問題 7.6.15).

$r' = 0$ となることもまた筋が通っている．ダフィン方程式は保存系であり，十分に小さいすべての ε に対して，原点は**非線形なセンター**となっている (演習問題 6.5.13)．原点の近くのすべての軌道が周期的なので，振幅の長期変動は生じえない．よって，$r' = 0$ とつじつまがあうのである．■

2 タイミングの方法の妥当性

2 タイミングの方法の数学的妥当性に関して，2, 3 のコメントをしてこの章を締めくくろう．経験則としていえることは，x および x_0 の両者が同一の初期条件から出発したとき，1 項のみによる近似解 x_0 は，真の解 x に対し，$t \sim O(1/\varepsilon)$ とそれまでのすべての時間において $O(\varepsilon)$ の誤差の範囲内にある，ということだ．特に x が周期解である場合，状況はさらによくなる．つまり，x_0 はすべての時間 t において，x から $O(\varepsilon)$ の誤差の範囲内にある．

とはいうものの，以上の事柄に関する正確な内容や厳密な結果，また生じる可能性のある微妙な問題については，Guckenheimer と Holmes (1983) あるいは Grimshaw (1990) のような，より進んだ取扱いを参照しなくてはならない．これらの著書では**平均化法** (averaging method) が用いられており，この方法によっても 2 タイミングの方法と同じ結果が得られる[*9]．この強力なテクニックの入門と

---

*9 (訳注) 読者の利便のため，厳密に知られていることを簡単に紹介しておこう．式 (7.6.1) のような弱非線形振動子に対し，2 タイミングの方法，あるいは平均化法で構成した近似解を $\tilde{x}(t)$ とし，これと初期条件が等しい厳密解を $x(t)$ とするとき，不等式

$$|x(t) - \tilde{x}(t)| < C\varepsilon,\ 0 \le t \le T_0/\varepsilon$$

が成り立つ．ここで C, T_0 は適当な正の定数である．したがって近似解は $t \sim O(1/\varepsilon)$ のタイムスケールまで信用してよい．では近似解が $t \to \infty$ まで正しいことはあるだろうか？ これについて正確に述べるには少し数学の準備が必要だが，標語的にいえば次のことが知られている．「もし平均化方程式 (遅いスケールの方程式) が漸近安定なリミットサイクルをもつならば，もとの方程式も漸近安定なリミットサイクルをもつ．」この意味において，リミットサイクルの近傍では平均化方程式がもとの方程式の $t \to \infty$ における挙動を支配していることになる．より正確かつ一般化された主張については次の論文を参照せよ．

- H. Chiba, Extension and unification of singular perturbation methods for ODEs based on the renormalization group method, SIAM J. Appl. Dyn. Syst., **8**, 1066–1115 (2009).

本書では主に 2 タイミングの方法が用いられているが，他の特異摂動法 (平均化法，標準形の理論，くりこみの方法など) についてを用いても同じ結果が得られる．実際，これらの方法は数学的に等価であるが，必要な計算量にはやや差がある．特に ε について高次の近似解を求める際には，2 タイミングの方法や平均化法ではたいへんだという印象がある．一方，1990 年代になって発見されたくりこみの方法だともう少し見通しよく，任意の次数まで近似解を構成できる．微分方程式に対するくりこみの方法については大野克嗣，非線形な世界 (東京大学出版会, 2009) が発案者自身による面白い本である．数学的に厳密な結果は上記の論文を参照されたい．

しては演習問題 7.6.25 を参照せよ．

また，ここで用いた近似がどのような意味で真の解の近似となっているかということについては，かなりおおらかな立場をとってきた．これに関連するものとして**漸近近似** (asymptotic approximation) という概念がある．漸近近似への入門書としては，Lin と Segel (1988) あるいは Bender と Orszag (1978) を参照せよ．

演　習　問　題

7.1 例　　題

次の系のそれぞれについて相図を描け．(これまでと同じく，r, θ は極座標を表す.)

7.1.1 $\dot{r} = r^3 - 4r, \quad \dot{\theta} = 1$

7.1.2 $\dot{r} = r(1-r^2)(9-r^2), \quad \dot{\theta} = 1$

7.1.3 $\dot{r} = r(1-r^2)(4-r^2), \quad \dot{\theta} = 2 - r^2$

7.1.4 $\dot{r} = r\sin r, \quad \dot{\theta} = 1$

7.1.5 (**極座標から直交座標への変換**) $\dot{r} = r(1-r^2)$, $\dot{\theta} = 1$ は以下の方程式と等価であることを示せ．

$$\dot{x} = x - y - x(x^2+y^2), \qquad \dot{y} = x + y - y(x^2+y^2)$$

ただし $x = r\cos\theta$，$y = r\sin\theta$ である (ヒント：$\dot{x} = \frac{\mathrm{d}}{\mathrm{d}t}(r\cos\theta) = \dot{r}\cos\theta - r\dot{\theta}\sin\theta$).

7.1.6 (**ファン・デル・ポール振動子の回路**) 図 1 は，最も初期の商用ラジオに用いられ，van der Pol によって解析された「真空管マルチバイブレーター」回路を示している．van der Pol の時代には能動素子は真空管であったが，今日ではこれは半導体素子となっている．この能動素子は，電流 I が大きいときには通常の抵抗として働くが，I が小さいときには負性抵抗 (エネルギー源) として働く．その電流–電圧特性 $V = f(I)$ は，以下で述べるように 3 次関数に近い．

電流源が回路に接続され，その後切り離される状況を考えてみよう．その後の電流および回路中の各点の電位の時間変化は，どのような方程式で記述されるか?

(a) $V = V_{32} = -V_{23}$ は回路中の点 3 から点 2 への電圧降下を表すとしよう．このとき $\dot{V} = -I/C$ および $V = L\dot{I} + f(I)$ が成り立つことを示せ．

(b) (a) で求めた方程式は，

$$\frac{\mathrm{d}w}{\mathrm{d}\tau} = -x, \qquad \frac{\mathrm{d}x}{\mathrm{d}\tau} = w - \mu F(x)$$

と等価であることを示せ．ただし $x = L^{1/2}I$，$w = C^{1/2}V$, $\tau = (LC)^{-1/2}t$，および $F(x) = f(L^{-1/2}x)$ である．

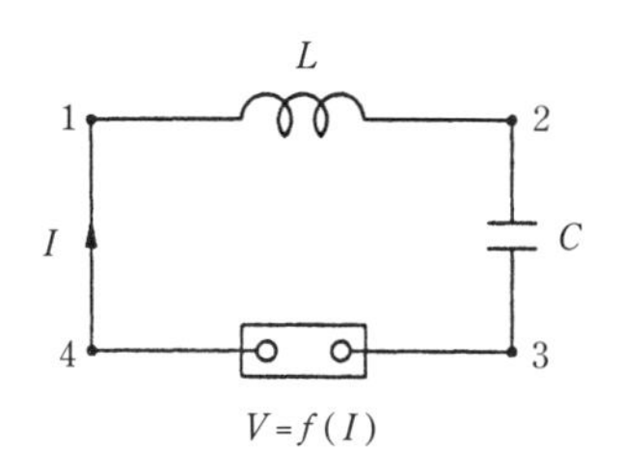

図 1

7.5 節で，$F(x) = \frac{1}{3}x^3 - x$ の場合に，この (w, x) 平面上の系はファン・デル・ポール方程式と等価であることが示されている．よって，この回路は自励振動を生じる．

7.1.7 (波形) $\dot{r} = r(4 - r^2)$, $\dot{\theta} = 1$ で与えられる系を考え，$x(t) = r(t)\cos\theta(t)$, $y(t) = r(t)\sin\theta(t)$ を導入しよう．初期条件を $x(0) = 0.1$, $y(0) = 0$ として，$x(t)$ の解の表式を求めることなく，$x(t)$ のおおよその波形を描け．

7.1.8 (円形のリミットサイクル) $\ddot{x} + a\dot{x}(x^2 + \dot{x}^2 - 1) + x = 0$ で与えられる系を考えよう．ただし $a > 0$ とする．

(a) すべての固定点を求め，安定性を分類せよ．

(b) この系は円形のリミットサイクルをもつことを示し，その振幅および周期を求めよ．

(c) リミットサイクルの安定性を判別せよ．

(d) このリミットサイクルが唯一の周期解であること，つまり他には周期解が存在しないことを説明せよ．

7.1.9 (円上の追跡問題) はじめ犬は円形の池の中央にいて，アヒルがその池の縁に沿って泳いでいるのを見ているとしよう．この犬は常に真っ直ぐアヒルに向かって泳いで追いかけるものとする．つまり，犬の速度ベクトルは常に犬とアヒルを結ぶ直線上にあるとする．一方で，アヒルは池の縁に沿って反時計回りに逃げようと全速力で泳ぎ続けるとする．

(a) 池は半径 1 であり，犬とアヒルは一定の等しい速さで泳ぐと仮定しよう．このときに犬の追跡経路を与える 1 組の微分方程式を導出せよ．(ヒント：図 2 に示す座標系を用いて $\mathrm{d}R/\mathrm{d}\theta$ および $\mathrm{d}\phi/\mathrm{d}\theta$ の方程式を求めよ.) さらに，この系を解析せよ．これを陽に解くことができるだろうか? 犬はいつかアヒルを捕まえるだろうか?

(b) 次に，犬はアヒルの k 倍の速さで泳ぐとしよう．犬の経路を与える微分方程式を導け．

(c) $k = \frac{1}{2}$ とすると，最終的に犬はどのような状態に到達するか?

注記：この問題は，少なくとも 1800 年代中盤にまでさかのぼる長く興味ある歴史をもっている．また，ほかの同種の**追跡問題**よりもずっと難問である．たと

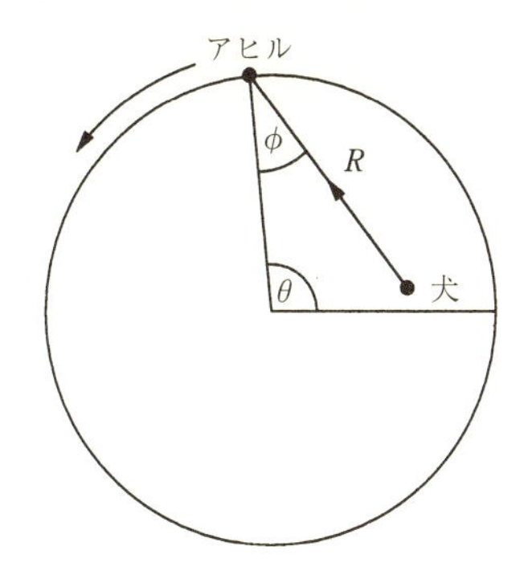

図 2

えば，問題 (a) の犬の経路は，初等関数で表示される解が 1 つも知られていない．この問題に関するすばらしい解析と関連する文献については Davis (1962, pp. 113–125) を参照せよ．

7.2 閉軌道が存在しないことを示す方法

次の勾配系 $\dot{\boldsymbol{x}} = -\nabla V$ の相図をプロットせよ．

7.2.1 $V = x^2 + y^2$

7.2.2 $V = x^2 - y^2$

7.2.3 $V = \mathrm{e}^x \sin y$

7.2.4 直線上のベクトル場はすべて勾配系であることを示せ．同じことを円上のベクトル場についてもいえるか?

7.2.5 系 $\dot{x} = f(x, y)$, $\dot{y} = g(x, y)$ が相平面上の滑らかなベクトル場を表すとしよう．

(a) もしこの系が勾配系であるならば，$\partial f/\partial y = \partial g/\partial x$ が成り立つことを示せ．

(b) 逆に，上記の $\partial f/\partial y = \partial g/\partial x$ は勾配系であることの十分条件か?

7.2.6 系が勾配系であるとき，そのポテンシャル関数 V を求める方法を示す．$\dot{x} = f(x, y)$, $\dot{y} = g(x, y)$ としよう．このとき $\dot{\boldsymbol{x}} = -\nabla V$ より $f(x, y) = -\partial V/\partial x$ および $g(x, y) = -\partial V/\partial y$ が得られる．これらの 2 つの方程式は (偏微分の逆の意味で)「偏積分」され，V が得られる．この方法を用いて次の勾配系の V を求めよ．

(a) $\dot{x} = y^2 + y\cos x, \quad \dot{y} = 2xy + \sin x$

(b) $\dot{x} = 3x^2 - 1 - \mathrm{e}^{2y}, \quad \dot{y} = -2x\mathrm{e}^{2y}$

7.2.7 系 $\dot{x} = y + 2xy$, $\dot{y} = x + x^2 - y^2$ を考えよう．

(a) $\partial f/\partial y = \partial g/\partial x$ が成り立つことを示せ．[その結果，演習問題 7.2.5(a) より，この系は勾配系であるといえる．]

(b) V を求めよ．

(c) 相図を描け．

7.2.8 勾配系の軌道は常に等ポテンシャル曲線に直交することを示せ(ただし固定点を除く).

7.2.9 次の系のそれぞれにつき，勾配系であるかどうかを判別せよ．もし勾配系であれば，V を求めて相図を描け．また，別のグラフに $V=$ 一定となる等ポテンシャル曲線を描け．(系が勾配系でない場合，とばして次へ行ってよい.)

(a) $\dot{x}=y+x^2y, \quad \dot{y}=-x+2xy$

(b) $\dot{x}=2x, \quad \dot{y}=8y$

(c) $\dot{x}=-2x\mathrm{e}^{x^2+y^2}, \quad \dot{y}=-2y\mathrm{e}^{x^2+y^2}$

7.2.10 系 $\dot{x}=y-x^3, \dot{y}=-x-y^3$ について，適当な a, b を用いてリアプノフ関数 $V=ax^2+by^2$ を具体的に構成することにより，閉軌道をもたないことを示せ.

7.2.11 $V=ax^2+2bxy+cy^2$ が正定値であることは，$a>0$ かつ $ac-b^2>0$ であることと同値であることを示せ.(2 次形式の V が「クロスターム」$2bxy$ を含む場合，この性質は V が正定値であるかどうかを決定する便利な判定法となっている.)

7.2.12 $\dot{x}=-x+2y^3-2y^4, \dot{y}=-x-y+xy$ は周期解をもたないことを示せ.(ヒント：$V=x^m+ay^n$ がリアプノフ関数となるように，$a, m,$ および n を選ぶ.)

7.2.13 演習問題 6.4.6 で扱った次の競合モデルを思い出そう.

$$\dot{N}_1=r_1N_1(1-N_1/K_1)-b_1N_1N_2, \qquad \dot{N}_2=r_2N_2(1-N_2/K_2)-b_2N_1N_2$$

重み付け関数を $g=(N_1N_2)^{-1}$ としてデュラックの判定法を適用し，系が第 1 象限 $N_1, N_2>0$ に周期軌道をもたないことを示せ.

7.2.14 $\dot{x}=x^2-y-1, \dot{y}=y(x-2)$ で表される系を考えよう.

(a) 固定点は 3 つ存在することを示し，その安定性を分類せよ.

(b) これらの固定点のペアから得られる 3 本の直線を考えることにより，周期軌道は存在しないことを示せ.

(c) 相図を描け.

7.2.15 $\dot{x}=x(2-x-y)$，$\dot{y}=y(4x-x^2-3)$ で表される系を考えよう．例題 7.2.4 より，この系は閉軌道をもたないことがわかっている.

(a) 3 つの固定点を求め，その安定性を分類せよ.

(b) 相図を描け.

7.2.16 領域 R が単連結でない場合，デュラックの判定法の結論は成立しなくなる．そのような反例を与えよ.

7.2.17 デュラックの判定法の仮定が，領域 R が円環と位相同型であることを除き，成立しているとしよう．つまり，R にはちょうど 1 つ孔が開いているとする．グリーンの定理を用いることにより，R には高々 1 つの閉軌道が存在することを示せ.(以上の結果は，閉軌道が一意的であることを示す方法としてときどき有用となる.)

7.3 ポアンカレ–ベンディクソンの定理

7.3.1 $\dot{x} = x - y - x(x^2 + 5y^2)$, $\dot{y} = x + y - y(x^2 + y^2)$ で表される系を考えよう．

(a) 原点にある固定点の安定性を分類せよ．

(b) $r\dot{r} = x\dot{x} + y\dot{y}$ および $\dot{\theta} = (x\dot{y} - y\dot{x})/r^2$ を用いて，系を極座標によって書き直せ．

(c) 原点を中心とする円で，その上ですべての軌道が動径方向に**外向き**の成分をもつような最大半径 r_1 を求めよ．

(d) 原点を中心とする円で，その上ですべての軌道が動径方向に**内向き**の成分をもつような最小半径 r_2 を求めよ．

(e) この系はトラッピング領域 $r_1 \leq r \leq r_2$ のどこかにリミットサイクルをもつことを証明せよ．

7.3.2 数値積分により演習問題 7.3.1 のリミットサイクルを求め，これが得られているトラッピング領域内にあることを確認せよ．

7.3.3 系 $\dot{x} = x - y - x^3$, $\dot{y} = x + y - y^3$ は周期解をもつことを示せ．

7.3.4 次の系を考えよう．

$$\dot{x} = x(1 - 4x^2 - y^2) - \frac{1}{2}y(1 + x), \qquad \dot{y} = y(1 - 4x^2 - y^2) + 2x(1 + x)$$

(a) 原点は不安定な固定点であることを示せ．

(b) $V = (1 - 4x^2 - y^2)^2$ として $\dot{V}$ を考えることにより，すべての軌道が $t \to \infty$ で楕円 $4x^2 + y^2 = 1$ に近づいていくことを示せ．

7.3.5 系 $\dot{x} = -x - y + x(x^2 + 2y^2)$，$\dot{y} = x - y + y(x^2 + 2y^2)$ は周期解を少なくとも 1 つもつことを示せ．

7.3.6 振動子の方程式 $\ddot{x} + F(x, \dot{x})\dot{x} + x = 0$ を考えよう．ただし，$r^2 = x^2 + \dot{x}^2$ として，$r \leq a$ では $F(x, \dot{x}) < 0$, $r \geq b$ では $F(x, \dot{x}) > 0$ とする．

(a) この F に関する仮定の物理的解釈を与えよ．

(b) $a < r < b$ の領域に少なくとも 1 つ閉軌道が存在することを示せ．

7.3.7 $\dot{x} = y + ax(1 - 2b - r^2)$，$\dot{y} = -x + ay(1 - r^2)$ で表される系を考えよう．ただし，a および b は $0 < a \leq 1$，$0 \leq b < \frac{1}{2}$ を満たすパラメーターであり，$r^2 = x^2 + y^2$ とする．

(a) 系を極座標で書き直せ．

(b) 系に少なくとも 1 つはリミットサイクルが存在し，さらにリミットサイクルがいくつか存在する場合は，すべて同一の周期 $T(a, b)$ をもつことを証明せよ．

(c) $b = 0$ の場合，リミットサイクルは 1 つだけ存在することを証明せよ．

7.3.8 例題 7.3.1 の系 $\dot{r} = r(1 - r^2) + \mu r \cos\theta$，$\dot{\theta} = 1$ を思い出そう．コンピューターを用いて，$\mu > 0$ のさまざまな値に対して相図をプロットせよ．閉軌道が存在しなくなるような臨界値 μ_c があるか? もしあるのならば，その値を見積ること．もしないのならば，閉軌道はすべての $\mu > 0$ に対して存在することを証明せよ．

7.3.9 (**閉軌道の級数近似**) 例題 7.3.1 において，ポアンカレ–ベンディクソンの定理を用い，$\dot{r} = r(1-r^2) + \mu r \cos\theta$，$\dot{\theta} = 1$ で表される系は，すべての $\mu < 1$ に対して円環領域 $\sqrt{1-\mu} < r < \sqrt{1+\mu}$ に閉軌道をもつことを証明した．

(a) $\mu \ll 1$ の場合に軌道の形状 $r(\theta)$ を近似するために，$r(\theta) = 1 + \mu r_1(\theta) + O(\mu^2)$ という形の級数解を仮定しよう．この級数を $\mathrm{d}r/\mathrm{d}\theta$ の微分方程式に代入せよ．すべての $O(\mu^2)$ の項を無視し，$r_1(\theta)$ の簡単な微分方程式を導け．さらにこの方程式を解き，$r_1(\theta)$ を陽に求めよ．(ここで用いた近似テクニックは通常の摂動理論とよばれるものである．7.6 節を参照せよ．)

(b) 求めた近似解 r の最大値および最小値を求め，これが期待通り $\sqrt{1-\mu} < r < \sqrt{1+\mu}$ の円環内に存在することを示せ．

(c) 種々の小さな μ の値に対してコンピューターを用いて $r(\theta)$ を数値的に求め，これを上で求めた $r(\theta)$ の解析的な近似解と同一のグラフ上にプロットせよ．両者の最大誤差は μ の値にどのように依存するか?

7.3.10 2 次元系 $\dot{\boldsymbol{x}} = A\boldsymbol{x} - r^2\boldsymbol{x}$ を考えよう．ただし $r = \|\boldsymbol{x}\|$, A は 2×2 の実定数行列で，複素固有値 $\alpha \pm \mathrm{i}\omega$ をもつものとする．$\alpha > 0$ ならば少なくとも 1 つリミットサイクルが存在し，$\alpha < 0$ では 1 つも存在しないことを証明せよ．

7.3.11 (**循環グラフ**) $\dot{\boldsymbol{x}} = \boldsymbol{f}(\boldsymbol{x})$ が $\boldsymbol{R}^2$ 上の滑らかなベクトル場を表すものとしよう．ポアンカレ–ベンディクソンの定理の修正版によれば，軌道がある有界閉領域に閉じ込められている場合，この軌道は固定点，リミットサイクル，もしくは少々珍奇な**循環グラフ** (cycle graph)(有限個の固定点とそれらをつなぐ有限個の軌道からなる不変集合であり，その上で軌道は時計回りもしくは反時計回りに方向づけられている) のいずれかに近づいていく．実際には循環グラフはまれにしか存在しない．以下は，その作為的ではあるが簡単な例題である．

(a) 次の系の相図をプロットせよ．

$$\dot{r} = r(1-r^2)\left[r^2\sin^2\theta + (r^2\cos^2\theta - 1)^2\right]$$
$$\dot{\theta} = r^2\sin^2\theta + (r^2\cos^2\theta - 1)^2$$

ただし r，θ は極座標を表している．(ヒント：2 つの方程式に共通している項に注意せよ．これが 0 となる場合をしらべよ．)

(b) 軌道が単位円から離れたところから出発したとして，時刻 t に対して x を描け．$t \to \infty$ では何が起こるか?

7.4 リエナール系

7.4.1 方程式 $\ddot{x} + \mu(x^2-1)\dot{x} + \tanh x = 0$ は，$\mu > 0$ ならば周期解をちょうど 1 つもつことを示し，その安定性を判定せよ．

7.4.2 方程式 $\ddot{x} + \mu(x^4-1)\dot{x} + x = 0$ を考えよう．

(a) $\mu > 0$ の場合，系は唯一の安定なリミットサイクルをもつことを証明せよ．

(b) コンピューターを用い，$\mu = 1$ の場合にその相図をプロットせよ．

(c) $\mu < 0$ の場合にも系はリミットサイクルをもつだろうか? もしそうであるなら，これは安定か，それとも不安定か?

7.5 弛 緩 振 動

7.5.1 $\mu \gg 1$ であるファン・デル・ポール振動子において，3 次関数で与えられるヌルクラインの正の枝は $x_A = 2$ から始まり $x_B = 1$ に終わることを示せ.

7.5.2 例題 7.5.1 では $\mu \gg 1$ の場合についてファン・デル・ポール振動子を解析するために (しばしば**リエナール平面**とよばれる) 巧妙な相平面を導入した. 例題 7.5.1 と同様の解析を，$\dot{x} = y, \dot{y} = -x - \mu(x^2 - 1)$ であるような通常の相平面上で行え. リエナール平面の利点は何だろうか?

7.5.3 $\ddot{x} + k(x^2 - 4)\dot{x} + x = 1$ で表される系におけるリミットサイクルの周期を評価せよ. ただし $k \gg 1$ とする.

7.5.4 (**区分線形なヌルクライン**) 方程式 $\ddot{x} + \mu f(x)\dot{x} + x = 0$ を考えよう. ただし，$|x| < 1$ で $f(x) = -1$，$|x| \geq 1$ で $f(x) = 1$ とする.

(a) この系は $\dot{x} = \mu(y - F(x)), \dot{y} = -x/\mu$ と等価であることを示せ. ただし $F(x)$ は次の区分線形関数である.

$$F(x) = \begin{cases} x + 2 & (x \leq -1) \\ -x & (|x| \leq 1) \\ x - 2 & (x \geq 1) \end{cases}$$

(b) ヌルクラインを図示せよ.

(c) この系は $\mu \gg 1$ で弛緩振動を生じることを示し，(x, y) 平面にそのリミットサイクルをプロットせよ.

(d) $\mu \gg 1$ の場合にリミットサイクルの周期を見積もれ.

7.5.5 方程式 $\ddot{x} + \mu(|x| - 1)\dot{x} + x = 0$ を考えよう. $\mu \gg 1$ の場合にリミットサイクルの周期を近似的に求めよ.

7.5.6 (**バイアスをかけたファン・デル・ポール振動子**) ファン・デル・ポール振動子が一定の外力によりバイアスをかけられているとしよう. すなわち，$\ddot{x} + \mu(x^2 - 1)\dot{x} + x = a$ で，a は正，負，0 のいずれかの値をとる. (これまでと同じく $\mu > 0$ とせよ.)

(a) すべての固定点を求め，安定性を分類せよ.

(b) リエナール平面にヌルクラインをプロットせよ. 2 本のヌルクラインの交点が 3 次関数で与えられるヌルクラインの**中央**の枝上にあるとき，これに対応する固定点は不安定であることを示せ.

(c) $\mu \gg 1$ の場合に，系が安定なリミットサイクルをもつ必要十分条件は $|a| < a_c$ であることを示し，この a_c を求めよ. (ヒント：リエナール平面を用いよ.)

(d) a が a_c より少し大きい場合に，系の相図を描け. この系は**興奮性**であることを示せ. (つまり，このとき系は大域的に吸引的な固定点をもつが，ある種の摂動に対しては，系の状態がもとの固定点に戻るまでに相空間内で長旅をするというものである．演習問題 4.5.3 と比較せよ.)

この系は神経活動のフィッツヒュー–南雲モデルと密接に関連する．その入門には Murray (1989) もしくは Edelstein-Keshet (1988) を参照せよ．

7.5.7 (**細胞周期**) Tyson (1991) は，cdc2 および cyclin タンパク質の相互作用をベースに，細胞分裂サイクルのエレガントなモデルを提案している．Tyson により，このモデルの数学的エッセンスは次の 1 組の無次元化方程式に含まれていることが示されている．

$$\dot{u} = b(v-u)(\alpha+u^2) - u, \qquad \dot{v} = c - u$$

ただし，u は cdc2-cyclin 複合体の活性型の濃度に比例する量であり，v は cyclin の (単量体および 2 量体を含む) 総濃度に比例する量である．パラメーター $b \gg 1$ および $\alpha \ll 1$ は固定し，$8\alpha b < 1$ を満たすものとする．またパラメーター c は自由に設定可能とする．

(a) ヌルクラインを描け．

(b) $c_1 < c < c_2$ において，系は弛緩振動を生じることを示せ．またこれらの c_1 および c_2 を近似的に求めよ．(c_1 および c_2 を厳密に求めることは困難に過ぎるが，$8\alpha b \ll 1$ を仮定すればよい近似が得られる.)

(c) c が c_1 より少し小さい場合，系は興奮性となることを示せ．

7.6 弱非線形振動子

7.6.1 式 (7.6.7) を ε のべき級数に展開すると式 (7.6.17) が得られることを示せ．

7.6.2 (**通常の摂動理論の結果と厳密解の比較**) 初期値問題 $\ddot{x} + x + \varepsilon x = 0$, $x(0) = 1$, $\dot{x}(0) = 0$ を考えよう．

(a) この問題の厳密解を与えよ．

(b) 通常の摂動理論を用いて，級数展開 $x(t,\varepsilon) = x_0(t) + \varepsilon x_1(t) + \varepsilon^2 x_2(t) + O(\varepsilon^3)$ の x_0, x_1，および x_2 を求めよ．

(c) 摂動解は永年項を含むか? もしそうだと思うならば，それはなぜか?

7.6.3 (**比較をもう少し**) 初期値問題 $\ddot{x} + x = \varepsilon$, $x(0) = 1$, $\dot{x}(0) = 0$ を考えよう．

(a) 厳密解を求めよ．

(b) 通常の摂動法を用いて，級数展開 $x(t,\varepsilon) = x_0(t) + \varepsilon x_1(t) + \varepsilon^2 x_2(t) + O(\varepsilon^3)$ の x_0, x_1，および x_2 を求めよ．

(c) この摂動解が永年項を含んでいる，もしくは含んでいない理由を説明せよ．

以下の $\ddot{x} + x + \varepsilon h(x,\dot{x}) = 0$，ただし $0 < \varepsilon \ll 1$ という形の系のそれぞれにおいて，式 (7.6.53) の平均化方程式を求め，系の長時間挙動を解析せよ．もとの系のリミットサイクルのいずれかについて，その振幅と振動数を求めよ．可能であれば，初期条件を $x(0) = a$，$\dot{x}(0) = 0$ として平均化方程式を解いて $x(t,\varepsilon)$ を求めよ．

7.6.4 $h(x,\dot{x}) = x$

7.6.5 $h(x, \dot{x}) = x\dot{x}^2$

7.6.6 $h(x, \dot{x}) = x\dot{x}$

7.6.7 $h(x, \dot{x}) = (x^4 - 1)\dot{x}$

7.6.8 $h(x, \dot{x}) = (|x| - 1)\dot{x}$

7.6.9 $h(x, \dot{x}) = (x^2 - 1)\dot{x}^3$

7.6.10 恒等式 $\sin\theta\cos^2\theta = \frac{1}{4}[\sin\theta + \sin 3\theta]$ を以下のように導出せよ．複素数表示

$$\cos\theta = \frac{\mathrm{e}^{\mathrm{i}\theta} + \mathrm{e}^{-\mathrm{i}\theta}}{2}, \qquad \sin\theta = \frac{\mathrm{e}^{\mathrm{i}\theta} - \mathrm{e}^{-\mathrm{i}\theta}}{2\mathrm{i}} \tag{7.6.1}$$

を用い，恒等式の左辺に代入してその積を計算し整理せよ．この方法は上記のような恒等式を導く最も直接的な方法であり，三角関数の複素数表示以外何も覚えておく必要はない．

7.6.11 (**高調波**) 方程式 (7.6.39) の第 3 調波の項 $\sin 3(\tau + \theta)$ に注目しよう．**高調波** (higher harmonics) の生成は，非線形系の特徴的な点である．このような項の効果を知るために，例題 7.6.2 に戻り，もとの系が初期条件 $x(0) = 2$，$\dot{x}(0) = 0$ をもつとして x_1 を求めよ．

7.6.12 (**フーリエ係数の導出**) この演習問題は，フーリエ係数を求める公式 (7.6.51) の導出を行うものである．簡単のために，次の $\langle\cdot\rangle$ 括弧は関数の 1 周期での平均を表すとしよう．

$$\langle f(\theta)\rangle \equiv \frac{1}{2\pi}\int_0^{2\pi} f(\theta)\,\mathrm{d}\theta$$

ただし f は任意の 2π 周期関数である．また，k および m は任意の整数とする．

(a) 部分積分，オイラーの公式，三角関数の公式などを用いて，次の**直交関係式**を導出せよ．

$$\langle\cos k\theta\sin m\theta\rangle = 0 \quad (\text{ただし } k, m \text{ は任意})$$

$$\langle\cos k\theta\cos m\theta\rangle = \langle\sin k\theta\sin m\theta\rangle = 0$$

$$(\text{ただし } k, m \text{ は } k \neq m \text{ を 満たす任意の整数})$$

$$\left\langle\cos^2 k\theta\right\rangle = \left\langle\sin^2 k\theta\right\rangle = \frac{1}{2} \quad (\text{ただし } k \neq 0)$$

(b) $k \neq 0$ の場合に a_k を求めるために，式 (7.6.50) の両辺に $\cos m\theta$ を掛け両辺を項別に区間 $[0, 2\pi]$ で平均せよ．ここで (a) で得た直交関係式を用い，$k = m$ となる項を除いて右辺のすべての項は **0** になることを示せ．この結果を用いて，式 (7.6.51) の a_k の公式と等価な式 $\langle h(\theta)\cos k\theta\rangle = \frac{1}{2}a_k$ を導出せよ．

(c) 同様にして，b_k および a_0 の公式を求めよ．

7.6.13 (**保存系の振動子の正確な周期**) ダフィン振動子 $\ddot{x} + x + \varepsilon x^3 = 0$ を考えよう．ただし $0 < \varepsilon \ll 1$, $x(0) = a$，および $\dot{x}(0) = 0$ とする．

(a) エネルギーが保存されることを用いて，振動周期 $T(\varepsilon)$ を何らかの積分で表示せよ．
(b) その積分を ε のべき級数に展開し，これを項別に積分して近似式 $T(\varepsilon) = c_0 + c_1\varepsilon + c_2\varepsilon^2 + O(\varepsilon^3)$ を導け．c_0，c_1，c_2 を求め，c_0，c_1 は式 (7.6.57) と整合することを確認せよ．

7.6.14 (**2 タイミングの方法のコンピューター検証**) 系 $\ddot{x} + \varepsilon\dot{x}^3 + x = 0$ を考えよう．
(a) 平均化方程式を導け．
(b) 初期条件 $x(0) = a$，$\dot{x}(0) = 0$ の場合に平均化方程式を解き，$x(t,\varepsilon)$ の近似解を求めよ．
(c) $\ddot{x} + \varepsilon\dot{x}^3 + x = 0$ を $a = 1$，$\varepsilon = 2, 0 \le t \le 50$ として数値的に解き，その結果を (b) の結果とともに同じグラフにプロットせよ．ε が小さくない場合でさえ，両者はきわめてよく一致することに注意せよ．

7.6.15 (**振り子**) $\ddot{x} + \sin x = 0$ で与えられる振り子の方程式を考えよう．
(a) 例題 7.6.4 の方法を用い，振幅 a が $a \ll 1$ となるような小振幅の場合に，振動数は $\omega \approx 1 - \frac{1}{16}a^2$ で与えられることを示せ．(ヒント：$\sin x \approx x - \frac{1}{6}x^3$ において $\frac{1}{6}x^3$ は「微小」摂動に相当する.)
(b) この ω の表式は演習問題 6.7.4 で得られた結果と整合するか?

7.6.16 (**グリーンの定理によるファン・デル・ポール振動子の振幅の評価**) 以下に，ファン・デル・ポール振動子 $\ddot{x} + \varepsilon\dot{x}(x^2 - 1) + x = 0$ の $\varepsilon \ll 1$ の極限におけるほぼ円形のリミットサイクルの半径を与えるもう 1 つの方法を示す．リミットサイクルは原点を中心とする未知の半径 a の円であるとして，標準的なグリーンの定理 (つまり，2 次元上の発散定理) を用いる．すなわち

$$\oint_C \boldsymbol{v} \cdot \boldsymbol{n} \, \mathrm{d}l = \iint_A \nabla \cdot \boldsymbol{v} \, \mathrm{d}A$$

ただし C は閉軌道，A はこれに囲まれる領域を示す．$\boldsymbol{v} = \dot{\boldsymbol{x}} = (\dot{x}, \dot{y})$ を代入し，積分を評価することにより，$a \approx 2$ を示せ．

7.6.17 (**ブランコで遊ぶ**) 子供のブランコ遊びの単純なモデルは次の式で与えられる．

$$\ddot{x} + (1 + \varepsilon\gamma + \varepsilon\cos 2t)\sin x = 0$$

ただし ε および γ はパラメーターであり，$0 < \varepsilon \ll 1$ とする．変数 x はブランコと鉛直下方のなす角を示す．$1 + \varepsilon\gamma + \varepsilon\cos 2t$ という項は，重力およびブランコの自然振動数の約 2 倍の振動数で子供が足を踏み込む効果をモデル化している．問題は以下の通りである．ブランコが固定点 $x = 0$，$\dot{x} = 0$ の近くから出発したとして，この子供は上記の踏み込みだけでブランコを動かし続けられるか? あるいは誰かに押してもらう必要があるか?
(a) 微小な x の場合，上の方程式は $\ddot{x} + (1 + \varepsilon\gamma + \varepsilon\cos 2t)x = 0$ に置き換えられるだろう．このとき，式 (7.6.53) の平均化方程式は次のように与えられることを示せ．

$$r' = \frac{1}{4} r \sin 2\phi, \qquad \phi' = \frac{1}{2}(\gamma + \frac{1}{2}\cos 2\phi)$$

ただし，$x = r\cos\theta = r(T)\cos(t+\phi(T))$, $\dot{x} = -r\sin\theta = -r(T)\sin(t+\phi(T))$ であり，またプライム記号 $'$ は遅い時間 $T = \varepsilon t$ による微分を表す．ヒント：$\cos 2t\ \cos\theta\ \sin\theta$ のような項を θ の 1 周期で平均するには，$t = \theta - \phi$ および次の三角関数の恒等式を用いることを思い出せ．

$$\begin{aligned}\big\langle \cos 2t\ \cos\theta\ \sin\theta \big\rangle &= \frac{1}{2}\langle \cos(2\theta - 2\phi)\sin 2\theta\rangle \\ &= \frac{1}{2}\langle (\cos 2\theta\ \cos 2\phi + \sin 2\theta\ \sin 2\phi)\sin 2\theta\rangle \\ &= \frac{1}{4}\sin 2\phi\end{aligned}$$

(b) γ が $|\gamma| < \gamma_c$ であるとき，固定点 $r = 0$ は不安定であり，指数関数的に成長する振動が生じること，すなわち $k > 0$ に対し $r(T) = r_0 \mathrm{e}^{kT}$ となることを示せ．また，この γ_c を求めよ．(ヒント：r が 0 に近い場合，$\phi' \gg r'$ であり，ϕ は相対的により速く固定点へ近づく．)

(c) $|\gamma| < \gamma_c$ の場合に成長率 k を γ を用いて表せ．

(d) $|\gamma| > \gamma_c$ の場合，平均化方程式の解はどのようにふるまうか?

(e) 以上の結果を物理的に解釈せよ．

7.6.18 (マシュー方程式および非常に遅いタイムスケール) マシュー方程式 (Mathieu equation) $\ddot{x} + (a + \varepsilon\cos t)x = 0$ を考えよう．ただし $a \approx 1$ とする．遅い時間 $T = \varepsilon^2 t$ による 2 タイミングの方法を用いて，$1 - \frac{1}{12}\varepsilon^2 + O(\varepsilon^4) \le a \le 1 + \frac{5}{12}\varepsilon^2 + O(\varepsilon^4)$ ならば解は $t \to \infty$ で発散することを示せ．

7.6.19 (ポアンカレ–リンドステットの方法) この演習問題で，ポアンカレ–リンドステットの方法 (Poincaré–Lindstedt method) として知られている摂動理論の改良版を紹介しよう．ダフィン方程式 $\ddot{x} + x + \varepsilon x^3 = 0$ を考えよう．ただし，$0 < \varepsilon \ll 1$, $x(0) = a$ および $\dot{x}(0) = 0$ とする．相平面解析より，真の解 $x(t, \varepsilon)$ が周期的であることは既知とする．ここでの目的は，すべての時間 t に対して有効な $x(t, \varepsilon)$ の近似式を求めることである．鍵となる考え方は，振動数 ω をあらかじめ**未知**であるとして，これを $x(t, \varepsilon)$ が永年項を生じないという条件から求めるものである．

(a) 新しい時間 $\tau = \omega t$ を，解が τ について周期 2π をもつように定義せよ．このとき方程式は $\omega^2 x'' + x + \varepsilon x^3 = 0$ に変換されることを示せ．

(b) $x(\tau, \varepsilon) = x_0(\tau) + \varepsilon x_1(\tau) + \varepsilon^2 x_2(\tau) + O(\varepsilon^3)$ および $\omega = 1 + \varepsilon\omega_1 + \varepsilon^2\omega_2 + O(\varepsilon^3)$ とおこう．($\varepsilon = 0$ で解の振動数は $\omega = 1$ となるので，$\omega_0 = 1$ であることは既知である．) これらの級数を微分方程式に代入し，ε のべきごとに整理せよ．その結果，次式が成り立つことを示せ．

$$O(1) : x_0'' + x_0 = 0$$
$$O(\varepsilon) : x_1'' + x_1 = -2\omega_1 x_0'' - x_0^3$$

(c) 初期条件は，$x_0(0) = a$，$\dot{x}_0(0) = 0$, およびすべての $k > 0$ に対して，$x_k(0) = \dot{x}_k(0) = 0$ となることを示せ．

(d) $O(1)$ の方程式を解いて x_0 を求めよ．

(e) x_0 を代入し，三角関数の恒等式を用いて，$O(\varepsilon)$ の方程式は $x_1'' + x_1 = (2\omega_1 a - \frac{3}{4}a^3)\cos\tau - \frac{1}{4}a^3\cos 3\tau$ となることを示せ．したがって，**永年項を回避するため**には$\omega_1 = \frac{3}{8}a^2$ が必要となる．

(f) $O(\varepsilon)$ の方程式を解き，x_1 を求めよ．

コメントを 2 つ：(1) この演習問題では，ダフィン振動子が振幅に依存する振動数をもつこと，つまり $\omega = 1 + \frac{3}{8}\varepsilon a^2 + O(\varepsilon^2)$ を示しており，これは式 (7.6.57) と一致する．(2) ポアンカレ–リンドステットの方法は，周期解を近似するのには向いているが，それができることの**すべて**である．過渡状態もしくは非周期解をしらべるのには，この方法は使えない．かわりに，2 タイミングの方法もしくは平均化法を用いること．

7.6.20 演習問題 7.6.19 で，仮に通常の摂動法を用いたとすると，$x(t, \varepsilon) = a\cos t + \varepsilon a^3\left[-\frac{3}{8}t\sin t + \frac{1}{32}(\cos 3t - \cos t)\right] + O(\varepsilon^2)$ が得られる．なぜこの解はよくないのか?

7.6.21 ポアンカレ–リンドステットの方法を用いて，ファン・デル・ポール振動子 $\ddot{x} + \varepsilon(x^2 - 1)\dot{x} + x = 0$ のリミットサイクルの振動数は $\omega = 1 - \frac{1}{16}\varepsilon^2 + O(\varepsilon^3)$ と与えられることを示せ．

7.6.22 **(非対称ばね)** ポアンカレ–リンドステットの方法を用い，$\ddot{x} + x + \varepsilon x^2 = 0$ で与えられる系の級数解のはじめの 2，3 項を求めよ．ただし初期条件を $x(0) = a$，$\dot{x}(0) = 0$ とする．また振動の中心は近似的に $x \approx \frac{1}{2}\varepsilon a^2$ にあることを示せ．

7.6.23 系 $\ddot{x} - \varepsilon x\dot{x} + x = 0$ の周期解において，振幅と振動数の間の近似的な関係式を求めよ．

7.6.24 **(数式処理)** *Mathematica* や *Maple*，あるいは他の数式処理パッケージを用いて，ポアンカレ–リンドステットの方法を，$\ddot{x} + x - \varepsilon x^3 = 0$，$x(0) = a$，$\dot{x}(0) = 0$ に適用せよ．周期解の振動数 ω を $O(\varepsilon^3)$ の項まで求めよ．

7.6.25 **(平均化の方法)** $\ddot{x} + x + \varepsilon h(x, \dot{x}, t) = 0$ で表される弱非線形振動子を考えよう．$x(t) = r(t)\cos(t + \phi(t))$，$\dot{x} = -r(t)\sin(t + \phi(t))$ とする．この変数変換が $r(t)$ および $\phi(t)$ の定義となっている．

(a) $\dot{r} = \varepsilon h\cos(t + \phi)$, $r\dot{\phi} = \varepsilon h\cos(t + \phi)$ を示せ．(したがって $0 < \varepsilon \ll 1$ に対して r および ϕ はゆっくり変化する変数であり，$x(t)$ はゆっくり変化する振幅と位相に変調される正弦波振動となる．)

(b) r の正弦波振動の 1 周期にわたる移動平均を

$$\langle r\rangle(t) = \overline{r}(t) = \frac{1}{2\pi}\int_{t-\pi}^{t+\pi} r(\tau)\,\mathrm{d}\tau$$

と表示しよう．このとき $\mathrm{d}\langle r\rangle/\mathrm{d}t = \langle \mathrm{d}r/\mathrm{d}t\rangle$ となること，すなわち微分と時間平均のいずれを先に行ってもよいことを示せ．

(c) $\mathrm{d}\langle r\rangle/\mathrm{d}t = \varepsilon\langle h[r\cos(t+\phi), -r\sin(t+\phi), t]\sin(t+\phi)\rangle$ となることを示せ．

(d) 上の (c) の結果は厳密であるが，左辺は $\langle r\rangle$ を含み，右辺は r を含んでいるため，あまり役に立たない式である．そこで，次の重要な近似が登場する．つまり r および ϕ をその 1 周期にわたる平均に置き換える．$r(t) = \overline{r}(t) + O(\varepsilon)$ および $\phi(t) = \overline{\phi}(t) + O(\varepsilon)$ であることと，その結果次式が成立することを示せ．

$$\mathrm{d}\overline{r}/\mathrm{d}t = \varepsilon\Big\langle h\big[\overline{r}\cos(t+\overline{\phi}), -\overline{r}\sin(t+\overline{\phi}), t\big]\sin(t+\overline{\phi})\Big\rangle + O(\varepsilon^2)$$

$$\overline{r}\mathrm{d}\overline{\phi}/\mathrm{d}t = \varepsilon\Big\langle h\big[\overline{r}\cos(t+\overline{\phi}), -\overline{r}\sin(t+\overline{\phi}), t\big]\cos(t+\overline{\phi})\Big\rangle + O(\varepsilon^2)$$

ただし，バー $(\bar{\ })$ のついている量は，$\langle\cdot\rangle$ の平均をとる際には定数として扱われる．これらの方程式はまさに**平均化方程式** (7.6.53) であり，それが 7.6 節とは別のアプローチで導出されたわけである．また，上記のバーは慣習的には省略する．つまり，ゆっくり変化する量とその平均を区別しないのである．

7.6.26 (**平均化の方法を比較する**) 方程式 $\dot{x} = -\varepsilon x\sin^2 t$ を考えよう．ただし $0 \le \varepsilon \ll 1$, $t = 0$ で $x = x_0$ とする．

(a) 方程式の**厳密**解を求めよ．

(b) $\overline{x}(t) = \frac{1}{2\pi}\int_{t-\pi}^{t+\pi} x(\tau)\,\mathrm{d}\tau$ としよう．$x(t) = \overline{x}(t) + O(\varepsilon)$ となることを示せ．平均化の方法を用いて，$\bar{x}$ の満たす近似的な微分方程式を求め，これを解け．

(c) (a) および (b) の結果を比較せよ．平均化により生じる誤差はどれくらいの大きさになるか?

8 分岐の再訪

8.0 はじめに

この章では分岐に関する以前の考察 (3 章) を拡張する．1 次元の系から 2 次元の系に進んでも，やはりパラメーターを変えることにより，固定点をつくったり，壊したり，不安定化させたりできることがわかる．ただし，今度は閉軌道についてもこのことが成り立つ．したがって，**振動のスイッチを入れたり切ったりする仕組みを記述**することができる．

このより広い文脈において，分岐という言葉は正確には何を意味するのだろうか? 通常の定義は「位相共役」の概念を伴う (6.3 節)．もしパラメーターが変わる際に相図がその定性的な構造を変えれば，**分岐**が生じたといわれる．その例としては，パラメーターが変わる際の固定点や閉軌道，あるいはサドルコネクションの数や安定性の変化などがある．

この章の構成は以下の通りである．おのおのの分岐について，簡単で典型的な例から出発して，簡潔に，あるいは別の節を設けながら，より難しい例に進む．遺伝子スイッチ，化学振動，外力に駆動される振り子およびジョセフソン接合素子のモデルを理論の例証に用いる．

8.1 サドルノード分岐，トランスクリティカル分岐，およびピッチフォーク分岐

3 章で議論した固定点の分岐は，2 次元でも (そして，実際のところ**すべての**次元においても) 類似物をもつ．さらに，以下でしらべて行くように，次元が増え

ても，真に新しいことは何も起こらないことがわかる．その挙動はすべて分岐が生じる方向に沿った1次元の部分空間に制限されていて，余分な次元においては，流れは単にこの部分空間に吸引あるいは反発されるだけである．

サドルノード分岐

サドルノード分岐は固定点の創造と破壊の基本メカニズムである．2次元での典型例は以下のようなものである．

$$\begin{aligned}\dot{x} &= \mu - x^2 \\ \dot{y} &= -y\end{aligned} \tag{8.1.1}$$

x 方向については3.1節で議論した分岐挙動が見てとれ，一方，y 方向には運動は指数関数的に減衰する．

μ が変化するときの相図を考えよう．図8.1.1に示すように，$\mu > 0$ では2つの固定点，つまり，$(x^*, y^*) = (\sqrt{\mu}, 0)$ にある安定ノードと $(-\sqrt{\mu}, 0)$ にあるサドルが存在する．μ が減少するにつれてサドルとノードは互いに接近し，$\mu = 0$ で衝突して，最終的に $\mu < 0$ では消え失せる．

2つの固定点は，対消滅した後でさえ，流れに影響を与え続ける．4.3節で見たように，それらは**固定点の名残り**，つまり，軌道を吸い付けて反対側に通り過ぎるのを遅らせるような，ボトルネックとなる領域を残す．4.3節と同じ理由により，ボトルネックの中で費やされる時間は，一般に $(\mu - \mu_c)^{-1/2}$ のように増加する．ここで，μ_c はサドルノード分岐が起こる値である．Strogatz と Westervelt (1989) では，このスケーリング則の凝縮系物理学における応用がいくつか議論されている．

図8.1.1は，以下に述べるより一般的な状況を代表している．パラメーター μ に

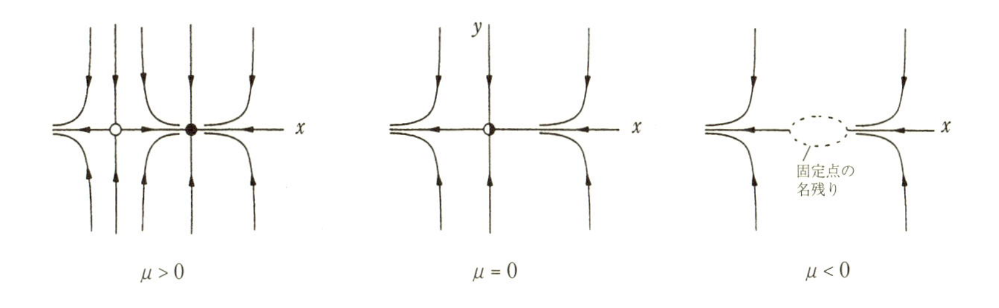

図 **8.1.1**

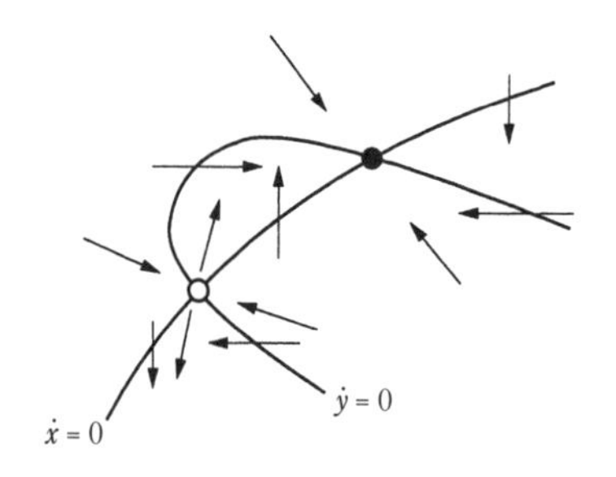

図 **8.1.2**

依存する 2 次元系 $\dot{x}=f(x,y)$, $\dot{y}=g(x,y)$ を考えよう．μ のある値で 2 本のヌルクラインが図 8.1.2 に示すように交わると仮定しよう．それぞれの交点は，$\dot{x}=0$ と $\dot{y}=0$ を同時に満たすので，固定点に対応することに注意せよ．したがって，μ が変わるにつれて固定点がどのように動くかをしらべるには，交点を観察しさえすればよい．さて，μ が変化するにつれてヌルクラインが互いに引き離され，$\mu=\mu_c$ で互いに**接する**と仮定しよう．したがって，2 つの固定点は互いに接近し，$\mu=\mu_c$ で衝突する．2 つのヌルクラインが完全に引き離された後は交点はなくなり，固定点は忽然と消え失せる．ここでの要点は，**すべての**サドルノード分岐が，局所的にはこの性質をもつことである．

例題 8.1.1 以下の系は，Griffith (1971) において遺伝子の制御系のモデルとして議論された．ある遺伝子の活性が，それ自身がコードするタンパク質の 2 つのコピーによって直接誘導されると仮定する．つまり，遺伝子はそれ自身の生産物によって刺激され，自己触媒的なフィードバック過程をもたらす可能性をもつ．無次元化した方程式は

$$\dot{x}=-ax+y$$
$$\dot{y}=\frac{x^2}{1+x^2}-by$$

であり，ここで x はタンパク質，y はこのタンパク質に翻訳されるメッセンジャー RNA の濃度にそれぞれ比例し，$a,b>0$ は x と y の分解率を表すパラメーターである．

$a<a_c$ のとき，この系が 3 つの固定点をもつことを示し，a_c を決定せよ．これらの固定点のうち 2 つが $a=a_c$ でサドルノード分岐により合体することを示せ．さらに，$a<a_c$ での相図を描き，生物学的な解釈を与えよ．

(解) 図 8.1.3 に描いたように，ヌルクラインは $y=ax$ とシグモイド曲線

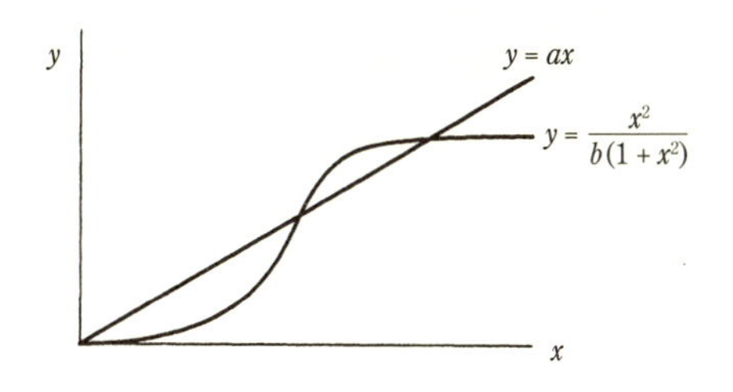

図 **8.1.3**

$$y = \frac{x^2}{b(1+x^2)}$$

で与えられる．さて，b を固定したまま a を変化させるとしよう．a が直線の傾きなので，これは簡単に視覚化できる．図 8.1.3 に示すように，小さな a においては 3 つの交点がある．a が増加するにつれて上の 2 つの交点は互いに接近し，直線が曲線に接する瞬間に衝突する．さらに a の値が大きくなると，これらの固定点は消え失せて，原点が唯一の固定点として残される．

a_{c} を求めるために，固定点を直接計算してどこで一致するかを探そう．ヌルクラインは

$$ax = \frac{x^2}{b(1+x^2)}$$

のときに交わる．その 1 つの解は $x^* = 0$ で，このとき $y^* = 0$ である．もう 1 つの交点は，2 次方程式

$$ab(1+x^2) = x \tag{8.1.2}$$

を満たす．もし $1 - 4a^2b^2 > 0$ なら，すなわち $2ab < 1$ なら，これは 2 つの解

$$x^* = \frac{1 \pm \sqrt{1 - 4a^2b^2}}{2ab}$$

をもつ．これらの解は $2ab = 1$ で衝突する．ゆえに，

$$a_{\mathrm{c}} = 1/2b$$

である．後で参照するために，分岐点では固定点は $x^* = 1$ であることを覚えておこう．

ヌルクライン (図 8.1.4) は，$a < a_{\mathrm{c}}$ における相図について，多くの情報を提供する．ベクトル場は直線 $y = ax$ 上では垂直で，シグモイド曲線の上では水平である．他の矢印は $\dot{x}$ と $\dot{y}$ の符号に注意すれば描ける．中央の固定点がサドルで，他の 2 つはシンクであるように見える．このことを確認するため，次に固定点の分類に進む．

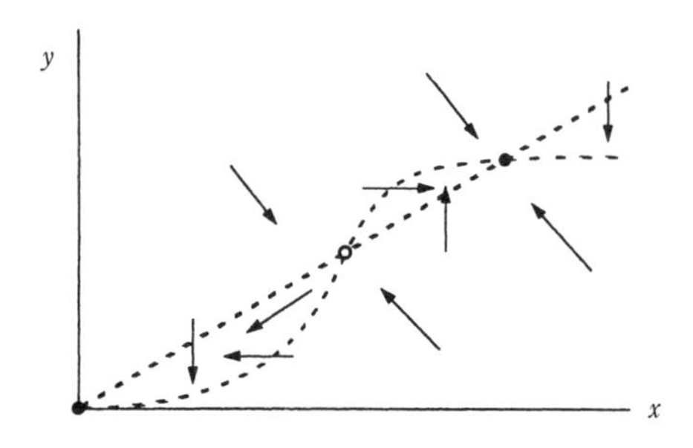

図 **8.1.4**

(x, y) でのヤコビ行列は

$$A = \begin{pmatrix} -a & 1 \\ \dfrac{2x}{(1+x^2)^2} & -b \end{pmatrix}$$

である．A のトレースは $\tau = -(a+b) < 0$ なので，すべての固定点はシンクかサドルであり，行列式 Δ の値で決まる．$(0,0)$ では $\Delta = ab > 0$ なので，原点は常に安定な固定点である．実際，$\tau^2 - 4\Delta = (a-b)^2 > 0$ なので，原点は**安定ノード**である (ここでは退化した $a = b$ の場合を無視している)．他の 2 つの固定点での Δ は複雑に見えるが，式 (8.1.2) を使えば簡略化できて，

$$\Delta = ab - \frac{2x^*}{(1+(x^*)^2)^2} = ab\left[1 - \frac{2}{1+(x^*)^2}\right] = ab\left[\frac{(x^*)^2-1}{1+(x^*)^2}\right]$$

となる．よって，$0 < x^* < 1$ となる「中央の」固定点においては $\Delta < 0$ である．つまりこの固定点は**サドル**である．$x^* > 1$ となる固定点では $\Delta < ab$ で，ゆえに $\tau^2 - 4\Delta > (a-b)^2 > 0$ なので，これはいつも**安定ノード**である．

相図を図 8.1.5 に示す．図 8.1.4 を見直すと，サドルの不安定多様体が 2 つのヌルクラインの間の細い領域に必然的にトラップされるのがわかる．さらに重要なのは，**安定**多様体が平面を 2 つの領域に分離し，それぞれがシンクの吸引領域となることだ．

生物学的な解釈は，系が**生化学的なスイッチ**として働くことができるということである．しかし，これはメッセンジャー RNA とタンパク質が十分にゆっくりと分解する場合に限る．具体的には，それらの分解率が $ab < 1/2$ を満たさなくてはならない．この場合，2 つの固定点がある．固定点の 1 つは原点にあるもので，遺伝子は活性化しておらず，そのスイッチをオンにするタンパク質がまったく存在しないことを意味する．もう 1 つは x と y が大きな値をとるもので，遺伝子は活性化しており，高いレベルのタンパク質によって維持されている状態である．サドルの安定多様体はしきい値のように働く．つまり，遺伝子がオンとなるかオフとなるかを，x と y の初期値によって決定する．■

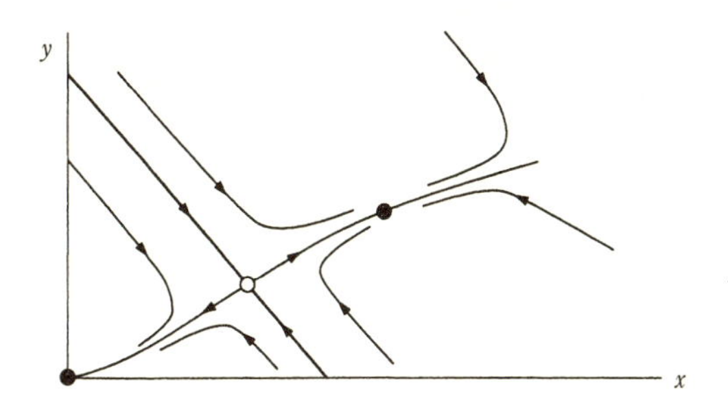

図 **8.1.5**

すでに述べたように，図 8.1.5 の流れは理想化された図 8.1.1 のものに定性的に似ている．すべての軌道はサドルの不安定多様体の上に急速に緩和しており，これが図 8.1.1 の x 軸とまったく同様の役割を果たす．

以上のように，この分岐は多くの面において根本的に 1 次元的な出来事であり，2 つの固定点は，糸を通したビーズのように，不安定多様体の上を互いに向かって滑らかに進む．**これが，なぜ 1 次元系の分岐をしらべるために長い時間を費やしてきたかの理由である．**すなわち，それらが高次元における同様の分岐の基本要素だからである．[1 次元系の基礎的な役割は,「中心多様体理論」によって厳密に正当化できる．その入門書としては Wiggins (1990) を参照せよ*1 .]

トランスクリティカル分岐およびピッチフォーク分岐

同様のアイデアを使って，安定な固定点におけるトランスクリティカル分岐とピッチフォーク分岐の典型例をつくることができる．x 方向のダイナミクスは 3 章で議論した標準形によって与えられ，y 方向の運動は指数関数的に減衰する．これにより，以下の例が得られる．

$$\dot{x} = \mu x - x^2, \qquad \dot{y} = -y \qquad (\text{トランスクリティカル})$$

$$\dot{x} = \mu x - x^3, \qquad \dot{y} = -y \qquad (\text{超臨界ピッチフォーク})$$

$$\dot{x} = \mu x + x^3, \qquad \dot{y} = -y \qquad (\text{亜臨界ピッチフォーク})$$

いずれの解析も同じパターンをたどるので，超臨界ピッチフォークだけを議論して，他の 2 つは演習問題として残す．

*1 (訳注) 邦訳を巻末の参考文献中に併記した．

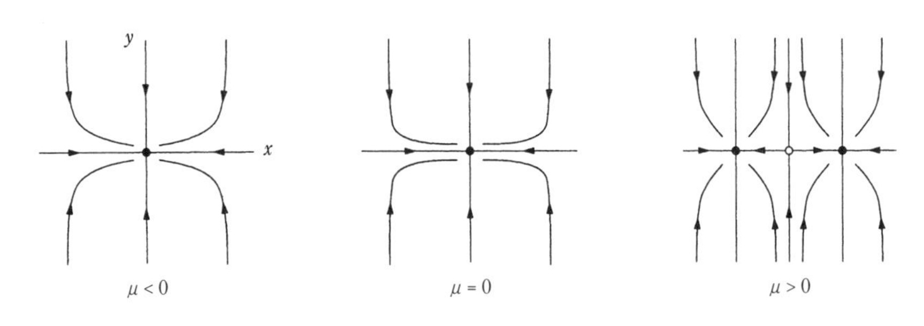

図 **8.1.6**

例題 8.1.2 超臨界ピッチフォーク系 $\dot{x} = \mu x - x^3$, $\dot{y} = -y$ の相図を $\mu < 0$, $\mu = 0$, $\mu > 0$ の各場合についてプロットせよ．

(解) $\mu < 0$ での唯一の固定点は原点にある安定ノードである．$\mu = 0$ では，原点はまだ安定ではあるが，指数関数的な減衰ではなく，x 軸に沿ったたいへん遅い (代数的な) 減衰を示すようになる．これが 3.4 節と例題 2.4.9 で議論された「臨界減速」である．$\mu > 0$ では，原点は安定性を失って，$(x^*, y^*) = (\pm\sqrt{\mu}, 0)$ に対称に位置する 2 つの新しい安定固定点が生み出される．各点においてヤコビ行列を計算すれば，原点がサドルで，他の 2 つの固定点が安定ノードであることをチェックできる．相図を図 8.1.6 に示す． ■

3 章で述べたように，ピッチフォーク分岐は対称性をもつ系でよく生じる．ここに 1 つ例をあげる．

例題 8.1.3 超臨界ピッチフォーク分岐が，

$$\dot{x} = \mu x + y + \sin x$$
$$\dot{y} = x - y$$

で表される系の原点で起こることを示し，その分岐値 μ_c を決めよ．μ が μ_c よりも少しだけ大きいときの原点付近の相図を描け．

(解) 系は変数変換 $x \to -x$, $y \to -y$ に対して不変なので，相図も原点に対する鏡映に対して不変でなくてはならない．原点はすべての μ において固定点であり，ヤコビ行列は

$$A = \begin{pmatrix} \mu + 1 & 1 \\ 1 & -1 \end{pmatrix}$$

で，$\tau = \mu$, $\Delta = -(\mu + 2)$ となる．ゆえに，$\mu < -2$ なら原点は安定固定点で，$\mu > -2$ ならサドルである．これはピッチフォーク分岐が $\mu_c = -2$ で起こることを示

唆する．これを確かめるために，μ_c に近い μ について，原点に近い固定点の対称なペアを求める．(この段階では分岐が亜臨界なのか超臨界なのかはわからないことに注意せよ.) 固定点は $y = x$ を満たし，よって，$(\mu+1)x + \sin x = 0$ である．1 つの解は $x = 0$ だが，これはすでに求まっている．ここで，x が小さく，また 0 ではないと考えて，$\sin x$ をべき級数に展開する．すると

$$(\mu+1)x + x - \frac{x^3}{3!} + O(x^5) = 0$$

となる．x で割って高次項を無視すれば，$\mu + 2 - x^2/6 \approx 0$ を得る．ゆえに，-2 より少し大きな μ において，固定点のペア $x^* \approx \pm\sqrt{6(\mu+2)}$ が存在することがわかる．したがって，**超臨界**ピッチフォーク分岐が $\mu_c = -2$ で起こる．(もし分岐が亜臨界であったら，固定点のペアは原点が安定なときに存在し，サドルになった後には存在しないだろう.) 分岐が超臨界なので，2 つの新しい固定点は安定であることが，**チェックしなくても**わかる．

μ が -2 より少し大きいときの $(0,0)$ 付近の相図を描くには，原点でのヤコビ行列の固有ベクトルを求めると役に立つ．これは厳密に求めることもできるが，簡単な近似としては，ヤコビ行列が**分岐点における**ものに近いとすればよい．よって，

$$A \approx \begin{pmatrix} -1 & 1 \\ 1 & -1 \end{pmatrix}$$

となり，固有ベクトルは $(1,1)$ と $(1,-1)$ で，固有値は $\lambda = 0$ と $\lambda = -2$ である．μ が -2 より少しだけ大きいときには原点はサドルとなるので，0 だった固有値はわずかに正となる．以上の情報より，図 8.1.7 に示す相図が示唆される．近似をしたため，この図はパラメーター空間と相空間の両方において**局所的**にしか有効ではない．もし x が原点の近くではなく，μ が μ_c に近くなければ，お手上げである． ■

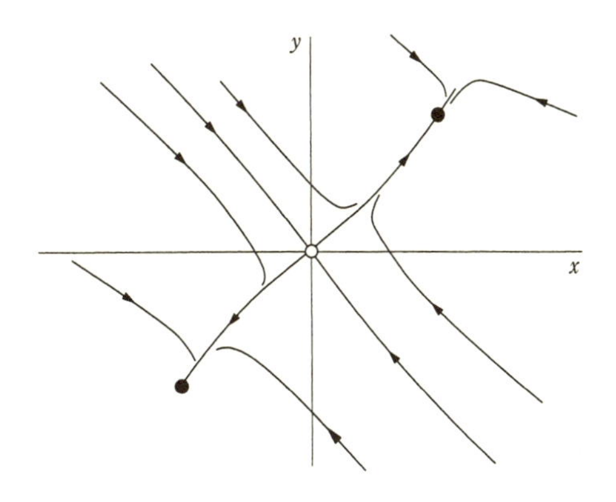

図 8.1.7

これまですべての例題で，分岐は $\Delta = 0$ のとき，あるいはこれと等価だが，固有値の 1 つが 0 となるときに起こった．より一般的にいうと，サドルノード分岐，トランスクリティカル分岐，およびピッチフォーク分岐は，いずれも**ゼロ固有値分岐**の例である．(ほかにもあるが，これらが一番よくある例である.) そのような分岐は，常に 2 個，あるいはより多くの固定点の衝突を伴う．

次の節で，1 次元系に対応物をもたない根本的に新しい種類の分岐を考える．それは，ある固定点が他のどんな固定点ともぶつからずに安定性を失う道筋を与える．

8.2 ホップ分岐

2 次元の系が安定な固定点をもつとしよう．パラメーター μ が変化する際に固定点が安定性を失う可能性のある道筋は，全部でどれだけあるのだろうか? ヤコビ行列の固有値が鍵となる．もし固定点が安定なら，固有値 λ_1, λ_2 は左半平面 $\mathrm{Re}\,\lambda < 0$ になくてはならない．λ は実係数の 2 次方程式を満たすので，2 通りの状況が可能である．つまり，固有値が両方とも実で負であるか (図 8.2.1a)，あるいはそれらが複素共役であるか (図 8.2.1b) である．固定点を不安定化させるには，μ を変化させたときに，固有値の 1 つ，または両方が，右半平面内に向けて虚軸を横切る必要がある．

8.1 節では 1 つの実固有値が $\lambda = 0$ を通過する場合をしらべた．そこでは，3 章からの古い友人たち，つまり，サドルノード分岐，トランスクリティカル分岐，お

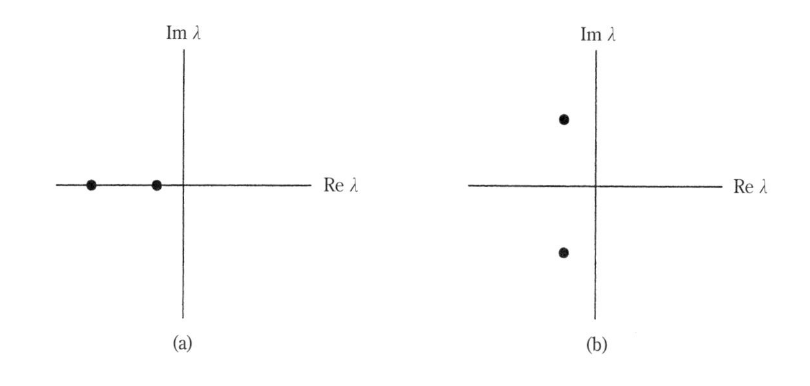

図 **8.2.1**

よびピッチフォーク分岐しか見つからなかった．今度は，2 つの複素共役な固有値が同時に右半平面に向かって虚軸を横切るという，もう一方のシナリオを考えよう．

超臨界ホップ分岐

指数関数的に減衰する振動によって固定点に落ち着くような物理系があるとしよう．つまり，小さな擾乱がしばらくの間「ベルの音のように振動」した後，減衰する (図 8.2.2a)．さて，減衰率が制御パラメーター μ に依存すると考えよう．もし減衰がどんどん遅くなって，最終的に臨界値 μ_c で**成長**に切り替わると，固定点は安定性を失うであろう．その結果として生じる運動は，多くの場合，もとの固定点のまわりの小振幅の正弦波的なリミットサイクル振動である (図 8.2.2b)．このとき，系が**超臨界ホップ分岐** (supercritical Hopf bifurcation) をしたという．

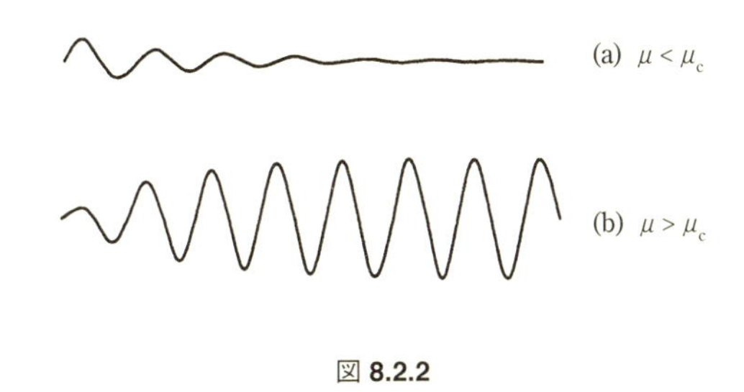

図 **8.2.2**

相空間の流れについていうと，超臨界ホップ分岐は，安定スパイラルがほぼ楕円状の小さなリミットサイクルに囲まれた不安定スパイラルに変わるときに起こる．ホップ分岐は $n \geq 2$ の任意の次元の相空間で生じうるが，本章のこれ以降の部分では，2 次元の場合に制限して考える．

超臨界ホップ分岐の簡単な例は以下の系で与えられる．

$$\dot{r} = \mu r - r^3$$
$$\dot{\theta} = \omega + br^2$$

系には 3 つのパラメーターがある．μ は原点にある固定点の安定性を制御し，ω は振動の振幅が無限小のときの振動数を与え，b は振幅がより大きなときの振動数の振幅依存性を決定する．

図 8.2.3 は μ の値が分岐点 $\mu = 0$ よりも大きいときと小さいときの相図をプロットしたものである．$\mu < 0$ では原点 $r = 0$ は安定スパイラルで，その回転方向は ω

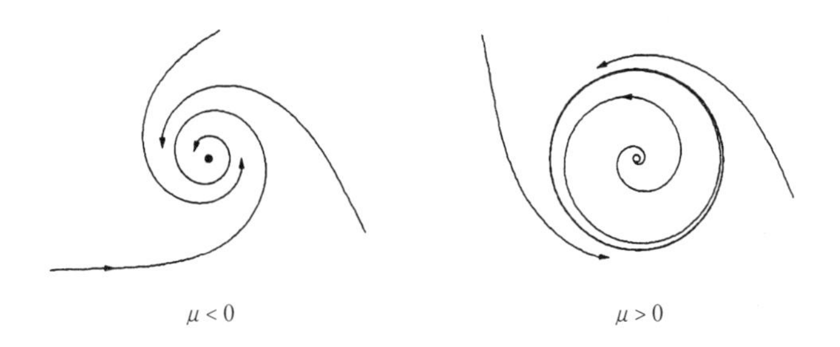

図 **8.2.3**

の符号に依存する．$\mu = 0$ では固定点はまだ安定スパイラルのままだが，安定性はたいへん弱くなり，減衰の速さは代数的な程度でしかない．(この場合を図 6.3.2 に示してあった．このとき線形化は原点にセンターがあると誤って予測することを思い出そう.)　最後に，$\mu > 0$ では原点に不安定スパイラルがあり，$r = \sqrt{\mu}$ に安定な丸いリミットサイクルがある．

分岐が起こる際に固有値がどのようにふるまうかをしらべるため，系を直交座標で書き直す．これによりヤコビ行列が求めやすくなる．$x = r\cos\theta$, $y = r\sin\theta$ と書くと

$$\begin{aligned}\dot{x} &= \dot{r}\cos\theta - r\dot{\theta}\sin\theta \\ &= (\mu r - r^3)\cos\theta - r(\omega + br^2)\sin\theta \\ &= [\mu - (x^2 + y^2)]x - [\omega + b(x^2 + y^2)]y \\ &= \mu x - \omega y + (3\text{ 次の項})\end{aligned}$$

となり，同様に

$$\dot{y} = \omega x + \mu y + (3\text{ 次の項})$$

となる．したがって，原点でのヤコビ行列は

$$A = \begin{pmatrix} \mu & -\omega \\ \omega & \mu \end{pmatrix}$$

であり，固有値

$$\lambda = \mu \pm \mathrm{i}\omega$$

をもつ．予想していたように，μ が負の値から正の値に増加すると，2 つの固有値は虚軸を左から右へと横断する．

経 験 則

上記の理想化した状況は，超臨界ホップ分岐において一般的に成り立つ次の2つの性質を例示している．

(1) リミットサイクルのサイズはゼロから連続的に大きくなり，μ_c に近い μ に対しては $\sqrt{\mu - \mu_c}$ に比例して増加する．
(2) リミットサイクルの振動数は，近似的に $\mu = \mu_c$ で評価した $\omega = \mathrm{Im}\,\lambda$ で与えられる．この式はリミットサイクルの発生点では厳密で，μ_c に近い μ については $O(\mu - \mu_c)$ の精度で正しい．よって周期は $T = (2\pi/\mathrm{Im}\,\lambda) + O(\mu - \mu_c)$ である．

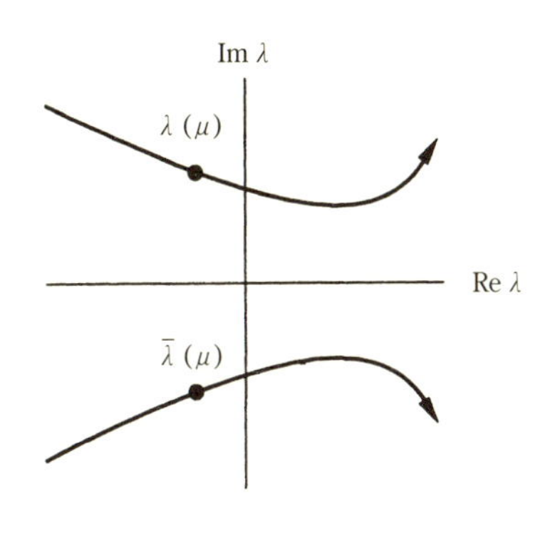

図 8.2.4

しかし，この理想化した例は，いくつかの人工的な性質ももっている．まず，現実に遭遇するホップ分岐においては，リミットサイクルは円ではなく楕円であり，μ が分岐点から離れるにつれてその形はひずむ．理想化した例は，定性的な意味においては典型的であるが，幾何学的にはそうではない．また，上記の理想化された例では，固有値は μ が変わるにつれて水平線上を動く．つまり，$\mathrm{Im}\,\lambda$ は μ とは完全に独立であった．通常は固有値は曲がった経路上を動き，虚軸とゼロではない傾きで交わる (図 8.2.4)．

亜臨界ホップ分岐

ピッチフォーク分岐と同様に，ホップ分岐にも超臨界と亜臨界の両方がある．亜臨界の場合ははるかに劇的であり，工学的な応用においては潜在的な危険性をもつ．つまり，分岐が起きた後，軌道は**離れた**アトラクターに**ジャンプ**しなくてはならない．ここで，アトラクターは固定点，他のリミットサイクル，無限遠，または(3 次元以上では) カオス的なアトラクターかもしれない．ローレンツ方程式をしらべるときに，最後の一番興味深い場合の具体例を知ることになるだろう (9 章).

しかし，ここでは 2 次元の例

$$\dot{r} = \mu r + r^3 - r^5$$
$$\dot{\theta} = \omega + br^2$$

を考えよう．先程の超臨界の場合との重要な違いは，今度は 3 次の項 r^3 が**不安定化させる**効果をもつことである．つまり，この項は軌道を原点から遠ざけようとする．

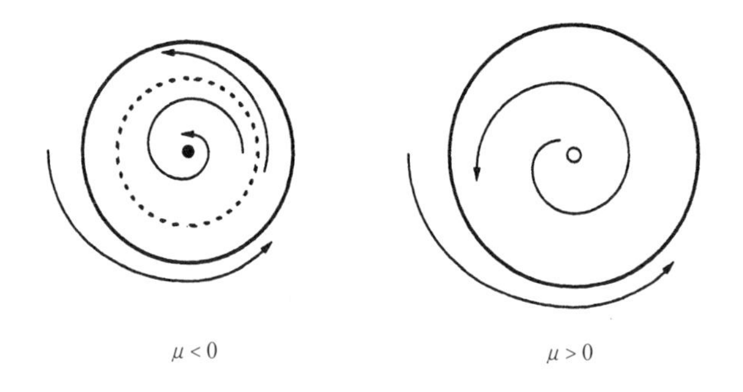

図 **8.2.5**

相図を図 8.2.5 に示す．$\mu < 0$ では，安定なリミットサイクルと，原点にある安定な固定点の，2 つのアトラクターが存在する．それらの間に，図 8.2.5 に破線で示した不安定な周期軌道が存在する．この周期軌道こそが，亜臨界ホップ分岐のシナリオにおいて観戦すべき選手である．μ が増加するにつれて，不安定な周期軌道は固定点のまわりに輪縄のようにきつく締まってゆく．$\mu = 0$ で**亜臨界ホップ分岐** (subcritical Hopf bifurcation) が起こり，不安定周期軌道の振幅はゼロにまで縮み，原点を飲み込んで不安定化させる．$\mu > 0$ では，突然，大振幅のリミットサイクルが系の唯一のアトラクターになる．原点の近くに留まっていた解は，大振幅の振動に成長することを余儀なくされる．

系が**ヒステリシス**を示すことに注意しよう．ひとたび大振幅の振動が始まると，μ を 0 に戻してもこれを消すことはできない．実際，大きな振動は，安定な周期軌道と不安定な周期軌道が衝突して消滅する $\mu = -1/4$ まで持続する．この大振幅の周期軌道の破壊は，さらに異なるタイプの分岐によって起こり，8.4 節で議論される．

亜臨界ホップ分岐は，神経細胞のダイナミクス (Rinzel と Ermentrout 1989)，飛行機の羽の空力弾性学的なフラッターやその他の振動 (Dowell と Ilgamove 1988, Thompson と Stewart 1986)，流体の不安定性 (Drazin と Reid 1981) などにおいて起こる．

亜臨界，超臨界，あるいは退化した分岐?

ホップ分岐が起こるとして，どうすればそれが亜臨界なのか超臨界なのかをいえるのだろうか? 線形化によって区別することはできない．いずれの場合にも固有値のペアは左半平面から右半平面に動く．

解析的な判断基準は存在するが，利用するのが難しいこともある (いくつかの扱いやすい場合については演習問題 8.2.12–15 を参照)．手っ取り早くずるい方法は，コンピューターを使うことである．もし固定点が不安定化した直後に小さな吸引的なリミットサイクルが現れ，パラメーターを動かす向きを逆転させたときにその振幅が縮んでゼロに戻るなら，分岐は超臨界である．そうでなければ，おそらく分岐は亜臨界で，最寄りのアトラクターは固定点から遠く離れたところにあるかもしれず，パラメーターが逆転したときに系はヒステリシスを示すかもしれない．もちろん，コンピューターによる実験は証明ではないので，しっかりとした結論を出すには，数値計算を注意深くチェックしなくてはならない．

最後に，**退化したホップ分岐**のことも意識しておかなくてはならない．その一例は，減衰振り子 $\ddot{x} + \mu\dot{x} + \sin x = 0$ で与えられる．減衰 μ を正から負に変えると，原点にある固定点は安定スパイラルから不安定スパイラルに変わる．しかし分岐点 $\mu = 0$ のどちらの側においてもリミットサイクルは存在しないので，$\mu = 0$ において真のホップ分岐をするわけではない．そのかわりに，$\mu = 0$ において，原点を囲む閉軌道の連続的な帯をもつのである．これらはリミットサイクルではない! (リミットサイクルが**孤立**した閉軌道であることを思い出すこと.)

この退化した場合は，非保存系が分岐点において突然保存的になるときに典型的に生じる．すると，固定点は，ホップ分岐に必要な弱いスパイラルではなく，非線形センターとなる．もう1つの例については，演習問題 8.2.11 を参照せよ．

例題 8.2.1 系 $\dot{x} = \mu x - y + xy^2$, $\dot{y} = x + \mu y + y^3$ を考えよう．μ が変化すると原点でホップ分岐が起こることを示せ．この分岐は亜臨界，超臨界，あるいは退化した分岐のいずれか?

(解) 原点でのヤコビ行列は

$$A = \begin{pmatrix} \mu & -1 \\ 1 & \mu \end{pmatrix}$$

で，$\tau = 2\mu$, $\Delta = \mu^2 + 1 > 0$，および $\lambda = \mu \pm \mathrm{i}$ である．ゆえに，μ が増加して 0 を過ぎると，原点は安定スパイラルから不安定スパイラルに変化する．これは，何らかの種類のホップ分岐が $\mu = 0$ で起こることを示唆する．

亜臨界か，超臨界か，それとも退化しているかを決定するために，簡単な推論と数値積分を用いる．系を極座標に変換すると

$$\dot{r} = \mu r + ry^2$$

である (読者自身でチェックしてみよ)．ゆえに，$\dot{r} \geq \mu r$ である．このことは，$\mu > 0$ では $r(t)$ は**少なくとも** $r_0 \mathrm{e}^{\mu t}$ くらいの速さで成長することを意味する．つまり，すべての軌道は無限遠に跳ね飛ばされるのである！ よって，$\mu > 0$ では閉軌道は確実に存在しない．特に，不安定なスパイラルは安定なリミットサイクルに囲まれてはいない．ゆえに分岐は超臨界ではありえない．

分岐が退化している可能性はあるだろうか? そのためには，原点が $\mu = 0$ で非線形センターとなることが必要であろう．しかし，$\dot{r}$ は x 軸から離れたところでは厳密

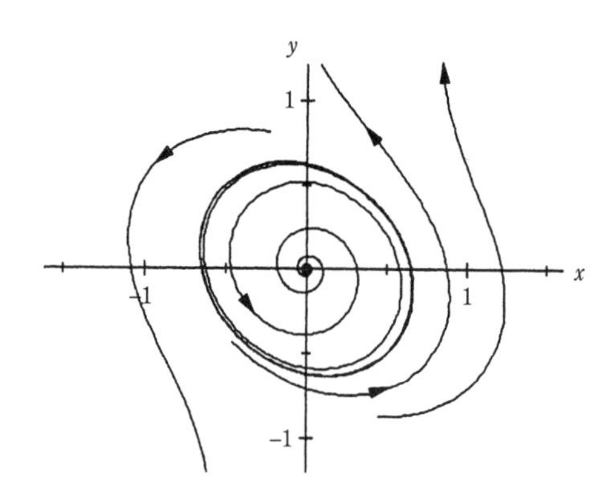

図 **8.2.6**

に正となるので，閉軌道の存在はやはり不可能である．

消去法により，分岐は**亜臨界**であることが期待される．これは，図 8.2.6 のコンピューターで生成した $\mu = -0.2$ における相図から確かめられる[*2]．まさに亜臨界分岐の場合に期待するように，**不安定**なリミットサイクルが安定な固定点を囲んでいることに注意しよう．さらに，周期軌道はほぼ楕円であり，ゆるやかに巻くスパイラルを取り囲んでいる．これらは**いずれの**ホップ分岐においても典型的な特徴である．■

8.3 振動化学反応

ホップ分岐の応用として，ここで**化学振動子** (chemical oscillator) として知られる実験系のクラスについて考察しよう．これらの系は，そのスペクタクルな挙動と，発見されるに至った物語の両面において，驚くべきものである．その背景を述べた後で，二酸化塩素–ヨウ素–マロン酸の反応における振動について，近年提案された簡単なモデルを解析する．化学振動に関して最も信頼のおける文献は，Field と Burger (1985) により編集された本である．Epstein ら (1983), Winfree (1987b), および Murray (1989) も参照せよ．

ベロウソフの「おそらく見つかっていた発見」

1950 年代初期に，ロシアの生化学者 Boris Belousov は，生きている細胞の中で起こる代謝過程であるクエン酸回路 (Krebs cycle) を試験管の中で模倣しようとしていた．セリウム触媒の存在下でクエン酸と臭素イオンを硫酸溶液中で混ぜたとき，彼は驚くべきことを観察した．混合溶液が黄色くなり，それからおよそ 1 分後には色が薄れて消え，さらに 1 分後には黄色に戻り，それからまた色がなくなり，というような振動が，1 時間くらい経って最終的な平衡状態に達するまでに，何十回も続いたのである．

現在では化学反応が自発的に振動することはまったく驚くことではない．そのような反応は，化学の授業において慣例的に実演されるものとなっており，読者

---

*2 (訳注) コンピューターを用いずに，比較的簡単な手計算で超臨界/亜臨界ホップ分岐の存在を証明する方法があるが，それを説明するにはベクトル場の標準形理論が必要となる．詳細は

- S.-N. Chow, C. Li, D. Wang, *Normal Forms and Bifurcation of Planar Vector Fields* (Cambridge University Press, 1994).

の定理 3.2.4，5.1.3 を参照されたい．演習問題 8.2.12 においてはホップ分岐が超臨界なのか亜臨界なのかを判定する公式が与えられているが，そこでの公式は標準形理論によって導出されたものである．

自身も見たことがあるかもしれない[化学反応のレシピについては Winfree (1980) を参照]．しかし，当時はこの発見はあまりに急進的だったので，Belousov は自分の仕事を論文として出版できなかった．すべての化学試薬の溶液は，熱力学の法則により，**単調**に平衡に向かうはずだと考えられていたのである．Belousov の論文は次々と学術誌に掲載を断られた．Winfree (1987b, p. 161) によれば，Belousov の「おそらく見つかっていた発見」の不掲載を伝える手紙に，意地悪な批評を付け加えた編集者さえいたという．

結局，Belousov はロシア医学会のさえない会報に短い概要を何とか出版した (Belousov 1959) が，彼の同僚たちは，何年も後になるまでそれに気づかなかった．しかしながら，1950 年代末期には Belousov の驚くべき反応の噂がモスクワの化学者たちの間に広まっており，1961 年に Zhabotinsky という名の大学院生が，この反応をしらべるという課題を指導教員から与えられた．Zhabotinsky は Belousov がまったくもって正しかったことを確認し，西側とソビエトの科学者たちが会うことを許された数少ない機会の 1 つであった 1968 年のプラハの国際会議で，この仕事を公表した．その頃，生物的および生化学的な振動についてたいへん興味がもたれており (Chance ら 1973)，BZ 反応とよばれるようになったこの化学反応は，それらのより複雑な系の扱いやすいモデルだと考えられた．

生物学との関連は驚くべきほど密接であることが明らかとなった．Belousov と Zhabotinsky (1970)，および Winfree (1972) は，撹拌されていない BZ 試薬の薄い層の中に美しく進行する**波**を発見し，これらの波が，ちょうど神経や心臓の組織を伝わる興奮波のように，衝突によって消滅することを発見した．これらの波は，常に拡大する同心円やスパイラルの形状をとる (口絵 1)．スパイラル波は，化学的，生物学的，および物理学的な興奮性媒質における普遍的な性質だと今では認識されている．とりわけ，スパイラル波と，その 3 次元における類似物である「スクロール波」(表紙の図) は，心臓のある種の不整脈に関与すると考えられており，医学的にたいへん重要な問題である (Winfree 1987b)．

Boris Belousov は，自らが創始したことの結果を知ったら，さぞかし喜んだに違いない．振動反応に関する先駆的な仕事に対して，Belousov と Zhabotinsky は 1980 年にソビエト連邦最高のメダルであるレーニン賞を受賞したが，残念なことに Belousov はその 10 年ほど前に亡くなっていた．

BZ 反応の歴史について，より詳しくは Winfree (1984, 1987b) を参照せよ．1951 年の Belousov の原論文の英訳版は，Field と Burger (1985) の本に収録されている．

二酸化塩素–ヨウ素–マロン酸反応

化学振動のメカニズムはとても複雑なものである可能性がある．BZ 反応は 20 ステップ以上の素反応過程を含むものと考えられているが，運良くそれらの反応の多くは急速に平衡に達する．これにより，BZ 反応をわずか 3 つの微分方程式に縮約することが許される．この縮約した系の解析については，Tyson (1985) を参照せよ．

同様の精神にもとづいて，別の種類の振動反応である二酸化塩素–ヨウ素–マロン酸 (ClO_2–I_2–MA) 反応のとりわけエレガントなモデルが，Lengyel ら (1990) によって提案され解析された．彼らの実験により，系の挙動を以下の 3 つの化学反応と経験的な反応速度則によって捉えられることが示された．

$$\mathrm{MA} + \mathrm{I_2} \to \mathrm{IMA} + \mathrm{I^-} + \mathrm{H^+};\quad \frac{\mathrm{d}[\mathrm{I_2}]}{\mathrm{d}t} = -\frac{k_{1a}[\mathrm{MA}][\mathrm{I_2}]}{k_{1b} + [\mathrm{I_2}]} \tag{8.3.1}$$

$$\mathrm{ClO_2} + \mathrm{I^-} \to \mathrm{ClO_2^-} + \frac{1}{2}\mathrm{I_2};\quad \frac{\mathrm{d}[\mathrm{ClO_2}]}{\mathrm{d}t} = -k_2[\mathrm{ClO_2}][\mathrm{I^-}] \tag{8.3.2}$$

$$\mathrm{ClO_2^-} + 4\mathrm{I^-} + 4\mathrm{H^+} \to \mathrm{Cl^-} + 2\mathrm{I_2} + 2\mathrm{H_2O};$$

$$\frac{\mathrm{d}[\mathrm{ClO_2^-}]}{\mathrm{d}t} = -k_{3a}[\mathrm{ClO_2^-}][\mathrm{I^-}][\mathrm{H^+}] - k_{3b}[\mathrm{ClO_2^-}][\mathrm{I_2}]\frac{[\mathrm{I^-}]}{u + [\mathrm{I^-}]^2} \tag{8.3.3}$$

典型的な濃度と反応パラメーターの値は，Lengyel ら (1990)，および Lengyel と Epstein (1991) に与えられている[*3]．

式 (8.3.1)–(8.3.3) を数値積分すれば，このモデルが実験的に観察されるものによく似た振動を生じることが示される．しかし，このモデルは解析的に扱うにはまだ複雑過ぎる．これを簡略化するために，Lengyel ら (1990) はシミュレーションで得られた結果を用いている．反応物質のうちの 3 つ (MA, I_2, および ClO_2) は，中間生成物質 I^- および ClO_2^- に比べてたいへんゆっくりと変動する．また，I^- と ClO_2^- の濃度は 1 つの振動周期の間に数桁も変動する．遅い反応物質の濃度を**定数**であると近似し，その他の適切な簡略化を行うことにより，Lengyel らは系を 2 変数のモデルに縮約した．(当然だが，この近似は反応物質のゆっくりとした消費を無視しているので，最終的に固定点に近づく部分はこのモデルでは説明できないだろう．) 適切な無次元化の後，モデルは

$$\dot{x} = a - x - \frac{4xy}{1 + x^2} \tag{8.3.4}$$

*3 (訳注) ここで [A] は化学物質 A の濃度を表す．

$$\dot{y} = bx\left(1 - \frac{y}{1+x^2}\right) \tag{8.3.5}$$

となる．ここで x と y は I^- と ClO_2^- の無次元化した濃度である．パラメーター $a, b > 0$ は，経験的な反応速度定数と，変動が遅いと仮定している反応物質の濃度に依存する．

式 (8.3.4), (8.3.5) の解析を，まずトラッピング領域を構成してポアンカレ–ベンディクソンの定理を適用することから始める．それから，この化学振動が超臨界ホップ分岐によって生じることを示そう．

例題 8.3.1 a と b がある条件を満たせば，系 (8.3.4), (8.3.5) が正の象限 $x, y > 0$ に閉軌道をもつことを証明し，またこの a, b の満たすべき条件を決定せよ．

(解) 例題 7.3.2 と同様に，ヌルクラインはトラッピング領域を構成する助けとなる．式 (8.3.4) は曲線

$$y = \frac{(a-x)(1+x^2)}{4x} \tag{8.3.6}$$

上で $\dot{x} = 0$ であることを，式 (8.3.5) は x 軸上と $y = 1 + x^2$ 上で $\dot{y} = 0$ であることを示す．これらのヌルクラインをいくつかの代表的なベクトルとともに図 8.3.1 に描いた．(図 8.3.1 は教育的な観点で描いた．つまり，ヌルクラインの形状をはっきりさせ，またベクトルを描くために広いスペースを使えるように，式 (8.3.6) の曲率を誇張してある.)

さて，図 8.3.2 の破線部を考えよう．これは，境界上にあるすべてのベクトルが箱の内側を向いているので，トラッピング領域である．

ポアンカレ–ベンディクソンの定理はまだ適用できない．なぜなら，固定点

$$x^* = a/5, \qquad y^* = 1 + (x^*)^2 = 1 + (a/5)^2$$

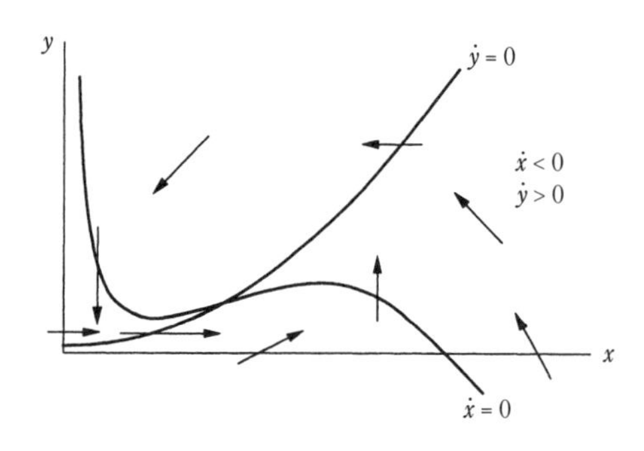

図 **8.3.1**

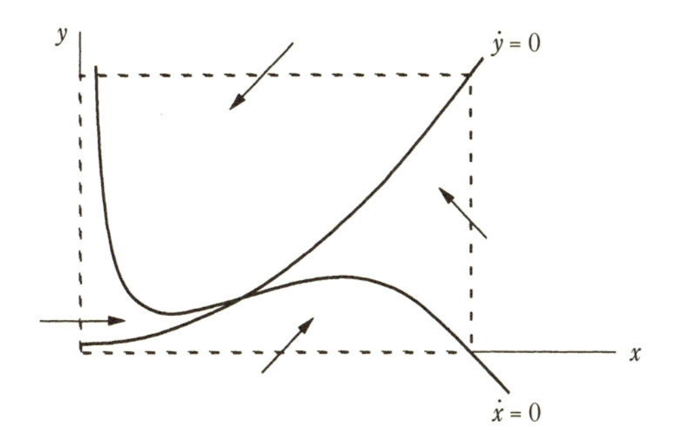

図 8.3.2

が箱の中のヌルクラインの交点の位置にあるからである．しかしここで例題 7.3.3 のような議論ができる．つまり，もし固定点がリペラーであれば，ポアンカレ–ベンディクソンの定理を，固定点を除いた「孔のあいた」箱に対して適用できる．

あとはどのような条件下で固定点がリペラーとなるかを知ればよい．(x^*, y^*) におけるヤコビ行列は

$$\frac{1}{1+(x^*)^2}\begin{pmatrix} 3(x^*)^2-5 & -4x^* \\ 2b(x^*)^2 & -bx^* \end{pmatrix}$$

である．(ヤコビ行列中のいくつかの成分を簡単な形にするために関係式 $y^* = 1+(x^*)^2$ を使った.) 行列式とトレースは

$$\Delta = \frac{5bx^*}{1+(x^*)^2} > 0, \qquad \tau = \frac{3(x^*)^2-5-bx^*}{1+(x^*)^2}$$

で与えられる．運良く $\Delta > 0$ なので，固定点はサドルではありえない．ゆえに (x^*, y^*) は $\tau > 0$，すなわち

$$b < b_c \equiv 3a/5 - 25/a \tag{8.3.7}$$

ならリペラーである．もし式 (8.3.7) が成り立てば，ポアンカレ–ベンディクソンの定理によって孔のあいた箱の中のどこかに閉軌道が存在することが示される． ■

例題 8.3.2 数値積分によって $b = b_c$ でホップ分岐が起こることを示し，また，その分岐が亜臨界か超臨界かを決定せよ．

(解) 上記の解析的な結果は，b が b_c 未満にまで減少すると，固定点が安定スパイラルから不安定スパイラルに変わることを示す．これはホップ分岐のしるしである．図 8.3.3 は 2 つの典型的な相図をプロットしたものである．[ここでは $a = 10$ とした．すると式 (8.3.7) より $b_c = 3.5$ となる.] $b > b_c$ のとき，すべての軌道はらせん状に安定固定点に向かう (図 8.3.3a)．一方，$b < b_c$ なら，軌道は安定なリミットサイクル

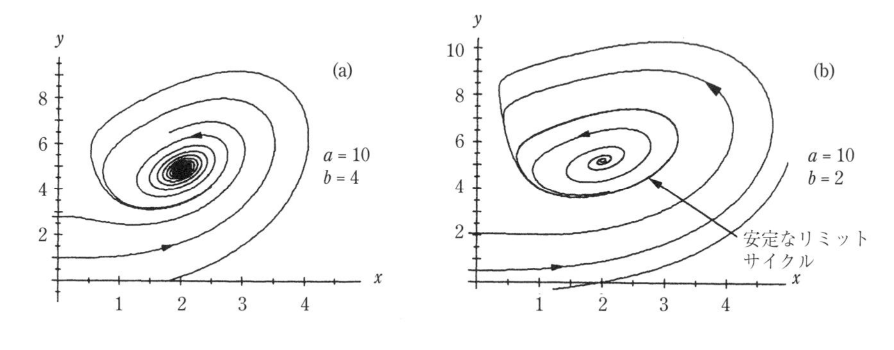

図 **8.3.3**

に引きつけられる (図 8.3.3b). よって，分岐は**超臨界**である．つまり，固定点は安定性を失った後，安定なリミットサイクルに囲まれる．さらに，下方から $b \to b_c$ とする間の相図をプロットすれば，リミットサイクルが点となるまで連続的に縮むことを確認できるだろう．これは分岐が超臨界であるために必要であった． ■

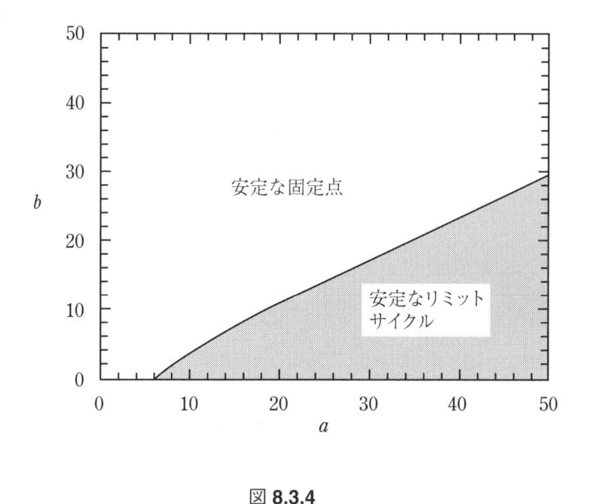

図 **8.3.4**

この結果を図 8.3.4 の安定性ダイアグラムにまとめた．2 つの領域の境界は，ホップ分岐点の軌跡 $b = 3a/5 - 25/a$ によって与えられる．

例題 8.3.3　b が b_c より少しだけ小さいときのリミットサイクルの周期を近似的に求めよ．

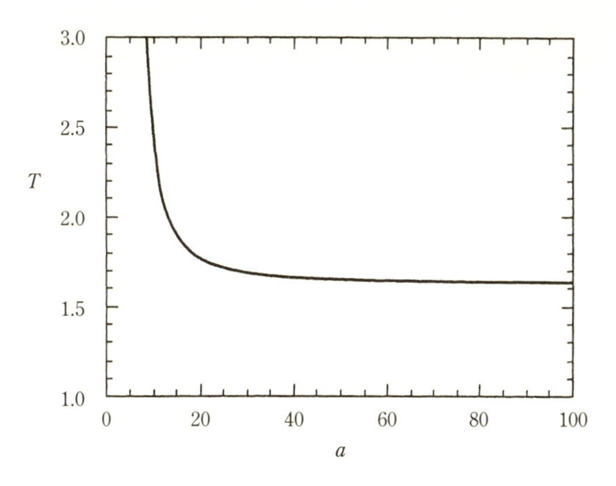

図 8.3.5

(解) 振動数は分岐点における固有値の虚部によって近似される．いつも通り，固有値は $\lambda^2 - \tau\lambda + \Delta = 0$ を満たす．$b = b_c$ で $\tau = 0$ および $\Delta > 0$ なので，

$$\lambda = \pm \mathrm{i}\sqrt{\Delta}$$

がわかる．また，b_c では，

$$\Delta = \frac{5b_c x^*}{1+(x^*)^2} = \frac{5\left(\dfrac{3a}{5} - \dfrac{25}{a}\right)\left(\dfrac{a}{5}\right)}{1+(a/5)^2} = \frac{15a^2 - 625}{a^2+25}$$

である．ゆえに，$\omega \approx \Delta^{1/2} = [(15a^2 - 625)/(a^2+25)]^{1/2}$ なので，

$$\begin{aligned} T &= 2\pi/\omega \\ &= 2\pi[(a^2+25)/(15a^2-625)]^{1/2} \end{aligned}$$

である．$T(a)$ のグラフを図 8.3.5 に示す．$a \to \infty$ で $T \to 2\pi/\sqrt{15} \approx 1.63$ である．

■

8.4 周期軌道の大域分岐

2 次元の系では，一般に 4 通りの形でリミットサイクルが創造あるいは破壊される．ホップ分岐が最も有名だが，他の 3 つの場合も日の目を見る価値がある．それらの分岐は，単一の固定点の近傍だけではなく，相平面の広い領域に関わるので，検出するのはより困難である．ゆえに，これらは**大域分岐** (global bifurcation) とよばれる．この節では大域分岐の典型的な例をいくつか与え，それらのあいだの比較，およびホップ分岐との比較を行う．また，その応用のいくつかを 8.5 節と 8.6 節と演習問題で議論する．

周期軌道のサドルノード分岐

2 つのリミットサイクルが衝突して消滅する分岐は，2 つの固定点が示す同様の分岐とのアナロジーにより，**周期軌道のフォールド分岐**あるいは**サドルノード分岐**とよばれる．8.2 節でしらべた系

$$\dot{r} = \mu r + r^3 - r^5$$

$$\dot{\theta} = \omega + br^2$$

で，その例が生じる．8.2 節では $\mu = 0$ で起こる亜臨界ホップ分岐に興味があった．ここでは $\mu < 0$ でのダイナミクスに集中しよう．

動径方向の方程式 $\dot{r} = \mu r + r^3 - r^5$ を 1 次元系だと考えると役に立つ．読者自身で確かめるべきだが，この系は $\mu_c = -1/4$ で固定点のサドルノード分岐を起こす．2 次元系に戻ると，これらの固定点は円状の**リミットサイクル**に対応する．図 8.4.1 にこの「動径相図」と相平面上での対応する挙動をプロットした．

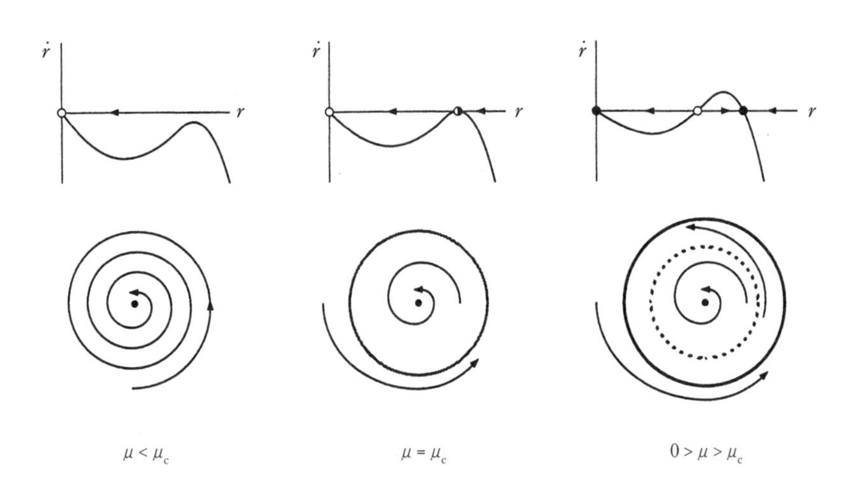

図 **8.4.1**

$\mu = \mu_c$ で青天の霹靂のように半安定な周期軌道が生まれる．この周期軌道は，μ が増加すると 2 つのリミットサイクルのペアに分裂し，その 1 つは安定で，もう 1 つは不安定である．逆方向に見ると，μ が減少して μ_c 未満になると，安定な周期軌道と不安定な周期軌道が衝突して消滅する．原点はずっと安定のままであることに注意しよう．つまり，原点はこの分岐にはかかわらない．

今後のため，この周期軌道は発生した時点で $O(1)$ の振幅をもつことに注意しておこう．これはリミットサイクルが $(\mu - \mu_c)^{1/2}$ に比例した小さな振幅をもつホップ分岐とは異なる．

無限周期分岐

系

$$\dot{r} = r(1 - r^2)$$
$$\dot{\theta} = \mu - \sin\theta$$

を考えよう．ここで $\mu \geq 0$ である．これは以前 3 章と 4 章でしらべた 2 つの 1 次元系を結合した系である．動径方向については，すべての軌道 ($r^* = 0$ 以外) は $t \to \infty$ で単調に単位円に漸近する．角度方向については，$\mu > 1$ なら運動はどこでも反時計回りだが，$\mu < 1$ では，$\sin\theta = \mu$ により定義される原点から出発する 2 本の不変な直線が存在する．ゆえに，μ が減少して $\mu_c = 1$ 未満になると，相図は図 8.4.2 に示すように変化する．

μ が減少すると，リミットサイクル $r = 1$ 上の $\theta = \pi/2$ のところにボトルネックが生じ，$\mu \to 1^+$ になるほどこのボトルネックは細くなる．振動周期はより長

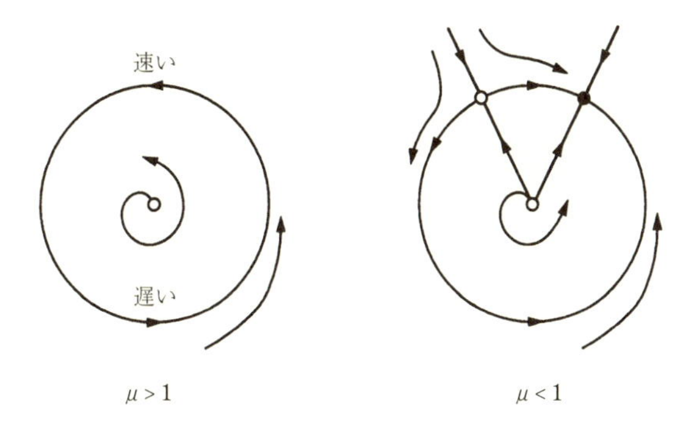

図 8.4.2

くなり，最終的に $\mu_c = 1$ で円上に固定点が現れると無限大となる．ゆえに，**無限周期分岐** (infinite-period bifurcation) という言葉が使われる．$\mu < 1$ では固定点はサドルとノードに分裂する．

4.3 節で議論した理由により，分岐点に近づくと，振動子の振幅は $O(1)$ に留まるが，周期は $(\mu - \mu_c)^{-1/2}$ のように増加する．

ホモクリニック分岐

このシナリオでは，リミットサイクルの一部がどんどんサドル点に近づき，分岐点でリミットサイクルがサドル点に触れて，ホモクリニック軌道となる．これは先ほどとは別の種類の無限周期分岐である．したがって，混乱を避けるために，これを**サドルループ分岐** (saddle-loop bifurcation) または**ホモクリニック分岐** (homoclinic bifurcation) とよぼう．

解析的に平明な例を見つけるのは難しいので，コンピューターを用いる．系

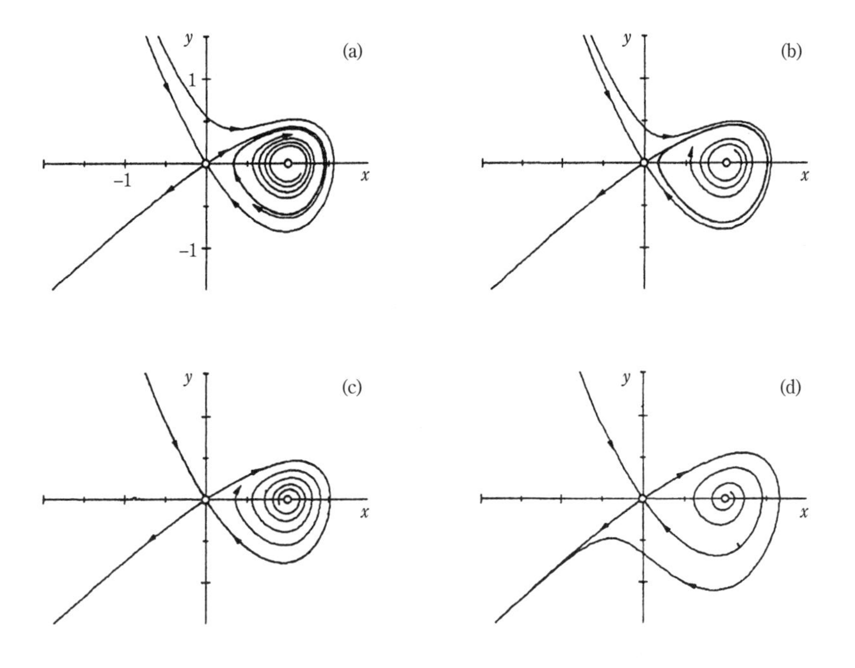

図 **8.4.3**

$$\dot{x} = y$$
$$\dot{y} = \mu y + x - x^2 + xy$$

を考えよう．図 8.4.3 は，分岐前，分岐中，分岐後の一連の相図をプロットしたものである．重要な特徴のみを示してある．

数値的には，分岐は $\mu_c \approx -0.8645$ で生じることがわかる．$\mu < \mu_c$ においては，たとえば $\mu = -0.92$ では，安定なリミットサイクルが原点にあるサドル点の近くを通る (図 8.4.3a)．μ が μ_c に近づくにつれてリミットサイクルは膨らみ (図 8.4.3b)，$\mu = \mu_c$ でサドルにぶつかってホモクリニック軌道をつくる (図 8.4.3c)．$\mu > \mu_c$ になるとサドルコネクションはこわれ，ループは破壊される (図 8.4.3d)*4.

この分岐の鍵となるのはサドルの不安定多様体の挙動である．原点から北東の方向に向かう不安定多様体の枝を見てみよう．この枝は，1 周後に原点にぶつかるか (図 8.4.3c)，そのいずれかの側に進路を逸らすか (図 8.4.3a,d) のどちらかである．

スケーリング則

上で述べた分岐のおのおのについて，分岐点に近づく際のリミットサイクルの振幅と周期を支配する特徴的な**スケーリング則** (scaling law) が存在する．分岐点からの距離の何らかの無次元尺度を μ として，$\mu \ll 1$ を仮定しよう．2 次元系における周期軌道の分岐に関する一般的なスケーリング則を表 8.4.1 に示す．

これらの法則は，ホモクリニック分岐の場合を除き，すべて以前説明したものである．ホモクリニック分岐における周期のスケーリング則は，軌道がサドル点を通り過ぎるために必要な時間を見積もることによって得られる [演習問題 8.4.12 と Gaspard (1990) を参照].

表 8.4.1

	安定なリミットサイクルの振幅	サイクルの周期
超臨界ホップ	$O(\mu^{1/2})$	$O(1)$
周期軌道のサドルノード分岐	$O(1)$	$O(1)$
無限周期	$O(1)$	$O(\mu^{-1/2})$
ホモクリニック	$O(1)$	$O(\ln \mu)$

*4 (訳注) このことの厳密な取扱いについては 279 ページの訳注で述べた S.-N. Chow, C. Li, D. Wang の本を参照せよ．

これらの規則に例外は生じうるが，それは以下の例題のように，問題の一般性を失わせるような何らかの対称性や他の特別な性質がある場合のみである．

例題 8.4.1 ファン・デル・ポール振動子 $\ddot{x}+\varepsilon\dot{x}(x^2-1)+x=0$ は表 8.4.1 のどこにもフィットしないように見える．$\varepsilon=0$ では原点の固有値は純虚数 $(\lambda=\pm\mathrm{i})$ であり，これは $\varepsilon=0$ でホップ分岐が生じることを示唆する．しかし 7.6 節で示したように，$0<\varepsilon\ll 1$ において，系は振幅 $r\approx 2$ のリミットサイクルをもつ．よって，この周期軌道は「成熟して」生まれており，スケーリング則が予測するように $O(\varepsilon^{1/2})$ というサイズにはなっていない．これはどのように説明されるのだろうか?

(解) $\varepsilon=0$ での分岐は退化している．非線形項 $\varepsilon\dot{x}x^2$ は，ちょうど固有値が虚軸を横切るパラメーターの値で消える．これこそが，一般性をもたない偶然の一致というものである!

x をリスケールしてこの退化を取り除くことができる．方程式を $\ddot{x}+x+\varepsilon x^2\dot{x}-\varepsilon\dot{x}=0$ と書き，$u^2=\varepsilon x^2$ とおいて非線形項の ε 依存性を除こう．すると $u=\varepsilon^{1/2}x$ であり，方程式は

$$\ddot{u}+u+u^2\dot{u}-\varepsilon\dot{u}=0$$

となる．もう固有値が純虚数になっても非線形項が失われることはない．7.6 節より，リミットサイクル解は $0<\varepsilon\ll 1$ において $x(t,\varepsilon)\approx 2\cos t$ である．これを u を使って書くと

$$u(t,\varepsilon)\approx\left(2\sqrt{\varepsilon}\right)\cos t$$

となる．ゆえに，ちょうどホップ分岐の場合に期待されるように，振幅は $\varepsilon^{1/2}$ のように増加する． ■

ここで与えたスケーリング則は，**2 次元系**の典型的な例を考えることによって導出された．高次元の相空間においても対応する分岐は同じスケーリング則に従うが，2 つの注意点がある．(1) さらにさまざまなリミットサイクルの分岐が可能となる．よって，この表は網羅的なものではなくなる．(2) ホモクリニック分岐の解析がより微妙になる．その余波として，しばしばカオス的挙動が生み出される (Guckenheimer と Holmes 1983, Wiggins 1990)．

以上のことは，なぜスケーリング則を気にすべきなのか，という疑問を生じさせる．読者が実験科学者で，しらべている系が安定なリミットサイクル振動を示すとする．ここで読者が制御パラメーターを変えて振動が止まったとしよう．この分岐の近くで周期と振幅のスケーリングをしらべることにより，系のダイナミクスについていくばくかのことを知ることができるのだ．(通常，系のダイナミクスは，まったくわからなくはないにせよ，正確には知られていない．) これにより，

可能性のあるモデルを排除したり証拠立てたりできる．物理化学における例については Gaspard (1990) を参照せよ．

8.5　駆動された振り子およびジョセフソン接合素子における　ヒステリシス

この節では，ホモクリニック分岐と無限周期分岐の両方が生じる物理の問題を扱う．この問題は以前 4.4 節と 4.6 節で導入した．そのときには，一定のトルクで駆動される減衰振り子のダイナミクス，またはこれと等価なハイテクな類似物として，一定の電流で駆動される超伝導ジョセフソン接合素子のダイナミクスをしらべた．2 次元系を扱う準備がまだできていなかったので，質量が無視できるほど小さい (振り子の場合)，または容量が無視できるほど小さい (ジョセフソン接合素子の場合) 強い**過減衰極限**を考えて，両者の問題を円周上のベクトル場に簡略化した．

今や完全に 2 次元の問題として取り扱う準備が準備ができている．4.6 節の最後で述べたように，減衰が十分に弱いときには安定なリミットサイクルと安定な固定点が共存するため，振り子とジョセフソン接合素子は興味深いヒステリシス効果を示す可能性がある．物理的にいうと，振り子は頂点を超えて回転する回転解，または重力と与えられたトルクがバランスした安定な静止状態のいずれにも行き着く可能性があり，最終的な状態は初期条件による．ここでの目標は，どのようにこの双安定性が生じるのかを理解することである．

以下の議論はジョセフソン接合素子の用語を用いて述べるが，役に立ちそうなところでは振り子とのアナロジーも述べる．

支配方程式

4.6 節で説明したように，ジョセフソン接合素子の支配方程式は

$$\frac{\hbar C}{2e}\ddot{\phi} + \frac{\hbar}{2eR}\dot{\phi} + I_c \sin\phi = I_B \tag{8.5.1}$$

である．ここで $\hbar$ は 2π で割ったプランク定数，e は電子の電荷，I_B は一定のバイアス電流，C は接合素子の容量，R は抵抗，I_c は臨界電流で，$\phi(t)$ は接合素子間の位相差である．

減衰の役割を強調するため，式 (8.5.1) を 4.6 節とは異なる方法で無次元化する．

$$\tilde{t} = \left(\frac{2eI_c}{\hbar C}\right)^{1/2} t, \qquad I = \frac{I_B}{I_c}, \qquad \alpha = \left(\frac{\hbar}{2eI_c R^2 C}\right)^{1/2} \tag{8.5.2}$$

すると，式 (8.5.1) は

$$\phi'' + \alpha\phi' + \sin\phi = I \tag{8.5.3}$$

となる．α と I は無次元化した減衰と与えた電流で，プライム記号 ($'$) は $\tilde{t}$ についての微分を表す．ここで，物理的な根拠により $\alpha > 0$ であり，一般性を失うことなく $I \geq 0$ と選んでよい (あるいは $\phi \to -\phi$ と再定義せよ).

$y = \phi'$ としよう．すると系は

$$\begin{aligned} \phi' &= y \\ y' &= I - \sin\phi - \alpha y \end{aligned} \tag{8.5.4}$$

となる．6.7 節と同様に，ϕ は角度を表す変数で，y は単なる実数なので (角速度と考えるのが最も良い)，相空間は**円筒**である．

固　定　点

式 (4) の固定点は $y^* = 0$ と $\sin\phi^* = I$ を満たす．ゆえに，$I < 1$ ならば円筒上には 2 つの固定点があり，$I > 1$ ならば 1 つもない．固定点が存在するときには，1 つはサドルで，もう 1 つはシンクである．なぜならば，ヤコビ行列

$$A = \begin{pmatrix} 0 & 1 \\ -\cos\phi^* & -\alpha \end{pmatrix}$$

は $\tau = -\alpha < 0$ と $\Delta = \cos\phi^* = \pm\sqrt{1 - I^2}$ をもつからである．$\Delta > 0$ のとき，$\tau^2 - 4\Delta = \alpha^2 - 4\sqrt{1 - I^2} > 0$ なら，すなわち，減衰が十分に強いか，または I が 1 に近ければ，安定ノードを得る．そうでなければ，シンクは安定なスパイラルである．$I = 1$ で安定ノードとサドルが**固定点のサドルノード分岐**で衝突する．

閉軌道の存在

$I > 1$ のときには何が起こるのだろうか? もはや固定点はない．何か新しいことが起こらなくてはならない．ここで，**すべての軌道が唯一の安定なリミットサイクルに引き寄せられる**ことを主張しよう．

最初のステップは，周期解の存在を示すことである．この論証には，はるか昔に Poincaré が導入した賢いアイデアを使うので，注意して見て欲しい．(このアイデアは今後も頻繁に用いる.)

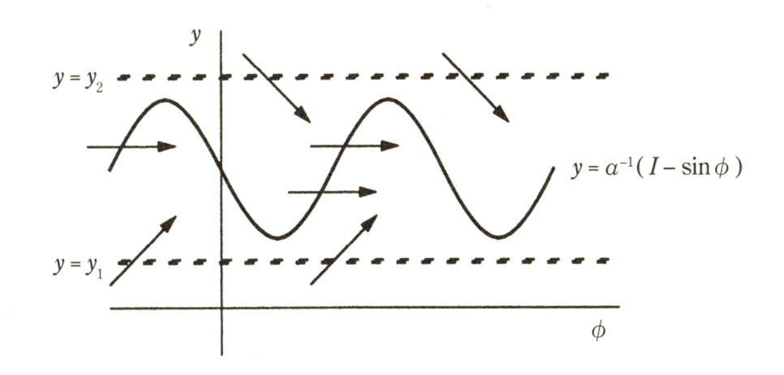

図 8.5.1

ヌルクライン $y = \alpha^{-1}(I - \sin\phi)$ を考えよう．ここで $y' = 0$ とする．流れはヌルクラインより上側では下向きであり，ヌルクラインより下側では上向きである (図 8.5.1)．

特に，すべての軌道はやがて $y_1 \le y \le y_2$ の細い帯に入り (図 8.5.1)，そこに永久に留まる．(ここで y_1 と y_2 は，$0 < y_1 < (I-1)/\alpha$ および $y_2 > (I+1)/\alpha$ となるような任意定数である．) 細い帯の中では，$y > 0$ ならば $\phi' > 0$ なので，流れはいつも右向きである．

また，$\phi = 0$ と $\phi = 2\pi$ は円筒上では等価なので，矩形の箱 $0 \le \phi \le 2\pi$, $y_1 \le y \le y_2$ にのみ注目すればよい．この箱は流れの長時間挙動に関するすべての情報をもっている (図 8.5.2)．

さて，図 8.5.2 に示したように，箱の左辺の高さ y の点から出発した軌道を考え，右辺のどこかと高さ $P(y)$ の点で交差するまで追跡しよう．y から $P(y)$ への

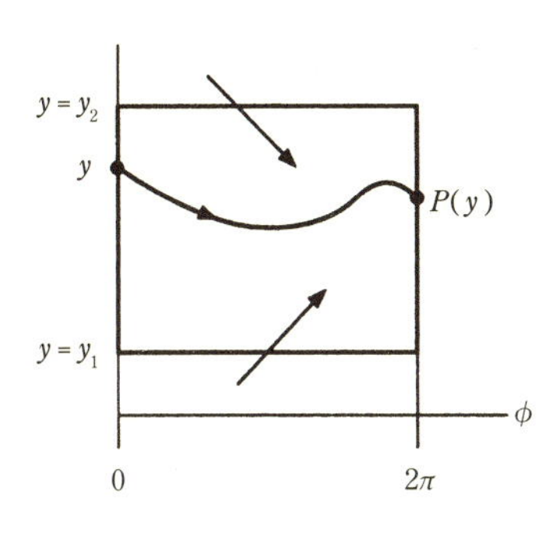

図 8.5.2

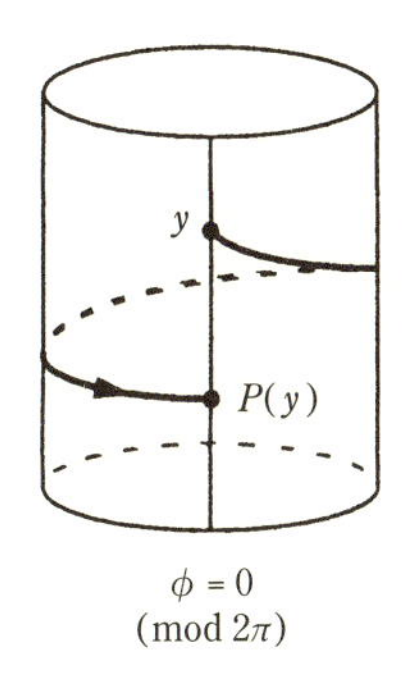

図 8.5.3

写像は**ポアンカレ写像** (Poincaré map) とよばれる．これは，円筒のまわりを 1 周した後に，軌道の高さがどう変わるかを示すものである (図 8.5.3).

ポアンカレ写像は**帰還写像** (first-return map) ともよばれる．なぜなら，もし軌道が直線 $\phi = 0 \pmod{2\pi}$ 上の高さ y の点から出発したとすると，$P(y)$ は軌道が最初にこの直線 $\phi = 0$ に戻ったときの高さだからである．

ここで重要なポイントがある．$P(y)$ を具体的に計算することはできないが，**もし $P(y^*) = y^*$ となる点 y^* があることを示せれば，対応する軌道は閉軌道となるだろう** (なぜなら，軌道は 1 周後に円筒上の同じ場所に戻ってくるので).

そのような y^* が存在することを示すには，少なくとも概略的に，$P(y)$ のグラフがどのような形なのかを知る必要がある．$y = y_1, \phi = 0$ を出発する軌道を考えよう．そして

$$P(y_1) > y_1$$

であることを主張しよう．これは，流れが最初は厳密に上向きであることと，直線 $y = y_1$ 上では流れがどこでも上向きであること (図 8.5.1 と図 8.5.2 を思い出すこと) により，軌道が決して $y = y_1$ に戻ることができないことから示される．同種の議論により，

$$P(y_2) < y_2$$

もいえる．

さらに，$P(y)$ は**連続**関数である．これは，ベクトル場が十分に滑らかなら，微分方程式の解は初期条件に連続的に依存するという定理から示される．

そして最後に，$P(y)$ は**単調**な関数である．(図を描けば，もし $P(y)$ が単調でないとすると，2 つの軌道が交わってしまうことを納得できるだろう．そして，こ

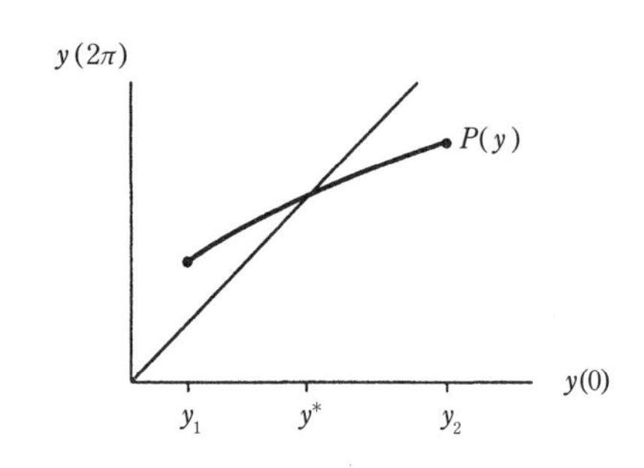

図 **8.5.4**

れは禁じられている.) まとめると，これらの結果は $P(y)$ が図 8.5.4 の形をもつことを意味する．中間値の定理により (あるいは常識的な判断により)，$P(y)$ のグラフは 45° の対角線を**どこか**で横切らなくてはならない．つまり，この交点が望みの y^* である．

リミットサイクルの一意性

以上の議論は閉軌道の**存在**を証明し，また，その一意性もほとんど証明している．しかし，ある区間で $P(y) \equiv y$ となってしまい，無限に多数の閉軌道の帯ができてしまう可能性をまだ排除していない．

われわれの主張の一意性の部分を不動のものとするために，6.7 節で述べたように，定性的に異なる 2 つの種類の周期解が円筒上に存在することを思い出そう．**振動**と**回転**である (図 8.5.5)．$I > 1$ では振動は不可能である．なぜなら，指数理

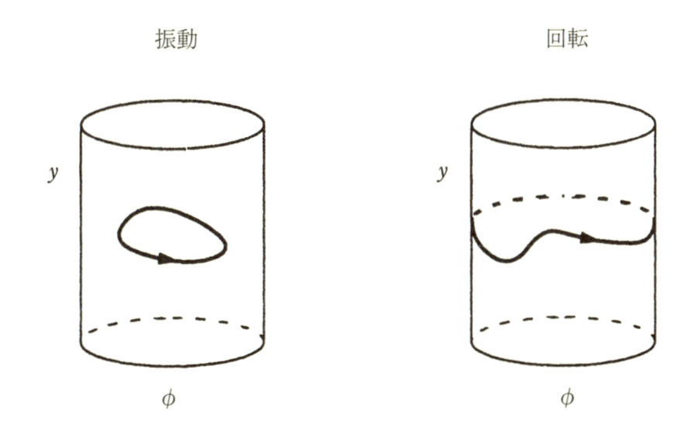

図 8.5.5

論により，どのような振動も固定点を囲まなくてはならないが，$I > 1$ では固定点が存在しないからである．ゆえに，回転のみを考えればよい．

2 つの異なる回転があったとしよう．円筒上の相図は図 8.5.6 のようになる必要があるだろう．異なる軌道は交わることができないので，回転軌道の 1 つは，もう 1 つの回転軌道よりも，**厳密に上に**なくてはならないだろう.「上側」と「下側」の回転軌道をそれぞれ $y_{\mathrm{U}}(\phi)$ と $y_{\mathrm{L}}(\phi)$ で表そう．ここで，すべての ϕ について $y_{\mathrm{U}}(\phi) > y_{\mathrm{L}}(\phi)$ である．

そのような 2 つの回転軌道の存在は，以下のエネルギーに関する議論によって，矛盾を導く．エネルギーを

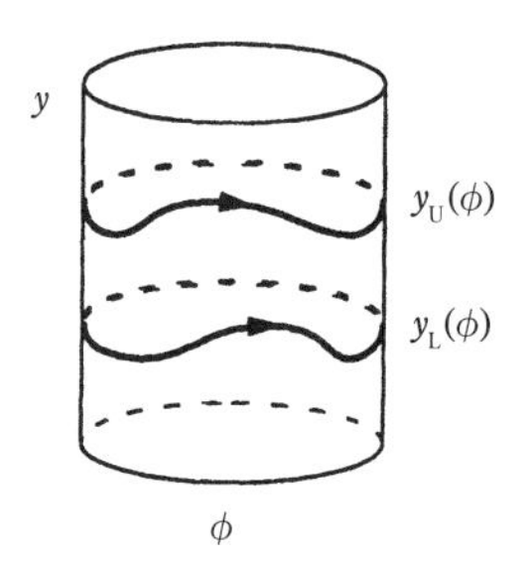

図 **8.5.6**

$$E = \frac{1}{2}y^2 - \cos\phi \tag{8.5.5}$$

としよう．任意の回転軌道 $y(\phi)$ を 1 周した後，エネルギーの変化 ΔE は消えなくてはならない．ゆえに，

$$0 = \Delta E = \int_0^{2\pi} \frac{\mathrm{d}E}{\mathrm{d}\phi}\mathrm{d}\phi \tag{8.5.6}$$

である．しかし，式 (8.5.5) より

$$\frac{\mathrm{d}E}{\mathrm{d}\phi} = y\frac{\mathrm{d}y}{\mathrm{d}\phi} + \sin\phi \tag{8.5.7}$$

となり，また式 (8.5.4) は

$$\frac{\mathrm{d}y}{\mathrm{d}\phi} = \frac{y'}{\phi'} = \frac{I - \sin\phi - \alpha y}{y} \tag{8.5.8}$$

を意味する．式 (8.5.8) を式 (8.5.7) に代入すると，$\mathrm{d}E/\mathrm{d}\phi = I - \alpha y$ が得られる．このように，任意の回転軌道 $y(\phi)$ について，式 (8.5.6) は

$$0 = \int_0^{2\pi} (I - \alpha y)\,\mathrm{d}\phi$$

を意味する．したがって任意の回転軌道は，これと等価な

$$\int_0^{2\pi} y(\phi)\,\mathrm{d}\phi = \frac{2\pi I}{\alpha} \tag{8.5.9}$$

を満たさなくてはならない．しかし $y_{\mathrm{U}}(\phi) > y_{\mathrm{L}}(\phi)$ なので，

$$\int_0^{2\pi} y_{\mathrm{U}}(\phi)\,\mathrm{d}\phi > \int_0^{2\pi} y_{\mathrm{L}}(\phi)\,\mathrm{d}\phi$$

となり，**両方の**回転軌道に対して式 (8.5.9) が成り立つことはありえない．

この矛盾によって，これまで主張してきたように，$I > 1$ での回転軌道が一意的であることが示される．

ホモクリニック分岐

ある値 $I > 1$ から出発して I をゆっくりと減らすことを考えよう．回転解に何が起こるだろうか? 振り子について考えよう．駆動トルクが減少すると，振り子は頂上を超えるのにますます苦労するようになる．ある臨界値 $I_c < 1$ で，トルクは重力と減衰に打ち勝つには不十分となり，振り子は回転できなくなる．すると回転解は消滅し，すべての解は静止状態に向かって減衰する．

ここでの目標は，以上の状況に対応する分岐を相平面内に視覚化することである．演習問題 8.5.2 で，α が十分に小さければ，安定なリミットサイクルが**ホモクリニック分岐** (8.4 節) によって壊れることを (相図の数値計算により) 示すように求められる．以下の模式図は，そこで得られるはずの結果をまとめたものである．

まず $I_c < I < 1$ であるとしよう．系は双安定であり，シンクが安定なリミットサイクルと共存する (図 8.5.7)．図 8.5.7 の U というラベルのついた軌道から目を離さないようにしよう．これはサドルの不安定多様体の片方である．$t \to \infty$ とすると U は安定なリミットサイクルに漸近する．

I が減少するにつれて安定なリミットサイクルは下降し，U はサドルの安定多様体のより近くに圧迫される．$I = I_c$ において，ホモクリニック分岐により，**リミットサイクルは** U **と融合する**．今や U は，サドルをそれ自身につなぐホモクリニック軌道となる (図 8.5.8)．最終的に $I < I_c$ となると，サドルコネクション

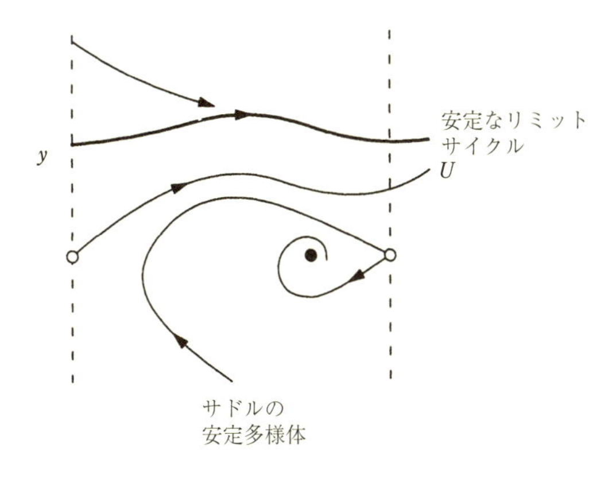

図 **8.5.7**

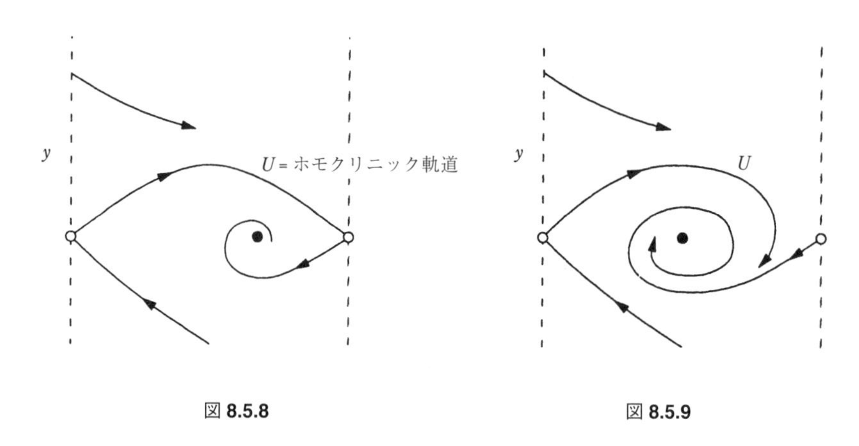

図 8.5.8　　図 8.5.9

が壊れ，U はシンクに向かって渦を巻くようになる (図 8.5.9).

ここで描写したシナリオは，無次元化した減衰率 α が十分に小さい場合にのみ有効である．大きな α では，何か違うことが起きなくてはならないことはわかっている．結局のところ，α が無限大のときには，4.6 節でしらべた過減衰極限に至らなくてはならないのだから．4.6 節の解析では，もとはリミットサイクルだったところにサドルとノードが生まれる**無限周期分岐**によって周期軌道が破壊された．したがって，α が有限でも大きければ，やはり無限周期分岐が生じると考えるのはもっともであろう．この直観的なアイデアは，数値積分によって確認される (演習問題 8.5.2).

これまでのことをすべてまとめると，図 8.5.10 に示された安定性ダイアグラム

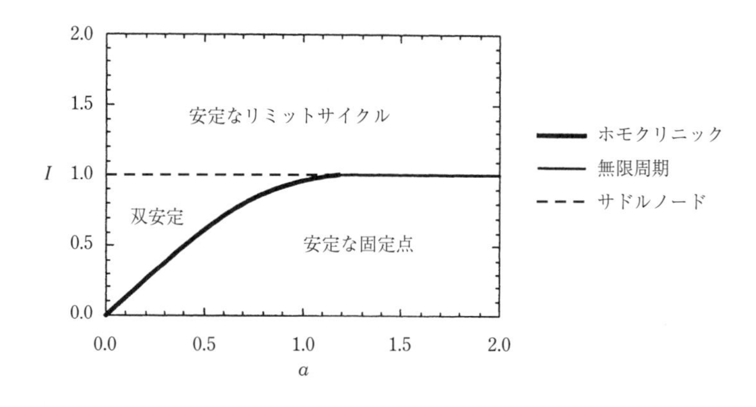

図 8.5.10

に到達する．3 つのタイプの分岐が生じている．周期軌道のホモクリニック分岐と無限周期分岐，そして固定点のサドルノード分岐である．

図 8.5.10 に導くここまでの議論は発見的だった．厳密な証明は Levi ら (1978) を参照せよ．また，Guckenheimer と Holmes (1983, p. 202) では，メルニコフ (Melnikov) の方法として知られる上級テクニックを用いて $\alpha \ll 1$ のホモクリニック分岐曲線の解析的な近似式が導かれており，分岐曲線が $\alpha \to 0$ で $I = 4\alpha/\pi$ の直線に接することが示されている．この近似法は，たとえ α が十分には小さくなくても，図 8.5.10 のホモクリニック分岐曲線がまっすぐなので，うまく働く．

ヒステリシスをもつ電流–電圧曲線

図 8.5.10 は，なぜ減衰の弱いジョセフソン接合素子がヒステリシスを示す I–V 曲線をもつのかを説明している．α が小さく，I がホモクリニック分岐よりも下にあるとしよう (図 8.5.10 の太い線)．すると，接合素子は安定な固定点で動作するだろう．I が増加しても，1 を超えるまでは何も変わらない．その後，安定な固定点がサドルノード分岐で消滅し，接合素子は電圧が 0 ではない状態 (リミットサイクル) にジャンプする．

もし I を再度下げると，今度はリミットサイクルは $I = 1$ よりも下まで持続するが，I が I_c に近づくにつれてその振動数は連続的に 0 に近づく．具体的には，ちょうど 8.4 節で議論したスケーリング則から期待されるように，振動数は $[\ln(I - I_c)]^{-1}$ のように 0 に近づく．さて，4.6 節で説明したように，接合素子にかかる直流電圧は，その振動数に比例することを思い出そう．ゆえに，電圧もやはり $I \to I_c^+$ となるにつれて連続的に 0 に戻る (図 8.5.11)．

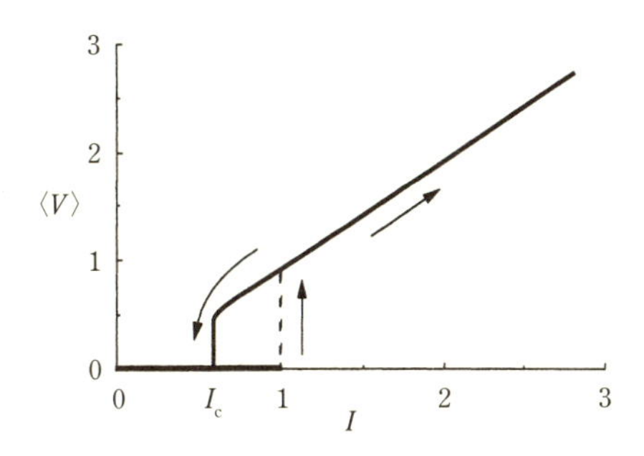

図 **8.5.11**

実際のところ，電圧は不連続にジャンプして 0 に戻るように見えるが，これは予想できることである．なぜなら，$[\ln(I - I_c)]^{-1}$ はすべての次数の微分が I_c で**無限大となる**からである！(演習問題 8.5.1 を参照)．つまり，カーブの傾きが急過ぎて，原点に連続的に戻る様子を細かく観察することができないのだ．たとえば，Sullivan と Zimmerman (1971) において，振り子の実験における I–V 曲線の力学的な類似物，すなわち与えたトルクと回転率の関係を示す曲線が測定されている．彼らのデータは，分岐点で回転率が 0 の状態にジャンプして戻っている．

8.6 結合振動子と準周期性

平面と円筒に加えて，もう 1 つの重要な相空間として**トーラス**がある．これは，

$$\dot{\theta}_1 = f_1(\theta_1, \theta_2)$$
$$\dot{\theta}_2 = f_2(\theta_1, \theta_2)$$

のような形の系の自然な相空間である．ここで f_1 と f_2 はどちらの変数についても周期的である．

たとえば，**結合振動子系** (coupled oscillators) の簡単なモデルは

$$\begin{aligned} \dot{\theta}_1 &= \omega_1 + K_1 \sin(\theta_2 - \theta_1) \\ \dot{\theta}_2 &= \omega_2 + K_2 \sin(\theta_1 - \theta_2) \end{aligned} \tag{8.6.1}$$

で与えられる．ここで，θ_1, θ_2 はそれぞれの振動子の**位相**，$\omega_1, \omega_2 > 0$ はそれらの**自然振動数**，$K_1, K_2 \geq 0$ は**結合定数**である．方程式 (8.6.1) は，人間の概日リズムと睡眠覚醒サイクルの相互作用のモデル化に使われてきた (Strogatz 1986, 1987)[*5]．

直観的に式 (8.6.1) を考察する方法は，円環状のトラックをジョギングする 2 人の友人を想像することである．ここで，$\theta_1(t), \theta_2(t)$ はトラック上での 2 人の位置

---

*5 結合振動子系と同期現象に関する日本語の文献としては以下があげられる．

- A. Pikovsky, M. Rosenblum, J. Kurths, *Synchronization* — A Universal Concept in Nonlinear Sciences (Cambridge University Press, 2001) [徳田 功 訳，同期理論の基礎と応用 (丸善，2009)].
- 蔵本由紀 編，リズム現象の世界 (東京大学出版会，2005).
- 蔵本由紀，河村洋史，同期現象の科学 (京都大学学術出版会，2017).
- 郡　宏，森田善久，生物リズムと力学系 (共立出版，2011).

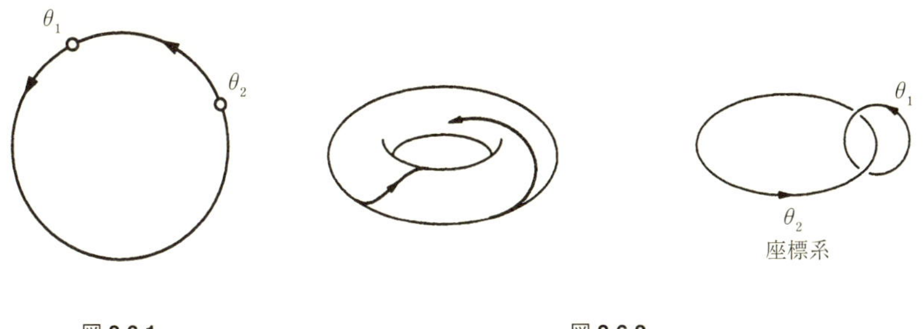

図 **8.6.1**　図 **8.6.2**

を表し，ω_1, ω_2 は 2 人の走りたいスピードに比例する．もし 2 人の間に結合がなければ，それぞれが好きなスピードで走り，速い方が遅い方を周期的に追い越すだろう (例題 4.2.1 のように)．しかし，2 人は**友人**どうしであり，**一緒**に走りたがるのだ！ よって，おのおののスピードを必要に応じて調節することにより，歩み寄る必要がある．もし 2 人の好むスピードが違い過ぎたら，位相ロックは不可能となり，新たなランニングパートナーが欲しくなるかもしれない．

ここでは，トーラス上の流れの一般的な性質のいくつかを例示し，周期軌道のサドルノード分岐 (8.4 節) の例を与えるために，式 (8.6.1) をより抽象的に考える．流れを視覚化するために，瞬間速度 $\dot{\theta}_1, \dot{\theta}_2$ で円周上を走っている 2 つの点を想像しよう (図 8.6.1)．あるいは，2 つの座標 θ_1, θ_2 をもつトーラス上の軌道をたどる **1 つの**点を考えてもよい (図 8.6.2)．これらの座標は緯度と経度のようなものである．しかし，トーラスの曲がった表面に相図を描くのは難しいので，これに等価な表示法を使おう．つまり**周期境界条件をもつ正方形**である．すると，何らかの

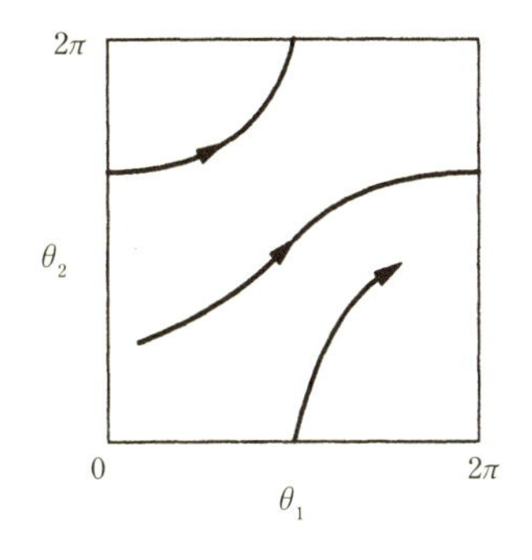

図 **8.6.3**

テレビゲームのように，ある辺から走り去った軌道は不思議なことに反対側の辺から再度現れる (図 8.6.3).

結合のない系

振動子間に結合のない ($K_1 = K_2 = 0$) 一見自明な場合でさえ，いくぶん驚かされるところがある．このとき (1) は $\dot{\theta}_1 = \omega_1, \dot{\theta}_2 = \omega_2$ に簡略化される．正方形上の対応する軌道は，一定の傾きの直線 $\mathrm{d}\theta_2/\mathrm{d}\theta_1 = \omega_2/\omega_1$ である．傾きが有理数の場合と無理数の場合に応じて，2 つの定性的に異なる場合がある．

もし傾きが**有理数**なら，ある 2 つの公約数をもたない整数 p, q について，$\omega_1/\omega_2 = p/q$ となる．この場合，**すべての軌道はトーラス上の閉軌道**である．なぜなら，θ_2 がちょうど q 回転するのと同じ時間で θ_1 がちょうど p 回転するからである．図 8.6.4 は $p = 3, q = 2$ の軌道を正方形上に示したものである．これと同じ軌道は，トーラス上にプロットすると，**三葉結び目** (trefoil knot) を与える！ 図 8.6.5 に，三葉結び目と，三葉結び目が巻き付いたトーラスを上から見たところを示す．

なぜこの結び目が $p = 3, q = 2$ に対応するのかわかるだろうか？ 図 8.6.5 の結び目をつくる軌道を追って，θ_1 が 1 回転する間に θ_2 が回転する数を数えよう．ここで，θ_1 が緯度で θ_2 が経度である．軌道は外側の赤道上から出発して，上側の面に移動し，孔に飛び込み，下側の面に沿って移動し，トーラス 1 周分の **3 分の 2** のところで再び外側の赤道上に現れる．このように，θ_2 は θ_1 が 1 周する間に **3 分の 2 周**する．ゆえに，$p = 3, q = 2$ である．

実際，$p, q \geq 2$ が公約数をもたなければ，軌道はいつも結び目をつくる．その際に得られる曲線は，$p : q$ **のトーラス結び目** (torus knot) とよばれる．

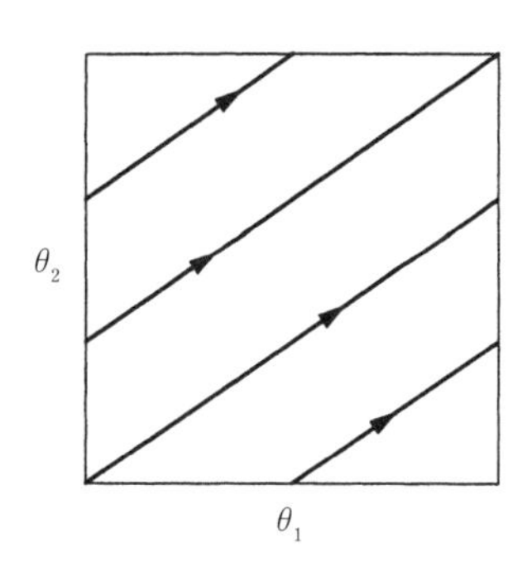

図 **8.6.4**

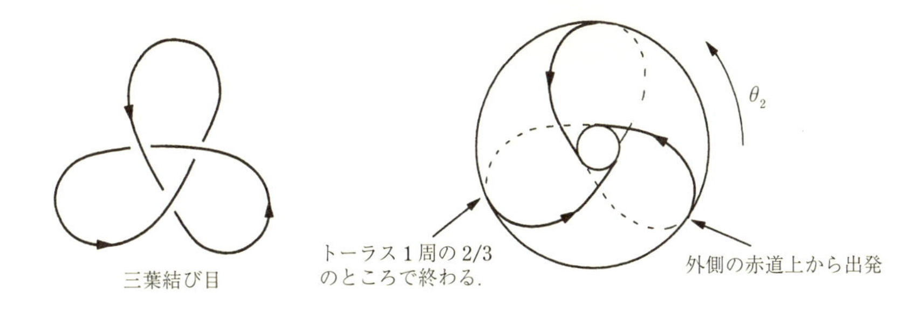

図 8.6.5

2 つ目の可能性は，傾きが**無理数**の場合である (図 8.6.6)．このとき，流れは**準周期的** (quasiperiodic) だといわれる．どの軌道も，自分自身と交わることなく，しかし決して完全に閉じることもなく，果てしなくトーラスのまわりに巻き付く．

軌道が決して閉じないことに，どうすれば確信をもてるだろうか? どのような閉軌道も，必然的に θ_1 と θ_2 のそれぞれについて整数回の回転をしなくてはならない．よって，仮定に反して*6，傾きは有理数でなくてはならない．

さらに，傾きが無理数のときには，それぞれの軌道はトーラス上で**稠密**である．言い換えると，それぞれの軌道は，トーラス上のどの点についても，その任意に近くにまで来る．これは軌道がそれぞれの点を**通過する**といっているのではない．単に，任意に近くにまで来るのである (演習問題 8.6.3)．

準周期軌道は新たなタイプの長時間挙動なので重要である．以前に出てきた他

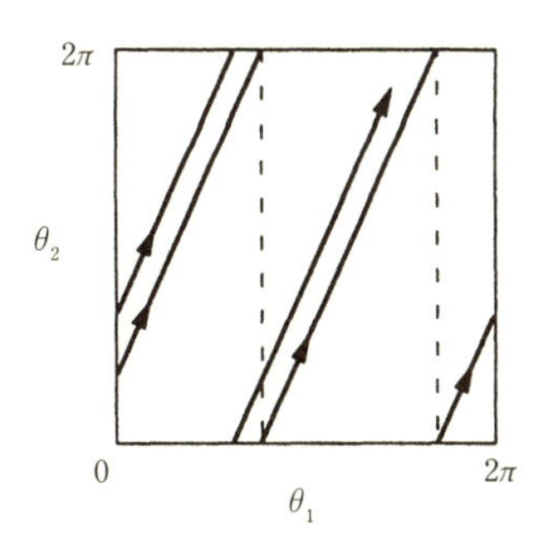

図 8.6.6

*6 (訳注) 傾きが無理数の閉軌道が存在するという仮定．

の挙動 (固定点，閉軌道，ホモクリニック軌道とヘテロクリニック軌道，および周期軌道) とは違い，準周期軌道はトーラス上でのみ生じる．

結　合　系

さて，式 (8.6.1) を結合のある $K_1, K_2 > 0$ の場合について考えよう．そのダイナミクスは，**位相差** $\phi = \theta_1 - \theta_2$ をしらべることによって理解できる．式 (8.6.1) より

$$\begin{aligned}\dot{\phi} &= \dot{\theta}_1 - \dot{\theta}_2 \\ &= \omega_1 - \omega_2 - (K_1 + K_2)\sin\phi \end{aligned} \tag{8.6.2}$$

が得られ，これはまさに 4.3 節でしらべた非一様な振動子である．いつもの図 (図 8.6.7) を描くことにより，$|\omega_1 - \omega_2| < K_1 + K_2$ なら式 (8.6.2) には 2 つの固定点があり，$|\omega_1 - \omega_2| > K_1 + K_2$ なら 1 つもないことがわかる．$|\omega_1 - \omega_2| = K_1 + K_2$ でサドルノード分岐が起こる．

ここでは 2 つの固定点があると仮定しよう．これらの固定点は

$$\sin\phi^* = \frac{\omega_1 - \omega_2}{K_1 + K_2}$$

を満たす．図 8.6.7 に示すように，式 (8.6.2) の軌道はすべて安定固定点に漸近する．したがって，トーラス上に戻ると，式 (8.6.1) の軌道は 2 つの振動子が一定の位相差 ϕ^* だけ隔てられた安定な**位相ロック**解に近づく．位相ロック解は**周期的**である．実際，2 つの振動子は，$\omega^* = \dot{\theta}_1 = \dot{\theta}_2 = \omega_2 + K_2 \sin\phi^*$ で与えられる一定の振動数で進む．$\sin\phi^*$ を代入すると，

$$\omega^* = \frac{K_1\omega_2 + K_2\omega_1}{K_1 + K_2}$$

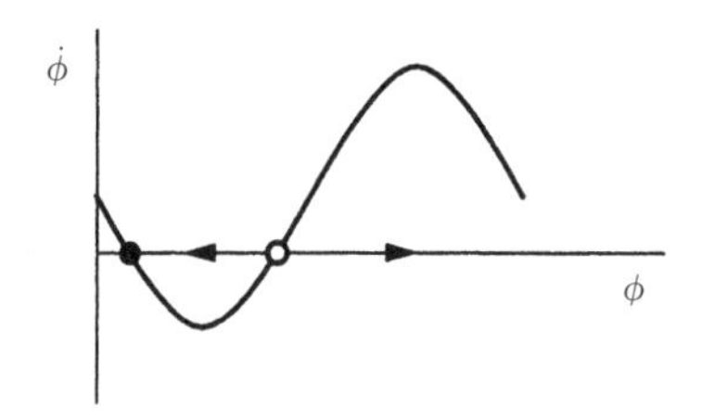

図 **8.6.7**

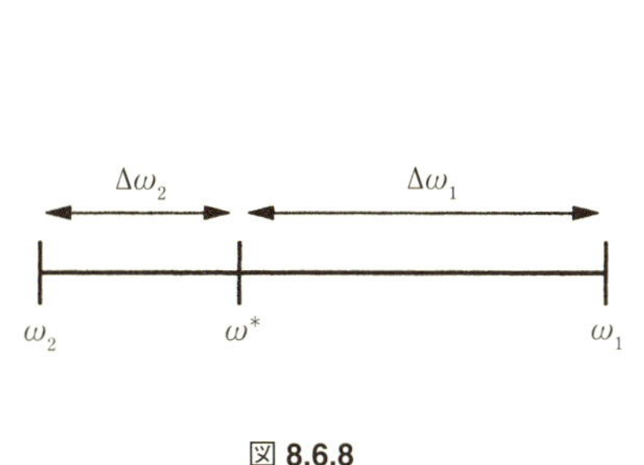

図 **8.6.8**

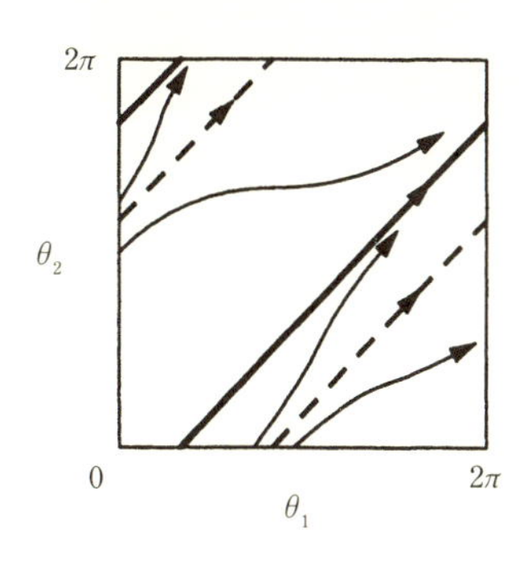

図 **8.6.9**

を得る．これは 2 つの振動子の自然振動数の中間にあるので，**妥協振動数** (compromise frequency) とよぶことにしよう (図 8.6.8)．この妥協点は，一般には真ん中の点ではない．より正確には，それぞれの振動数は恒等式

$$\left|\frac{\Delta\omega_1}{\Delta\omega_2}\right| = \left|\frac{\omega_1 - \omega^*}{\omega_2 - \omega^*}\right| = \left|\frac{K_1}{K_2}\right|$$

に示されるように，結合強度に比例する量だけずれる．

さて，トーラス上に相図をプロットする準備ができた (図 8.6.9)．安定なロック解と不安定なロック解は $\dot{\theta}_1 = \dot{\theta}_2 = \omega^*$ を満たすので，それぞれ傾き 1 の直線として表示されている．

たとえば一方の振動子を調整し直すなどして，2 つの自然振動数を引き離すと，2 つのロック解は互いに接近して $|\omega_1 - \omega_2| = K_1 + K_2$ で衝突する．よって，ロック解は**周期軌道のサドルノード分岐** (8.4 節) によって破壊される．分岐後の流れは，以前しらべた結合のない場合によく似ている．つまり，パラメーターに応じて準周期または有理数比の流れが生じる．唯一の違いは，正方形の上の軌道が曲がっており，まっすぐではないことである．

8.7 ポアンカレ写像

8.5 節で，駆動された振り子やジョセフソン接合素子の周期軌道の存在を証明するために，ポアンカレ写像を用いた．ここでは，より一般的にポアンカレ写像を議論する．

ポアンカレ写像は，周期軌道の近くの流れ (または，後で述べるように，何ら

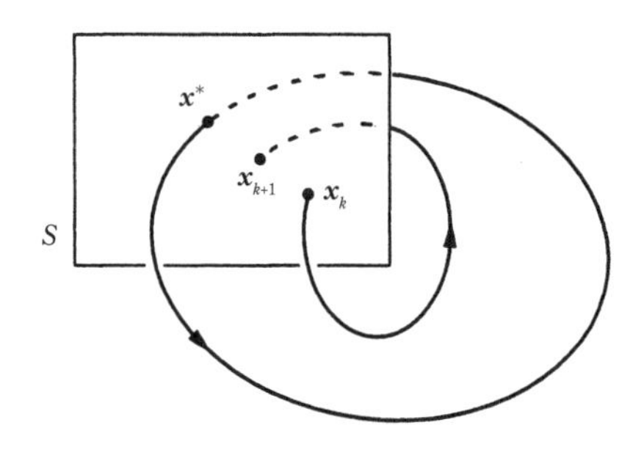

図 **8.7.1**

かのカオス的な系)のような，ぐるぐる回る流れをしらべるのに便利である．n 次元の系 $\dot{\boldsymbol{x}} = \boldsymbol{f}(\boldsymbol{x})$ を考えよう．S を $n-1$ 次元の**断面** (図 8.7.1) とする．S が流れに横断的であること，つまり，S から出発するすべての軌道が，S と平行になることなく S を貫いて流れることが必要である．

ポアンカレ写像 (Poincaré map) P は，S からそれ自身への写像で，軌道と S のある交点から出発して，次に軌道と S が交わるまで軌道を追跡することによって得られる．もし $\boldsymbol{x}_k \in S$ が k 番目の交点なら，ポアンカレ写像は

$$\boldsymbol{x}_{k+1} = P(\boldsymbol{x}_k)$$

で定義される．$\boldsymbol{x}^*$ が**固定点**，すなわち $P(\boldsymbol{x}^*) = \boldsymbol{x}^*$ であるとしよう．すると，$\boldsymbol{x}^*$ から出発した軌道はある時間 T の後で $\boldsymbol{x}^*$ に戻る．したがって，この軌道はもとの系 $\dot{\boldsymbol{x}} = \boldsymbol{f}(\boldsymbol{x})$ の**閉軌道**である．さらに，P の挙動をこの固定点の近くで観察することにより，閉軌道の安定性を決定できる．

このように，ポアンカレ写像は，(難しい) 閉軌道についての問題を，(実際上は必ずしもやさしいとは限らないが，原理的にはよりやさしい) 写像の固定点についての問題に変換する．その障害となるのは，通常は P の公式を求めるのが不可能であるということである．ここでは解説のために P が明示的に計算できる 2 つの例題から始める．

例題 8.7.1 極座標で $\dot{r} = r(1-r^2)$, $\dot{\theta} = 1$ と与えられるベクトル場を考えよう．S を正の x 軸として，ポアンカレ写像を計算せよ．系は周期解をただ 1 つもつことを示し，その安定性を分類せよ．

(解) r_0 を S 上の初期点としよう．$\dot{\theta} = 1$ なので，最初に S に戻るのは**帰還時間** (time of flight) $t = 2\pi$ の後である．よって $r_1 = P(r_0)$ で，r_1 は

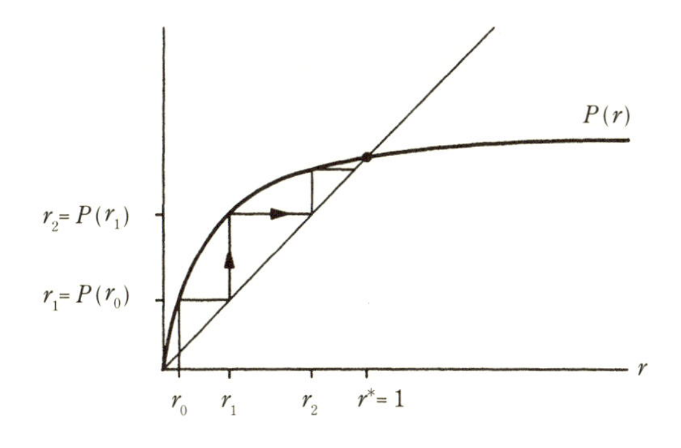

図 8.7.2

$$\int_{r_0}^{r_1} \frac{\mathrm{d}r}{r(1-r^2)} = \int_0^{2\pi} \mathrm{d}t = 2\pi$$

を満たす．積分を評価すると (演習問題 8.7.1)，$r_1 = \left[1 + \mathrm{e}^{-4\pi}(r_0^{-2} - 1)\right]^{-1/2}$ となる．ゆえに $P(r) = [1 + \mathrm{e}^{-4\pi}(r^{-2} - 1)]^{-1/2}$ である．P のグラフを図 8.7.2 に示す．

固定点はグラフが 45° の直線と交わる $r^* = 1$ に生じる．図 8.7.2 の**クモの巣図法** (cobweb diagram) により，グラフィカルに写像を反復することができる．つまり，入力 r_k を与えられたら，それが P のグラフと交わるまで垂直線を引く．その交点の高さが出力 r_{k+1} である．さらに，写像を反復するために，45° の直線と交わるまで水平線を引いて，r_{k+1} を新しい入力とする．そして，この過程を繰り返す．今後この作図法をよく使うので，うまく働くことを読者自身で納得しておくこと．

クモの巣図法により，固定点 $r^* = 1$ が安定で唯一であることが示される．この系が $r = 1$ に安定なリミットサイクルをもつことは例題 7.1.1 でわかっていたので，驚きはない．■

例題 8.7.2 正弦波により駆動される RC 回路は無次元形で $\dot{x} + x = A \sin \omega t$ と書ける．ここで $\omega > 0$ である．ポアンカレ写像を用いて，この系が大域的に安定なリミットサイクルをただ 1 つもつことを示せ．

(解) これは，この教科書で議論する数少ない時間依存する系の 1 つである．このような系は常に，新しい変数を追加して時間に依存しないようにできる．ここでは $\theta = \omega t$ を導入して系を円筒上のベクトル場 $\dot{\theta} = \omega$, $\dot{x} + x = A \sin \theta$ と見なす．円筒上のどの垂直線も断面 S として適切である．ここでは $S = \{(\theta, x) : \theta = 0 \bmod 2\pi\}$ と選ぼう．S 上の初期条件 $\theta(0) = 0$, $x(0) = x_0$ を考えよう．このとき，連続する 2 つの交点間の帰還時間は $t = 2\pi/\omega$ である．物理的にいうと，系に駆動サイクルごとに 1 度ストロボを当て，連続する x の値を観察するのである．

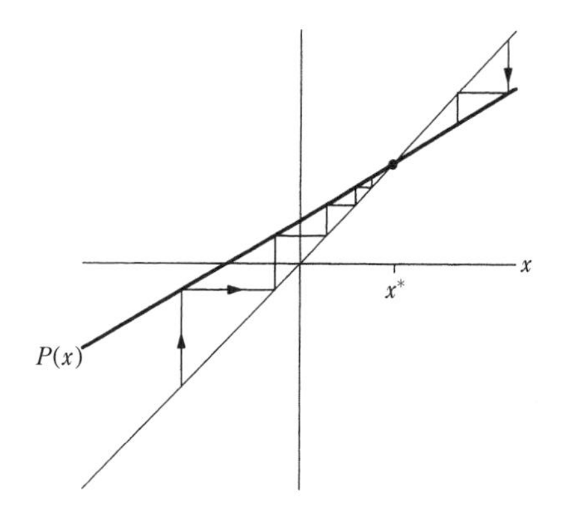

図 **8.7.3**

P を計算するには，微分方程式を解く必要がある．その一般解は，斉次解と特解の和により，$x(t) = c_1 \mathrm{e}^{-t} + c_2 \sin \omega t + c_3 \cos \omega t$ と与えられる．定数 c_2 と c_3 は具体的に求められるが，重要なのは，それらが A と ω には依存するが，初期条件 x_0 には依存しないことである．つまり，c_1 のみが x_0 に依存する．x_0 への依存性を明らかにするために，$t = 0$ で $x = x_0 = c_1 + c_3$ であることに注意しよう．よって，

$$x(t) = (x_0 - c_3)\mathrm{e}^{-t} + c_2 \sin \omega t + c_3 \cos \omega t$$

である．このとき P は $x_1 = P(x_0) = x(2\pi/\omega)$ で定義される．代入により，

$$\begin{aligned} P(x_0) = x(2\pi/\omega) &= (x_0 - c_3)\mathrm{e}^{-2\pi/\omega} + c_3 \\ &= x_0 \mathrm{e}^{-2\pi/\omega} + c_4 \end{aligned}$$

となる．ここで，$c_4 = c_3(1 - \mathrm{e}^{-2\pi/\omega})$ である．

図 8.7.3 に示すように，P のグラフは傾きが $\mathrm{e}^{-2\pi/\omega} < 1$ の直線である．P の傾きが 1 より小さいので，これは対角線とただ 1 つの点で交わる．さらに，写像を反復するたびに x_k の固定点からのずれが一定の倍率で減少することが，クモの巣図法により示される．したがって，固定点はただ 1 つで，大域的に安定である．

物理的にいうと，この回路は初期条件とは無関係に，いつも同じ強制振動状態に落ち着く．これは初等物理でおなじみの結果を新たな視点から見たものである．　■

周期軌道の線形安定性

さて，一般的な場合を考えよう．閉軌道をもつ系 $\dot{\boldsymbol{x}} = \boldsymbol{f}(\boldsymbol{x})$ を与えられたとき，どのようにすれば軌道が安定か安定ではないかを見分けられるだろうか？ これに等価なこととして，この閉軌道に対応するポアンカレ写像の固定点 $\boldsymbol{x}^*$ が安定かどうかを問うてみよう．無限小の摂動 $\boldsymbol{v}_0$ を，$\boldsymbol{x}^* + \boldsymbol{v}_0$ が S 内にあるようにとろう．すると，最初に S に戻ってきたときには，

$$\begin{aligned}\boldsymbol{x}^* + \boldsymbol{v}_1 &= P(\boldsymbol{x}^* + \boldsymbol{v}_0)\\ &= P(\boldsymbol{x}^*) + [DP(\boldsymbol{x}^*)]\boldsymbol{v}_0 + O(||\boldsymbol{v}_0||^2)\end{aligned}$$

となる．ここでヤコビ行列 $DP(\boldsymbol{x}^*)$ は $(n-1)\times(n-1)$ 行列で，$\boldsymbol{x}^*$ における**線形化したポアンカレ写像**とよばれる．$\boldsymbol{x}^* = P(\boldsymbol{x}^*)$ なので，

$$\boldsymbol{v}_1 = [DP(\boldsymbol{x}^*)]\boldsymbol{v}_0$$

を得る．ここで，$O(||\boldsymbol{v}_0||^2)$ の小さな項を無視できると仮定している．

望みの安定性基準は，$DP(\boldsymbol{x}^*)$ の固有値 λ_j を用いて表現される．つまり，**閉軌道は，すべての $j = 1, \cdots, n-1$ に対して $|\lambda_j| < 1$ である場合に限り，線形安定である．**

この基準を理解するため，固有値に重複がない一般的な場合を考えよう．すると，$DP(\boldsymbol{x}^*)$ の固有ベクトル $\{\boldsymbol{e}_j\}$ からなる基底があり，何らかのスカラー ν_j を用いて，$\boldsymbol{v}_0 = \sum_{j=1}^{n-1} \nu_j \boldsymbol{e}_j$ と書くことができる．ゆえに，

$$\boldsymbol{v}_1 = \bigl(DP(\boldsymbol{x}^*)\bigr)\sum_{j=1}^{n-1}\nu_j\boldsymbol{e}_j = \sum_{j=1}^{n-1}\nu_j\lambda_j\boldsymbol{e}_j$$

である．線形化写像を k 回反復すると

$$\boldsymbol{v}_k = \sum_{j=1}^{n-1}\nu_j\,(\lambda_j)^k\,\boldsymbol{e}_j$$

となる．ゆえに，もしもすべての j について $|\lambda_j| < 1$ ならば，幾何級数的な速さで $||\boldsymbol{v}_k|| \to 0$ となる．これは $\boldsymbol{x}^*$ が線形安定であることを証明している．逆に，もしいずれかの j に対して $|\lambda_j| > 1$ なら，$\boldsymbol{e}_j$ 方向の摂動は成長し，$\boldsymbol{x}^*$ は不安定である．境界的な場合が，最大の固有値の大きさが $|\lambda_m| = 1$ であるときに発生する．これは周期軌道が分岐するときに起こり，その場合には非線形安定性解析が必要とされる．

λ_j は，周期軌道の**特性乗数** (characteristic multiplier) あるいは**フロケ乗数** (Floquet multiplier) とよばれる．(厳密にいうと，これらはフロケ乗数のうち，**非自明**

な乗数である．これらに加えて，周期軌道に沿う方向への摂動に対応する自明な乗数 $\lambda \equiv 1$ が常に存在する．そのような摂動は，単に時間の並進に相当するので，無視している.)

一般に，特性乗数は数値積分によってのみ求めることができる (演習問題 8.7.10 を参照)．以下の 2 つの例題はまれな例外である．

例題 8.7.3 例題 8.7.1 のリミットサイクルの特性乗数を求めよ．

(解) 与えられた方程式を，ポアンカレ写像の固定点 $r^* = 1$ のまわりで線形化する．η を無限小として $r = 1 + \eta$ としよう．すると $\dot{r} = \dot{\eta} = (1+\eta)(1-(1+\eta)^2)$ である．$O(\eta^2)$ の項を無視すると $\dot{\eta} = -2\eta$ を得る．よって $\eta(t) = \eta_0\,\mathrm{e}^{-2t}$ である．帰還時間 $t = 2\pi$ の後の新しい摂動は $\eta_1 = \mathrm{e}^{-4\pi}\eta_0$ である．ゆえに，$\mathrm{e}^{-4\pi}$ が特性乗数である．$|\mathrm{e}^{-4\pi}| < 1$ なので，リミットサイクルは線形安定である．■

この簡単な 2 次元の系では，線形化されたポアンカレ写像は 1×1 行列，つまり，1 つの数にまで退化した．演習問題 8.7.1 は，以上の一般論から予想されるように $P'(r^*) = \mathrm{e}^{-4\pi}$ であることを，実際に示すように求めるものである．

最後の例は，最近の結合ジョセフソン接合素子の解析からのものである．

例題 8.7.4 N 次元の系

$$\dot{\phi}_i = \Omega + a\sin\phi_i + \frac{1}{N}\sum_{j=1}^{N}\sin\phi_j \tag{8.7.1}$$

は，抵抗負荷と並列に接続された過減衰ジョセフソン接合の直列素子列のダイナミクスを記述する (Tsang ら 1991)．ここで $i = 1, \cdots, N$ である．工学的な見地から，すべての接合素子が位相をそろえて振動する解に大いに興味がもたれている．この**同相** (in-phase) 解は $\phi_1(t) = \phi_2(t) = \cdots = \phi_N(t) = \phi^*(t)$ で与えられ，$\phi^*(t)$ は共通の波形を表す．同相解が周期的となる条件を求め，この解の特性乗数を計算せよ．

(解) 同相解については，N 個すべての方程式が

$$\frac{\mathrm{d}\phi^*}{\mathrm{d}t} = \Omega + (a+1)\sin\phi^* \tag{8.7.2}$$

に単純化される．これは，$|\Omega| > |a+1|$ の場合に限り，(円周上の) 周期解をもつ．同相解の安定性を決定するため，$\eta_i(t)$ を無限小の摂動として，$\phi_i(t) = \phi^*(t) + \eta_i(t)$ としよう．すると，ϕ_i を式 (8.7.1) に代入して η の 2 次の項を落とすことにより，

$$\dot{\eta}_i = [a\cos\phi^*(t)]\eta_i + [\cos\phi^*(t)]\frac{1}{N}\sum_{j=1}^{N}\eta_j \tag{8.7.3}$$

が得られる．$\phi^*(t)$ の形は具体的にはわからないが，以下の 2 つのトリックのおかげで，これは問題にはならない．まず，この線形系は変数を

$$\mu = \frac{1}{N}\sum_{j=1}^{N}\eta_j$$

$$\xi_i = \eta_{i+1} - \eta_i \qquad (i = 1, \cdots, N-1)$$

と変換することによって分解できて，$\dot{\xi}_i = [a\cos\phi^*(t)]\xi_i$ となる．変数分離によって

$$\frac{\mathrm{d}\xi_i}{\xi_i} = [a\cos\phi^*(t)]\,\mathrm{d}t = \frac{[a\cos\phi^*]d\phi^*}{\Omega + (a+1)\sin\phi^*}$$

が得られる．ここで dt を消去するために式 (8.7.2) を用いた．(これが 2 つ目のトリックである.)

さて，閉軌道 ϕ^* を 1 周した後の摂動の変化を計算しよう．

$$\oint \frac{\mathrm{d}\xi_i}{\xi_i} = \int_0^{2\pi} \frac{[a\cos\phi^*]\mathrm{d}\phi^*}{\Omega + (a+1)\sin\phi^*}$$

$$\Rightarrow \ln\frac{\xi_i(T)}{\xi_i(0)} = \frac{a}{a+1}\ln\left[\Omega + (a+1)\sin\phi^*\right]_0^{2\pi} = 0$$

したがって $\xi_i(T) = \xi_i(0)$ である．同様に $\mu(T) = \mu(0)$ であることも示せる．よって，すべての i に対して $\eta_i(T) = \eta_i(0)$ である．つまり，閉軌道を 1 周しても摂動はすべて変化しない！ したがって，特性乗数はすべて $\lambda_j = 1$ である．■

この計算は，同相状態が (線形) 中立安定であることを示す．これは応用的な観点からは失望させるものである．というのも，素子列をコヒーレントに発振させることにより，単一の接合素子から得られるよりもずっと大きな出力パワーを得たいであろうから．

上の計算は線形化にもとづいているので，無視された非線形項が同相状態を安定化するのかしないのか，読者は不思議に思うかもしれない．実際のところ，安定化しない．可逆性の議論により，たとえ非線形項を考慮しても，同相状態は吸引的ではないことが示される (演習問題 8.7.11).

演 習 問 題

8.1 サドルノード分岐，トランスクリティカル分岐，およびピッチフォーク分岐

8.1.1 以下の典型的な例について，μ が変化する際の相図をプロットせよ．

(a) $\dot{x}=\mu x-x^2$, $\dot{y}=-y$ (トランスクリティカル分岐)
(b) $\dot{x}=\mu x+x^3$, $\dot{y}=-y$ (亜臨界ピッチフォーク分岐)

以下のそれぞれの系について，固定点における固有値を μ の関数として求め，固有値のうち 1 つが $\mu\to 0$ で 0 に近づくことを示せ．

8.1.2 $\dot{x}=\mu-x^2$, $\dot{y}=-y$

8.1.3 $\dot{x}=\mu x-x^2$, $\dot{y}=-y$

8.1.4 $\dot{x}=\mu x+x^3$, $\dot{y}=-y$

8.1.5 2 次元のゼロ固有値分岐点において，2 つのヌルクラインが互いに接することを示せ．(ヒント：ヤコビ行列の列の幾何学的な意味を考えよ.)

8.1.6 系 $\dot{x}=y-2x$, $\dot{y}=\mu+x^2-y$ を考えよう．
(a) ヌルクラインを描け．
(b) μ が変化する際に起こる分岐を求めて分類せよ．
(c) 相図を μ の関数として描け．

8.1.7 系 $\dot{x}=y-ax$, $\dot{y}=-by+x/(1+x)$ のすべての分岐を求めて分類せよ．

8.1.8 (再び回転する輪の上のビーズについて) 回転する輪の上のビーズの運動に対して，3.5 節で以下の無次元の方程式を導いた．

$$\varepsilon\frac{\mathrm{d}^2\phi}{\mathrm{d}\tau^2}=-\frac{\mathrm{d}\phi}{\mathrm{d}\tau}-\sin\phi+\gamma\sin\phi\cos\phi$$

ここで $\varepsilon>0$ はビーズの質量に比例し，$\gamma>0$ は輪の回転速度に関係する．前回は過減衰極限 $\varepsilon\to 0$ のみに注目した．
(a) 今度は任意の $\varepsilon>0$ を許すことにしよう．ε と γ が変化するときに起こるすべての分岐を求めて分類せよ．
(b) ε,γ 平面の正の象限に安定性ダイアグラムをプロットせよ．

8.1.9 系 $\ddot{x}+b\dot{x}-kx+x^3=0$ の安定性ダイアグラムをプロットせよ．ここで b と k は正にも負にもゼロにもなりうる．(b,k) 平面における分岐曲線を分類せよ．

8.1.10 (幼虫と森) Ludwig ら (1978) において，バルサムモミの森にハマキガの幼虫が与える影響のモデルが提案された．3.7 節では幼虫の個体数のダイナミクスを考えた．ここでは森のダイナミクスに注意を向ける．森の状態は，木の平均サイズ $S(t)$ と「エネルギー貯蔵」(森の健全さを表す一般化した尺度)$E(t)$ で特徴づけられると仮定する．一定の個体数 B の幼虫が存在する場合，森のダイナミクスは，

$$\dot{S}=r_S S\left(1-\frac{S}{K_S}\frac{K_E}{E}\right),\qquad \dot{E}=r_E E\left(1-\frac{E}{K_E}\right)-P\frac{B}{S}$$

で与えられる．ここで，r_S, r_E, K_S, K_E, $P>0$ はパラメーターである．
(a) モデルの各項を生物学的に解釈せよ．
(b) 系を無次元化せよ．

(c) ヌルクラインを描け．B が小さければ 2 つの固定点があり，B が大きいときには固定点が存在しないことを示せ．B の臨界値ではどのタイプの分岐が起こるか?

(d) 相図を B が大きい値のときと小さい値のときの両方について描け．

8.1.11 等温での自己触媒反応の研究において，Gray と Scott (1985) は，化学反応速度が無次元形で

$$\dot{u} = a(1-u) - uv^2, \qquad \dot{v} = uv^2 - (a+k)v$$

によって与えられる仮説的な反応を考えた．ここで，$a, k > 0$ はパラメーターである．$k = -a \pm \frac{1}{2}\sqrt{a}$ でサドルノード分岐が起こることを示せ．

8.1.12 (相互作用する棒磁石) 系

$$\dot{\theta}_1 = K\sin(\theta_1 - \theta_2) - \sin\theta_1$$
$$\dot{\theta}_2 = K\sin(\theta_2 - \theta_1) - \sin\theta_2$$

を考えよう．ここで $K \geq 0$ である．大まかな物理的解釈として，図 1 に示すように，平面に拘束された 2 つの棒磁石が，共通のピンによるジョイントのまわりを自由に回転できる状況を考えよう．2 つの磁石の N 極の角度方向を θ_1, θ_2 で表す．すると，$K\sin(\theta_2 - \theta_1)$ の項は 2 つの N 極が 180° 離れた状態を保とうとする反発力を表す．$\sin\theta$ の項はこの反発力に対抗するものであり，両方の棒磁石の N 極を東向きに向けるような外部の磁石をモデル化したものである．もし磁石の慣性が粘性抵抗に比べて無視できるなら，上式は真のダイナミクスのそれほど悪くはない近似である．

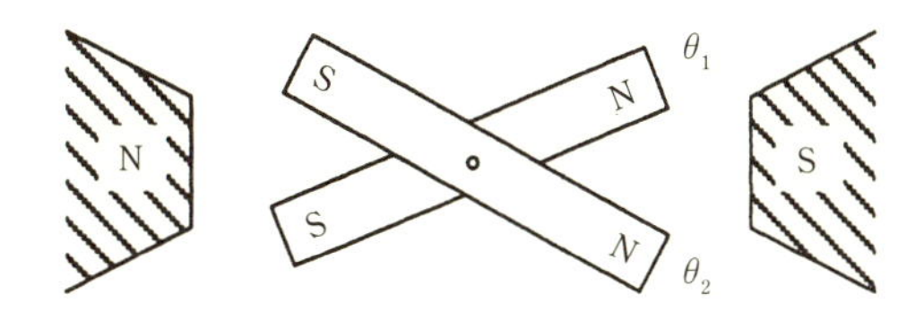

図 1

(a) 系の固定点をすべて求めて分類せよ．

(b) 分岐が $K = \frac{1}{2}$ で起こることを示せ．それはどのようなタイプの分岐か? [ヒント：$\sin(a-b) = \cos b \sin a - \sin b \cos a$ であることを思い出せ.]

(c) 系が，何らかのポテンシャル関数 $V(\theta_1, \theta_2)$ によって $\dot{\theta}_i = -\partial V/\partial\theta_i$ と表せるという意味において,「勾配」系であることを示せ．また，ポテンシャル関数 $V(\theta_1, \theta_2)$ を求めよ．

(d) (c) の結果を用いて系が周期軌道をもたないことを証明せよ．

(e) $0 < K < \frac{1}{2}$ の相図を描け．次に，$K > \frac{1}{2}$ についても描け．

8.1.13 (レーザーのモデル) 演習問題 3.3.1 で，レーザーのモデル

$$\dot{n} = GnN - kn$$
$$\dot{N} = -GnN - fN + p$$

を導入した．ここで $N(t)$ は励起された原子の数で，$n(t)$ はレーザー場中の光子の数である．パラメーター G は誘導放出の利得係数で，k は鏡の透過や散乱，その他の損失による光子数の減衰定数である．また，f は自発放出による減衰率で，p はポンピングの強さである．正負両方の符号をとりうる p を除き，すべてのパラメーターは正である．さらなる情報については Milonni と Eberly (1988) を参照せよ．

(a) 系を無次元化せよ．

(b) すべての固定点を求めて分類せよ．

(c) 無次元化したパラメーターが変化する際に生じる定性的に異なるすべての相図を描け．

(d) 系の安定性ダイアグラムをプロットせよ．どのタイプの分岐が起こるか?

8.2 ホップ分岐

8.2.1 バイアスのかかったファン・デル・ポール振動子 $\ddot{x} + \mu(x^2 - 1)\dot{x} + x = a$ を考えよう．(μ, a) 平面においてホップ分岐が起こる曲線を求めよ．

以下の 3 つの演習問題は系 $\dot{x} = -y + \mu x + xy^2$, $\dot{y} = x + \mu y - x^2$ を扱う．

8.2.2 原点における線形化方程式を計算することにより，系 $\dot{x} = -y + \mu x + xy^2$, $\dot{y} = x + \mu y - x^2$ は $\mu = 0$ のときに純虚数の固有値をもつことを示せ．

8.2.3 (コンピューターによる作業) 相図をコンピューター上でプロットすることにより，系 $\dot{x} = -y + \mu x + xy^2$, $\dot{y} = x + \mu y - x^2$ は $\mu = 0$ でホップ分岐することを示せ．このホップ分岐は，亜臨界か，超臨界か，それとも退化しているか?

8.2.4 (直観的解析) 系 $\dot{x} = -y + \mu x + xy^2$, $\dot{y} = x + \mu y - x^2$ は，以下のようにあらっぽい直観的な方法で解析できる．

(a) 系を極座標で書き直せ．

(b) もし $r \ll 1$ なら，$\dot{\theta} \approx 1$ および $\dot{r} \approx \mu r + \frac{1}{8}r^3 + \cdots$ であることを示せ．ここで無視した項は振動的で，1 周あたりの時間平均が実質的に 0 である．

(c) (b) の式は，$\mu < 0$ で半径 $r \approx \sqrt{-8\mu}$ の不安定リミットサイクルが存在することを示唆する．この予測を数値的に確かめよ．($r \ll 1$ と仮定したので，この予想は $|\mu| \ll 1$ である場合にのみ成り立つと期待される.)

上の推論は心許ない．ポアンカレ–リンドステット法による適切な解析は，Drazin (1992, pp. 188–190) を参照．

以下のそれぞれの系において，$\mu = 0$ のときに原点でホップ分岐が起こる．コンピューターを用いて相図をプロットし，分岐が亜臨界か超臨界かを決定せよ．

8.2.5 $\dot{x} = y + \mu x$, $\dot{y} = -x + \mu y - x^2 y$

8.2.6 $\dot{x} = \mu x + y - x^3$, $\dot{y} = -x + \mu y + 2y^3$

8.2.7 $\dot{x} = \mu x + y - x^2$, $\dot{y} = -x + \mu y + 2x^2$

8.2.8 (捕食者–被食者モデル) Odell (1980) において，系

$$\dot{x} = x\big[x(1-x) - y\big], \qquad \dot{y} = y(x-a)$$

が考察された．ここで $x \geq 0$ は無次元化した被食者の個体数で，$y \geq 0$ は無次元化した捕食者の個体数，$a \geq 0$ は制御パラメーターである．

(a) 第 1 象限 $x, y \geq 0$ にヌルクラインを描け．

(b) 固定点は $(0,0)$,$(1,0)$,$(a, a-a^2)$ であることを示し，それらを分類せよ．

(c) $a > 1$ における相図を描き，捕食者が絶滅することを示せ．

(d) $a_c = \frac{1}{2}$ でホップ分岐が起こることを示せ．これは亜臨界か超臨界か?

(e) 分岐点近くの a におけるリミットサイクル振動の振動数を見積もれ．

(f) $0 < a < 1$ における定性的に異なるすべての相図を描け．

Odell (1980) の論文は一見の価値がある．これはホップ分岐と相平面解析一般に関する教育的に傑出した入門となっている．

8.2.9 捕食者–被食者モデル

$$\dot{x} = x\left(b - x - \frac{y}{1+x}\right), \qquad \dot{y} = y\left(\frac{x}{1+x} - ay\right)$$

を考えよう．ここで $x, y \geq 0$ は個体数で，$a, b > 0$ はパラメーターである．

(a) ヌルクラインを描き，b が変化する際に起こる分岐を議論せよ．

(b) すべての $a, b > 0$ において正の固定点 $x^* > 0$, $y^* > 0$ が存在することを示せ. (具体的に固定点を求めようとはしないこと．かわりにグラフによる議論を用いよ.)

(c) 正の固定点において，

$$a = a_c = \frac{4(b-2)}{b^2(b+2)}$$

かつ $b > 2$ であればホップ分岐が生じることを示せ. (ヒント：ホップ分岐が起こるための必要条件は $\tau = 0$ である．ここで，τ は固定点でのヤコビ行列のトレースである．$2x^* = b - 2$ である場合に限り，$\tau = 0$ であることを示せ．次に，固定点の条件を使って a_c を x^* を使って表せ．最後に $x^* = (b-2)/2$ を a_c の表式に代入すれば出来上がりである.)

(d) コンピューターを使って (c) の表現の妥当性をチェックし，分岐が亜臨界か超臨界かを決定せよ．ホップ分岐の上側と下側での典型的な相図をプロットせよ．

8.2.10 (バクテリアの呼吸) Fairén と Velarde (1979) において，培養バクテリアの呼吸のモデルが考察された．その方程式は

$$\dot{x} = B - x - \frac{xy}{1+qx^2}, \qquad \dot{y} = A - \frac{xy}{1+qx^2}$$

である．ここで x と y はそれぞれ養分と酸素のレベルで，$A, B, q > 0$ はパラメーターである．このモデルのダイナミクスをしらべよ．まず，固定点をすべて求めて分類せよ．次にヌルクラインを考察してトラッピング領域を構成してみよ．系が安定なリミットサイクルをもつような A, B, q の条件を求められるか？ 数値積分，ポアンカレ–ベンディクソン定理，ホップ分岐の結果，その他何でも使えそうなものを使ってよい．(この質問は意図的に自由解答方式にしてあり，発展課題として使えるかもしれない．どこまで先に進めるかやってみよ．)

8.2.11 (**ホップ分岐ではない退化した分岐**) 減衰を受けるダフィン振動子 $\ddot{x} + \mu\dot{x} + x - x^3 = 0$ を考えよう．

(a) μ が 0 未満まで減少すると，原点が安定スパイラルから不安定スパイラルに変わることを示せ．

(b) $\mu > 0$, $\mu = 0$, および $\mu < 0$ での相図をプロットし，$\mu = 0$ における分岐がホップ分岐の退化版であることを示せ．

8.2.12 (**ホップ分岐が亜臨界か超臨界かを決める解析的な基準**) ホップ分岐点では，どんな系でも適切な変数変換によって以下の形に変形できる．

$$\dot{x} = -\omega y + f(x, y), \qquad \dot{y} = \omega x + g(x, y)$$

ここで f と g は原点で消える高次の非線形項のみを含む．Guckenheimer と Holmes (1983, pp. 152–156) において示されているように，以下の量の符号を計算することによって，分岐が亜臨界か超臨界かを決定できる．

$$\begin{aligned} 16a = {} & f_{xxx} + f_{xyy} + g_{xxy} + g_{yyy} \\ & + \frac{1}{\omega}\left[f_{xy}(f_{xx} + f_{yy}) - g_{xy}(g_{xx} + g_{yy}) - f_{xx}g_{xx} + f_{yy}g_{yy}\right] \end{aligned}$$

ここで下付文字は $(0, 0)$ で評価した偏微分を表す．もし $a < 0$ なら分岐は超臨界で，$a > 0$ なら分岐は亜臨界である．

(a) 系 $\dot{x} = -y + xy^2$, $\dot{y} = x - x^2$ について，a を計算せよ．

(b) (a) を用いて，$\dot{x} = -y + \mu x + xy^2$, $\dot{y} = x + \mu y - x^2$ にどちらのタイプのホップ分岐が起こるかを決めよ．(結果を演習問題 8.2.2–8.2.4 と比較せよ．)

[読者は a が何を測っているのだろうと不思議に思うかもしれない．大雑把にいうと，a は分岐点での動径方向のダイナミクスの支配方程式 $\dot{r} = ar^3$ の 3 次の項の係数である．ここで r は通常の極座標が少しだけ変換されたものである．詳しくは，Guckenheimer と Holmes (1983) か，Grimshaw (1990) を参照.]

以下のそれぞれの系において，$\mu = 0$ のときに原点でホップ分岐が起こる．演習問題 8.2.12 の解析的な基準を用いて分岐が亜臨界か超臨界かを決定せよ．コンピューターで結果を確かめよ．

8.2.13 $\dot{x} = y + \mu x$, $\dot{y} = -x + \mu y - x^2 y$

8.2.14 $\dot{x} = \mu x + y - x^3$, $\dot{y} = -x + \mu y + 2y^3$

8.2.15 $\dot{x} = \mu x + y - x^2$, $\dot{y} = -x + \mu y + 2x^2$

8.2.16 例題 8.2.1 において，系 $\dot{x} = \mu x - y + xy^2$, $\dot{y} = x + \mu y + y^3$ が $\mu = 0$ で亜臨界ホップ分岐することを述べた．解析的な基準を用いて，分岐が亜臨界であることを確かめよ．

8.3 振動化学反応

8.3.1 (ブラッセレーター) ブラッセレーター (Brusselator) は仮説的な化学反応の簡単なモデルで，これを提案した科学者たちの本拠地にちなんで名づけられた．[これは化学振動業界でおなじみのジョークで，オレゴネーター (Oregonator)，パロアルトネーター (Palo Altonator) などもある.] その化学反応のダイナミクスは，無次元形で，

$$\dot{x} = 1 - (b+1)x + ax^2 y$$
$$\dot{y} = bx - ax^2 y$$

によって与えられる．ここで $a, b > 0$ はパラメーターで，$x, y \geq 0$ は無次元の濃度である．

(a) 固定点を求め，それらをヤコビ行列を用いて分類せよ．

(b) ヌルクラインを描くことにより，流れのトラッピング領域を構成せよ．

(c) あるパラメーター値 $b = b_c$ でホップ分岐が起こることを示せ．また，b_c を決めよ．

(d) $b > b_c$ でリミットサイクルは存在するか．あるいは $b < b_c$ で存在するか．ポアンカレ–ベンディクソンの定理を用いて説明せよ．

(e) $b \approx b_c$ でのリミットサイクルの近似的な周期を求めよ．

8.3.2 Schnackenberg (1979) において，以下の仮説的な化学振動子のモデルが考察された．

$$X \underset{k_{-1}}{\overset{k_1}{\rightleftarrows}} A, \qquad B \xrightarrow{k_2} Y, \qquad 2X + Y \xrightarrow{k_3} 3X$$

質量作用の法則を使い，無次元化することにより，Schnackenberg は系を

$$\dot{x} = a - x + x^2 y$$
$$\dot{y} = b - x^2 y$$

に簡略化した．ここで $a, b > 0$ はパラメーターで，$x, y > 0$ は無次元化した濃度である．

(a) すべての軌道がやがてあるトラッピング領域に入ることを示せ．またこのトラッピング領域を決めよ．トラッピング領域をできるだけ小さくせよ．(ヒント：比 $\dot{y}/\dot{x}$ を大きな x についてしらべてみよ.)

(b) 系が唯一の固定点をもつことを示し，これを分類せよ．

(c) 系が $b - a = (a+b)^3$ のときにホップ分岐することを示せ．

(d) このホップ分岐は亜臨界か超臨界か？ コンピューターを使って決定せよ．

(e) 安定性ダイアグラムを a, b 平面にプロットせよ．[ヒント：曲線 $b - a = (a + b)^3$ をプロットするのは，3 次の項を扱う必要があるので，やや面倒である．3.7 節のように，分岐曲線の**媒介変数表示**が役立つ．分岐曲線が

$$a = \frac{1}{2}x^*[1 - (x^*)^2], \qquad b = \frac{1}{2}x^*[1 + (x^*)^2]$$

と表されることを示せ．ここで $x^* > 0$ は固定点の x 座標である．そして，これらの媒介変数表示を用いて分岐曲線をプロットせよ．このトリックは Murray (1989) において議論されている.]

8.3.3 (**化学振動子の弛緩極限**) 二酸化塩素–ヨウ素–マロン酸振動子のモデルである式 (8.3.4) と式 (8.3.5) を $b \ll 1$ の極限で解析せよ．リミットサイクルを相平面に描いて周期を見積もれ．

8.4 周期軌道の大域分岐

8.4.1 系 $\dot{r} = r(1 - r^2)$, $\dot{\theta} = \mu - \sin\theta$ を，μ が 1 より少し大きい場合について考えよう．$x = r\cos\theta$, $y = r\sin\theta$ とせよ．$x(t)$ と $y(t)$ の波形を描け. (これらの波形は，無限周期分岐の境界にある系で実験的に観察される可能性のある典型的なものである.)

8.4.2 μ が変化する際の系 $\dot{r} = r(\mu - \sin r)$, $\dot{\theta} = 1$ の分岐を議論せよ．

8.4.3 (**ホモクリニック分岐**) 数値積分を用いて, 系 $\dot{x} = \mu x + y - x^2$, $\dot{y} = -x + \mu y + 2x^2$ がホモクリニック分岐を起こす μ の値を求めよ．分岐の直上と直下での相図を描け．

8.4.4 [**2 階の位相同期回路** (phase-locked loop)] コンピューターを使って，$\mu \geq 0$ における $\ddot{\theta} + (1 - \mu\cos\theta)\dot{\theta} + \sin\theta = 0$ の相図をしらべよ．μ のある値で系が安定なリミットサイクルをもつことがわかるはずである．μ を 0 から増加させる際に周期軌道を創造する分岐と破壊する分岐を分類せよ．

演習問題 8.4.5–8.4.11 は**駆動されたダフィン振動子**を，駆動力，振動数のずれ，減衰，および非線形性のすべてが弱い極限で扱う．

$$\ddot{x} + x + \varepsilon(bx^3 + k\dot{x} - ax - F\cos t) = 0$$

ここで $0 < \varepsilon \ll 1$ で，$b > 0$ は非線形性，$k > 0$ は減衰，a は振動数のずれ，$F > 0$ は駆動力の強さを表す．この系は調和振動子を弱く摂動したものであり，よって 7.6 節の方法によって扱うことができる．この問題は，解析の途中でサドルノード分岐が起こるので，ここまで先延ばしにしてきた．

8.4.5 (**平均化方程式**) この系の平均化した方程式 (7.6.53) は

$$r' = -\frac{1}{2}(kr + F\sin\phi), \quad \phi' = -\frac{1}{8}\left(4a - 3br^2 + \frac{4F}{r}\cos\phi\right)$$

となることを示せ．ここで $x = r\cos(t + \phi)$, $\dot{x} = -r\sin(t + \phi)$ で，いつも通り，プライム記号は遅い時間 $T = \varepsilon t$ についての微分を表す. (もし 7.6 節をスキップしていたら，これらの方程式を信用して認めること.)

8.4.6 **(平均化した系ともとの系の対応)** 平均化した系の固定点は，もとの駆動された振動子の位相ロックした周期解に対応することを示せ．さらに，平均化した系の固定点のサドルノード分岐は，振動子の周期軌道のサドルノード分岐に対応することを示せ．

8.4.7 **(平均化された系が周期解をもたないこと)** (r, ϕ) を相平面の極座標と見なそう．平均化された系は周期解をもたないことを示せ．(ヒント：デュラックの判定法を $g(r, \phi) \equiv 1$ として用いよ．$\boldsymbol{x}' = (r', r\phi')$ とせよ．$\nabla \cdot \boldsymbol{x}' = \dfrac{1}{r}\dfrac{\partial}{\partial r}(rr') + \dfrac{1}{r}\dfrac{\partial}{\partial \phi}(r\phi')$ を計算し，正負どちらかの符号をもつことを示せ.)

8.4.8 **(平均化された系がソースをもたないこと)** 前の演習問題の結果は，平均化された系の長時間挙動を決めるためには，その固定点をしらべさえすればよいことを示している．上で行った発散の計算によって，なぜ固定点がソースではありえないことも示されるのかを説明せよ．つまり，シンクとサドルのみが生じうる．

8.4.9 **(共鳴曲線とカスプカタストロフ)** この演習問題は，駆動された振動子の定常振幅が，他のパラメーターにどのように依存するかを決めることを求める．

(a) 固定点が $r^2\left[k^2 + \left(\frac{3}{4}br^2 - a\right)^2\right] = F^2$ を満たすことを示せ．

(b) 今後，k と F が固定されていると仮定しよう．線形な振動子 $(b = 0)$ について，r の a に対するグラフを描け．これがおなじみの共鳴曲線である．

(c) 非線形な振動子 $(b \neq 0)$ について，r の a に対するグラフを描け．この曲線が，小さな非線形性，たとえば $b < b_\mathrm{c}$ においては 1 価だが，大きな非線形性 $(b > b_\mathrm{c})$ では 3 価であることを示し，b_c を与える公式を具体的に求めよ．(したがって，駆動される振動子は，a と b のある値では 3 つのリミットサイクルをもちうるという，好奇心をそそる結果が得られる!)

(d) r を (a, b) 平面上の面としてプロットすると，その結果はカスプカタストロフ面となることを示せ (3.6 節を思い出すこと).

8.4.10 さて次は難しい部分である．平均化された系の分岐を解析せよ．

(a) ヌルクライン $r' = 0$ と $\phi' = 0$ を相平面内にプロットし，振動数のずれ a が負の値から大きな正の値に増加されたときに，それらの交点がどのように変化するかをしらべよ．

(b) $b > b_\mathrm{c}$ と仮定し，a が増加するにつれて，**安定**な固定点の数が 1 つから 2 つに変わり，また 1 つに戻ることを示せ．

8.4.11 **(数値的な調査)** パラメーターを $k = 1, b = \frac{4}{3}, F = 2$ と固定する．

(a) a が負から正の値に増加するとして，数値積分により，平均化された系の相図をプロットせよ．

(b) $a = 2.8$ では 2 つの安定な固定点があることを示せ．

(c) もとの駆動されたダフィン方程式に戻ろう．数値積分により，a が $a = -1$ から $a = 5$ までゆっくり増加し，それからゆっくり減少して $a = -1$ に戻るまでの $x(t)$ をプロットせよ．リミットサイクル振動の振幅が，ある a の値で突然跳ね上がり，別の値でまた突然小さくなるという，劇的なヒステリシス効果が観察されるはずである．

8.4.12 (**ホモクリニック分岐の近傍でのスケーリング**) ホモクリニック分岐に近づく際，閉軌道の周期がどのようにスケールするかを求めるために，軌道がサドルの近くを通り過ぎるのに費やす時間を見積もろう (この時間は問題中の他の時間に比べずっと長い)．系が局所的に $\dot{x} \approx \lambda_{\mathrm{u}} x$, $\dot{y} \approx -\lambda_{\mathrm{s}} y$ で与えられるとしよう．$\mu \ll 1$ を安定多様体からの距離として，軌道に点 $(\mu, 1)$ を通過させる．軌道がサドルを逃げ出して，たとえば $x(t) \approx 1$ に達するまでに，どれくらい長くかかるか? [詳しい議論は Gaspard (1990) を参照]．

8.5 駆動された振り子およびジョセフソン接合素子におけるヒステリシス

8.5.1 $[\ln(I - I_{\mathrm{c}})]^{-1}$ は I_{c} においてすべての次数で発散する微分をもつことを示せ．[ヒント：$f(I) = (\ln I)^{-1}$ を考えて，$f^{(n+1)}(I)$ を $f^{(n)}(I)$ で表す公式を求めてみよ．ここで $f^{(n)}(I)$ は $f(I)$ の n 階微分を表す．]

8.5.2 駆動された振り子 $\phi'' + \alpha\phi' + \sin\phi = I$ を考えよう．相図を数値計算することにより，α が一定で十分に小さければ，I を減少させることにより系の安定なリミットサイクルがホモクリニック分岐によって破壊されることを確認せよ．もし α が大き過ぎると，分岐は無限周期分岐にかわる．

8.5.3 (**周期的に変化する環境収容力をもつロジスティック方程式**) ロジスティック方程式 $\dot{N} = rN(1 - N/K(t))$ を考えよう．ここで環境収容力 $K(t)$ は正で，t について滑らかで T 周期的だとする．

(a) 本文で行ったようなポアンカレ写像による議論により，系が $K_{\min} \le N \le K_{\max}$ の帯に含まれる周期 T のリミットサイクルを少なくとも 1 つもつことを示せ．

(b) このリミットサイクルは唯一である必然性があるか?

8.6 結合振動子と準周期性

8.6.1 (**「振動の死」(oscillator death) とトーラス上の分岐**) 神経振動子系に関する Ermentrout と Kopell (1990) の論文において,「振動の死」の概念が，以下のモデルで例示された．

$$\dot{\theta}_1 = \omega_1 + \sin\theta_1 \cos\theta_2, \quad \dot{\theta}_2 = \omega_2 + \sin\theta_2 \cos\theta_1$$

ここで $\omega_1, \omega_2 \ge 0$ である．

(a) ω_1,ω_2 が変化する際に現れる定性的に異なるすべての相図を描け．

(b) ω_1,ω_2 パラメーター空間において分岐が起こる曲線を求め，それらのさまざまな分岐を分類せよ．

(c) ω_1,ω_2 パラメーター空間における安定性ダイアグラムをプロットせよ．

8.6.2 系 (8.6.1) を再び考察する．

$$\dot{\theta}_1 = \omega_1 + K_1 \sin(\theta_2 - \theta_1), \qquad \dot{\theta}_2 = \omega_2 + K_2 \sin(\theta_1 - \theta_2)$$

(a) $\omega_1, \omega_2 > 0$ および $K_1, K_2 > 0$ ならば，系が固定点をもたないことを示せ．

(b) 系の保存量を求めよ．[ヒント：$\sin(\theta_2 - \theta_1)$ について，2 つの方法で解け．保存量の存在は，この系がトーラス上の一般的ではない流れであることを示す．通常はどのような保存量も存在しない．]

(c) $K_1 = K_2$ とせよ．系が

$$\mathrm{d}\theta_1/\mathrm{d}\tau = 1 + a\sin(\theta_2 - \theta_1), \quad \mathrm{d}\theta_2/\mathrm{d}\tau = \omega + a\sin(\theta_1 - \theta_2)$$

と無次元化できることを示せ．

(d) **回転数** (winding number) $\lim_{\tau\to\infty} \theta_1(\tau)/\theta_2(\tau)$ を解析的に求めよ．(ヒント：長時間平均 $\langle \mathrm{d}(\theta_1+\theta_2)/\mathrm{d}\tau \rangle$ と $\langle \mathrm{d}(\theta_1-\theta_2)/\mathrm{d}\tau \rangle$ を評価せよ．ここでブラケットは $\langle f \rangle \equiv \lim_{T\to\infty} \frac{1}{T}\int_0^T f(\tau)\,\mathrm{d}\tau$ と定義する．他のアプローチについては，Guckenheimer と Holmes (1983, p. 299) を参照せよ．

8.6.3 (**無理数の流れが稠密な軌道を生み出すこと**) $\dot{\theta}_1 = \omega_1$, $\dot{\theta}_2 = \omega_2$ で与えられるトーラス上の流れを考えよう．ここで ω_1/ω_2 は無理数である．それぞれの軌道が**稠密**であることを示せ．つまり，トーラス上の任意の点 p，任意の初期条件 q，および任意の $\varepsilon > 0$ を与えられたとき，q から出発した軌道が p から距離 ε 以内を通るような，ある $t < \infty$ が存在する．

8.6.4 系

$$\dot{\theta}_1 = E - \sin\theta_1 + K\sin(\theta_2 - \theta_1), \qquad \dot{\theta}_2 = E + \sin\theta_2 + K\sin(\theta_1 - \theta_2)$$

を考える．ここで，$E, K \geq 0$ である．

(a) すべての固定点を求めて分類せよ．

(b) もし E が十分に大きければ，系はトーラス上に周期解をもつことを示せ．これらの周期解はどのようなタイプの分岐によってつくられるか．

(c) これらの周期解がつくられるような (E, K) 平面における分岐曲線を求めよ．

この系を $N \gg 1$ 個の位相に一般化したものが，電荷密度波のスイッチングのモデルとして提案されている (Strogatz ら 1988, 1989).

8.6.5 (**リサージュ図形のプロット**) コンピューターを使い，媒介変数表示によって $x(t) = \sin t$, $y(t) = \sin\omega t$ と定義される曲線を，以下に与える有理数および無理数のパラメーター ω についてプロットせよ．

(a) $\omega = 3$

(b) $\omega = \frac{2}{3}$

(c) $\omega = \frac{5}{3}$

(d) $\omega = \sqrt{2}$

(e) $\omega = \pi$

(f) $\omega = \frac{1}{2}(1 + \sqrt{5})$

得られた曲線は**リサージュ図形**(Lissajous figure) とよばれる．昔は，リサージュ図形は異なる振動数の 2 つの交流信号を入力に使い，オシロスコープに表示された．

8.6.6 (リサージュ図形の説明) リサージュ図形は，本文で議論した結び目と準周期軌道を可視化する 1 つの方法である．これを理解するために，4 次元の系 $\ddot{x}+x=0$, $\ddot{y}+\omega^2 y=0$ によって記述される結合のない調和振動子のペアを考えよう．

(a) もし $x=A(t)\sin\theta(t)$, $y=B(t)\sin\phi(t)$ なら，$\dot{A}=\dot{B}=0$ であり (つまり A, B は定数)，$\dot{\theta}=1$, $\dot{\phi}=\omega$ であることを示せ．

(b) なぜ (a) は軌道が典型的には 4 次元の相空間中の 2 次元のトーラスに拘束されていることを意味するのか説明せよ．

(c) リサージュ図形は系の軌道とどのような関係があるか．

8.6.7 (準周期軌道の力学的な例) 方程式

$$m\ddot{r}=\frac{h^2}{mr^3}-k, \qquad \dot{\theta}=\frac{h}{mr^2}$$

は一定の強さの中心力 $k>0$ を受ける質量 m の粒子の運動を決める．ここで r, θ は極座標で $h>0$ は定数である (粒子の角運動量)．

(a) 系が半径 r_0，振動数 ω_θ の一様な円運動に対応する解 $r=r_0$, $\dot{\theta}=\omega_\theta$ をもつことを示せ．r_0 と ω_θ の式を求めよ．

(b) 円軌道のまわりの小さな動径方向の振動の振動数 ω_r を求めよ．

(c) この小さな動径方向の振動が準周期運動に対応することを，回転数 ω_r/ω_θ を計算することにより示せ．

(d) 幾何学的な議論により，この運動は，動径方向の振動の**任意の**振幅に対して，周期的あるいは準周期的であることを示せ．(より興味深い言い方をすると，運動は決してカオス的ではない．)

(e) この系の力学的な実現例を思い浮かべることができるか?

8.6.8 演習問題 8.6.7 の方程式をコンピューターで解き，極座標 r, θ の平面内に粒子の経路をプロットせよ．

8.7 ポアンカレ写像

8.7.1 部分分数を用いて例題 8.7.1 に現れた積分 $\displaystyle\int_{r_0}^{r_1}\frac{\mathrm{d}r}{r(1-r^2)}$ を評価することにより，$r_1=\left[1+\mathrm{e}^{-4\pi}(r_0^{-2}-1)\right]^{-1/2}$ であることを示せ．次に，例題 8.7.3 で予想したように，$P'(r^*)=\mathrm{e}^{-4\pi}$ であることを確認せよ．

8.7.2 $\dot{\theta}=1, \dot{y}=ay$ で与えられる円筒上のベクトル場を考えよう．適切なポアンカレ写像を定義して，その式を求めよ．系が周期解をもつことを示せ．その安定性を a のすべての実数値について分類せよ．

8.7.3 (矩形波に駆動される過減衰系) 矩形波の駆動力を受ける過減衰線形振動子 (または RC 回路) を考えよう．系は $\dot{x}+x=F(t)$ と無次元化できる．ここで $F(t)$ は周期 T の矩形波である．より具体的に，$t\in(0,T)$ で

$$F(t) = \begin{cases} +A & (0 < t < T/2) \\ -A & (T/2 < t < T) \end{cases}$$

と考えて，この $F(t)$ が他のすべての t においても周期的に繰り返されるとしよう．ここでのゴールは，系のすべての軌道が唯一の周期解に近づくことを示すことである．$x(t)$ について解こうとすることもできるが，少し面倒である．ここではポアンカレ写像にもとづくアプローチを用いよう．そのアイデアは，系に 1 サイクルごとに 1 度，「ストロボを当てる」ことである．

(a) $x(0) = x_0$ としよう．$x(T) = x_0\mathrm{e}^{-T} - A(1 - \mathrm{e}^{-T/2})^2$ であることを示せ．

(b) 系が唯一の周期解をもつことを示し，それが $x_0 = -A\tanh(T/4)$ を満たすことを示せ．

(c) $x(T)$ の $T \to 0$ と $T \to \infty$ での極限を解釈せよ．なぜそれらがもっともらしいのかを説明せよ．

(d) $x_1 = x(T)$ として，ポアンカレ写像 P を $x_1 = P(x_0)$ によって定義する．より一般に，$x_{n+1} = P(x_n)$ とする．P のグラフをプロットせよ．

(e) クモの巣図法を用いて，P が大域的に安定な固定点をもつことを示せ．(したがって，もとの系もいずれは駆動力に周期的に応答する状態に落ち着く．)

8.7.4 系 $\dot{x} + x = A\sin\omega t$ のある特定のパラメーターにおけるポアンカレ写像を図 8.7.3 に示した．$\omega > 0$ であるとして，A の符号を推論できるか? もしできないなら，なぜできないのかを説明せよ．

8.7.5 (もう 1 つ別の駆動される過減衰系) 適切なポアンカレ写像を考えることにより，系 $\dot{\theta} + \sin\theta = \sin t$ が少なくとも 2 つの周期解をもつことを証明せよ．それらの安定性について何かいえることがあるか? (ヒント：系を円筒上のベクトル場 $\dot{t} = 1$, $\dot{\theta} = \sin t - \sin\theta$ だと見なせ．ヌルクラインを描くことにより，周期解を囲むために使えるような，いくつかの鍵となる軌道の形状を推測せよ．たとえば，$(t, \theta) = (\frac{\pi}{2}, \frac{\pi}{2})$ を通る軌道を描いてみよ．)

8.7.6 前の演習問題で考察した系 $\dot{\theta} + \sin\theta = \sin t$ の力学的な解釈を与えよ．

8.7.7 (コンピューターによる作業) 系 $\dot{t} = 1$, $\dot{\theta} = \sin t - \sin\theta$ の相図をコンピューターで生成してプロットせよ．結果が演習問題 8.7.5 の答に一致することをチェックせよ．

8.7.8 系 $\dot{x} + x = F(t)$ を考えよう．ここで $F(t)$ は滑らかな T 周期関数である．系が安定な T 周期解 $x(t)$ を必然的にもつと考えるのは正しいか? もしそうなら証明せよ．そうでないなら，反例を与える F を求めよ．

8.7.9 極座標で $\dot{r} = r - r^2$, $\dot{\theta} = 1$ と与えられるベクトル場を考えよう．

(a) S からそれ自身へのポアンカレ写像を計算せよ．ここで S は正の x 軸である．

(b) 系が周期解をただ 1 つもつことを示し，その安定性を分類せよ．

(c) 周期解の特性乗数を求めよ．

8.7.10 各座標軸の方向に沿う摂動から出発して，数値的にフロケ乗数を求める方法を説明せよ．

8.7.11 (**ジョセフソン接合素子列の可逆性と同相周期状態**) 可逆性の議論を用いて，たとえ非線形項が考慮されたとしても，式 (8.7.1) の同相周期状態が吸引的ではないことを証明せよ．

8.7.12 (**大域結合振動子系**) 以下の N 個の同一の振動子からなる系を考えよう．

$$\dot{\theta}_i = f(\theta_i) + \frac{K}{N}\sum_{j=1}^{N} f(\theta_j) \qquad (i = 1, \cdots, N)$$

ここで $K > 0$ であり，$f(\theta)$ は滑らかで 2π 周期的である．同相解が周期的となるように，すべての θ について $f(\theta) > 0$ であると仮定せよ．例題 8.7.4 のように線形化したポアンカレ写像を計算することによって，すべての特性乗数が $+1$ に等しいことを示せ．

したがって，例題 8.7.4 で求めた中立安定性は，より広いクラスの振動子の配列において成立する．特に，系の可逆性は重要ではない．この例は Tsang ら (1991) から引用した．

第III編

カ　オ　ス

9 ローレンツ方程式

9.0 はじめに

次の**ローレンツ方程式** (Lorenz equation) からカオスの勉強にとりかかろう．

$$\dot{x} = \sigma(y - x)$$

$$\dot{y} = rx - y - xz$$

$$\dot{z} = xy - bz$$

ここで $\sigma, r, b > 0$ はパラメーターである．Ed Lorenz (1963) は，この 3 次元系を大気の対流によるロール運動を極限まで単純化したモデルから導いた．これと同じ方程式は，レーザーのモデルやダイナモのモデル[*1]としても現れる．さらに 9.1 節でわかるように，この方程式は，ちょっと自分でつくってみたくなるようなある種の水車の運動を**正確**に記述するものでもある．

Lorenz は，この一見すると単純に見える決定論的な系が，きわめて不規則なダイナミクスを示しうることを発見した．すなわち，その解は広いパラメーターの範囲で不規則に振動し，決して同じ振動を繰り返さないにもかかわらず，常に相空間の有界領域に留まる．Lorenz は 3 次元空間に軌道をプロットし，それらが現在ではストレンジアトラクターとよばれる複雑な集合上に落ちつくことを発見した．安定な固定点やリミットサイクルとは異なり，ストレンジアトラクターは点でも曲線でも曲面でもない．それは 2 と 3 の間の非整数フラクタル次元をもつフラクタル集合なのである．

本章では，Lorenz を上記の発見に導いた一連の美しい推論をたどることにしよ

*1 (訳注) 地球磁場反転に関するダイナモ模型．

う．本章の目標は，ストレンジアトラクターとその上でのカオス的な運動の様子を感じとることである．

Lorenz の論文 (Lorenz 1963) は深く先見性のある内容だが，同時に驚くほど読みやすいので，一読することをすすめる！ この論文は，Cvitanovic (1989a) および Hao (1990) にも再録されている．Lorenz の仕事やカオス分野の他のヒーローたちの魅惑的な物語については，Gleick (1987) を参照せよ．

9.1　カオス的な水車

ローレンツ方程式の巧妙な機械力学モデルを，マサチューセッツ工科大学 (以下，MIT とする) の Willem Malkus と Lou Howard が 1970 年代に発明していた．その最も簡素な型はおもちゃの水車であり，水の漏れる紙コップを水車の縁につるしたものである (図 9.1.1)．水は真上から絶え間なくコップに注がれるものとする．その水流が小さ過ぎる場合，一番上にあるコップは水漏れのため十分に水を貯めることができず，摩擦力に打ち勝つことができない．したがって水車は止まったままである．しかし，水流がより大きくなると，一番上のコップは十分に水を貯めることができるようになり，水車は回転を始める (図 9.1.1a)．やがて水車はいずれかの方向に定常的に回り続けるようになる (図 9.1.1b)．系の対称性より，いずれの方向への回転も等しく生じうる．つまり，どちらへ回るかは初期条件に依存する．

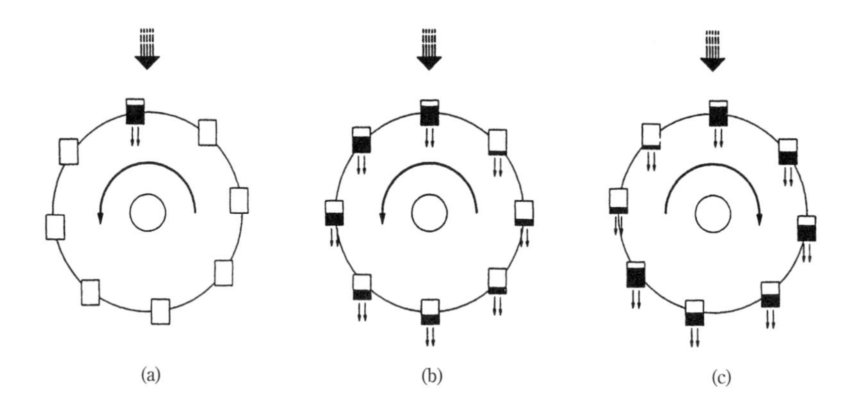

図 **9.1.1**

水流をさらに大きくしてゆくと，定常回転を不安定化することができる．このとき，水車の運動はカオス的となる．水車はいずれかの方向に 2, 3 回は回転するが，その間にいくつかのコップには水が貯まり過ぎ，水車にはこれらのコップに頂上を越えさせるだけの勢いが足りなくなる．よって水車は減速し，時として回転方向を逆転させることもあるかもしれない (図 9.1.1c)．すると水車は逆方向にまたしばらく回転する．このように，水車はその回転方向を不規則に変え続ける．見物人は 1 分後に水車がどちらの方向に回っているかを賭けるように促される (もちろん少額である)．

現在 MIT で用いられている，より洗練された Malkus の実験系を図 9.1.2 に示

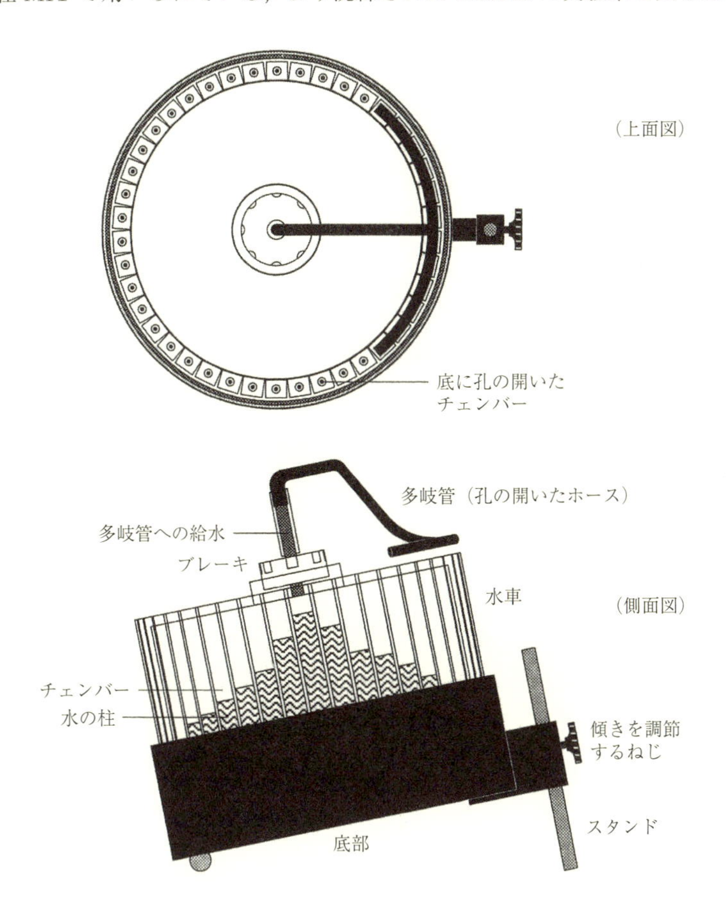

図 **9.1.2**

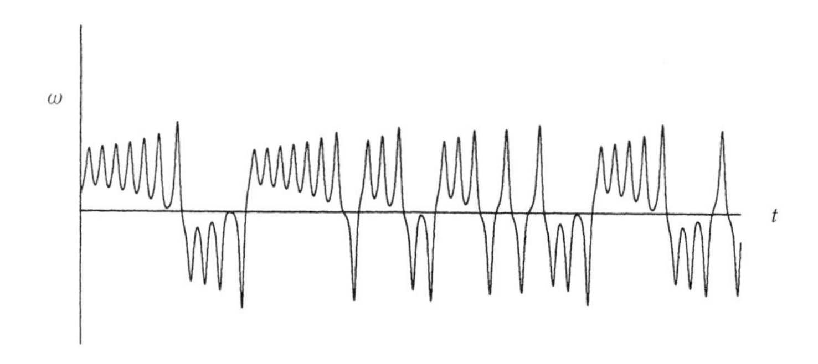

図 **9.1.3**

す．水車はテーブルの上に設置され，水平面から少し傾いた面内を回転する (垂直な面内で回転する普通の水車とは異なっている)．水は水車の上部にある多岐管へ注入され，数十もの小さなノズルから別々に放出される．ノズルは水車の縁に沿って並んでいるチェンバー (小部屋) のそれぞれに水を注いでいる．チェンバーは透明であり，水は染料により着色されているので，縁に沿ったチェンバーごとの水量の分布は容易に確認できる．水は各チェンバーの底にある小さな孔から漏れるようになっていて，水車の下部で集められて再びノズルへ送り込まれる．つまりこの系は定常的に給水を行っている．

系のパラメーターには 2 通りの調整の仕方がある．まず，水車のブレーキによって摩擦の強さを増減できる．また，水車の回転面の傾きは，水車を支えているねじを回すことにより変更可能である． これは実質的に作用する重力の強さを変更することに相当する．

センサーにより水車の角速度 $\omega(t)$ が計測され，そのデータはリアルタイムでチャート紙 (長い記録用紙) のペンレコーダーへ送られ，プロットされる．図 9.1.3 は，水車がカオス的に回転している場合に，この $\omega(t)$ を記録したものを示している．逆転が不規則に続いていることに，もう一度注意して欲しい．以下では，このカオスがどこから生じるのかを説明し，水車を静止した釣り合いの状態から定常回転，さらには不規則な回転へと至らせる分岐について理解したい．

表　記　法

水車の運動を記述するための座標系，変数，およびパラメーターは次の通りである (図 9.1.4)．

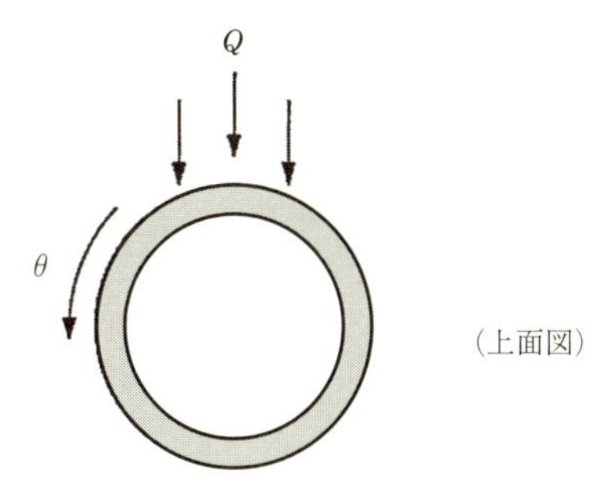

図 **9.1.4**

$\theta =$ 実験室座標系 (水車に固定した座標系ではなく) での角度

$\theta = 0 \leftrightarrow$ 実験室座標系での 12 時の方向

$\omega(t) =$ 水車の角速度 (θ と同様に反時計回りの方向に値が増加)

$m(\theta, t) =$ 水車の縁に沿う水の質量分布．θ_1 から θ_2 の間にある水の質量が $M(t) = \int_{\theta_1}^{\theta_2} m(\theta, t)\,\mathrm{d}\theta$ となるように定義．

$Q(\theta) =$ 流入率 (角度 θ の位置でノズルから注入される単位時間あたりの水の量)

$r =$ 水車の半径

$K =$ 水の漏れる率

$\nu =$ 回転の減衰率

$I =$ 水車の慣性モーメント

未知変数は $m(\theta, t)$ と $\omega(t)$ である．最初の仕事は，これらの時間発展を定める方程式を導出することである．

質量の保存

質量の保存についての方程式を求めるために，標準的な論法を用いよう．これまでに流体力学，電磁気学，もしくは化学工学を勉強したことがある読者は，この方法を見たことがあるだろう．空間内に固定した任意の扇状領域 $[\theta_1, \theta_2]$ を考えよう (図 9.1.5)．この扇状領域に含まれる水の質量は $M(t) = \int_{\theta_1}^{\theta_2} m(\theta, t)\,\mathrm{d}\theta$ により与えられる．無限に小さな時間 Δt 後の質量の変化 ΔM はどうなるだろうか? これには次の 4 つの要素からの寄与がある．

(1) ノズルから注入される総質量は $\left[\int_{\theta_1}^{\theta_2} Q\,\mathrm{d}\theta\right] \Delta t$ である．

(2) 水漏れで失われる総質量は $\left[-\int_{\theta_1}^{\theta_2} Km\,\mathrm{d}\theta\right] \Delta t$ である．この積分に m の項が

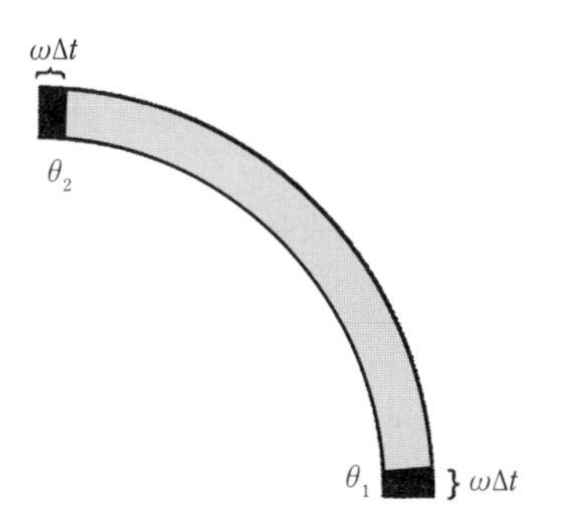

図 **9.1.5**

含まれていることに注意しよう．その意味は，チェンバー内の水の質量に比例する速さで水漏れが生じるということである．つまり，水が多ければそれだけ圧力水頭 (pressure head)[*2]が大きく，その分水漏れが速くなる．このことは物理的には妥当だが，水漏れの流体力学は複雑であり，他のルールも考えられる．したがってこのルールの正当性は，実際には，この仮定から得られる結果が，水車そのものの直接測定結果とよい近似で一致することによる．(流体力学の専門家へ：この流出量と圧力水頭の線形関係を成り立たせるために，Malkus は各チェンバーの底にある孔に細いチューブを取り付けている．これにより，流出する流れは実質的に管内のポアズイユ流となる.)

(3) 水車が回るにつれて，この扇形領域に水の入ったチェンバーが新たに運び込まれてくる．その質量は $m(\theta_1)\omega\Delta t$ となる．これは運び込まれる水が $\omega\Delta t$ の角度幅に相当し (図 9.1.5)，単位角度あたりの質量が $m(\theta_1)$ だからである．

(4) 同様に，この扇形領域から運び出される質量は $-m(\theta_2)\omega\Delta t$ により与えられる．

したがって，次の式が成り立つ．

$$\Delta M = \Delta t\left[\int_{\theta_1}^{\theta_2} Q\,\mathrm{d}\theta - \int_{\theta_1}^{\theta_2} Km\,\mathrm{d}\theta\right] + m(\theta_1)\omega\Delta t - m(\theta_2)\omega\Delta t \qquad (9.1.1)$$

式 (9.1.1) を微分方程式の形に変換するために，$m(\theta_1) - m(\theta_2) = -\int_{\theta_1}^{\theta_2} \frac{\partial m}{\partial\theta}\,\mathrm{d}\theta$ を用いて質量輸送の項を積分の内側に取り込もう．その上で両辺を Δt で割り，$\Delta t \to 0$ とする．結果は次の通りである．

---

*2 (訳注) 流体中のある点の圧力を流体の単位体積の重量で割った値．すなわち，ある点の圧力を液柱の長さで表したもの．

$$\frac{\mathrm{d}M}{\mathrm{d}t} = \int_{\theta_1}^{\theta_2} \left(Q - Km - \omega \frac{\partial m}{\partial \theta} \right) \mathrm{d}\theta$$

一方，M の定義により，

$$\frac{\mathrm{d}M}{\mathrm{d}t} = \int_{\theta_1}^{\theta_2} \frac{\partial m}{\partial t} \mathrm{d}\theta$$

なので

$$\int_{\theta_1}^{\theta_2} \frac{\partial m}{\partial t} \mathrm{d}\theta = \int_{\theta_1}^{\theta_2} \left(Q - Km - \omega \frac{\partial m}{\partial \theta} \right) \mathrm{d}\theta$$

となる．この等式はすべての θ_1 および θ_2 について成り立つので，次式が成り立たなくてはならない．

$$\frac{\partial m}{\partial t} = Q - Km - \omega \frac{\partial m}{\partial \theta} \tag{9.1.2}$$

方程式 (9.1.2) はしばしば**連続の式** (continuity equation) とよばれている．この方程式は**偏微分方程式**であり，本書でここまで扱ってきたものとは異なることに注意しよう．この方程式をどう解析するかについては後で悩むことにしよう．まず $\omega(t)$ がどのように時間発展するかを表す方程式を求めるのが先である．

トルクのバランス

水車の回転はニュートンの法則 $F = ma$ に支配されており，これは与えられたトルクと角運動量の変化率の釣り合いの式として与えられる．水車の慣性モーメントを I としよう．一般に I は t に依存することに注意されたい．これは水車の縁に沿った水の分布が時間に依存することによる．しかし，この複雑な状況は十分長い時間待てば解消する．なぜなら，$t \to \infty$ で $I(t) \to$ 一定値となることが示されるからである (演習問題 9.1.1)．したがって，過渡過程の後，運動方程式は次のようになる．

$$I\dot{\omega} = (\text{減衰として働くトルク}) + (\text{重力によるトルク})$$

上式の右辺第 1 項の減衰の要因は 2 つある．その 1 つはブレーキ中の重油による粘性減衰，もう 1 つは回転速度が上昇するスピンアップ効果による少しややこしい「慣性」による減衰である．後者は，はじめ角速度 0 で水車に入ってきた水が，漏れ出す前には角速度 ω にまで加速していることに起因する．どちらの効果も ω に比例するトルクを生じ，結局

$$(\text{減衰として働くトルク}) = -\nu\omega$$

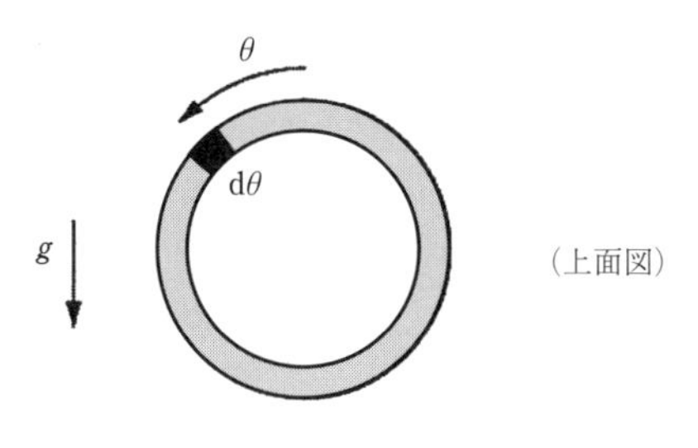

図 **9.1.6**

となる．ただし $\nu > 0$ であり，負の符号は制動が運動を妨げる方向に働くことを示す．

また，重力によるトルクは，水車の上部に水が注入されるため，倒立振子に働くトルクに類似している (図 9.1.6)．無限に細い扇状領域 $\mathrm{d}\theta$ の質量は $\mathrm{d}M = m\,\mathrm{d}\theta$ で与えられる．この質量要素は，次のトルクを生じる．

$$\mathrm{d}\tau = (\mathrm{d}M)gr\sin\theta = mgr\sin\theta\,\mathrm{d}\theta$$

符号が正しいことを確認するために，ちょうど倒立振子の場合と同様に，$\sin\theta > 0$ であればトルクが ω を**増加させる**ように働くことに注意しよう．ここで g は実効的な重力定数であり，$g = g_0 \sin\alpha$ で与えられる．ただし，g_0 は通常の重力定数であり，α は水車の水平面からの傾きを示している (図 9.1.7)．すべての質量要素からの寄与を積分すると

$$(\text{重力によるトルク}) = gr\int_0^{2\pi} m(\theta,t)\sin\theta\,\mathrm{d}\theta$$

となり，以上すべての結果をまとめて，トルクの釣り合いの方程式が得られる．

$$I\dot{\omega} = -\nu\omega + gr\int_0^{2\pi} m(\theta,t)\sin\theta\,\mathrm{d}\theta \qquad (9.1.3)$$

このような方程式は，微分と積分の両方を含むため，**積分微分方程式**とよばれている．

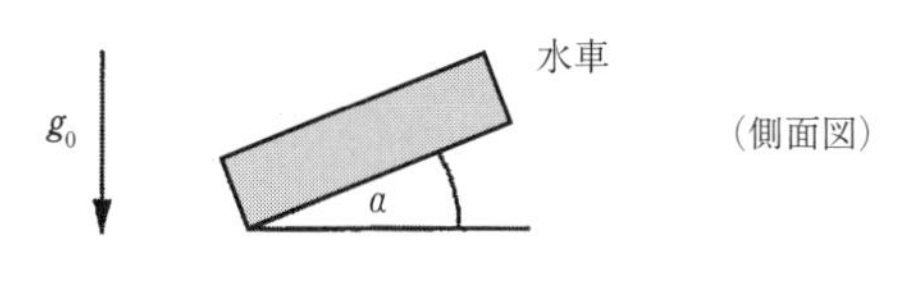

図 **9.1.7**

振幅方程式

方程式 (9.1.2) と (9.1.3) により系の時間発展は完全に指定される．つまり，現在の $m(\theta, t)$ および $\omega(t)$ の値が与えられると，式 (9.1.2) は m の値の変化を指定し，式 (9.1.3) は ω の値の変化を指定する．系の時間発展を記述するためには，これら以外の方程式は必要ない．

式 (9.1.2) および (9.1.3) が本当に水車のふるまいを記述しているのであれば，何らかの非常に複雑な運動がそこに秘められているはずである．この秘められた運動をどのように引き出せばよいのだろうか？　しかしこれらの方程式は，これまで学んできたどの方程式よりもはるかに近寄りがたく見える．

フーリエ解析を用いて方程式を書き改めると，驚くべきことが起こる．注意して見ておくように！

$m(\theta, t)$はθ について周期的であるので，次のフーリエ級数で表示できる．

$$m(\theta, t) = \sum_{n=0}^{\infty} [a_n(t) \sin n\theta + b_n(t) \cos n\theta] \tag{9.1.4}$$

これを式 (9.1.2) および (9.1.3) に代入すると，1 組の**振幅方程式**，すなわち，それぞれの**調波**あるいは**モード**の**振幅** a_n, b_n についての常微分方程式が得られる．しかし，まずは水の流入率をフーリエ級数表示しなくてはならない．

$$Q(\theta) = \sum_{n=0}^{\infty} q_n \cos n\theta \tag{9.1.5}$$

この級数に $\sin n\theta$ の項がないのは，水が水車の上部へ左右**対称**に与えられるためである．つまり，角度が θ および $-\theta$ の位置における水の流入は等しい．(この点で，この水車はふつうの水車とは異なっている．普通の水車は流入が非対称であるおかげで常に同じ方向に回転する．)

m および Q についてのフーリエ級数を式 (9.1.2) に代入すると，次式が得られる．

$$\begin{aligned}\frac{\partial}{\partial t}\left[\sum_{n=0}^{\infty} a_n(t) \sin n\theta + b_n(t) \cos n\theta\right] = -\omega \frac{\partial}{\partial \theta}\left[\sum_{n=0}^{\infty} a_n(t) \sin n\theta + b_n(t) \cos n\theta\right] \\ + \sum_{n=0}^{\infty} q_n \cos n\theta \\ - K\left[\sum_{n=0}^{\infty} a_n(t) \sin n\theta + b_n(t) \cos n\theta\right]\end{aligned}$$

ここで両辺の微分を計算し，各モードごとに項を整理しよう．関数 $\sin n\theta$，$\cos n\theta$ の直交性により，各モードの係数が等しいとすればよい．たとえば $\sin n\theta$ の係数は左辺では $\dot{a}_n$ であり，右辺では $n\omega b_n - K a_n$ となる．したがって

$$\dot{a}_n = n\omega b_n - K a_n \tag{9.1.6}$$

となる．同様に $\cos n\theta$ の係数を照合して次式が得られる．

$$\dot{b}_n = -n\omega a_n - K b_n + q_n \tag{9.1.7}$$

式 (9.1.6) および式 (9.1.7) はいずれもすべての $n = 0, 1, \cdots$ に対して成り立つ．

次に式 (9.1.3) をフーリエ級数により書き直そう．**驚くべきことが起こるので心の準備をしていただきたい**．式 (9.1.4) を式 (9.1.3) に代入すると，直交性により，唯一の項が積分しても 0 にならずに生き残る．

$$\begin{aligned} I\dot{\omega} &= -\nu\omega + gr\int_0^{2\pi}\left[\sum_{n=0}^{\infty} a_n(t)\sin n\theta + b_n(t)\cos n\theta\right]\sin\theta\,\mathrm{d}\theta \\ &= -\nu\omega + gr\int_0^{2\pi} a_1 \sin^2\theta\,\mathrm{d}\theta \\ &= -\nu\omega + \pi g r a_1 \end{aligned} \tag{9.1.8}$$

したがって a_1 のみが $\dot{\omega}$ の微分方程式に現れる．ところが，式 (9.1.6) および式 (9.1.7) より，a_1，b_1，**および ω はそれらのみで閉じた系となっている**ことがわかる．つまり**これらの 3 変数は他のすべての $n \neq 1$ である a_n，b_n から独立している！** その結果，得られる方程式は次の通りとなる．

$$\begin{aligned} \dot{a}_1 &= \omega b_1 - K a_1 \\ \dot{b}_1 &= -\omega a_1 - K b_1 + q_1 \\ \dot{\omega} &= (-\nu\omega + \pi g r a_1)/I \end{aligned} \tag{9.1.9}$$

($n \neq 1$ の高次のモードの係数 a_n, b_n が気になるならば，演習問題 9.1.2 を参照のこと.)

このように，問題は驚くほど単純化され，もとの 1 組の積分微分方程式 (9.1.2), (9.1.3) は，式 (9.1.9) の 3 次元系にまで煮詰められた．そして，式 (9.1.9) はローレンツ方程式と等価であることも明らかになる (演習問題 9.1.3 を参照)．しかし，有名なローレンツ方程式系を取り扱う前に，式 (9.1.9) について少々考えてみよう．実際，誰もこの系を**完全**に理解している者はおらず，また，そのふるまいは驚異的に複雑である．しかし，ある程度のことはいえる．

固　定　点

まず式 (9.1.9) の固定点を求めることから始めよう．表記を簡単にするため，固定点を示すいつもの*の印は計算の途中では省略する．

まず，すべての微分の項を 0 として，次式を得る．

$$a_1 = \omega b_1 / K \tag{9.1.10}$$

$$\omega a_1 = q_1 - K b_1 \tag{9.1.11}$$

$$a_1 = \nu\omega / \pi g r \tag{9.1.12}$$

ここで，式 (9.1.10) および式 (9.1.11) より a_1 を消去して b_1 を求めると

$$b_1 = \frac{K q_1}{\omega^2 + K^2} \tag{9.1.13}$$

となる．また，式 (9.1.10) と式 (9.1.12) を等しいとおくと，$\omega b_1/K = \nu\omega/\pi g r$ が得られる．よって，$\omega = 0$ あるいは

$$b_1 = K\nu / \pi g r \tag{9.1.14}$$

となる．したがって，2 通りの固定点が存在することがわかる．

(1) $\omega = 0$ の場合，$a_1 = 0$ かつ $b_1 = q_1/K$ となる．この固定点

$$(a_1^*, b_1^*, \omega^*) = (0, q_1/K, 0) \tag{9.1.15}$$

は水車が**回転しない**状態に対応する．つまり水の流入と漏れ出しが釣り合った状態で水車は静止している．なお，ここでは固定点が単に存在するといっているだけであり，安定であるとはいっていない．安定性の計算は後で行おう．

(2) $\omega \neq 0$ の場合，式 (9.1.13) および式 (9.1.14) より $b_1 = Kq_1/(\omega^2 + K^2) = K\nu/\pi g r$ が得られる．$K \neq 0$ であるので $q_1/(\omega^2 + K^2) = \nu/\pi g r$ である．したがって次式を得る．

$$(\omega^*)^2 = \frac{\pi g r q_1}{\nu} - K^2 \tag{9.1.16}$$

もし式 (9.1.16) の右辺が正であれば，2 つの解 $\pm\omega^*$ が存在し，水車の左右いずれかの方向への**定常**回転に対応する．この解は，次の条件下でのみ存在する．

$$\frac{\pi g r q_1}{K^2 \nu} > 1 \tag{9.1.17}$$

式 (9.1.17) の左辺の無次元量は**レイリー数** (Rayleigh number) とよばれる．この量は，散逸の効果に対してどの程度の強度で系が駆動されているかを示すものである．もう少し正確にいえば，式 (9.1.17) の比は g および q_1 (これらは，重力および流入に対応し，水車を回そうとする) と，K および ν (水漏れと減衰に対応し，これらは水車を止めようとする) の間の競合を表示している．したがって，定常回転が可能になるのはレイリー数が十分大きいときに限られるということは筋が通る．

このレイリー数は，流体力学の他の問題，特に流体層が下から熱せられるときに生じる対流においても現れる．その場合，レイリー数は流体層の下から上までの温度差に比例する．たとえば温度の勾配が小さい場合，熱は確かに垂直方向に伝わるが，流体は静止したままである．しかし，レイリー数がある臨界値を超えると不安定性が生じる．つまり，熱い流体は密度が低いため上昇を開始し，上部の冷たい流体は下降を開始する．これにより対流のロールパターンが形成されるが，その状況はここで扱っている水車の定常回転と完全に類似している．さらにレイリー数を増加させてゆくと，対流ロールの回転運動は波うつようになり，最終的にはカオス的となる．

この水車とのアナロジーはさらに高いレイリー数では破綻する．その場合，乱流が発達して対流運動は時間的にも空間的にも複雑になる (Drazin と Reid 1981, Bergé ら 1984, Manneville 1990)．これに対して，水車は振り子のような往復運動を示し，1 度左に回ると次に 1 度右に回る，というパターンを際限なく繰り返す (例題 9.5.2 参照)．

9.2　ローレンツ方程式の簡単な性質

この節では Lorenz の足跡をたどろう．彼は標準的な手法による可能な限りの解析を行った結果，ある時点でパラドックスのような状況に直面していることに気がついた．Lorenz は，方程式の長時間挙動について想定可能なすべての可能性をひとつひとつ潰していった．そして，パラメーターのある範囲内では，安定な固定点も安定なリミットサイクルも存在しえないことを示した．にもかかわらず，彼はすべての軌道がある有界領域に閉じ込められ続け，最終的には体積ゼロの何らかの集合に引き寄せられていくことを証明したのである．その集合とはいったい何であろうか? そして軌道はその上をどのように運動するのであろうか? 次の節でわかるように，その集合こそがストレンジアトラクターであり，その上における運動がカオス的なのである．

ともあれ，まずLorenzがそれまでに知られていたタイプの長時間挙動の可能性をどのように消去していったかを見てみたい．実際，シャーロック・ホームズが『4つの署名』で述べているように，「不可能なものを消去して，最後に残ったものが，いかに奇妙なありそうもないことであっても，真実でなくてはならない」のである．

ローレンツ方程式は

$$\begin{aligned}\dot{x} &= \sigma(y-x)\\ \dot{y} &= rx - y - xz\\ \dot{z} &= xy - bz\end{aligned}\tag{9.2.1}$$

である．ただし $\sigma, r, b > 0$ はパラメーターである．σ は**プラントル数** (Prandtl number)，r はレイリー数であり，b には名前が付いていない．(対流の問題においては，このパラメーターは対流ロールのアスペクト比に関係する．)

非　線　形　性

式 (9.2.1) で表される系は非線形性，すなわち2次の項 xy および xz を，2箇所に含んでいるのみである．このことから，式 (9.1.9) の水車の方程式が ωa_1 および ωb_1 の2つの非線形項を含むことが思い出されるだろう．水車の方程式をローレンツ方程式へ変形する変数変換については，演習問題9.1.3を参照せよ．

対　　称　　性

ローレンツ方程式には重要な**対称性**がある．すなわち，式 (9.2.1) で $(x, y) \to (-x, -y)$ と置き換えても，方程式は同じ形のままである．したがって，$(x(t), y(t), z(t))$ が解であるならば，$(-x(t), -y(t), z(t))$ も解となる．つまり，すべての解はそれ自体が上記の対称性をもつか，あるいは対称な形状のパートナーをもっている．

体 積 の 縮 小

ローレンツ系は**散逸的** (dissipative) である．つまり，相空間内の体積はベクトル場の流れのもとで縮小する．このことを理解するためには，まず体積がどのように時間発展するのかを問わなければならない．

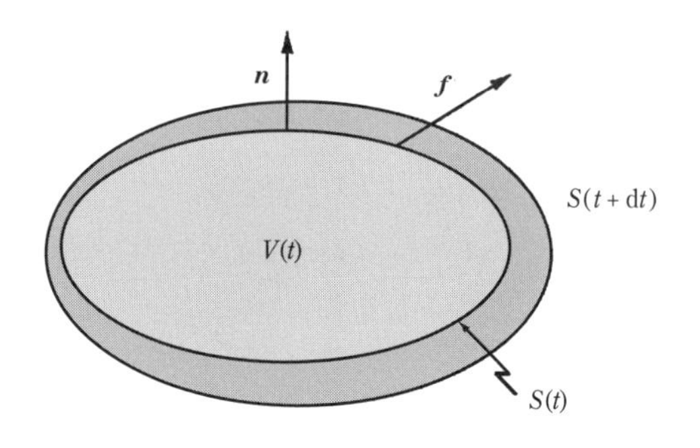

図 9.2.1

任意の 3 次元系 $\dot{\boldsymbol{x}} = \boldsymbol{f}(\boldsymbol{x})$ に対し，この問に一般的に答えよう．相空間内に任意に閉曲面 $S(t)$ をとり，その内部の体積を $V(t)$ とする．S 上のすべての点を解の軌道の初期条件として，それらを無限小の時間 $\mathrm{d}t$ のあいだ時間発展させたとしよう．その結果，S は新たな閉曲面 $S(t+\mathrm{d}t)$ に変化する．このときその内部の体積 $V(t+\mathrm{d}t)$ はいくらになるか?

図 9.2.1 は横からこの体積を見たものである．$\boldsymbol{n}$ を S 上の外向きの法線ベクトルとしよう．$\boldsymbol{f}$ はベクトル場の各点での瞬間速度であるので，$\boldsymbol{f}\cdot\boldsymbol{n}$ は速度の外向き法線方向の成分となる．そのため，図 9.2.2 に示すように，S 上の面積要素 $\mathrm{d}A$ は時間 $\mathrm{d}t$ の間に $(\boldsymbol{f}\cdot\boldsymbol{n}\,\mathrm{d}t)\,\mathrm{d}A$ の体積を通過することになる．したがって

$$V(t+\mathrm{d}t) = V(t) + \begin{pmatrix}\text{曲面 } S \text{ 上の微小面積要素が通過した体積を} \\ \text{すべての面積要素について積分したもの}\end{pmatrix}$$

であり，その結果，次式を得る．

$$V(t+\mathrm{d}t) = V(t) + \int_S (\boldsymbol{f}\cdot\boldsymbol{n}\,\mathrm{d}t)\,\mathrm{d}A$$

ゆえに

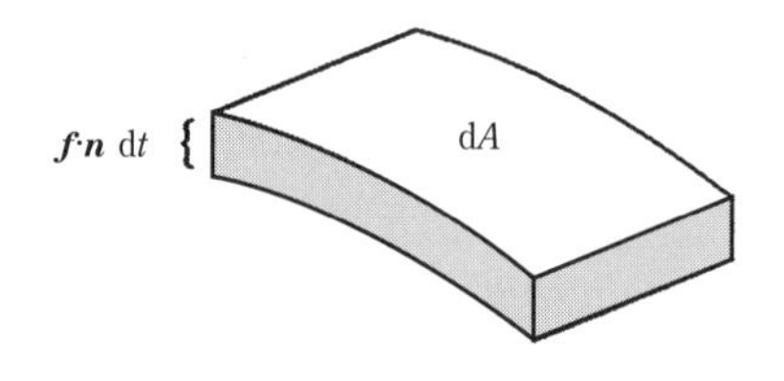

図 9.2.2

$$\dot{V} = \frac{V(t + \mathrm{d}t) - V(t)}{\mathrm{d}t} = \int_S \boldsymbol{f} \cdot \boldsymbol{n} \, \mathrm{d}A$$

が成立する．最後に，ベクトル場の発散定理によりこの積分を書き換えると，次式が得られる．

$$\dot{V} = \int_V \boldsymbol{\nabla} \cdot \boldsymbol{f} \, \mathrm{d}V \tag{9.2.2}$$

特にローレンツ系では，

$$\begin{aligned}\boldsymbol{\nabla} \cdot \boldsymbol{f} &= \frac{\partial}{\partial x}[\sigma(y - x)] + \frac{\partial}{\partial y}[rx - y - xz] + \frac{\partial}{\partial z}[xy - bz] \\ &= -\sigma - 1 - b < 0\end{aligned}$$

となる．この発散は定数なので，式 (9.2.2) より $\dot{V} = -(\sigma + 1 + b)V$ が得られ，その解は $V(t) = V(0)\mathrm{e}^{-(\sigma+1+b)t}$ となる．このように，**相空間内の体積は指数関数的な速さで縮小する．**

したがって，初期条件として非常に大きな体積の領域から出発したとしても，空気の抜けた風船が萎んでしまうかのように，最終的には体積ゼロの極限集合へと行き着くのである．つまり，初期領域から出発したすべての軌道は，この極限集合のどこかに落ち着く．その落ち着き先は，固定点，リミットサイクル，もしくは，あるパラメーターの値ではストレンジアトラクターであることを，後で知ることになる．

この体積が縮小する性質は，次の 2 つの例題が示すように，ローレンツ方程式の解の可能性に強い制約を課している．

例題 9.2.1 ローレンツ方程式には準周期解が存在しないことを示せ．

(解) 背理法により証明しよう．仮に準周期解が存在したとすると，8.6 節での議論のように，それはトーラスの表面上になくてはならず，このトーラスはベクトル場の流れのもとで**不変**である．したがってトーラス内の体積は時間的に一定となる．ところがこれは，体積が指数関数的な速さで減少するという事実に矛盾する．■

例題 9.2.2 ローレンツ系には反発的固定点も反発的閉軌道 (これらを以下でリペラーとよぶ) も存在しえないことを示せ．(**反発的** (repelling) という言葉は，固定点や閉軌道の近傍から出発した**すべての**軌道が，そこから遠ざかっていくことを意味する.)

(解) リペラーは次の意味で体積の**生成源**となり，体積縮小の性質と両立しない．まず，相空間内のリペラーの近傍を解の初期点からなる閉曲面で取り囲んだとしよう.(具体的には，固定点のまわりには微小な球を用意し，閉軌道のまわりには細い管を用意する.) 少し時間が経つと，解の軌道は固定点や閉軌道から遠ざかるので，この曲面は拡大する．したがって，曲面に囲まれた体積は増加する．しかし，このことは任意の領域の体積が縮小するという事実に矛盾する． ■

消去法により，すべての固定点はシンクかサドルであり，(もし存在するならば) 閉軌道は安定であるかもしくはサドル的でなくてはならないことが帰結される．この一般的な結果を固定点の場合について具体的に検証してみよう．

固　定　点

水車の場合と同様に，ローレンツ系 (9.2.1) には 2 つのタイプの固定点が存在する．まず原点 $(x^*, y^*, z^*) = (0, 0, 0)$ は**すべての**パラメーターの値に対して固定点である．これは水車の場合の静止状態に相当する．$r > 1$ では，1 対の対称な固定点 $x^* = y^* = \pm\sqrt{b(r-1)}$，$z^* = r - 1$ が現れる．ローレンツはそれらを C^+ および C^- とよんでいる．これらは左回り，もしくは右回りの対流ロールを表している (水車の定常回転状態に相当する)．また，$r \to 1^+$ とすると，C^+ および C^- は**ピッチフォーク**分岐により原点と融合する．

原点の線形安定性

原点での線形化方程式は，式 (9.2.1) の非線形項 xy および xz を取り除いて，$\dot{x} = \sigma(y - x)$, $\dot{y} = rx - y$, $\dot{z} = -bz$ で与えられる．ここで，z の方程式は他から分離されており，指数関数的な速さで $z(t) \to 0$ となることがわかる．それ以外の 2 方向 x, y は，方程式

$$\begin{pmatrix} \dot{x} \\ \dot{y} \end{pmatrix} = \begin{pmatrix} -\sigma & \sigma \\ r & -1 \end{pmatrix} \begin{pmatrix} x \\ y \end{pmatrix}$$

により支配されており，この行列のトレースは $\tau = -\sigma - 1 < 0$，行列式は $\Delta = \sigma(1 - r)$ となる．$r > 1$ の場合 $\Delta < 0$ なので，原点はサドル型固定点となることがわかる．系全体は 3 次元系なので，この固定点はわれわれにとって**新しいタイプのサドル**であることに注意しよう．0 に減衰する z 方向を含めると，このサドルは，軌道が出て行く方向を 1 つ，軌道が入ってくる方向を 2 つもつ．$r < 1$ の場合，すべての方向が入ってくる方向であり，原点はシンクとなる．特に，$\tau^2 - 4\Delta = (\sigma + 1)^2 - 4\sigma(1 - r) = (\sigma - 1)^2 + 4\sigma r > 0$ なので，$r < 1$ では原点は安定なノードであることがわかる．

原点の大域安定性

実際には，$r<1$ の場合にはどのような軌道も $t\to\infty$ で原点に漸近することが示せる．つまり原点は**大域安定**である．したがって，$r<1$ ではリミットサイクルもカオスも存在しえない．

その証明は**リアプノフ関数**，つまり軌道に沿ってその値が減少する滑らかな正定値関数を構成することにより得られる．7.2 節で述べた通り，リアプノフ関数は力学におけるエネルギー関数の一般化である．摩擦や他の散逸があれば，エネルギーは単調に減少する．リアプノフ関数を構成するための系統的な方法は存在しないが，2 乗の項の和の組合せを試してみることは賢明な手である．

ここではリアプノフ関数として $V(x,y,z)=\frac{1}{\sigma}x^2+y^2+z^2$ を試してみよう．この V が一定となる曲面は，原点を中心とする楕円面である (図 9.2.3)．示したいことは，$r<1$ および $(x,y,z)\neq(0,0,0)$ であるときに，軌道に沿って $\dot{V}<0$ となることである．もしこの性質が成り立てば，軌道が進むにつれて V の値が低下するので，$t\to\infty$ となるにつれて原点まわりの楕円面はいっそう小さくなっていくはずである．しかし，V の値は 0 より小さくはなれないので，期待した通り $V(\boldsymbol{x}(t))\to 0$，すなわち $\boldsymbol{x}(t)\to 0$ となる．

実際に計算してみると

$$
\begin{aligned}
\frac{1}{2}\dot{V} &= \frac{1}{\sigma}x\dot{x}+y\dot{y}+z\dot{z}\\
&= (yx-x^2)+(ryx-y^2-xyz)+(zxy-bz^2)\\
&= (r+1)xy-x^2-y^2-bz^2
\end{aligned}
$$

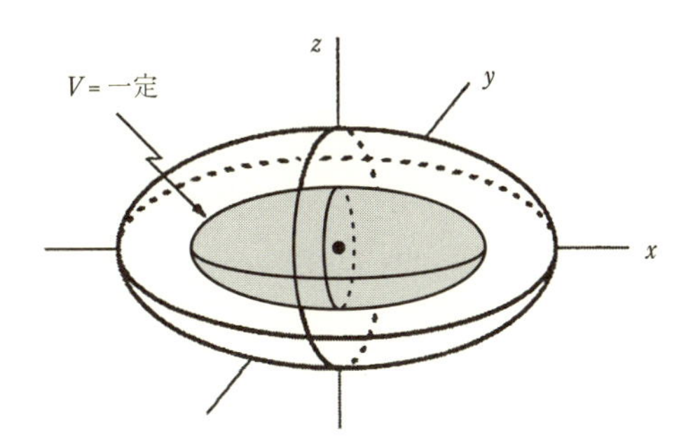

図 **9.2.3**

となる．さらに最初の 2 項を完全平方の形にすることにより次式を得る．

$$\frac{1}{2}\dot{V} = -\left[x - \frac{r+1}{2}y\right]^2 - \left[1 - \left(\frac{r+1}{2}\right)^2\right]y^2 - bz^2$$

$r<1$ かつ $(x,y,z) \neq (0,0,0)$ では右辺が常に負となることを主張しよう．これは 2 乗の項に負の符号をつけたものであるので，確かに正ではない．しかし $\dot{V}=0$ とはならないのだろうか？ そのためには，右辺の各項がそれぞれ 0 となる必要がある．したがって，右辺の 2 番目と 3 番目の項から $y=0$，$z=0$ が必要である．(なぜなら，$r<1$ の仮定により y^2 の係数はゼロではないためである.) よって右辺の第 1 項は $-x^2$ となり，これは $x=0$ でのみ 0 となる．

結論として，$\dot{V}=0$ となるのは $(x,y,z)=(0,0,0)$ のときのみであり，その他の (x,y,z) では $\dot{V}<0$ であることがわかる．したがって当初の主張は証明され，原点は $r<1$ で大域安定であることが示せた．

C^+ および C^- の安定性

ここでは $r>1$ の場合を考えよう．このとき先に述べた C^+ および C^- が存在する．それらの安定性の計算は演習問題 9.2.1 に譲ろう．結果としては，次の条件下で，それらは線形安定となる．(ただし $\sigma-b-1>0$ を仮定している.)

$$1 < r < r_{\mathrm{H}} = \frac{\sigma(\sigma+b+3)}{\sigma-b-1}$$

ここで H という添字を用いる理由は，C^+ および C^- が $r=r_{\mathrm{H}}$ でホップ分岐により安定性を失うからである．

この分岐の直後，つまり r が r_{H} よりわずかに大きい場合，何が生じるだろうか？ C^+ および C^- が小さな安定リミットサイクルに囲まれていると期待するかもしれない．確かに，ホップ分岐が超臨界であればそうなるだろう．しかし，実際にはこのホップ分岐は**亜臨界**である．つまりリミットサイクルは**不安定**で，かつ $r<r_{\mathrm{H}}$ でのみ存在する．このことを示すには厄介な計算が必要となる．Marsden と McCracken (1976) もしくは Drazin (1992, p. 277 の Q8.2) を参照のこと．

ここでベクトル場の様子を直観的に示そう．$r<r_{\mathrm{H}}$ での C^+ の近くの相図を図 9.2.4 に模式的に示す．まず，固定点は安定である．固定点のまわりに**サドル型閉軌道** (saddle cycle) が存在するが，これは 3 次元以上の相空間でのみ存在可能な新しいタイプの不安定リミットサイクルである．この閉軌道は 2 次元の不安定多様体 (図 9.2.4 の平面) および 2 次元の安定多様体 (図 9.2.4 では略されている)

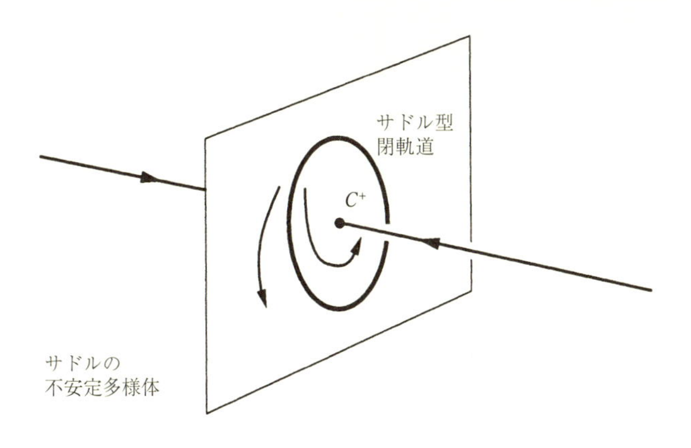

図 **9.2.4**

をもつ．r が下から r_{H} へ近づくと，この閉軌道は固定点のまわりで縮小していく．ホップ分岐点において，固定点はサドル型閉軌道を吸収してサドル型固定点へ変化する．$r > r_{\mathrm{H}}$ では固定点の近傍にアトラクターは存在しない．

したがって，$r > r_{\mathrm{H}}$ では，軌道は固定点から遠く離れた何らかのアトラクターに向かって行くよりほかはない．しかし，どのようなアトラクターがありうるだろうか? ここまでの結果にもとづく部分的な分岐図によっては，$r > r_{\mathrm{H}}$ での何らかの安定なアトラクターに関する手掛かりは得られない (図 9.2.5).

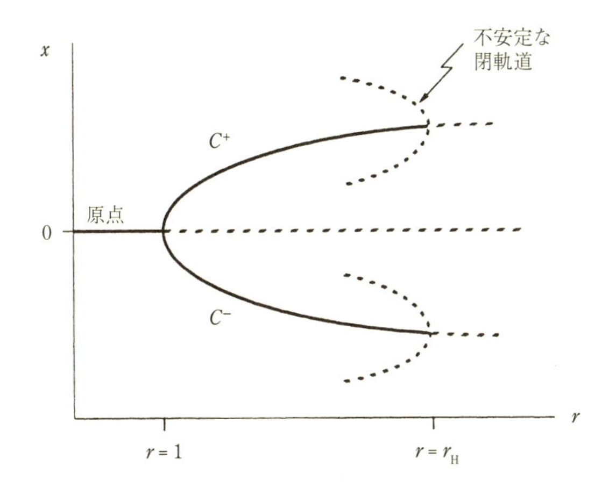

図 **9.2.5**

それでは，すべての軌道は無限の彼方に向かって行くのだろうか？ 答はノーである．すべての軌道は，最終的にはある大きな楕円面内に収まり，そこに留まることが証明できる (演習問題 9.2.2)．あるいは，まだわれわれの気づいていないリミットサイクルが存在する余地はあるのだろうか？ その可能性はなくはないが，r が r_{H} よりわずかに大きい場合には，どのようなリミットサイクルがあったとしても**不安定**でなくてはならないという説得力のある論拠を Lorenz は与えている (9.4 節参照)．

したがって，軌道は一風変わった長時間挙動を示すはずである．ピンボールマシンのボールのように，軌道は不安定な構造物の間を跳ね飛ばされ続ける．同時に，軌道は何らかの体積ゼロの有界な集合上に拘束され，自分自身あるいは他の軌道と交差することなく，いつまでもこの集合上を動き続けるのだ．

次の節で，この軌道についての謎がどのように解決されていくかを見てみよう．

9.3　ストレンジアトラクター上のカオス

Lorenz は数値積分により系の軌道の長時間のふるまいをしらべた．彼は特に $\sigma = 10$，$b = \frac{8}{3}$，$r = 28$ の場合をしらべている．この r の値はホップ分岐の値 $r_{\mathrm{H}} = \sigma(\sigma + b + 3)/(\sigma - b - 1) \approx 24.74$ を少し越えているので，何らかの奇妙なことが起こるはずであることを彼は知っていたのである．もちろん，奇妙なことは別の理由により生じる可能性もあった．それは当時の電気機械式のコンピューターは信頼性が低く使いにくかったことであり，そのためローレンツは得られた数値結果を慎重に解釈しなくてはならなかった．

彼は原点にあるサドル型固定点の近くの初期条件 (0,1,0) から数値積分を開始した．図 9.3.1 は得られた解の $y(t)$ 成分を表示したものである．初期の過渡過程の後，解は $t \to \infty$ まで持続するが，決して同じ動きは繰り返さない不規則な振動状態に落ち着く．つまりその運動は**非周期的** (aperiodic) である．

Lorenz は，解を相空間内の軌道として可視化すると，そこに驚くべき構造が出現することを発見した．たとえば，$z(t)$ に対して $x(t)$ をプロットしてみると，チョウのようなパターンが現れるのである (図 9.3.2)．軌道はそれ自身と繰り返し交差しているように見えるが，これは 3 次元の軌道を 2 次元平面上に投影したことによる単なる見かけ上のものである．もちろん 3 次元の相空間内では軌道は自身と交差することはない．

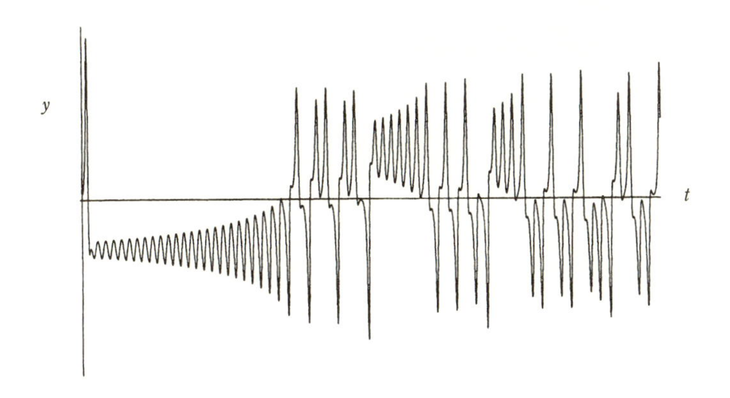

図 9.3.1

図 9.3.2 をもう少し詳しくしらべてみよう．原点近くから出発した軌道は右側をくるりと回った後，左側にあるスパイラルの中心へ飛び込んでいく．スパイラルからとてもゆっくりと渦を巻きながら出てきた後，軌道は右側へ投げ返され，そこで 2, 3 回渦を巻いてから再び左へ投げ返され，何度か回転し，再び右側へ $\cdots$

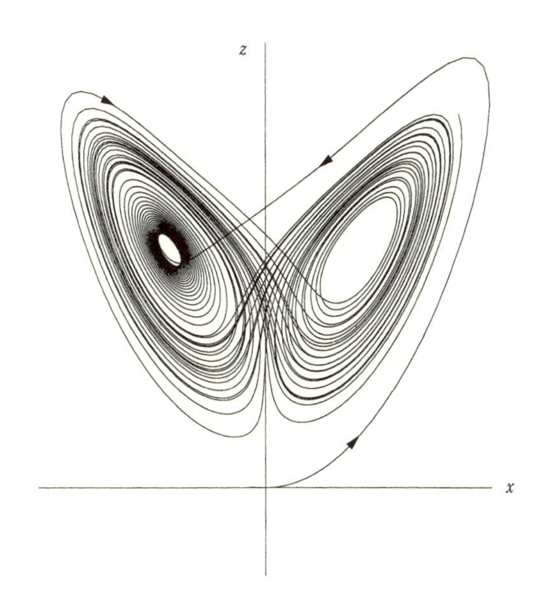

図 9.3.2

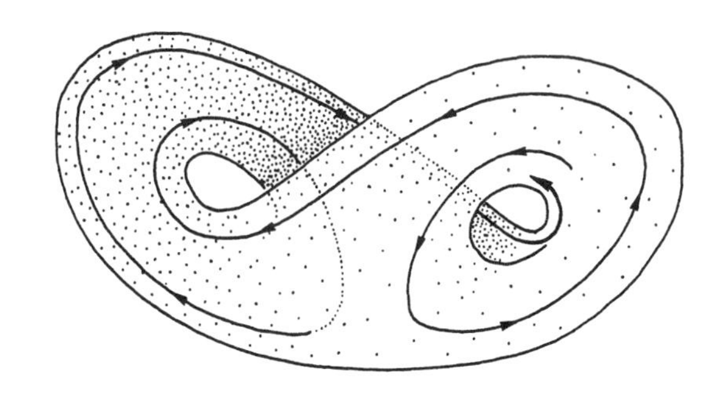

図 **9.3.3**　Abraham と Shaw (1983), p. 88

と際限なく続くのである．左側と右側のそれぞれにおける回転数はその各回ごとに変化し，予測不可能なように見える．事実，その回転数の列は，**ランダム**数列の多くの特性を備えている．物理的には，左右の切り換わりは 9.1 節で見た水車の不規則な反転に相当している．

2 次元への投影としてではなく，もとの 3 次元の相空間内で軌道を眺めてみると，それがチョウの 1 対の羽根のように見事なまでに薄い集合上にあることがわかる．図 9.3.3 はこの**ストレンジアトラクター** (strange attractor)[この命名は Ruelle と Takens (1971) によるものである] の模式図を示している．この極限集合が，9.2 節で推論した体積ゼロの吸引的集合である．

このストレンジアトラクターの幾何学的な構造はどのようになっているのだろうか? 図 9.3.3 からは，図の上部の 1 対の曲面が図の下部の 1 つの曲面に融合しているように見える．しかし，解の一意性定理 (6.2 節) により，軌道は交差することも合流することもないのに，どうしてそのようなことが可能なのだろうか? Lorenz (1963) はこれに見事な説明を与えている．実は 2 つの曲面は単に合流しているように**見えている**だけなのである．そのような錯覚は，ベクトル場の流れによる体積の縮小が強く，さらに数値的な精度が不十分であることによるものである．ともあれ，この直観によりローレンツが導いた洞察を見てみよう．

> この 2 つの曲面は単に融合しているように見えるだけであり，別々の独立した曲面のままであるように思われる．この 2 つの曲面上を解の軌道に沿う経路でたどり，C^+ および C^- のまわりを 1 周してみると，それぞれの曲面が実際には 1 対の曲面からなっていることがわかる．そのため，この 2 つの曲面が合流するように見えるところには，実際には 4 つの曲面が存在することになる．この過程をもう 1 周繰り返せば，実際には 8 つ

> の曲面があることがわかり，そしてさらにこれを繰り返すと，最終的に，無数の曲面の複合体があり，それぞれの曲面は 2 枚の融合する曲面のいずれかのきわめて近くにあることがわかる．

この「無数の曲面の複合体」は，現在ならばフラクタルとよばれることだろう．これは体積ゼロではあるが面積無限大の集合である．事実，この集合は数値実験により約 2.05 次元となることが示唆されている (例題 11.5.1 参照)．11 章および 12 章では，このフラクタル集合やストレンジアトラクターの驚くべき幾何学的性質を取り扱う．しかし，まずここではカオスをもう少し詳しくしらべてみよう．

近接する軌道の指数関数的な分離

ストレンジアトラクター上の運動は，**初期条件への鋭敏な依存性**を示す．これは，非常に近くから出発した 2 つの軌道が互いに急速に離れてゆき，その後はまったく異なる運命をもつことを意味する．口絵 2 は，10,000 点の近接した初期状態からなる小さな赤い塊の時間発展をプロットすることにより，その拡散の様子をあざやかに示したものである．この初期状態の塊は，最終的にはアトラクター全体に拡散している．つまり，当初近接していた軌道は，いずれアトラクター上の至る所へ散らばるのだ！したがって，このような初期条件の微小な不確定性が極端な速さで増幅される系では，長時間の予測が事実上不可能となるのである！

この考え方をもう少し精密化してみよう．アトラクターに至るまでの過渡過程はすでに減衰したとして，軌道がすでにアトラクターの上にあるものとする．ここで $\boldsymbol{x}(t)$ を時刻 t でのアトラクター上の点の位置として，その近傍の点 $\boldsymbol{x}(t)+\boldsymbol{\delta}(t)$ を考えよう．ただし，この $\boldsymbol{\delta}(t)$ は $\boldsymbol{x}(t)$ からの微小なずれを表すベクトルであり，その初期の長さをたとえば $\|\boldsymbol{\delta}_0\| = 10^{-15}$ であるとする (図 9.3.4)．

この $\boldsymbol{\delta}(t)$ がどのように増加してゆくかを見てみよう．ローレンツ・アトラクター

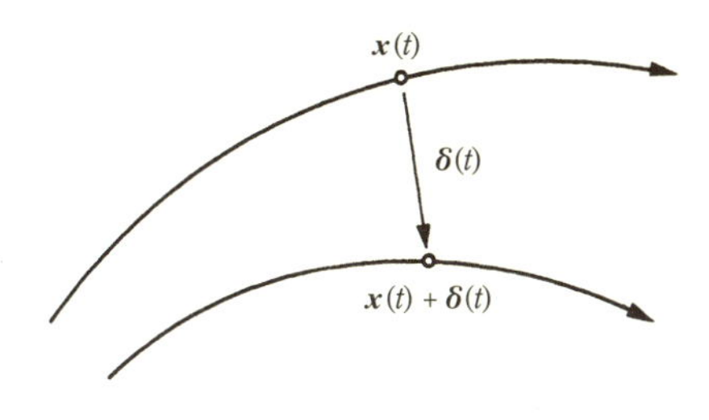

図 9.3.4

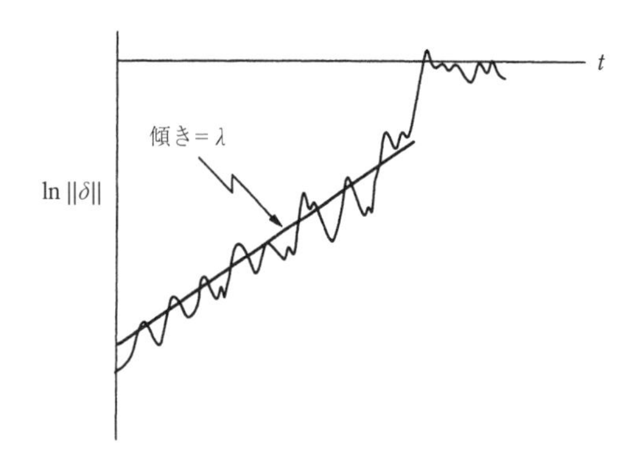

図 **9.3.5**

を数値的にしらべると，

$$\|\boldsymbol{\delta}(t)\| \sim \|\boldsymbol{\delta}_0\| e^{\lambda t}$$

となることが判明する．ここで $\lambda \approx 0.9$ となる．したがって，**近接する軌道は指数関数的な速さで互いに離れていく**．つまり，$\ln\|\boldsymbol{\delta}(t)\|$ を t に対してプロットすると，これが正の傾き λ の直線に近いある曲線となることがわかる (図 9.3.5)．しかし，これに関しては，いくつかのただし書きが必要である．

(1) この曲線は正確には決して直線にならない．軌道間の指数関数的な分離の度合いはアトラクターに沿っていくぶん変動するため，この曲線は小刻みに振動する．

(2) 軌道間の指数関数的な分離は，その大きさがアトラクターの「直径」と同程度になると停止する．これは明らかに，軌道が互いにそれ以上離れることができなくなるためである．このことにより，図 9.3.5 の曲線における水平部分，すなわち飽和状態が説明される．

(3) 上記の λ という数はしばしば**リアプノフ指数** (Liapunov exponent) とよばれているが，これは次の 2 つの理由により，少々ずさんな用語の使い方といえる．

　まず第一に，以下で定義するように，n 次元系には実際には n 個の異なるリアプノフ指数が存在する．摂動を受けた初期条件の集まりからなる無限小の球体がどのように時間発展するかを考えよう．その時間発展の過程で，この球体は無限小の楕円体に変形する．ここで $\delta_k(t)$ $(k = 1, \cdots, n)$ を楕円体の k 番目の主軸の長さとしよう．すると $\delta_k(t) \sim \delta_k(0)e^{\lambda_k t}$ が成り立ち，λ_k がリアプノフ指数となる．t が大きい場合，楕円体の直径は正の λ_k のうち最

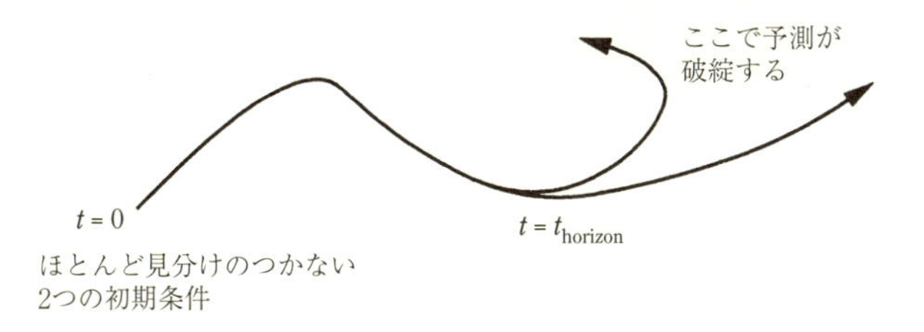

図 **9.3.6**

大のものによって決定されるだろう．したがって，上記の λ はこの**最大**リアプノフ指数に対応するものである．

次に，λ の値はどの軌道に注目したかに (いくぶんは) 依存する．したがって，λ の真の値を得るためには，1 つの軌道に対して，多くの異なる点で平均する必要がある．

系が正のリアプノフ指数をもつ場合，図 9.3.6 に示すように，それより先は軌道の予測が破綻するような**時間的限界**がある [この点に関する有益な論考は Lighthill (1986) を参照]．たとえば，実験系において系の初期条件を非常に正確に計測したとしよう．もちろん，どのような計測も完全ではないので，計測値と真の初期状態の間に常にいくらかの誤差 $\|\delta_0\|$ が存在する．時間 t の後，予測値と真の値の間の誤差は $\|\delta(t)\| \sim \|\delta_0\| e^{\lambda t}$ に成長する．ここで誤差の許容限界を a とする．つまり，予測値が真値から a の範囲内に収まっていればよしとしよう．すると，この予測は $\|\delta(t)\| \geq a$ となると許容できなくなるが，これが生じるのは次式で与えられる時間が経った後であることがわかる．

$$t_{\text{horizon}} \sim O\left(\frac{1}{\lambda} \ln \frac{a}{\|\delta_0\|}\right)$$

この $\|\delta_0\|$ に関する対数関数的な依存性が問題なのである．初期条件の測定誤差をどれほど小さくしようと努めても，$1/\lambda$ の数倍よりも長時間の予測はできないことを意味するからである．次の例題により，この効果を定量的に実感できるだろう．

例題 9.3.1 カオス系の将来の状態を，誤差の許容範囲 $a = 10^{-3}$ 以内で予測しようとする．初期状態の不確実さの程度は $\|\delta_0\| = 10^{-7}$ の範囲内であるとして，どの程度先まで系の状態を予測できるだろうか？ 次に，最高級の機器を購入し，最も優秀な大学院生を集めるなどして，何とか初期状態を**数百万倍**の精度で計測したとしよう．つ

まり初期状態の測定誤差を $\|\delta_0\| = 10^{-13}$ まで改善したとしよう．このとき系の状態の予測限界をどの程度延ばせるだろうか?

(解) もとの予測の時間的限界は

$$t_{\text{horizon}} \approx \frac{1}{\lambda} \ln \frac{10^{-3}}{10^{-7}} = \frac{1}{\lambda} \ln(10^4) = \frac{4 \ln 10}{\lambda}$$

となり，一方，改良した予測の時間的限界は

$$t_{\text{horizon}} \approx \frac{1}{\lambda} \ln \frac{10^{-3}}{10^{-13}} = \frac{1}{\lambda} \ln(10^{10}) = \frac{10 \ln 10}{\lambda}$$

である．したがって，初期状態の誤差を数百万倍にまで改善したとしても，わずか $10/4 = 2.5$ 倍先の時間までの予測が可能になるだけなのである！ ■

この計算により，カオス系で詳細な長期予測を行おうとすることが無益であることが了解されるだろう．Lorenz は，この性質こそが天気の長期予測を非常に困難にしているのではないかと述べている．

カオスの定義

今のところ**カオス**の定義として万能なものは知られていないが，ほとんどの人は，以下の暫定的な定義に含まれている 3 つの構成要素に同意するだろう．

> **カオス**は**決定論的**なシステムにおける**非周期的な長時間挙動**であり，**初期条件への鋭敏な依存性**を示す*3．

(1) 「非周期的な長時間挙動」とは，$t \to \infty$ で固定点，周期軌道，あるいは準周期軌道のいずれにも落ち着かない軌道が存在することを意味している．現実的な要請として，そのような軌道が，あまりにまれなものではないことが必要となる．たとえば，この非周期的軌道へ至る初期条件が開集合として存在することや，ランダムな初期条件に対してゼロではない確率でそのような軌道が生じることを要求する必要があるだろう．

(2) 「決定論的」とは，系がランダムな，あるいはノイズ的な入力やパラメーターをもたないことを意味している．不規則な挙動は，ノイズ的な外力からではなく，系の非線形性から生じる．

---

*3 (訳注) ここで述べられているのはカオスの数学的な定義ではなく，カオスがもつべき性質の大雑把な説明である．数学的な定義については (いくつかの流儀があるが)，Devaney (1989)(邦訳は巻末文献に併記)，C. ロビンソン (國府寛司，柴山健伸，岡 宏枝 訳)，力学系 上・下 (シュプリンガー・フェアラーク東京, 2001) などを参照されたい．

(3) 「初期条件への鋭敏な依存性」とは，近接する軌道が指数関数的に速く分離していくこと，つまり正のリアプノフ指数をもつことを意味する．

例題 9.3.2 カオスとは単に不安定性という言葉の気の利いた言い換えであるという見方をする人もいるかもしれない．たとえば系 $\dot{x} = x$ は決定論的であり，近接する軌道が指数関数的に分離する性質をもつ．この系はカオス的であるといえるだろうか?

(解) カオス的ではない．軌道は無限遠へと飛んでゆき戻ってこない．したがって無限遠が吸引的な**固定点**に相当する．カオス的挙動とは非周期的でなくてはならず，固定点や周期的挙動へ落ちつくものではないのである． ■

アトラクターとストレンジアトラクターの定義

アトラクターという用語も厳密に定義するのは難しい．なぜなら，その定義は自然なアトラクターの候補をすべて含む程度に広いと同時に，偽者を除外するのに十分なだけ制約的でなくてはならないためである．アトラクターという用語の正確な定義がいかにあるべきかということについては，いまだに見解の不一致が残っている．これに関する微妙な点についての議論は，Guckenheimer と Holmes (1983, p. 256)，Eckmann と Ruelle (1985)，ならびに Milnor (1985) を参照のこと．

大雑把にいえば，アトラクターとはその近傍のすべての軌道がそこに収束していくような集合のことである．安定固定点や安定なリミットサイクルはその例である．より正確には，**アトラクター**は次の性質を満たす閉集合 A として定義される．

(1) A は**不変集合** (invariant set) である．すなわち，A 内から出発するどのような軌道 $x(t)$ もその後ずっと常に A に留まる．
(2) A は**初期条件からなる開集合を吸引する**．すなわち $\boldsymbol{x}(0) \in U$ であるならば，その後の $\boldsymbol{x}(t)$ と A との距離が $t \to \infty$ で 0 に漸近するような A を含む開集合 U が存在する．このことは，A がその十分近くから出発するすべての軌道を吸引することを意味している．そのような U のうち最大のものを A の**吸引領域** (basin of attraction) とよぶ．
(3) A は**極小集合** (minimal set) となっている．すなわち A のどのような真部分集合も以上の条件 (1) および (2) を満たすことはない．

例題 9.3.3 系 $\dot{x} = x - x^3$, $\dot{y} = -y$ を考えよう．$-1 \le x \le 1$, $y = 0$ の区間を I とする．この I は不変集合か? I は初期条件からなる開集合を吸引するか? さらに，I はアトラクターであるか?

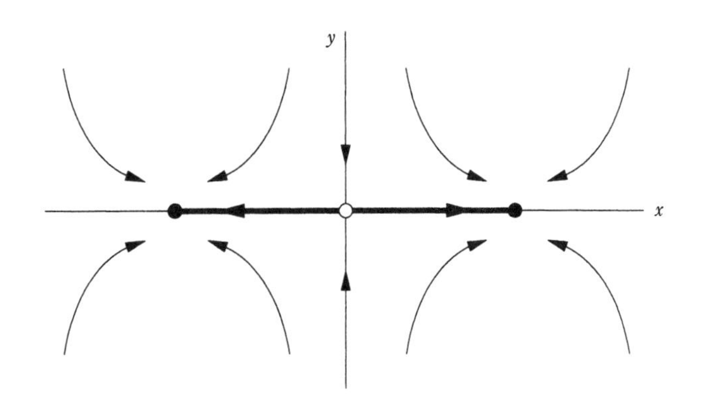

図 **9.3.7**

(解)　相図は図 9.3.7 の通りである．区間 I の両端 $(\pm1, 0)$ に安定な固定点が存在し，原点にサドル型固定点が存在する．図 9.3.7 が示す通り，I は不変集合である．つまり I 内から出発するどのような軌道もずっと I に留まる．(実際のところ，x 軸全体が不変集合である．なぜならば，$y(0) = 0$ であれば，すべての t に対し $y(t) = 0$ となるからである.) したがって上記の条件 (1) は満足される．

さらに，I は初期条件からなる開集合を確かに吸引する．実際，I は xy 平面上のすべての軌道を吸引する．したがって条件 (2) も満足される．

しかし I は極小集合にはなっていないので，条件 (3) を満たしておらず，アトラクターではない．安定固定点 $(\pm1, 0)$ は I の真部分集合で，やはり条件 (1) および (2) を満たす．これらの固定点のみが系のアトラクターとなっている．■

例題 9.3.3 は重要な教訓を示している．つまり，ある集合がすべての軌道を吸引しているとしても，それは極小集合ではないかもしれず，そのためアトラクターとはよべないかもしれない．つまり，その内部に 1 つ以上のより小さなアトラクターが含まれているかもしれないのである．

同じことがローレンツ方程式にも当てはまる．すべての軌道が体積ゼロの有界集合に吸引されるとしても，その集合は極小集合ではないかもしれないので，必ずしもアトラクターではない．コンピューター実験で見られるローレンツ・アトラクターが，以上の厳密な意味での真のアトラクターであることを，これまでに証明できた者はいない．しかしながら，少数の「潔癖」主義者を除き，誰もがこれをアトラクターであると信じている[*4]．

*4 (訳注) 原著の出版以降のことではあるが，図 9.3.2 のような形状をもつローレンツ・アトラクターが，数学的に厳密な意味においてストレンジアトラクターになっていることは W. Tucker

最後に，**ストレンジアトラクター**を初期条件に対して鋭敏な依存性を示すアトラクターと定義しよう．元来，ストレンジアトラクターは，しばしばフラクタル集合となることから，ストレンジ (奇妙) とよばれていた．しかし現在では，この幾何学的性質は，初期条件に対する鋭敏な依存性に比べれば，さほど重要ではないと考えられている．**カオス的アトラクター**や**フラクタルアトラクター**という用語は，カオスあるいはフラクタルという側面のいずれか一方を強調したいときに用いられている．

9.4 ローレンツ写像

Lorenz (1963) は，彼の発見したストレンジアトラクターにおけるダイナミクスを解析するために，見事な手法を考案している．彼は，このアトラクターに対してある特別な見方ができることに注意しており (図 9.4.1)，次のように記している．

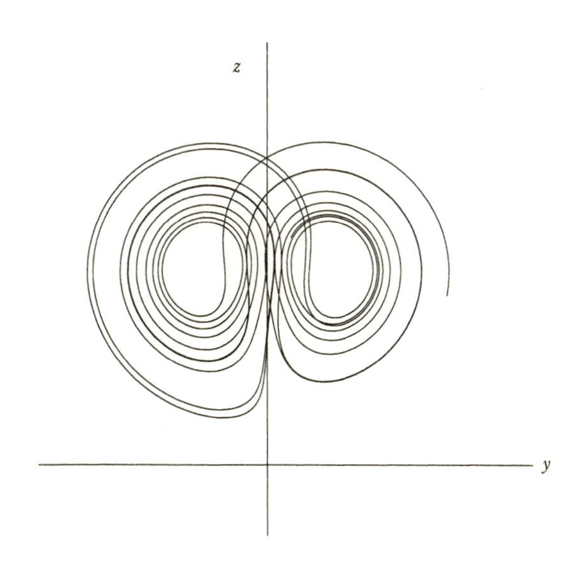

図 **9.4.1**

によって 2002 年に証明された．その証明法は精度保証付き数値計算を援用したきわめて技術的なものである．

W. Tucker, A rigorous ODE solver and Smale's 14th problem, Found. Comput. Math. **2** (2002) 53–117.

> 軌道は各スパイラルの中央にあるセンター*5からの距離が何らかのしきい値を越えた場合にのみ，そのスパイラルから離れるようである．そして，軌道のセンターからの距離がしきい値を越えた分量が，もう一方のスパイラルへ入っていく点を決定するように見える．さらに，このことにより軌道が次にスパイラルを移るまでに回転する数が決まるように思われる．したがって，ある回転における何らかの 1 つの特徴が，次の回転におけるその特徴を予言すべきであると思われる．

Lorenz の注目したその「1 つの特徴」とは z_n，つまり $z(t)$ の n 番目の極大値である (図 9.4.2)．Lorenz は，おそらく z_n が z_{n+1} を予言していると考えた．この直観を検証するために，彼は方程式を長時間にわたり数値積分して $z(t)$ の極大値を計測し，最後に z_{n+1} を z_n に対してプロットした．図 9.4.3 に示す通り，**カオス的な時系列から得られたデータは 1 本の曲線上にきちんと並ぶように見える．** つまり，このグラフにはほとんど厚みがないのである！

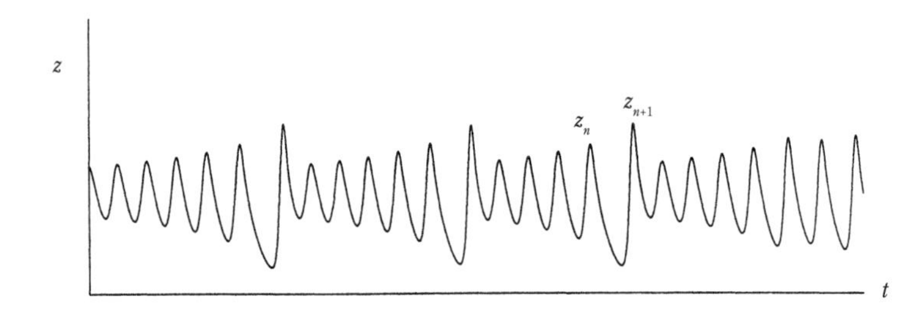

図 **9.4.2**

この天才的な工夫により，Lorenz はカオスの中から秩序を抽出することができた．図 9.4.3 に表示された関数 $z_{n+1} = f(z_n)$ は，現在では**ローレンツ写像** (Lorenz map) とよばれている．これはアトラクター上のダイナミクスについて多くのことを教えてくれる．たとえば z_0 が与えられると，$z_1 = f(z_0)$ により z_1 が予言でき，さらにその結果から $z_2 = f(z_1)$，$\cdots$ と決められ，その反復によりダイナミクスの時間発展を追うことができるのである．この反復写像を解析することによって，驚くべき結論に到達するのであるが，その前に 2, 3 の説明が必要であろう．

まず第一に，図 9.4.3 のグラフは実のところ曲線ではない．**実際には**いくらかの厚みをもっている．つまり，厳密には $f(z)$ は通常の関数の枠から外れている．何らかの入力 z_n に対し，2 つ以上の出力 z_{n+1} が存在しうるためである．しかし，

*5 (訳注) 本書の固定点 C_+，C_- に相当．

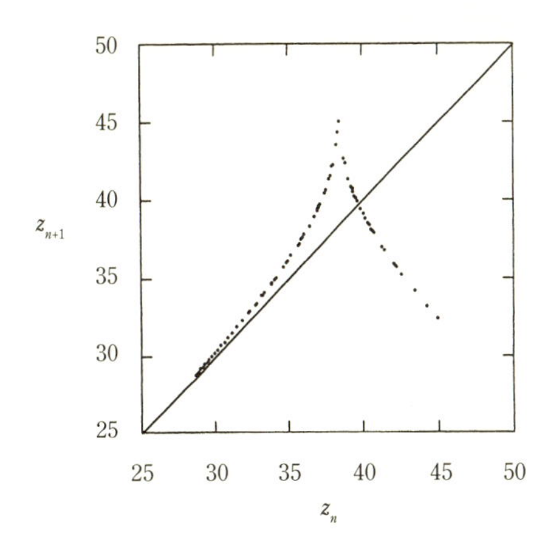

図 **9.4.3**

その厚みは非常に小さく，また，このグラフを曲線と見なすことにより得られるものがとても多い．そこで，もっともらしいとは思われるものの，厳密ではないことをわかった上で，この素朴な近似を採用するのである．

次に，ローレンツ写像とポアンカレ写像 (8.7 節) の関係についてである．いずれの写像も，微分方程式の解析をある種の反復写像へ帰着することにより，簡単化しようとするものである．しかし，重要な差異もある．3 次元の流れに対してポアンカレ写像を構成する際には，軌道と曲面の交差点を逐次求める必要がある．ポアンカレ写像は，この曲面上の **2 つの**座標で定まる 1 点に対し，この 2 つの座標の値が軌道が次に曲面に戻って来たときにどのように変化するかを示す．一方，ローレンツ写像は，2 つではなく **1 つの**数値で軌道を表示しているため，ポアンカレ写像とは異なっている．このより簡単な方法は，アトラクターが非常に「平坦」であるとき，つまりローレンツ・アトラクターのように 2 次元に近いときにのみうまく働くのである．

安定なリミットサイクルが存在しないことを示す

ローレンツ・アトラクターの正体が，実は単なる安定なリミットサイクルではないことは，どうすればわかるのだろうか? あまのじゃくな懐疑主義者はあえて次のように主張するかもしれない．「確かに軌道は今のところ繰り返さないようだが，それはおそらく数値積分の時間が十分に長くないからだろう．最終的に軌道は**必ずや**周期的挙動に落ち着くだろう．つまり，単にその周期が想像以上に長く，コンピューター実験で試みた積分時間よりはるかに長いのだ．この考えに誤りがあるのなら，それを立証して欲しい．」

今のところ，この主張を厳密な意味で論破できた者はいない*6．しかし Lorenz はこのローレンツ写像を用いて，彼の扱ったパラメーターの値では実際のところリミットサイクルが生じえないというもっともらしい反論を与えることができた．

彼の主張は以下の通りである．鍵となる事実は，図 9.4.3 のグラフが至る所で次式を満たすことである．

$$|f'(z)| > 1 \tag{9.4.1}$$

この性質は，結局のところ，リミットサイクルが存在するとしたら，それは必ず**不安定**であることを意味する．

その理由を理解するために，ローレンツ写像 f の固定点を解析することから始めよう．これは $f(z^*) = z^*$ となる点 z^* のことであり，このとき $z_n = z_{n+1} = z_{n+2} = \cdots$ が成立する．図 9.4.3 は固定点がただ 1 つ存在する場合を示しており，その固定点で傾き 45° の対角線がグラフと交差している．そして，その固定点は図 9.4.4 に示すような閉軌道に対応する．この閉軌道が不安定であることを示すために，η_n を微小量として，わずかに摂動された軌道を $z_n = z^* + \eta_n$ としよう．これまでと同様に線形化すると，$\eta_{n+1} \approx f'(z^*)\eta_n$ が得られる．$|f'(z^*)| > 1$ であるので，先の鍵となる性質 (9.4.1) より

$$|\eta_{n+1}| > |\eta_n|$$

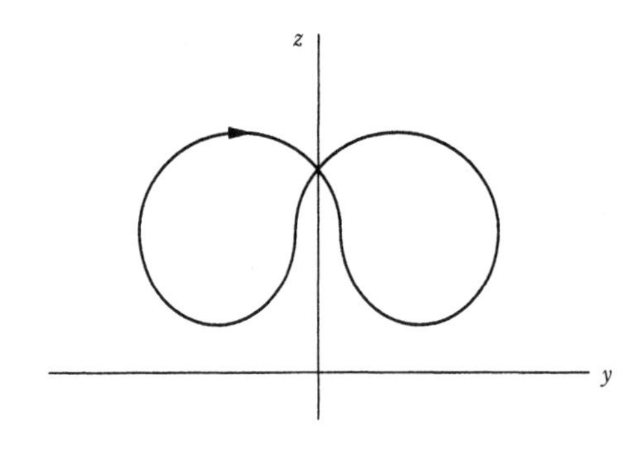

図 **9.4.4**

*6 (訳注) この問題は 355 ページの訳注の通り，現在では解決済みである．

が得られる．したがって，η_n は毎回の反復の度に**成長**することとなり，この閉軌道は不安定である．

さて，この結果を少し拡張して，すべての閉軌道が不安定であることを示そう[*7]．

例題 9.4.1 ローレンツ写像によるローレンツ方程式の近似 $z_{n+1} = f(z_n)$ が与えられ，すべての z に対して $|f'(z)| > 1$ が満たされているとしよう．このとき，すべての閉軌道は不安定であることを示せ．

(解) 任意の閉軌道に対応する数列 $\{z_n\}$ を考えよう．その数列は複雑なものになるかもしれないが，対応する軌道は最終的に閉じることがわかっているので，数列もいずれは繰り返すことになる．したがって，ある整数 $p \geq 1$ が存在して $z_{n+p} = z_n$ となる．[この p は数列の**周期**であり，z_n は p **周期点** (period-p point) である．]

ここで，この数列に対応する閉軌道が不安定であることを証明するために，z_n からの微小な摂動 η_n の行く末に着目し，数列のサイクルが完結する p 回の写像の反復後にどうなるかを見てみよう．つまり，以下で $|\eta_{n+p}| > |\eta_n|$ を示そう．それによって，微小摂動は成長し，閉軌道は不安定となることがいえるのである．

η_{n+p} の値を評価するために，1 ステップずつ進めていこう．z_n のまわりでの線形化により，1 回の写像の反復後には $\eta_{n+1} \approx f'(z_n)\eta_n$ が成り立つ．同様に，2 回の反復後には，

$$
\begin{aligned}
\eta_{n+2} &\approx f'(z_{n+1})\eta_{n+1} \\
&\approx f'(z_{n+1})\left[f'(z_n)\eta_n\right] \\
&= \left[f'(z_{n+1})f'(z_n)\right]\eta_n
\end{aligned}
$$

となる．よって p 回の反復後には

$$
\eta_{n+p} \approx \left[\prod_{k=0}^{p-1} f'(z_{n+k})\right]\eta_n \tag{9.4.2}
$$

が成り立つ．式 (9.4.2) において，積の各要素はすべての z に対して $|f'(z)| > 1$ なので，1 より大きな絶対値をもつ．したがって $|\eta_{n+p}| > |\eta_n|$ が成り立ち，閉軌道が不安定であることが示された． ■

*7 (訳注) ローレンツ・アトラクターの中には (より一般に，カオス的不変集合の中には) 無限個の不安定周期軌道が存在することが知られている．

9.5　パラメーター空間の探索

ここまでは，Lorenz (1963) に従い，特定のパラメーターの値 $\sigma = 10$，$b = \frac{8}{3}$，$r = 28$ を扱ってきたが，これらのパラメーターが変化すると何が生じるだろうか？ これはジャングルを探検するようなものである．ストレンジアトラクターに加え，絡み合って複雑な結び目をつくるエキゾチックなリミットサイクル，鎖のようにつながったリミットサイクルの対，間欠的カオス，ノイズ的な周期性 (noisy periodicity)*8 などが見つかる (Sparrow 1982, Jackson 1990)．読者も演習問題のいくつかを手はじめにして自分で探求してみるとよいだろう．

広大な 3 次元のパラメーター空間が探索の対象となるので，多くのことが未発見のままである．状況を簡単にするために，多くの探索者は $\sigma = 10, b = \frac{8}{3}$ と固定して，r を変化させてきた．この節では，数値実験で得られているいくつかの現象を垣間見ることになる．きわめつけの解析としては Sparrow (1982) を参照せよ．

r の小さな値における系の挙動は図 9.5.1 のようにまとめられる．この図の大部分はおなじみのものである．原点は $r < 1$ において大域安定である．$r = 1$ で原点は超臨界ピッチフォーク分岐により安定性を失い，吸引的固定点の対称な対が生

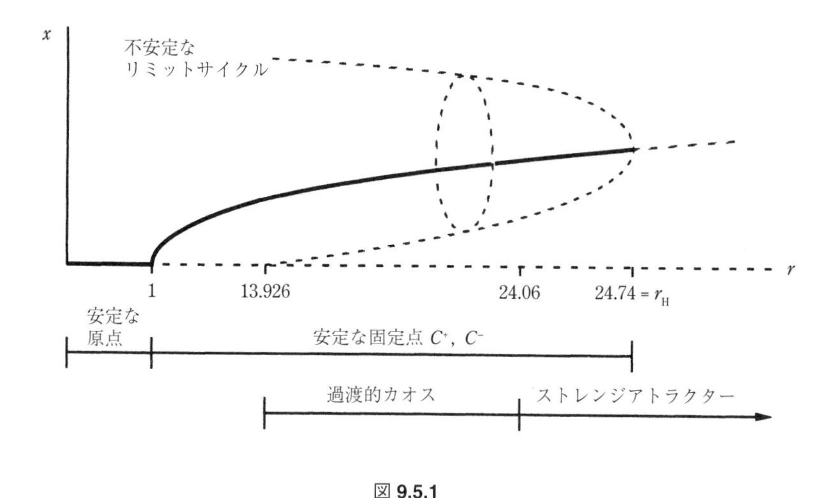

図 9.5.1

*8 (訳注) E. N. Lorenz, "Noisy periodicity and reverse bifurcation," Ann. N. Y. Acad. Sci. **357**(1980) 282–291.

じる (図にはその片方のみが表示されている). $r_{\mathrm{H}} = 24.74$ で, これらの固定点は不安定なリミットサイクルを亜臨界ホップ分岐により吸収して安定ではなくなる.

さてここからが新しい結果である. r を r_{H} から減少させてゆくと, 不安定なリミットサイクルは拡大して原点にあるサドル型固定点の近くをきわどく通過するようになる. $r \approx 13.926$ で, このリミットサイクルはサドル型固定点に接触し, ホモクリニック軌道となる. つまり**ホモクリニック分岐**が生じる. (2 次元系で生じるずっと単純なホモクリニック分岐については 8.4 節を参照せよ.) $r = 13.926$ より r が小さいところでは, もはやリミットサイクルは存在しない. 逆方向に見れば, r が増加して $r = 13.926$ を超えたところで不安定なリミットサイクルの対が生じるともいえる.

このホモクリニック分岐はダイナミクスに多くの影響を与えるが, その解析は本書のレベルを超えている. たとえば Sparrow (1982) の「ホモクリニック爆発」(homoclinic explosion) の議論を参照せよ. その主な結論は, $r = 13.926$ で, 驚くほど複雑な不変集合が上記の不安定なリミットサイクルに沿って生じるというものだ. この不変集合は, 無限に多くのサドル型閉軌道と非周期軌道が複雑に入り組んだものである. この集合はアトラクターではないので直接には観測できないが, その近傍で初期条件に対する鋭敏な依存性を生み出す. 軌道はこの集合の近くに引き止められ, あたかも迷路の中をさまようような状態となる. すると, 軌道はしばらくの間でたらめに動き回り, 最終的にはそこから抜け出して C^+ もしくは C^- へ落ち着く. この不変集合の近くを軌道がさまよっている時間は, r が増加するにつれて増大する. 最終的には $r = 24.06$ でさまよっている時間が無限大となり, 不変集合はストレンジアトラクターとなる (Yorke と Yorke 1979).

例題 9.5.1 ローレンツ方程式は (これまで同様 $\sigma = 10$ および $b = \frac{8}{3}$ として) $r = 21$ において**過渡的なカオス** (transient chaos) を示しうることを数値的に明らかにせよ.

(解) いくつかの異なる初期条件を用いた数値実験により, 図 9.5.2 に示すような解が容易に見いだされる. 軌道は, 最初のうちはストレンジアトラクターをなぞるように見えるが, 最終的には右側部分に留まり安定固定点 C^+ へと回転しながら降りていく. ($r = 21$ では C^+ および C^- はまだ安定であることを思い出すこと.) 時間 t に対してプロットした y の時系列も同じ結果を示している. 最初のうち不規則な解は最終的には固定点へと減衰していく (図 9.5.3).

過渡的なカオスの別名は**準安定カオス** (metastable chaos) (Kaplan と Yorke 1979) もしくは前乱流 (pre-turbulence) である (Yorke と Yorke 1979, Sparrow 1982). ■

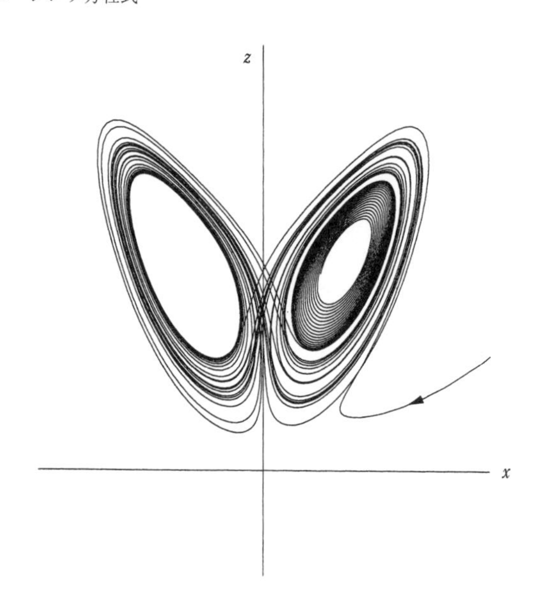

図 **9.5.2**

前述の定義によれば，例題 9.5.1 のダイナミクスは「カオス的」ではない．なぜならば，その長時間挙動が非周期的ではないからである．しかし，そのダイナミクスは初期条件に関する鋭敏な依存性を確かに示す．仮にわずかに異なる初期条件を選んだとすると，軌道は C^+ のかわりに，いともたやすく C^- に行き着くだ

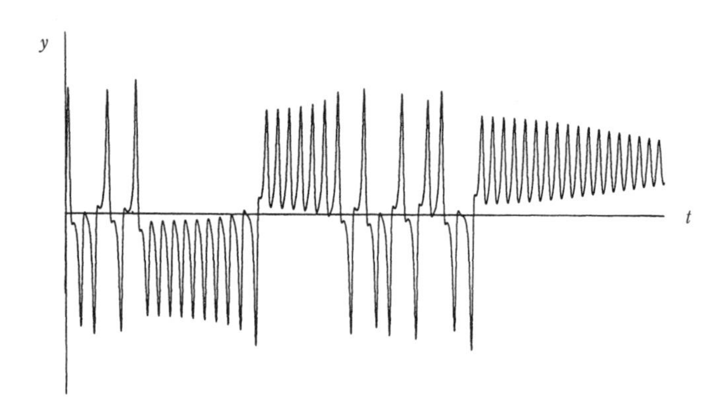

図 **9.5.3**

ろう．したがって系の挙動は，少なくともある種の初期条件に対しては，予想不可能である．

過渡的なカオスは，決定論的な系が，その最終状態がきわめて単純であるとしても，予想不可能となりうることを示している．もちろん，このことは日常的にもよく経験することである．ギャンブルに用いられる「偶然性」によるゲームの多くは，本質的には過渡的なカオスそのものである．たとえばサイコロ投げを考えてみよう．でたらめに転がるサイコロは必ず 6 つの安定な釣り合いの状態 (サイコロの目) のうち 1 つで停止する．その結果を予想することが困難であるということは，最終状態が初期のサイコロの方向と速度 (初期速度は十分大きいとする) に鋭敏に依存しているということである．

r_{H} よりも小さな r に対するここでの議論の締めくくりとして，図 9.5.1 にはもう 1 つ興味深い内容が含まれていることを注意しておこう．すなわち，$24.06 < r < 24.74$ では **2** 種類のアトラクターが存在することである．つまり，固定点とストレンジアトラクターが共存する．したがって，この共存領域の両端を越えて r をゆっくりと増減させることにより，カオスと固定点の間にヒステリシスが生じうることになる (演習問題 9.5.4)．またこのことは，十分大きな摂動により，定常回転状態の水車が永続的なカオスに豹変しうることを示している．これは (詳細は異なるものの本質的には)，流体において，一番単純な層流が線形安定であるにもかかわらず，不思議なことに乱流状態に遷移することを思い起こさせる (Drazin と Reid 1981)．

次の例題は，r が十分大きい場合には，系のダイナミクスが再び単純となることを示す．

例題 9.5.2 $\sigma = 10, b = \frac{8}{3}$ において，大きな r の値に対する系の長時間ダイナミクスはどうなるかを述べよ．また，その結果を 9.1 節での水車の運動として解釈せよ．

(解) 数値シミュレーションにより，$r > 313$ であるすべての r において，系は大域的に吸引的なリミットサイクルを 1 つもつことが示唆される (Sparrow 1982)．図 9.5.4 および図 9.5.5 に，$r = 350$ での典型的な解がプロットされている．軌道がリミットサイクルへ漸近することに注意せよ．この解は，最終的には水車が振り子のように前後に揺れて往復することを予言している，つまり右へ 1 回転し，次に左へ 1 回転するということの繰り返しである．実験でもこのことが観測される． ■

$r \to \infty$ の極限では，ローレンツ方程式について多くの解析的な結果が得られる．たとえば Robbins (1979) は摂動法を用いて r が大きな場合のリミットサイク

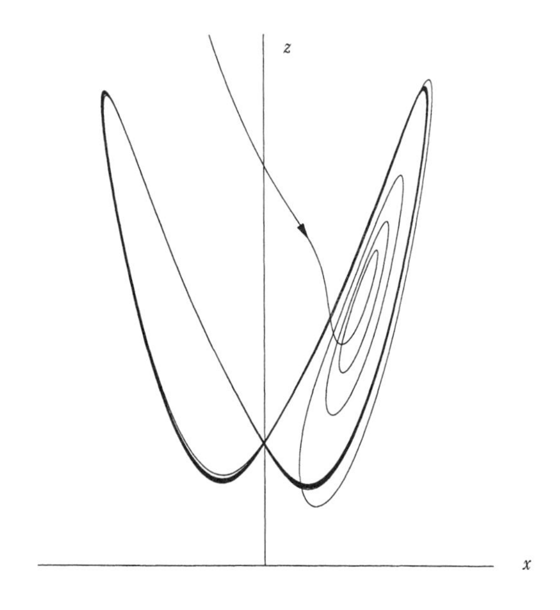

図 **9.5.4**

ルを特徴づけている．その計算の最初のステップについては，演習問題 9.5.5 を参照せよ．また，より詳しくは Sparrow (1982) の 7 章を参照せよ．

r が 28 から 313 の間では状況はより複雑になる．ほとんどの r の値でカオスが見られるが，周期的なふるまいが見られる窓 (小区間) もその間に散在してい

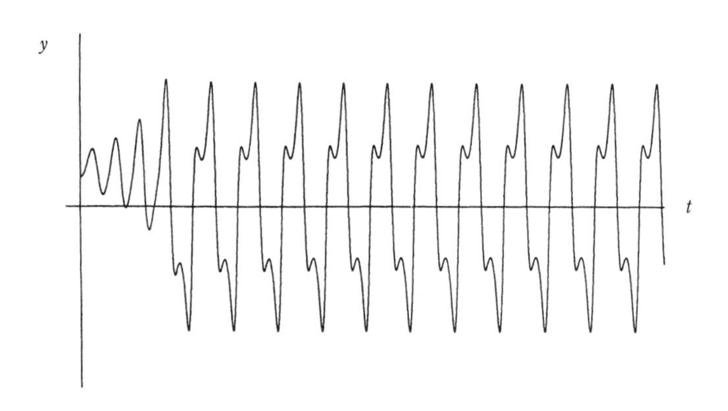

図 **9.5.5**

る．そのような窓のうち，最大のものから 3 つは，$99.524\cdots < r < 100.795\cdots$，$145 < r < 166$，および $r > 214.4$ にあるものである．このカオス領域と周期的領域の繰り返しのパターンは，ロジスティック写像 (10 章) のものと似ているため，詳しい議論はそこで行うことにしよう．

9.6 カオスを用いた秘密通信

最近の非線形ダイナミクスのわくわくさせるような進展の 1 つに，カオスは**役に立つ**かもしれないと認識されたことがある．通常カオスは，良くて魅力的な好奇心の対象，悪くて厄介ものであり，避けるべきか，あるいはうまく処理すべきものと考えられている．しかし，1990 年頃からカオスを利用して素晴らしく実用的なことを実現する方法が見いだされるようになった．この新しい研究テーマへの入門については Vohra ら (1992) を参照せよ．

その 1 つの応用例として,「プライベート通信」がある．たとえば秘密のメッセージを友達やビジネスの相手に送りたいとする．当然，暗号を用いることにより，悪意をもつ者がこれを盗聴したとしても，そのメッセージの内容が理解不能となるようにすべきだろう．これは古くからの問題であり，守るべき秘密がある限り暗号がつくられて (そして解読されて) きた．

Kevin Cuomo と Alan Oppenheim (1992, 1993) は，Pecora と Carroll (1990) の**カオス同期**の発見を土台として，この問題への新しいアプローチを実現した[*9]．以下にそのやり方を述べよう．あるメッセージを友達に送る際，そのメッセージにそれよりもずっと大きな振幅のカオス信号を「マスク」する (重ねる)．その結果，これは部外者にはカオスとしてしか聞こえず，無意味なノイズとなる．ところが，もし友達が魔法の受信機をもっていて，このカオス信号を完璧に再現できるとすると，彼はこのカオス信号によるマスクを受信信号から差し引いて，もとのメッセージを手に入れることが可能になる！

*9 (訳注) カオス同期の研究は日本人の貢献が大きい．Pecora と Carroll よりも早く，次の論文がカオス同期が可能であることを発見している．
H. Fujisaka, T. Yamada, Stability Theory of Synchronized Motion in Coupled-Oscillator Systems, Prog. Theor. Phys. **69**, No. 1 (1983) pp. 32–47.

Cuomo による実演

著者の非線形ダイナミクスの講義の学生だった Kevin Cuomo は，学期末に教室の皆に秘密通信法のライブ実演を行った．最初に彼は，ローレンツ方程式を電子回路で実装して (図 9.6.1)，信号をカオスでマスクする方法を示した．その回路は抵抗，コンデンサー，オペアンプ，そしてアナログ乗算用のチップから構成される．

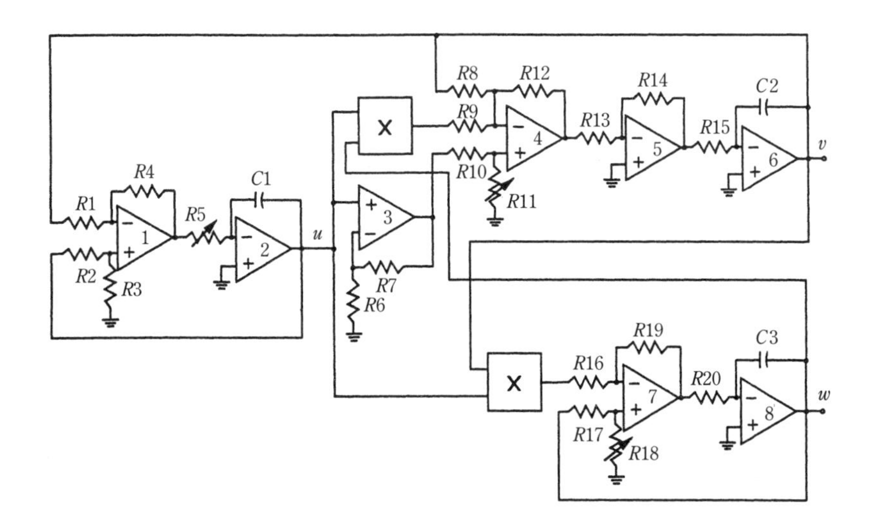

図 **9.6.1**　Cuomo と Oppenheim (1993), p. 66

回路内の異なる 3 点の電位 u，v，w がローレンツ方程式の x, y, z に比例している．つまり，この回路はローレンツ方程式を解くアナログコンピューターのように動作する．たとえば $u(t)$ に対して $w(t)$ をプロットしたオシロスコープ画像の軌跡により，この回路はおなじみのローレンツ・アトラクターに従って動作することが確認された．Cuomo はこの回路をラウドスピーカーに接続して，カオスを**聴く**ことができるようにした．それはラジオの雑音のようであった．

難しいのは，カオス的な送信機に完全に同期できる受信機をつくることである．彼の装置では，受信機も送信機と同等のローレンツ方程式に従う電子回路をもち，それがある巧妙な仕方で送信機からのカオス信号により駆動されている．その詳細は後で述べるとして，とりあえずここではこれらのカオス回路が同期するとい

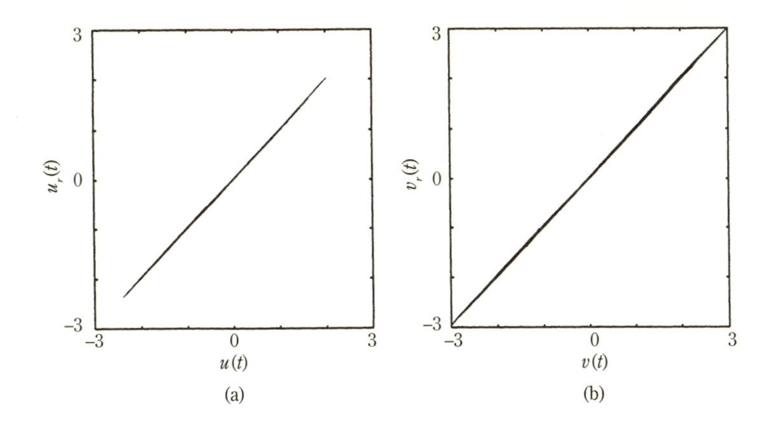

図 9.6.2 Kevin Cuomo の好意による

う実験事実で満足しておこう．図 9.6.2 には，送信側の $u(t)$ と $v(t)$ に対し，それぞれ受信側の $u_r(t)$ と $v_r(t)$ がプロットされている．送信機と受信機のいずれの回路もカオス信号を発生しているが，それらの同期はほぼ完璧であることが，オシロスコープに表示された 45° に傾いた直線からわかる．この同期はかなり安定でもある．図 9.6.2 のデータは数分間の動作に対応するものだが，送信機からの駆動がなくなると，約 1 ミリ秒のうちに送信機–受信機間の相関はなくなる (つまり同期が外れる) のである．

Cuomo はこの回路であるメッセージをマスクしてみせて教室の皆の喝采を受けたが，そのメッセージとして彼が選んだのはマライア・キャリーのヒット曲「エモーションズ」の録音であった．(音楽の好みが明らかに違う学生から「その音はメッセージ信号か，ノイズか?」との質問はあった.) Cuomo は原曲を聴かせた後，マスクしたものを聴かせた．高音域の雑音の下に曲が埋まっていることがわかる者はいなかった．だが，このマスクしたメッセージが受信機に送られると，受信機の出力がもとのカオス信号にほぼ完全に同期し，電子回路がその場で信号を引き算すると，再びもとのマライア・キャリーが聞こえたのである．歌はやや不明瞭であったが，容易に聴きとれた．

図 9.6.3 および図 9.6.4 はシステムの動作をより定量的に説明している．図 9.6.3a は “He has the bluest eyes” という文章のスピーチの断片を示している．これは音声波形を 48 kHz のレートで 16 ビットの分解能でサンプリングして得られたものである．この音声信号は，はるかに大きなカオス信号によりマスクされる．そ

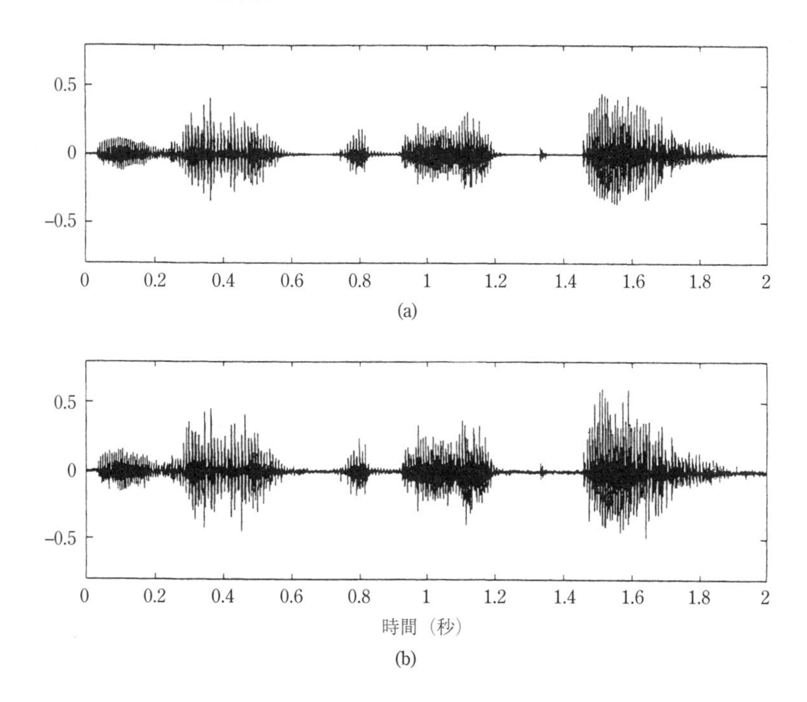

図 **9.6.3**　Cuomo と Oppenheim (1993), p. 67

のパワースペクトルは図 9.6.4 に示す通りで，カオス信号がメッセージ信号より約 20 dB 大きく，かつすべての周波数レンジを占めている．最後に，マスクを取り除いて得られたメッセージ信号を図 9.6.3b に示す．もとの音声はほんのわずか

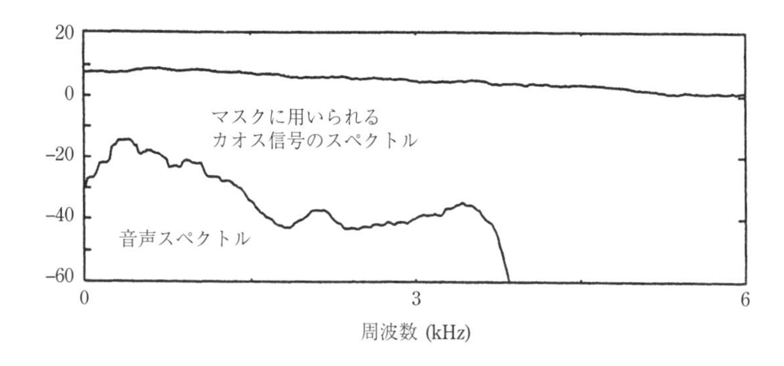

図 **9.6.4**　Cuomo と Oppenheim (1993), p. 68

のひずみを除いて復元されている (このひずみは，信号が平坦な部分で最もはっきりと現れている.)

同期することの証明

このカオスで信号をマスクする方法が可能になったのは，Pecora と Carroll (1990) の新しい発想によるブレークスルーのおかげである．彼らの研究以前は，2 つのカオス系が同期することなどありえないと考える人が多数だったことだろう．カオス系は初期条件の微小な変化に鋭敏なので，送信機と受信機の間のいかなる誤差も指数関数的に増加してしまうと考えられていたのだ．しかしながら Pecora と Carroll (1990) は，その問題を回避してカオス系を同期させる方法を見いだした．そして，Cuomo と Oppenheim (1992, 1993) は，その結果を簡単化し，より明確にしたのだ．以下ではそのアプローチを議論しよう．

受信機の回路は図 9.6.5 に示す通りである．これは送信機の回路と同等だが，回路内の重要な箇所で，本来の受信機内の信号 $u_r(t)$ が駆動信号 $u(t)$ に置き換わっていることに注意しよう (図 9.6.1 と比較)．この工夫がダイナミクスに与える効果をしらべるため，送信機および受信機の回路を記述する方程式を書き下してみよう．キルヒホッフの法則と適切な無次元化により (Cuomo と Oppenheim 1992), 送信機内のダイナミクスは次式により与えられる．

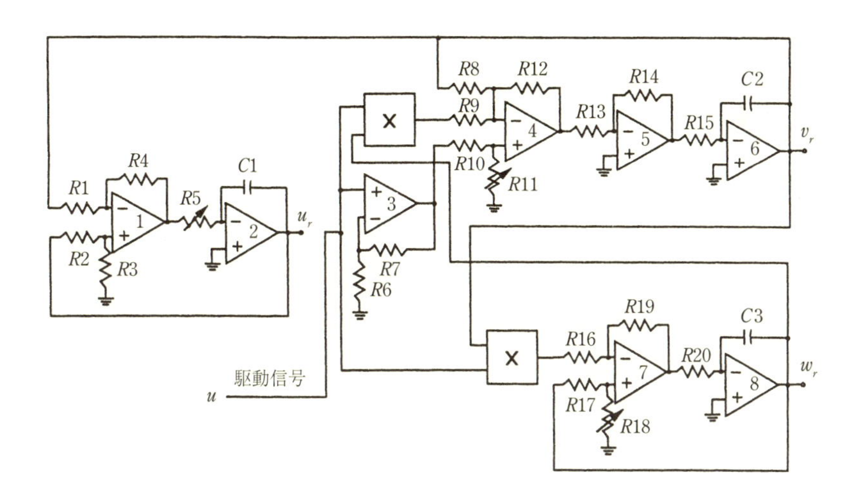

図 **9.6.5** Kevin Cuomo の好意による

$$\begin{aligned}\dot{u} &= \sigma(v-u)\\ \dot{v} &= ru - v - 20uw\\ \dot{w} &= 5uv - bw\end{aligned}\tag{9.6.1}$$

これはまさに，スケール変換された変数

$$u = \frac{1}{10}x, \qquad v = \frac{1}{10}y, \qquad w = \frac{1}{20}z$$

により表されたローレンツ方程式である．(このスケール変換は数学的には明確な意味をもたないが，電位の 1 単位を 1 ボルトに対応させたときに，これによって電子回路での実装の際に各変数が適切なレンジに収まる．このスケーリングをしないとシステムの動作レンジが広くなり過ぎて，通常の電源の上限を越えてしまうのである．)

一方，受信機側の各変数は次式に従い発展する．

$$\begin{aligned}\dot{u}_r &= \sigma(v_r-u_r)\\ \dot{v}_r &= ru(t) - v_r - 20u(t)w_r\\ \dot{w}_r &= 5u(t)v_r - bw_r\end{aligned}\tag{9.6.2}$$

ただし，ここで $u(t)$ と表示したのは，送信機から届くカオス信号 $u(t)$ により受信機が駆動されていることを強調するためである．

この系の驚くべき結果は，**受信機が任意の初期条件から出発した後，送信機と漸近的に完全同期することだ！** これをより正確に議論するために，

$$\begin{aligned}\boldsymbol{d} &= (u,v,w) = \text{送信機すなわち「駆動側」の状態}\\ \boldsymbol{r} &= (u_r,v_r,w_r) = \text{受信機の状態}\\ \boldsymbol{e} &= \boldsymbol{d}-\boldsymbol{r} = \text{誤差信号}\end{aligned}$$

を導入しよう．ここでの主張は，すべての初期条件に対して $t\to\infty$ で $\boldsymbol{e}(t)\to\boldsymbol{0}$ となることである．

なぜこれが驚くべきことなのだろうか? それは，どの時点でも受信機は送信機の**部分的**な情報しかもたないからである．つまり，受信機は $u(t)$ のみに駆動されているにもかかわらず，なぜか送信機の他の 2 変数 $v(t)$ および $w(t)$ も同様に再現できてしまう．

その証明は次の例題で与えよう．

例題 9.6.1 適当なリアプノフ関数を設定することにより，$t \to \infty$ で $\boldsymbol{e}(t) \to \boldsymbol{0}$ となることを示せ．

(解) まず誤差信号のダイナミクスを記述する方程式を導こう．式 (9.6.1) から式 (9.6.2) を引いて次式が得られる．

$$
\begin{aligned}
\dot{e_1} &= \sigma(e_2 - e_1) \\
\dot{e_2} &= -e_2 - 20u(t)e_3 \\
\dot{e_3} &= 5u(t)e_2 - be_3
\end{aligned}
$$

これは $\boldsymbol{e}(t)$ についての線形方程式だが，2 つの項にカオス信号による時間依存の係数 $u(t)$ が含まれる．ここでのアイデアは，**カオス信号** $u(t)$ **が消えるように**リアプノフ関数を構成することである．それには次のようにすればよい．2 番目の方程式に e_2 を掛けたものと，3 番目の方程式に $4e_3$ を掛けたものを加算しよう．その結果，

$$
\begin{aligned}
e_2\dot{e_2} + 4e_3\dot{e_3} &= -{e_2}^2 - 20u(t)e_2e_3 + 20u(t)e_2e_3 - 4b{e_3}^2 \\
&= -{e_2}^2 - 4b{e_3}^2
\end{aligned}
\tag{9.6.3}
$$

が得られ，カオス信号の項がなくなるのである！

式 (9.6.3) の左辺は $\frac{1}{2}\frac{\mathrm{d}}{\mathrm{d}t}({e_2}^2 + 4{e_3}^2)$ である．これによりリアプノフ関数の形の見当がつく．Cuomo と Oppenheim (1992) では，次の関数が定義されている．

$$
E(\boldsymbol{e}, t) = \frac{1}{2}\left(\frac{1}{\sigma}{e_1}^2 + {e_2}^2 + 4{e_3}^2\right) \tag{9.6.4}
$$

この E は 2 乗の項の和であり，確かに正定値である．(ただし，これまでと同様に，$\sigma > 0$ と仮定している．) この E がリアプノフ関数であることを示すために，その値が軌道に沿って減少することを示す必要がある．すでに上で第 2 項と第 3 項の微分を求めているので，次の角括弧をつけた第 1 項のみを考えればよい．

$$
\begin{aligned}
\dot{E} &= \left[\frac{1}{\sigma}e_1\dot{e}_1\right] + e_2\dot{e}_2 + 4e_3\dot{e}_3 \\
&= -\left[{e_1}^2 - e_1e_2\right] - {e_2}^2 - 4b{e_3}^2
\end{aligned}
$$

さらに，括弧のついた項の平方完成を行って次式を得る．

$$
\begin{aligned}
\dot{E} &= -\left[e_1 - \frac{1}{2}e_2\right]^2 + \left(\frac{1}{2}e_2\right)^2 - {e_2}^2 - 4b{e_3}^2 \\
&= -\left[e_1 - \frac{1}{2}e_2\right]^2 - \frac{3}{4}{e_2}^2 - 4b{e_3}^2
\end{aligned}
$$

したがって $\dot{E} \leq 0$ であり，等号は $\boldsymbol{e} = \boldsymbol{0}$ のときにのみ成立する．よって E はリアプノフ関数であり，$\boldsymbol{e} = \boldsymbol{0}$ は大域的に漸近安定である．■

より強い結果も得られる．実は $\boldsymbol{e}(t)$ は**指数関数的に速く**減少する (Cuomo, Oppenheim および Strogatz 1993; 演習問題 9.6.1 を参照)．この結果は重要である．というのは，想定される応用では素早い同期が必要となるからだ．

さて，ここで証明されたことと，証明されていないことを明確にしておこう．例題 9.6.1 は，受信機はその駆動信号が $u(t)$ であるならば，送信機に同期することを示しているだけである．これは，カオス信号によってマスクする方法がうまく動作することを証明しているわけではない．この応用では，駆動信号は $u(t)+m(t)$ の混合であり，$m(t)$ はメッセージ，$u(t)(\gg m(t))$ はマスク信号なのである．つまり，この $u(t)+m(t)$ に対し，受信機側で $u(t)$ が正確に再現されるということは何ら証明されていない．事実，正確には再現されないのである．このことは，先のマライア・キャリーが少しボケて聞こえる理由である．したがって，Cuomo の方法が実際にうまく動作する理由は，数学的にはいまだに謎である．しかし，うまく動作している「証拠」は，実際に聴いてみればわかる[*10]．

演　習　問　題

9.1 カオス的な水車

9.1.1 (水車の慣性モーメントが一定値へ漸近すること) 9.1 節の水車について，$t\to\infty$ で $I(t)\to$ 一定値となることを次のように示せ．

(a) 総慣性モーメントは和 $I=I_{\text{wheel}}+I_{\text{water}}$ で与えられる．ただし，I_{wheel} は装置のみに依存し，水車の縁に沿う水の分布には依存しない．このとき I_{water} を

$$M=\int_0^{2\pi} m(\theta,t)\,\mathrm{d}\theta$$

により表示せよ．

(b) M は $\dot{M}=Q_{\text{total}}-KM$ を満たすことを示せ．ただし，

$$Q_{\text{total}}=\int_0^{2\pi} Q(\theta)\,\mathrm{d}\theta$$

とする．

(c) $t\to\infty$ で $I(t)\to$ 一定値となることを示し，その値を求めよ．

9.1.2 (高次モードの挙動) 本文中，水車の各モードの方程式において，最低次モードの 3 つの方程式が残りのすべてのモードから分離されることを示した．その他の高次のモードはどのようにふるまうだろうか?

---

*10 (訳注) この節で述べられる通信方式の後日談については，S. ストロガッツ (蔵本由紀 監修，長尾 力 訳)，SYNC (早川書房，2005) を参照されたい．

(a) $Q(\theta) = q_1 \cos\theta$ の場合，答は簡単である．このとき $n \neq 1$ のすべてのモードについて $t \to \infty$ で $a_n, b_n \to 0$ となることを示せ．

(b) より一般の $Q(\theta) = \sum_{n=0}^{\infty} q_n \cos(n\theta)$ の場合，どのようにふるまうと考えられるか?

　この小問 (b) はなかなか難しい．どこまでできるか試してみるとよい．現時点で得られている結果に関しては，Kolar と Gumbs (1992) を参照のこと．

9.1.3 **(水車の方程式からのローレンツ方程式の導出)** 水車の方程式

$$\dot{a}_1 = \omega b_1 - K a_1$$
$$\dot{b}_1 = -\omega a_1 + q_1 - K b_1$$
$$\dot{\omega} = -\frac{\nu}{I}\omega + \frac{\pi g r}{I} a_1$$

を，ローレンツ方程式

$$\dot{x} = \sigma(y - x)$$
$$\dot{y} = rx - xz - y$$
$$\dot{z} = xy - bz$$

に変換するような変数変換を求めよ．ただし，$\sigma, b, r > 0$ はパラメーターである．(この問題は面倒な計算になるかもしれない．よく考えて系統的に行うのがよい．x は ω，y は a_1，さらに z は b_1 に関係することに気づくだろう．) また，水車の方程式がローレンツ方程式に変換される場合，対応するローレンツ方程式のパラメーター b は $b = 1$ となることを示せ．(したがって，水車の方程式はローレンツ方程式ほどには一般性をもたないことになる．) プラントル数 σ とレイノルズ数 r を水車のパラメーターを使って表せ．

9.1.4 **(レーザーのモデル)** 演習問題 3.3.2 で述べたように，レーザーのマクスウェル–ブロッホ方程式は次の通りである．

$$\dot{E} = \kappa(P - E)$$
$$\dot{P} = \gamma_1(ED - P)$$
$$\dot{D} = \gamma_2(\lambda + 1 - D - \lambda EP)$$

(a) レーザー発振の起きていない状態 (すなわち $E^* = 0$ の固定点) は，λ があるしきい値を越えると安定性を失うことを示し，このしきい値を求めよ．また，このレーザー発振のしきい値における分岐の種類を述べよ．

(b) この系をローレンツ方程式に変換する変数変換を求めよ．

　ローレンツ方程式は，地磁気のダイナモのモデル (Robbins 1977) や環状のチューブ中の熱対流のモデルとしても現れる (Malkus 1972)．これらの系の導入には Jackson (1990, vol. 2, Section 7.5 と 7.6) を参照せよ．

9.1.5 (非対称な水車の研究プロジェクト) この章の水車の方程式の導出では，水は上方から左右対称に注がれると仮定した．ここでは**非対称**な場合を考えよう．9.1 節の式 (9.1.5) の $Q(\theta)$ を適切に修正せよ．3 つの最低次モードで閉じた方程式がこの場合にも得られるが，式 (9.1.9) に新たな項が加わることを示せ．そして，本章で行った解析を可能な限り行ってみよ．まず固定点を求めることができ，対称な場合のピッチフォーク分岐が不完全な分岐 (3.6 節) となることを示せるはずである．その先も自由に解析してみよ！この問題については，今のところどの文献にも記載されていない．

9.2 ローレンツ方程式に関する諸性質

9.2.1 (ホップ分岐の生じるパラメーター値)

(a) ローレンツ方程式において，C^+，C^- でのヤコビ行列の固有値を決定する特性方程式は次式で与えられることを示せ．

$$\lambda^3 + (\sigma + b + 1)\lambda^2 + (r + \sigma)b\lambda + 2b\sigma(r - 1) = 0$$

(b) ω を実数として $\lambda = \mathrm{i}\omega$ の形の解を求めることにより，

$$r = r_{\mathrm{H}} = \sigma\left(\frac{\sigma + b + 3}{\sigma - b - 1}\right)$$

のときに 1 対の純虚数の固有値が存在することを示せ．また，$\sigma > b + 1$ と仮定する必要がある理由を説明せよ．

(c) 残った 3 つ目の固有値を求めよ．

9.2.2 (ローレンツ方程式の楕円状のトラッピング領域) $rx^2 + \sigma y^2 + \sigma(z - 2r)^2 \leq C$ で与えられる楕円体 E が存在し，ローレンツ方程式のすべての軌道は最終的に E に入り，そこにいつまでも留まることを示せ．また，ずっと手強い問題として，この性質を満たす C のとりうる最小値を求めてみよ．

9.2.3 (球状のトラッピング領域) すべての軌道は最終的に $x^2 + y^2 + (z - r - \sigma)^2 = C$ で与えられる大きな球体 S に入り，いつまでもそこに留まることを示せ．ただし C は十分大きいとする．(ヒント: ある特定の楕円体の外側で，$x^2 + y^2 + (z - r - \sigma)^2$ の値が軌道に沿って減少することを示せ．その上で C を十分に大きく選び，球体 S がこの楕円体を含むようにせよ.)

9.2.4 (z 軸が不変集合であること) z 軸はローレンツ方程式の不変直線となっていること，つまり，z 軸上から出発した軌道はいつまでもその上に留まることを示せ．

9.2.5 (安定性ダイアグラム) ローレンツ方程式の分岐に関して得られている解析的な結果を用いて，安定性ダイアグラムの部分的なスケッチを与えよ．特に，水車の方程式と同様に $b = 1$ と仮定して，(σ, r) パラメーター平面にピッチフォーク分岐曲線とホップ分岐曲線をプロットせよ．その際，これまでと同じく $\sigma, r \geq 0$ と仮定すること．[数値計算により得られたカオス領域も含む安定性ダイアグラムについては，Kolar と Gumbs (1992) を参照せよ.]

9.2.6 (地磁気反転の力武モデル) 系

$$\dot{x} = -\nu x + zy$$
$$\dot{y} = -\nu y + (z-a)x$$
$$\dot{z} = 1 - xy$$

を考えよう．ただし，$a, \nu > 0$ はパラメーターである．

(a) この系は散逸的であることを示せ．

(b) 固定点は媒介変数表示で $x^* = \pm k$, $y^* = \pm k^{-1}$, $z^* = \nu k^2$ と与えられることを示せ．ただし $\nu(k^2 - k^{-2}) = a$ とする．

(c) 固定点のタイプを分類せよ．

この方程式は，地球の核における大きな電荷を帯びた対流によって生じる地磁気の自発生成のモデルとして，Rikitake (1958) により提案された．このモデルは，パラメーターのある値でカオス解をもつことが，コンピューター実験により示されている．このカオス解は，地質学的データから推測される地球の磁場の不規則反転にある程度対応するものと考えられている．その地質学的背景については Cox (1982) を参照せよ．

9.3 ストレンジアトラクター上のカオス

9.3.1 (準周期性 $\neq$ カオス) 準周期的な系 $\dot{\theta}_1 = \omega_1$, $\dot{\theta}_2 = \omega_2$ (ただし ω_1/ω_2 は無理数) の軌道は周期的ではない．

(a) この系はなぜカオス的とはいえないのか?

(b) コンピューターを用いずにこの系の最大リアプノフ指数を求めよ．

(数値実験) 以下の r の値のそれぞれについて，これまで通り $\sigma = 10$, $b = \frac{8}{3}$ として，コンピューターを用いてローレンツ方程式のダイナミクスをしらべてみよ．それぞれの場合について，時刻 t に対して $x(t)$, $y(t)$ をプロットし，さらに x を z に対してプロットせよ．その際，異なる初期条件の設定や数値積分の長さによる影響を考える必要があるだろう．また，いくつかの場合には，系の過渡的状態を無視し，持続的な長時間挙動のみをプロットする必要があるだろう．

9.3.2 $r = 10$

9.3.3 $r = 22$ (過渡的カオス)

9.3.4 $r = 24.5$ (カオスと固定点の共存)

9.3.5 $r = 100$ (びっくり)

9.3.6 $r = 126.52$

9.3.7 $r = 400$

9.3.8 (アトラクターの定義についての演習) 次の極座標表示されたおなじみの系を考えよう．

$$\dot{r} = r(1 - r^2), \qquad \dot{\theta} = 1$$

さらに D は $x^2 + y^2 \leq 1$ の円盤を表すとする．

(a) D は不変集合か?

(b) D は初期条件からなる何らかの開集合を吸引するか?

(c) D はアトラクターか? もしそうでないならば，それはなぜか? もしアトラクターであるならば，その吸引領域を求めよ.

(d) 以上の (c) を $x^2+y^2=1$ の円周を対象として行え.

9.3.9 (指数関数的分離) 2つの近接した軌道を数値積分することにより，ローレンツ系の最大リアプノフ指数を評価せよ．ただし，パラメーターは $r=28,\ \sigma=10,\ b=\frac{8}{3}$ の標準的な値とする.

9.3.10 (予測限界時間) 軌道の予測がそれ以降は不可能となる「予測限界時間」を具体的にしらべるために，ローレンツ方程式でパラメーターを $r=28,\ \sigma=10,\ b=\frac{8}{3}$ として数値積分してみよ．近接する2つの初期条件から出発し，両者の $x(t)$ を同一のグラフにプロットせよ.

9.4 ローレンツ写像

9.4.1 (コンピューターを用いる課題) 数値積分により $r=28,\ \sigma=10,\ b=\frac{8}{3}$ でのローレンツ写像を求めよ.

9.4.2 (ローレンツ写像のモデルとしてのテント写像) ローレンツ写像の簡略化された解析的なモデルとして，写像

$$x_{n+1}=\begin{cases}2x_n & (0\le x_n\le \frac{1}{2})\\ 2-2x_n & (\frac{1}{2}\le x_n\le 1\end{cases}$$

を考えよう.

(a) これが「テント写像」とよばれている理由は何か?

(b) すべての固定点を求め，その安定性を分類せよ.

(c) この写像は2周期軌道をもつことを示せ．これは安定か，あるいは不安定か?

(d) 3周期点は存在するか? 4周期点はどうか? もし存在するならば，それらは安定か，それとも不安定か?

9.5 パラメーター空間の探索

(数値実験) 以下の r の値のそれぞれについて，これまで通り $\sigma=10,\ b=\frac{8}{3}$ として，コンピューターを用いてローレンツ方程式のダイナミクスをしらべてみよ．それぞれの場合について，時刻 t に対して $x(t),\ y(t)$ をプロットし，さらに x を z に対してプロットせよ.

9.5.1 $r=166.3$ (間欠的カオス)

9.5.2 $r=212$ [ノイズ的な周期性 (noisy periodicity)]

9.5.3 $145<r<166$ の区間 (周期倍分岐)

9.5.4 (固定点とストレンジアトラクター間のヒステリシス) $\sigma=10$ および $b=\frac{8}{3}$ のローレンツ方程式を考えよう．ゆっくりと「r の値を変化させるツマミを回す」と仮

定する．具体的には，$r = 24.4 + \sin\omega t$ と設定し，ω はアトラクター上の典型的な軌道の振動数より小さいものとする．方程式を数値積分し，最も見やすいと思われる方法で解をプロットせよ．固定点とカオス状態間の印象的なヒステリシス効果が明らかになるはずである．

9.5.5 (r の値が大きい場合のローレンツ方程式) $r \to \infty$ の極限でのローレンツ方程式を考えよう．ある方法で極限をとると，方程式のすべての散逸項を消去できる (Robbins 1979, Sparrow 1982).

(a) $\varepsilon = r^{-1/2}$ とおいて，$r \to \infty$ で $\varepsilon \to 0$ となるようにしよう．$\varepsilon \to 0$ で方程式が

$$X' = Y$$
$$Y' = -XZ$$
$$Z' = XY$$

となるような ε を含む変数変換を求めよ．

(b) これにより得られる新しい系において，2 つの保存量 (すなわち，運動の定数) を求めよ．

(c) この新しい系は体積保存系であることを示せ．(ここで体積保存とは，「相空間内の流体」の任意の塊の体積が，系が時間発展しても，その形状は著しく変形するかもしれないが，保存されるという意味である．)

(d) ローレンツ方程式がこの $r \to \infty$ の極限で何らかの保存的性質を示すと考えられる理由を物理的に説明せよ．

(e) 小問 (a) で得られた系の解を数値的に求めよ．その長時間挙動はどのようになるか？ それは r が大きい場合のローレンツ方程式に見られる挙動と一致しているか？

9.5.6 (過渡的カオス) 例題 9.5.1 で，ローレンツ方程式は $r = 21$，$\sigma = 10$，$b = \frac{8}{3}$ において過渡的カオスを示すことを知った．しかし，すべての軌道がそのようにふるまうわけではない．数値積分により異なる 4 組の初期条件を見つけ，その内の 1 つは過渡的カオスを示し，他の 3 つはそうならないようにせよ．さらに，どの初期値が過渡的カオスに至り，どれがそうならないかについての経験則を与えよ．

9.6 カオスを利用して秘密メッセージを送信する方法

9.6.1 (指数関数的に速く同期すること) 例題 9.6.1 のリアプノフ関数より，$t \to \infty$ において同期誤差 $\boldsymbol{e}(t)$ は 0 に漸近することがわかる．しかし，このことは誤差 0 への収束の速さについては何ら情報を与えていない．そこで議論に磨きをかけて，同期誤差 $\boldsymbol{e}(t)$ が指数関数的に速く減少することを示せ．

(a) $V = \frac{1}{2}{e_2}^2 + 2{e_3}^2$ が指数関数的な速さで 0 に漸近することを，$\dot{V} \le -kV$ となることを示すことにより証明せよ．また，その定数 $k > 0$ を求めよ．

(b) (a) の結果より，指数関数的な速さで $e_2(t), e_3(t) \to 0$ となることを示せ．

(c) 最後に，指数関数的な速さで $e_1(t) \to 0$ となることを示せ．

9.6.2 (Pecora と Carroll の方法) Pecora と Carroll (1990) の先駆的な成果によれば，同期を得るためには受信機側の変数の 1 つを単に送信機側の対応する変数に等しいとおけばよい．たとえば $x(t)$ を送信機からの駆動信号とすると，受信機の方程式は次のようになる．

$$\begin{aligned} x_r(t) &= x(t) \\ \dot{y}_r &= rx(t) - y_r - x(t)z_r \\ \dot{z}_r &= x(t)y_r - bz_r \end{aligned}$$

ここで最初の方程式は微分方程式ではないことに注意せよ．この方程式の数値シミュレーションと発見法的な議論により，送信側と受信側の初期条件に差異があったとしても，$t \to \infty$ で $y_r(t) \to y(t)$ かつ $z_r(t) \to z(t)$ となることが示される．

この結果の He と Vaidya (1992) による簡潔な証明を見てみよう．

(a) 誤差のダイナミクスは次式で与えられることを示せ．

$$\begin{aligned} e_1 &\equiv 0 \\ \dot{e}_2 &= -e_2 - x(t)e_3 \\ \dot{e}_3 &= x(t)e_2 - be_3 \end{aligned}$$

ただし $e_1 = x - x_r$，$e_2 = y - y_r$，および $e_3 = z - z_r$ とする．

(b) $V = {e_2}^2 + {e_3}^2$ はリアプノフ関数であることを示せ．

(c) 以上より何が結論として導き出せるか?

9.6.3 (カオス同期についてのコンピューター実験) x, y, z が $r = 60, \sigma = 10, b = \frac{8}{3}$ のローレンツ方程式に従うとする．また，x_r, y_r, z_r が演習問題 9.6.2 の系に従うとする．y と y_r，および z と z_r にそれぞれ異なる初期条件を与え，数値積分を行え．

(a) $y(t)$ および $y_r(t)$ を同一のグラフにプロットせよ．2 つの時間波形はいずれもカオス的であるが，うまくいけば最終的には互いに重なるであろう．

(b) 送信側および受信側の両方の軌道の (y, z) 平面への投影をプロットせよ．

9.6.4 (別の駆動信号ではうまく行かない場合もあること) 演習問題 9.6.2 で，$x(t)$ のかわりに $z(t)$ が駆動信号であるとしよう．つまり受信機の方程式中のすべての z_r を $z(t)$ で置き換え，x_r と y_r がどのように変化するかを観測する．

(a) この場合，受信機は送信機に同期しないことを数値的に示せ．

(b) もし $y(t)$ を駆動信号とするとどうなるか?

9.6.5 (マスク) Cuomo と Oppenheim (1992,1993) の信号をカオスでマスクする方法の論文において，受信機のダイナミクスは次のように与えられている．

$$\begin{aligned} \dot{x}_r &= \sigma(y_r - x_r) \\ \dot{y}_r &= rs(t) - y_r - s(t)z_r \\ \dot{z}_r &= s(t)y_r - bz_r \end{aligned}$$

ここで $s(t) = x(t) + m(t)$ で，$m(t)$ は信号強度の小さなメッセージであり，はるかに大きなカオス信号によるマスク $x(t)$ に付加されるものとする．もし受信機が駆動機に同期しているならば，$x_r(t) \approx x(t)$ となり，$m(t)$ は $\hat{m}(t) = s(t) - x_r(t)$ により復元されるであろう．$m(t)$ を正弦 (sin) 波として，この方法を数値的に検証せよ．推定される $\hat{m}(t)$ はもとの $m(t)$ にどの程度近いか？ その誤差は，正弦波の振動数にどのように依存するか?

9.6.6 (ローレンツ方程式の回路) 図 9.6.1 の送信機回路の回路方程式を導け．

10 1 次 元 写 像

10.0 は じ め に

この章では，連続的ではなく**離散的**な時間をもつ新しいクラスの力学系を扱う．そのような系は，差分方程式，再帰的関係，反復写像，あるいは単に**写像**などのさまざまな名で知られている．

たとえば，関数電卓である値 x_0 から出発して cos のボタンを繰り返し押すことを考えよう．すると，$x_1 = \cos x_0$, $x_2 = \cos x_1$, $\cdots$ が次々と出力されるだろう．関数電卓をラジアンのモードにして試してみよ．何度もボタンを押した後に出現する驚くべき結果を説明できるだろうか?

この $x_{n+1} = \cos x_n$ という規則は **1 次元写像**の例であり，x_n が実数のなす 1 次元空間に属するのでそうよばれる．系列 $x_0, x_1, x_2, \cdots$ は x_0 から出発する**軌道**とよばれる．

写像は以下のようにさまざまな形で現れる．

(1) **微分方程式を解析するツールとして．**この役割の写像にはすでに遭遇している．たとえば，ポアンカレ写像によって駆動される振り子やジョセフソン接合素子における周期解の存在を示し (8.5 節)，周期解の安定性を一般的に解析することができた (8.7 節)．ローレンツ写像 (9.4 節) は，ローレンツ・アトラクターが単に周期の長いリミットサイクルではなく真にストレンジであることの強い証拠を与えた．

(2) **実現象のモデルとして．**時間を離散的だと見なす方が理にかなう科学的状況もある．これは，デジタルエレクトロニクス，経済学や金融理論の一部，インパルス的な駆動を受ける機械系や，ある種の連続する世代間に重なりのな

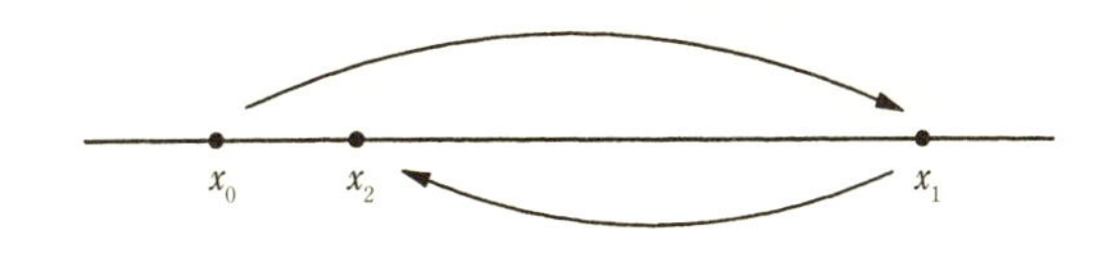

図 **10.0.1**

い動物の個体数の研究などが該当する．

(3) **カオスの簡単な例として．**写像はカオスの実験室としてそれ自体が興味深い研究対象である．実際，写像は微分方程式よりもずっと自由奔放にふるまうことができる．なぜなら，点 x_n は軌道に沿って連続的に流れるのではなく**跳ね回る**からである (図 10.0.1)．

写像の研究はまだ初期の段階にあるが，電卓，コンピューター，そしてコンピューターグラフィックスがますます利用しやすくなっているおかげで，過去 20 年の間に興奮するような進歩があった．写像は，**本質的**に離散的な時間をもつデジタルコンピューターにより，簡単かつ高速にシミュレートできる．そのようなコンピューター実験により，多数の思いもよらない美しいパターンが明らかにされ，それらがまた新しい理論的な発展を刺激してきた．何よりも驚くべきことに，写像は半導体や流体の対流，心臓の細胞，化学振動子などの系におけるカオスに至るルートについて，多くの予測に成功してきた．

10.1–10.5 節で，写像の性質と写像を解析するテクニックのいくつかについて議論する．特にロジスティック写像の周期倍分岐とカオスに力点を置く．10.6 節では普遍性という驚くべきアイデアを導入し，実験による理論の検証についてまとめる．10.7 節ではファイゲンバウムのくりこみ法の基本的な考え方を伝えることを試みる．

これまでと同じく，われわれのアプローチは直観的である．1 次元写像の厳密な扱いについては，Devaney (1989)[*1] および Collet と Eckmann (1980) を参照せよ．

10.1 固定点とクモの巣図法

この節では，$x_{n+1} = f(x_n)$ という形の 1 次元写像を解析するためのいくつかの道具について説明する．ここで，f は実軸からそれ自身への滑らかな関数である．

*1 (訳注) 邦訳を巻末の参考文献内に併記した．

衒 学 的 な こ と

われわれが「写像」というとき，関数 f のことを意味するのだろうか，それとも，差分方程式 $x_{n+1} = f(x_n)$ のことだろうか？ 通常の用法に従って，**どちらも**写像とよぶことにしよう．もしこれにためらいを覚えるようなら，あなたは純粋数学者に違いない．または，純粋数学者になることを考えるべきだ!

固定点と線形安定性

x^* が $f(x^*) = x^*$ を満たすとしよう．すると，x^* は**固定点**である．もし $x_n = x^*$ ならば，$x_{n+1} = f(x_n) = f(x^*) = x^*$ となるからである．したがって，その先すべての反復過程において軌道は x^* に留まる．

x^* の安定性を決定するため，その近傍の軌道 $x_n = x^* + \eta_n$ を考えて，この軌道が x^* に引きつけられるか反発されるかを考えてみよう．つまり，n が増加すると，ずれ η_n は成長するのだろうか，それとも減衰するのだろうか? 代入すると

$$x^* + \eta_{n+1} = x_{n+1} = f(x^* + \eta_n) = f(x^*) + f'(x^*)\eta_n + O(\eta_n^2)$$

となる．しかし $f(x^*) = x^*$ なので，この方程式は

$$\eta_{n+1} = f'(x^*)\eta_n + O(\eta_n^2)$$

に簡略化される．

$O({\eta_n}^2)$ の項を無視しても差し支えないと仮定しよう．すると，**固有値**または**乗数** $\lambda = f'(x^*)$ をもつ**線形化写像** $\eta_{n+1} = f'(x^*)\eta_n$ が得られる．この線形化写像の解は，いくつかの項を書いてみれば具体的に得ることができる．$\eta_1 = \lambda\eta_0$, $\eta_2 = \lambda\eta_1 = \lambda^2\eta_0, \cdots$ なので，一般には $\eta_n = \lambda^n\eta_0$ である．もし $|\lambda| = |f'(x^*)| < 1$ なら，$n \to \infty$ で $\eta_n \to 0$ となり，固定点 x^* は**線形安定**である．逆に，もし $|f'(x^*)| > 1$ なら，固定点は**不安定**である．これらの局所安定性に関する結論は線形化にもとづくものだが，もとの非線形写像についても成立することを証明できる．しかし，線形化は**境界的**な場合 $|f'(x^*)| = 1$ については何も教えてくれない．このときには，無視した $O({\eta_n}^2)$ の項が局所安定性を決定する．(これらの結果はすべて微分方程式の場合と同様である．2.4 節を思い出そう.)

例題 10.1.1 写像 $x_{n+1} = {x_n}^2$ の固定点を求めて安定性を決定せよ．

(解) 固定点は $x^* = (x^*)^2$ を満たす．ゆえに，$x^* = 0$ または $x^* = 1$ である．乗数は $\lambda = f'(x^*) = 2x^*$ である．固定点 $x^* = 0$ は $|\lambda| = 0 < 1$ なので安定であり，$x^* = 1$ は $|\lambda| = 2 > 1$ なので不安定である．■

例題 10.1.1 を，電卓の x^2 ボタンを何度も繰り返し押すことによって試してみよ．十分に小さな x_0 に対して，$x^* = 0$ への収束は**極度**に速いことがわかるだろう．乗数 $\lambda = 0$ の固定点は**超安定** (superstable) とよばれる．なぜなら，摂動は $\eta_n \sim \eta_0^{(2^n)}$ のように減衰し，これは通常の安定な固定点における $\eta_n \sim \lambda^n \eta_0$ よりもずっと速いからである．

クモの巣図法

8.7 節で，写像を反復するための**クモの巣図法**を導入した (図 10.1.1)．$x_{n+1} = f(x_n)$ と初期条件 x_0 が与えられたら，x_0 から f のグラフと交わるまで垂直な線を引く．この交点の高さが出力 x_1 である．ここで横軸に戻って，x_1 から x_2 を得るために同じ手順を繰り返すこともできるが，むしろ，対角線 $x_{n+1} = x_n$ と交わるまで単に水平な線をたどり，それからまた曲線に向かって垂直な線をたどる方が便利である．この過程を n 回繰り返して，軌道の最初の n 点を求めてみよ．

クモの巣図法は，大域的な挙動をひと目で見ることができ，線形化によって得られる局所的な情報を補足するので，便利である．次の例題のように，線形化解析が失敗するときには，クモの巣図法はさらに価値をもつ．

例題 10.1.2 写像 $x_{n+1} = \sin x_n$ を考えよう．固定点 $x^* = 0$ の安定性が線形化では

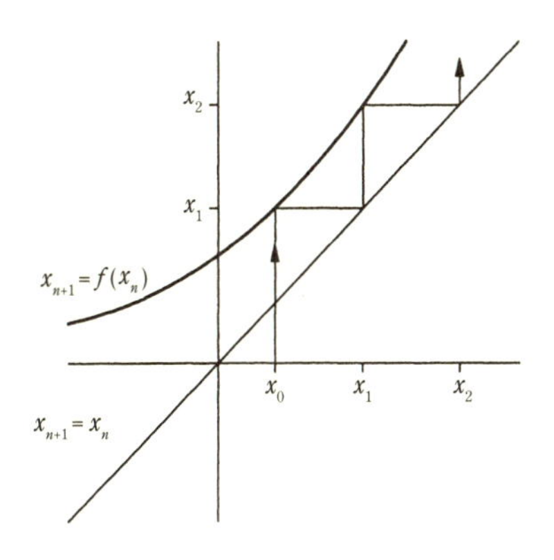

図 **10.1.1**

決まらないことを示せ．次に，クモの巣図法を用いて，$x^* = 0$ が安定である (実際のところ**大域的に**安定である) ことを示せ．

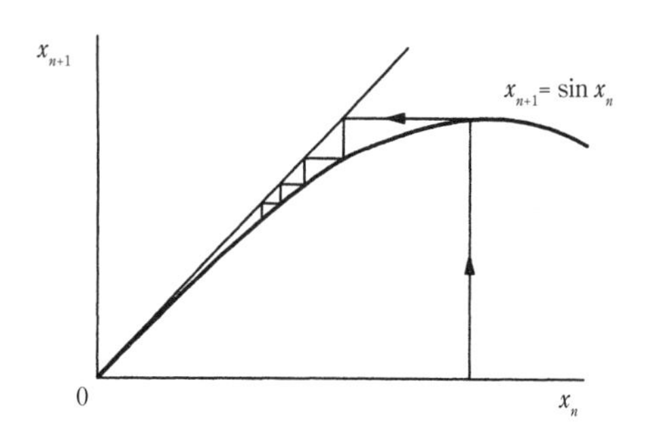

図 **10.1.2**

(解)　$x^* = 0$ における乗数は $f'(0) = \cos(0) = 1$ であり，線形化解析では結論が出ない境界的な場合である．しかし，図 10.1.2 のクモの巣図法は $x^* = 0$ が局所安定であることを示す．軌道は細い経路をゆっくりガタガタと降りてきて，単調に固定点に向かう．(似たような図が $x_0 < 0$ でも得られる.)

安定性が大域的であることを知るためには，**すべての**軌道が $x_n \to 0$ であることを示さなくてはならない．$|\sin x| \leq 1$ なので，どのような x_0 も最初の反復で即座に $-1 \leq x_1 \leq 1$ の区間に送られる．この区間におけるクモの巣図法によるプロットは，定性的には図 10.1.2 のようなものであり，したがって収束性が保証される．　■

最後に，10.0 節で出された謎に答えよう．

例題 10.1.3 $x_{n+1} = \cos x_n$ であるとき，$n \to \infty$ で x_n はどうふるまうか?

(解)　もし電卓を用いてこの問題にトライしていたら，どこから出発したかとは無関係に $x_n \to 0.739\cdots$ となるのを発見したことだろう．この奇妙な数字は何であろうか? これは超越方程式 $x = \cos x$ の唯一の解で，写像の固定点に対応する．図 10.1.3 は，ある典型的な軌道が $n \to \infty$ で固定点 $x^* = 0.739\cdots$ にらせん状に巻きついてゆく様子を示す．　■

らせん状の運動は，x_n が x^* に**減衰振動**しながら収束することを示す．これは $\lambda < 0$ となる固定点の特徴である．対照的に，$\lambda > 0$ となる安定固定点では，収束は単調である．

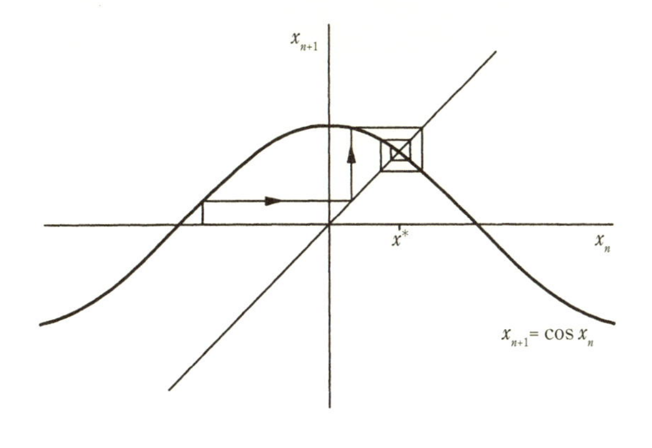

図 **10.1.3**

10.2 ロジスティック写像 (数値計算)

Robert May (1976) は，彼の書いた魅惑的で影響力のあるレビュー記事の中で，単純な非線形写像でさえも非常に複雑なダイナミクスを示しうることを強調した．このレビュー記事は,「単純な非線形方程式が示しうる自由奔放なふるまいを観察することによって学生たちの直観を豊かにするように，これらの差分方程式を初等数学のコースに導入することを熱烈に願うものである」という文章で印象的に結ばれている．

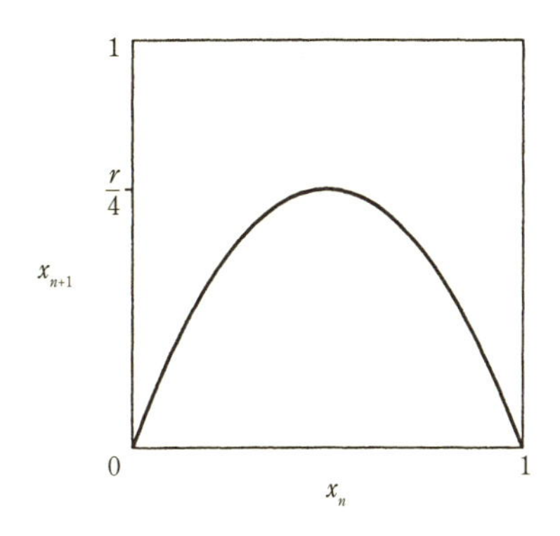

図 **10.2.1**

このことを，May は個体数増加 (2.3 節) のロジスティック方程式の離散時間版であるロジスティック写像 (logistic map)

$$x_{n+1} = rx_n(1 - x_n) \tag{10.2.1}$$

によって例示した．ここで $x_n \geq 0$ は n 番目の世代の個体数を無次元化したもので，$r \geq 0$ は固有の増加率である．図 10.2.1 に示すように，式 (10.2.1) のグラフは $x = \frac{1}{2}$ で最大値 $r/4$ をもつ放物線である．写像 (10.2.1) が区間 $0 \leq x \leq 1$ をそれ自身に写すように，制御パラメーター r の範囲を $0 \leq r \leq 4$ に制限する．(他の x や r の値では，その挙動はずっとつまらないものとなる．演習問題 10.2.1 を参照せよ.)

周期倍分岐

r を固定し，ある初期個体数 x_0 を選び，式 (10.2.1) を用いてその後の x_n を生成したとしよう．何か起こるだろうか?

小さな増加率 $r < 1$ においては，個体群は常に絶滅する．つまり $n \to \infty$ で $x_n \to 0$ である．この陰鬱な結果はクモの巣図法により証明できる (演習問題 10.2.2).

$1 < r < 3$ の場合には，個体数は増加して，やがてゼロではない固定点に達する (図 10.2.2)．ここでは n に対する x_n の時系列として結果をプロットした．系列をはっきりさせるために離散的な点 (n, x_n) を線分でつないだが，意味をもつのはギザギザの線の角のみであることを覚えておこう．

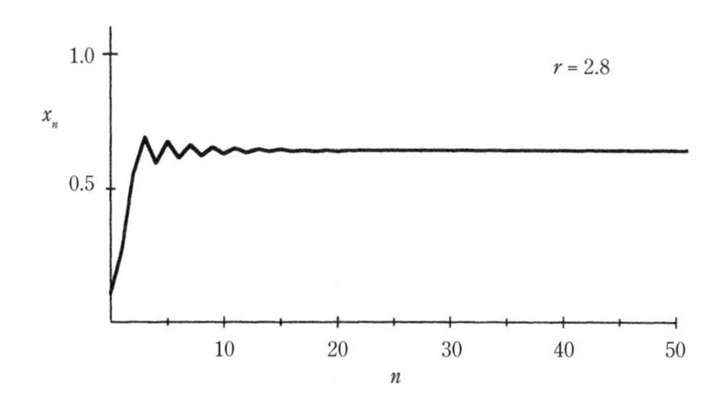

図 **10.2.2**

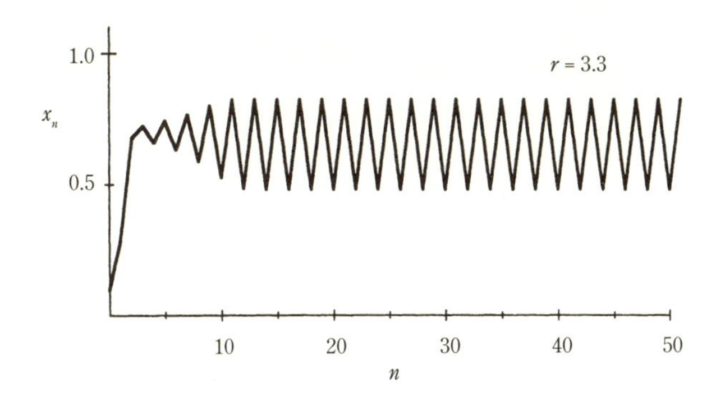

図 **10.2.3**

より大きな r，たとえば $r = 3.3$ では，個体数は増加するが，今度は先ほどの固定点のまわりを**振動**して，ある世代では大きな個体数，その次の世代では小さな個体数と，行きつ戻りつする (図 10.2.3)．x_n が **2 回の**反復ごとに同じ値を繰り返すこのタイプの振動は，**2 周期軌道**とよばれる．

さらに大きな r，たとえば $r = 3.5$ では，今度は個体数が **4 世代ごと**に繰り返すような周期軌道に近づく．先ほどの軌道の周期が **4 周期**に倍加したのだ (図 10.2.4)．

r が増加すると，8 周期，16 周期，32 周期，$\cdots$ と**周期倍分岐** (period-doubling bifurcation) がたて続けに起こっていく．具体的に，2^n 周期軌道が最初に生じる値を r_n で表そう．コンピューターで実験すると

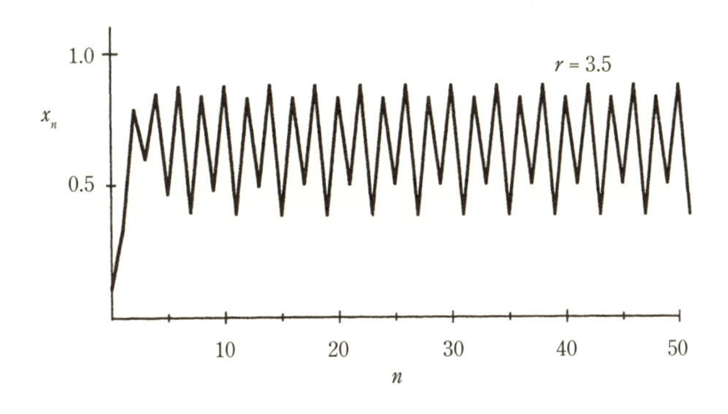

図 **10.2.4**

$$\begin{array}{ll} r_1 = 3 & (2\text{ 周期が生じる}) \\ r_2 = 3.449\cdots & 4 \\ r_3 = 3.54409\cdots & 8 \\ r_4 = 3.5644\cdots & 16 \\ r_5 = 3.568759\cdots & 32 \\ \vdots & \vdots \\ r_\infty = 3.569946... & \infty \end{array}$$

となることが明らかになる．相次ぐ分岐がますます早く生じるようになることに注意しよう．最終的に r_n は極限値 r_∞ に収束する．この収束は本質的に幾何級数的である．つまり，大きな n の極限で，相次ぐ転移間の距離が一定の倍率

$$\delta = \lim_{n\to\infty} \frac{r_n - r_{n-1}}{r_{n+1} - r_n} = 4.669\cdots$$

で縮むようになる．この数については，語るべきことがたくさんある (10.6 節)．

カオスと周期窓

Gleick (1987, p. 69)[*2] によると，May はロジスティック写像を大学院生への問題として廊下の黒板に書き,「$r > r_\infty$ ではいったい何が起きるんだ?」と尋ねた．その答はとてもややこしいことが判明した．多くの r の値において，$\{x_n\}$ の系列は固定点や周期解には決して落ち着かない．その長時間挙動は，図 10.2.5 に示す

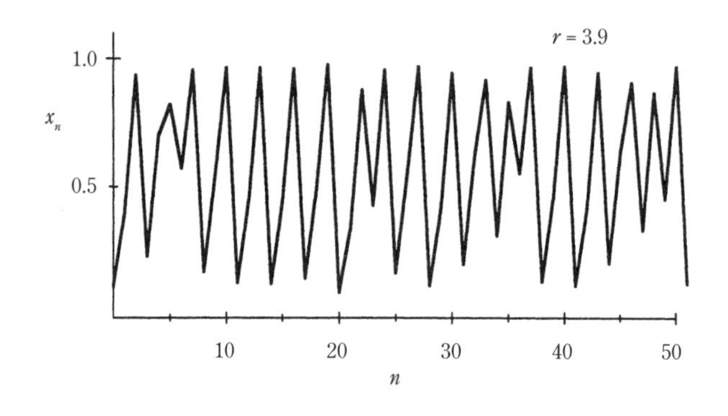

図 10.2.5

*2 (訳注) 邦訳を巻末の参考文献内に併記した．

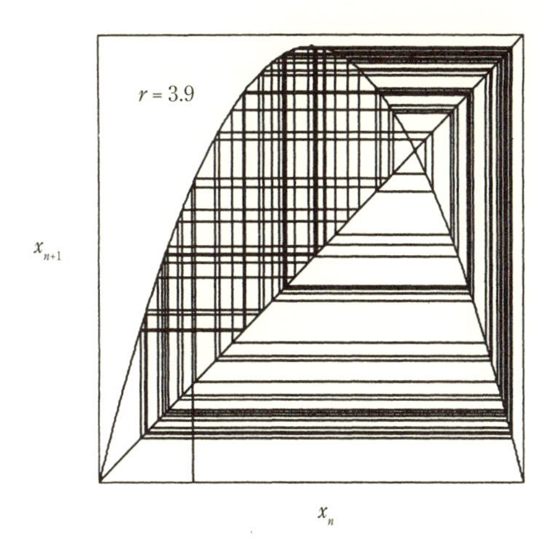

図 **10.2.6**

ように，むしろ非周期的である．これは以前ローレンツ方程式 (9 章) をしらべたときに遭遇したカオスの離散時間版である．

対応するクモの巣図法によるプロットは感嘆するほど複雑である (図 10.2.6)．r が増加すると，系はますますカオス的になると推測するかもしれないが，実際にはそのダイナミクスはさらに微妙である．すべての r の値での長時間挙動を一度に見るために，**軌道図** (orbit diagram) をプロットしよう (図 10.2.7)．これは，非線形ダイナミクスの象徴ともなった，壮観な図である．図 10.2.7 には，r の関数として系のアトラクターがプロットされている．軌道図を自分でつくるには，2 つの「ループ」をもつコンピューターのプログラムを書く必要があるだろう．まず r の値を選ぶ．次に，何らかのランダムな初期条件 x_0 から出発する軌道を生成する．系が最終的な挙動に到達して落ち着くまで，300 サイクルくらい反復させる．過渡過程が減衰したら，たくさんの点，たとえば $x_{301}, \cdots, x_{600}$ を，その r の場所にプロットする．そして，隣の r に移動してこれを繰り返すことにより，図の全体を走査する．

図 10.2.7 は，この図の最も興味深い部分である $3.4 \le r \le 4$ の領域を示す．$r = 3.4$ では，2 本の枝があることからわかるように，アトラクターは 2 周期軌道である．r が増加すると，両者の枝が同時に分裂し，4 周期軌道が生じる．この分裂が，先程述べた周期倍分岐である．r が増加すると，さらに周期倍分岐のカス

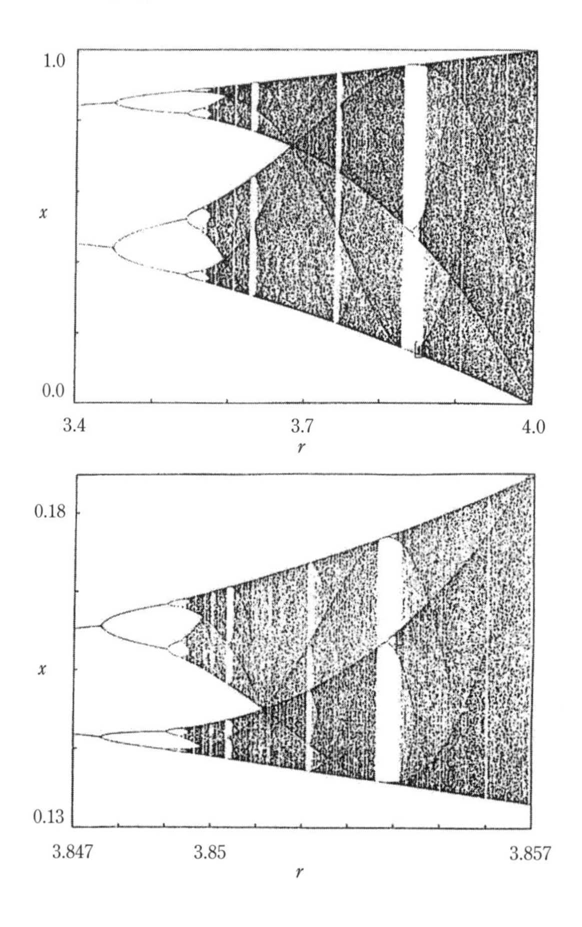

図 10.2.7　Campbell (1979), p. 35, Roger Eckhardt の好意による．

ケードが起きて，8 周期，16 周期，等々が生じ，$r = r_\infty \approx 3.57$ で写像はカオス的となって，アトラクターは有限個の点の集合から無限個の点の集合に変化する．

$r > r_\infty$ における軌道図は，**周期窓** (periodic window)[*3]がカオス的な無数の点からなる雲の間に点在するような，秩序とカオスの混在した思いもよらない様子を明らかにしている．$r \approx 3.83$ の近くから始まる大きな周期窓は，安定な 3 周期軌道を含む．3 周期の窓の部分の拡大図を図 10.2.7 の下側に示す．驚くべきこと

*3 (訳注) 軌道図中において，カオス的な領域に挟まれた窓のように見える空白部分のこと．この範囲では系が周期アトラクターをもつため，各パラメーター r に対して有限個の点しかプロットされない．

に，軌道図の縮小コピーが再び出現している！

10.3 ロジスティック写像 (解析)

前節の結果は，たくさんの疑問をかき立てる．直接的な疑問のうちいくつかに答えてみよう．

例題 10.3.1 ロジスティック写像 $x_{n+1} = rx_n(1 - x_n)$ を考えよう．$0 \le x_n \le 1$ および $0 \le r \le 4$ であるとする．すべての固定点を求め，安定性を決定せよ．

(解) 固定点は $x^* = f(x^*) = rx^*(1 - x^*)$ を満たす．ゆえに，$x^* = 0$ あるいは $1 = r(1 - x^*)$，すなわち $x^* = 1 - \frac{1}{r}$ である．原点はすべての r に対して固定点となるが，$x^* = 1 - \frac{1}{r}$ は $r \ge 1$ の場合にのみ x の許された範囲内にある．

安定性は乗数 $f'(x^*) = r - 2rx^*$ に依存する．$f'(0) = r$ なので，原点は $r < 1$ ならば安定で，$r > 1$ ならば不安定である．もう一方の固定点においては，$f'(x^*) = r - 2r(1 - \frac{1}{r}) = 2 - r$ である．ゆえに，$x^* = 1 - \frac{1}{r}$ は，$-1 < (2 - r) < 1$，すなわち $1 < r < 3$ ならば安定である．■

例題 10.3.1 の結果はグラフを用いた解析によって明確になる (図 10.3.1)．$r < 1$ では放物線は対角線より下にあり，原点が唯一の固定点である．r が増加すると放物線の背が高くなり，$r = 1$ で対角線に接する．$r > 1$ になると，放物線は対角

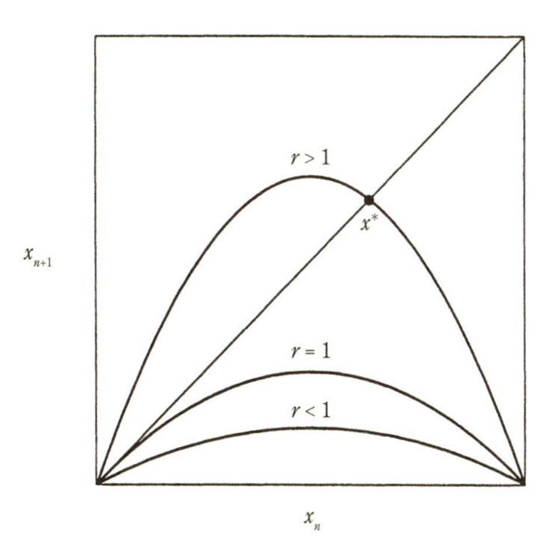

図 **10.3.1**

線と 2 つめの固定点 $x^* = 1 - \frac{1}{r}$ で交差し，一方，原点は安定性を失う．よって，$r = 1$ で x^* が原点から**トランスクリティカル分岐**によって分かれることがわかる（微分方程式に対して前に用いた言葉を借用した）．

図 10.3.1 は x^* がどのように安定性を失うかも示唆している．r が増加して 1 を超えると，x^* における傾きはますます急になる．例題 10.3.1 は，$r = 3$ で傾きが臨界値 $f'(x^*) = -1$ に達することを示す．その結果として得られる分岐は**フリップ分岐** (flip bifurcation) とよばれる．

フリップ分岐はしばしば周期倍分岐を伴う．次の例題で示すように，ロジスティック写像においては，実際に $r = 3$ でのフリップ分岐が 2 周期軌道を生じる．

例題 10.3.2 ロジスティック写像がすべての $r > 3$ において 2 周期軌道をもつことを示せ．

(解)　$f(p) = q$ および $f(q) = p$ となる 2 つの点 p と q が存在する場合に限って 2 周期軌道が存在する．これに等価なこととして，そのような p は $f(f(p)) = p$ を満たさなくてはならない．ここで $f(x) = rx(1-x)$ である．ゆえに，p は **2 回反復写像** $f^2(x) \equiv f(f(x))$ の固定点である．$f(x)$ が 2 次の多項式なので，$f^2(x)$ は **4 次**の多項式である．$r > 3$ での $f^2(x)$ のグラフを図 10.3.2 に示す．

p と q を求めるためには，グラフが対角線と交差する点を求める必要がある．つまり，4 次方程式 $f^2(x) = x$ を解く必要がある．これは，固定点 $x^* = 0$ と $x^* = 1 - \frac{1}{r}$ がこの方程式の自明な解であることに気がつくまでは，難しく思われることだろう．（これらは $f(x^*) = x^*$ を満たすので，自動的に $f^2(x^*) = x^*$ である．）固定点をくくりだせば，2 次方程式を解く問題に簡略化される．

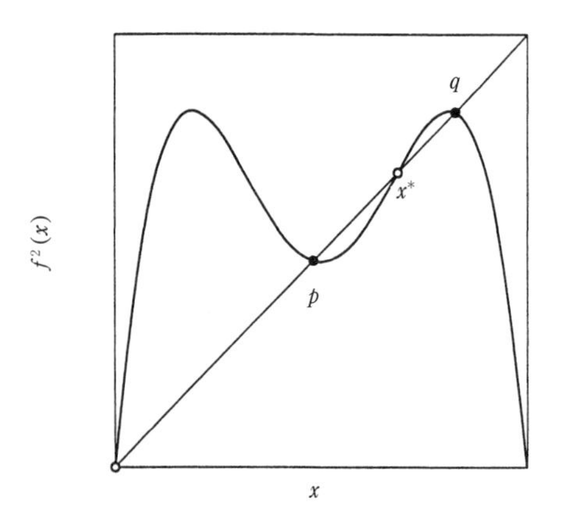

図 **10.3.2**

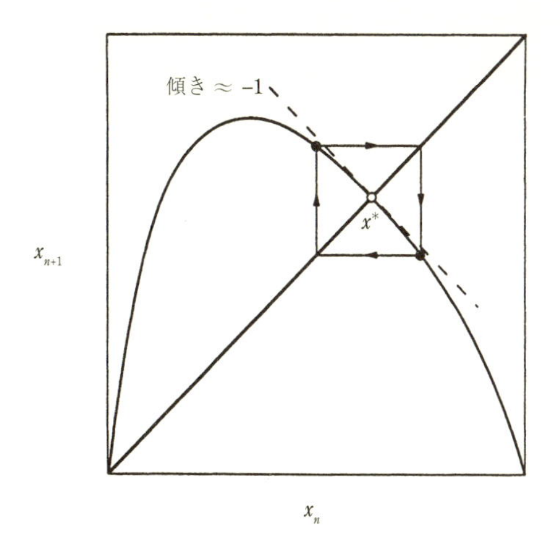

図 **10.3.3**

解答の残りの部分に関する代数計算の概略を示そう．方程式 $f^2(x) - x = 0$ を展開すると，$r^2x(1-x)[1-rx(1-x)] - x = 0$ となる．x と $x - (1 - \frac{1}{r})$ を割り算してくくり出し，残った 2 次方程式を解くと，2 つの対をなす根

$$p, q = \frac{r + 1 \pm \sqrt{(r-3)(r+1)}}{2r}$$

を得る．これらは $r > 3$ なら実数である．よって，$r > 3$ ならば，問題文で主張されているように，2 周期軌道が存在する．$r = 3$ において 2 つの根は一致して，$x^* = 1 - \frac{1}{r} = \frac{2}{3}$ と等しくなる．これは，2 周期軌道が x^* から**連続的**に分岐することを示す．$r < 3$ では根は複素数となり，2 周期軌道が存在しないことを意味する．■

クモの巣図法により，フリップ分岐がどのように周期倍分岐を引き起こすのかが明らかとなる．任意の写像 f を考え，$f'(x^*) \approx -1$ となる固定点の近くの局所的な様子を見てみよう (図 10.3.3).

もし f のグラフが x^* の近くで上に凸ならば，クモの巣図法により，固定点の近くに小さく安定な 2 周期軌道がつくられる傾向がある．しかし，ピッチフォーク分岐と同様に，フリップ分岐は亜臨界となることもあり，その場合には 2 周期軌道は分岐の**下側**に存在し，**不安定**である．演習問題 10.3.11 を参照せよ．

次の例題は，2 周期軌道の安定性をどのように決めるかを示す．

例題 10.3.3 例題 10.3.2 の 2 周期軌道が $3 < r < 1 + \sqrt{6} = 3.449\cdots$ で安定なことを示せ．(これは 10.2 節で数値的に発見した r_1 と r_2 の値を説明する.)

(解)　これを解析する戦略は覚えておく価値がある．周期軌道の安定性を解析するには，以下に示すように，問題を**固定点**の安定性に関するものに簡略化するとよい．例題 10.3.2 で指摘したように，p と q はいずれも $f^2(x)=x$ の解である．ゆえに，p と q は **2 回反復写像** $f^2(x)$ **の固定点である**．もとの 2 周期軌道は，p と q が $f^2(x)$ の安定な固定点である場合に限り，安定である．

さて，おなじみの土俵にきた．p が f^2 の安定な固定点かどうかを決めるために，乗数

$$\lambda = \frac{d}{dx}(f(f(x)))_{x=p} = f'(f(p))f'(p) = f'(q)f'(p)$$

を計算する．(最後の項の対称性により，$x=q$ でも同じ λ が得られることに注意せよ．したがって，p の分岐と q の分岐は**同時**に起こらなくてはならない．10.2 節の数値的な観察においても，軌道の分裂が同時に起こることに気づいていた．)

微分を実行して p と q を代入すると

$$\begin{aligned}\lambda &= r(1-2q)r(1-2p) \\ &= r^2\left[1-2(p+q)+4pq\right] \\ &= r^2\left[1-2(r+1)/r+4(r+1)/r^2\right] \\ &= 4+2r-r^2\end{aligned}$$

を得る．よって，2 周期軌道は $|4+2r-r^2|<1$，すなわち $3<r<1+\sqrt{6}$ において線形安定である．■

図 10.3.4 は，これまでの結果にもとづくロジスティック写像の**分岐図**の一部を示す．分岐図は，**不安定**な対象も示してあるという点において，軌道図とは異なる．つまり，軌道図はアトラクターのみを示している．

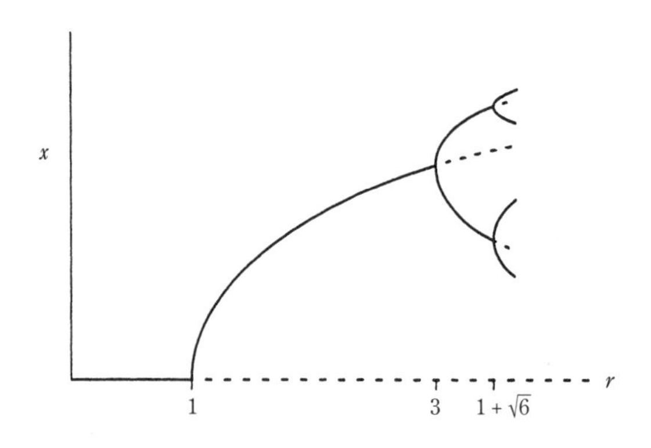

図 **10.3.4**

さて，このような解析方法では手に負えなくなりつつある．あといくつかの厳密な結果が得られるが (演習問題を参照)，そのような結果に立ち寄らないことにしよう．$r > r_\infty$ の興味深い領域での挙動を明らかにするために，以下では主にグラフと数値計算を用いた議論に頼ることにする．

10.4 周　期　窓

軌道図 (図 10.2.7) の最も面白い特徴の 1 つは，$r > r_\infty$ における周期窓の発生である．$3.8284\cdots \leq r \leq 3.8415\cdots$ の近くで生じる 3 周期の窓は最も目に付きやすい．カオス的な背景の中に，突然，安定な 3 周期軌道が出し抜けに現れる．この節における最初の目標は，どのようにこの 3 周期軌道が生み出されるのかを理解することである. (同じメカニズムが他のすべての周期窓を説明するので，この最も簡単な場合を考えれば十分である.)

まず，記法の準備をしよう．$f(x) = rx(1-x)$ として，ロジスティック写像を $x_{n+1} = f(x_n)$ と書こう．すると，$x_{n+2} = f(f(x_n))$，あるいはもっと簡単に，$x_{n+2} = f^2(x_n)$ である．同様に，$x_{n+3} = f^3(x_n)$ である．

3 回反復写像 $f^3(x)$ は 3 周期軌道の誕生を理解する鍵である．3 周期軌道上の任意の点 p は，定義より 3 回反復する度に繰り返し現れるので，$p = f^3(p)$ を満たし，したがって，3 回反復写像の固定点である．残念ながら $f^3(x)$ は 8 次の多

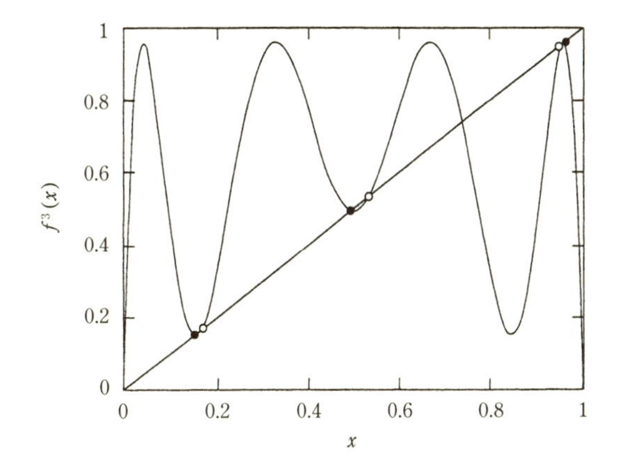

図 **10.4.1**

項式なので，具体的に解いて固定点を求めることはできない．しかしグラフから十分な洞察が得られる．図 10.4.1 は $r = 3.835$ のときの $f^3(x)$ をプロットしたものである．

グラフと対角線が交わる点は，$f^3(x) = x$ の固定点に対応する．8 個の解があり，うち 6 個が興味のあるもので，丸でマークした．真の 3 周期点ではない 2 つの詐称者もいる．これらは，実際には固定点，すなわち $f(x^*) = x^*$ となる 1 周期点である．図 10.4.1 の黒丸でマークした点が安定な 3 周期軌道に対応する．これらの点では，周期軌道の安定性に対応して，$f^3(x)$ の傾きが浅いことに注意せよ．対照的に，白丸でマークした点では傾きが 1 を超える．よって，これらの 3 周期軌道は不安定である．

さて，カオス領域に向けて r を減少させることを考えよう．すると，図 10.4.1 のグラフは形を変える．つまり，丘が下降し，谷が上昇する．したがって，曲線は対角線から引き離される．図 10.4.2 は，$r = 3.8$ においてマークしてあった 6 個の交点が消えたことを示す．ゆえに，$r = 3.8$ と $r = 3.835$ の間のどこかの値で，$f^3(x)$ のグラフは対角線に**接しなくてはならない**．この臨界的な r の値で，安定な 3 周期軌道と不安定な 3 周期軌道が衝突し，**接線分岐** (tangent bifurcation) によって対消滅する．この転移が周期窓の開始点を定義する．

接線分岐での r の値が $1 + \sqrt{8} = 3.8284\cdots$ であることは解析的に示せる (Myrberg 1958)．この美しい結果は，教科書や論文でよく言及される．しかし，いつ

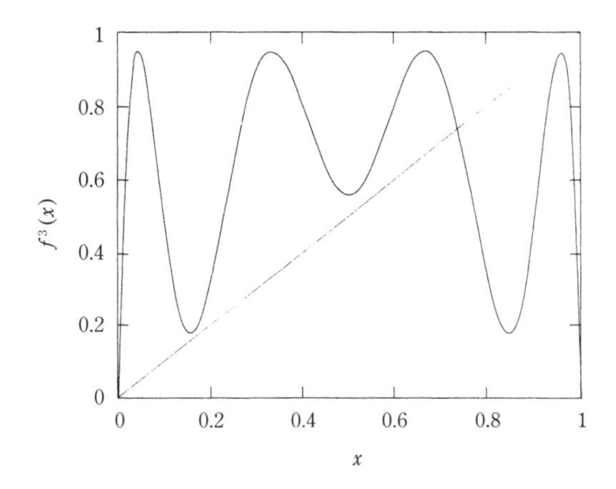

図 **10.4.2**

もその証明は示されない．この結果が例題 10.3.3 で遭遇した $1+\sqrt{6}$ に類似しているため，著者はずっと，これはわりと簡単に導ける結果で，お決まりの宿題のような問題だと思ってきた．しかし，完全に予想が外れた！これはとてもたいへんな問題であることがわかった．そのヒントについては演習問題 10.4.10 を，私の講義の学生が見つけることのできた最も初等的な解法 (Partha Saha による) については，Saha と Strogatz (1994) を参照せよ．もしかすると，もっとうまくやれる読者がいるかもしれない．その折はご教示願いたい！

間　欠　性

3 周期の窓のすぐ下の r の値において，系は興味深い種類のカオスを示す．図 10.4.3 に $r = 3.8282$ での典型的な軌道を示す．軌道の一部は，黒丸によって示すように，安定な 3 周期軌道のように見える．しかし，3 周期軌道はもう存在しないので，薄気味悪い！これは，3 周期軌道の**ゴースト** (名残り) が見えているのだ．これは驚くべきことではない．ゴーストはサドルノード分岐の近傍で常に発生するのだから (4.3 節と 8.1 節)．実際，接線分岐は単にサドルノード分岐の別名である．しかし，軌道がゴースト的な 3 周期軌道に繰り返し戻ってくることと，戻ってくる間に間欠的な一連のカオス状態を示すことが，ここでの新たな趣向である．したがって，この現象は**間欠性** (intermittency) として知られている (Pomeau と Manneville 1980)．

間欠性の背後にある幾何学的な状況を図 10.4.4 に示す．図 10.4.4a において，対角線と $f^3(x)$ のグラフに挟まれた 3 箇所の細い経路に気をつけよう．これらの細い経路は，$f^3(x)$ の丘と谷が対角線から引き離される接線分岐の余波として生じたも

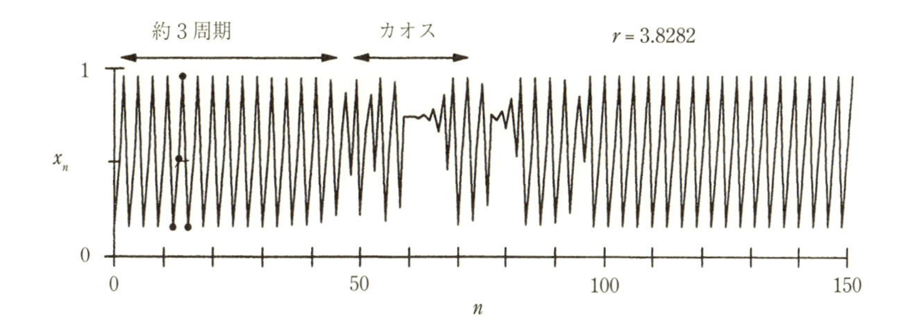

図 **10.4.3**

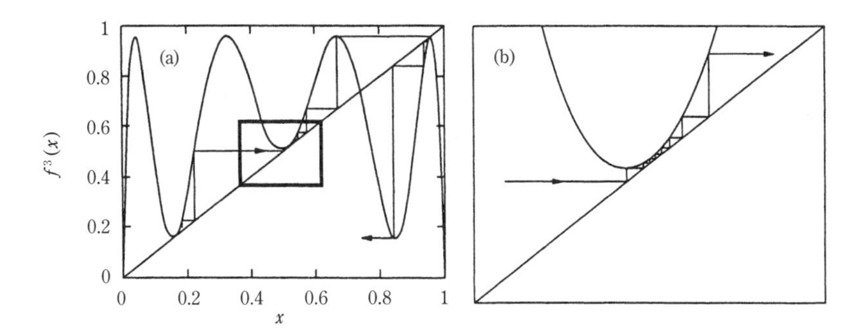

図 **10.4.4**

のである．ここで，図 10.4.4a の小さな箱の中の細い経路に注目しよう．図 10.4.4b にこれを拡大して示す．軌道がこの細い経路を無理して通り抜けるためには，何度も写像の反復が必要となる．ゆえに，この過程においては $f^3(x_n) \approx x_n$ であり，したがって軌道は 3 周期軌道のように見える．これがなぜゴーストが見えるのかの説明である．軌道はやがてこの細い経路から脱出するが，いずれ予測不能な時刻と位置において再びこの細い経路に送り戻される運命にあり，それまでの間，軌道はカオス的に跳ね回る．

間欠性はロジスティック写像だけで生じる奇妙な性質ではない．周期的挙動からカオス的な挙動への転移が周期軌道のサドルノード分岐によって起こる系において，間欠性は一般的に生じる．たとえば，演習問題 10.4.8 ではローレンツ方程式において間欠性が生じうることを示す．(実際，間欠性はローレンツ方程式で発見された．Pomeau と Manneville 1980 を参照せよ.)

実験系では，時折生じる不規則なバーストに中断されるほぼ周期的な運動として，間欠性が観察される．バーストとバーストの間の時間は，系が完全に決定論的であるにもかかわらず，乱数のように統計的に分布する．制御パラメーターが周期窓から離れるほどバーストは頻繁になってゆき，いずれ系は完全なカオス状態に至る．この過程は，**カオスに至る間欠性ルート**として知られる．

図 10.4.5 はレーザーがカオスに至る間欠性ルートの実験例である．図には放射されるレーザー光の強度が時間の関数としてプロットされている．図 10.4.5 の一番下のパネルでは，レーザーは周期的に脈動している．系の制御パラメーター (レーザーキャビティ中の鏡の傾き) が変化すると，間欠性への分岐が起こる．図 10.4.5 の下から上に進むにつれて，カオス的なバーストがより頻繁に生じるようになっ

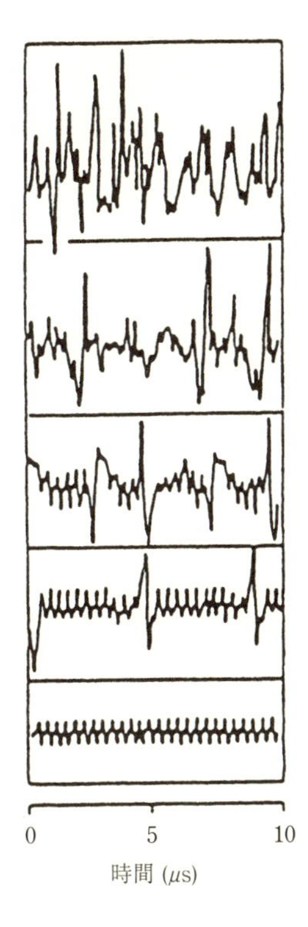

図 10.4.5　Harrison と Biswas (1986), p. 396

ていることがわかる．

流体系や化学反応系における間欠性についての良いレビューとしては，Bergé ら (1984) を参照せよ．このレビューの著者らは，他の 2 つのタイプの間欠性 (ここで考察したのは**タイプ I の間欠性**である) についてもレビューしており，間欠性一般についてのずっと詳細な扱いを与えている．

周期窓の中における周期倍分岐

10.2 節の最後で，3 周期の窓に軌道図の縮小されたコピーが現れることをコメントした．その説明は，またもや丘と谷に関係する．安定な 3 周期軌道が接線分岐でつくられた直後には，図 10.4.1 の黒丸のところでの傾きは +1 に近い．r を増加させるにつれて，丘は高くなり，谷は低くなる．黒丸のところでの $f^3(x)$ の傾きは +1 から着々と減少し，やがて −1 に到達する．すると，フリップ分岐によってそれぞれの黒丸は 2 つに分裂する．つまり，3 周期軌道が周期を倍加させて **6 周期軌道**となる．ここでもとの周期倍分岐のカスケードと同じメカニズムが働くが，今度は $3 \cdot 2^n$ 周期の軌道を生じさせる．同様の周期倍分岐のカスケードは，**すべての**周期窓において見つけることができる．

10.5　リアプノフ指数

ロジスティック写像がいくつかのパラメーターの値で非周期軌道を示しうることを見てきたが，これが本当にカオスであることはどうすればわかるのだろうか? 系が「カオス的」とよばれるためには，隣接する軌道が指数関数的に速く離れてゆくという，**初期条件への鋭敏な依存性**も示す必要がある．9.3 節で，カオス的な微分方程式に対してリアプノフ指数を定義することにより，鋭敏な依存性を定量化した．ここではその定義を 1 次元写像に拡張しよう．

直観的には以下の通りである．何らかの初期条件 x_0 を与えられたとき，近傍の点 $x_0+\delta_0$ を考える．ここで，初期の離れ具合 δ_0 はとても小さい．写像を n 回反復した後の離れ具合を δ_n としよう．もし $|\delta_n| \approx |\delta_0| \mathrm{e}^{n\lambda}$ なら，λ はリアプノフ指数とよばれる．正のリアプノフ指数はカオスのしるしである．

より正確で計算する際にも便利な λ の公式を導くことができる．対数をとり，$\delta_n = f^n(x_0+\delta_0) - f^n(x_0)$ に注意すると，

$$\begin{aligned}
\lambda &\approx \frac{1}{n}\ln\left|\frac{\delta_n}{\delta_0}\right| \\
&= \frac{1}{n}\ln\left|\frac{f^n(x_0+\delta_0)-f^n(x_0)}{\delta_0}\right| \\
&= \frac{1}{n}\ln\left|(f^n)'(x_0)\right|
\end{aligned}$$

を得る．最後のステップで $\delta_0 \to 0$ の極限をとった．対数の中の項は連鎖律

$$(f^n)'(x_0) = \prod_{i=0}^{n-1} f'(x_i)$$

により展開できる．(この公式には例題 9.4.1 ですでに出会っており，そこでは乗数に関する発見法的な推論により導かれた．また，例題 10.3.3 でも $n=2$ の特別な場合を見た.) ゆえに

$$\lambda \approx \frac{1}{n} \ln \left| \prod_{i=0}^{n-1} f'(x_i) \right|$$
$$= \frac{1}{n} \sum_{i=0}^{n-1} \ln |f'(x_i)|$$

である．もしこの表式が $n \to \infty$ で極限をもつなら，その極限値を x_0 から出発する軌道の**リアプノフ指数**と定義する．

$$\lambda = \lim_{n \to \infty} \left\{ \frac{1}{n} \sum_{i=0}^{n-1} \ln |f'(x_i)| \right\}$$

λ が x_0 に依存することに注意せよ．しかしながら，λ は与えられたアトラクターの吸引領域中のすべての x_0 について同じ値となる．安定な固定点と周期軌道については，λ は負である．カオス的なアトラクターに対しては，λ は正となる．

次の 2 つの例題は，λ が解析的に求められる特別な場合を取り扱う．

例題 10.5.1 f が点 x_0 を含む安定な p 周期軌道をもつとしよう．リアプノフ指数が $\lambda < 0$ であることを示せ．もし周期軌道が超安定なら $\lambda = -\infty$ であることを示せ．

(解) いつものように，f の p 周期軌道についての問題を，f^p の固定点についての問題に変換する．x_0 は p 周期軌道の 1 つの点なので，x_0 は f^p の固定点である．仮定により，周期軌道は安定である．ゆえに，乗数は $|(f^p)'(x_0)| < 1$ である．よって $\ln |(f^p)'(x_0)| < \ln 1 = 0$ である．この結果はすぐ後で使う．

次に，p 周期軌道については

$$\lambda = \lim_{n \to \infty} \left\{ \frac{1}{n} \sum_{i=0}^{n-1} \ln |f'(x_i)| \right\}$$
$$= \frac{1}{p} \sum_{i=0}^{p-1} \ln |f'(x_i)|$$

となることに気をつけよう．なぜなら，同じ p 個の項が無限和に現れ続けるからである．最後に，連鎖律を逆に用いることにより，望み通り

$$\frac{1}{p} \sum_{i=0}^{p-1} \ln |f'(x_i)| = \frac{1}{p} \ln |(f^p)'(x_0)| < 0$$

を得る．もし周期軌道が超安定なら，定義により $|(f^p)'(x_0)| = 0$ であり，よって $\lambda = \dfrac{1}{p} \ln(0) = -\infty$ である． ■

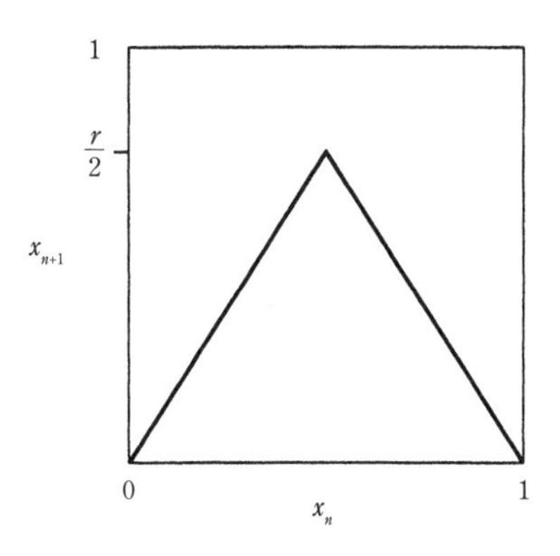

図 10.5.1

2 つ目の例は**テント写像**で，$0 \le r \le 2$ および $0 \le x \le 1$ に対して

$$f(x) = \begin{cases} rx & \left(0 \le x \le \dfrac{1}{2}\right) \\ r - rx & \left(\dfrac{1}{2} \le x \le 1\right) \end{cases}$$

と定義される (図 10.5.1)．テント写像は区分線形なので，ロジスティック写像よりもはるかに扱いやすい．

例題 10.5.2 テント写像では，初期条件 x_0 によらず，$\lambda = \ln r$ となることを示せ．

(解) すべての x において $f'(x) = \pm r$ なので，$\lambda = \lim_{n\to\infty} \left\{ \dfrac{1}{n} \sum_{i=0}^{n-1} \ln |f'(x_i)| \right\} = \ln r$ である．■

例題 10.5.2 は，テント写像ではすべての $r > 1$ において $\lambda = \ln r > 0$ となり，カオス的な解をもつことを示す．実際，テント写像のダイナミクスは，カオス的な領域においても詳しく理解できる．Devaney (1989)*4 を参照せよ．

一般に，リアプノフ指数を計算するにはコンピューターを用いる必要がある．次の例題は，そのような計算の概略をロジスティック写像について示す．

例題 10.5.3 ロジスティック写像 $f(x) = rx(1 - x)$ に対して λ を計算する数値スキームを説明せよ．制御パラメーター r の関数として計算結果を $3 \le r \le 4$ についてグラフに描け．

*4 (訳注) 邦訳を巻末の参考文献内に併記した．

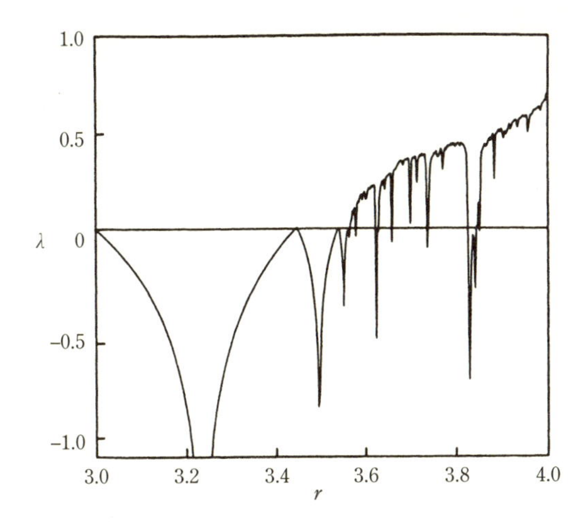

図 **10.5.2** Olsen と Degn (1985), p. 175

(解) ある r の値を固定せよ．そして，ランダムな初期条件から出発して，初期遷移が十分に減衰するように，300 回程度写像を反復せよ．次に，大きな回数，たとえば 10,000 回程度，写像の反復をさらに計算せよ．過去の反復すべてを記録する必要はなく，現時点での x_n の値のみを記録すればよい．$\ln|f'(x_n)| = \ln|r - 2rx_n|$ を計算して，それまでに計算した対数の和に加えよ．リアプノフ指数はこの総和を $10,000$ で割れば得られる．この手続きを次の r の値について繰り返せ．最終的な結果は図 10.5.2 のようになるはずである．

このグラフを軌道図 (図 10.2.7) と比較すると，λ が $r < r_\infty \approx 3.57$ においては負に留まり，周期倍分岐のところでゼロに近づくことに気づく．λ が急に落ち込む負の「スパイク」は 2^n 周期軌道に対応する．カオスの発生点は，λ が最初に正になる $r \approx 3.57$ の近傍に見えている．$r > 3.57$ では，写像が周期的にふるまう周期窓の部分での落ち込みを除いて，一般にリアプノフ指数は増加する．$r = 3.83$ 付近の 3 周期の窓によって生じる大きな落ち込みにも注意せよ． ■

実際のところ，図 10.5.2 の落ち込みはすべて $\lambda = -\infty$ にまで下がらなくてはならない．なぜなら，それぞれの落ち込みの中央付近に超安定な周期軌道が生じることが保証されており，そのような周期軌道は例題 10.5.1 より $\lambda = -\infty$ をもつからである．そのようなスパイクの部分は細か過ぎるため図 10.5.2 では描ききれていない．

10.6　普遍性と実験

この節では非線形ダイナミクス全体の中でも最も驚くべき結果をいくつか取り扱う．そのアイデアは，例題によって導入するのが一番良いだろう．

例題 10.6.1 サイン (正弦) 写像 $x_{n+1} = r \sin \pi x_n$ のグラフを $0 \le r \le 1$ および $0 \le x \le 1$ についてプロットし，ロジスティック写像と比較せよ．両者の軌道図をプロットし，類似点と相違点のいくつかをリストアップせよ．

(解) サイン写像のグラフを図 10.6.1 に示す．ロジスティック写像のグラフと同じ形をしている．どちらも滑らかな曲線で，上に凸で，最大点を 1 つもつ．このような写像は**単峰的** (unimodal) とよばれる．

図 10.6.2 にサイン写像 (上図) とロジスティック写像 (下図) の軌道図を示す．これらは信じられないほどよく似ている．どちらの図も縦軸の目盛は等しいが，サイン写像の横軸の目盛は 4 倍となっていることに注意せよ．$r \sin \pi x$ の最大値が r で，$rx(1-x)$ の最大値が $\frac{1}{4}r$ なので，この規格化は適切である．

図 10.6.2 は，2 つの写像の**定性的な**ダイナミクスが同一であることを示している．どちらの写像もカオスへの周期倍分岐ルートをたどり，周期窓とカオス的な帯が絡み合った状態に至る．さらに驚くべきことに，周期窓は同じ順序で生じ，相対的に同じ大きさをもつ．たとえば，3 周期の窓がいずれの場合にも最大であり，それに続く大きな周期窓は 5 周期と 6 周期のものである．

しかし，**定量的な**違いはある．たとえば，ロジスティック写像の方が周期倍分岐が遅れて起こり，周期窓はより幅が狭い．■

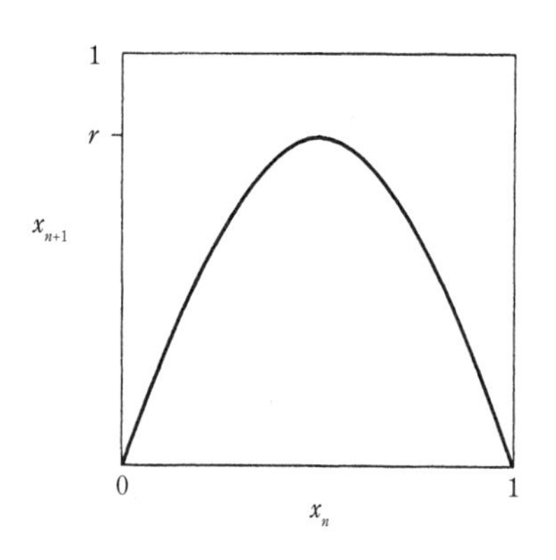

図 10.6.1

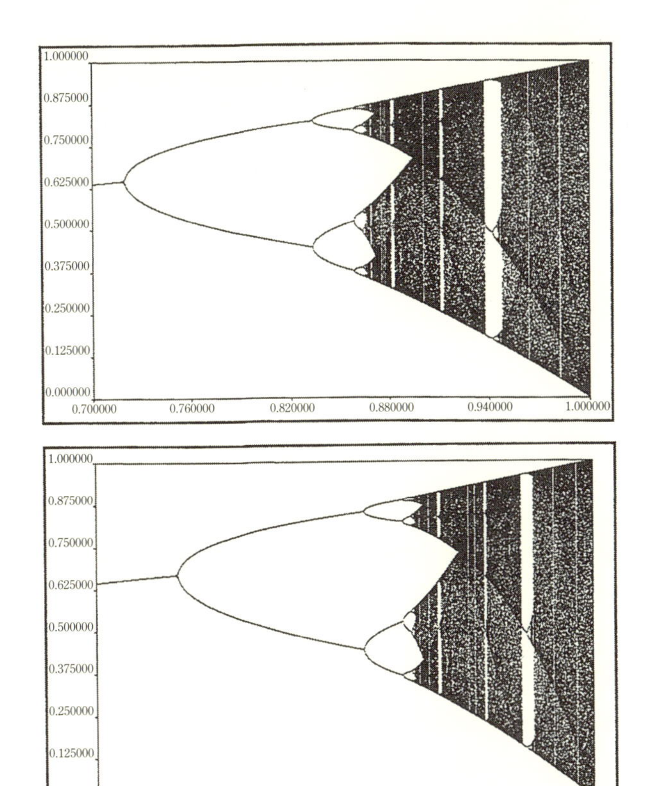

図 **10.6.2**　Andy Christian の好意による．

定性的な普遍性 (U 系列)

例題 10.6.1 は Metropolis ら (1973) による強力な定理の例を示している．Metropolis らは $x_{n+1} = rf(x_n)$ という形をもつすべての単峰写像を考えた．ここで $f(x)$ は $f(0) = f(1) = 0$ を満たす (正確な条件については原論文を参照)．Metropolis らは，r が変化する際に安定な周期解が出現する順序は，反復させる単峰写像には依存しないことを示した．つまり，周期アトラクターはいつも同じ順序で生じる．今ではこれは普遍系列あるいは **U** 系列とよばれている．この驚くべき結果は，$f(x)$ の代数的な表式が重要ではないことを意味する．つまり，その全体的な形状のみが重要なのだ．

6 周期までの U 系列は,

$$1, 2,\ 2\times 2,\ 6,\ 5,\ 3,\ 2\times 3,\ 5,\ 6,\ 4,\ 6,\ 5,\ 6$$

である．系列の最初の部分はおなじみのものである．1, 2, 2 × 2 という周期は，周期倍分岐シナリオの初期の段階に対応する.(これより後の周期倍分岐は 6 より大きな周期を与えるので，ここでは無視した.) 次に，6, 5, 3 という周期は，図 10.6.2 の説明で述べた大きな周期窓に対応する．2 × 3 という周期は 3 周期軌道が最初に周期倍分岐したものである．その後の 5, 6, 4, 6, 5, 6 という周期の周期軌道はそれほどなじみがあるものではない．これらはごく小さな周期窓で生じ，見落としやすい (ロジスティック写像におけるそれらの位置については，演習問題 10.6.5 を参照).

U 系列はベロウソフ–ジャボチンスキー (BZ) 反応の実験で見つかっている．Simoyi ら (1982) の論文では，連続攪拌された流動反応器中でこの反応がしらべられ，流動率の増加とともに周期的な状態とカオス的な状態が交互に現れる領域が発見されている．これらの周期状態は，実験的な分解能の範囲内で，U 系列による予測に正確に従う順序で出現した．この実験について，より詳しくは 12.4 節を参照せよ．

U 系列は定性的である．つまり，周期アトラクターの出現順序は指定するが，それらが生じる正確なパラメーターの値は与えない．次は，1 次元写像の**定量的な**普遍性に関する Mitchell Feigenbaum の著名な発見について述べよう．

定量的な普遍性

Feigenbaum の研究の背後にあったドラマティックな物語については，Gleick (1987) の本を読むことを強くすすめる．また，Feigenbaum (1980) 自身による回想 (Cvitanovic 1989a に再録) にも目を通して欲しい．テクニカルな原論文 (Feigenbaum 1978,1979) は，いくつかの学術誌に掲載を断られた後，ようやく出版された．これらの論文を読むのはかなりたいへんである．よりわかりやすい解説としては，Feigenbaum (1980), Schuster (1989), および Cvitanovic (1989b) を参照するとよい．

その経緯を簡単に述べると以下のようなものである．1975 年頃，Feigenbaum はロジスティック写像の周期倍分岐についてしらべ始めた．まず彼は，2^n 周期軌道が最初に出現する r の値である r_n を予測するための，ややこしい (そして今や忘れ去られた)「母関数理論」を発展させた．大きなコンピューターを使うのが得意ではなかった Feigenbaum は，理論を数値的にチェックするために，最初のいくつかの r_n を計算するように関数電卓をプログラムした．関数電卓がポッポッと計算する間に，Feigenbaum にはどこで次の分岐が生じるかを推測する余裕があった．そして，r_n が幾何級数的に収束し，連続する 2 つの転移間の距離が約 4.669 の割合で縮んで行くという，簡単な規則に気づいた．

Feigenbaum (1980) は，その次に起きたことを詳しく記述している．

> 収束率の値 4.669 を何か私の知っている数学の定数に合わせようとして 1 日の一部を費やした．この作業は，この数を覚えられるようになったことを除けば，無駄に終わった．
>
> このとき，Paul Stein が私に，周期倍分岐は 2 次写像だけの性質ではなく，たとえば $x_{n+1} = r \sin \pi x_n$ でも生じることを思い出させてくれた．しかし，私の母関数の理論は，非線形性が単に 2 次関数的であり，超越関数的ではないことに強く依存していた．よって，この問題に関する私の興味は薄れた．
>
> 確か 1ヶ月後になって，超越関数的な場合の r_n を数値的に計算することにした．この問題は，2 次関数的な場合に比べ，さらに計算に時間がかかった．その結果，またもや r_n が幾何級数的に収束することが明らかとなり，とても驚いたことには，その収束率は，以前数値を合わせようとしたときの努力のおかげで覚えていた，4.669 という同じ値だった．

実際のところ，**どのような単峰写像が反復されたとしても**，同一の収束率が出現するのである！ この意味において

$$\delta = \lim_{n\to\infty} \frac{r_n - r_{n-1}}{r_{n+1} - r_n} = 4.669\cdots$$

という数は**普遍的**である．これは，円に対する π と同様に，周期倍分岐に対して基本となるような新たな数学定数である．

図 10.6.3 は δ の意味を模式的に示している．$\Delta_n = r_n - r_{n-1}$ を 2 つの連続する分岐値の間の距離だとしよう．すると $n \to \infty$ で $\Delta_n/\Delta_{n+1} \to \delta$ である．

x 方向についても同様に普遍的なスケーリング則がある．こちらは，r の値が同じところでも，それぞれのピッチフォーク分岐がさまざまな幅をもつので，正確に述べることは難しい．(これを確かめるには図 10.6.2 の軌道図を見直してみよ.) この非一様性を考慮に入れるために，x の標準スケールを以下のように定義する．x_m を f の最大値として，x_m から**最も近い** 2^n 周期軌道中の点への距離を d_n で表す (図 10.6.3)．

すると，比 d_n/d_{n+1} は，f の正確な形とは無関係に，$n \to \infty$ で普遍的な極限

$$\frac{d_n}{d_{n+1}} \to \alpha = -2.5029\cdots$$

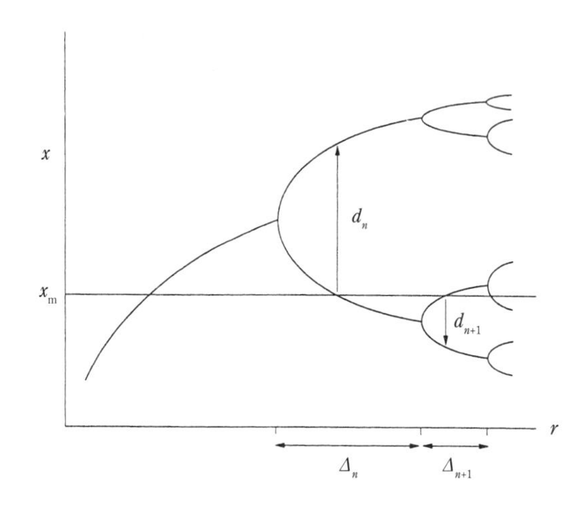

図 **10.6.3**

に近づく．ここで負の符号は，図 10.6.3 に示すように，2^n 周期軌道中の $x_{\rm m}$ から最も近い点が，$x_{\rm m}$ の上側あるいは下側に交互に存在することを示す．したがって，d_n は交互に正となったり負となったりする．

Feigenbaum (1979) は，α と δ がなぜ普遍的なのかを説明する美しい理論を展開した．彼は，統計物理学からくりこみの考え方を借用して，α および δ と，磁性体，流体，または他の物理系の 2 次相転移の実験 (Ma 1976) で観察される普遍的な指数の間に類似性を発見した．10.7 節でこのくりこみ理論を簡潔に考えてみることにする．

実験による検証

Feigenbaum の仕事以降，さまざまな実験系で周期倍分岐の系列が測定されてきた．たとえば，Libchaber ら (1982) は，液体水銀を入れた箱を下から暖める対流実験を行った．制御パラメーターはレイリー数 R で，これは外部から与えた底面から上面への温度勾配を表す無次元量である．R が臨界値 $R_{\rm c}$ より小さいときは，流体は動かず熱が上向きに伝導する．しかし $R > R_{\rm c}$ では，流体が運動しない状態は不安定化して**対流**が起こる．つまり，熱い流体がある一方の側で上昇し，上面で熱を失い，もう一方の側で下降して，互いに逆方向に回る**ロール**状の対流パターンをつくる (図 10.6.4)．

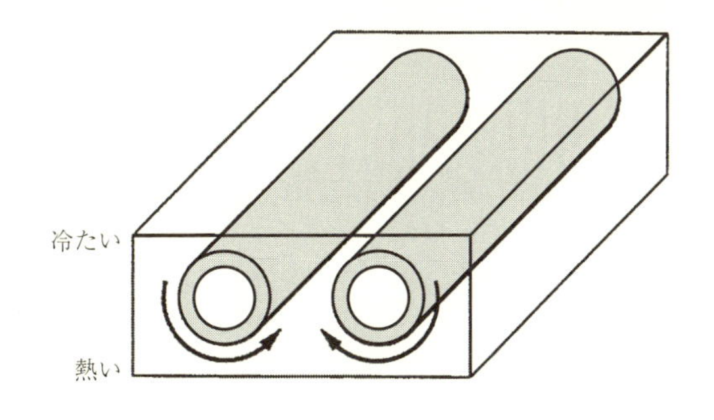

図 **10.6.4**

R_c より少し大きな R では，各ロールはまっすぐで運動は定常的である．また，空間に固定したどの位置においても，温度は一定である．さらに暖めると，また別の不安定性が起こる．それぞれのロールに沿って波が前後に伝播するようになり，空間の各点における温度の振動を引き起こす．

従来のこの種の実験では，加える熱を増やし続けると，さらなる不安定性が生じて最終的にロール構造は破壊され，系は乱流的になる．これに対し，Libchaber ら (1982) は空間構造を壊さずに熱流を増加させようとした．これが彼らが水銀を選んだ理由である．そうすれば，系全体に直流磁場を与えることによって，ロール構造を安定化できる．水銀は高い電気伝導度をもつため，ロールは磁場に沿って並ぼうとする傾向が強く，これにより空間的な構造が保たれる．実験のデザインにはさらに美しく精妙な点があるが，ここでの議論には関係しない．Libchaber ら (1982) や Bergé ら (1984) を参照せよ．

さて，実験の結果である．図 10.6.5 は，レイリー数が増加すると，この系が一連の周期倍分岐を起こすことを示す．それぞれの時系列は，流体中のある点における温度変動を示す．$R/R_c = 3.47$ では温度が周期的に変動する．これを基本となる 1 周期の状態と見なしてよい．$R/R_c = 3.52$ まで R が増加すると，温度の 2 つの連続する最大値が等しくなくなる．つまり，奇数番目のピークは 1 つ前のピークより少しだけ高く，偶数番目のピークは少しだけ低い．これが 2 周期の状態である．さらに R を増加させると，図 10.6.5 の下側にある 2 つの時系列のように，さらに周期倍分岐が起こる．

周期倍分岐点での R の値を注意深く測定することにより，Libchaber ら (1982) は理論的な結果 $\delta \approx 4.699$ と適度によく一致する $\delta = 4.4 \pm 0.1$ という値に到達した．

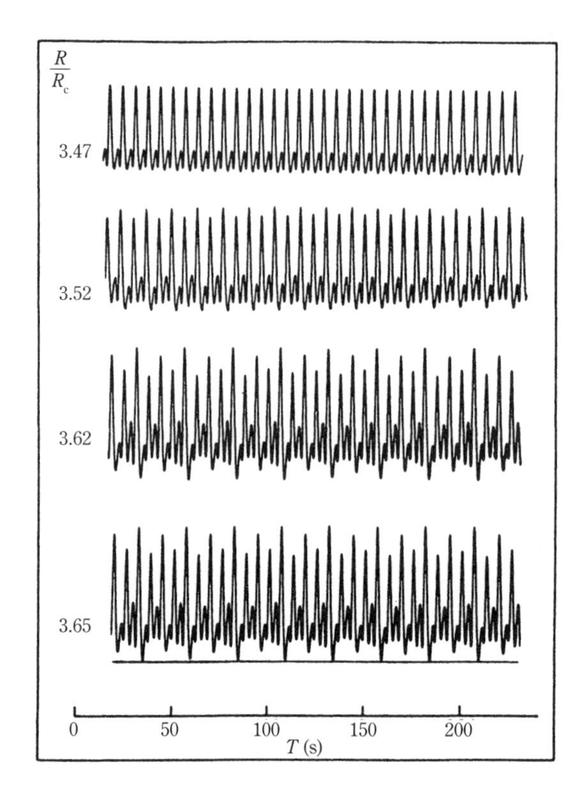

図 **10.6.5**　Libchaber ら (1982), p. 213

表 10.6.1 は Cvitanovic (1989b) より改変して引用したもので，いくつかの対流と非線形電気回路についての実験結果がまとめられている．実験的に見積もった δ の値が，実験家の示した誤差とともに示してある．たとえば，4.3(8) は 4.3 ± 0.8 を意味する．

これらの値の測定が難しいことを理解しておくのは重要である．$\delta \approx 5$ なので，実験家が 1 つ先の分岐を測定するためには，外部の制御パラメーターをおよそ 5 倍の精度で測定する能力が必要となる．また，実験ノイズは高い周期をもつ軌道の構造をぼやけさせるので，いつ分岐が起きたのかを正確に知るのは難しい．実際のところ，約 5 回以上の周期倍分岐を測定することはできない．このような難点を考えると，理論と実験の一致は驚くほど良い．

周期倍分岐は，表 10.6.1 のリスト中にあるものに加え，レーザー系，化学系，ある

表 10.6.1

実　　験	周期倍分岐の数	δ	文　　献
流　　体			
水	4	4.3(8)	Giglio ら (1981)
水銀	4	4.4(1)	Libchaber ら (1982)
電 気 回 路			
ダイオード	4	4.5(6)	Linsay (1981)
ダイオード	5	4.3(1)	Testa ら (1982)
トランジスタ	4	4.7(3)	Arecchi と Lisi (1982)
ジョセフソン接合素子 (擬似回路)	3	4.5(3)	Yeh と Kao (1982)

いは音響系においても測定されている．それらに関する文献については Cvitanovic (1989b) を参照せよ．

1 次元写像が実現象と何の関係があるのか?

Feigenbaum の理論の予測能力には，不思議な印象を強く受けるかもしれない．対流や電気回路のような現実の系の**物理**をまったく含んでいないのに，どのようにして理論はうまく働くのだろうか? また，現実の系は，しばしばおそろしく大きな自由度をもつが，どのようにして，その複雑さのすべてを 1 次元写像によって捉えることができるのだろうか? 最後に，現実の系は連続時間で発展するが，離散時間写像にもとづく理論が，なぜそれほどうまく働くのだろうか?

その答を目指して，対流より簡単で，しかし (見かけ上は) 1 次元写像よりもややこしい系から出発しよう．この系は，できる限り簡単なストレンジアトラクターを示すように，Rössler (1976) によってつくり上げられた 3 つの微分方程式の組である．**レスラー系**は

$$
\begin{aligned}
\dot{x} &= -y - z \\
\dot{y} &= x + ay \\
\dot{z} &= b + z(x - c)
\end{aligned}
$$

で与えられ，a, b, c はパラメーターである．この系は，1 つの非線形項 zx のみをもち，2 つの非線形項をもつローレンツ系 (9 章) よりもさらに簡単である．

図 10.6.6 は，いくつかの異なる c の値 ($a = b = 0.2$ は固定) における系のアトラクターの 2 次元平面への射影を示す．

$c = 2.5$ ではアトラクターは単なるリミットサイクルである．c が 3.5 まで増加すると，リミットサイクルは軌道が閉じるまでに 2 周するようになり，その周期

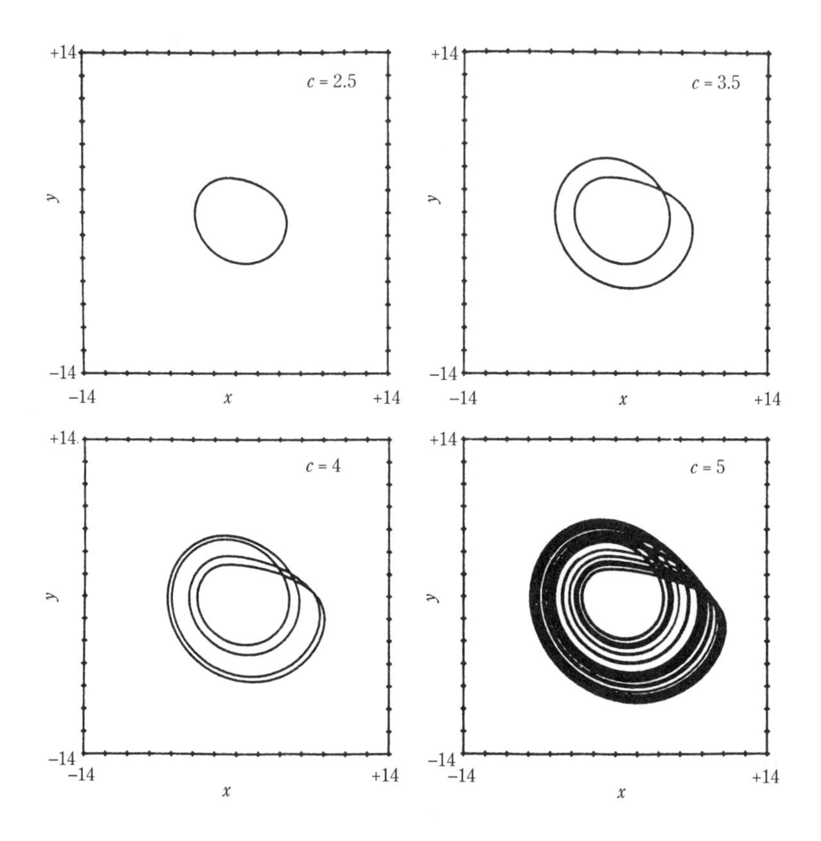

図 10.6.6　Olsen と Degn (1985), p. 185

はもとの周期軌道の大体 2 倍となる．これが，連続時間系における周期倍分岐の様子である！ 実際，$c = 2.5$ と 3.5 の間のどこかで**周期軌道の周期倍分岐**が起こらなくてはならない．(図 10.6.6 が示すように，そのような分岐は 3 次元，あるいはもっと高い次元でしか起こらない．なぜなら，リミットサイクルが自分自身と交差しないためにスペースが必要だからである.) もう 1 度周期倍分岐すると，$c = 4$ の図に示すような 4 つのループからなる周期軌道がつくられる．さらなる周期倍分岐の無限のカスケードの後，$c = 5$ の図に示すようなストレンジアトラクターが得られる．

これらの結果を 1 次元写像で求めたものと比較するために，Lorenz の考案したトリックを用いて流れから写像を得よう (9.4 節)．ある与えられた c の値で，ス

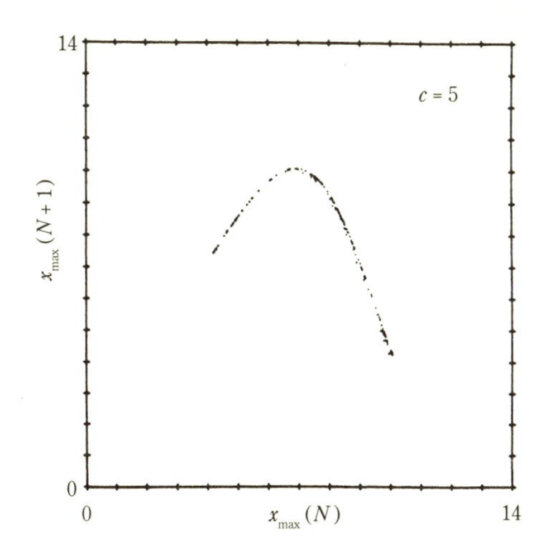

図 **10.6.7**　Olsen と Degn (1985), p. 186

トレンジアトラクター上の軌道について，$x(t)$ の連続する極大値を記録してゆく．そして，x_{n+1} を x_n に対してプロットする．ここで，x_n は n 番目の極大値を表す．このローレンツ写像を $c = 5$ の場合について図 10.6.7 に示す．データ点は 1 本の 1 次元曲線のごく近傍に落ちる．ロジスティック写像との不思議な類似性に注目しよう!

さらにレスラー系の軌道図も計算できる．今度は，系がカオス的なところだけではなく，すべての c の値を考えることにしよう．それぞれの c の値の上方に，この c の値におけるアトラクター上での**すべての**極大値 x_n をプロットする．異なる極大値の数は，アトラクターの「周期」を示す．たとえば，$c = 3.5$ ではアトラクターは 2 周期であり (図 10.6.6)，したがって $x(t)$ の極大値は 2 つある．その両方の点が図 10.6.8 の $c = 3.5$ の値の上方にグラフで描かれている．すべての c の値についてこれを行い，軌道図全体を走査する．

この軌道図を用いることにより，レスラー系の分岐を追跡することができる．カオスへの周期倍分岐ルートと大きな 3 周期の窓が見える．おなじみのものがすべてここに見えている．

今や，なぜある物理系がファイゲンバウムの普遍性理論に支配されるのかを理解できる．もし系のローレンツ写像がほぼ 1 次元で単峰的なら，この理論が適用されるのだ．レスラー系は確かにこれに該当しており，おそらく Libchaber の水

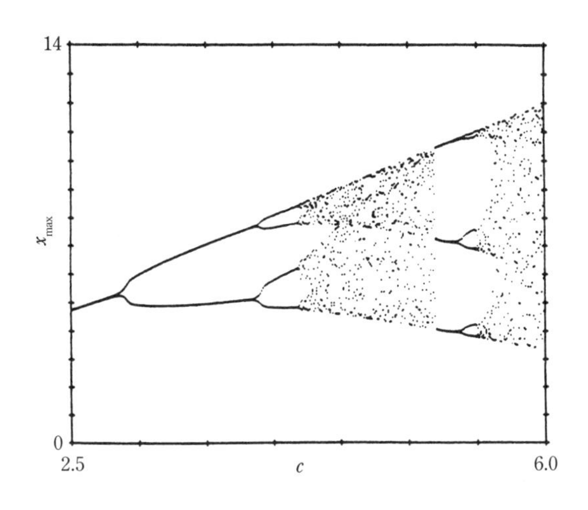

図 **10.6.8**　Olsen と Degn (1985), p. 186

銀対流もそうである．しかし，すべての系が 1 次元のローレンツ写像をもつわけではない．ローレンツ写像がほぼ 1 次元的であるためには，ストレンジアトラクターが非常に平べったい必要がある．つまり，2 次元よりもわずかにしか次元が高くてはならない．そのためには，系の散逸が強いことが必要である．すなわち，系の 2, 3 個の自由度のみが真にアクティブで，残りの自由度はこれに隷属的に追随しなくてはならない．[ちなみに，これが Libchaber ら (1982) が磁場を与えたもう 1 つの理由である．これによって系の減衰が強くなり，低次元のカオスが出現しやすくなる.]

このように，Feigenbaum の理論は適度にカオス的ないくつかの系においてはうまく働くが，発達した乱流や心室細動を示す心臓のように，たくさんのアクティブな自由度をもち，時間的にも空間的にも入り組んだ挙動を示す系には適用できない．そのような系の理解はまだほど遠い．

10.7　く　り　こ　み

この節では，周期倍分岐に関する Feigenbaum (1979) のくりこみ理論 (renormalization theory) の直観的な導入を与える．より数学レベルの高度な良い解説としては，Feigenbaum (1980), Collet と Eckmann (1980), Schuster (1989), Drazin (1992), および Cvitanovic (1989b) を参照せよ．

まず，いくつかの記法を導入する．r が増加すると周期倍分岐ルートでカオスに至る単峰的な写像を $f(x,r)$ で表し，f の最大値を x_{m} としよう．新しく 2^n 周期軌道が生まれる r の値を r_n で表し，2^n 周期軌道が超安定となる r の値を R_n で表そう．

Feigenbaum は解析を超安定な周期軌道にもとづいて説明したので，その演習をしておこう．

例題 10.7.1 写像 $f(x,r) = r - x^2$ の R_0 と R_1 を求めよ．

(解) 定義より写像は R_0 で超安定な固定点をもつ．固定点の条件は $x^* = R_0 - (x^*)^2$ で，超安定性の条件は $\lambda = (\partial f/\partial x)_{x=x^*} = 0$ である．$\partial f/\partial x = -2x$ なので，$x^* = 0$ でなくてはならず，固定点は f が最大値をとる所となる．$x^* = 0$ を固定点の条件に代入すると $R_0 = 0$ が得られる．

R_1 で写像は超安定な 2 周期軌道をもつ．周期軌道の点を p と q で表そう．超安定であるためには乗数が $\lambda = (-2p)(-2q) = 0$ となることが必要とされるので，2 周期軌道の点のうち 1 つは点 $x = 0$ でなくてはならない．すると，2 周期の条件 $f^2(0, R_1) = 0$ は $R_1 - (R_1)^2 = 0$ を意味する．したがって，$R_1 = 1$ である (なぜなら，もう 1 つの根 $(R_1 = 0)$ は 2 周期軌道ではなく固定点を与えるので)．■

例題 10.7.1 は一般的な規則を例示している．すなわち，単峰写像の超安定な周期軌道は，常に x_{m} を軌道に含まれる点の 1 つとしてもつ．よって，図を用いた

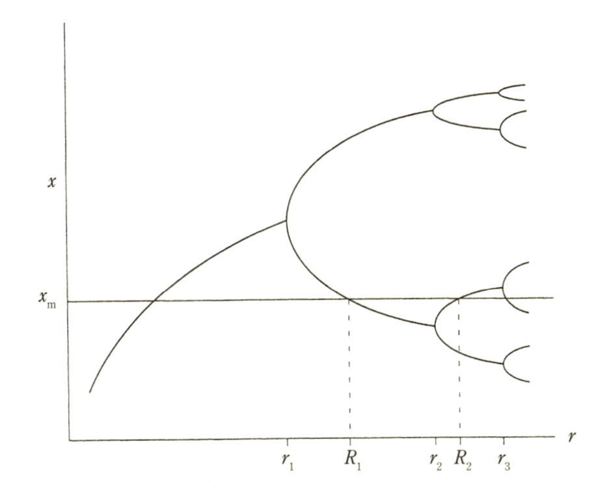

図 **10.7.1**

簡単な方法によって R_n の位置を突き止めることができる (図 10.7.1)．高さ $x_{\rm m}$ に水平線を引こう．すると，R_n はこの直線が軌道図の**イチジクの木**の部分と交差するところである (Feigenbaum はドイツ語でイチジクの木を意味する)．R_n は r_n と r_{n+1} の間にあることに注意せよ．数値実験によると，連続する R_n の間隔も普遍的なファクター $\delta \approx 4.669$ で縮んでゆく．

くりこみ理論は，イチジクの木の**自己相似性**にもとづいている．つまり，分岐図中の小枝は，x と r の両方向に縮小されていることを除くと，そのひとまわり大きな枝に似ている．この構造は，2^n 周期軌道が生まれ，超安定となり，そして周期倍分岐で安定性を失うという，同一のダイナミカルなプロセスの果てしない繰り返しを反映したものである．

この自己相似性を数学的に表現するために，f とそれを 2 回反復した f^2 を対応する r の値で比べ，そして一方の写像をもう一方の写像に「くりこむ」．特に，$f(x, R_0)$ と $f^2(x, R_1)$ のグラフを見比べてみよ (図 10.7.2a と b)．

これは，2 つの写像が同じ安定性をもつので，公正な比較である．**$x_{\rm m}$ は両方の写像の超安定な固定点である．** 図 10.7.2b を求めるには，f を 2 回反復して，かつ，r を R_0 から R_1 まで増加させたことに注意して欲しい．この r のシフトが，くりこみの手続きの基本部分である．

図 10.7.2b の小さな箱の部分が，図 10.7.2c に再現されている．ここで鍵となる点は，スケールの違いと両軸の反転を除くと，実質的に図 10.7.2c が図 10.7.2a と同一に見えることである．ダイナミクスの観点からは，これらの 2 つの写像はとてもよく似ており，対応する 2 つの点から出発するクモの巣図法によるプロットは，ほぼ同一に見えることだろう．

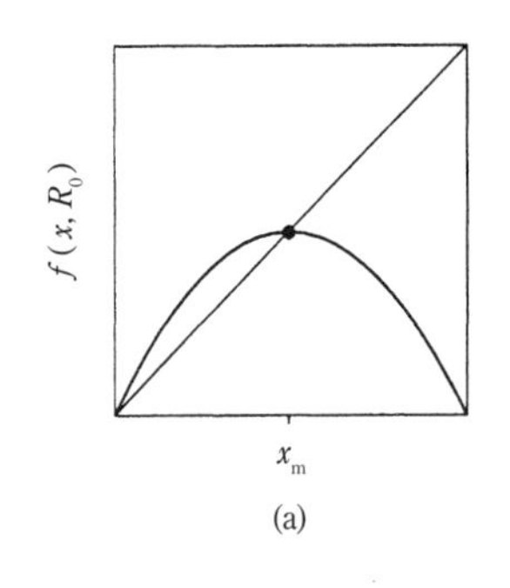

(a)

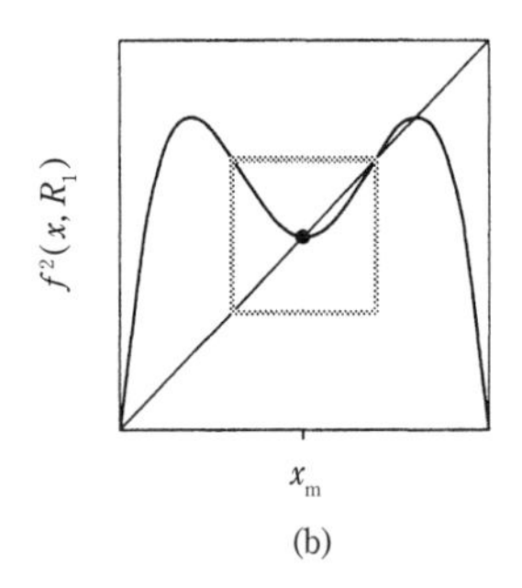

(b)

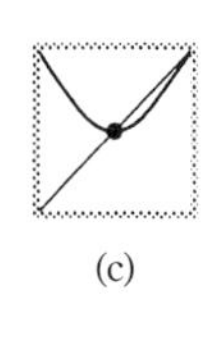
(c)

図 **10.7.2**

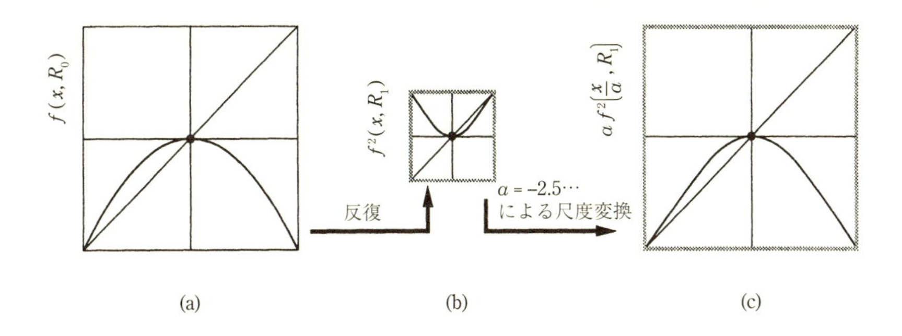

図 **10.7.3**

さて，以上の定性的な観察を数式に変換する必要がある．最初のステップとして役に立つのは，x を $x - x_\mathrm{m}$ と再定義することにより，x の原点を x_m に移動することである．このように x を再定義すると，$f(x_n, r) = x_{n+1}$ なので，f からも x_m を引かなくてはならない．これにより移動したグラフを図 10.7.3a と 10.7.3b に示す．

次に，図 10.7.3b を図 10.7.3a に似せるため，両方向に $|\alpha| > 1$ 倍に引き延ばし，(x, y) を $(-x, -y)$ で置き換えることにより反転させる．**スケールファクター** α を**負**だとすれば，両者の操作は 1 ステップで達成できる．α によるリスケールは，$f^2(x, R_1)$ を $\alpha f^2(x/\alpha, R_1)$ で置き換えることと等価であり，演習問題 10.7.2 でこのことを示すように求められる．最後に，図 10.7.3a と 10.7.3c の類似性から，

$$f(x, R_0) \approx \alpha f^2\left(\frac{x}{\alpha}, R_1\right)$$

であることが示される．まとめると，2 度の反復，リスケール $x \to x/\alpha$，そして r を次の超安定な値にシフトすることによって，f は**くりこまれた**．

f^2 で止まる理由は何もない．たとえば，f^2 をくりこんで f^4 がつくられる．r を R_2 にシフトすれば，これもまた超安定な固定点をもつ．先ほどと同様の議論により，

$$f^2\left(\frac{x}{\alpha}, R_1\right) \approx \alpha f^4\left(\frac{x}{\alpha^2}, R_2\right)$$

が得られる．もとの写像 $f(x, R_0)$ で表現すると，この方程式は

$$f(x, R_0) \approx \alpha^2 f^4\left(\frac{x}{\alpha^2}, R_2\right)$$

となり，n 回くりこむと，

$$f(x, R_0) \approx \alpha^n f^{(2^n)}\left(\frac{x}{\alpha^n}, R_n\right)$$

を得る．Feigenbaum は数値計算によって

$$\lim_{n\to\infty} \alpha^n f^{(2^n)}\left(\frac{x}{\alpha^n}, R_n\right) = g_0(x) \tag{10.7.1}$$

となることを発見した．ここで，$g_0(x)$ は超安定な固定点をもつ**普遍関数** (universal function) である．この極限的な関数は，α が正しい値，具体的には $\alpha = -2.5029\cdots$ に選ばれた場合にのみ存在する．

ここで,「普遍的」とは極限的な関数 $g_0(x)$ がもとの f から (ほぼ) 独立であることを意味する．このことは最初は信じがたく思えるが，式 (10.7.1) の形がその理由を示唆している．すなわち，$g_0(x)$ は f の $x = 0$ 近傍での挙動のみを通じて，f に依存する．なぜなら，引数 x/α^n において，$x = 0$ の近傍のみが $n \to \infty$ で生き残るからである．各回のくりこみにより f の最大値のより小さな近傍が拡大されてゆく．よって，f の大域的な形に関する事実上すべての情報が失われる．

ここで 1 つ注意点がある．最大値の近くの f の**次数**は決して忘れ去られることはない．したがって，より正確に述べると，**2 次関数的な最大値**をもつすべての f (これは一般的な場合である) に対して $g_0(x)$ が普遍的だということである．4 次関数的な最大をもつ f に対しては，$g_0(x)$ は異なったものとなる．

他の普遍関数 $g_i(x)$ を求めるには，$f(x, R_0)$ のかわりに $f(x, R_i)$ から出発する．

$$g_i(x) = \lim_{n\to\infty} \alpha^n f^{(2^n)}\left(\frac{x}{\alpha^n}, R_{n+i}\right)$$

ここで，$g_i(x)$ は超安定な 2^i 周期軌道をもつ普遍関数である．$R_i = R_\infty$ (カオスの発生点) から出発した場合が最も興味深く重要である．なぜなら，このとき

$$f(x, R_\infty) \approx \alpha f^2\left(\frac{x}{\alpha}, R_\infty\right)$$

となるからである．この時ばかりは，くりこむ際に r をシフトしなくてよい！ 極限的な関数 $g_\infty(x)$，通常 $g(x)$ とよばれるものは，

$$g(x) = \alpha g^2\left(\frac{x}{\alpha}\right) \tag{10.7.2}$$

を満たす．これは $g(x)$ と普遍的なスケールファクター α についての**関数方程式**である．この方程式は自己言及的である．つまり，$g(x)$ はそれ自身により定義される．

この関数方程式は，$g(x)$ の境界条件を与えない限り，完全ではない．原点をシフトした後，すべての単峰的な f は $x = 0$ に最大をもつので，$g'(0) = 0$ となることを要求しよう．また，一般性を失わず $g(0) = 1$ とできる．(これは単に x のス

ケールを定義する．もし $g(x)$ が式 (10.7.2) の解であれば，$\mu g(x/\mu)$ も同じ α において解となる．演習問題 10.7.3 を参照せよ.)

さて，関数方程式 (10.7.2) を $g(x)$ と α について解こう．$x=0$ では関数方程式は $g(0)=\alpha g(g(0))$ を与える．しかし，$g(0)=1$ なので，$1=\alpha g(1)$ である．ゆえに，

$$\alpha = 1/g(1)$$

となり，α が $g(x)$ により決まることを示す．$g(x)$ の解を閉じた形で発見した者はいないので，べき展開による解

$$g(x) = 1 + c_2 x^2 + c_4 x^4 + \cdots$$

を考えよう. (ここで最大値が 2 次関数的であることを仮定している.) べき級数を式 (10.7.2) に代入して，x の等しいべきを一致させることにより，係数が得られる. Feigenbaum (1979) は 7 つの項による展開を用い，$c_2 \approx -1.5276$, $c_4 \approx 0.1048$ と $\alpha \approx -2.5029$ を求めた．このようにして，くりこみ理論は数値的に観察された α の値を説明することに成功した.

この理論は δ の値も説明する．残念ながら，その部分を議論は，これまでに準備したものに比べ，さらに洗練された道具を必要とする [関数空間における作用素，フレシェ (Frechét) 微分，など]．そのかわりに，今度はくりこみ理論の具体例に注意を向けよう．その計算は，近似的ではあるが，関数方程式のかわりに代数計算を用いて，明示的に実行できる.

入門者向けのくりこみ理論

以下の教育的な計算は，くりこみの過程を明らかにすることを意図している．おまけとして，α と δ の閉じた近似も得られる．ここでの扱いは，May と Oster (1980) および Helleman (1980) より改変したものである.

$f(x,\mu)$ を周期倍分岐ルートによりカオスに至る任意の単峰写像だとする．$\mu=0$ で $x=0$ に 2 周期軌道が生じるように変数が定義されているとしよう．すると，分岐点での固有値は -1 なので，x と μ の両方が 0 に近いときには，写像を

$$x_{n+1} = -(1+\mu)x_n + a{x_n}^2 + \cdots$$

と近似できる. (x と μ の高次の項はすべて無視することにする．そのため，結果は近似的なものとなる.) $x \to x/a$ とリスケールすることにより，一般性を失う

ことなく $a=1$ とできる．よって，写像は局所的には

$$x_{n+1} = -(1+\mu)x_n + {x_n}^2 + \cdots \tag{10.7.3}$$

という標準形をもつ．

アイデアは以下の通りである．$\mu > 0$ では 2 周期の点，たとえば p と q が存在する．μ が増加すると，p と q 自身もやがて周期倍分岐するだろう．これが生じたとき，p の近くでの f^2 のダイナミクスは，必然的に**式 (10.7.3) と同じ代数的な形をもつ**写像で近似されることだろう．なぜなら，周期倍分岐の近くでは，すべての写像はこの形をもつからである．われわれの作戦は，p の近くでの f^2 のダイナミクスを支配する写像を計算し，それが式 (10.7.3) に似た形となるように，くりこむことである．これによってくりこみの反復が定義され，そこから α と δ が予測される．

まず，p と q を求める．2 周期軌道の定義により，p は q に写され，q は p に写される．ゆえに，式 (10.7.3) より

$$p = -(1+\mu)q + q^2, \qquad q = -(1+\mu)p + p^2$$

が得られる．一方の方程式をもう一方から差し引き，$p-q$ をくくりだすと，$p+q=\mu$ であることがわかる．次に，方程式を互いに乗じて整理すると，$pq = -\mu$ が得られる．したがって

$$p = \frac{\mu + \sqrt{\mu^2+4\mu}}{2}, \qquad q = \frac{\mu - \sqrt{\mu^2+4\mu}}{2}$$

である．

さて，原点を p にシフトして局所的なダイナミクスを見てみよう．

$$f(x) = -(1+\mu)x + x^2$$

とする．すると，p は f^2 の固定点である．$p + \eta_{n+1} = f^2(p+\eta_n)$ を小さなずれ η_n についてべき展開しよう．いくらかの代数計算 (演習問題 10.7.10) の後，いつも通りに高次の項を無視すると，

$$\eta_{n+1} = (1-4\mu-\mu^2)\eta_n + C{\eta_n}^2 + \cdots \tag{10.7.4}$$

を得る．ここで

$$C = 4\mu + \mu^2 - 3\sqrt{\mu^2+4\mu} \tag{10.7.5}$$

である．

約束したように，η の写像 (10.7.4) は，もとの写像 (10.7.3) と同じ代数形をもっている！ η をリスケールして新しい μ を定義することにより，式 (10.7.4) を式 (10.7.3) にくりこむことができる．(注意：これらの**両方の**ステップが必要であることは，先に議論した抽象的なバージョンのくりこみ理論から予想されていた．状態変数 η をリスケールし，**そして**，分岐パラメーター μ をシフトする必要があるのだ．)

η をリスケールするために $\tilde{x}_n = C\eta_n$ としよう．すると式 (10.7.4) は

$$\tilde{x}_{n+1} = (1 - 4\mu - \mu^2)\tilde{x}_n + \tilde{x}_n{}^2 + \cdots \tag{10.7.6}$$

となる．これはほとんど完璧に式 (10.7.3) に一致する．あとは新しいパラメーター $\tilde{\mu}$ を $-(1+\tilde{\mu}) = (1 - 4\mu - \mu^2)$ と定義するだけである．すると，式 (10.7.6) は望みの形

$$\tilde{x}_{n+1} = -(1+\tilde{\mu})\tilde{x}_n + \tilde{x}_n{}^2 + \cdots \tag{10.7.7}$$

となり，くりこまれたパラメーター $\tilde{\mu}$ は

$$\tilde{\mu} = \mu^2 + 4\mu - 2 \tag{10.7.8}$$

で与えられる．

$\tilde{\mu} = 0$ のとき，くりこまれた写像 (10.7.7) はフリップ分岐を起こす．これに等価だが，もとの写像では 2 周期軌道が安定性を失い，4 周期軌道をつくりだす．これで最初の周期倍分岐が完了する．

例題 10.7.2 式 (10.7.8) を用いてもとの写像 (10.7.3) が 4 周期軌道を生み出す μ の値を求めよ．その結果を例題 10.3.3 でロジスティック写像に対して得た $r_2 = 1 + \sqrt{6}$ という値と比べよ．

(解)　4 周期解は $\tilde{\mu} = \mu^2 + 4\mu - 2 = 0$ で生まれる．この 2 次方程式を解くと $\mu = -2 + \sqrt{6}$ を得る．(もう一方の解は負であり，適切ではない．) ここで，2 周期軌道の誕生時に $\mu = 0$ となるように μ の原点を定義したことを思い出そう．2 周期軌道はロジスティック写像では $r = 3$ で生じる．ゆえに，$r_2 = 3 + (-2 + \sqrt{6}) = 1 + \sqrt{6}$ であり，例題 10.3.3 で得た結果が再現される．■

式 (10.7.7) はもとの写像と同じ形なので，式 (10.7.7) を基本写像として，同じ解析を何度も繰り返すことができる．言い換えると，**無限に**くりこむことができるのだ！ これにより，カオスの発生点に向けて，**くりこみ変換** (10.7.8) のみを用いて進む道が開かれる．

もとの写像 (10.7.3) が 2^k 周期軌道を生みだすパラメーターの値を μ_k としよう．μ の定義より $\mu_1 = 0$ である．例題 10.7.2 によると $\mu_2 = -2 + \sqrt{6} \approx 0.449$ である．一般に μ_k は

$$\mu_{k-1} = {\mu_k}^2 + 4\mu_k - 2 \tag{10.7.9}$$

を満たす．この式をはじめて見ると，μ の添字が逆向きについているように思うかもしれない．例題 10.7.2 を参考に，このことを考えてみよう．μ_2 を得るには，式 (10.7.8) で $\tilde{\mu} = 0\ (= \mu_1)$ とおいて，μ について解いた．これと同様に，μ_k を得るには，式 (10.7.8) で $\tilde{\mu} = \mu_{k-1}$ として，μ について解くのである．

式 (10.7.9) を k の昇順の反復に変換するため，μ_k について解くと

$$\mu_k = -2 + \sqrt{6 + \mu_{k-1}} \tag{10.7.10}$$

となる．演習問題 10.7.11 で，式 (10.7.10) を初期条件 $\mu_1 = 0$ から出発してクモの巣図法を用いて解析することを求められる．すると，$\mu_k \to \mu^*$ となることがわかるはずである．ここで，μ^* はカオスの発生点に対応する安定固定点である．

例題 10.7.3 μ^* を求めよ．

(解) 式 (10.7.9) を使うと少しやさしくなる．固定点は $\mu^* = (\mu^*)^2 + 4\mu^* - 2$ を満たすので，

$$\mu^* = \frac{1}{2}\left(-3 + \sqrt{17}\right) \approx 0.56 \tag{10.7.11}$$

で与えられる．ついでにいうと，これはロジスティック写像の r_∞ を驚くほど正確に予測する．$\mu = 0$ が 2 周期軌道の誕生に対応しており，これがロジスティック写像では $r = 3$ で起こることを思い出そう．したがって μ^* は $r_\infty \approx 3.56$ に対応するが，実際の数値的な結果は $r_\infty \approx 3.57$ である！ ■

最後に δ と α がどのように登場するのかを見ておこう．$k \gg 1$ においては，普遍定数 δ で与えられる速さで，μ_k は幾何級数的に μ^* に収束しなくてはならない．ゆえに $\delta \approx (\mu_{k-1} - \mu^*)/(\mu_k - \mu^*)$ である．この比率は $k \to \infty$ とすると 0/0 に近づくので，ロピタルの法則で評価できる．その結果は

$$\begin{aligned}\delta &\approx \left.\frac{\mathrm{d}\mu_{k-1}}{\mathrm{d}\mu_k}\right|_{\mu=\mu^*} \\ &= 2\mu^* + 4\end{aligned}$$

となる．ここで微分の計算に式 (10.7.9) を用いた．最後に式 (10.7.11) を用いて μ^* を置き換えると，

$$\delta \approx 1 + \sqrt{17} \approx 5.12$$

を得る．この見積もりは真の値 $\delta \approx 4.67$ よりも 10% ほど大きいが，近似の粗さを考えると悪くはない．

α を近似的に求めるために，$\tilde{x}_n = C\eta_n$ を定義した際に C をリスケーリングのパラメーターとして使ったことに注意しよう．ゆえに C は α の役割を果たす．μ^* を式 (10.7.5) に代入すると

$$C = \frac{1+\sqrt{17}}{2} - 3\left(\frac{1+\sqrt{17}}{2}\right)^{1/2} \approx -2.24$$

となり，これも実際の値 $\alpha \approx -2.50$ の 10% 以内にある．

演 習 問 題

注意：以下の多くの演習問題で，コンピューターを使うことを求められる．読者は自分でプログラムを書いてもよいし，商用のソフトウェアを用いてもよい．*MacMath* (Hubbard と West 1992) に含まれているプログラムは特に使いやすい[*5]．

10.1 固定点とクモの巣図法

(電卓による実験) 電卓を用いて以下の写像をしらべよ．適当な数から出発して，適切な関数のキーを押し続けてみよ．何が起こるか? 次に，異なる数でも試してみよ．最終的なパターンは同じだろうか? もし可能なら，クモの巣図法や何か他の議論により，その結果を数学的に説明せよ．

10.1.1 $x_{n+1} = \sqrt{x_n}$

10.1.2 $x_{n+1} = {x_n}^3$

10.1.3 $x_{n+1} = \exp x_n$

10.1.4 $x_{n+1} = \ln x_n$

10.1.5 $x_{n+1} = \cot x_n$

10.1.6 $x_{n+1} = \tan x_n$

10.1.7 $x_{n+1} = \sinh x_n$

10.1.8 $x_{n+1} = \tanh x_n$

10.1.9 写像 $x_{n+1} = 2x_n/(1+x_n)$ を正負両方の x_n について解析せよ．

10.1.10 写像 $x_{n+1} = 1 + \frac{1}{2}\sin x_n$ が唯一の固定点をもつことを示せ．この固定点は安定か?

10.1.11 (3 次写像) 写像 $x_{n+1} = 3x_n - x_n^3$ を考えよう．

---

*5 (訳注) 今となっては *MacMath* を入手して動作させるのは困難かもしれない．たとえば *Mathematica* や *MATLAB* により同様の解析が可能であろう．

(a) すべての固定点を求めてそれらの安定性を分類せよ．
(b) $x_0 = 1.9$ から出発してクモの巣図法により軌道をプロットせよ．
(c) $x_0 = 2.1$ から出発してクモの巣図法により軌道をプロットせよ．
(d) (b) と (c) における 2 つの軌道の間の劇的な違いを説明してみよ．たとえば (b) の軌道がすべての n において有限に留まることを証明できるか? あるいは (c) で $|x_n| \to \infty$ となることは証明できるか?

10.1.12 (ニュートン法) 方程式 $g(x) = 0$ の根を求めたいとしよう．**ニュートン法** (Newton's method) では，

$$f(x_n) = x_n - \frac{g(x_n)}{g'(x_n)}$$

として写像 $x_{n+1} = f(x_n)$ を考える．
(a) この方法をしらべるために，方程式 $g(x) = x^2 - 4 = 0$ について「ニュートン写像」$x_{n+1} = f(x_n)$ を書き下せ．
(b) ニュートン写像が $x^* = \pm 2$ に固定点をもつことを示せ．
(c) これらの固定点が**超安定**であることを示せ．
(d) $x_0 = 1$ から出発して，写像を数値的に反復せよ．このとき，正しい答に著しい速さで収束することに注目せよ！

10.1.13 (ニュートン法と超安定性) 演習問題 10.1.12 を適切な条件のもとで以下のように一般化せよ．$g(x) = 0$ の根は**常に**ニュートン写像 $x_{n+1} = f(x_n)$，$f(x_n) = x_n - g(x_n)/g'(x_n)$ の超安定な固定点に対応することを示せ．また，そうであるために必要な条件についても述べよ．(これがニュートン法がとても速く収束することの説明である．もし収束するならばであるが.)

10.1.14 $x^* = 0$ が写像 $x_{n+1} = -\sin x_n$ の大域安定な固定点であることを証明せよ．(ヒント：クモの巣図法によるプロットの上に，おなじみの直線 $x_{n+1} = x_n$ に加えて直線 $x_{n+1} = -x_n$ も描け.)

10.2 ロジスティック写像 (数値計算)

10.2.1 すべての実数 x と任意の $r > 1$ について，ロジスティック写像を考えよう．
(a) ある n に対して $x_n > 1$ なら，その後の写像の反復によって x が $-\infty$ に発散することを示せ．(集団生物学への応用においては，これは個体群が絶滅することを意味する.)
(b) (a) の結果を踏まえて，なぜ r と x を区間 $r \in [0, 4]$ と $x \in [0, 1]$ に制限することが賢明なのかを説明せよ．

10.2.2 クモの巣図法を用いて，ロジスティック写像においては $x^* = 0$ が $0 \le r \le 1$ で大域安定であることを示せ．

10.2.3 ロジスティック写像の軌道図を計算せよ．

以下のそれぞれの写像について軌道図をプロットせよ．括弧内に書かれている興味深い特徴が図に含まれるように，必ず r と x の両方に十分な区間を用いること．また，もし問題が生じた場合には，異なる初期条件を試してみよ．

10.2.4 $x_{n+1} = x_n \mathrm{e}^{-r(1-x_n)}$ (カオスへの標準的な周期倍分岐ルート)

10.2.5 $x_{n+1} = \mathrm{e}^{-rx_n}$ (1 度の周期倍分岐で見世物はおしまい)

10.2.6 $x_{n+1} = r\cos x_n$ (周期倍分岐とたっぷりのカオス)

10.2.7 $x_{n+1} = r\tan x_n$ (手に負えない混乱)

10.2.8 $x_{n+1} = rx_n - x_n^3$ (ときどき対称な対となってアトラクターが生じる)

10.3 ロジスティック写像 (解析)

10.3.1 (超安定な固定点) ロジスティック写像が超安定な固定点をもつ r の値を求めよ．

10.3.2 (超安定な 2 周期軌道) p と q をロジスティック写像の 2 周期軌道の点としよう．

(a) もし周期軌道が**超安定**なら，$p = \frac{1}{2}$ または $q = \frac{1}{2}$ のどちらかであることを示せ．(言い換えると，2 周期軌道のいずれかの点で写像は最大値をとらなくてはならない．)

(b) ロジスティック写像が超安定な 2 周期軌道をもつ r の値を求めよ．

10.3.3 写像 $x_{n+1} = rx_n/(1+x_n^2)$ の長時間挙動をしらべよ．ここで $r > 0$ である．r の関数としてすべての固定点を求めて分類せよ．周期解はあるか? カオスは?

10.3.4 (2 次写像) 2 次写像$x_{n+1} = x_n^2 + c$ を考えよう．

(a) すべての固定点を c の関数として求め，分類せよ．

(b) 固定点が分岐する c の値を求め，それらの分岐を分類せよ．

(c) 安定な 2 周期軌道が存在するのは c がどのような値のときか? それはいつ超安定となるか?

(d) この写像の分岐図の一部をプロットせよ．固定点，2 周期軌道，またそれらの安定性を示せ．

10.3.5 (共役性) ロジスティック写像 $x_{n+1} = rx_n(1-x_n)$ は線形な変数変換 $x_n = ay_n + b$ によって 2 次写像 $y_{n+1} = y_n^2 + c$ に変形できることを示し，a, b を求めよ．

[ロジスティック写像と 2 次写像は「共役」(conjugate) であるという．より一般に，**共役性**とはある写像を別の写像に変形する変数変換のことである．もし 2 つの写像が共役なら，それらはダイナミクスに関する限り等価である．つまり，一方の変数の組から他方の変数の組へ翻訳しさえすればよい．厳密にいうと，位相幾何学的な性質がすべて保たれるように，変形は同相写像でなくてはならない.]

10.3.6 (3 次写像) 3 次写像 $x_{n+1} = f(x_n)$, $f(x_n) = rx_n - x_n^3$ を考えよう．

(a) 固定点を求めよ．それらは r がどのような値のときに存在するか? また，r がどのような値のときに安定か?

(b) 写像の 2 周期軌道を求めるために，$f(p) = q$ および $f(q) = p$ だとしよう．p, q が方程式 $x(x^2 - r + 1)(x^2 - r - 1)(x^4 - rx^2 + 1) = 0$ の根であることを示し，これを用いて 2 周期軌道をすべて求めよ．

(c) r の関数として 2 周期軌道の安定性を決定せよ．

(d) 得られた情報にもとづいて分岐図を部分的にプロットせよ．

10.3.7 (**完全に解析できるカオス写像**) 単位区間の **10 進シフト写像** (decimal shift map)

$$x_{n+1} = 10x_n \qquad (\text{mod } 1)$$

を考えよう．いつも通り,「mod1」は x の非整数部分のみを見ることを意味する．たとえば，2.63 (mod 1) = 0.63 である．

(a) 写像のグラフを描け．

(b) 固定点をすべて求めよ．(ヒント：x_n を 10 進数で書け.)

(c) この写像はすべての周期の周期点をもつが，それらはすべて不安定であることを示せ．(前半は，p 周期点の例を $p > 1$ の各整数について具体的に与えれば十分である.)

(d) この写像が無限に多くの非周期軌道をもつことを示せ．

(e) 近傍にある 2 つの軌道が離れてゆく速さを考えることにより，この写像が初期条件に対する鋭敏な依存性をもつことを示せ．

10.3.8 (**10 進シフト写像の稠密な軌道**) 単位区間からそれ自身への写像を考えよう．ある軌道 $\{x_n\}$ は，それがやがてこの区間内にあるどの点に対しても任意に近くにまで来るのであれば,「稠密」だといわれる．そのような軌道は狂ったように飛び回らなくてはならない！ より正確には，任意の $\epsilon > 0$ と任意の点 $p \in [0, 1]$ を与えられたとき，ある有限の n が存在して $|x_n - p| < \epsilon$ となるなら，軌道 $\{x_n\}$ は**稠密** (dense) である．10 進シフト写像 $x_{n+1} = 10x_n$ (mod 1) に対して，稠密な軌道を明示的に構成せよ．

10.3.9 (**2 進シフト写像**) **2 進シフト写像** (binary shift map) $x_{n+1} = 2x_n$ (mod 1) が，初期条件に対する鋭敏な依存性，無限に多くの周期軌道と非周期軌道，および稠密な軌道をもつことを示せ．(ヒント：x_n を 10 進数ではなく 2 進数で書いて，演習問題 10.3.7 と 10.3.8 を再度解け.)

10.3.10 (**$r = 4$ のロジスティック写像の厳密解**) 上の演習問題は，2 進シフト写像の軌道が自由奔放な挙動を示しうることを表すものである．今度は $r = 4$ のロジスティック写像でも同種の奔放さが生じることをしらべる．

(a) $\{\theta_n\}$ を 2 進シフト写像 $\theta_{n+1} = 2\theta_n$ (mod 1) の軌道として，$x_n = \sin^2(\pi\theta_n)$ により新しい系列 $\{x_n\}$ を定義する．どのような θ_0 から出発しても $x_{n+1} = 4x_n(1-x_n)$ となることを示せ．ゆえに，そのような軌道はすべて $r = 4$ のロジスティック写像の厳密解である！

(b) いろいろな θ_0 を選び，x_n の時系列のグラフを描け．

10.3.11 (**亜臨界フリップ**) $x_{n+1} = f(x_n)$, $f(x) = -(1 + r)x - x^2 - 2x^3$ とする．

(a) 固定点 $x^* = 0$ の線形安定性を分類せよ．

(b) $r = 0$ のときにフリップ分岐が $x^* = 0$ で起こることを示せ．

(c) $f^2(x)$ のテイラー級数の最初のいくつかの項，あるいは何か他のものを考えることにより，$r < 0$ で不安定な 2 周期軌道が存在することと，この周期軌道が $r \to 0$ で $x^* = 0$ に下側から合体することを示せ．

(d) $r < 0$ と $r > 0$ のそれぞれの場合において，$x^* = 0$ の近くから出発した軌道の長時間挙動はどうなるか?

10.3.12 (超安定周期軌道の数値計算) ロジスティック写像が 2^n 周期の超安定周期軌道をもつ r の値を R_n で表そう．

(a) 点 $x = \frac{1}{2}$ と関数 $f(x, r) = rx(1 - x)$ を用いて，陰的ではあるが厳密な R_n の公式を書け．

(b) コンピューターと (a) の結果を用いて，$R_2, R_3, \cdots, R_7$ を有効数字 5 桁まで求めよ．

(c) $\dfrac{R_6 - R_5}{R_7 - R_6}$ を評価せよ．

10.3.13 (興味をかきたてるパターン) ロジスティック写像の軌道図 (図 10.2.7) は，教科書ではめったに議論されることのない，いくつかの驚くべき特徴を示している．

(a) 図のカオス的な部分を走り抜ける滑らかで暗い点の軌跡がいくつかある．これらの曲線は何か? (ヒント：$f(x_{\mathrm{m}}, r)$ を考えよ．ここで $x_{\mathrm{m}} = \frac{1}{2}$ は f が最大化される点である.)

(b) 「大きなくさび」の角にある r の厳密な値を求められるか? (ヒント：(b) の暗い軌跡のいくつかは，この角で交差する.)

10.4 周　　期　　窓

10.4.1 (指数写像) $r > 0$ について写像 $x_{n+1} = r \exp x_n$ を考えよう．

(a) この写像をクモの巣図法を用いて解析せよ．

(b) $r = 1/e$ で接線分岐が起きることを示せ．

(c) r が $r = 1/e$ より少しだけ大きい場合と小さい場合について，時系列 x_n を n に対して描け．

10.4.2 写像 $x_{n+1} = r{x_n}^2/(1 + {x_n}^2)$ を解析せよ．すべての分岐を求めて分類し，分岐図を描け．この系は間欠性を示しうるか?

10.4.3 (超安定な 3 周期軌道) 写像 $x_{n+1} = 1 - rx_n^2$ は，r のある値で超安定な 3 周期軌道をもつ．この r に関する 3 次方程式を求めよ．

10.4.4 ロジスティック写像が超安定な 3 周期軌道をもつときの r の値を近似的に求めよ．小数点以下，少なくとも 4 桁まで正しい近似値を数値的に与えること．

10.4.5 (バンドの融合とクライシス) ロジスティック写像の 3 周期軌道の周期倍分岐は $r = 3.8495\cdots$ の近くに集積して 3 つの小さなカオス的なバンドを形成することを，数値的に示せ．これらのカオス的なバンドは $r = 3.857\cdots$ の近くで融合し，区間のほとんどを埋めるずっと大きなアトラクターを形成することを示せ[*6]．

---

*6 (訳注) この範囲の r では，系の軌道は相空間中の 3 つの分離した局在領域を順に通過する．ここでは個々の局在領域のことをバンドとよんでいる．

このアトラクターのサイズの不連続なジャンプは，**クライシス** (crisis) の一例である (Grebogi, Ott と Yorke 1983a).

10.4.6 (**超安定な周期軌道**) $r = 3.7389149$ のロジスティック写像を考えよう．$x_0 = \frac{1}{2}$(写像の最大点) から出発した軌道をクモの巣図法によりプロットせよ．超安定な周期軌道が見つかるはずである．その周期はいくらか?

10.4.7 (**反復パターン**) ロジスティック写像の超安定な周期軌道は，以下のように R と L の文字列によって特徴づけることができる．慣例に従い，$x_0 = \frac{1}{2}$ から周期軌道を出発する．次のような規則で R と L の無限に続く文字列を定義しよう．文字列の n 番目の文字を，n 回目の反復で x_n が $x_0 = \frac{1}{2}$ の右側にいたら R，そうでなければ L とする．(もし $x_n = \frac{1}{2}$ ならそこで超安定周期軌道は完結するので，文字は使わない.) この文字列は，超安定周期軌道の**記号列** (symbolic sequence) あるいは**反復パターン** (iteration pattern) とよばれる (Metropolis ら 1973).

(a) $r > 1 + \sqrt{5}$ のロジスティック写像について，最初の 2 文字は常に RL であることを示せ．

(b) 演習問題 10.4.6 で求めた軌道の反復パターンはどのようなものか?

10.4.8 (**ローレンツ方程式における間欠性**) ローレンツ方程式を $\sigma = 10$, $b = \frac{8}{3}$, および r を 166 に近い値として数値的に解け．

(a) $r = 166$ ならば，すべての軌道が安定なリミットサイクルに引き寄せられることを示せ．この周期軌道の xz 平面への射影と時系列 $x(t)$ の両者をプロットせよ．

(b) $r = 166.2$ ならば，大部分の時間，軌道は上記のリミットサイクルに似た動きをするが，時折カオス的なバーストにより中断されることを示せ．これは間欠性のしるしである．

(c) r が増加すると，バーストがより頻繁に発生し，また長く続くようになることを示せ．

10.4.9 (**ローレンツ方程式の周期倍分岐**) ローレンツ方程式を $\sigma = 10$, $b = \frac{8}{3}$, および $r = 148.5$ で数値的に解け．安定なリミットサイクルが見つかるはずである．次に，$r = 147.5$ として，この周期軌道が周期倍分岐したものを見てみよ．(結果をプロットする際には，初期の過渡過程を捨てアトラクターの xy 平面への射影を用いよ.)

10.4.10 (**3 周期の誕生**) これは難しい演習問題であり，その目標は $r = 1 + \sqrt{8} = 3.8284\cdots$ でロジスティック写像の 3 周期の周期軌道が接線分岐によって生まれることを示すことである．いくつかの曖昧なヒントは以下の通りである．4 つの未知の量，つまり，3 つの 3 周期点 a, b, c と，分岐の値 r がある．また，4 つの方程式，つまり，$f(a) = b$, $f(b) = c$, $f(c) = a$, および接線分岐の条件もある．a, b, c を消去して (どうせそれらのことは気にしていないので)，r だけの方程式を得ることを試みよ．座標をシフトすることにより，写像が最大値を $x = \frac{1}{2}$ ではなく $x = 0$ にもつようにすると，役に立つかもしれない．また，再び a, b, c の積の和からなる対称な多項式に変数変換したくなるかもしれない．解法の 1 つについては，Saha と Strogatz (1994) を参照せよ．最もエレガントなものではないと思われるが!

10.5 リアプノフ指数

10.5.1 線形写像 $x_{n+1} = rx_n$ のリアプノフ指数を計算せよ．

10.5.2 10 進シフト写像 $x_{n+1} = 10x_n \pmod 1$ のリアプノフ指数を計算せよ．

10.5.3 $r \le 1$ のテント写像のダイナミクスを解析せよ．

10.5.4 (テント写像には周期窓がないこと) ロジスティック写像とは対照的に，テント写像はカオス中に点在する周期窓をもたないことを証明せよ．

10.5.5 テント写像の軌道図をプロットせよ．

10.5.6 コンピューターを用いて，サイン写像 $x_{n+1} = r \sin \pi x_n$ のリアプノフ指数を，r の関数として $0 \le x_n \le 1$ および $0 \le r \le 1$ の範囲で計算せよ．

10.5.7 図 10.5.2 のグラフは，おのおのの周期倍分岐の値 r_n において $\lambda = 0$ となることを示唆する．これが正しいことを解析的に示せ．

10.6 普遍性と実験

最初の 2 つの演習問題では，サイン写像 $x_{n+1} = r \sin \pi x_n$ を取り扱う．ここで，$0 < r \le 1$ および $x \in [0, 1]$ である．ここでの目標は，δ を数値的に見積もろうとする際に生じる実際的な問題のいくつかを学ぶことである．

10.6.1 (素朴なアプローチ)

(a) r を 200 個等間隔に配置し，その各点で，ランダムな初期条件 x_0 から出発して，x_{700} から x_{1000} までを r の値の真上にプロットせよ．プログラムが正しく動くことを確かめるために，この軌道図を図 10.6.2 と照合してチェックせよ．

(b) 周期倍分岐の近くをより細かく分解して，r_n を $n = 1, 2, \cdots, 6$ に対して見積もれ．有効数字 5 桁の精度を達成してみよ．

(c) (b) で求めた数値を用いてファイゲンバウム比 $\dfrac{r_n - r_{n-1}}{r_{n+1} - r_n}$ を見積もれ．

(注意：(b) で正確な見積りを得るためには，賢いか，注意深いか，あるいはその両方でなくてはならない．読者もおそらく気づくだろうが，直接的なアプローチは「臨界減速」によって妨げられる．周期倍分岐の縁では，周期軌道への収束は耐えがたいほど遅くなる．このため，分岐がどこで起こるかを正確に決めるのは難しくなる．望ましい精度を得るため，倍精度の計算で 10^4 回程度の反復が必要となるかもしれない．しかし，問題を再定式化すれば，近道を見つけられるかもしれない.)

10.6.2 (超安定周期軌道による救援) 上の問題で遭遇した「臨界減速」は，r_n のかわりに R_n を計算すれば避けられる．ここで，R_n は写像が 2^n 周期の超安定周期軌道をもつ r の値を表す．

(a) なぜ R_n は r_n よりも簡単で正確に計算できるのかを説明せよ．

(b) 最初の 6 つの R_n を計算して，それにより δ を見積もれ．

もし δ を計算するための最も良い方法を知りたければ，最近の研究状況に関する Briggs (1991) を参照せよ．

10.6.3 (**パターンの定性的な普遍性**) U 系列は周期窓の順序を決定するが，実はさらに多くのことを語っている．つまり，U 系列は各周期の窓中における**反復パターン**も支配する (反復パターンの定義は演習問題 10.4.7 を参照)．たとえば，図 10.6.2 のロジスティック写像とサイン写像の大きな 6 周期の窓を考えてみよ．

(a) 両写像について，対応する超安定な 6 周期軌道をクモの巣図法により描け．これらはロジスティック写像については $r = 3.6275575$, サイン写像については $r = 0.8811406$ で生じる．(これらの周期軌道は周期窓全体の代表の役を果たす.)

(b) 両者の周期軌道の反復パターンを求め，互いに一致することを確かめよ．

10.6.4 (**4 周期**) ロジスティック写像，あるいは U 系列に従う他の任意の単峰写像において，可能なすべての 4 周期の軌道の反復パターンを考えよう．

(a) 4 周期の軌道には，2 つのパターン RLL と RLR しかありえないことを示せ．

(b) パターン RLL の 4 周期軌道は，常に RLR の後で，つまり，より大きな r の値で生じることを示せ．

10.6.5 (**後ろの方にあるおなじみではない周期軌道**) ロジスティック写像では，最後の周期が 5, 6, 4, 6, 5, 6 の超安定な周期軌道は，近似的に以下の r の値で生じる．3.9057065, 3.9375364, 3.9602701, 3.9777664, 3.9902670, 3.9975831 (Metropolis ら 1973)．これらの値はいずれも軌道図の終端に近いことに注目せよ．これらの超安定周期軌道は小さな周期窓しかもたないので見過ごされやすい．

(a) これらの周期軌道をクモの巣図法によりプロットせよ．

(b) 5 周期と 6 周期の周期軌道を得るのが難しいことがわかったか? もしそうなら，なぜそのような困難が生じたのかを説明できるか?

10.6.6 (**超安定な周期軌道の位置を決めるトリック**) Hao と Zheng (1989) により，特定の反復パターンをもつ超安定周期軌道を求めるための面白いアルゴリズムが与えられた．このアイデアは任意の単峰写像についてうまく働くが，ここでは写像 $x_{n+1} = r - x_n^2$, $0 \le r \le 2$ を考えよう．2 つの関数 $R(y) = \sqrt{r-y}$, $L(y) = -\sqrt{r-y}$ を定義する．これらは逆写像の右と左の枝である．

(a) たとえば，パターンが $RLLR$ の超安定な 5 周期軌道に対応する r を求めたいとする．Hao と Zhen (1989) により，これが方程式 $r = RLLR(0)$ を解くのに相当することが示された．この方程式を明示的に書き下すと，

$$r = \sqrt{r + \sqrt{r + \sqrt{r - \sqrt{r}}}}$$

となることを示せ．

(b) この方程式を，写像

$$r_{n+1} = \sqrt{r_n + \sqrt{r_n + \sqrt{r_n - \sqrt{r_n}}}}$$

を何か適当な推測値，たとえば $r_0 = 2$ から出発して反復させることにより解け．r_n が $1.860782522\cdots$ に急速に収束することを数値的に示せ．

(c) (b) の答により，望みのパターンをもつ周期軌道が与えられることを確かめよ．

10.7 くりこみ

10.7.1 (関数方程式の手計算) 周期倍分岐のくりこみ解析で，関数方程式 $g(x) = \alpha g^2(x/\alpha)$ が現れた．$g(x)$ が偶関数で $x = 0$ に 2 次関数的な極大をもつと仮定して，その解を力ずくで近似しよう．

(a) x が小さいときに $g(x) \approx 1 + c_2 x^2$ だとしよう．c_2 と α を求めよ．($O(x^4)$ の項を無視せよ．)

(b) さて，$g(x) \approx 1 + c_2 x^2 + c_4 x^4$ と仮定して，*Mathematica*, *Maple*, *Macsyma* (あるいは手計算) を用いて，α, c_2, c_4 を求めよ．この近似的な結果を「厳密」な値 $\alpha \approx -2.5029\cdots$, $c \approx -1.527\cdots$, $c_4 \approx 0.1048\cdots$ と比較せよ．

10.7.2 写像 $y_{n+1} = f(y_n)$ が与えられたとして，この写像をリスケールされた変数 $x_n = \alpha y_n$ により書き直せ．これを用いて，本文で主張されたように，リスケールと反転によって $f^2(x, R_1)$ が $\alpha f^2(x/\alpha, R_1)$ に変換されることを示せ．

10.7.3 g が関数方程式の解なら，同じ α で $\mu g(x/\mu)$ も解であることを示せ．

10.7.4 (普遍関数 $g(x)$ の奔放な挙動) $g(x)$ は原点の近傍ではだいたい放物的だが，それ以外ではかなり奔放にふるまう．実際，x が実軸上を動くとき，関数 $g(x)$ は無限に多くのくねりをもつ．この記述を，$g(x)$ が直線 $y = \pm x$ を無限に多くの回数横断することを論証することによって確かめよ．(ヒント：もし x^* が $g(x)$ の固定点なら，αx^* もそうであることを用いよ．)

10.7.5 (最も粗っぽい α の見積り) $f(x, r) = r - x^2$ とする．

(a) $f(x, R_0)$ と $\alpha f^2(x/\alpha, R_1)$ の表式を書き下せ．

(b) (a) の 2 つの関数は，もし α が正しく選ばれていれば，原点付近では互いに似ていると考えられる．(これが図 10.7.3 の背後にある考えである．) $\alpha = -2$ なら 2 つの関数の $O(x^2)$ の係数が一致することを示せ．

10.7.6 (α の見積りの改善) 演習問題 10.7.5 を，もう 1 つ高い次数まで行おう．再び $f(x, r) = r - x^2$ として，今度は $\alpha f^2(x/\alpha, R_1)$ と $\alpha^2 f^4(x/\alpha^2, R_2)$ を比較して，x の最低次のべきの係数を一致させる．これにより，どのような α の値が得られるか?

10.7.7 (4 次の極大) 4 次関数的な極大, たとえば，$f(x, r) = r - x^4$ をもつ関数に対するくりこみ理論を展開せよ．演習問題 10.7.1 と 10.7.5 の方法により，どのような α の近似値が予測されるか?普遍関数 $g(x)$ のべき級数の最初のいくつかの項を評価せよ．数値実験により，4 次の場合の δ の値を見積もれ．

この 4 次の場合と，2 から 12 までのすべての整数次の場合における α と δ の正確な値については，Briggs (1991) を参照せよ．

10.7.8 [間欠性へのくりこみによるアプローチ (代数版)] 写像 $x_{n+1} = f(x_n, r)$, $f(x, r) = -r + x - x^2$ を考えよう．これは接線分岐点近傍での任意の写像の標準形である．

(a) 写像は $r = 0$ のときに原点で接線分岐することを示せ．

(b) r が小さく正だとしよう．クモの巣図法により，典型的な軌道が原点にあるボトルネックを通り抜けるには，多数回の写像の反復が必要なことを示せ．

(c) 軌道がボトルネックを通り抜けるために必要な f の典型的な反復回数を $N(r)$ で表す．ここでの目標は，$N(r)$ が $r \to 0$ で r に対してどのようにスケールするかをしらべることである．ここで，くりこみのアイデアを用いよう．原点近くでは f^2 は f をリスケールしたものに似ており，したがって f^2 もまた原点でボトルネックをもつ．f^2 の軌道がボトルネックを通り抜けるには，だいたい $\frac{1}{2}N(r)$ 回の反復が必要であることを示せ．

(d) $f^2(x,r)$ を展開して $O(x^2)$ までの項のみを残せ．x と r をリスケールして，この新しい写像が望ましい標準形 $F(X,R) \approx -R + X - X^2$ という形になるようにせよ．このくりこみは，帰納的関係

$$\frac{1}{2}N(r) \approx N(4r)$$

を意味することを示せ．

(e) (d) の方程式が解 $N(r) = ar^b$ をもつことを示し，b について解け．

10.7.9 [**間欠性へのくりこみによるアプローチ (関数版)**] もし演習問題 10.7.8 のくりこみ手続きが厳密に行われたら，関数方程式

$$g(x) = \alpha g^2(x/\alpha)$$

が導かれることを示せ. (ちょうど周期倍分岐のときのように!)　ただし境界条件は接線分岐に適切な新しいもの，

$$g(0) = 0, \qquad g'(0) = 1$$

となる．周期倍分岐の場合とは異なり，この関数方程式は**厳密**に解ける (Hirsch ら 1982).

(a) 解は $\alpha = 2$, $g(x) = x/(1 + ax)$ であることを確認せよ．ここで a は任意である．

(b) なぜ $\alpha = 2$ が後から考えればほぼ自明なのかを説明せよ. (ヒント：g と g^2 の両方について，ボトルネックを通り抜ける軌道をクモの巣図法によりプロットせよ．どちらも階段のように見える．それらのステップの長さを比較せよ.)

10.7.10 周期倍分岐の具体的な計算において抜けていた代数計算のステップを埋めよ．$f(x) = -(1+\mu)x + x^2$ とする．p が f^2 の固定点であるという事実を用いて，$p + \eta_{n+1} = f^2(p + \eta_n)$ を微小なずれ η_n でべき展開せよ．これにより，式 (10.7.4) と式 (10.7.5) が正しいことを確かめよ．

10.7.11 式 (10.7.10) を初期条件 $\mu_1 = 0$ から出発するクモの巣図法によって解析せよ．$\mu^* > 0$ をカオスの発生点に対応する安定固定点であるとして，$\mu_k \to \mu^*$ となることを示せ．

11 フラクタル

11.0 はじめに

先の 9 章では，ローレンツ方程式の解が相空間内の複雑な集合上に落ち着くことを学んだ．そして，その集合がストレンジアトラクターであった．Lorenz (1963) が気づいた通り，この集合の構造は非常に特殊であり「無数の折り畳まれた曲面の集合体」のようなものでなくてはならない．この章では，そのような不思議な集合をより正確に記述するために必要な考え方を整備しよう．そのための道具はフラクタル幾何学から入手できる．

大雑把にいうと，**フラクタル** (fractal) とは任意に小さなスケールで微細な構造をもつ複雑な幾何学的形状である．このフラクタル集合は，通常ある程度の自己相似性をもつ．つまりフラクタル集合のある小部分を拡大してみると，もとの集合全体と似た形状が見えてくる．この自己相似性は正確に成り立つ場合もあるが，多くの場合，これは近似的にのみ，もしくは統計的にのみ成り立つ．

フラクタルが大きな関心を引く理由は，その美しさ，複雑さ，さらに無限に繰り返される構造の絶妙な組合せにあるといえるだろう．フラクタルは，自然界に存在する山や雲，海岸線，血管のネットワーク，さらにはブロッコリーまでを思い起こさせる．そのようなことは古典的な円錐や正方形などの形によっては到底起こりそうにない．またフラクタルは科学的応用においても有用であることがわかってきており，コンピューターグラフィックスや画像圧縮から，亀裂の形成や粘性流体の樹状パターン形成に至るまで，その例が知られている．

この章の目標は控えめに設定されている．ここでは最も簡単なフラクタル図形に親しみ，フラクタル次元に関する諸概念を理解したい．これらの考え方は 12 章でストレンジアトラクターの幾何学的構造を明らかにする際に用いられる．

ここでは残念ながらフラクタルの科学的応用や，その背後にある魅力的な数学の理論には踏み込む余裕がない．フラクタルの理論と応用についての最もわかりやすい入門書としては，Falconer (1990) を参照せよ．Mandelbrot (1982), Peitgen と Richter (1986), Barnsley (1988), Feder (1988), および Schroeder (1991) の本も魅力的な図や例が豊富で，おすすめできる．

11.1 加算集合と非加算集合

この節では，フラクタルを取り扱うために今後必要となる集合論の一部を復習しよう．その内容を熟知している読者もいることだろう．そうでない方は，このまま読み続けて欲しい．

ある無限 (に存在する要素の個数) が，別の無限より大きいかどうかを議論できるだろうか? 意外かもしれないが，その答はイエスである．1800 年代の終わりに，Georg Cantor は異なる無限集合どうしを比較する巧妙な方法を発明した．まず，2 つの集合 X と Y において，X の各要素 $x \in X$ に対し，ただ 1 つの Y の要素 $y \in Y$ を対応させる可逆な写像が存在するならば，これらは同一の**濃度** (cardinality)，すなわち要素の個数をもつものと定義する．また，この写像を **1 対 1 対応** (one-to-one correspondence) とよぶ．つまり，これはバディー方式[*1]と同じく，どの x に対してもペアとなる y が存在し，いずれの集合の要素についてもカウントに抜けはなく，また 2 重にカウントすることもないのである．

よく知られている無限集合は，自然数全体の集合 $\boldsymbol{N} = \{1, 2, 3, 4, \cdots\}$ である．この集合が，集合どうしの比較の基準となる．つまり，ある別の無限集合 X とこの自然数の集合に 1 対 1 対応がつくならば，その集合 X は**可算** (countable) であるとよぶ．もしそうでなければ，X は非可算であるという．

これらの定義により，驚くべき結論が得られるのだが，その例を以下に示す．

例題 11.1.1 偶数全体の集合 $E = \{2, 4, 6, \cdots\}$ は可算であることを示せ．

(解) 集合 E と $\boldsymbol{N}$ の間に 1 対 1 対応をつける必要がある．この対応は，各自然数 n に対して偶数 $2n$ を対応させる可逆写像により与えられる．つまり $1 \leftrightarrow 2, 2 \leftrightarrow 4, 3 \leftrightarrow 6, \cdots$ と対応がつくのである．

したがって，自然数全体と同じだけ多くの偶数が存在するといえる．奇数がすべて抜け落ちているので，自然数の数の**半分**にしかならないと考えた人もいるかもしれな

*1 (訳注) バディー方式とは，キャンプや登山などで 2 人ずつ組になって互いに安全確認をとる方式のこと．

いが！ ■

可算集合には，上記の定義と等価であり，しばしば有用なもう 1 つの特徴付けの方法がある．ある集合 X が可算であるとは，それが $\{x_1, x_2, x_3, \cdots\}$ というリストの形で書けて，各要素 $x \in X$ がこのリストのどこかに現れるようになっている，ということである．つまり，任意の与えられた x に対して，$x_n = x$ が成り立つようなある有限の n が存在するということだ．

このようなリストを構成する便利な方法として，X の要素を網羅的にカウントするアルゴリズムを与えるという手がある．次の 2 つの例題で，この方法を用いてみよう．

例題 11.1.2 整数は可算であることを示せ．

(解) すべての整数をリストアップするアルゴリズムは次の通りである．0 から出発し，絶対値が増える順番に整数を並べればよい．その結果，リストは $\{0, 1, -1, 2, -2, 3, -3, \cdots\}$ となる．任意の整数は，このリストのどこかに必ず現れるので，整数の集合は可算である． ■

例題 11.1.3 正の有理数は可算であることを示せ．

(解) 誤った方法は，有理数を $\frac{1}{1}$, $\frac{1}{2}$, $\frac{1}{3}$, $\frac{1}{4}$, $\cdots$ という順に並べる方法である．残念ながら，これでは $\frac{1}{n}$ のリストがいつまでも終わらず，$\frac{2}{3}$ のような数は決してカウントされない！

正しい方法は，p 行 q 列の要素が p/q となるような表をつくることである．すると，有理数は，図 11.1.1 に示す斜めに縫うような方法でカウントできる．与えられた任意の p/q は有限ステップ後に必ず見つかるので，有理数の集合は可算である． ■

さて，非可算集合の最初の例を考えよう．

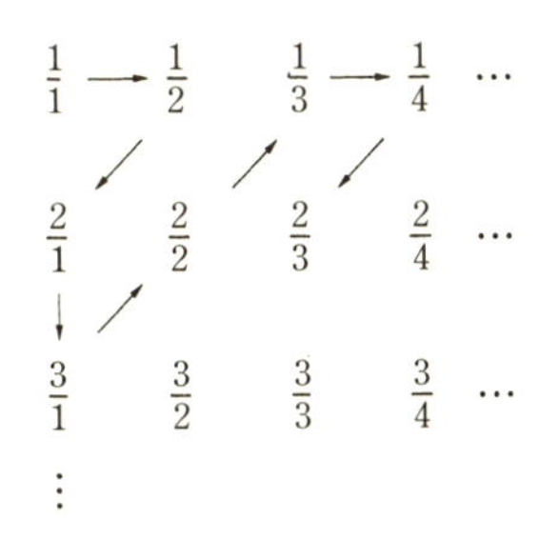

図 11.1.1

例題 11.1.4 X を 0 と 1 の間の実数すべての集合とする．X は非可算であることを示せ．

(解) 証明は背理法による．仮に X が可算であるとすると，0, 1 間のすべての実数を $\{x_1, x_2, x_3, \cdots\}$ のようにリストアップすることが可能になる．これらの数を次のように十進法で表示しよう．

$$
\begin{aligned}
x_1 &= 0.x_{11}x_{12}x_{13}x_{14}\cdots \\
x_2 &= 0.x_{21}x_{22}x_{23}x_{24}\cdots \\
x_3 &= 0.x_{31}x_{32}x_{33}x_{34}\cdots \\
&\vdots
\end{aligned}
$$

ただし x_{ij} は実数 x_i の j 番目の位の数とする．

ここで矛盾を導くために，0 と 1 の間にこのリストに**存在しない**数 r が存在することを示そう．これにより，どのようなリストを用意したとしても必ず抜けがあり，実数は非可算といえることになる．

このリストから抜けている r を次のように構成しよう．まず r の最初の位の数を，x_1 の最初の位の数である x_{11} とは**何か別の**数としよう．

同様に，r の 2 番目の位の数を x_2 の 2 番目の位の数とは別の数としよう．さらに，一般に r の n 番目の位の数 $\bar{x}_{nn}$ を x_{nn} 以外の数とする．その結果，$r = \bar{x}_{11}\bar{x}_{22}\bar{x}_{33}\cdots$ という数はリスト上に存在しないということができる．これはなぜだろうか? それは，r は最初の位の数で x_1 と異なり，x_1 に等しくなりえない．同じく，r は 2 番目の位の数で x_2 と異なり，3 番目の位の数で x_3 と異なり，以下同様，となるからである．したがって r はリスト上に存在せず，X は非加算である[*2]．■

この Cantor により考案された論法は，**対角線論法** (diagonal argument) とよばれている．その理由は，行列 $[x_{ij}]$ の対角成分 x_{nn} を変更することにより r が構成されるからである．

11.2　カントール集合

ここで Cantor のもう 1 つの発明であるカントール集合 (Cantor set) とよばれるフラクタルについて考えよう．これは簡単なので教育上有用だが，それ以上の

*2 (訳注) ある数を 2 つの方法で小数表示することが可能なので，ここでの証明は不完全である．たとえば $0.1 = 0.100\cdots = 0.0999\cdots$ など．このような状況を避けるためには，数 $\bar{x}_{nn}$ として 1 か 2 のいずれかから選ぶことにすればよい．

ものでもある．なぜなら，12 章で知るように，カントール集合はストレンジアトラクターの幾何学的構造と密接に関係するからである．

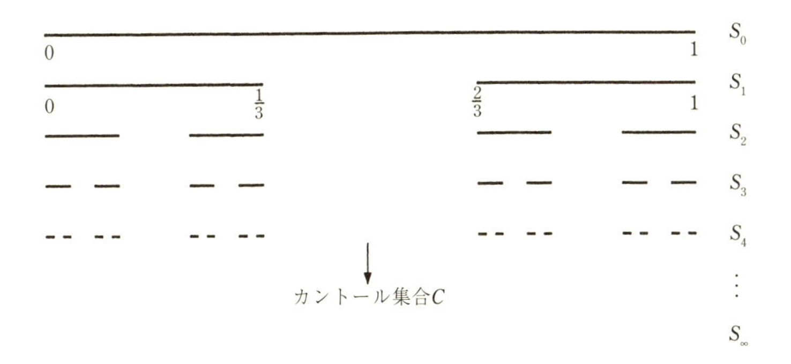

図 11.2.1

図 11.2.1 はカントール集合がどのように構成されるかを示している．まず閉区間 $S_0 = [0,1]$ から出発し，その中央の 3 分の 1 の開区間を取り除く．つまり開区間 $(\frac{1}{3}, \frac{2}{3})$ を取り除き，その両端を残す．その結果，図 11.2.1 に S_1 と表示されている 1 対の閉区間が得られる．さらに，これらの 2 つの閉区間から，それぞれの中央の 3 分の 1 の開区間を取り除き，S_2 を得る．そしてこの操作を繰り返し，$S_3, S_4, \cdots$ を得る．その極限として得られる $C = S_\infty$ が**カントール集合**である[*3]．これを視覚化するのは困難であるが，図 11.2.1 から想像されるように，これは無限に小さな要素の無数の集まりからなり，その要素どうしはさまざまな大きさの間隔で配置されている．

カントール集合のフラクタル的性質

カントール集合 C は，より一般のフラクタル集合においても典型的ないくつかの性質を満たしている．

(1) **C は任意に小さなスケールの構造をもつ．** C の一部分を繰り返し拡大すると，さまざまなサイズの間隔で配置された複雑な点集合のパターンが現れ続ける．その入れ子の構造は，世界の中に世界があるかのように，無限に繰り返される．これに対し，滑らかな曲線や曲面を繰り返し拡大していくと，拡大する

*3 (訳注) 正確には $C = \bigcap_{n=1}^{\infty} S_n$ と定義すべきである．

たびにその形状はより単調なものになる．

(2) C **は自己相似的** (self-similar) **である．** つまり，この集合は内部にこの集合自体のすべてのスケールの縮小コピーを含んでいる．たとえば，集合 C の左側部分 ($[0, \frac{1}{3}]$ の区間に含まれる部分) に注目し，これを 3 倍に拡大してみると，再び集合 C が得られる．同様に，S_2 の 4 つの区間に含まれる C の部分集合は，それぞれが 1/9 に縮小された C の相似図形となっている．

集合 C の自己相似性がわかりにくければ，想像しにくい集合 S_∞ のかわりに集合 S_n について考えるのがよいだろう．たとえば S_2 の左半分に注目しよう．これは，1/3 に縮小されていることを除けば，S_1 とまったく同じに見える．同様に S_3 の左半分は 1/3 に縮小された S_2 に相当する．つまり，一般に S_{n+1} の左半分は，S_n の**全体が** 1/3 に縮小されたものになっている．ここで $n = \infty$ とおこう．するとその結論は，以上に述べた通り，S_∞ の左半分は S_∞ の 1/3 に縮小されたものであるということになる．

注意点：カントール集合のような厳密な自己相似性は，最も単純なフラクタル図形のみに見られる．より一般のフラクタル図形においては，近似的にのみ自己相似性が成り立つのである．

(3) C **の次元は整数とはならない．** 11.3 節で示すように，その次元は実際には $\ln 2/\ln 3 \approx 0.63$ となるのだ！ 非整数の次元を考えることは，はじめは奇妙に思えるかもしれないが，これは次元についての直観的な考えの自然な一般化であり，フラクタル図形の構造を定量化する非常に有用なツールとなる．

フラクタル性そのものではないが，カントール集合の他の 2 つの性質も注目に値する．それは，C **は測度ゼロ** (長さゼロ) であり，また**非可算無限個の点からなる**ということだ．以下の例題でこれらの性質が明らかになる．

例題 11.2.1 カントール集合の**測度**がゼロであること，つまりこれを区間で覆うとき，その長さの総和をいくらでも小さくすることが可能であることを示せ．

(解) 図 11.2.1 より，反復して生成される S_n は，それ以降に生成される S_{n+1} などの集合を完全に覆っていることがわかる．したがって，カントール集合 $C = S_\infty$ は**どの集合** S_n にも被覆されている．よって，カントール集合の長さの総和は，任意の n に対し，S_n の長さの総和より小さくなくてはならない．S_n の長さを L_n としよう．すると，図 11.2.1 よりわかるように，

$$L_0 = 1, \quad L_1 = \frac{2}{3}, \quad L_2 = \left(\frac{2}{3}\right)\left(\frac{2}{3}\right) = \left(\frac{2}{3}\right)^2$$

であり，さらに一般には

$$L_n = \left(\frac{2}{3}\right)^n$$

となる．$n \to \infty$ の極限で $L_n \to 0$ であるので，カントール集合の長さの総和はゼロとなる． ■

例題 11.2.1 はカントール集合がある意味で「小さい」ことを示している．しかし，その一方で，この集合は非常に多くの (事実，非加算無限個の) 点により構成されている．このことを理解するために，まずはカントール集合を特徴づける 1 つのエレガントな方法を与えよう．

例題 11.2.2 カントール集合 C は，3 進数表示したときにどの桁にも 1 を含まない数 $c \in [0,1]$ の全体からなることを示せ．

(解) 読者が小学校で「新しい数学」[*4]を習っていなければ，数をいろいろな基数で表示することに不慣れかもしれない．しかし，ここでようやく 3 進数表示が役立つことがわかるだろう．

まず任意の数 $x \in [0,1]$ を 3 進数表示する方法を思い出そう．それは x を $\frac{1}{3}$ のべきで展開するものである．つまり

$$x = \frac{a_1}{3} + \frac{a_2}{3^2} + \frac{a_3}{3^3} + \cdots$$

ならば，これを $x = .a_1a_2a_3\ldots$ と 3 進数表示し，各桁の a_n は 0, 1, もしくは 2 のいずれかになる．この 3 進数展開の表示には，以下の巧妙な幾何学的解釈が可能である (図 11.2.2).

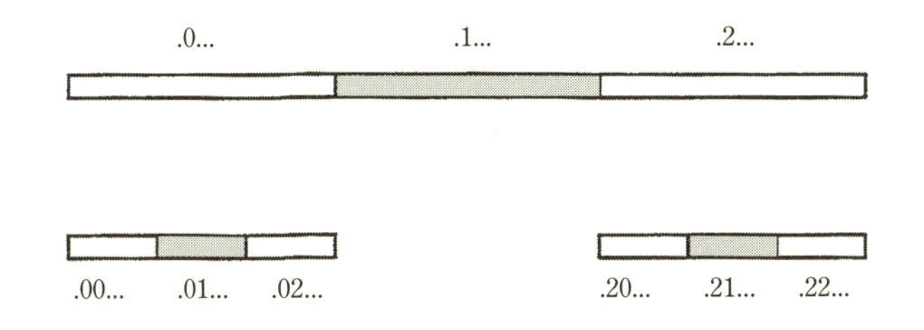

図 **11.2.2**

$[0,1]$ の区間を 3 つの等しい長さの区間に分割したとすると，まず 1 桁目の a_1 は，この数 x が，左，中央，あるいは右のいずれの区間に属するかを示している．たとえば，$a_1 = 0$ となるすべての数は左の区間に含まれる．(通常の 10 進数表示の場合も同様だ

*4 (訳注)「新しい数学」は，米国の小中学校で教えられている集合論にもとづいた数学カリキュラム．

が，この場合，[0,1] の区間は 3 個ではなく 10 個の区間に分割される.）さらに 2 桁目の a_2 によって，より詳しい情報が与えられる．これは，数 x が上で与えられた区間のうち，左，中央，あるいは右のいずれの 1/3 の区間に属するかを示している．たとえば $x = .01\ldots$ で与えられる数は，図 11.2.2 に示す通り，[0,1] の左の 1/3 の区間の中で，さらにその中央の区間に対応する．

ここでカントール集合 C 内の点を 3 進数表示することを考えてみよう．C を組み立てる第 1 段階で，[0,1] の中央の 1/3 の区間を取り除いた．これは，3 進数表示で 1 桁目が 1 となるすべての点を取り除くことに相当する．したがって，それらの点は C 内には存在しない．つまり，生き残る点 (すなわち，この取り除きのプロセスにおいて，いつまでも C に残るような点) は，1 桁目が 0 もしくは 2 とならざるをえない．同様にして，**2 桁目**が 1 の数も，C の組み立ての次の段階で取り除かれる．この論法を繰り返すことで，上に述べた通り，C は 3 進数表示した際，どこにも 1 を含まない点のすべてからなることがわかる．■

まだ 1 つ曖昧な点が残っていることに注意しよう．$\frac{1}{3} = .1000\ldots$ のような区間の端点はどうなるのだろうか? この点はカントール集合内にあるが，3 進数表示の際，1 を含んでいる．このことは上記の主張と矛盾しているのではないか? いや，そうではない．というのは，この点は 0 と 2 のみによって $\frac{1}{3} = .1000\ldots = .02222\ldots$ のように書き換えられるからである．この工夫により，カントール集合内の各点は，上記の主張の通り，3 進数表示の際に 1 がどこにも現れないように表示することができる．

さて，ようやく見返りが得られるときがきた．

例題 11.2.3 カントール集合は非可算であることを示せ．

(解) これは例題 11.1.4 のカントールの対角線論法の単なる焼き直しになるので，簡潔に述べよう．集合 C のすべての点 $\{c_1, c_2, c_3, \ldots\}$ のリストが存在したとしよう．C が非可算であることを示すためには，C に含まれていて，このリストにはない点 $\bar{c}$ を構成する必要がある．まず c_{ij} を c_i の 3 進数表示の j 番目の桁の数としよう．そこで $\bar{c}$ を $\bar{c} = \bar{c}_{11}\bar{c}_{22}\ldots$ と定義する．ただし，この上線 $(\bar{\ })$ は 0 と 2 を入れ換えることを意味している．したがって $c_{nn} = 2$ であれば $\bar{c}_{nn} = 0$ であり，$c_{nn} = 0$ であれば $\bar{c}_{nn} = 2$ である．この $\bar{c}$ は，各桁が 0 および 2 のみで与えられているので，集合 C に含まれている．しかし，$\bar{c}$ は上記のリストには存在しない．なぜならば，$\bar{c}$ が n 桁目で c_n とは異なる値をもつからである．このことは，リストが抜けのない完全なものであるとする当初の仮定に矛盾する．したがって C は非可算である．■

11.3　自己相似フラクタル図形の次元

点からなる集合の「次元」とは何だろうか? ありふれた幾何学的図形の場合，その答は明らかである．直線や滑らかな曲線は 1 次元，平面や滑らかな曲面は 2 次元，中身の詰まった固まりは 3 次元，$\cdots$ である．強いてその定義を与えるならば，**次元とは，その集合の各点を指定する際に必要となる座標の最小の数であるといえるだろう**．たとえば，滑らかな曲線が 1 次元であるのは，その上の各点が 1 つの数字，すなわちその曲線上のどこかに固定した基準点からの弧長によって指定されるからである．

しかし，この定義をフラクタル図形に適用しようとすると，即座に矛盾が生じる．たとえば，フォン・コッホ (von Koch) の曲線 (以下，**コッホ曲線**) を考えてみよう．これは図 11.3.1 の通り再帰的に定義される．

まず 1 つの線分 S_0 からスタートしよう．S_1 は，S_0 の中央の 1/3 を取り除き，これを 1 辺とする正三角形の他の 2 辺に置き換えることで得られる．以降の各段

図 **11.3.1**

階は，上記のルールを繰り返し適用することによって構成される．つまり，S_n は S_{n-1} の各線分の中央 1/3 を正三角形の他の 2 辺に置き換えることにより得られる．そして，その極限として得られる集合 $K = S_\infty$ がコッホ曲線である．

パラドックス

コッホ曲線は何次元だろうか？ これは曲線なので，1 次元であると思うかもしれない．しかし問題になるのは，この曲線 K の**長さが無限大**ということだ！ まず，S_0 の長さが L_0 であるとき，S_1 の長さ L_1 は，S_1 が長さ $\frac{1}{3}L_0$ の線分 4 つからなるので，$L_1 = \frac{4}{3}L_0$ となることに注意しよう．この長さは曲線を構成する各段階ごとに $\frac{4}{3}$ 倍ずつ増大し，したがって $n \to \infty$ で $L_n = \left(\frac{4}{3}\right)^n L_0 \to \infty$ となる．

さらに，上と同様の論法により，K 上の**どの** 2 点間の曲線の長さも無限大となる．したがって，K 上の点は，特定の点からの曲線の長さによっては指定できなくなる．なぜならば，どの点も他のすべての点から無限に離れているからである！

このことは，K が 1 次元以上の何かであることを示している．しかし，実際のところ，K が 2 次元であると言おうと思うだろうか？ この集合は明らかに「面積」をもっていないようである．そのため，それが何を意味するかは別として，その次元は **1 次元と 2 次元の間**とすべきだろう．

このパラドックスを動機として，以下ではフラクタルに対応可能な次元の概念の改良版をいくつか考えよう．

相似次元

最も単純なフラクタル図形は自己相似性をもつものである．つまり，それは自らを縮小コピーしたものから構成され，その縮小コピーはどこまでも小さなスケールにまで繰り返される．このようなフラクタル図形の次元の定義は，線分，正方形，あるいは立方体のような，古典的な自己相似集合についての簡単な観察事実を拡張することによって得られる．たとえば，図 11.3.2 に示す正方形の領域を考えよう．この正方形を縦，横の各方向に 1/2 に縮小すると，縮小された小さな正方形 4 つにより，もとの正方形が埋めつくされる．あるいは，もとの正方形を 1/3 に縮小する場合，9 つの小さな正方形が必要となる．一般には，正方形領域の縦，横の直線方向の寸法を $1/r$ に縮小すれば，もとの正方形を埋めつくすのに r^2 個の縮小された正方形が必要になる．

ここで同じことを立方体で行ってみよう．その結果は先ほどとは異なる．つま

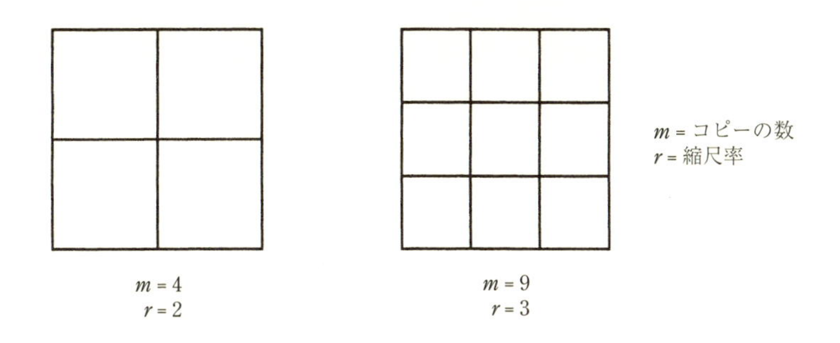

図 **11.3.2**　$m =$ コピーの数　$r =$ 縮小率

り，立方体を 1/2 に縮小すると，もとの立方体を埋めつくすのに 8 つの縮小された立方体が必要になる．一般には，立方体を $1/r$ に縮小すると，もとの立方体を埋めつくすのに r^3 個の縮小された立方体が必要になる．

この 2 や 3 という指数は，たまたま得られたわけではない．これは正方形の 2 次元性と立方体の 3 次元性を反映しているのである．この次元と指数の関係から，次の定義が示唆される．ある自己相似集合が，それ自身を $1/r$ に縮小した m 個のコピーで構成されるとする．このとき，$m = r^d$，つまり

$$d = \frac{\ln m}{\ln r}$$

により定義される指数 d が**相似次元** (similarity dimension) d となる．多くの場合，m と r は図形の観察から得られるので，この公式は使いやすい．

例題 11.3.1 カントール集合 C の相似次元を求めよ．

(解) 図 11.3.3 の通り，C はそれ自身のコピー 2 つからなっていて，それぞれは 1/3 に縮小されている．よって $r = 3$ に対し $m = 2$ である．したがって $d = \ln 2/\ln 3 \approx 0.63$ となる．■

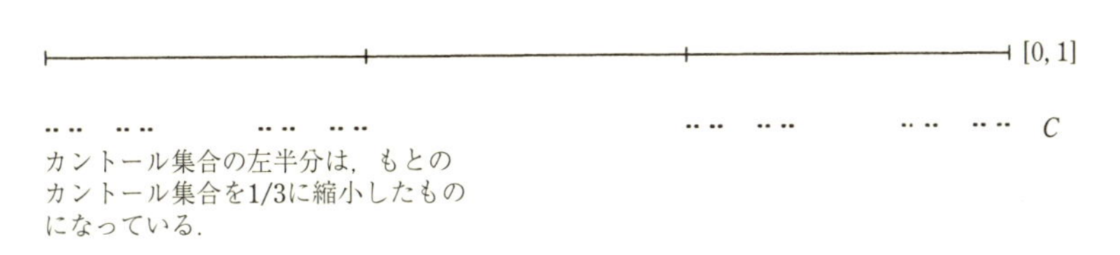

図 **11.3.3**

次の例題では，コッホ曲線が 1 と 2 の間の次元をもつべきだという，先ほどの

直観を確かめよう．

例題 11.3.2 コッホ曲線は相似次元 $\ln 4/\ln 3 \approx 1.26$ をもつことを示せ．

(解) この曲線は4つの均等なパーツからなり，それぞれのパーツは曲線全体と相似であるが，縦，横のいずれの方向にも1/3に縮小されている．これらのパーツの1つを図11.3.4内に矢印で示す．したがって，$r = 3$ に対し $m = 4$ であり，$d = \ln 4/\ln 3$ となる． ■

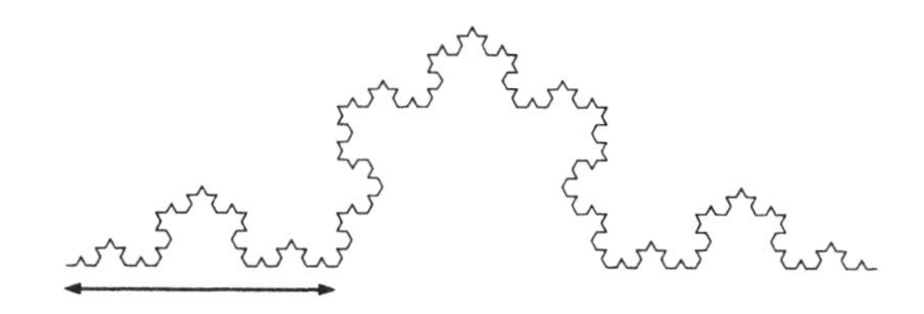

図 **11.3.4**

より一般のカントール集合

入れ子をつくる再帰的な手続きを変えると，先ほどのものとは異なる自己相似なフラクタル図形が得られる．たとえば，新しい種類のカントール集合をつくるために，区間を5つの均等な小区間に分割し，その2番目と4番目の小区間を取り除き，そしてこのプロセスを際限なく繰り返すとしよう (図11.3.5)．

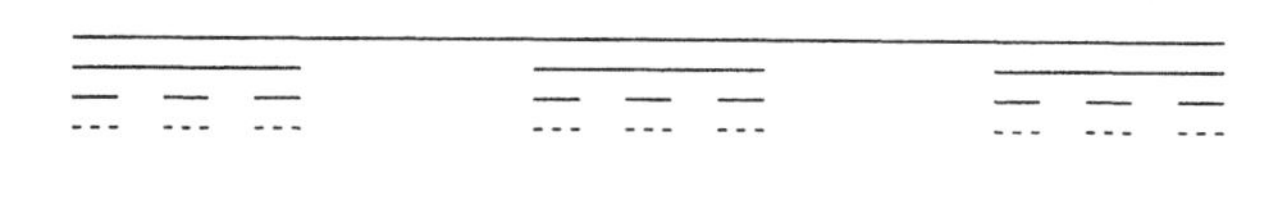

図 **11.3.5**

その結果得られる極限集合を，**5分の偶数カントール集合** (even-fifth Cantor set) とよぶことにする．これは，この再帰的プロセスで毎回5分の偶数に相当する小区間が取り除かれるためである．[同様に，11.2節の標準的なカントール集合は，しばしば**中央1/3カントール集合** (middle-thirds Cantor set) とよばれる.]

例題 11.3.3 5分の偶数カントール集合の相似次元を求めよ．

(解) もとの区間を S_0 とし，カントール集合をつくる再帰的な工程の n 段目で得られるものを S_n としよう．つまり，S_n を1/5に縮小したものが，S_{n+1} の3つのパーツのうち1つとなる．ここで $n = \infty$ とすると，5分の偶数カントール集合 S_∞ は，それ全体を1/5に縮小した3つのコピーからなっていることがわかる．したがって $r = 5$ に対して $m = 3$ であり，$d = \ln 3/\ln 5$ となる．■

カントール的な集合は他にも多々存在し，数学者は，その本質的な部分を次に述べる定義の形で抽象化している．つまり，ある閉集合 S が以下の性質を満たすとき，これを**位相カントール集合** (topological Cantor set) とよぶ．

(1) S は「完全不連結」である．これは，S は単なる点のみからなり，連結した部分集合をもたないということである．この意味で S 内のすべての点は互いに分離しているといえる．中央1/3カントール集合および他の実軸上の点の集合においては，この条件は単に S が区間を含んでいないという意味である．
(2) 一方で，S は「孤立点」をもたない．これは S 内のどの点のどんな任意の近傍にも他の点が存在しているということである．つまり，任意の点 $p \in S$ および任意に小さな距離 $\varepsilon > 0$ に対し，p から距離 ε 内にほかの点 $q \in S$ が存在するということである．

位相カントール集合の矛盾するような様相が生じる理由は，第1の性質から S 内の点がばらばらに分離しているのと同時に，第2の性質からこれらが互いに密に押し込められているためである！ 演習問題11.3.6で，中央1/3カントール集合が両方の性質を満たすことを確認するように求められる．

この定義は，自己相似性や次元については何も述べていないことに注意しよう．それらの概念は位相的というより幾何学的なものであり，距離や体積などの概念に依存するので，目的によっては融通がきかな過ぎるのである．位相的な性質は，幾何学的な性質が容易に失われることに比べ，よりロバストである．たとえば，自己相似なカントール集合を連続的に変形すると，自己相似性は容易に失われてしまうが，上記の性質(1)および(2)はそのまま保持される．12章でストレンジアトラクターについて学ぶが，そのストレンジアトラクターの断面は必ずしも自己相似ではないものの，しばしば位相カントール集合になっている．

11.4 ボックス次元

自己相似ではないフラクタルを取り扱うには，次元の概念をさらに一般化する必要がある．そのためにさまざまな定義が提案されてきている．わかりやすい論考としては Falconer (1990) を参照せよ．それらのすべての定義は，いずれも「ε のスケールで測る」という考え方を含んでいる．つまり，大雑把にいえば，フラクタル集合の次元を ε 以下のサイズの不規則性を無視して計測し，$\varepsilon \to 0$ とするにつれて，その結果がどのように変化していくかをしらべるというものである．

ボックス次元の定義

次元の 1 つの測り方として，集合全体を 1 辺の長さ ε の箱で覆いつくす方法がある (図 11.4.1)．S を D 次元ユークリッド空間内の部分集合とし，この S を覆いつくすのに必要な 1 辺の長さ ε の D 次元立体の最小の数を $N(\varepsilon)$ としよう．この $N(\varepsilon)$ は ε にどのように依存するだろうか? これについての見通しを得るために，図 11.4.1 に示す古典的な図形を考えよう．明らかに，長さ L の滑らかな曲線の場合，$N(\varepsilon) \propto L/\varepsilon$ となる．一方，滑らかな曲線で囲まれる面積 A の平面的領域の場合，$N(\varepsilon) \propto A/\varepsilon^2$ である．ここで重要な観察事実は，図形の次元が $N(\varepsilon) \propto 1/\varepsilon^d$ というべき則における指数 d に等しいということだ．

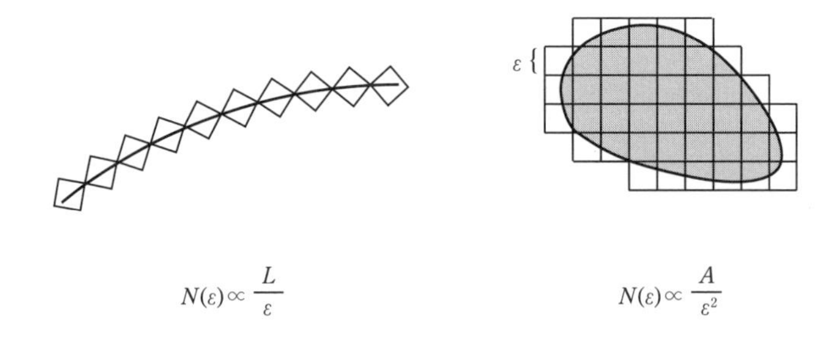

図 11.4.1

このべき則は，ほとんどのフラクタル集合 S においても成立するのだが，その場合，d はもはや自然数ではなくなる．上記の古典的な場合との類推により，この d を次元と見なして，しばしば集合 S の容量次元 (capacity dimension)，あるいは**ボックス次元** (box dimension) とよぶ．これと等価な定義は次の通りである．

$$d = \lim_{\varepsilon \to 0} \frac{\ln N(\varepsilon)}{\ln(1/\varepsilon)} \qquad \text{(ただし，その極限が存在する場合)}$$

例題 11.4.1 カントール集合のボックス次元を求めよ．

(解) カントール集合は，いずれの n についても，これを構成する際に用いた集合 S_n により被覆されていることを思い出そう (図 11.2.1)．それぞれの S_n は長さ $(\frac{1}{3})^n$ の 2^n 個の区間からなるので，ε を $\varepsilon = (\frac{1}{3})^n$ と選べば，カントール集合を被覆するためにこれらの 2^n 個の区間がすべて必要となる．したがって，$\varepsilon = (\frac{1}{3})^n$ に対して $N = 2^n$ となる．ここで $n \to \infty$ とすると $\varepsilon \to 0$ なので，

$$d = \lim_{\varepsilon \to \infty} \frac{\ln N(\varepsilon)}{\ln(1/\varepsilon)} = \frac{\ln(2^n)}{\ln(3^n)} = \frac{n \ln 2}{n \ln 3} = \frac{\ln 2}{\ln 3}$$

となり，これは例題 11.3.1 で得られた相似次元と一致している．■

この解法は有用な方法を示している．つまり，ボックス次元の定義に従えば，ε を連続的に 0 に近づけるべきであるが，この解法では $\varepsilon = (\frac{1}{3})^n$ という $n \to \infty$ で 0 に近づく離散的な数列を使っている．この場合，$\varepsilon \neq (\frac{1}{3})^n$ ならば上記の被覆は少々無駄を生じている．つまり，箱のうちいくつかは集合の端を越えてしまっているのだ．しかし，d の極限値は連続的に $\varepsilon \to 0$ とする場合と同一のものになる．

例題 11.4.2 自己相似ではないフラクタルを以下のように構成する．まず正方領域を 9 つの均等な正方形に分割し，それらの小さい正方形の 1 つをランダムに選び，取り除く．さらに，このプロセスを残る 8 つの正方形ごとに繰り返し，反復するというものである．その極限で得られる集合のボックス次元はどうなるか？

(解) 図 11.4.2 はこのランダムな構成法の典型的な実現例のはじめの 2 段階を示している．まず，もとの正方形の 1 辺の長さを単位長 ($\varepsilon = 1$) としよう．このとき S_1 は 1 辺の長さ $\varepsilon = \frac{1}{3}$ の $N = 8$ 個の正方形により (無駄なく) 被覆される．同様に，S_2 は 1 辺の長さ $\varepsilon = \left(\frac{1}{3}\right)^2$ の $N = 8^2$ 個の正方形により被覆される．一般には，1 辺の長さを $\varepsilon = \left(\frac{1}{3}\right)^n$ とすると，$N = 8^n$ 個の正方形により S_n は被覆される．したがって

$$d = \lim_{\varepsilon \to 0} \frac{\ln N(\varepsilon)}{\ln(1/\varepsilon)} = \frac{\ln(8^n)}{\ln(3^n)} = \frac{n \ln 8}{n \ln 3} = \frac{\ln 8}{\ln 3}$$

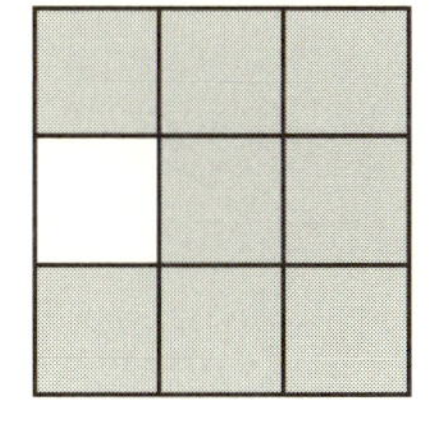

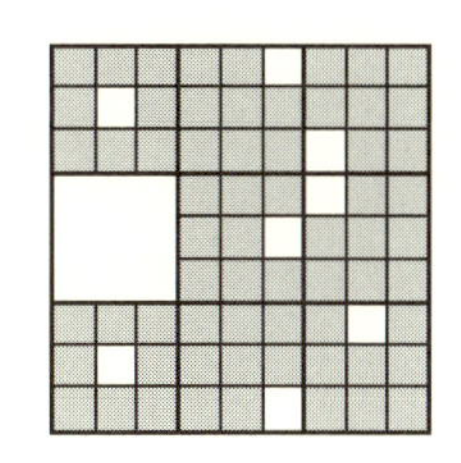

S_2

図 **11.4.2**

となる. ■

ボックス次元に関する批判

ボックス次元を計算する際，最小の被覆数を求めることは必ずしも容易ではない．しかし，この問題を回避してボックス次元を計算するための別の等価な方法がある．1 辺の長さ ε の正方形からなる格子で集合を覆い，それらの正方形のうち占有されたものの個数 $N(\varepsilon)$ を数え上げ，これより上記のように d を計算すればよい．

しかし，この改良をしたとしても，ボックス次元は実際には滅多に用いられない．なぜならば，他のタイプのフラクタル次元 (以下を参照) と比べ，その計算にははるかに多くの記憶容量と計算時間が必要となるためである．また，ボックス次元にはいくつか数学的な欠点もある．その一例に，ボックス次元の値は必ずしも本来そうあるべき値にならないということがある．たとえば，0 と 1 の間の有理数の集合に対しては，この集合が可算個の点からなるにもかかわらず，ボックス次元は 1 となってしまうことが証明される (Falconer 1990, p. 44).

Falconer (1990) では，他のタイプのフラクタル次元も議論されている．そのうち最も重要なのは**ハウスドルフ次元** (Hausdorff dimension) である．これはボックス次元に比べるとより精緻である．両者の主な考え方の違いは，ハウスドルフ次元では，ボックス次元で用いる 1 辺の長さ ε の固定サイズの箱とは異なり，可変サイズの小さな集合 (正確には球) を被覆に用いるということである．これにより，ハウスドルフ次元はボックス次元よりも数学的に好ましい性質をもつが，残念ながら数値的にこれを求めることはいっそう困難になる．

11.5　局所次元と相関次元

ここでダイナミクスの問題に戻ろう．相空間のストレンジアトラクター上にやがて落ち着くようなカオス系をしらべているとしよう．ストレンジアトラクターはたいがいフラクタルな微細構造をもっているが (これは 12 章で登場する)，そのフラクタル次元をどうすれば求められるだろうか?

まず，この系を長時間の数値積分などによって時間発展させることにより，アトラクター上に非常に多くの点 $\{\boldsymbol{x}_i, i = 1, \cdots, n\}$ を生成する．(その際，これまでと同様に，初期の過渡状態は取り除く.) 統計性の向上のために，この手続きを

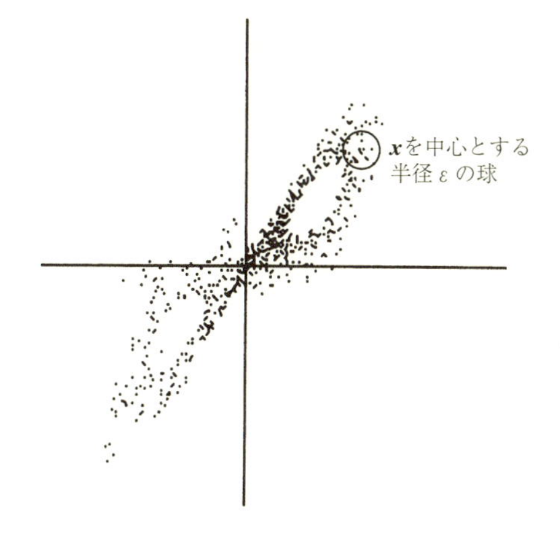

図 11.5.1

いくつかの異なる軌道に対して繰り返すこともできるであろうが，実際上はストレンジアトラクター上のほとんどすべての軌道は同一の長時間統計性を示すので，非常に長い時間にわたって 1 つの軌道を求めれば十分である．これによりアトラクター上の多くの点が得られるので，そのボックス次元の計算を試みることもできるだろうが，すでに述べたようにこれは実用的な方法ではない．

Grassberger と Procaccia (1983) は，現在標準的となっているより効率的な方法を提案した．この方法では，まずアトラクター A 上の特定の点 $\boldsymbol{x}$ に注目する．この $\boldsymbol{x}$ を中心とする半径 ε の球の内部に存在する A の点の数を $N_{\boldsymbol{x}}(\varepsilon)$ と表そう (図 11.5.1)．

この球内の点の大部分は，点 $\boldsymbol{x}$ を通る軌道の $\boldsymbol{x}$ 直近の部分とは関係しないものであることに注意しよう．むしろ，それらは $\boldsymbol{x}$ の近傍をたまたま通過することになる，軌道のはるか先の部分である．したがって，$N_{\boldsymbol{x}}(\varepsilon)$ は $\boldsymbol{x}$ の ε 近傍を典型的な軌道がどのくらい頻繁に通るかを測るものとなっている．

ここで ε を変化させてみよう．ε を大きくしていくと，球内の点の数は，典型的にはべき則に従って増加する．したがって

$$N_{\boldsymbol{x}}(\varepsilon) \propto \varepsilon^{d}$$

となり，この d を点 $\boldsymbol{x}$ における**局所次元** (local dimension) とよぶ[*5]．この局所

*5 (訳注) 原文では pointwise dimension (点次元) と表記されているが，local dimension (局所次元) とよばれることが多いため，訳はこれに従う．

次元は $\boldsymbol{x}$ に大きく依存しうる．たとえば，これはアトラクターの軌道がまばらな場所では小さな値となるだろう．よって，A 全体の次元を得るには，この $N_{\boldsymbol{x}}(\varepsilon)$ を多くの $\boldsymbol{x}$ について平均する必要がある．その結果得られる $C(\varepsilon)$ という量は

$$C(\varepsilon) \propto \varepsilon^d$$

のようにスケールすることが経験的に知られている．そして，この d を**相関次元** (correlation dimension) とよぶ．

この相関次元はアトラクター上の点の密度を考慮したものであり，したがってボックス次元とは異なるものである．というのは，ボックス次元では，箱に含まれている点の数にかかわらず，点を含む箱はすべて同じ重みでカウントされるからである．(数学的にいえば，相関次元はフラクタル集合上の不変測度に関するものであり，フラクタル集合そのものに関するものではない.) 相関次元 $d_{\mathrm{correlation}}$ とボックス次元 d_{box} の値はたいてい非常に近いが，一般には $d_{\mathrm{correlation}} \le d_{\mathrm{box}}$ が成立する (Grassberger と Procaccia 1983).

d の値を推定するには，$\log \varepsilon$ に対して $\log C(\varepsilon)$ をプロットする．もしすべての ε に対して $C(\varepsilon) \propto \varepsilon^d$ の関係が成り立つならば，傾き d の直線が得られるはずである．しかし，実際にはこのべき則は ε の中間的な値の範囲でのみ成り立つ (図 11.5.2)．$\log \varepsilon$ に対してプロットした $\log C(\varepsilon)$ の曲線は，大きな ε に対しては飽和する．これは半径 ε の球がアトラクター全体を包み込むようになり，$N_{\boldsymbol{x}}(\varepsilon)$ はそれ以上大きくなれないためである．逆に，非常に小さい ε に対しては，半径 ε の球内に存在する点が $\boldsymbol{x}$ のみになる．したがって，べき則は

$$(A \text{の点の間の最小距離}) \ll \varepsilon \ll (A \text{の直径})$$

となる**スケーリング領域**でのみ成立する．

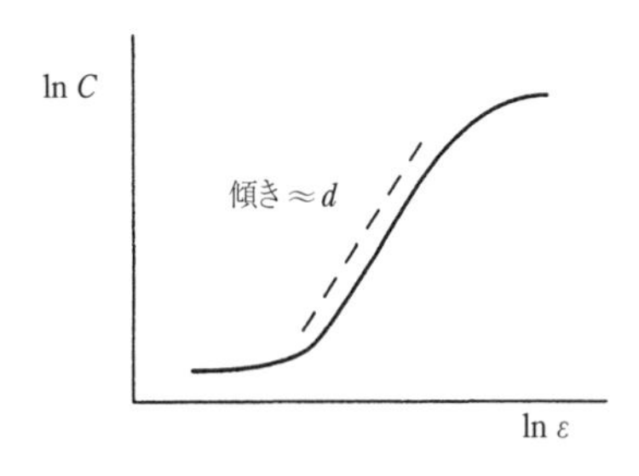

図 **11.5.2**

例題 11.5.1 ローレンツ・アトラクターの相関次元を，いつものパラメーター値 $r = 28, \sigma = 10, b = \frac{8}{3}$ に対して推定せよ．

(解) 図 11.5.3 に Grassberger と Procaccia (1983) の結果を示す．(この文献では，球の半径を ε ではなく l，相関次元を ν と表記していることに注意.) 傾き $d_{\text{correlation}} = 2.05 \pm 0.01$ の直線が，予想していた飽和の生じている ε の大きな値を除いて，測定されたデータ点と非常によく一致することがわかる．この結果はルンゲ–クッタ法による系の数値積分によって得られたものである．その時間刻み幅は 0.25 であり，15,000 個のアトラクター上の点が計算されている．また，Grassberger と Procaccia は，この相関次元はデータ点の数に対する収束性も良いと述べている．すなわち，数千個のデータ点のみで ±5%の誤差範囲内に推定値が得られるとのことである． ■

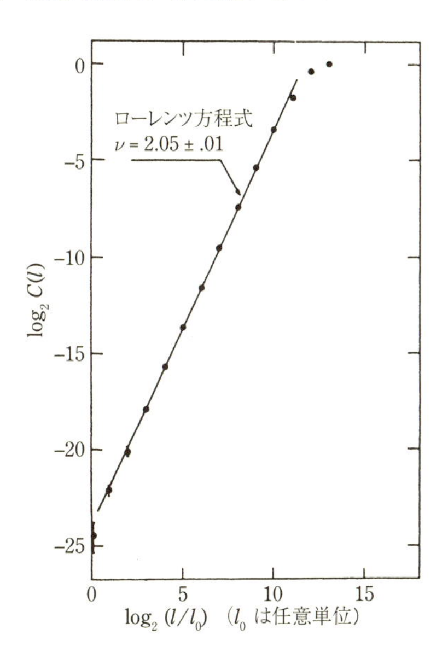

図 11.5.3 Grassberger と Procaccia (1983)，p. 196

例題 11.5.2 $x_{n+1} = rx_n(1 - x_n)$ で与えられるロジスティック写像を，カオスの開始点に対応するパラメーター値 $r = r_\infty = 3.5699456\cdots$ の場合について考えよう．まず，アトラクターは厳密に自己相似ではないものの，カントール集合的なものであることを示せ．さらにその相関次元を数値的に求めよ．

(解) まず，アトラクターの構造を再帰的に組み立てることにより視覚化しよう．大雑把にいえば，このアトラクターの形状は $n \gg 1$ の場合の 2^n 周期軌道のようなもので

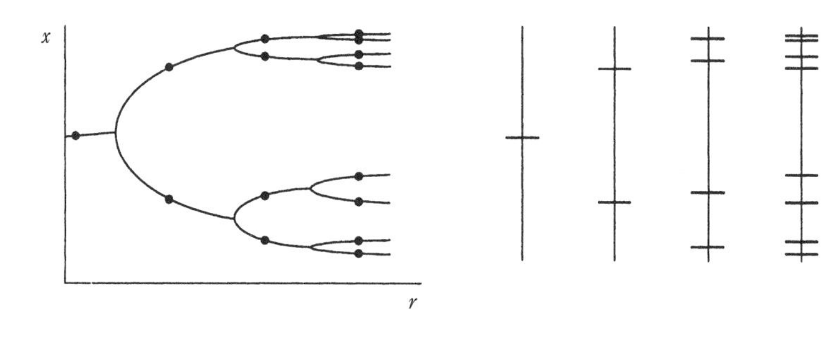

図 **11.5.4**

ある．図 11.5.4 に，小さな n の値に対する典型的な 2^n 周期軌道をいくつか模式的に示す．

図 11.5.4 の左側の図の点列は超安定な 2^n 周期軌道を示している．右側の図は，それぞれの点列に対応する x の値を示している．$n \to \infty$ の極限で，これらの点列からなる集合は，点どうしがさまざまな間隔で離散した位相カントール集合に漸近する．しかし，この集合は正確に自己相似ではない．なぜならば，点の間隔は場所によって異なる比率でスケールするからである．図 11.5.4 の左側の軌道図の鳥の叉骨のように見える部分のいくつかは，同一の r における他の部分より幅が広いのだ．(この非一様性については，10.6 節で図 10.6.2 のコンピューターで生成された軌道図を示した際にすでに述べた.)

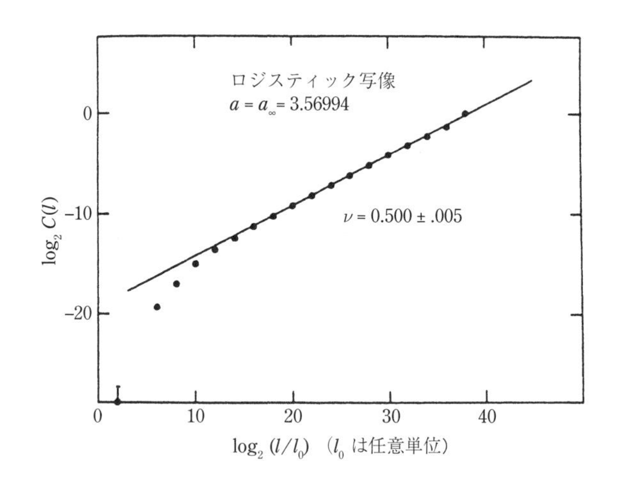

図 **11.5.5**　Grassberger と Procaccia (1983)，p. 193

この極限集合の相関次元は Grassberger と Procaccia (1983) によって求められた．彼らは $x_0 = \frac{1}{2}$ から出発した 30,000 点からなる 1 本の軌道を生成した．このデータを $\log \varepsilon$ を横軸に，$\log C(\varepsilon)$ を縦軸としてプロットしたものは，傾き $d_{\text{correlation}} = 0.500 \pm 0.005$ の直線でうまくフィットされている (図 11.5.5)．予想通り，この値はボックス次元 $d_{\text{box}} \approx 0.538$ (Grassberger 1981) に比べて小さいものとなっている．■

図 11.5.5 のデータは，ε が非常に小さい場合には直線から外れている．Grassberger と Procaccia (1983) は，この外れている理由を，1 本の軌道上で x_n の間の相関が残っていることによるとしている．このような相関は，写像が強いカオスを示す際には無視できるほど小さくなるが，この例のようにカオスの開始点にある系では，短時間のスケールでは無視できなくなる．べき則が成り立つスケーリング領域をより広く得たいのならば，もっと多くの点を用いるか，あるいは複数の軌道からデータを得ればよい．

マルチフラクタル

最後に，細部にまで立ち入ることはできないが，フラクタルの最近の進展について述べて結びとしよう．例題 11.5.2 のロジスティック写像のアトラクターにおいては，中央 1/3 カントール集合がどの場所でも一様な指数 $\frac{1}{3}$ のスケーリングを示すのとは異なり，スケーリングが場所ごとに変化している．したがって，このロジスティックアトラクターを，フラクタル次元や，他の何らかの 1 つの量だけで完全に特徴づけることはできない．そのため，何らかの分布関数によってアトラクター上での次元の変化を記述する必要が生じる．このようなタイプの集合を**マルチフラクタル** (multifractal) とよぶ．

場所に依存するスケーリングの変化は局所次元によって定量化できる．マルチフラクタル集合 A が与えられたとき，局所次元が α となるようなすべての点からなる A の部分集合を S_α とする．このとき，α が A において頻繁に現れるスケーリング指数だとすると，この値に対応する点が多く見いだされ，S_α は相対的に大きな集合となる．逆に α が滅多に現れないような値ならば，これに対応する S_α は小さな集合になるだろう．これを定量化するために，S_α 自体がフラクタル集合であり，その「大きさ」をフラクタル次元で測れることに注意しよう．そこで，S_α の次元を $f(\alpha)$ と表示することにする．この $f(\alpha)$ は，A の**マルチフラクタルスペクトル** (multifractal spectrum)，あるいは**スケーリング指数のスペクトル** (spectrum of scaling indices) とよばれる (Halsey ら 1986)．

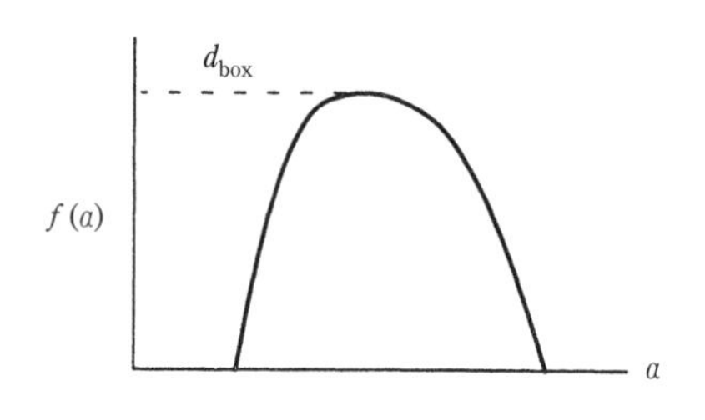

図 **11.5.6**

大雑把にいえば，マルチフラクタルとは異なる次元 α をもつフラクタル集合が互いに織り込まれたものであり，$f(\alpha)$ は集合全体に対する次元 α のフラクタル集合の相対的な重みを示すものである．このとき，α が極端に大きい値や小さい値となることはまずありえないので，$f(\alpha)$ の形状はたいてい図 11.5.6 のようになる．ここで $f(\alpha)$ の最大値はボックス次元 d_{box} となることが知られている (Halsey ら 1986).

カオスの開始点にある系では，マルチフラクタルの考え方によって 10.6 節で述べた普遍性に関する理論のより強力なバージョンが導かれる．この場合，普遍性を示す量は 1 つの「数」ではなく，$f(\alpha)$ という「関数」である．したがって，これは 1 つの数と比べてはるかに多くの情報を含み，より厳密な普遍性の検証を可能にする．この普遍性についての理論的予測は，カオスの開始点にあるさまざまな実験系で検証されており，驚くほど良い結果が得られている．これについてのレビューとしては Glazier と Libchaber (1988) を参照せよ．その一方で，マルチフラクタルの厳密な数学的理論は発展途上である．この問題については Falconer (1990) の議論を参照せよ．

演 習 問 題

11.1 可算および非可算集合

11.1.1 例題 11.1.4 の対角線論法を用いても，有理数が実数と同様に非可算であるとは示せないのはなぜか? (有理数も小数表示が可能ではあるのに.)

11.1.2 整数のうち奇数であるもの全体の集合は可算であることを示せ．

11.1.3 無理数全体の集合は可算か，あるいは非可算か? その答を証明せよ．

11.1.4 10 進展開において 2 と 7 のみを各桁に含む実数全体の集合を考えよう．カントールの対角線論法を用いて，この集合が非可算であることを示せ．

11.1.5 3 次元空間の各座標が整数からなる格子点の集合，つまり p，q および r が整数となる (p,q,r) で与えられる点の全体を考えよう．この集合は可算であることを示せ．

11.1.6 ($10x$ mod 1) 10 進シフト写像 $x_{n+1} = 10x_n \pmod 1$ を考えよう．

(a) この写像は可算無限個の周期軌道をもち，そのすべては不安定であることを示せ．

(b) この写像は非可算無限個の非周期軌道をもつことを示せ．

(c) この写像で有限ステップ後に固定点へ至る点のことを「実質固定点」とよぼう．このとき，N を何らかの正の整数として，すべての $n > N$ に対して $x_{n+1} = x_n$ が成立することになる．この 10 進シフト写像の実質固定点の個数は可算か，あるいは非可算か?

11.1.7 2 進シフト写像 $x_{n+1} = 2x_n \pmod 1$ は可算無限個の周期軌道と非可算無限個の非周期軌道をもつことを示せ．

11.2 カントール集合

11.2.1 (カントール集合の測度は 0 である) これはカントール集合の全長が 0 であることを示すもう 1 つの方法である．カントール集合を組み立てる第 1 段階で，$[0,1]$ の単位区間から長さ $\frac{1}{3}$ の区間を取り除いた．そして次の段階で，それぞれ長さ $\frac{1}{9}$ の 2 つの区間を取り除いた．しかるべき無限級数の和をとることにより，取り除いたすべての区間の全長は 1 であり，それゆえ，その残り (つまりカントール集合) は全長 0 にならねばならないことを示せ．

11.2.2 有理数全体の集合は測度 0 であることを示せ. (ヒント：可算である有理数全体のリストが与えられたとしよう．リストの最初の数を長さ ϵ の区間で覆い，2 番目の数を長さ $\frac{1}{2}\epsilon$ の区間で覆うとする．そこから先に進めてみよ.)

11.2.3 実軸上のどのような可算集合も測度 0 であることを示せ．(これは前の問題の結果の一般化である．)

11.2.3 0 と 1 の間の無理数の集合を考えよう．

(a) この集合の測度はどうなるか?

(b) この集合は可算か，非可算か?

(c) この集合は完全不連結か?

(d) この集合には孤立点が存在するか?

11.2.4 (3 進数とカントール集合)

(a) $\frac{1}{2}$ の 3 進数表示を求めよ．

(b) カントール集合 C と区間 $[0,1]$ との 1 対 1 対応を与えよ．つまり，$c \in C$ の各点を唯一の $x \in [0,1]$ に対応づける可逆な写像を求めよ．

(c) 私の学生の何人かは，カントール集合は「すべての端点」からなると思い込んでいた．彼らの主張によると，集合内のどの点も，この集合を構成する際に現れるいずれかの部分区間の端点であるというものであった．集合 C 内に端点とは異なる点を実際に見いだすことにより，その主張が誤りであることを示せ．

11.2.5 (悪魔の階段) カントール集合からランダムに 1 点を選んだとしよう．x を $0 \leq x \leq 1$ のある決められた値として，選んだ点がこの x より左側にある確率はどのようになるか？ その答は，**悪魔の階段** (devil's staircase) とよばれる関数 $P(x)$ により与えられる．

(a) $P(x)$ を可視化するには，これを順番を追って構成していくのが最も簡単である．まず図 11.2.1 の集合 S_0 を考えよう．そして $P_0(x)$ をランダムに選んだ S_0 内の 1 点が x よりも左にある確率とする．このとき，$P_0(x) = x$ であることを示せ．

(b) 次に，S_1 について同様に $P_1(x)$ を定義せよ．そして $P_1(x)$ のグラフを描け．(ヒント：これは中央に平坦な部分をもつはずである．)

(c) $n = 2, 3, 4$ に対して $P_n(x)$ のグラフを描け．その際，平坦な部分の幅と高さに注意すること．

(d) 極限として得られる関数 $P_\infty(x)$ が悪魔の階段である．これは連続だろうか？ その導関数のグラフはどのようになるか？

他のフラクタル集合の概念と同じく，悪魔の階段も長らく数学的好奇心の対象と考えられてきた．しかし，最近では非線形振動子のモードロックに関連して，物理の分野で実際に現れている．その面白い入門としては Bak (1986) を参照のこと．

11.3 自己相似フラクタル図形の次元

11.3.1 (中央の半分を取り除いてできるカントール集合) 各部分区間から，中央の 1/3 ではなく，中央の 1/2 を取り除いてできる新種のカントール集合を構成しよう．

(a) この集合の相似次元を求めよ．

(b) この集合の測度を求めよ．

11.3.2 (一般化カントール集合) 一般化されたカントール集合を考えよう．はじめに $[0, 1]$ 区間の中央から長さ a (ただし $0 < a < 1$) の開区間を取り除く．それ以降の段階では，残された区間それぞれから，その中央の区間 (長さは上と同様に全体の a の割合とする) を取り除き，これを繰り返すとする．その結果得られる極限集合の相似次元を求めよ．

11.3.3 (5 分の偶数のカントール集合の一般化) 「7 分の偶数のカントール集合」を次のように構成する．まず区間 $[0, 1]$ を 7 つの均一な区間に分割する．次にその 2, 4, 6 番目の区間を取り除く．これを得られた部分区間ごとに繰り返す．

(a) この集合の相似次元を求めよ．

(b) この構成法を一般化して，任意の奇数個の部分区間に対して偶数番目を取り除くとする．この一般化されたカントール集合の相似次元を求めよ．

11.3.4 (奇数番目の桁が 0) $[0, 1]$ の部分集合で，その 10 進数表示の偶数番目の桁のみが値をもつ (奇数番目の桁が 0 となる) 実数全体の集合の相似次元を求めよ．

11.3.5 (8 が存在しない) $[0, 1]$ の部分集合で，その 10 進数表示のどの桁にも 8 の数字が存在しないような実数全体の集合の相似次元を求めよ．

11.3.6 中央 1/3 カントール集合は区間を含まないことを示せ．さらに，この集合のどの点も孤立していないことを示せ．

11.3.7 (雪片) コッホの雪片曲線 (von Koch snowflake curve) として知られる有名なフラクタル図形を構成するには，S_0 として正三角形を用いればよい．そして，その 3 辺のそれぞれについて，図 11.3.1 のコッホ曲線の構成方法を実行せよ．

(a) S_1 はダビデの星*6のようになることを示せ．

(b) S_2 および S_3 を描け．

(c) 雪片曲線とは極限で得られる曲線 $S = S_\infty$ のことである．その弧長が無限大となることを示せ．

(d) S で囲まれる領域の面積を求めよ．

(e) S の相似次元を求めよ．

この雪片曲線は連続であるが，微分可能な場所がない．大雑把にいえば，「至るところが角」なのである！

11.3.8 (シェルピンスキーのカーペット) 図 1 に示すプロセスを考えよう．まず 1 辺の長さ 1 の (端を含む) 正方形閉領域を 9 個の均等な正方形領域に分割し，中央の (端を含まない) 正方形開領域を取り除く．さらにこのプロセスを残る 8 個の小正方形領域に対し繰り返し，これを際限なく反復する．図 1 に，その最初の 2 段階が示されている．

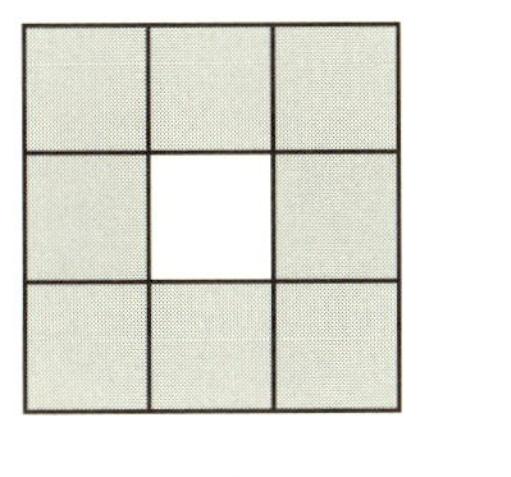

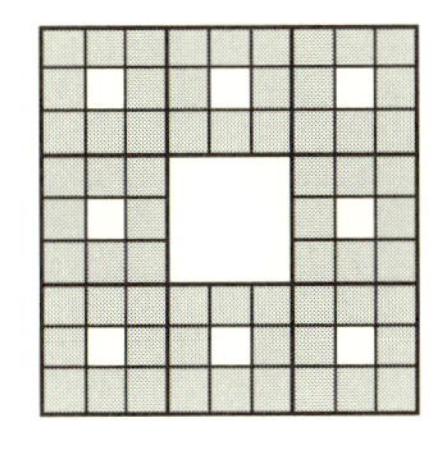

S_1 S_2

図 1

(a) その次の段階 S_3 を描け．

(b) 極限で得られる**シェルピンスキーのカーペット** (Sierpinski carpet) として知られているフラクタル図形の相似次元を求めよ．

(c) シェルピンスキーのカーペットは面積ゼロであることを示せ．

---

*6 (訳注) 2 つの正三角形を逆に重ねた六芒星 (ヘキサグラム) といわれる形．

11.3.9 (スポンジ) 先の演習問題 11.3.8 を 3 次元に一般化しよう．まず中身の詰まった立方体から始め，これを 27 個の均等な小立方体に分割する．そして，各面の中央に位置する小立方体と，立方体の中心にある小立方体を取り除く.(あるいは，立方体の各面の中央部から互いに直交する 3 つの直方体を削り出すと考えてもよい.) このプロセスを無限回繰り返すと，**メンガーのスポンジ** (Menger sponge) とよばれるフラクタル集合が得られる．その相似次元を求めよ．興味があれば，N 次元空間におけるメンガーの高次元スポンジについて，その相似次元を求めてみよ．

11.3.10 (ファットフラクタル) **ファットフラクタル** (fat fractal) とは測度が 0 ではないフラクタルのことをいう．その簡単な例は次の通りである．まず $[0,1]$ の単位区間から出発し，その中央の 1/2 を占める開区間を取り除く．次に，残りの区間から中央の 1/4 を同様に取り除き，以下これを $1/8, \cdots$ として繰り返す.(したがって，各段階で取り除かれる部分の比率はどんどん小さくなっていく．これは中央 1/3 カントール集合の場合，常に残っている区間から 1/3 が取り除かれることと対照的である.)

(a) この極限集合は位相カントール集合になることを示せ．

(b) この極限集合の測度は 0 より大きいことを示せ．また，可能であれば，その正確な値を求めよ．あるいは，その下界の値を求めるだけでもよい．

ファットフラクタルにより，ロジスティック方程式に関する面白い問題に解答が得られる．Farmer (1985) は，カオスを示すパラメーター値の集合はファットフラクタルであることを数値的に示している．特に，r を r_∞ と $r=4$ の間でランダムに選ぶ場合，約 89%の割合でこの写像はカオスを示す．また，Farmer の解析により，倍精度でこの写像を計算した場合，実際には周期的である軌道をカオス的であると見誤る確率は，何と 100 万回に 1 回程度でしかないことが示されている！

11.4 ボックス次元

次のフラクタル集合のボックス次元を求めよ．

11.4.1 コッホの雪片曲線 (演習問題 11.3.7 を参照)

11.4.2 シェルピンスキーのカーペット (演習問題 11.3.8 を参照)

11.4.3 メンガーのスポンジ (演習問題 11.3.9 を参照)

11.4.4 中央 1/3 カントール集合どうしの直積により得られる集合

11.4.5 メンガーの高次元スポンジ (演習問題 11.3.9 を参照)

11.4.6 (テント写像におけるストレンジリペラー) 区間 $[0,1]$ 上のテント写像を $x_{n+1} = f(x_n)$ により定義する．ただし，

$$f(x) = \begin{cases} rx & (0 \le x \le \frac{1}{2}) \\ r(1-x) & (\frac{1}{2} \le x \le 1) \end{cases}$$

であり，$r > 0$ とする．この問題では $r > 2$ と仮定しよう．このとき，一部の点は f により区間 $[0,1]$ の外に写像されることになる．$f(x_0) > 1$ が成り立つとき，x_0 は

f の 1 回の反復によって区間 $[0,1]$ から「逃げ出す」ということにする．同様に，ある有限の n に対して $f^n(x_0) > 1$ であり，かつ $k < n$ を満たすすべての k について $f^k(x_0) \in [0,1]$ であるならば，x_0 は n 回の反復後に逃げ出すということにしよう．

(a) 1 回もしくは 2 回の反復後に逃げ出す初期条件 x_0 の集合を求めよ．

(b) いつまでも逃げ出さない x_0 の集合はどのようなものであるか説明せよ．

(c) いつまでも逃げ出さない x_0 の集合のボックス次元を求めよ．[この集合を不変集合 (invariant set) とよぶ.]

(d) この不変集合上のどの点についてもリアプノフ指数が正となることを示せ．

この不変集合は，次のいくつかの理由により，**ストレンジリペラー** (strange repeller) とよばれる．まず，この集合はフラクタルな構造をもつ．さらに，この集合に属さないすべての近傍にある点を反発する．そして，この集合上の点はテント写像の反復によりカオス的に飛び回るのである．

11.4.7 (偏ったフラクタル) まず $[0,1]$ の単位閉区間を 4 つの均等な区間に分割する．そのうち，左から 2 番目の開区間を取り除き，その結果得られる集合を S_1 とよぶ．そしてこの手続きを無限に繰り返すとする．すなわち，集合 S_n の部分区間それぞれを 4 分割して左から 2 番目の区間を取り除き，その結果得られる集合を S_{n+1} とする．

(a) $S_1, \cdots, S_4$ の集合をそれぞれスケッチせよ．

(b) 極限集合 S_∞ のボックス次元を求めよ．

(c) S_∞ は自己相似か?

11.4.8 (ランダムフラクタル図形についての考察) 先ほどの問題の反復の過程にランダムな要素を導入してみよう．すなわち，S_n から S_{n+1} を構成する際に，コインを投げるとする．表が出れば S_n の部分区間それぞれを 4 分割して左から 2 番目の区間を取り除き，裏が出れば 3 番目の区間を取り除くことにする．その極限で得られる集合は**ランダムフラクタル**の一例となる．

(a) この集合のボックス次元を求めることができるだろうか? この質問自体が意味をなしているだろうか? つまり，コイン投げの結果たまたま現れた表裏のパターンに，ボックス次元の値は依存するのだろうか?

(b) さて，ここで裏が出れば**左端**の区間を取り除くとしよう．この変更によりボックス次元の値に変化が生じるか? たとえば，裏が続けて何度も出たとするとどうなるか? ランダムフラクタルに関しては Falconer (1990, chap. 15) を参照せよ．

11.4.9 (フラクタルなチーズ) スイスチーズのスライスのフラクタル版を次のように構成する．まず単位正方形を p^2 個の小正方形に均等に分割し，その内 m^2 個をランダムに選び出して取り除くことにする. (ただし，p, m は正の整数であり，$p > m + 1$ を満たすとする.) この操作を，取り除かれずに残っているそれぞれの小正方形 (1 辺の長さ $= 1/p$) ごとに繰り返す．この過程を無限に反復したとして，その結果得られるフラクタル集合のボックス次元を求めよ. (得られるフラクタル集合は，反復の各段階でどの小正方形が取り除かれるかによって，自己相似かあるいはそうでないかが決まる．しかしながら，いずれにしてもボックス次元を求めることは可能である.)

11.4.10 (ファットフラクタル) 演習問題 11.3.10 で得られたファットフラクタルのボックス次元は 1 であることを示せ.

11.5 局所次元と相関次元

11.5.1 (研究課題) ローレンツ・アトラクターの相関次元を求めるコンピュータープログラムを組め. これにより図 11.5.3 の結果を再現せよ. また他の r の値を試してみよ. 次元は r にどのように依存するか?

12 ストレンジアトラクター

12.0 はじめに

これまでの 3 つの章の解析で，カオス的な系についてかなりのことが明らかになった．しかし，まだ何か重要なものが欠けている．すなわち，直観的な理解である．われわれは，**何が**起こるのかは知ったが，**なぜ**起こるのかをまだ知らない．たとえば，何が初期条件に対する鋭敏な依存性を引き起こすのかを知らないし，微分方程式がどのようにしてフラクタルなアトラクターを生成しうるのかも知らない．この章の最初の目的は，それらを簡単な幾何学的方法によって理解することである．

これと同じ問題が，1970 年代半ばの科学者たちにも立ちはだかっていた．当時知られていたストレンジアトラクターの例は，Lorenz (1963) によるローレンツ・アトラクターと，Smale (1967) が数学的に構成したものがいくつかあるだけだった．それゆえに，できるだけ明快な他の具体例が必要とされていた．そのような具体例が，Hénon (1976) と Rössler (1976) によって，引き延ばしと折り畳みという直観的な概念を用いて与えられた．これらの話題について 12.1–12.3 節で議論する．化学系と力学的な系におけるストレンジアトラクターの実験例により，この章を締めくくる．これらの例は，それら自体の面白さに加えて，アトラクターの再構成とポアンカレ断面という，カオス的な系から得た実験データを解析するための 2 つの標準的手法も例示する．

12.1 最も簡単な例

ストレンジアトラクターは，両立させるのが困難に思える2つの性質をもつ．つまり，アトラクター上の軌道は相空間の有界領域に閉じ込められたままだが，各軌道は (少なくとも初めのうちは) 近傍の他の軌道から指数関数的に速く離れてゆく．どのようにすれば，軌道どうしが果てしなく離れ続け，しかも有界に留まれるのだろうか?

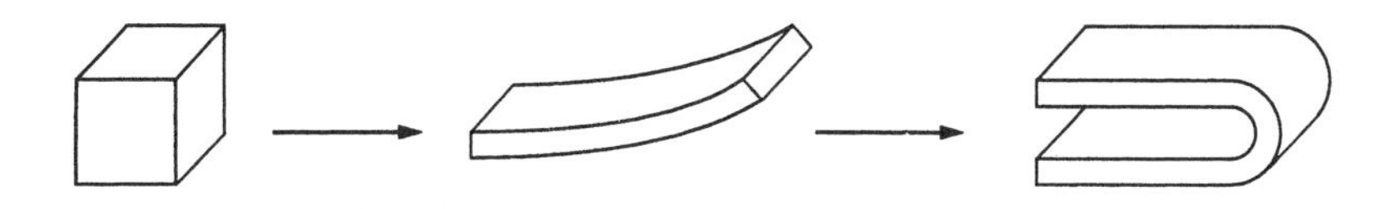

図 12.1.1

その基本的なメカニズムは，**引き延ばしと折り畳み**の繰り返しによるものである．相空間内の初期条件のなす小さな塊を考えよう (図 12.1.1)．ストレンジアトラクターが生じるのは，典型的には，流れが (系の散逸を反映して) この塊をある方向に圧縮し，別の方向に引き延ばす (そして初期条件への鋭敏な依存性に導く) ときである．しかし，この塊が無限に引き延ばされ続けることはありえない．変形された塊が有界な領域に留まるためには，それ自体の上に折り畳まれなくてはならない．

引き延ばしと折り畳みの効果を例示するために，身近な例を考えてみよう．

パイ生地をつくる

図 12.1.2 は，多層のパイやクロワッサンをつくるときの手順を示す．パイ生地は引き延ばされ，潰され，それから折り畳まれ，再び引き延ばされる．これが何度も繰り返された後，最終的には薄い層状のはがれやすい構造となる．これがフラクタルなアトラクターの料理におけるアナロジーである．

さらに，図 12.1.2 に示した手順は，おのずから初期条件に対して鋭敏な依存性を生む．初期条件の塊を表す着色料の小さな一滴をパイ生地の中に置いたとしよう．引き延ばしと折り畳みを何度も繰り返した後，着色料はパイ生地全体に広がることだろう．

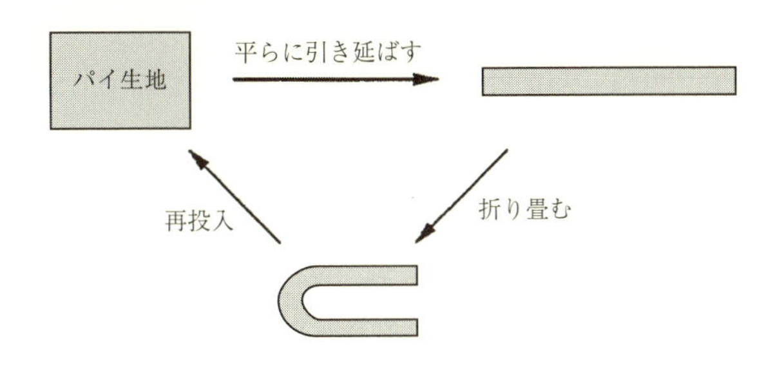

図 **12.1.2**

図 12.1.3 はこの**パイ生地写像** (pastry map) のより詳しい様子を示す．パイ生地写像は，長方形からそれ自体の中への連続写像としてモデル化されている．長方形 $abcd$ は，潰され，引き延ばされ，S_1 として示されている**馬蹄** (horseshoe) $a'b'c'd'$ に折り畳まれる．同様に，S_1 自身も潰され，引き延ばされ，折り畳まれて S_2 になり，などと続く．ある段階から次の段階に進むと，おのおのの層はより薄くなり，層の数は倍になる．

さて，極限集合 S_∞ を想像してみよう．これは，さまざまな大きさの隙間によって隔てられた，無限に多くの滑らかな層からなる．実際，S_∞ の中央を通る垂直断面は，**カントール集合**のようになることだろう！よって，S_∞ は (局所的には) 滑

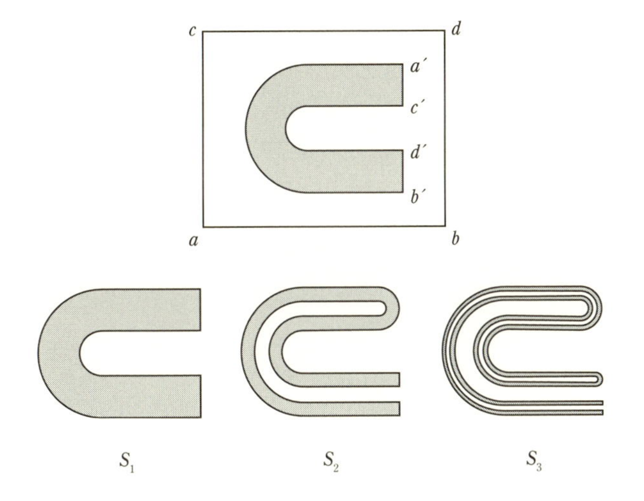

図 **12.1.3**

らかな曲線とカントール集合の積である．アトラクターのフラクタル構造は，まず第一には，S_∞ をつくり出した引き延ばしと折り畳みの帰結である．

用　　語

図 12.1.3 に示した変換は通常は馬蹄写像とよばれるが，まったく異なる性質をもつ別の馬蹄写像 [**スメールの馬蹄写像**(Smale horseshoe)] との混乱を招くので，この名称を避けてきた．特に，スメールの馬蹄写像はストレンジアトラクターをもたない．その不変集合は，むしろストレンジサドルに近い．スメールの馬蹄写像はカオスの厳密な議論における重要な基礎であるが，その解析と重要性についてはより進んだコースに延期するのが最善だろう．その導入には演習問題 12.1.7 を，詳しい取扱いについては Guckenheimer と Holmes (1983) や Arrowsmith と Place (1990) を参照せよ[*1]．

このような事情により，**馬蹄**という言葉をスメールの写像のためにとっておきたいので，上で扱った写像には**パイ生地写像** (pastry map) という言葉を用いた．よりよい名前は「パイこね写像」(baker map)[*2]だろうが，この名前は，以下の例題で扱う写像にすでに使われてしまっている．

例題 12.1.1　正方形 $0 \le x \le 1,\ 0 \le y \le 1$ からそれ自身への**パイこね写像** B は

$$(x_{n+1}, y_{n+1}) = \begin{cases} (2x_n, ay_n) & \left(0 \le x_n \le \dfrac{1}{2}\right) \\ \left(2x_n - 1, ay_n + \dfrac{1}{2}\right) & \left(\dfrac{1}{2} \le x_n \le 1\right) \end{cases}$$

で与えられる．ここで a は $0 < a \le \frac{1}{2}$ の範囲のパラメーターである．B の幾何学的な作用を，単位正方形中に描かれた顔がどのように変換されるかを示すことにより，例示せよ．

(解)　気乗りしない被験者を図 12.1.4a に示す．ただちにわかるように，この変換はより簡単な 2 つの変換の積と見なせる．まず，正方形が引き延ばされて潰されて $2 \times a$ の長方形になる (図 12.1.4b)．次に，この長方形が半分に切断されて 2 つの $1 \times a$ の長方形となり，その左半分の上に，底辺が $y = \frac{1}{2}$ の高さにくるように，右半分が積み重ねられる (図 12.1.4c)．

どうしてこの手続きが B の式と等価なのだろうか？　まず，$0 \le x_n < \frac{1}{2}$ となる正方形の左半分を考える．ここで $(x_{n+1}, y_{n+1}) = (2x_n, ay_n)$ なので，上で述べたよう

*1 (訳注) 馬蹄写像の解析について，日本語の文献としては，C. ロビンソン (國府寛司，柴山健伸，岡 宏枝 訳) 力学系 上・下 (シュプリンガー・フェアラーク東京，2001) がよい．

*2 (訳注) baker なので本来はパン屋 (パンこね) 写像だろうが，伝統的にパイこね写像とされている．

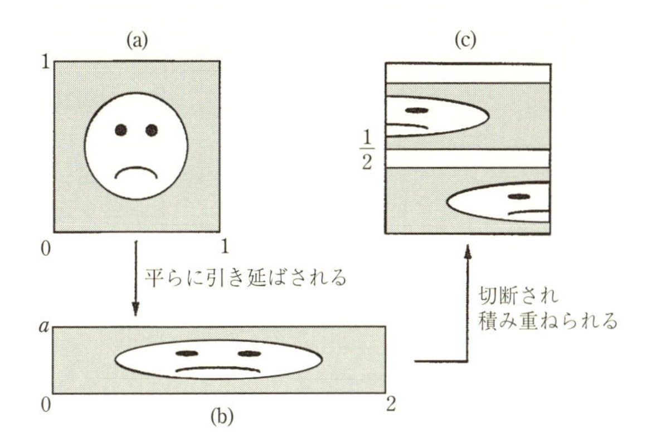

図 **12.1.4**

に，水平方向は 2 倍に引き延ばされ，垂直方向は a 倍に縮小される．長方形の右半分についても，像が左に 1，上に $\frac{1}{2}$ だけシフトされることを除けば同様である．このシフトは長方形を積み重ねることに等価である． ■

x 方向への引き延ばしのため，パイこね写像は初期条件に対する鋭敏な依存性を示す．パイこね写像は多数のカオス軌道をもつ．実際のところ，不可算無限個のカオス軌道をもつのである．パイこね写像のダイナミカルな性質などについては，演習問題で議論する．

次の例題は，パイ生地写像と同様に，パイこね写像がカントール的な断面をもつことを示す．

例題 12.1.2 パイこね写像は，$a < \frac{1}{2}$ のときに，すべての軌道を引きつけるフラクタルなアトラクター A をもつことを示せ．より正確にいうと，任意の初期条件 (x_0, y_0) に対して，$B^n(x_0, y_0)$ から A までの距離が $n \to \infty$ で 0 に収束するような集合 A が存在することを示せ．

(解) まずアトラクターを構成する．正方形 $0 \leq x \leq 1, 0 \leq y \leq 1$ を S で示す．これは可能なすべての初期条件を含んでいる．写像 B による S の最初の 3 回分の像を，図 12.1.5 に影をつけた領域として示す．

例題 12.1.1 で知ったように，最初の像 $B(S)$ は，高さ a の 2 つの帯からなる．次に $B(S)$ は潰され，引き延ばされ，切断され，積み上げられて $B^2(S)$ となる．今や高さ a^2 の帯が 4 本ある．これを続けてゆくことにより，$B^n(S)$ が 2^n 本の高さ a^n の水平方向の帯からなることがわかる．極限的な集合 $A = B^\infty(S)$ はフラクタルとなる．位相的には，これは線分のカントール集合である．

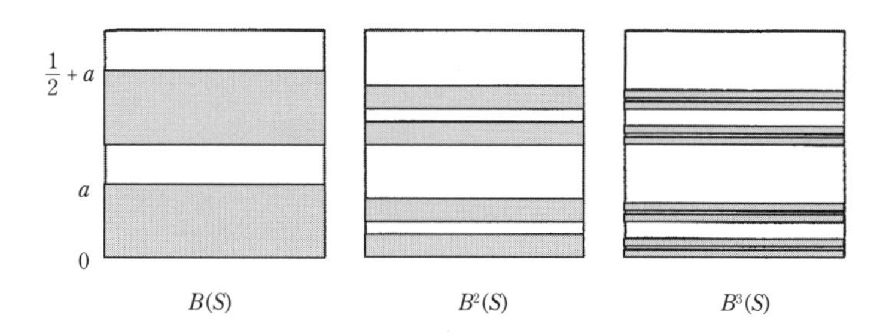

図 **12.1.5**

テクニカルな点が1つある．どうすれば「極限的な集合」が実際に存在することを確信できるのだろうか? そのためには，集合・位相の標準的な定理を用いる．一連の正方形の像は，中国の入れ子式の箱のセットのように，それぞれの内部に**包含されている**．つまり，すべての n について $B^{n+1}(S) \subset B^n(S)$ である．さらに，それぞれの $B^n(S)$ はコンパクト集合である．コンパクト集合に関する基本的な定理 (Munkres 1975)[*3]によると，入れ子になったコンパクトな集合の族の可算個の共通部分は，**空ではない**コンパクト集合であることが保証される．この集合が A である．さらに，すべての n に対して $A \subset B^n(S)$ である．

入れ子の性質は，A がすべての軌道を引きつけることを示すためにも役立つ．点 $B^n(x_0, y_0)$ は $B^n(S)$ のいずれかの帯の中のどこかにあり，これらの帯の中のすべての点は，A から距離 a^n 以内にある．なぜなら，A は $B^n(S)$ に含まれているからである．$n \to \infty$ で $a^n \to 0$ なので，$B^n(x_0, y_0)$ から A までの距離は，$n \to \infty$ で 0 に近づく． ■

例題 12.1.3 $a < \frac{1}{2}$ のパイこね写像のアトラクターのボックス次元を求めよ．

(解) アトラクター A は $B^n(S)$ によって近似されるが，$B^n(S)$ は長さ1で高さが a^n の 2^n 本の帯からなる．サイズ $\varepsilon = a^n$ の正方形の箱で A を覆う (図 12.1.6)．帯の長さは1なので，それぞれを覆うために約 a^{-n} 個の箱が必要である．全部で 2^n 本の帯があるので，$N \approx a^{-n} \times 2^n = (a/2)^{-n}$ である．よって，

$$d = \lim_{\varepsilon \to 0} \frac{\ln N}{\ln(1/\varepsilon)} = \lim_{n \to \infty} \frac{\ln[(a/2)^{-n}]}{\ln(a^{-n})} = 1 + \frac{\ln \frac{1}{2}}{\ln a}$$

となる．確認として，$a \to \frac{1}{2}$ で $d \to 2$ となることに注意しよう．$a \to \frac{1}{2}$ とするとアトラクターは正方形 S のますます大きな部分を覆うようになるので，これは理にかなっている． ■

*3 (訳注) たいていの日本語の集合・位相の教科書にはこの定理が載っている．

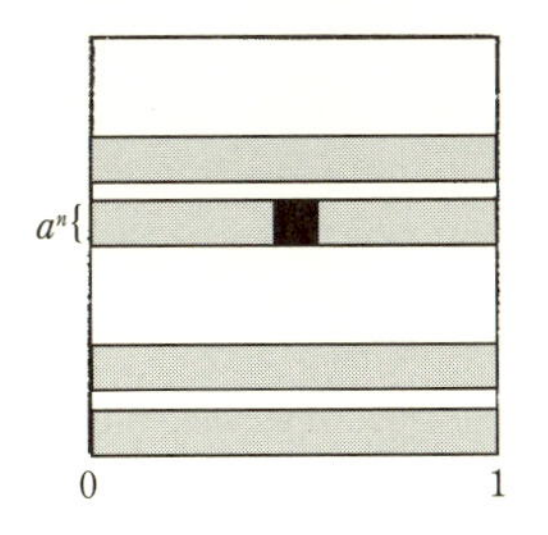

図 12.1.6

散逸の重要さ

パイこね写像は $a < \frac{1}{2}$ ならば相空間の面積を縮小する．つまり，正方形内の任意の領域 R について，

$$\mathrm{area}(B(R)) < \mathrm{area}(R)$$

である．ここで $\mathrm{area}(R)$ は R の面積を表す．この結果は初等幾何より導かれる．パイこね写像は R を 2 倍に延ばし，a 倍に潰すので，$\mathrm{area}(B(R)) = 2a \times \mathrm{area}(R)$ である．仮定より $a < \frac{1}{2}$ なので，$\mathrm{area}(B(R)) < \mathrm{area}(R)$ である．(切断する操作は領域の面積を変えないことに注意せよ.)

面積の縮小は，9.2 節でローレンツ方程式において発見した体積の縮小と同様のものである．ローレンツ方程式の場合と同様に，このことからいくつかの結論が導かれる．たとえば，パイこね写像のアトラクター A の面積はゼロでなくてはならない．また，パイこね写像はいかなる反発的な固定点ももちえない．そのような点は，その近傍の面積を広げてしまうからである．

対照的に，$a = \frac{1}{2}$ のときには，パイこね写像は**面積保存** (area-preserving) で，$\mathrm{area}(B(R)) = \mathrm{area}(R)$ である．今度は正方形 S はそれ自身の上に写像され (全射)，帯の間に隙間はできない．この場合，写像は定性的に異なるダイナミクスを示す．過渡過程は決して減衰せず，軌道は正方形内のあちこちを果てしなく動き続けるが，より低次元のアトラクターに落ち着くことは決してない．これは今までに見たことのない種類のカオスである．

この $a < \frac{1}{2}$ と $a = \frac{1}{2}$ の 2 つの状況は，非線形ダイナミクスにおける 2 つの広大なテーマの典型例となっている．一般に，写像や流れが相空間の体積を縮小するならば，それは**散逸的** (dissipative) とよばれる．散逸系は，摩擦，粘性，ある

いは他のエネルギーを散逸する過程を含む物理的状況のモデルとして，一般的に現れる．これに対して，面積保存写像は，保存系，特にハミルトン力学系に関連している．

面積保存写像はアトラクターをもちえないので (ストレンジであろうがそうでなかろうが)，この区別はきわめて重大である．9.3 節で定義されたように,「アトラクター」はそれ自体を含む十分に小さな開集合から出発するすべての軌道を引きつけなくてはならない．この要請は面積保存とは相容れない．

演習問題のいくつかで，面積保存写像において生じる新しい現象を少しだけ味わう．ハミルトン系のカオスの魅力的な世界についてもっと詳しく学ぶには，Jensen (1987) や Hénon (1983) のレビュー記事，または Tabor (1989) や Lichtenberg と Lieberman (1992) の本を参照せよ．

12.2　エノン写像

この節では，ストレンジアトラクターをもつもう 1 つの 2 次元写像を議論する．これは理論天文学者 Michel Hénon (1976) により，ストレンジアトラクターのミクロな構造をはっきりさせるために考案された．

Gleick (1987, p. 149) によると，Hénon は物理学者 Yves Pomeau の講演を聴いた後，この問題に興味をもった．Pomeau は講演の中で，ぎっしり詰まったローレンツ・アトラクターの層を分解しようとした際に遭遇した数値的な難しさについて述べた．この難しさは，ローレンツ系における急速な体積の縮小に起因する．アトラクターを 1 周した後，相空間の体積は典型的には 14,000 分の 1 くらいに潰される (Lorenz 1963)．

Hénon は賢いアイデアをもっていた．つまり，ローレンツ系に直接取り組むかわりに，その本質的な特徴を捉え，かつ，散逸の量を調節できるような写像を探し求めた．Hénon は微分方程式よりも写像を考えることにした．なぜなら，写像はずっと速くシミュレーションでき，その解をより正確に，長時間，追跡することができるからである．

エノン写像 (Hénon map) は

$$x_{n+1} = y_n + 1 - a{x_n}^2, \qquad y_{n+1} = bx_n \tag{12.2.1}$$

で与えられる．ここで，a, b は調節できるパラメーターである．Hénon (1976) は一連のエレガントな議論によりこの写像に到達した．ローレンツ系で起こる引き

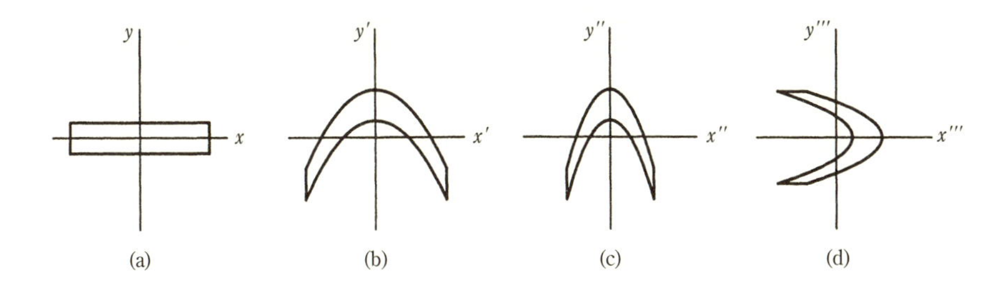

図 **12.2.1**

延ばしと折り畳みを模すために，Hénon は以下の変換の連鎖を考えた (図 12.2.1).

x 軸に沿って延びた長方形領域から出発する (図 12.2.1a).

$$T' : \ x' = x, \qquad y' = 1 + y - ax^2$$

という変換によって長方形を引き延ばして折り畳む. (プライム記号は微分ではなく反復を表す.) 長方形の下の辺と上の辺は放物線に写像される (図 12.2.1b). パラメーター a は折り畳み具合を制御する. 図 12.2.1b を x 軸に沿って縮小して，さらにこの領域を以下の変換により折り畳む.

$$T'' : \ x'' = bx', \qquad y'' = y'$$

ここで $-1 < b < 1$ である. この手続きにより図 12.2.1c が得られる. 最後に，直線 $y = x$ に対して鏡映することにより，x 軸に沿う方向に戻す (図 12.2.1d).

$$T''' : \ x''' = y'', \qquad y''' = x''$$

これにより，合成変換 $T = T'''T''T'$ はエノン写像 (12.2.1) となる. ここで，(x_n, y_n) を (x, y)，(x_{n+1}, y_{n+1}) を (x''', y''') で表した.

エノン写像の基本的性質

エノン写像は，期待した通り，ローレンツ系の重要な性質のいくつかを捉えている. (これらの性質は以下の例題と演習問題で確かめられる.)

(1) **エノン写像は可逆である.** この性質は，ローレンツ系では相空間の各点を通る軌道が一意的であることに対応する. 特に，各点は一意的な過去をもつ. こ

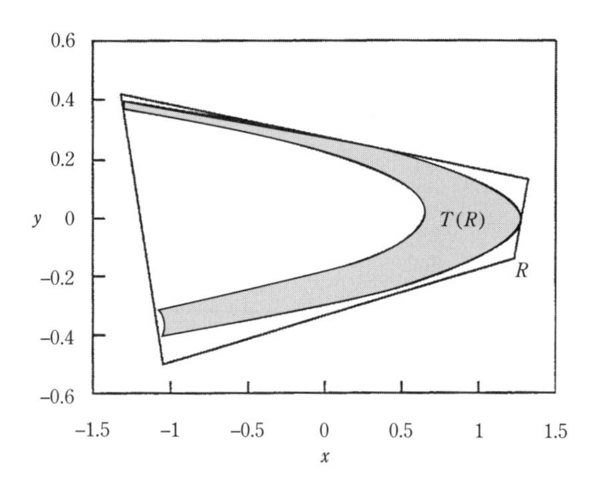

図 **12.2.2**

の点において，エノン写像は，その 1 次元の類似物であるロジスティック写像よりも優れている．ロジスティック写像は単位区間を引き延ばして折り畳むが，すべての点 (最大を除く) が **2** つの原像から来るため，可逆ではない．

(2) **エノン写像は散逸的である．** エノン写像は，相空間のどの点においても同じ割合で面積を縮小する．この性質はローレンツ系における一定の負の発散に類似したものである．

(3) **エノン写像はあるパラメーターの値でトラッピング領域をもつ．** 言い換えると，それ自身の内部に写像される領域 R が存在する (図 12.2.2)．ローレンツ系の場合と同様に，ストレンジアトラクターはこのトラッピング領域の中に封じ込められている．

次の性質は，エノン写像とローレンツ系の間の重要な違いを表す．

(4) **エノン写像のいくつかの軌道は無限遠に逃げだす．** これは，ローレンツ系のすべての軌道がある範囲内に抑えられていることと対照的である．ローレンツ系では，すべての軌道はやがてある大きな楕円体に入り，そこに留まる (例題 9.2.2)．しかし，エノン写像が有界ではない軌道をいくつかもつことは，驚くにはあたらない．原点から遠くでは，式 (12.2.1) の 2 次の項が支配的となり，軌道を無限遠に向けて跳ね飛ばす．同様の挙動はロジスティック写像でも生じる．単位区間の外から出発した軌道はやがて有界ではなくなることを思い出そう．

さて，性質 (1) と (2) を確認しよう．(3) と (4) については，演習問題 12.2.9 と 12.2.10 を参照せよ．

例題 12.2.1 エノン写像 T は $b \neq 0$ なら可逆であることを示し，逆写像 T^{-1} を求めよ．

(解) x_{n+1} と y_{n+1} が与えられたとして，(1) を x_n と y_n について解く．代数計算により，$x_n = b^{-1}y_{n+1}$, $y_n = x_{n+1} - 1 + ab^{-2}(y_{n+1})^2$ である．よって，すべての $b \neq 0$ について，T^{-1} が存在する．■

例題 12.2.2 エノン写像は $-1 < b < 1$ なら面積を縮小することを示せ．

(解) 任意の 2 次元写像 $x_{n+1} = f(x_n, y_n)$, $y_{n+1} = g(x_n, y_n)$ が面積を縮小するかどうかを決定するには，そのヤコビ行列

$$\boldsymbol{J} = \begin{pmatrix} \dfrac{\partial f}{\partial x} & \dfrac{\partial f}{\partial y} \\ \dfrac{\partial g}{\partial x} & \dfrac{\partial g}{\partial y} \end{pmatrix}$$

を計算すればよい．もしすべての (x, y) について $|\det \boldsymbol{J}(x, y)| < 1$ なら，写像は面積を縮小する．

この規則は，多変数解析における以下の事実より導かれる．もし $\boldsymbol{J}$ が 2 次元写像 T のヤコビ行列なら，T は位置 (x, y) にある面積 $\mathrm{d}x\,\mathrm{d}y$ の無限小の長方形を，面積 $|\det \boldsymbol{J}(x, y)|\,\mathrm{d}x\,\mathrm{d}y$ の平行四辺形に写像する．よって，もしどの点においても $|\det \boldsymbol{J}(x, y)| < 1$ なら，写像は面積を縮小する．

エノン写像については $f(x, y) = 1 - ax^2 + y$ および $g(x, y) = bx$ なので，

$$\boldsymbol{J} = \begin{pmatrix} -2ax & 1 \\ b & 0 \end{pmatrix}$$

であり，すべての (x, y) で $\det \boldsymbol{J}(x, y) = -b$ である．ゆえに，この写像は $-1 < b < 1$ ならば面積を縮小する．特に，各反復ごとに，任意の領域の面積は一定の倍率 $|b|$ で減少する．■

パラメーターの選択

次のステップは適切なパラメーターの値を選ぶことである．Hénon (1976) が説明しているように，b は 0 に近過ぎてはいけない．もし近過ぎると，面積縮小が大き過ぎてアトラクターの細かい構造が見えなくなるだろう．しかし，もし b が大き過ぎると，今度は十分に強い折り畳みが得られないだろう．(b が 2 つの役割

をもつことを思い出そう．つまり，b は**散逸**と，図 12.2.1b から図 12.2.1c に行く際の追加的な**折り畳み**を制御する.）$b = 0.3$ が良い選択である．

パラメーター a の適切な値を求めるために，Hénon はいくらか探索しなくてはならなかった．もし a が小さ過ぎたり大き過ぎたりすると，すべての軌道が無限遠に逃げてしまう．そのような場合には，アトラクターは存在しない．(これは，$0 \leq r \leq 4$ でない限りほとんどすべての軌道が無限遠に逃げ出すロジスティック写像に似ている.）中間的な a の値においては，初期条件により，軌道は無限遠に逃げるかアトラクターに近づくかのどちらかとなる．この範囲内で a が増加すると，アトラクターは安定な固定点から安定な 2 周期解に変わる．その後，系はカオスへの周期倍分岐ルートをたどり，周期窓の織り込まれたカオス状態に至る．Hénon は十分にカオス的な領域にある $a = 1.4$ を選んだ．

ストレンジアトラクターの拡大

Hénon は，一連の驚くべきグラフをプロットすることにより，ストレンジアトラクターのフラクタル構造をはじめて直接可視化した．Hénon は，$a = 1.4$, $b = 0.3$ として式 (12.2.1) を原点から出発して 10,000 回連続反復させることにより，アトラクターを生成した．読者もぜひこれをコンピューターを使って試して欲しい．その結果は薄気味悪いものとなる．点 (x_n, y_n) は気まぐれに跳び回るが，やがてアトラクターが「霧の中から幽霊のように」形をなし始める (Gleick 1987, p. 150)．アトラクターはブーメランのように曲がっており，多数の平行する曲線からなっている (図 12.2.3a)．

図 12.2.3b は図 12.2.3a の小さな正方形を拡大したものである．アトラクターの特徴的な微細構造が現れ始める．そこには 6 本の曲線があるように見える．枠の中央近くの孤立した曲線と，その上にある少しだけ離れた 2 本の曲線，そして，さらに 3 本の曲線である．もし，これらの 3 本の曲線を拡大すると (図 12.2.3c)，前とまったく同様にそれらが実際にはグループ 1, 2, 3 に分かれた 6 本の曲線であることが明らかとなる．そして，これらの曲線自身も，同じパターンのさらに細い曲線からなっており，$\cdots$ という具合に，この自己相似性は任意に小さなスケールにまで続く．

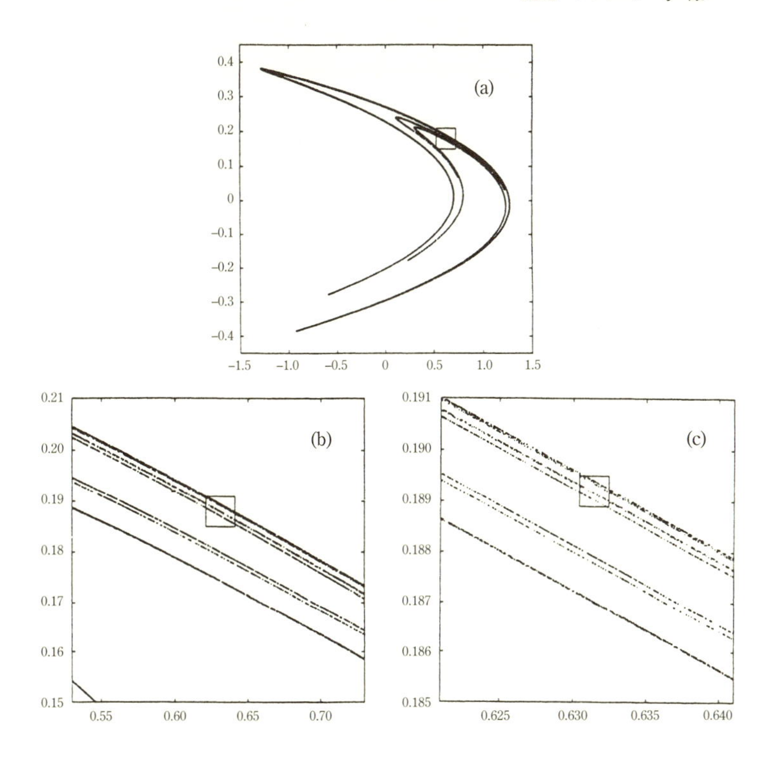

図 **12.2.3**　Hénon (1976), pp. 74–76

サドル上の不安定多様体

図 12.2.3 は，エノン写像が横断方向にはカントール的だが，長さ方向には滑らかであることを示す．これには理由がある．エノン・アトラクターは局所的に滑らかなあるものと密接な関係にあるのだ．すなわち，このアトラクターの端に位置するサドルの不安定多様体である．より正確には，Benedicks と Carleson (1991) により，アトラクターがこの不安定多様体の枝の閉包であることが証明された．Simó (1979) も参照せよ．

Hobson (1993) は，この不安定多様体をとても高い精度で計算する方法を開発した．予想されるように，それはストレンジアトラクターと区別がつかない．Hobson はエノン・アトラクターのあまりおなじみではない場所の拡大図もいくつか示している．そのうちの 1 つは土星の輪のように見える (図 12.2.4).

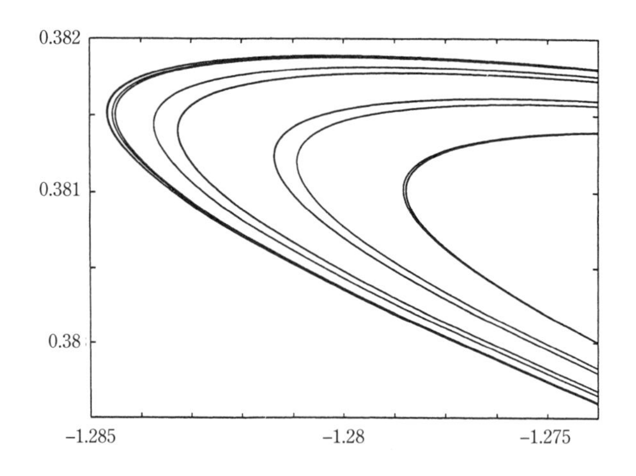

図 **12.2.4**　Dana Hobson の好意による．

12.3 レスラー系

これまでのところ，引き延ばしと折り畳みによってどのようにしてストレンジアトラクターを生成できるのかを理解するために，2 次元写像を用いてきた．ここで微分方程式に戻ろう．

パイ生地写像とパイこね写像における料理の精神にもとづいて，Otto Rössler (1976) は，キャンディーの引き延ばし器からインスピレーションを得た．その動きを熟考することにより，彼は Lorenz のものよりも簡単なストレンジアトラクターをもつ 3 次元の微分方程式に導かれた．**レスラー系**は 2 次の非線形性 (xz) を 1 つだけもつ．

$$\begin{aligned} \dot{x} &= -y - z \\ \dot{y} &= x + ay \\ \dot{z} &= b + z(x - c) \end{aligned} \tag{12.3.1}$$

この系には最初 10.6 節で出会っており，そこでは c が増加するとカオスへの周期倍分岐ルートをたどることを知った．

数値積分によると，この系は $a = b = 0.2$, $c = 5.7$ でストレンジアトラクターをもつ (図 12.3.1)．このアトラクターを図 12.3.2 に模式的に示す．近傍にある軌

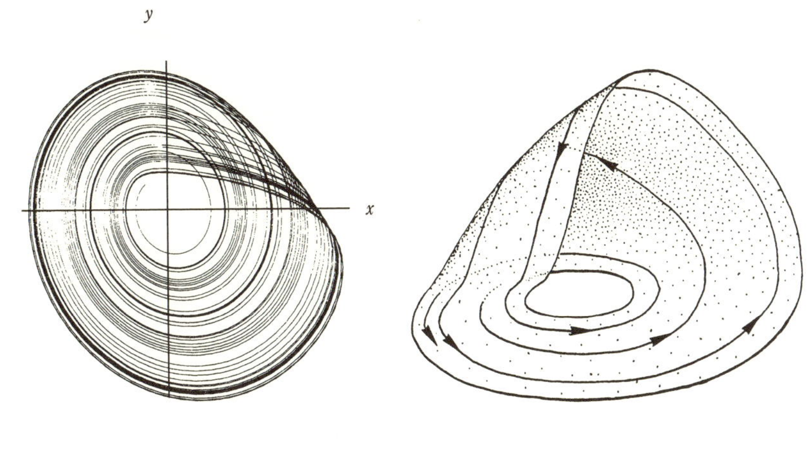

図 **12.3.1**　　図 **12.3.2**　Abraham と Shaw (1983), p. 121

道どうしは，外向きの渦を巻きながら分離し (引き延ばし)，それから**第 3 の次元に行くことによって交わることなくすれ違い** (折り畳み)，そして巡回して最初の出発地の近くに戻ってくる (再投入)．今や，なぜ流れがカオス的となるために 3 次元が必要なのかがわかる．

Abraham と Shaw (1983) による視覚的なアプローチに従って，模式図をもっと詳しく考えてみよう．目標は，数値積分で観察した引き延ばし，折り畳み，再投入を手本に，レスラー・アトラクターの幾何学的なモデルを構成することである．

図 12.3.3a は典型的な軌道の近傍の流れを示す．ある方向には**アトラクターへの圧縮**が生じており，他の方向には**アトラクターに沿う発散**が生じている．図 12.3.3b

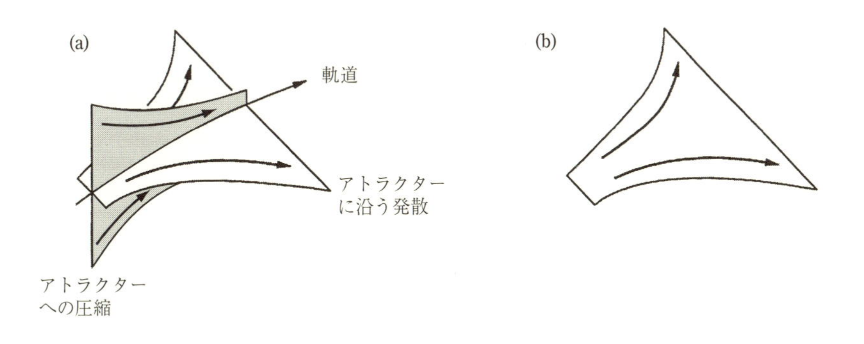

図 **12.3.3**

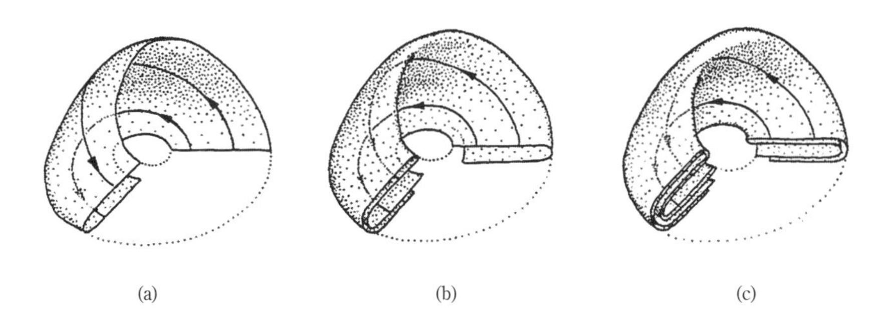

図 **12.3.4**　Abraham と Shaw (1983), pp. 122–123

は，初期条件への鋭敏な依存性をもつ薄い層を強調したものである．これらが拡大する方向であり，これに沿って引き延ばしが起きる．次に，流れは薄い層の広い部分を 2 つに折り畳み，ぐるりと曲げて，薄い層の狭い部分にほぼ接続させる (図 12.3.4a)．結局，流れは 1 枚の薄い層から，1 周後に **2 枚の**薄い層をつくり出す．この過程を繰り返すと，2 枚の薄い層は 4 枚の薄い層をつくり出し (図 12.3.4b)，次にそれらは 8 枚をつくり出し (図 12.3.4c)，などと続いていく．

結局のところ，流れはパイ生地変換のようにふるまい，相空間はパイ生地のようにふるまうのだ！究極的には，流れは密に詰め込まれた面の無限の複合体を生成する．つまり，ストレンジアトラクターである．

図 12.3.5 は，アトラクターの**ポアンカレ断面** (Poincaré section) を示す．アト

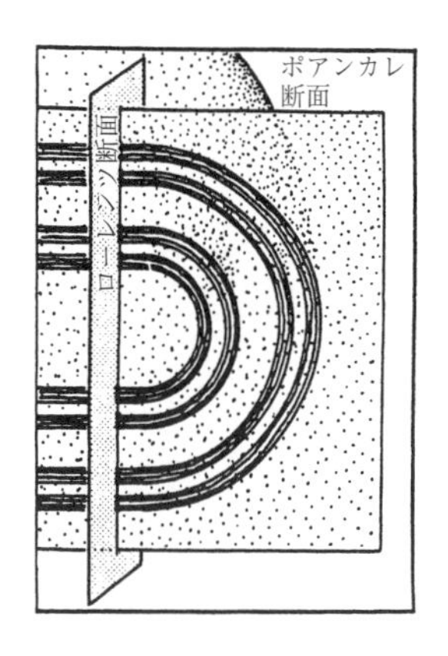

図 **12.3.5**　Abraham と Shaw (1983), p. 123

ラクターを平面でスライスすることにより，その断面を露出させるのだ．(これと同様に，生物学者は 3 次元の複雑な構造をスライスしてスライドをつくることによってしらべている．) さらに，ポアンカレ断面上に 1 次元のスライス，あるいは**ローレンツ断面** (Lorenz section) とよばれるものをとると，さまざまなサイズの間隙により隔てられた点の無限集合を得る．

この点と間隙からなるパターンは，位相的なカントール集合である．それぞれの点は複合体の 1 枚の層に対応するので，レスラー・アトラクターの模型は**面からなるカントール集合**である．より正確にいうと，アトラクターは，リボンとカントール集合の直積集合と局所的に位相同型である．これはまさに以前のパイ生地写像に関する解析から予想されるような構造である．

12.4 化学カオスとアトラクターの再構成

この節ではベロウソフ–ジャボチンスキー (BZ) 反応の美しい実験について述べる．その結果は，ストレンジアトラクターが，単に数学の中だけではなく，自然界において本当に生じることを示す．化学カオスについてより詳しくは Argoul ら (1987) を参照せよ．

BZ 反応では，マロン酸が酸性の媒質中で臭素イオンに酸化される．触媒 (通常はセリウムか鉄のイオン) は使われる場合も使われない場合もある．8.3 節で述べたように，この反応がリミットサイクル振動を示しうることは 1950 年代から知られており，1970 年代までには，適切な条件下で BZ 反応が**カオス的**にふるまうかどうかをしらべるのは自然なこととなっていた．化学カオスは最初に Schmitz, Graziani と Hudson (1977) によって報告されたが，その結果には批判の余地があった．一部の化学者は，観察された複雑なダイナミクスが，実験パラメーターの制御できていないゆらぎによるものかもしれないと疑った．そのダイナミクスが新たに明らかとなりつつあったカオスの法則に従うことの何らかの実証が必要だった．

Roux, Simoyi, Wolf, そして Swinney の美しい研究により，化学カオスの実在性が確立された (Simoyi ら 1982, Roux ら 1983)．彼らは BZ 反応の実験を「連続攪拌流動反応器」(continuous flow stirred tank reactor) 中で行った．その標準的なセットアップでは，新鮮な化学物質が一定の割合で反応器中に注入され，反応物質を補給して系を平衡状態から遠くに保つ．この流動レートが制御パラメーターの役割を果たす．また，反応器は化学物質がよく混ざるように連続攪拌されてい

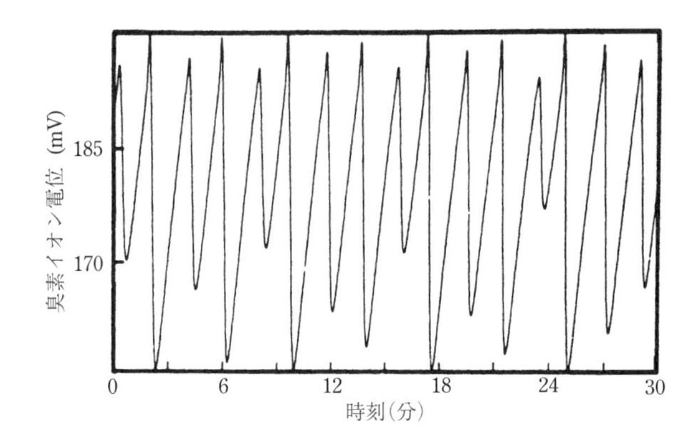

図 **12.4.1**　Roux ら (1983), p. 258

る．これによって空間的な一様性が高められ，系の実効的な自由度が下がる．化学反応の挙動は，臭素イオンの濃度 $B(t)$ を測定することによってモニターされる．

図 12.4.1 は Roux ら (1983) によって測定された時系列を示す．ちょっと見た感じでは挙動は周期的に見えるが，実際には違う．つまり，振幅がふらついている．Roux ら (1983) は，この非周期性がストレンジアトラクター上のカオス的な運動に対応し，単なる実験の制御の不完全さに起因するランダムな挙動ではないことを論証した．

Roux らによる論証の最初のステップはほとんど魔法のようである．彼らの立場に身を置いてみよう．たった 1 つの時系列 $B(t)$ のみを測定したとして，どうすればその背後にあるストレンジアトラクターの存在を実証できるだろうか? 情報が不足しているように思える．相空間での運動を特徴づけるには，理想的には反応に含まれる他の**すべての**化学物質の濃度の変動も同時に測定したいことだろう．しかし，化学物質は少なくとも 20 種類あり，それに加えて未知の物質もあるので，これは実際上不可能である．

Roux ら (1983) は，現在**アトラクターの再構成** (attractor reconstruction) として知られる驚くべきデータ解析手法を使った (Packard ら 1980, Takens 1981)．その主張は，アトラクターに支配される系では，全相空間におけるダイナミクスが，たった **1 つの**時系列の測定によって再構成できるというものである! どういうわけか，1 つの変数が他のすべての変数に関する十分な情報をもっているのだ．

この手法は時間遅れにもとづいている．たとえば，ある**遅れ** $\tau > 0$ に対して，

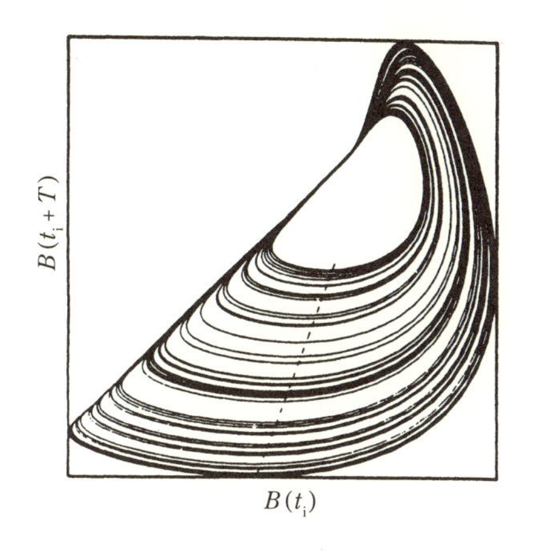

図 **12.4.2** Roux ら (1983), p. 262

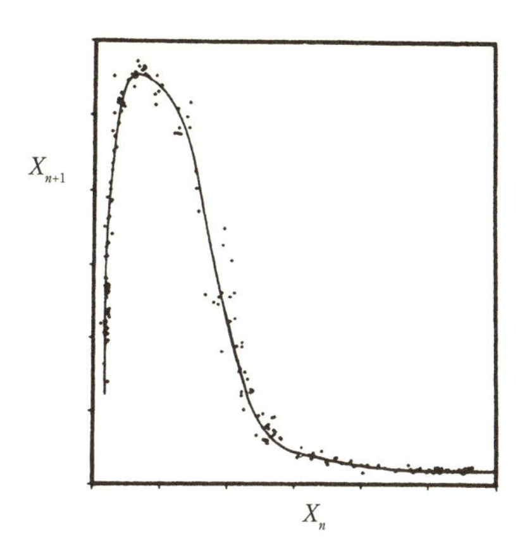

図 **12.4.3** Roux ら (1983), p. 262

2 次元のベクトル $\boldsymbol{x}(t) = (B(t), B(t+\tau))$ を定義する．すると，$B(t)$ の時系列は 2 次元の相空間に軌道 $\boldsymbol{x}(t)$ を生成する．図 12.4.2 は，この手続きを $\tau = 8.8$ として図 12.4.1 のデータに適用した結果を示す．実験データは，レスラー・アトラクターに驚くほどよく似たストレンジアトラクターを描き出している！

Roux ら (1983) は，3 次元のベクトル $\boldsymbol{x}(t) = (B(t), B(t+\tau), B(t+2\tau))$ を定義して，3 次元でのアトラクターも考えた．そのアトラクターのポアンカレ断面を得るため，彼らは $\boldsymbol{x}(t)$ と軌道にほぼ垂直な一定の平面 (図 12.4.2 にその射影が鎖線で示されている) の交点を計算した．実験分解能の範囲内で，データは 1 次元の曲線上に乗っている．ゆえに，カオス的な軌道は近似的に 2 次元の薄い面に閉じ込められている．

次に Roux らは，アトラクター上のダイナミクスの従う近似的な 1 次元写像を構成した．軌道 $\boldsymbol{x}(t)$ が図 12.4.2 に示した鎖線を横断する点における一連の $B(t+\tau)$ の値を $X_1, X_2, \cdots, X_n, X_{n+1}, \cdots$ で表す．X_{n+1} を X_n に対してプロットすると，図 12.4.3 に示す結果となる．実験の分解能の範囲内で，データは滑らかな 1 次元の写像に乗っている．これは，観察された非周期的な挙動が**決定論的**な法則に従うことを裏付けるものである．つまり，X_n が与えられれば，この写像によって X_{n+1} が決まるのだ．

さらに，この写像はロジスティック写像と同様に単峰的である．このことは，この系が周期倍分岐シナリオを通じて図 12.4.1 に示されたカオス的な状態に到達することを示唆する．実際，図 12.4.4 に示すように，そのような周期倍分岐が実験

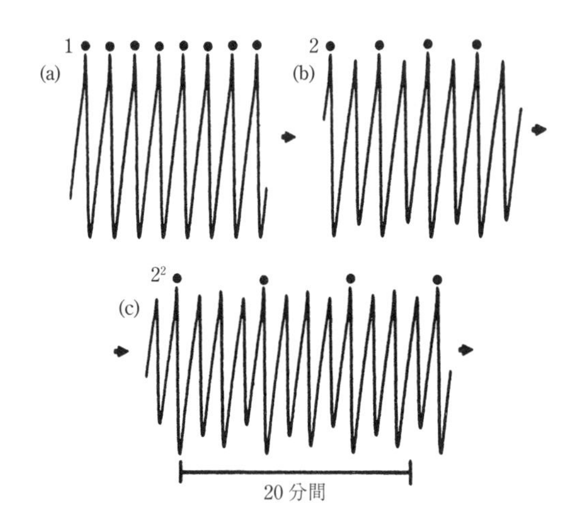

図 **12.4.4**　Coffman ら (1987), p. 123

的に見つかっている (Coffman ら 1987).

最後の詰めは，この化学反応系が単峰写像の場合に予想される **U 系列**に従うことを実証することである．カオスの発生した領域で，Roux ら (1983) は多数の異なる周期窓を観察した．流動レートを変えると，これらの周期状態は，普遍性の理論によって予言される順序で正確に生じた．

以上の結果は，非平衡化学反応系において決定論的カオスが生じうることを実証している．最も驚くべきことは，化学反応動力学が少なくとも 20 次元であるにもかかわらず，その結果が (大部分は) 1 次元写像によって理解できたことである．これが普遍性の理論の威力である．

しかし，調子に乗り過ぎないようにしよう．普遍性の理論は，アトラクターがほぼ 2 次元の面だったから，うまく働いただけである．この低次元性は，反応器の連続攪拌と，化学反応動力学そのものの強い散逸性によるものである．化学乱流のような高次元の現象は，この理論の範囲外にある．

アトラクターの再構成に関するコメント

Roux ら (1983) の解析における鍵は，アトラクターの再構成だった．この方法を実践するときには，少なくとも 2 つ気を遣うべき点がある．

まず，**埋め込み次元** (embedding dimension)，すなわち遅れの数を，どう選べばよいのだろうか? 時系列を 2 成分のベクトルと 3 成分のベクトルのどちらに変換すべきなのか，あるいはさらに多数の成分をもつベクトルに変換すべきなのだろうか? 大雑把にいうと，系の背後にあるアトラクターを，相空間においてそれ自体から解きほぐせるだけの十分な数の遅れが必要である．これに対する通常のアプローチは，埋め込み次元を増加させて得られるアトラクターの相関次元を計算することである．計算された値は，埋め込み次元が十分に大きくなるまで増加し続けるだろう．そして，アトラクターにとって十分なスペースができたとき，見積もられた相関次元が「真の」値のところで一定となるだろう．

残念ながら，この方法は埋め込み次元が大きくなり過ぎると破綻する．相空間でのデータがまばらとなり，統計的なサンプリングの問題が生じてしまうのだ．これにより，高次元のアトラクターの次元を推定する能力は制限を受ける．さらなる議論については，Grassberger と Procaccia (1983)，Eckmann と Ruelle (1985)，および Moon (1992) を参照せよ．

2 つ目の問題点は，遅れ τ の最適な値に関するものである．実際の実験データ (常にノイズにより汚染されている) に対しては，その最適値は典型的にはアトラクターを周回する平均周期の 1/10 から 1/2 程度である．詳しくは Fraser と Swinney (1986) を参照せよ．

以下の簡単な例題は，なぜある遅れの値がそれ以外の遅れの値よりも良いのかを示すものである．

例題 12.4.1 ある実験系がリミットサイクルアトラクターをもつとしよう．その 1 つの変数が $x(t) = \sin t$ という時系列をもつとき，時間遅れ軌道 $\boldsymbol{x}(t) = (x(t), x(t+\tau))$ を異なる τ の値についてプロットせよ．もしデータにノイズが乗っていたとすると，どの τ の値がベストだろうか?

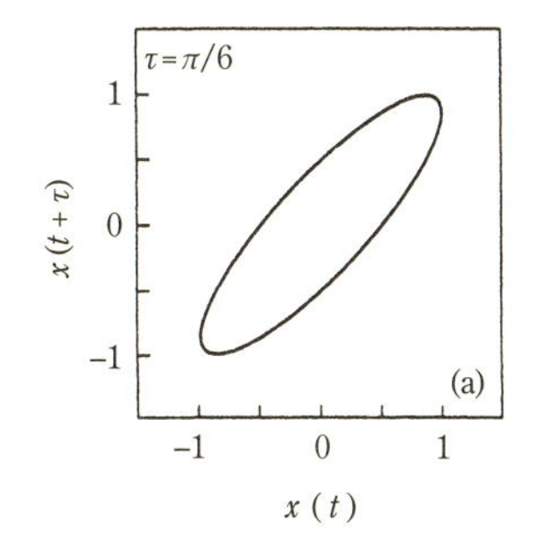

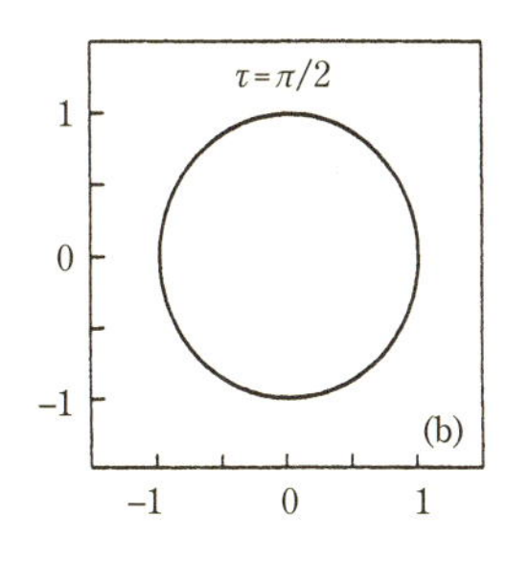

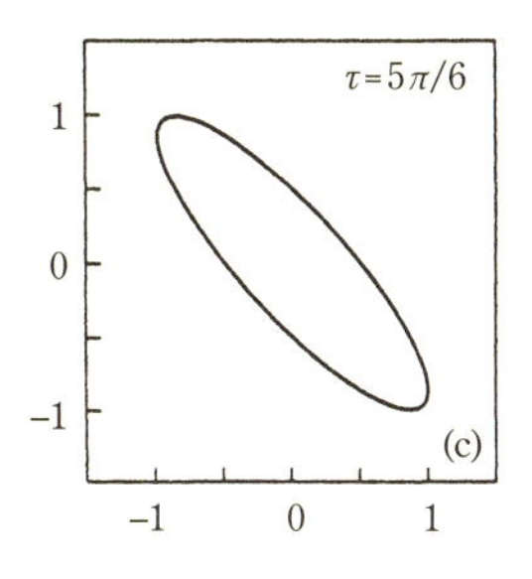

図 **12.4.5**

(解)　図 12.4.5 は $\boldsymbol{x}(t)$ を 3 つの τ の値について示している．$0 < \tau < \frac{\pi}{2}$ での軌道は，長軸が対角線上にある楕円である (図 12.4.5a)．$\tau = \frac{\pi}{2}$ で，$\boldsymbol{x}(t)$ は円を描く (図 12.4.5b)．これは $x(t) = \sin t$ で $y(t) = \sin(t + \frac{\pi}{2}) = \cos t$ なので理にかなっている．つまり，これは円の媒介変数表示である．大きな τ では再び楕円となるが，今度は長軸が直線 $y = -x$ に沿っている (図 12.4.5c).

この方法により，いずれの場合にも閉じた曲線が得られることに注意せよ．これらはいずれも系の背後にあるアトラクター (リミットサイクル) を位相幾何学的に忠実に再構成したものである．

この系については最適な遅れは $\tau = \frac{\pi}{2}$，すなわち，アトラクターを周回する自然周期の 1/4 である．なぜなら，このときに再構成されたアトラクターが最大限に「開いて」いるからである．細い葉巻タバコのような形状のアトラクターは，ノイズによってより簡単にぼやけてしまうことだろう．　■

この章の演習問題では，準周期的なデータや，ローレンツ・アトラクターおよびレスラー・アトラクターからの時系列を使って，同様のやり方で遅れ τ の値を調節することを求められる．

多くの人々は，1 本の時系列からアトラクターの情報が抽出できてしまうことを不可思議だと考えた．Ed Lorenz でさえも，この方法に感銘を受けている．私の力学系の講義を受けている学生たちが Lorenz に，最も驚いた非線形ダイナミクスの発展は何かと尋ねたことがあるが，そのとき彼はアトラクターの再構成をあげている．

原理的には，アトラクターの再構成によって低次元のカオスをノイズから区別できる．埋め込み次元を増やすと，カオスの場合には計算される相関次元が頭打ちとなるが，ノイズの場合には増加し続ける [例は Eckmann と Ruelle (1985) を参照]．この方法を武器として，多くの楽観的な研究者たちは，株式市場や，脳波や，心臓のリズムや，太陽黒点などに決定論的なカオスの何らかの証拠を見いだせないか，という問題を考えてきた．もしそうなら，それらにはまだ発見されない単純な法則があるかもしれない (そして株式市場の場合には財を成せるかもしれない)．そのような研究の多くは疑わしいので，用心すべきである．賢明な議論と，カオスをノイズから区別する手法に関する最近の情報については，Kaplan と Glass (1993) を参照せよ．

12.5　外力を受ける 2 重井戸振動子

これまでに示したストレンジアトラクターの例はすべて自律系からのもので，支配方程式は時間依存性を陽にはもたなかった．外力を受ける振動子や，その他の**非自律**系を考えると，ストレンジアトラクターがあらゆるところに現れ始める．これが今まで外力に駆動される系を無視してきた理由である．単にそれらを扱うための道具をもっていなかったからである．

この節では，ある特定の外力を受けた振動子，すなわち，Francis Moon とコーネル大学の彼の同僚達によって研究された，外力に駆動される 2 重井戸振動子に生じる現象のいくつかを垣間見る．Moon の系についてのさらに詳しい情報は，Moon と Holmes (1979), Holmes (1979), Guckenheimer と Holmes (1983), Moon と Li (1985), および Moon (1992) を参照せよ．外力を受ける非線形振動子という広大なテーマへの入門としては，Jordan と Smith (1987), Moon (1992), Thompson と Stewart (1986), および Guckenheimer と Holmes (1983) を参照せよ．

磁気–弾性力学系

Moon と Holmes (1979) は，図 12.5.1 に示した機械力学系をしらべた．はがねの細長いはりが，堅い枠に固定されている．底にある 2 つの永久磁石が互いに逆方向にはりを引っ張る．2 つの磁石はたいへん強いので，はりはどちらかに曲がる．どちらの配位も局所的には安定である．これら 2 つの曲がった状態は，エネルギー障壁によって隔てられている．ここでエネルギー障壁は，はりが 2 つの磁石の中間でまっすぐに釣り合う不安定な平衡点に対応する．

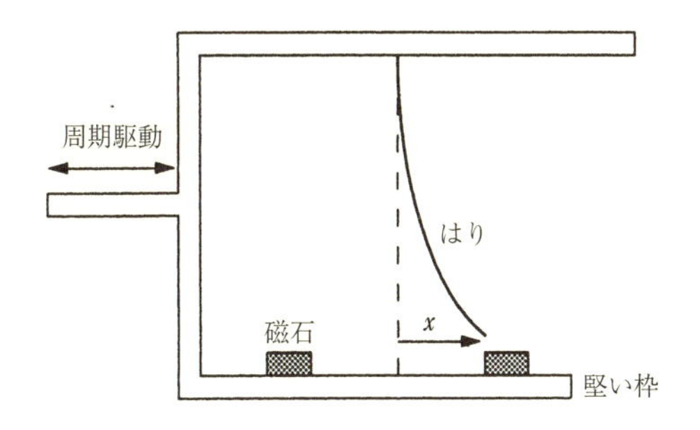

図 12.5.1

系を安定な平衡点から追い出すために，装置全体を電磁振動装置で左右に振る．はりの振動は，2 つの磁石の中央線からのはりの先端の変位 $x(t)$ として測定される．ここでの目標は，はりの強制振動を理解することである．

弱い外力に対しては，はりがどちらか一方の磁石の近くに留まり，わずかに振動する状態が観察される．外力をゆっくり増加させると，あるとき突然，はりがむちを打つように左右に不規則に動き始める．不規則な動きは持続し，何時間も観察できる．これは周期駆動の何万サイクル分にも相当する．

2 重井戸のアナロジー

磁気–弾性力学系は，外力に駆動される双安定系という広いクラスの系の代表である．より容易に視覚化できるのは，2 重井戸中の摩擦を受けた粒子である (図 12.5.2)．ここで，$x = 0$ にあるこぶによって隔てられた 2 つの井戸が，はりの 2 つの曲がった状態に対応している．

井戸が左右に周期的に振られたとしよう．物理的な観点からは，どのようなことを期待するだろうか？ もし振り方が弱ければ，粒子は井戸の底の近くに留まらなくてはならず，少し揺れるだけだろう．より強く振ると，粒子の振幅は大きくなる．(少なくとも) **2 つの**タイプの安定な振動が存在することが想像できる．つまり，井戸の底での小さな振幅の低エネルギーの振動と，一方の井戸からもう一方の井戸へとこぶを越えて左右に行き来するような，大きな振幅の高エネルギーの振動である．これら 2 つの振動のどちらが選ばれるかは，おそらく初期条件に

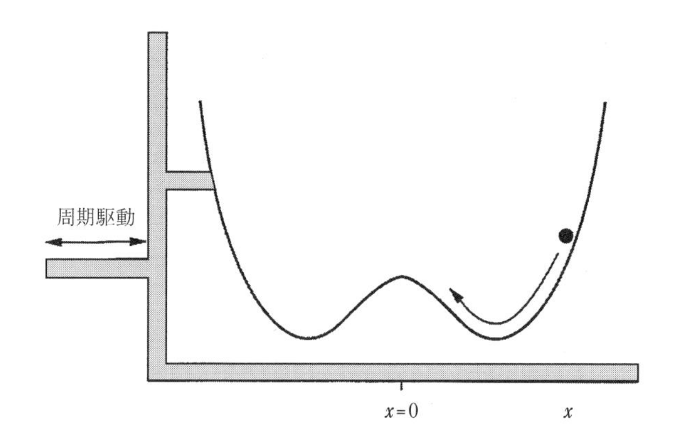

図 **12.5.2**

依存する．最後に，もし振り方が極端に強かったら，どんな初期条件に対しても，粒子は常にこぶを越えて左右に振り動かされる．

中間的で複雑そうな状況も予想できる．もし粒子がこぶの頂点に登るのにぎりぎり足りる程度のエネルギーしかもたず，さらに，もし系をこの不安定な状況に留めるように外力と摩擦がバランスしていれば，外力の微妙なタイミングに依存して，粒子はあるときは一方に落ち，あるときにはもう一方に落ちることになるだろう．そのような状況は，カオス的である可能性がありそうだ．

モデルとシミュレーション

Moon と Holmes (1979) は，彼らの系を無次元の方程式

$$\ddot{x} + \delta\dot{x} - x + x^3 = F\cos\omega t \tag{12.5.1}$$

によってモデル化した．ここで，$\delta > 0$ は摩擦による減衰定数，F は外力の強さ，ω は外力の振動数である．方程式 (12.5.1) は，$V(x) = \frac{1}{4}x^4 - \frac{1}{2}x^2$ という形の 2 重井戸ポテンシャル中の粒子の従うニュートンの法則と見なすこともできる．いずれの場合も，外力 $F\cos\omega t$ は座標系の振動によって生じる慣性力である．粒子の変位 x は，実験室座標系ではなく，**動く**座標系に相対的な変位と定義されていることを思い出そう．

式 (12.5.1) の数学的な解析は，大域分岐理論からのやや高度なテクニックを必要とする．このことについては，Holmes (1979) か，Guckenheimer と Holmes (1983) の 2.2 節を参照せよ[*4]．ここでのより控えめな目標は，数値シミュレーションによって式 (12.5.1) に関するいくらかの洞察を得ることである．

以下のすべての数値シミュレーションでは，

$$\delta = 0.25, \qquad \omega = 1$$

を固定し，外力の強さ F を変化させる．

例題 12.5.1 $x(t)$ をプロットすることにより，$F = 0.18$ で式 (12.5.1) がいくつかの安定なリミットサイクルをもつことを示せ．

(解) *MacMath* (Hubbard と West 1992) を使うと，図 12.5.3 に示す時系列が得られる．解は周期解に向けてまっすぐに収束する．ここで示した 2 つ以外に，もう 2 つ異なるリミットサイクルがある．さらに他にもあるかもしれないが，見つけるのは

*4 (訳注) 式 (12.5.1) のような，周期的な外力を受ける質点系に起こるカオスの数学的な取扱いについて，日本語の文献は，Wiggins (1990) の翻訳 (巻末の参考文献参照) がよいだろう．

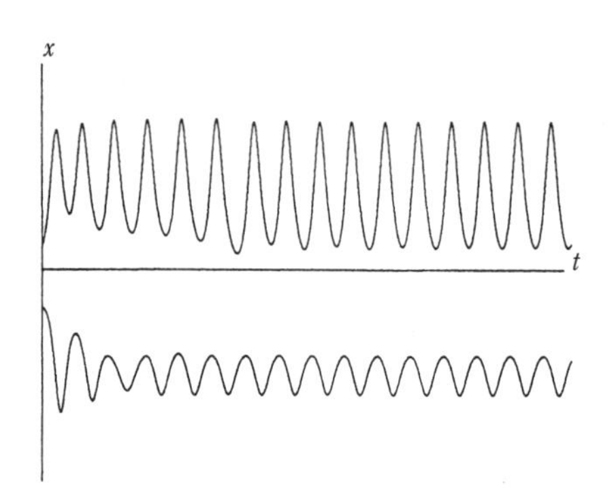

図 12.5.3

難しいだろう．物理的には，これらの解はすべて 1 つの井戸に拘束された振動に対応する． ■

次の例題は，ずっと大きな外力下では，ダイナミクスが複雑になることを示す．

例題 12.5.2 $x(t)$ と速度 $y(t) = \dot{x}(t)$ を，$F = 0.40$ および初期条件 $(x_0, y_0) = (0, 0)$ について計算せよ．そして $y(t)$ を $x(t)$ に対してプロットせよ．

(解) $x(t)$ と $y(t)$ の非周期的な様子 (図 12.5.4) は，少なくともこれらの初期条件では，系がカオス的であることを示唆する．x は符号を繰り返し変えることに注意しよう．つまり，外力が強い場合について予想していたように，粒子は繰り返しこぶを横断する．$x(t)$ に対する $y(t)$ のプロットは乱雑で，解釈は難しい (図 12.5.5)． ■

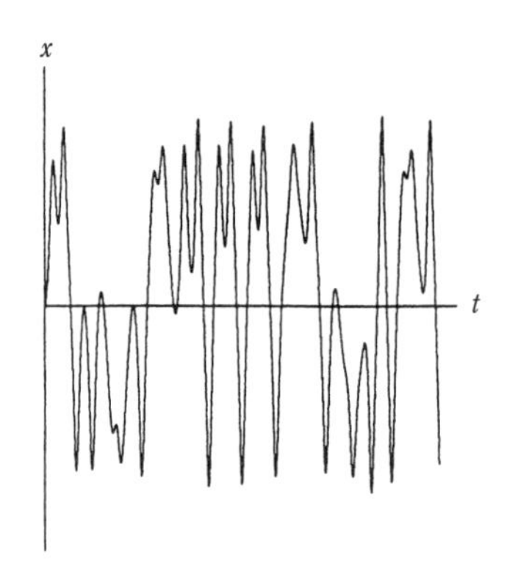

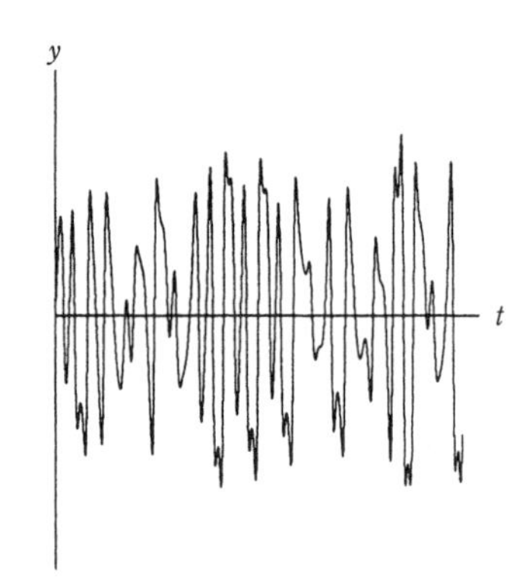

図 12.5.4

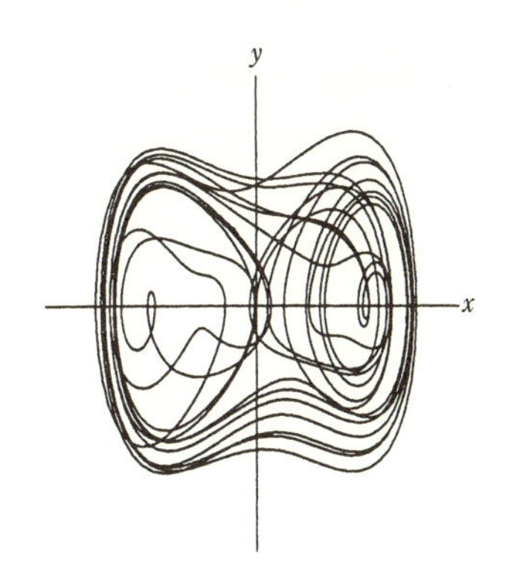

図 **12.5.5**

系は非自律的なので，図 12.5.5 は真の相図ではないことに注意しよう．1.2 節で述べたように，系の状態は (x, y) だけではなく (x, y, t) で与えられる．その後の系の運動を計算するには，これら 3 つのすべての変数が必要だからである．図 12.5.5 は，3 次元的な軌道の 2 次元射影だと見なさなくてはならない．このような絡み合った射影の様子は，非自律系に典型的なものである．

さらに多くの洞察を，t が 2π の整数倍となるときの $(x(t), y(t))$ をプロットすることによって求めた**ポアンカレ断面**から得ることができる．物理的な言葉で言うと，それぞれの駆動サイクルの同じ位相ごとに，系に「ストロボを当てる」のだ．図 12.5.6 は，例題 12.5.1 の系のポアンカレ断面を示す．

今度は絡み合いはほどけている．各点はフラクタルな集合の上にあり，これを

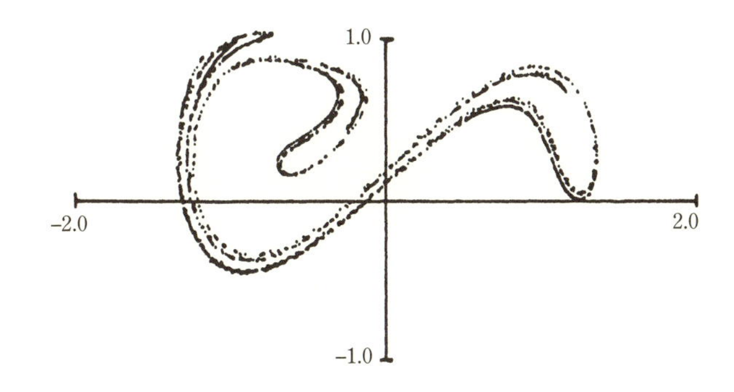

図 **12.5.6**　Guckenheimer と Holmes (1983), p. 90

(a)

(b)
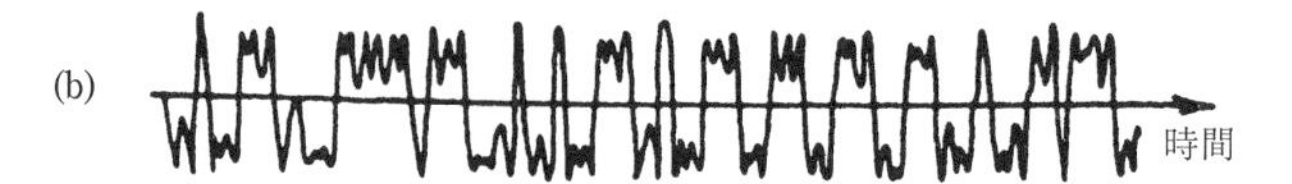

図 **12.5.7**

式 (12.5.1) のストレンジアトラクターの断面と解釈しよう．まさに予想していたように，一連の点 $(x(t), y(t))$ はこのアトラクター上を不規則に跳び回り，系は初期条件に対する鋭敏な依存性を示すことがわかる．

これらの結果は，このモデルがはりの実験で観察された持続するカオス状態を再現できることを示唆する．図 12.5.7 は，実験データ (図 12.5.7a) と数値シミュレーション (図 12.5.7b) が定性的によく一致することを示す．

過 渡 カ オ ス

式 (12.5.1) は，ストレンジアトラクターをもたないときでさえ，複雑なダイナミクスを示しうる (Moon と Li 1985)．たとえば，2 つ以上の安定なリミットサイクルが共存する領域を考えよう．すると，次の例題で示すように，系がいずれかのリミットサイクルに落ち着くまでに**過渡カオス** (transient chaos) が起こりうる．さらに，最終的に選ばれる状態は，初期条件に鋭敏に依存する (Grebogi ら 1983b)．

例題 12.5.3 $F = 0.25$ の場合について，過渡カオスを示して最終的に**異なる**周期アトラクターに収束するような 2 つの近傍の軌道を求めよ．

(解) 適切な初期条件を探すには，試行錯誤してもよいし，あるいは図 12.5.6 のストレンジアトラクターの名残りの近くで過渡カオスが生じるかもしれないと推測してもよい．たとえば，点 $(x_0, y_0) = (0.2, 0.1)$ を初期値とすると，図 12.5.8a に示した時系列が得られる．

カオス的な過渡過程の後，解は $x > 0$ にある周期状態に近づく．物理的には，この解は，2, 3 回左右にこぶを越えて行き来してから，右側の井戸の底での小さな振動に落ち着くような粒子の運動を表す．しかし，もし x_0 を $x_0 = 0.195$ にわずかにずらすと，粒子は最終的に**左の**井戸で振動する (図 12.5.8b)．■

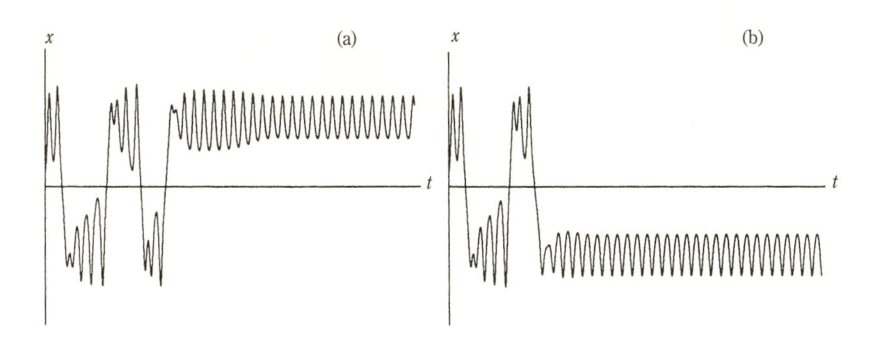

図 **12.5.8**

フラクタルな吸引領域の境界

例題 12.5.3 は，たとえ系の最終状態が単純なものであっても，それを予測するのは難しい可能性があることを示している．この初期条件への依存性は，以下に述べる図を用いた方法により，もっと鮮やかに伝えることができる．900×900 のグリッド状の初期条件に，その運命により，色を付ける．もし (x_0, y_0) から出発する軌道が左側の井戸に行き着けば，(x_0, y_0) に青いドットを置く．もし軌道が右の井戸に行き着けば，赤いドットを置く．

口絵 3 は，式 (12.5.1) に対してコンピューターで得た結果を示す．青と赤の領域は，本質的には，2 つのアトラクターの吸引領域の断面を，グリッドの大きさの精度で示したものである．口絵 3 には，すべての点が赤く色付けされた大きな領域と，すべての点が青く色付けされた大きな領域が示されている．しかしながら，それらの中間では，初期条件のごく小さな違いによって到達する最終状態が交替する．実際，もしこの領域を拡大すると，さらなる赤と青の混ざり合いが，任意に小さなスケールまで見られる．よって，**吸引領域間の境界はフラクタルである．** 吸引領域境界の近くでは，長時間の予言は本質的に不可能となる．なぜなら，系の最終状態は初期条件の微小な変化に鋭敏だからである (口絵 4).

演　習　問　題

12.1 最も簡単な例

12.1.1 (結合のない線形写像) 線形写像 $x_{n+1} = ax_n$, $y_{n+1} = by_n$ を考えよう．ここ

で a, b は実パラメーターである．a と b の符号と大きさに依存して決まる原点付近の軌道の可能なパターンをすべて描け．

12.1.2 (**安定性の基準**) 線形写像 $x_{n+1} = ax_n + by_n,\ y_{n+1} = cx_n + dy_n$ を考える．ここで a, b, c, d は実パラメーターである．原点が大域漸近安定，すなわち，すべての初期条件に対して $n \to \infty$ で $(x_n, y_n) \to (0, 0)$ となることを保証するようなパラメーターの条件を求めよ．

12.1.3 図 12.1.4 の顔を，もう 1 回パイこね写像を反復させて描け．

12.1.4 (**垂直方向の間隙**) B を $a < \frac{1}{2}$ のパイこね写像とする．図 12.1.5 は集合 $B^2(S)$ がさまざまなサイズの垂直方向の間隙によって分離された水平方向の帯からなることを示す．

(a) 集合 $B^2(S)$ 中の最大の間隙と最小の間隙のサイズを求めよ．

(b) $B^3(S)$ に対して (a) と同じことをせよ．

(c) 最後に，一般に $B^n(S)$ の場合について問題に答えよ．

12.1.5 (**面積保存のパイこね写像**) 面積を保存する $a = \frac{1}{2}$ のパイこね写像のダイナミクスを考えよう．

(a) 正方形内の任意の点の **2 進法**による表現が $(x, y) = (\ .a_1a_2a_3\cdots,\ .b_1b_2b_3\cdots\ )$ である場合に，$B(x, y)$ の 2 進法による表現を書き下せ．(ヒント：答は見栄えが良くないといけない．)

(b) (a) の結果，あるいは他の何かを用いて，B が 2 周期軌道をもつことを示し，単位正方形内にその位置を描け．

(c) B が可算無限個の周期軌道をもつことを示せ．

(d) B が非可算無限個の非周期軌道をもつことを示せ．

(e) 稠密な軌道はあるか?もしあるなら書き下せ．もしないなら，ない理由を説明せよ．

12.1.6 $a = \frac{1}{3}$ の場合について，パイこね写像をコンピューターでしらべよ．ランダムな初期条件から出発して，最初の 10 回の反復をプロットし，ラベルをつけよ．

12.1.7 (**スメールの馬蹄写像**) 図 1 は**スメールの馬蹄** (Smale 1967) とよばれる写像を示している．

この写像と，図 12.1.3 に示した写像の決定的な違いに注目せよ．ここでは馬蹄はもとの正方形の**各辺に覆い被さっている**．張り出した部分は次の反復をする前に切り落とされる．

(a) 図 1 の左下の正方形は 2 本の水平方向の帯を含んでいる．これらの帯に写像されるもとの正方形内の点を求めよ．(これらが，正方形内に残るという意味で，1 回の反復で生き残る点である．)

(b) 次のラウンドの写像の後，左下の正方形は **4 本**の水平方向の帯を含むことを示せ．**それらが**もとの正方形のどこからきたのかを求めよ．(これらが 2 回の反復後に生き残る点である．)

(c) もとの正方形において永遠に生き残る点の集合について述べよ．

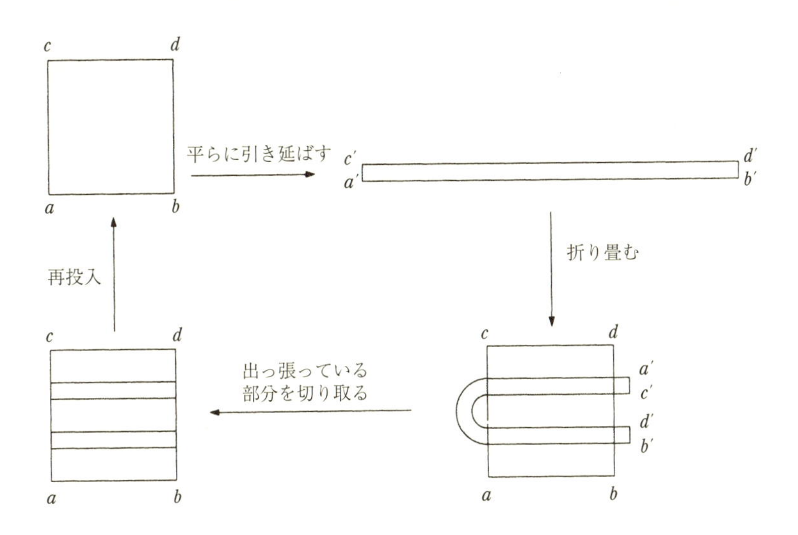

図 1

この馬蹄は微分方程式の**過渡カオス**の解析で自然に現れる．大雑把にいうと，そのような系のポアンカレ写像はしばしば馬蹄によって近似できる．上の正方形に対応するある領域に軌道が残る間，写像の引き延ばしと折り畳みがカオスを引き起こす．しかし，やがてほとんどすべての軌道はこの領域から外に写像され（「張り出した」部分に写像され），そして相空間のどこか離れた場所に逃げだす．これが，なぜこのカオスが**過渡的**に過ぎないのかの理由である．馬蹄の数学的な解析への入門には，Guckenheimer と Holmes (1983) あるいは Arrowsmith と Place (1990) を参照せよ．

12.1.8 (エノンの面積を保存する 2 次写像) 写像

$$x_{n+1} = x_n \cos\alpha - (y_n - {x_n}^2)\sin\alpha$$
$$y_{n+1} = x_n \sin\alpha + (y_n - {x_n}^2)\cos\alpha$$

は，面積を保存する写像の多くの注目すべき性質を例示する (Hénon 1969, 1983)．ここで $0 \le \alpha \le \pi$ はパラメーターである．

(a) この写像が面積を保存することを確かめよ．

(b) 逆写像を求めよ．

(c) いろいろな α の値についてコンピューターでこの写像を調査せよ．たとえば，$\cos\alpha = 0.24$ として，正方形 $-1 \le x, y \le 1$ 内の初期条件を使ってみよ．5 周期軌道の 5 個の点を取り囲む，連なった 5 つの愛らしい**島**が見つけられるはずだ．次に，点 $x = 0.57$, $y = 0.16$ の近傍を拡大せよ．より小さな島と，たぶんそのまわりのさらに小さな島が見えるであろう！ この複雑さはもっと細かなスケールまでずっと続く．もしパラメーターを $\cos\alpha = 0.22$ に変更したら，5 つの連なった島が目立って見えるだろうが，今度はそれは**カオスの海**に囲まれていることだろう．

この規則性とカオスの混合は，面積保存写像において典型的である (それらの連続時間における対応物であるハミルトン系においても).

12.1.9 (**標準写像**) 写像

$$x_{n+1} = x_n + y_{n+1}, \quad y_{n+1} = y_n + k\sin x_n$$

は**標準写像** (standard map) とよばれる．なぜなら，周期的にキックされる振動子から，広いスペクトルをもつ振動電場に駆動される荷電粒子の運動まで，多数の異なる物理的文脈において現れるからである (Jensen 1987, Lichtenberg と Lieberman 1992)．変数 x, y と支配方程式は，すべて 2π で割った剰余で評価される．非線形パラメーター $k \geq 0$ は系がどれだけ強く駆動されるかの尺度である．

(a) 写像がすべての k に対して面積を保存することを示せ．

(b) $k = 0$ でのさまざまな軌道をプロットせよ. (これは系の**可積分**極限に対応する.)

(c) コンピューターを使って $k = 0.5$ での相図をプロットせよ．ほとんどの軌道はまだ規則的に見えるはずだ．

(d) $k = 1$ で，相図は島とカオスの両方を含むことを示せ．

(e) $k = 2$ で，カオスの海がほとんどすべての島を飲み込んでしまうことを示せ．

12.2 エ ノ ン 写 像

12.2.1 本文で主張したように，合成写像 $T'''T''T'$ が式 (12.2.1) と等価であることを示せ．

12.2.2 変換 T' と T''' は面積を保存するが，T'' はそうではないことを示せ．

12.2.3 長方形ではなく楕円を検証のための形状に用いて，図 12.2.1 を再度描け．

(a) 写像 T', T'', T''' のもとでの楕円の一連の像を描け．

(b) 楕円を媒介変数表示し，コンピューターで正確なプロットを描け．

次の 3 つの演習問題はエノン写像の固定点を扱う．

12.2.4 エノン写像のすべての固定点を求め，それらが $a > a_0$ である場合にのみ存在することを示せ．a_0 の値も決定せよ．

12.2.5 エノン写像のヤコビ行列を計算してその固有値を求めよ．

12.2.6 写像の固定点は，ヤコビ行列のすべての固有値が $|\lambda| < 1$ を満たすときにのみ，線形安定である．エノン写像の固定点の安定性を a と b の関数として決定せよ．1 つの固定点は常に不安定で，もう一方は a_0 より少し大きな a で安定であることを示せ．この固定点は $a_1 = \frac{3}{4}(1-b)^2$ でフリップ分岐 ($\lambda = -1$) により安定性を失うことを示せ．

12.2.7 (**2 周期軌道**) $-1 < b < 1$ のエノン写像を考えよう．この写像が $a > a_1 = \frac{3}{4}(1-b)^2$ で 2 周期軌道をもつことを示せ．この 2 周期軌道は a のどのような値において安定か?

12.2.8 (**数値実験**) エノン写像において，$b = 0.3$ を固定して a の値を変えると何が起こるかを数値的に調査せよ．

(a) 周期倍分岐が起き，$a \approx 1.06$ でのカオスの発生に導くことを示せ．

(b) $a = 1.3$ でのアトラクターを描写せよ．

12.2.9 (**エノン写像の不変集合**) エノン写像 T を標準的なパラメーター $a = 1.4, b = 0.3$ で考える．頂点が $(-1.33, 0.42)$, $(1.32, 0.133)$, $(1.245, -0.14)$, $(-1.06, -0.5)$ の四辺形を Q で表す．

(a) Q とその像 $T(Q)$ をプロットせよ．(ヒント：Q の各辺を線分の媒介変数表示を用いて表せ．これらの線分は放物線の弧に写像される．)

(b) $T(Q)$ が Q に含まれることを示せ．

12.2.10 エノン写像のいくつかの軌道は無限遠に逃げ出す．実際に発散することを証明できるような軌道を 1 つ求めよ．

12.2.11 あるパラメーターを選択すると，エノン写像が実効的に 1 次元写像に簡略化されることを示せ．

12.2.12 b の符号を変えるとする．ダイナミクスに何か違いはあるか?

12.2.13 (**コンピューターによるプロジェクト**) 面積保存のエノン写像 $(b = 1)$ を調査せよ．

以下の問題は**ロジ写像** (Lozi map)

$$x_{n+1} = 1 + y_n - a|x_n|, \qquad y_{n+1} = bx_n$$

を扱う．ここで a, b は実パラメーターで，$-1 < b < 1$ である (Lozi 1978)．エノン写像との類似性に注意せよ．ロジ写像がストレンジアトラクターをもつことをはじめて証明された系の 1 つであることは，注目に値する (Misiurewicz 1980)．これはエノン写像についてはごく最近になって達成され (Benedicks と Carleson 1991)，ローレンツ方程式についてはまだ未解決の問題である[*5]．

12.2.14 図 12.2.1 のスタイルで，ロジ写像による長方形の像をプロットせよ．

12.2.15 ロジ写像は $-1 < b < 1$ のとき面積を縮小することを示せ．

12.2.16 ロジ写像の固定点を求めて分類せよ．

12.2.17 ロジ写像の 2 周期解を求めて分類せよ．

12.2.18 ロジ写像が $a = 1.7, b = 0.5$ のときにストレンジアトラクターをもつことを数値的に示せ．

---

*5 (訳注) 9 章で述べたように，この問題は現在では解決済みである．355 ページの訳注を参照せよ．

12.3 レ ス ラ ー 系

12.3.1 (**数値実験**) レスラー系を数値的に調査せよ．パラメーター $b = 2$, $c = 4$ を固定して，a を 0 から 4 まで小さなステップで増加させよ．

(a) ホップ分岐点と最初の周期倍分岐点での a の近似値を求めよ．

(b) それぞれの a で，最適だと思われる任意の射影法を用いて，アトラクターをプロットせよ．$z(t)$ の時系列もプロットせよ．

12.3.2 (**解析**) レスラー系の固定点を求め，それらがいつ存在するかを述べよ．また，それらの分類を試みよ．a,b を固定して x^* の c に対する部分的な分岐図をプロットせよ．系のトラッピング領域を見つけられるか?

12.3.3 レスラー系は非線形項を 1 つだけしかもたないが，非線形項を 2 つもつローレンツ系よりずっと解析が難しい．何がレスラー系をより扱いにくくしているのか?

12.4 化学カオスとアトラクターの再構成

12.4.1 図 12.4.5 の時間遅れ軌道は，$0 < \tau < \frac{\pi}{2}$ のときに楕円を描くことを示せ．

12.4.2 (**準周期的なデータ**) 信号 $x(t) = 3\sin t + \sin(\sqrt{2}t)$ に対して，時間遅れ軌道 $(x(t), x(t+\tau))$ をさまざまな τ の値についてプロットせよ．再構成したアトラクターは期待されるようなトーラスに見えるか? どの τ が最適に思えるか? 同じことを，3 次元の埋め込み，つまり $(x(t), x(t+\tau), x(t+2\tau))$ を用いて繰り返せ．

12.4.3 レスラー系を $a = 0.4$, $b = 2$, $c = 4$ で数値積分して，$x(t)$ の長い時系列を得よ．次に，アトラクターの再構成法をさまざまな遅れの値で用いて，$(x(t), x(t+\tau))$ をプロットせよ．再構成したアトラクターが実際のレスラー・アトラクターに似て見えるような τ の値を求めよ．この τ を系の典型的な周回周期と比較せよ．

12.4.4 前の演習問題を，標準的なパラメーター $r = 28, b = 8/3, \sigma = 10$ のローレンツ方程式について再度解け．

12.5 外力を受ける 2 重井戸振動子

12.5.1 (**外力を受けない振動子の吸引領域**) 弱く減衰する 2 重井戸振動子 (12.5.1) について，$F = 0$ で外力がない場合の吸引領域をスケッチせよ．それらの形状は減衰の大きさにどのように依存するか? 減衰が 0 に近づくと吸引領域には何が起こるか? 外力を受けない系の予言可能性について，これはどのような意味をもつか?

12.5.2 (**共存するカオスとリミットサイクル**) パラメーター $\delta = 0.15$, $F = 0.3$, および $\omega = 1$ で 2 重井戸振動子 (12.5.1) を考えよう．系が少なくとも 2 つの共存するアトラクター，すなわち大きなリミットサイクルとより小さなストレンジアトラクターをもつことを数値的に示せ．両者をポアンカレ断面中に示せ．

12.5.3 (**上田アトラクター**[*6]) 系 $\ddot{x} + k\dot{x} + x^3 = B\cos t$ を $k = 0.1$, $B = 12$ で考え

---

*6 (訳注) 1961 年に当時京都大学の上田睆亮(よしすけ)が電気回路を記述する方程式のアナログコンピューターシミュレーションにより世界ではじめて発見したカオスアトラクター．

る．この系がストレンジアトラクターをもつことを数値的に示し，そのポアンカレ断面をプロットせよ．

12.5.4 (**外力に駆動される減衰振り子のカオス**) 外力を受けた振り子 $\ddot{\theta} + b\dot{\theta} + \sin\theta = F\cos t$ を $b = 0.22$, $F = 2.7$ で考える (Grebogi ら 1987).

(a) 任意の妥当な初期条件から出発して，数値積分により $\dot{\theta}(t)$ を計算せよ．時系列が不規則な様子をもつことを示し，これを振り子の運動として解釈せよ．

(b) k を整数として，$t = 2\pi k$ のときに系にストロボを当て，ポアンカレ断面をプロットせよ．

(c) (b) で見つけたストレンジアトラクターの一部を拡大せよ．特に，アトラクターのカントール的な断面が明らかになるような領域を拡大せよ．

12.5.5 (**外力に駆動される減衰振り子のフラクタルな吸引領域境界**) 前の演習問題の振り子を，今度は $b = 0.2$, $F = 2$ で考えよう (Grebogi ら 1987).

(a) ポアンカレ断面中に 2 つの安定固定点があることを示せ．それぞれの場合について，対応する振り子の動きを描写せよ．

(b) それぞれの固定点の吸引領域を計算せよ．適度に細かいグリッド状に初期条件をとり，それぞれの点から，軌道がいずれかの固定点に落ち着くまで数値積分する．(収束したかどうかを決めるための基準を確立する必要がある．) 吸引領域間の境界がフラクタルのように見えることを示せ．

演習問題の略解

2　章

2.1.1 整数 n に対して $x^* = n\pi$ で $\sin x = 0$ となる．

2.1.3 (a) $\ddot{x} = \dfrac{\mathrm{d}}{\mathrm{d}t}(\dot{x}) = \dfrac{\mathrm{d}}{\mathrm{d}t}(\sin x) = (\cos x)\dot{x} = \cos x \sin x = \dfrac{1}{2}\sin 2x$.

2.2.1 $x^* = 2$ に不安定固定点，$x^* = -2$ に安定固定点．

2.2.10 (a) $\dot{x} = 0$.　(b) $\dot{x} = \sin \pi x$.　(c) 不可能：任意の 2 つの安定な固定点の間には，1 つ不安定なものがなくてはならない (ベクトル場は滑らかだと仮定する)．　(d) $\dot{x} = 1$.

2.2.13 (a) $v = \dfrac{rm}{k}\left(\dfrac{\mathrm{e}^{rt} - \mathrm{e}^{-rt}}{\mathrm{e}^{rt} + \mathrm{e}^{-rt}}\right)$．ここで $r = \sqrt{gk/m}$.　(b) $\sqrt{mg/k}$.
(d) $V_{\text{avg}} = 29,300/116 \approx 253$ ft/s $= 172$ mph.　(e) $V \approx 265$ ft/s.

2.3.2 $x^* = 0$ に不安定固定点，$x^* = k_1 a/k_{-1}$ に安定固定点．

2.4.5 $x^* = 0$ に固定点があり，そこで $f'(x^*) = 0$. グラフを用いた解析によると，これは半安定．

2.4.6 $x^* = 1$ に固定点．$f'(x^*) = 1$ なので不安定．

2.5.1 $(1-c)^{-1}$.

2.5.6 (a) 質量の保存—孔を通って流れる水の体積はバケツから失われる水の体積に等しい．これら 2 つの体積の時間微分が等しいとおくと，$av(t) = A\dot{h}(t)$.
(b) ポテンシャルエネルギーの変化 $= [\Delta m]gh = [\rho A(\Delta h)]gh =$ 運動エネルギーの変化 $= \frac{1}{2}(\Delta m)v^2 = \frac{1}{2}(\rho A \Delta h)v^2$．よって $v^2 = 2gh$.

2.6.2 一方では $\displaystyle\int_t^{t+T} f(x)\frac{\mathrm{d}x}{\mathrm{d}t}\,\mathrm{d}t = \int_{x(t)}^{x(t+T)} f(x)\,\mathrm{d}x = 0$.
最初の等号は微分の連鎖律から，2 つ目の等号は $x(t) = x(t+T)$ という仮定からくる．他方，$T > 0$ および $\mathrm{d}x/\mathrm{d}t$ は恒等的には消えないという仮定により

$$\int_t^{t+T} f(x)\frac{\mathrm{d}x}{\mathrm{d}t}\mathrm{d}t = \int_t^{t+T} \left(\frac{\mathrm{d}x}{\mathrm{d}t}\right)^2 \mathrm{d}t > 0.$$

2.7.5 $V(x) = \cosh x$，固定点は $x^* = 0$ で安定．

2.8.1 方程式は時間に依存しないので傾きは x のみで決まる．

2.8.6 (b) テイラー級数展開により，$x + \mathrm{e}^{-x} = 1 + \frac{1}{2}x^2 - \frac{1}{6}x^3 + O(x^4)$ である．グラフを用いた解析によると，すべての x について $1 \le \dot{x} = x + \mathrm{e}^{-x} \le 1 + \frac{1}{2}x^2$ である．積分すると $t \le x(t) \le \sqrt{2}\tan(t/\sqrt{2})$ を得る．ゆえに，$1 \le x(1) \le \sqrt{2}\tan(1/\sqrt{2}) \approx 1.208$ である． (c) 10^{-4} のオーダーのステップ幅が必要とされ，$x_{\mathrm{Euler}}(1) = 1.15361$ である． (d) ステップ幅 $\Delta t = 1$ は 3 桁の精度を与える．$\Delta t = 1 \Rightarrow x_{\mathrm{RK}}(1) = 1.1536059$，$\Delta t = 0.1 \Rightarrow x_{\mathrm{RK}}(1) = 1.1536389$，$\Delta t = 0.01 \Rightarrow x_{\mathrm{RK}}(1) = 1.1536390$.

2.8.7 (a) $x(t_1) = x(t_0 + \Delta t) = x(t_0) + \Delta t\dot{x}(t_0) + \frac{1}{2}(\Delta t)^2\ddot{x}(t_0) + O(\Delta t)^3 = x_0 + \Delta t f(x_0) + \frac{1}{2}(\Delta t)^2 f'(x_0)f(x_0) + O(\Delta t)^3$．ここで $\dot{x} = f(x)$ と $\ddot{x} = f'(x)\dot{x} = f'(x)f(x)$ を使った．(b) $|x(t_1) - x_1| = \frac{1}{2}(\Delta t)^2 f'(x_0)f(x_0) + O(\Delta t)^3$．よって，$C = \frac{1}{2}f'(x_0)f(x_0)$.

3　章

3.1.1 $r_c = \pm 2$.

3.2.3 $r_c = 1$.

3.2.6 (a) $c = -b$. (c) $b = -a/2R$ とせよ．

3.3.1 (a) $\dot{n} = \dfrac{Gnp}{f + Gn} - kn$. (b) トランスクリティカル．

3.4.4 $r_c = -1$，亜臨界ピッチフォーク．

3.4.11 (b) $x^* = 0$，不安定．(c) $r_c = 1$，亜臨界ピッチフォーク．r を 1 から 0 まで減少させると無限に多くのサドルノード分岐が生じる (グラフを用いて解析せよ)．(d) 整数 $n \gg 1$ に対して $r_c \approx \left[(4n+1)\frac{\pi}{2}\right]^{-1}$.

3.4.15 $r_c = -3/16$.

3.5.4 (a) $m\ddot{x} + b\dot{x} + kx(1 - L_0/(h^2 + x^2)^{1/2}) = 0$. (d) $m \ll b^2/k$.

3.5.5 (a) $T_{\mathrm{fast}} = mr/b$.

3.5.7 (b) $x = N/K$, $x_0 = N_0/K$, $\tau = rt$.

3.6.5 (b) $u = x/a$, $R = L_0/a$, $h = mg\sin\theta/ka$. (c) $R < 1$，唯一の固定点．$R > 1$，h によって 1 つ，2 つ，あるいは 3 つの固定点．

3.7.2 (b) $x = \sqrt{3}$ にカスプ．

3.7.4 (d) トランスクリティカル．(e) サドルノード．

3.7.5 (b) $r_c = \frac{1}{2}$．(d) $r_c = 2x/(1+x^2)^2$，$s_c = x^2(1-x^2)/(1+x^2)^2$ で表される曲線上でサドルノード分岐．

4　章

4.1.1 $a =$ 整数．円周上の矛盾なく定義されたベクトル場は，すべての整数 k について $\sin(a(\theta + 2\pi k)) = \sin(a\theta)$ を満たす必要がある．ゆえに，ある整数 n について $2\pi ka = 2\pi n$ である．よって，すべての整数 k について $ka =$ 整数 である．これが可能なのは，a 自身が整数である場合のみである．

4.1.3 不安定固定点：$\theta^* = 0, \pi$．安定固定点：$\theta^* = \pm\pi/2$．

4.2.1 12 秒．

4.2.3 12/11 時間後，すなわち，1 時 5 分 27 秒くらい．この問題はさまざまな方法で解ける．1 つの方法は例題 4.2.1 にもとづくものである．時計の文字盤を 1 周するのに，長針は $T_1 = 1$ 時間，短針は $T_2 = 12$ 時間かかる．ゆえに，長針が短針を 1 周して追い越すには，$T = (1 - \frac{1}{12})^{-1} = \frac{12}{11}$ 時間必要である．

4.3.2 (a) $\mathrm{d}\theta = 2\mathrm{d}u/(1+u^2)$．(d) $T = 2\displaystyle\int_{-\infty}^{\infty} \frac{\mathrm{d}u}{\omega u^2 - 2au + \omega}$．(e) $x = u - a/\omega$, $r = 1 - a^2/\omega^2$, $T = \displaystyle\frac{2}{\omega}\int_{-\infty}^{\infty} \frac{\mathrm{d}x}{r + x^2} = \frac{2\pi}{\omega\sqrt{r}} = \frac{2\pi}{\sqrt{\omega^2 - a^2}}$．

4.3.10 $b = \frac{1}{2n} - 1$, $c = \displaystyle\int_{-\infty}^{\infty} \frac{\mathrm{d}u}{1 + u^{2n}} = \frac{\pi}{n\sin(\pi/2n)}$．

4.4.1 $b^2 \gg m^2 g L^3$．初期遷移の後で有効な近似．

4.5.1 (b) $|\omega - \Omega| \leq \frac{\pi}{2}A$．

4.6.4 (a) $I_b = I_a + I_R$．(c) $V_k = \displaystyle\frac{\hbar}{2e}\dot{\phi}_k$．

4.6.5 $R_0 = R/N$ とすると，$\Omega = \displaystyle\frac{I_b R_0}{I_c r}$，$a = -\displaystyle\frac{R_0 + r}{r}$，$\tau = \left[\displaystyle\frac{2eI_c r^2}{\hbar(R_0 + r)}\right] t$．

4.6.6 キルヒホッフの電流則より $\displaystyle\frac{\hbar}{2er}\frac{\mathrm{d}\phi_k}{\mathrm{d}t} + I_c \sin\phi_k + \frac{\mathrm{d}Q}{\mathrm{d}t} = I_b$ $(k = 1, \cdots, N)$ で，キルヒホッフの電圧則より $L\displaystyle\frac{\mathrm{d}^2 Q}{\mathrm{d}t^2} + R\frac{\mathrm{d}Q}{\mathrm{d}t} + \frac{Q}{C} = \frac{\hbar}{2e}\sum_{j=1}^{N}\frac{\mathrm{d}\phi_j}{\mathrm{d}t}$．

5　章

5.1.9 (c) $x = y$ が安定多様体．$x = -y$ が不安定多様体．

5.1.10 (d) リアプノフ安定．(e) 漸近安定．

5.2.1 (a) $\lambda_1 = 2,\ \lambda_2 = 3,\ \boldsymbol{v}_1 = (1,2),\ \boldsymbol{v}_2 = (1,1)$.

(b) $\boldsymbol{x}(t) = c_1 \begin{pmatrix} 1 \\ 2 \end{pmatrix} \mathrm{e}^{2t} + c_2 \begin{pmatrix} 1 \\ 1 \end{pmatrix} \mathrm{e}^{3t}$．(d) $x = \mathrm{e}^{2t} + 2\mathrm{e}^{3t},\ y = 2\mathrm{e}^{2t} + 2\mathrm{e}^{3t}$．

5.2.2 $\boldsymbol{x}(t) = C_1\,\mathrm{e}^t \begin{pmatrix} \cos t \\ \sin t \end{pmatrix} + C_2\,\mathrm{e}^t \begin{pmatrix} -\sin t \\ \cos t \end{pmatrix}$.

5.2.3 安定ノード．

5.2.5 退化したノード．

5.2.7 センター．

5.2.9 孤立していない固定点．

5.3.1 $a > 0,\ b < 0$：自己陶酔的，潜在的なホモセクシャル，恋をもてあそぶ人，じらすけれど喜ばせない人．$a < 0,\ b > 0$：恥ずかしがり屋，さえない性的衝動をもつ恋人．$a,\ b < 0$：世捨人，人間嫌い．(これらの解答は，私の学生達と，Worcester Polytechnic Institute の Peter Christopher の講義を受けている学生達により提案されたものである.)

6　章

6.1.1 $(0,0)$ にサドル．

6.1.5 $(1,1)$ に安定スパイラル，$(0,0)$ にサドル，y 軸が不変．

6.3.3 $(0,0)$ にサドル．

6.3.6 $(-1,-1)$ に安定ノード，$(1,1)$ にサドル．

6.3.8 (b) 不安定．

6.3.9 (a) $(0,0)$ に安定ノード，$\pm(2,2)$ にサドル．

6.4.1 $(0,0)$ に不安定ノード，$(3,0)$ に安定ノード，$(0,2)$ にサドル．ヌルクラインは対角線に平行な直線．y 軸上から出発するものを除き，すべての軌道は $(3,0)$ に行き着く．

6.4.2 両座標軸上から出発したものを除いて，すべての軌道は $(1,1)$ に近づく．

6.4.4 (a) それぞれの種はもう一方の種がいなければ指数関数的に増加する．(b) $x = b_2 N_1 / r_1,\ y = b_1 N_2 / r_1,\ \tau = r_1 t,\ \rho = r_2 / r_1$．(d) $(\rho, 1)$ にサドル．ほとんどすべての軌道は両座標軸に向かう．ゆえに，どちらか一方の種が絶滅する．

6.5.1 (a) $(0,0)$ にセンター，$(\pm 1, 0)$ にサドル．(b) $\frac{1}{2}\dot{x}^2 + \frac{1}{2}x^2 - \frac{1}{4}x^4 = C$.

6.5.2 (c) $y^2 = x^2 - \frac{2}{3}x^3$.

6.5.6 (e) $x_0 > l/k$ なら流行する．

6.6.1 方程式が $t \to -t,\ y \to -y$ で不変なので可逆．

6.6.10 非線形センターである．線形化によりセンターが予測され，系は $t \to -t,\ x \to -x$ で不変なので可逆である．定理 6.6.1 の変形版により，系が非線形なセンターをもつことが示される．

6.7.2 (e) 小振幅の振動の角振動数は $-1 < \gamma < 1$ に対して $(1-\gamma^2)^{1/4}$.

6.8.2 $(0, 0)$ に固定点，指数 $I = 0$.

6.8.7 $(2, 0)$ と $(0, 0)$ にサドル，$(1, 3)$ に安定スパイラル，$(-2, 0)$ に安定ノード．座標軸は不変．閉軌道はノードかスパイラルを囲む必要があるだろう．しかし，そのような周期軌道はノードを囲むことはできない (周期軌道は x 軸をまたいでしまうだろうが，これは禁止されている)．同様に，周期軌道はスパイラルを囲むこともできない．なぜなら，スパイラルは $(2, 0)$ のサドルの不安定多様体とつながっており，周期軌道はこの軌道をまたぐことができないからである．

6.8.9 正しくない．反例：極座標で $\dot{r} = r(r^2-1)(r^2-9),\ \dot{\theta} = r^2 - 4$ を考える．この系は必要とされるすべての性質をもつが，$r = 1$ と $r = 3$ にある周期軌道の間に固定点は存在しない．なぜなら，この領域では $\dot{r} \neq 0$ だからである．

6.8.11 (c) $\dot{z} = z^k$ の原点は指数 k をもつ．これを見るには $z = r\mathrm{e}^{i\theta}$ とする．すると $z^k = r^k \mathrm{e}^{ik\theta}$ である．ゆえに $\phi = k\theta$ となり指数が得られる．同様に $\dot{z} = (\bar{z})^k$ の原点の指数は $-k$ である．

7 章

7.1.8 (b) 周期 $T = 2\pi$．(c) 安定．

7.1.9 (b) $R\phi' = \cos\phi - R,\ R' = \sin\phi - k$．ここでプライム記号は中心角 θ についての微分を表す．(c) 犬は半径 $R = \sqrt{1-k^2} = \sqrt{\frac{3}{4}}$ の円に漸近する．

7.2.5 (b) ベクトル場がどこでも滑らかである限り，すなわち，特異点がなければ，十分でもある．

7.2.9 (c) $V = \mathrm{e}^{x^2+y^2}$ で，等ポテンシャル線は円 $x^2 + y^2 = C$.

7.2.10 $a = b$ であるような任意の $a, b > 0$ が条件を満たす．

7.2.12 $a = 1,\ m = 2,\ n = 4$.

7.3.1 (a) 不安定スパイラル．(b) $\dot{r} = r(1 - r^2 - r^2\sin^2 2\theta)$．(c) $r_1 = \frac{1}{\sqrt{2}} \approx 0.707$.

(d) $r_2 = 1$. (e) トラッピング領域中には固定点がないので，ポアンカレ–ベンディクソンの定理によりリミットサイクルの存在が示される．

7.3.7 (a) $\dot{r} = ar(1 - r^2 - 2b\cos^2\theta)$, $\dot{\theta} = -1 + ab\sin 2\theta$. (b) ポアンカレ–ベンディクソンの定理により，少なくとも 1 つのリミットサイクルが，環状のトラッピング領域 $\sqrt{1-2b} \le r \le 1$ 内にある．そのような周期軌道の周期は，いずれも

$$T = \oint dt = \oint \left(\frac{\mathrm{d}t}{\mathrm{d}\theta}\right) \mathrm{d}\theta = \int_0^{2\pi} \frac{\mathrm{d}\theta}{-1 + ab\sin 2\theta} = T(a,b)$$

となる．

7.3.9 (a) $r(\theta) = 1 + \mu\left(\frac{2}{5}\cos\theta + \frac{1}{5}\sin\theta\right) + O(\mu^2)$.

(b) $r_{\max} = 1 + \frac{\mu}{\sqrt{5}} + O(\mu^2)$, $r_{\min} = 1 - \frac{\mu}{\sqrt{5}} + O(\mu^2)$.

7.4.1 リエナールの定理を用いよ．

7.5.2 リエナール平面においては，リミットサイクルは $\mu \to \infty$ で一定の形に収束する．通常の相平面ではそうではない．

7.5.4 (d) $T \approx (2\ln 3)\mu$.

7.5.5 $T \approx 2\left[\sqrt{2} - \ln(1+\sqrt{2})\right]\mu$.

7.6.7 $r' = \frac{1}{2}r(1 - \frac{1}{8}r^4)$, $r = 8^{1/4} = 2^{3/4}$ に安定なリミットサイクル，振動数は $\omega = 1 + O(\varepsilon^2)$.

7.6.8 $r' = \frac{1}{2}r(1 - \frac{4}{3\pi}r)$, $r = \frac{3}{4}\pi$ に安定なリミットサイクル，$\omega = 1 + O(\varepsilon^2)$.

7.6.9 $r' = \frac{1}{16}r^3(6 - r^2)$, $r = \sqrt{6}$ に安定なリミットサイクル，$\omega = 1 + O(\varepsilon^2)$.

7.6.14 (b) $x(t,\varepsilon) \sim \left(a^{-2} + \frac{3}{4}\varepsilon t\right)^{-1/2}\cos t$.

7.6.17 (b) $\gamma_c = \frac{1}{2}$. (c) $k = \frac{1}{4}\sqrt{1-4\gamma^2}$. (d) もし $\gamma > \frac{1}{2}$ ならすべての ϕ について $\phi' > 0$ で $r(T)$ は周期的．実際，$r(\phi) \propto \left(\gamma + \frac{1}{2}\cos 2\phi\right)^{-1}$ となるので，初期に r が小さければ，$r(\phi)$ はずっと 0 の近くに留まる．

7.6.19 (d) $x_0 = a\cos\tau$. (f) $x_1 = \frac{1}{32}a^3(\cos 3\tau - \cos\tau)$.

7.6.22 $x = a\cos\omega t + \frac{1}{6}\varepsilon a^2(3 - 2\cos\omega t - \cos 2\omega t) + O(\varepsilon^2)$,
$\omega = 1 - \frac{5}{12}\varepsilon^2 a^2 + O(\varepsilon^3)$.

7.6.24 $\omega = 1 - \frac{3}{8}\varepsilon a^2 - \frac{21}{256}\varepsilon^2 a^4 - \frac{81}{2048}\varepsilon^3 a^6 + O(\varepsilon^4)$.

8　章

8.1.3 $\lambda_1 = -|\mu|$，$\lambda_2 = -1$.

8.1.6 (b) $\mu_c = 1$ でサドルノード分岐.

8.1.13 (a) 1つの無次元化の方法は，$dx/d\tau = x(y-1)$，$dy/d\tau = -xy - ay + b$. ここで $\tau = kt$，$x = Gn/k$，$y = GN/k$，$a = f/k$，$b = pG/k^2$.　(d) $a = b$ でトランスクリティカル分岐.

8.2.3 亜臨界.

8.2.5 超臨界.

8.2.8 (d) 超臨界.

8.2.12 (a) $a = \frac{1}{8}$.　(b) 亜臨界.

8.3.1 (a) $x^* = 1$，$y^* = b/a$，$\tau = b - (1+a)$，$\Delta = a > 0$. 固定点は，$b < 1 + a$ なら安定，$b > 1 + a$ なら不安定，$b = 1 + a$ なら線形センター.　(c) $b_c = 1 + a$.　(d) $b > b_c$.　(e) $T \approx 2\pi/\sqrt{a}$.

8.4.3 $\mu \approx 0.066 \pm 0.001$.

8.4.4 周期軌道が $\mu = 1$ で超臨界ホップ分岐により生み出され，$\mu = 3.72 \pm 0.01$ でホモクリニック分岐により破壊される.

8.4.9 (c) $b_c = \dfrac{32\sqrt{3}}{27}\dfrac{k^3}{F^2}$.

8.4.12 $t \sim O({\lambda_u}^{-1} \ln(1/\mu))$.

8.6.2 (d) もし $|1-\omega| > |2a|$ ならば $\displaystyle\lim_{\tau\to\infty} \frac{\theta_1(\tau)}{\theta_2(\tau)} = \frac{1+\omega+\omega_\phi}{1+\omega-\omega_\phi}$.

ここで $\omega_\phi = \left((1-\omega)^2 - 4a^2\right)^{1/2}$. 一方，もし $|1-\omega| \le |2a|$ ならば位相ロックが起き，$\displaystyle\lim_{\tau\to\infty} \frac{\theta_1(\tau)}{\theta_2(\tau)} = 1$.

8.6.6 (c) リサージュ図は運動の平面への射影である. 4次元空間 $(x, \dot{x}, y, \dot{y})$ での運動を，平面 (x, y) に射影する. パラメーター ω は2つの振動数の比なので回転数である. 回転数が有理数のときには，トーラス上の軌道は結ばれている (閉じている). そのような軌道は，xy 平面に射影すると，自分自身に交わる閉曲線に見える (結び目の影のように).

8.6.7 (a) $r_0 = (h^2/mk)^{1/3}$，$\omega_\theta = h/m{r_0}^2$.　(c) $\omega_r/\omega_\theta = \sqrt{3}$ で，無理数である.　(e) 2つの物体が一定の長さのばねでつながれているとする. 物体の一方は粒子の役割を果たし，水平で摩擦のない「空気机」の上を動く. この粒子は，テーブルの中央にある孔を通るばねによってもう一方の物体につながれている. もう一方の物体はテーブルの下にぶら下がっており，上下に動いて，その重さにより一定の力を供給している．この力学的な系は，多少のリスケールの後，本文に与えられた方程式に従う．

8.7.2 $a < 0$ なら安定，$a = 0$ なら中立，$a > 0$ なら不安定．

8.7.4 $A < 0$.

8.7.9 (b) 安定．　(c) $\mathrm{e}^{-2\pi}$.

9　章

9.1.2 $\dfrac{\mathrm{d}}{\mathrm{d}t}({a_n}^2 + {b_n}^2) = 2(a_n\dot{a}_n + b_n\dot{b}_n) = -2K({a_n}^2 + {b_n}^2)$．よって $t \to \infty$ で $({a_n}^2 + {b_n}^2) \propto \mathrm{e}^{-2Kt} \to 0$.

9.1.3 $a_1 = \alpha y$, $b_1 = \beta z + q_1/K$, $\omega = \gamma x$, および $t = T\tau$ として，ローレンツ方程式と水車の方程式が一致するように係数を求める．$T = 1/K$, $\gamma = \pm K$ であることを示せ．$\gamma = K$ とすれば，$\alpha = K\nu/\pi gr$, $\beta = -K\nu/\pi gr$ となる．また，$\sigma = \nu/KI$，レイリー数は $r = \pi grq_1/K^2\nu$ である．

9.1.4 (a) 退化したピッチフォーク．(b) $\alpha = [b(r-1)]^{-1/2}$ とすれば，$t_{\text{laser}} = (\sigma/\kappa)t_{\text{Lorenz}}$，$E = \alpha x$，$P = \alpha y$，$D = r - z$，$\gamma_1 = \kappa/\sigma$，$\gamma_2 = \kappa b/\sigma$，$\lambda = r - 1$ となる．

9.2.1 (b) もし $\sigma < b + 1$ なら，C^+ と C^- はすべての $r > 0$ について安定である．(c) もし $r = r_H$ なら，$\lambda_3 = -(\sigma + b + 1)$ である．

9.2.2 E の境界上のどの点においても $\dfrac{x^2}{br} + \dfrac{y^2}{br^2} + \dfrac{(z-r)^2}{r^2} > 1$ となるように C を十分に大きくとれ．

9.3.8 (a) 不変集合である．(b) 吸引する．

9.4.2 (b) $x^* = \dfrac{2}{3}$，不安定．(c) $x_1 = \dfrac{2}{5}$，$x_2 = \dfrac{4}{5}$，2 周期軌道は安定．

9.5.5 (a) $X = \varepsilon x$, $Y = \varepsilon^2\sigma y$, $Z = \sigma(\varepsilon^2 z - 1)$, $\tau = t/\varepsilon$.

9.5.6 もし軌道が C^+ または C^- の十分に近くから出発すると，過渡カオスは発生しない．

9.6.1 (a) 任意の $k < \min(2, 2b)$ に対して $\dot{V} \le -kV$ である．積分すれば $0 \le V(t) \le V_0\mathrm{e}^{-kt}$ となる．(b) $\frac{1}{2}{e_2}^2 \le V < V_0\mathrm{e}^{-kt}$ なので，$e_2(t) < (2V_0)^{1/2}\mathrm{e}^{-kt/2}$ である．同様に，$e_3(t) \le O(\mathrm{e}^{-kt/2})$ である．(c) $\dot{e}_1 = \sigma(e_2 - e_1)$ を積分し，$e_2(t) \le O(\mathrm{e}^{-kt/2})$ であることを使えば，$e_1(t) \le \max\left\{O(\mathrm{e}^{-\sigma t}), O(\mathrm{e}^{-kt/2})\right\}$ となる．よって，$\mathbf{e}(t)$ のすべての成分は指数関数的な速さで減衰する．

9.6.6 Cuomo と Oppenheim (1992, 1993) によると，

$$
\begin{aligned}
\dot{u} &= \frac{1}{R_5 C_1}\left[\frac{R_4}{R_1}v - \frac{R_3}{R_2+R_3}\left(1+\frac{R_4}{R_1}\right)u\right],\\
\dot{v} &= \frac{1}{R_{15} C_2}\left[\frac{R_{11}}{R_{10}+R_{11}}\left(1+\frac{R_{12}}{R_8}+\frac{R_{12}}{R_9}\right)\left(1+\frac{R_7}{R_6}\right)u - \frac{R_{12}}{R_8}v - \frac{R_{12}}{R_9}uw\right],\\
\dot{w} &= \frac{1}{R_{20}+C_3}\left[\frac{R_{19}}{R_{16}}uv - \frac{R_{18}}{R_{17}+R_{18}}\left(1+\frac{R_{19}}{R_{16}}\right)w\right].
\end{aligned}
$$

10 章

10.1.1 すべての $x_0 > 0$ について $n \to \infty$ で $x_n \to 1$.

10.1.10 安定である.

10.1.13 微分すると $\lambda = f'(x^*) = g(x^*)g''(x^*)/g'(x^*)^2$. ゆえに $g(x^*) = 0$ より $\lambda = 0$ となる. (やはり $g'(x^*) = 0$ でない限り. $g'(x^*) = 0$ の場合は一般的ではなく，別の扱いが必要となる.)

10.3.2 (b) $1 + \sqrt{5}$.

10.3.7 (d) 無理数 x_0 から出発する任意の軌道は非周期的である. なぜなら，無理数の 10 進展開には決して繰り返しが生じないからである.

10.3.12 (a) 写像は $x = \frac{1}{2}$ で最大値をとる. 周期 2^n の超安定サイクルは，この点が 2^n 周期軌道の 1 つの点であるとき，つまり，$f^{(2^n)}(x, r)$ の固定点であるときに生じる. ゆえに，求めたい R_n の式は $f^{(2^n)}(\frac{1}{2}, R_n) = \frac{1}{2}$ となる.

10.3.13 (a) 曲線群は $f^k(\frac{1}{2}, r)$ を r に対してプロットしたものとなる ($k = 1, 2, \cdots$). 直観的には，$x_m = \frac{1}{2}$ の近傍にある点の集団は，写像の傾きが x_m でゼロとなるので，いずれもほとんど等しい値に写される. したがって，最大値を反復させた $f^k(\frac{1}{2})$ の近傍に高い密度で集中する.　(b) 大きなくさびの角は，(a) から明らかなように，$f^3(\frac{1}{2}) = f^4(\frac{1}{2})$ のときに生じる. ゆえに $f(u) = u$，$u = f^3(\frac{1}{2})$ である. したがって，u は固定点 $1 - \frac{1}{r}$ に等しくなくてはならない. $f^3(\frac{1}{2}, r) = 1 - \frac{1}{r}$ の解は正確に $r = \frac{2}{3} + \frac{8}{3}\left(19 + \sqrt{297}\right)^{-1/3} + \frac{2}{3}\left(19 + \sqrt{297}\right)^{1/3} = 3.67857\cdots$ と求められる.

10.4.4 $3.8318741\cdots$.

10.4.7 (b) $RLRR$.

10.5.3 クモの巣図法により，原点は $r < 1$ なら大域的に安定である. $r = 1$ ならある区間にわたって中立安定な固定点をもつ.

10.5.4 周期窓の中でリアプノフ指数は必然的に負となる．しかし，すべての $r>1$ について $\lambda=\ln r>0$ なので，カオスの生じた後には周期窓は存在しえない．

10.6.1 (b) $r_1\approx 0.71994$，$r_2\approx 0.83326$，$r_3\approx 0.85861$，$r_4\approx 0.86408$，$r_5\approx 0.86526$，$r_6\approx 0.86551$．

10.7.1 (a) $\alpha=-1-\sqrt{3}=-2.732\cdots$，$c_2=\alpha/2=-1.366\cdots$．
(b) $\alpha=(1+c_2+c_4)^{-1}$，$c_2=2\alpha^{-1}-\frac{1}{2}\alpha-2$，$c_4=1+\frac{1}{2}\alpha-\alpha^{-1}$ を連立させて解け．適切な根は $\alpha=-2.53403\cdots$，$c_2=-1.52224\cdots$，$c_4=0.12761\cdots$ である．

10.7.8 (e) $b=-1/2$．

10.7.9 (b) g^2 のクモの巣図法の階段の幅は 2 倍となるので，$\alpha=2$ である．

11　章

11.1.3 非可算．

11.1.6 (a) x_0 が有理数 $\Leftrightarrow$ 対応する軌道は周期的．

11.2.1 $\dfrac{1}{3}+\dfrac{2}{9}+\dfrac{4}{27}+\cdots=\left(\dfrac{1}{3}\right)\dfrac{1}{1-\frac{2}{3}}=1$.

11.2.4 測度 $=1$．非可算．

11.2.5 (b) ヒント：$x\in[0,1]$ を 2 進数，すなわち 2 を底として書け．

11.3.1 (a) $d=\ln 2/\ln 4=\frac{1}{2}$．

11.3.4 $\ln 5/\ln 10$．

11.4.1 $\ln 4/\ln 3$．

11.4.2 $\ln 8/\ln 3$．

11.4.9 $\ln(p^2-m^2)/\ln p$．

12　章

12.1.5 (a) $B(x,y)=(\ .a_2a_3a_4\cdots,\ .a_1b_1b_2b_3\cdots\ )$ である．ダイナミクスをより簡明に記述するために，(x,y) に対して単に x と y を背中合わせにして $\cdots b_3b_2b_1.a_1a_2a_3\cdots$ という記号列を割り当てる．この記法では $B(x,y)=\cdots b_3b_2b_1a_1.a_2a_3\cdots$ となる．つまり B は 2 進数の小数点を右に 1 つだけシフトする．　(b) 上の記法では $\cdots 1010.1010\cdots$ と $\cdots 0101.0101\cdots$ のみが 2 周期点

である．これらは $(\frac{2}{3}, \frac{1}{3})$ と $(\frac{1}{3}, \frac{2}{3})$ に対応する． (d) $x =$ 無理数，$y =$ 任意 にとれ．

12.1.8 (b) $x_n = x_{n+1}\cos\alpha + y_{n+1}\sin\alpha$，$y_n = -x_{n+1}\sin\alpha + y_{n+1}\cos\alpha + (x_{n+1}\cos\alpha + y_{n+1}\sin\alpha)^2$.

12.2.4 $x^* = (2a)^{-1}\left[b - 1 \pm \sqrt{(1-b)^2 + 4a}\right]$，$y^* = bx^*$，$a_0 = -\dfrac{1}{4}(1-b)^2$.

12.2.5 $\lambda = -ax^* \pm \sqrt{(ax^*)^2 + b}$.

12.2.15 $\det \boldsymbol{J} = -b$.

12.3.3 ローレンツ系のもつ対称性をレスラー系はもたないため．

12.5.1 減衰が小さくなると，吸引領域はより薄くなる．

文　献

Abraham, R. H., and Shaw, C. D. (1983) *Dynamics: The Geometry of Behavior. Part 2: Chaotic Behavior* (Aerial Press, Santa Cruz, CA).

Abraham, R. H., and Shaw, C. D. (1988) *Dynamics: The Geometry of Behavior. Part 4: Bifurcation Behavior* (Aerial Press, Santa Cruz, CA).

Ahlers, G. (1989) Experiments on bifurcations and one-dimensional patterns in nonlinear systems far from equilibrium. In D. L. Stein, ed. *Lectures in the Sciences of Complexity* (Addison-Wesley, Reading, MA).

Aitta, A., Ahlers, G., and Cannell, D. S. (1985) Tricritical phenomena in rotating Taylor–Couette flow. *Phys. Rev. Lett.* **54**, 673.

Anderson, P. W., and Rowell, J. M. (1963) Probable observation of the Josephson superconducting tunneling effect. *Phys. Rev. Lett.* **10**, 230.

Anderson, R. M. (1991) The Kermack–McKendrick epidemic threshold theorem. *Bull. Math. Biol.* **53**, 3.

Andronov, A. A., Leontovich, E. A., Gordon, I. I, and Maier, A. G. (1973) *Qualitative Theory of Second-Order Dynamics System* (Wiley, New York).

Arecchi, F. T, and Lisi, F. (1982) Hopping mechanism generating $1/f$ noise in nonlinear systems. *Phys. Rev. Lett.* **49**, 94.

Argoul, F., Arneodo, A., Richetti, P., Roux, J. C., and Swinney, H. L. (1987) Chemical chaos: From hints to confirmation. *Acc. Chem. Res.* **20**, 436.

Arnol'd, V. I. (1978) *Mathematical Methods of Classical Mechanics* (Springer, New York)[安藤 韶一，蟹江幸博，丹羽敏雄 訳，古典力学の数学的方法 (岩波書店，2003)].

Aroesty, J., Lincoln, T., Shapiro, N., and Boccia, G. (1973) Tumor growth and chemotherapy: mathematical methods, computer simulations, and experimental foundations. *Math. Biosci.* **17**, 243.

Arrowsmith, D. K., and Place, C. M. (1990) *An Introduction to Dynamical Systems* (Cambridge University Press, Cambridge, England).

Attenborough, D. (1992) *The Trials of Life.* 同時発光するホタルの群については “Talking to Strangers” と題されたエピソードを参照されたい．これは，Ambrose Video Publishing (1290 Avenue of the Americas, Suite 2245, New York NY 10104) から入手できる．

Bak, P. (1986) The devil's staircase. *Phys. Today*, Dec. 1986, 38.

Barnsley, M. F. (1988) *Fractals Everywhere* (Academic Press, Orland, FL).

Belousov, B. P. (1959) Oscillation reaction and its mechanism (in Russian). Sbornik Referatov po Radiacioni Medicine, p. 145. 1958 Meeting.

Bender, C. M., and Orszag, S. A. (1978) *Advanced Mathematical Methods for Scientists and Engineers* (McGraw-Hill, New York).

Benedicks, M., and Carleson, L. (1991) The Dynamics of the Hénon map. *Annals of Math.* **133**, 73.

Bergé, P., Pomeau, Y., and Vidal, C. (1984) *Order Within Chaos: Towards a Deterministic Approach to Turbulence* (Wiley, New York) [相沢洋二 訳，カオスの中の秩序—乱流の理解へ向けて (産業図書，1992)].

Borrelli, R. L., and Coleman, C. S. (1987) *Differential Equations: A Modeling Approach* (Prentice-Hall, Englewood, Cliffs, NJ).

Briggs, K. (1991) A precise calculation of Feigenbaum constants. *Mathematics of Computation* **57**, 435.

Buck, J. (1988) Synchronous rhythmic flashing of fireflies, II. *Quart. Rev. Biol.* **63**, 265.

Buck, J., and Buck, E. (1976) Synchronous fireflies. *Sci. Am.* **234**, May, 74.

Campbell, D. (1979) An introduction to nonlinear dynamics. In D. L. Stein, ed. *Lectures in the Sciences of Complexity* (Addison-Wesley, Reading, MA).

Carlson, A. J., Ivy, A. C. Krasno, L. R. and Andrews, A. H. (1942) The physiology of free fall through the air: delayed parachute jumps. *Quart. Bull. Northwestern Univ. Med. School* **16**, 254 (cited in Davis 1962).

Cartwright, M. L. (1952) Van der Pol's equation for relaxation oscillations. *Contributions to Nonlinear Oscillations*, Vol. 2, Princeton, 3

Cesari, L. (1963) *Asymptotic Behavior and Stability Problems in Ordinary Differential Equations* (Academic Press, New York).

Chance, B., Pye, E. K. Ghosh, A. K., and Hess, B., eds. (1973) *Biological and Biochemical Oscillators* (Academic Press, New York).

Coddington, E. A., and Levinson, N. (1955) *Theory of Ordinary Differential Equations* (McGraw-Hill, New York).

Coffman, K. G., McCormick, W. D., Simoyi, R. H. and Swinney, H. L. (1987) Universality, multiplicity, and the effect of iron impurities in the Belousov–Zhabotinskii reaction. *J. Chem. Phys.* **86**, 119.

Collet, P., and Eckmann, J.-P. (1980) *Iterated Maps of the Interval as Dynamical Systems* (Birkhauser, Boston).

Cox, A. (1982) Magnetostratigraphic time scale. In W. B. Harland et al., eds. *Geologic Time Scale* (Cambridge University Press, Cambridge, England).

Crutchfield, J. P., Farmer, J. D., Packard, N. H., and Shaw, R. S. (1986) Chaos. *Sci. Am.* **254**, December, 46.

Cuomo, K. M., and Oppenheim, A. V. (1992) Synchronized chaotic circuits and systems for communications. *MIT Research Laboratory of Electronic Technical Report* No. 575.

Cuomo, K. M., and Oppenheim, A. V. (1993) Circuit implementation of synchronized chaos, with applications to communications. *Phys. Rev. Lett.* **71**, 65.

Cuomo, K. M., and Oppenheim, A. V., and Strogatz, S. H. (1993) Synchronization of Lorenz-based chaotic circuits, with applications to communications. *IEEE Trans. Circuits and Systems* **40**, 626.

Cvitanovic, P., ed. (1989a) *Universality in Chaos*, 2nd ed. (Adam Hilger, Bristol and New York).

Cvitanovic, P. (1989b) Universality in chaos. In P. Cvitanovic, ed. *Universality in Chaos*, 2nd ed. (Adam Hilger, Bristol and New York).

Davis, H. T. (1962) *Introduction to Nonlinear Differential and Integral Equations* (Dover, New York).

Devaney, R. L. (1989) *An Introduction to Chaotic Dynamical Systems*, 2nd ed. (Addison-Wesley, Redwood City, CA) [後藤憲一，國府寛司，石井 豊，新居俊作，木坂正史 訳，新訂版 カオス力学系入門，第 2 版 (共立出版，2003)].

Dowell, E. H., and Ilgamova, M. (1988) *Studies in Nonlinear Aeroelasticity* (Springer, New York).

Drazin, P. G. (1992) *Nonlinear Systems* (Cambridge University Press, Cambridge, England).

Drazin P. G., and Reid, W. H. (1981) *Hydrodynamic Stability* (Cambridge University Press, Cambridge, England).

Dubois, M., and Bergé, P. (1978) Experimental study of the velocity field in Rayleigh–Bénard convection. *J. Fluid Mech.* **85**, 641.

Eckmann, J.-P., and Ruelle, D. (1985) Ergodic theory of chaos and strange attractors. *Rev. Mod. Phys.* **57**, 617.

Edelstein-Keshet, L. (1988) *Mathematical Models in Biology* (Random House, New York).

Epstein, I. R., Kustin, K., De Kepper, P. and Orban, M. (1983) Oscillating chemical reactions. *Sci. Am.* **248** (3), 112.

Ermentrout, G. B. (1991) An adaptive model for synchrony in the firefly *Pteroptyx malaccae*. *J. Math. Biol.* **29**, 571.

Ermentrout, G. B., and Kopell, N. (1990) Oscillator death in systems of coupled neural oscillators. *SIAM J. Appl. Math.* **50**, 125.

Ermentrout, G. B., and Rinzel, J. (1984) Beyond a pacemaker's entrainment limit: phase walk-through. *Am. J. Physiol.* **246**, R102.

Fairén, V., and Velarde, M. G. (1979) Time-periodic oscillations in a model for the respiratory process of a bacterial culture. *J. Math. Biol.* **9**, 147.

Falconer, K. (1990) *Fractal Geometry: Mathematical Foundations and Applications* (Wiley, Chichester, England)[服部久美子，村井浄信 訳，フラクタル幾何学 (共立出版，2006)].

Farmer, J. D. (1985) Sensitive dependence on parameters in nonlinear dynamics. *Phys. Rev. Lett.* **55**, 351.

Feder, J. (1988) *Fractals* (Plenum, New York)[松下 貢，佐藤信一，早川美徳 訳，フラクタル (啓学出版，1991)].

Feigenbaum, M. J. (1978) Quantitative universality for a class of nonlinear transformations. *J. Stat. Phys.* **19**, 25.

Feigenbaum, M. J. (1979) The universal metric properties of nonlinear transformations. *J. Stat. Phys.* **21**, 69.

Feigenbaum, M. J. (1980) Universal behavior in nonlinear systems. *Los Alamos Sci.* **1**, 4.

Feynman, R. P., Leighton, R. B., and Sands, M. (1965) *The Feynman Lectures on Physics* (Addison-Wesley, Reading, MA)[ファインマン物理学 I–V (岩波書店，1986–2002)].

Field, R., and Burger, M., eds. (1985), *Oscillations and Traveling Waves in Chemical Systems* (Wiley, New York).

Firth, W. J. (1986) Instabilities and chaos in lasers and optical resonators. In A. V. Holden, ed. *Chaos* (Princeton University Press, Princeton, NJ).

Fraser, A. M., and Swinney, H. L. (1986) Independent coordinates for strange attractors from mutual information. *Phys. Rev. A* **33**, 1134.

Gaspard, P. (1990) Measurement of the instability rate of a far-from-equilibrium steady state at an infinite period bifurcation. *J. Phys. Chem.* **94**, 1.

Giglio, M., Musazzi, S., and Perini, V. (1981) Transition to chaotic behavior via a reproducible sequence of period-doubling bifurcations. *Phys. Rev. Lett.* **47**, 243.

Glass, L. (1977) Patterns of supernumerary limb regeneration. *Science* **198**, 321.

Glazier, J. A., and Libchaber, A. (1988) Quasiperiodicity and dynamical systems: an experimentalist's view. *IEEE Trans. on Circuits and Systems* **35**, 790.

Gleick, J. (1987) *Chaos: Making a New Science* (Viking, New York)[上田睆亮 監修，大貫昌子 訳，カオス—新しい科学をつくる (新潮社，1991)].

Goldbeter, A. (1980) Models for oscillations and excitability in biochemical systems. In L. A. Segel, ed., *Mathematical Models in Molecular and Cellular Biology* (Cambridge University Press, Cambridge, England).

Grassberger, P. (1981) On the Hausdorff dimension of fractal attractors. *J. Stat. Phys.* **26**, 173.

Grassberger, P., and Procaccia, I. (1983) Measuring the strangeness of strange attractors. *Physica D* **9**, 189.

Gray, P., and Scott, S. K. (1985) Sustained oscillations and other exotic patterns of behavior in isothermal reactions. *J. Phys. Chem.* **89**, 22.

Grebogi,C., Ott, E., and Yorke, J. A. (1983a) Crises, sudden changes in chaotic attractors and transient chaos. *Physica D*, **7**, 181.

Grebogi, C., Ott, E., and Yorke, J. A. (1983b) Fractal basin boundaries, long-lived chaotic transient, and unstable–unstable pair bifurcation. *Phys. Rev. Lett.* **50**, 935.

Grebogi, C., Ott, E., and Yorke, J. A. (1987) Chaos, strange attractors, and fractal basin boundaries in nonlinear dynamics. *Science* **238**, 632.

Griffith, J. S. (1971) *Mathematical Neurobiology* (Academic Press, New York).

Grimshaw, R. (1990) *Nonlinear Ordinary Differential Equations* (Blackwell, Oxford, England).

Guckenheimer, J., and Holmes, P. (1983) *Nonlinear Oscillations, Dynamical Systems, and Bifurcations of Vector Fields* (Springer, New York).

Haken, H. (1983) *Synergetics*, 3rd ed. (Springer, Berlin) [牧島邦夫，小森尚志 訳，協同現象の数理—物理，生物，化学的系における自律形成 (東海大学出版部，1980)].

Halsey, T., Jensen, M. H. Kadanoff, L. P. Procaccia, I. and Shraiman, B. I. (1986) Fractal measures and their singularities: the characterization of strange sets. *Phys. Rev. A* **33**, 1141.

Hanson, F. E. (1978) Comparative studies of firefly pacemakers. *Federation Proc.* **37**, 2158.

Hao, Bai-Lin, ed. (1990) *Chaos II* (World Scientific, Singapore).

Hao, Bai-lin, and Zheng, W.-M. (1989) Symbolic dynamics of unimodal maps revisited. *Int. J. Mod. Phys. B* **3**, 235.

Harrison, R. G., and Biswas, D. J. (1986) Chaos in light. *Nature* **321**, 504.

He, R., and Vaidya, P. G. (1992) Analysis and synthesis of synchronous periodic and chaotic systems. *Phys. Rev. A* **46**, 7387.

Hellman, R. H. G. (1980) Self-generated chaotic behavior in nonlinear mechanics. In E. G. D. Cohen, ed. *Fundamental Problems in Statistical Mechanics* **5**, 165.

Hénon, M. (1969) Numerical study of quadratic area-preserving mappings. *Quart. Appl. Math.* **27**, 291.

Hénon, M. (1976) A two-dimensional mapping with a strange attractor. *Commun. Math. Phys.* **50**, 69.

Hénon, M. (1983) Numerical exploration of Hamiltonian systems. In G. Iooss, R. H. G. Helleman, and R. Stora, eds. *Chaotic Behavior of Deterministic Systems* (North-Holland, Amsterdam).

Hirsch, J. E., Nauenberg, M., and Scalapino, D. J. (1982) Intermittency in the presence of noise: a renormalization group formulation. *Phys. Lett. A* **87**, 391.

Hobson, D. (1993) An efficient method for computing invariant manifolds of planar map. *J. Comp. Phys.* **104**, 14.

Holmes, P. (1979) A nonlinear oscillator with a strange attractor. *Phil. Trans. Roy. Soc. A* **292**, 419.

Hubbard, J. H., and West, B. H. (1991) *Differential Equations: A Dynamical Systems Approach, Part I* (Springer, New York).

Hubbard, J. H., and West, B. H. (1992) *MacMath: A Dynamical Systems Software Package for the Macintosh* (Springer, New York).

Hurewicz, W. (1958) *Lectures on Ordinary Differential Equations* (MIT Press, Cambridge, MA).

Jackson, E. A. (1990) *Perspectives of Nonlinear Dynamics*, Vol. 1 and 2 (Cambridge University Press, Cambridge, England) [田中 茂，丹羽敏雄，水谷正大，森 真 訳 非線形力学の展望 I・II (共立出版，1994, 1995)].

Jensen, R. V. (1987) Classical chaos. *Am. Scientist* **75**, 168.

Jordan, D. W., and Smith, P. (1987) *Nonlinear Ordinary Differential Equations*, 2nd ed. (Oxford University Press, Oxford, England).

Josephson, B. D. (1962) Possible new effects in superconductive tunneling. *Phys. Lett.* **1**, 251.

Josephson, B. D. (1982) Interview. *Omni*, July 1982, p. 87.

Kaplan, D. T., and Glass, L. (1993) Coarse-grained embeddings of time series: random walks, Gaussian random processes, and deterministic chaos. *Physica D* **64**, 431.

Kaplan, J. L., and Yorke, J. A. (1979) Preturbulence: A regime observed in a fluid flow model of Lorenz. *Commun. Math. Phys.* **67**, 93.

Kermack, W. O., and McKendrick, A. G. (1927) Contributions to the mathematical theory of epidemics—I. *Proc. Roy. Soc.* **115A**, 700.

Kocak, H. (1989) *Differential and Difference Equations Through Computer Experiments*, 2nd ed. (Springer, New York).

Kolar, M., and Gumbs, G. (1992) Theory for the experimental observation of chaos in a rotating waterwheel. *Phys. Rev. A* **45**, 626.

Kolata, G. B. (1977) Catastrophe theory: the emperor has no clothes. *Science* **196**, 287.

Krebs, C. J. (1972) *Ecology: The Experimental Analysis of Distribution and Abundance* (Haper and Row, New York).

Lengyel, I., and Epstein, I. R. (1991) Modeling of Turing structures in the chlorite–iodide–malonic acid–starch reaction. *Science* **251**, 650.

Lengyel, I., Rabai, G., and Epstein, I. R. (1990) Experimental and modeling study of oscillations in the chlorine dioxide–iodine–malonic acid reaction. *J. Am. Chem. Soc.* **112**, 9104.

Levi, M., Hoppensteadt, F., and Miranker, W. (1978) Dynamics of the Josephson junction. *Quart. Appl. Math.* **35**, 167.

Lewis, J., Slack, J. M. W., and Wolpert, L. (1977) Thresholds in development. *J. Theor. Biol.* **65**, 579.

Libchaber, A., Laroche, C., and Fauve, S. (1982) Period doubling cascade in mercury, a quantitative measurement. *J. Physique Lett.* **43**, L211.

Lichtenberg, A. J., and Lieberman, M. A. (1992) *Regular and Chaotic Dynamics*, 2nd ed. (Springer, New York).

Lighthill, J. (1986) The recently recognized failure of predictability in Newtonian dynamics. *Proc. Roy. Soc. Lond. A* **407**, 35.

Lin C. C., and Segel, L. (1988) *Mathematics Applied to Deterministic Problems in the Natural Sciences* (SIAM, Philadelphia).

Linsay, P. (1981) Period doubling and chaotic behavior in a driven anharmonic oscillator. *Phys. Rev. Lett.* **47**, 1349.

Lorenz, E. N. (1963) Deterministic nonperiodic flow. *J. Atmos. Sci.* **20**, 130.

Lozi, R. (1978) Un attracteur étrange du type attracteur de Hénon. *J. Phys. (Paris)* **39** (C5), 9.

Ludwig, D., Jones, D. D., and Holling, C. S. (1978) Qualitative analysis of insect outbreak systems: the spruce budworm and forest. *J. Anim. Ecol.* **47**, 315.

Ludwig, D., Aronson, D. G., and Weinberger, H. F. (1979) Spatial patterning of the spruce budworm. *J. Math. Biol.* **8**, 217.

Ma, S.-K. (1976) *Modern Theory of Critical Phenomena* (Benjamin/Cummings, Reading, MA).

Ma, S.-K. (1985) *Statistical Mechanics* (World Scientific, Singapore).

Malkus, W. V. R. (1972) Non-periodic convection at high and low Prandtl number. *Mémoires Société Royale des Science du Liège*, Series 6, Vol. 4, 125.

Mandelbrot, B. B. (1982) *The Fractal Geometry of Nature* (Freeman, San Francisco)[広中平祐 監訳，フラクタル幾何学 上・下 (筑摩書房，2011)].

Manneville, P. (1990) *Dissipative Structures and Weak Turbulence* (Academic Press, Boston).

Marsden, J. E., and McCraken, M. (1976) *The Hopf Bifurcation and Its Applications* (Springer, New York).

May, R. M. (1972) Limit cycles in predator-prey communities. *Science* **177**, 900.

May, R. M. (1976) Simple mathematical models with very complicated dynamics. *Nature* **261**, 459.

May, R. M. (1981) *Theoretical Ecology: Principles and Applications*, 2nd ed. (Blackwell, Oxford, England).

May, R. M., and Anderson, R. M. (1987) Transmission dynamics of HIV infection. *Nature* **326**, 137.

May, R. M., and Oster, G. F. (1980) Period-doubling and the onset of turbulence: an analytic estimate of the Feigenbaum ratio. *Phys. Lett. A* **78**, 1.

McCumber, D. E. (1968) Effect of ac impedance on dc voltage–current characteristics of superconductor weak-link junctions. *J. Appl. Phys.* **39**, 3113.

Metropolis, N., Stein, M. L., and Stein, P. R. (1973) On finite limit sets for transformations on the unit interval. *J. Combin. Theor.* **15**, 25.

Milnor, J. (1985) On the concept of attractor. *Commun. Math. Phys.* **99**, 177.

Milonni, P. W., and Eberly, J. H. (1988) *Lasers* (Wiley, New York).

Minorsky, N. (1962) *Nonlinear Oscillations* (Van Nostrand, Princeton, NJ).

Mirollo, R. E., and Strogatz, S. H. (1990) Synchronization of pulse-coupled biological oscillators, *SIAM J. Appl. Math.* **50**, 1645.

Misiurewicz, M. (1980) Strange attractors for the Lozi mappings. *Ann. N. Y. Acad. Sci.* **357**, 348.

Moon, F. C. (1992) *Chaotic and Fractal Dynamics: An Introduction for Applied Scientists and Engineers* (Wiley New York).

Moon F. C. and Holmes, P. J. (1979) A magnetoelastic strange attractor. *J. Sound. Vib.* **65**, 275.

Moon, F. C., and Li, G.-X. (1985) Fractal basin boundaries and homoclinic orbits for periodic motion in a two-well potential. *Phys. Rev. Lett.* **55**, 1439.

Moore-Ede, M. C., Sulzman, F. M., and Fuller, C. A. (1982) *The Clocks That Time Us.* (Harvard University Press, Cambridge, MA).

Munkres, J. R. (1975) *Topology: A First Course* (Prentice-Hall, Englewood, Cliffs, NJ).

Murray, J. (1989) *Mathematical Biology* (Springer, New York)[本書 3rd edition (2002) の翻訳本として次がある．三村昌泰 監修，マレー数理生物学入門 (丸善出版，2014)].

Myrberg, P. J. (1958) Iteration von Quadratwurzeloperationen, *Annals Acad. Sci. Fennicae AI Math.* **259**, 1.

Nayfeh, A. (1973) *Perturbation Methods* (Wiley, New York).

Newton, C. M. (1980) Biomathematics in oncology: modeling of cellular systems. *Ann. Rev. Biophys. Bioeng.* **9**, 541.

Odell, G. M. (1980) Qualitative theory of systems of ordinary differential equations, including phase plane analysis and the use of the Hopf bifurcation theorem. Appendix A.3. In L. A. Segel, ed., *Mathematical Models in Molecular and Cellular Biology* (Cambridge University Press, Cambridge, England).

Olsen, L. F., and Degn, H. (1985) Chaos in biological systems. *Quart. Rev. Biophys.* **18**, 165.

Packard, N. H., Crutchfield, J. P., Farmer, J. D., and Shaw, R. S. (1980) Geometry from a time series. *Phys. Rev. Lett.* **45**, 712.

Palmer, R. (1989) Broken ergodicity. In D. L. Stein, ed. *Lectures in the Sciences of Complexity* (Addison-Wesley, Reading, MA).

Pearl, R. (1927) The growth of populations. *Quart. Rev. Biol.* **2**, 532.

Pecora, L. M., and Carroll, T. L. (1990) Synchronization in chaotic systems. *Phys. Rev. Lett.* **64**, 821.

Peitgen, H.-O., and Richter, P. H. (1986) *The Beauty of Fractals* (Springer, New York)[(宇敷重広 訳)，フラクタルの美—複素力学系のイメージ (シュプリンガー・フェアラーク東京，1988)].

Perko, L. (1991) *Differential Equations and Dynamical Systems* (Springer, New York).

Pianka, E. R. (1981) Competition and niche theory. In R. M. May, ed. *Theoretical Ecology: Principles and Applications* (Blackwell, Oxford, England).

Pielou, E. C. (1969) *An Introduction to Mathematical Ecology* (Wiley-Interscience, New York).

Politi, A., Oppo, G. L., and Badii, R. (1986) Coexistence of conservative and dissipative behavior in reversible dynamical systems. *Phys.Rev. A* **33**, 4055.

Pomeau, Y., and Manneville, P. (1980) Intermittent transition to turbulence in dissipative dynamical systems. *Commun. Math. Phys.* **74**, 189.

Poston, T., and Stewart, I. (1978) *Catastrophe Theory and Its Applications* (Pitman, London)[野口 広, 伊藤隆一, 戸川美郎 訳, カタストロフィー理論とその応用 理論編・応用編 (サイエンス社, 1980, 1982)].

Press, W. H., Flannery, B. P., Teukolsky, S. A., and Vetterling, W. T. (1986) *Numerical Recipes: The Art of Scientific Computing* (Cambridge University Press, Cambridge, England).

Rikitake, T. (1958) Oscillations of a system of disk dynamos. *Proc. Camb. Phil. Soc.* **54**, 89.

Rinzel, J., and Ermentrout, G. B. (1989) Analysis of neural excitability and oscillations. In C. Koch and I. Segev, eds. *Methods in Neuronal Modeling: From Synapses to Networks* (MIT Press, Cambridge, MA).

Robbins, K. A. (1977) A new approach to subcritical instability and turbulent transitions in a simple dynamo. *Math. Proc. Camb. Phil. Soc.* **82**, 309.

Robbins, K. A. (1979) Periodic solutions and bifurcation structure at high r in the Lorenz system. *SIAM J. Appl. Math.* **36**, 457.

Rössler, O. E. (1976) An equation for continuous chaos. *Phys. Lett. A* **57**, 397.

Roux, J. C., Simoyi, R. H., and Swinney, H. L. (1983) Observation of a strange attractor. *Physica D* **8**, 257.

Ruelle, D., and Takens, F. (1971) On the nature of turbulence. *Commun. Math. Phys.* **20**, 167.

Saha, P., and Strogatz, S. H. (1995) The birth of period three. *Math. Mag.* **68**, 42.

Schmitz, R. A., Graziani, K. R., and Hudson, J. L. (1977) Experimental evidence of chaotic states in the Belousov–Zhabotinskii reaction. *J. Chem. Phys.* **67**, 3040.

Schnackenberg, J. (1979) Simple chemical reaction systems with limit cycle behavior. *J. Theor. Biol.* **81** 389.

Schroeder, M. (1991) *Fractals, Chaos, Power Laws* (Freeman, New York)[竹迫一雄 訳, フラクタル・カオス・パワー則—はてなし世界からの覚え書 (森北出版, 1996)].

Schuster, H. G. (1989) *Deterministic Chaos*, 2nd ed. (VCH, Weinheim, Germany).

Sel'kov, E. E. (1968) Self-oscillations in glycolysis. A simple kinetic model. *Eur. J. Biochem.* **4**, 79.

Simó, C. (1979) On the Hénon–Pomeau attractor. *J. Stat. Phys.* **21**, 465.

Simoyi, R. H., Wolf, A., and Swinney, H. L. (1982) One-dimensional dynamics in a multicomponent chemical reaction. *Phys. Rev. Lett.* **49**, 245.

Smale, S. (1967) Differentiable dynamical systems. *Bull. Am. Math. Soc.* **73**, 747.

Sparrow, C. (1982) *The Lorenz Equations: Bifurcations, Chaos, and Strange Attractors* (Springer, New York) Appl. Math Sci. **41**.

Stewart, W. C. (1968) Current–Voltage charicteristics of Josephson junctions. *Appl. Phys. Lett.* **12**, 277.

Stoker, J. J. (1950) *Nonlinear Vibrations* (Wiley, New York).

Stone, H. A., Nadim, A., and Strogatz, S. H. (1991) Chaotic streamlines inside drops immersed in steady Stokes flows. *J. Fluid Mech.* **232**, 629.

Strogatz, S. H. (1985) Yeast oscillations, Belousov–Zhabotinsky waves, and the nonretraction theorem. *Math. Intelligencer* **7** (2), 9.

Strogatz, S. H. (1986) *The Mathematical Structure of the Human Sleep–Wake Cycle.* Lecture Notes in Biomathematics, Vol. 69 (Springer, New York).

Strogatz, S. H. (1987) Human sleep and circadian rhythms: a simple model based on two coupled oscillators *J. Math. Biol.* **25**, 327.

Strogatz, S. H. (1988) Love affairs and differential equations. *Math. Magazine* **61**, 35.

Strogatz, S. H., Marcus, C. M., Westervelt, R. M., and Mirollo, R. E. (1988) Simple model of collective transport with phase slippage. *Phys. Rev. Lett.* **61**, 2380.

Strogatz, S. H., Marcus, C. M., Westervelt, R. M., and Mirollo, R. E. (1989) Collective dynamics of coupled oscillators with random pinning. *Physica D* **36**, 23.

Strogatz, S. H., and Mirollo, R. E. (1993) Splay states in globally coupled Josephson arrays: analytical prediction of Floquet multipliers. *Phys. Rev. E* **47**, 220.

Strogatz, S. H., and Westervelt, R. M. (1989) Predicted power laws for delayed switching of charge-density waves. *Phys. Rev. B* **40**, 10501.

Sullivan, D. B., and Zimmerman, J. E. (1971) Mechanical analogs of time dependent Josephson phenomena. *Am. J. Phys.* **39**, 1504.

Tabor, M. (1989) *Chaos and Integrability in Nonlinear Dynamics: An Introduction* (Wiley-Interscience, New York).

Takens, F. (1981) Detecting strange attractors in turbulence. *Lect. Notes in Math.* **898**, 366.

Testa, J. S., Perez, J., and Jeffries, C. (1982) Evidence for universal chaotic behavior of a driven nonlinear oscillator. *Phys. Rev. Lett.* **48**, 714.

Thompson, J. M. T., and Stewart, H. B. (1986) *Nonlinear Dynamics and Chaos* (Wiley, Chichester, England) [武者利光 監訳, 橋口住久 訳, 非線形力学とカオス (オーム社, 1988)].

Tsang, K. Y., Mirollo, R. E., Strogatz, S. H., and Wiesenfeld, K. (1991) Dynamics of a globally coupled oscillator array. *Physica D* **48**, 102.

Tyson, J. J. (1985) A quantitative account of oscillations, bistability, and travelling waves in the Belousov–Zhabotinskii reaction, In R. J. Field and M. Burger, eds. *Oscillations and Travelling Waves in Chemical Systems* (Wiley, New York).

Tyson, J. J. (1991) Modeling the cell division cycles: cdc2 and cyclin interactions. *Proc. Natl. Acad. Sci. USA* **88**, 7328.

Van Duzer, T., and Turner, C. W. (1981) *Principles of Superconductive Devices and Circuits* (Elsevier, New York).

Vohra, S., Spano, M., Shlesinger, M., Pecora, L., and Ditto, W. (1992) *Proceedings of the First Experimental Chaos Conference* (World Scientific, Singapore).

Weiss, C. O., and Vilaseca, R. (1991) *Dynamics of Lasers* (VCH, Weinheim, Germany).

Wiggins, S. (1990) *Introduction to Applied Nonlinear Dynamical Systems and Chaos* (Springer, New York)[丹羽敏雄 監訳, 非線形の力学系とカオス (丸善出版, 2012)].

Winfree, A. T. (1972) Spiral waves of chemical activity. *Science* **175**, 634.

Winfree, A. T. (1974) Rotating chemical reactions. *Sci. Amer.* **230**(6), 82.

Winfree, A. T. (1980) *The Geometry of Biological Time* (Springer, New York).

Winfree, A. T. (1984) The prehistory of the Belousov–Zhabotinsky reaction. *J. Chem. Educ.* **61**, 661.

Winfree, A. T. (1987a) *The Timing of Biological Clocks* (Scientific American Library).

Winfree, A. T. (1987b) *When Time Breaks Down* (Princeton University Press, Princeton, NJ).

Winfree, A. T., and Strogatz, S. H. (1984) Organizing centers for three-dimensional chemical waves. *Nature* **311**, 611.

Yeh, W. J., and Kao,, Y. H. (1982) Universal scaling and chaotic behavior of Josephson junction analog. *Phys. Rev. Lett.* **49**, 1888.

Yorke, E. D., and Yorke, J. A. (1979) Metastable chaos: Transition to sustained chaotic behavior in the Lorenz model. *J. Stat. Phys.* **21**, 263.

Zahler, R. S., and Sussman, H. J. (1977) Claims and accomplishments of applied catastrophe theory. *Nature* **269**, 759.

Zaikin, A. N., and Zhabotinsky, A. M. (1970) Concentration wave propagation in two-dimensional liquid-phase self-organizing system. *Nature* **225**, 535.

Zeeman, E. C. (1977) *Catastrophe Theory: Selected Papers 1972–1977* (Addison-Wesley, Reading, MA).

索　　　引

さ 行

た 行

な 行

は 行

ま　行

や　行

ら　行

訳者略歴

田中久陽（たなか・ひさあき）
1995年早稲田大学理工学研究科博士課程修了．博士（工学）．
日本学術振興会特別研究員，ソニーコンピュータサイエンス研究所アソシエイトリサーチャー等を経て，2001年より電気通信大学情報理工学研究科准教授．専門は情報通信工学．

中尾裕也（なかお・ひろや）
1999年京都大学理学研究科博士課程修了．博士（理学）．
理化学研究所基礎科学特別研究員，京都大学理学研究科助教等を経て，2011年より東京工業大学情報理工学研究科准教授，2019年より同工学院教授．専門は非線形物理学．

千葉逸人（ちば・はやと）
2009年京都大学情報学研究科博士課程修了．博士（情報学）．
2019年より東北大学材料科学高等研究所教授．専門は力学系理論．

ストロガッツ　非線形ダイナミクスとカオス
数学的基礎から物理・生物・化学・工学への応用まで

平成27年1月30日　発　　行
令和 6 年8月30日　第11刷発行

翻訳者　田　中　久　陽
　　　　中　尾　裕　也
　　　　千　葉　逸　人

発行者　池　田　和　博

発行所　丸善出版株式会社
〒101-0051 東京都千代田区神田神保町二丁目17番
編 集：電話 (03) 3512-3266／FAX (03) 3512-3272
営 業：電話 (03) 3512-3256／FAX (03) 3512-3270
https://www.maruzen-publishing.co.jp

印刷・製本／藤原印刷株式会社

ISBN 978-4-621-08580-6 C 3042　　Printed in Japan